DISASTER AND SAFETY

재난안전
이론과 실무

01_재난관리 일반이론 | 02_자연재난의 이해 | 03_인적 재난의 이해 | 04_사회적 재난의 이해 | 05_관련법

대표 저자 송 창 영
(재)한국재난안전기술원/편

본서의 구성

1. 초보자도 쉽게 이해할 수 있도록 많은 예시와 사진, 그림을 활용하였다.
2. 재난의 유형과 특성 그리고 재난의 단계별 관리대책 등을 다음 세 가지로 구분하여 일목요연하게 정리하였다.
   - 자연 재난 : 태풍, 홍수, 강풍, 지진, 가뭄, 황사, 대설, 쓰나미 등
   - 인적 재난 : 화재, 붕괴, 폭발, 교통사고, 화생방사고, 환경오염 등
   - 사회적 재난 : 테러, 전쟁, 집회 및 시위 등

YEAMOONSA
예문사

PREFACE

최근 지구촌 전체에서 발생하는 재난의 형태들을 보면 이상기후로 인한 자연재해는 물론 각종 사회적 분쟁 등으로 인한 인적 재난에 이르기까지 그 형태와 규모가 매우 복잡하고 파괴적이다.

이처럼 인류의 생존을 직접적으로 위협하는 재난의 형태가 날로 복잡해지고 그 파괴력이 커지는 것을 보면서 더욱 두렵고 걱정이 되는 것은 가속화되는 지구환경의 변화, 종잡을 수 없는 세계정세, 첨단산업 문명의 발전과 더불어 계속 새로운 형태의 재난들이 발생하고 그 파괴력은 더욱 심각해지리라는 사실이다.

따라서 이제 사후약방문식의 대처가 아니라 가능한 한 재난을 미리 예측하고 매번 반복되는 재난에 대해서는 항구적인 해결방안을 강구하는 일을 미룰 수 없게 되었다.

본서는 이러한 시대적 요구에 부응하여 재난에 대한 개념을 정리하고 대책 마련을 위한 실무적 논의들을 다루기 위해 기획되었다. 따라서 재난안전관리 분야에 종사하는 실무자는 물론 관련 정책을 세우거나 집행할 전문가, 해당 분야의 학생들, 더 나아가서는 일반인들도 쉽게 접근하고 활용할 수 있도록 다음과 같이 구성하였다.

본서의 구성

1. 초보자도 쉽게 이해할 수 있도록 많은 예시와 사진, 그림을 활용하였다.
2. 재난의 유형과 특성 그리고 재난의 단계별 관리대책 등을 다음 세 가지로 구분하여 일목요연하게 정리하였다.
   - 자연 재난 : 태풍, 홍수, 강풍, 지진, 가뭄, 황사, 대설, 쓰나미 등
   - 인적 재난 : 화재, 붕괴, 폭발, 교통사고, 화생방사고, 환경오염 등
   - 사회적 재난 : 테러, 전쟁, 집회 및 시위 등

최선의 노력을 기울였으나 미흡한 부분이 없지 않다. 선후배 제현의 애정 어린 관심과 충고를 통해 더욱 온전한 교재로 개정 증보되기를 기대하면서, 일단 첫걸음을 뗀 것에 대한 기쁨으로 아쉬움을 달래며 부디, 이 책이 재난안전 실무자들을 위한 좋은 참고자료가 되기를 바래본다.

이 책이 출판되기까지 수많은 분들의 도움을 받았다. 행정안전부, 중앙재난대책본부, 소방방재청, 국립방재연구소, 국립방재교육연구원의 여러 선후배님들의 아낌없는 격려와 자료제공에 감사드리고, 중앙대학교 대학원생들, 한국재난안전기술원의 임직원들, 특히 김선혜 전문위원, 임용택 선임연구원, 조인우 선임연구원, 민병준 연구원, 배송수 국장과 출간의 기쁨을 함께 나누고 싶다.

끝으로 출판을 맡아주신 도서출판 예문사 그리고 부족한 아빠의 큰 기쁨이자 미래인 사랑하는 보민, 태호, 지호 그리고 아내 최운형에게 조그마한 결실이지만 이 책으로 용서(?)를 구한다.

2013. 8월 여의도에서

CONTENTS

CHAPTER 03 인적 재난의 이해

CHAPTER 05 관련법

01

CHAPTER

재난관리 일반이론

Korea Disaster Safety Technology Institute

SECTION 01 재난

1. 재난의 개요

인류는 역사 이래 현재까지 각종 재난과 늘 함께하였다고 해도 지나친 표현은 아닐 것이다. 때때로 재난으로 인해 삶의 터전과 재산뿐 아니라 수많은 생명을 순식간에 잃어버렸지만 인류는 이러한 가혹한 재난을 극복하며 문명을 발전시켜 왔고, 지금도 여전히 재난을 극복하기 위한 연구와 노력들로 인해 새로운 문명을 만드는 업적을 쌓고 있다.

더욱이 현대사회에 이르러서는 재난의 발생빈도가 과거보다 잦아졌고 그 주기 역시 단축되었으며, 재난으로 인한 피해 규모는 점점 대형화되고 있다. 19세기까지 재난이라고 하면 홍수, 태풍, 지진, 해일, 화산 폭발, 가뭄 등과 같은 자연재난만을 생각했으나 20세기 이후 과학 · 기술의 발달과 산업사회의 진전으로 각종 오염사고, 폭발사고, 대형화재, 가스폭발 같은 인위재난이 빈번하게 발생하였다. 또한 그 규모와 피해 정도에 있어서도 자연재난 못지않게 대형화되는 추세이다.

재난의 종류가 주로 자연적이었던 과거에는 개인적 실수 혹은 부주의로 인한 사건이 사회에 끼치는 영향이 극히 미미한 것이었으나 현대에는 개인의 작은 실수나 부주의가 거대한 재난으로 연결될 위험성이 매우 높아졌다. 또한 이념적 갈등과 국가 간, 사회집단 간, 개인 사이의 이해관계가 충돌하면서 전쟁, 테러, 파업 등으로 인해 재난을 초래하는 경우도 끊이지 않고 있다.

예를 들면, 전 세계적으로 20세기 후반부터 지진 · 가뭄 · 태풍 · 지진해일 등의 자연재난과 화재 · 건축물 붕괴 · 폭발 등의 인위재난, 그리고 최근 들어서는 에너지 · 통신 · 교통 · 금융 등 국가기반체계의 마비와 광우병 · 수인성 전염병 · 에이즈 확산 등과 같은 생활적 재난발생으로 인한 인적 · 물적 피해가 심각한 상황이다. 따라서 오늘날에는 자연재난 못지않게 인위재난의 심각성에 대해서도 인식을 새롭게 하고 있다.

최근 인위재난은 자연재난에 비해 오히려 국민들의 심리적 안전을 더욱 크게 위협하고 사회 전체에 불안감을 조성시키며 사회구성원 모두의 삶의 질에 심각한 영향을 미치고 있다. 우리나라의 경우 1990년대 중반 이후 서울 아현동 가스폭발, 성수대교붕괴, 대구 도시가스 폭발, 서울 삼풍백화점 붕괴 등 일련의 대형 사고를 통해 엄청난 재산과 인명의 손실을 가져왔다. 2003년에 발생한 대구 지하철 방화참사는 재난에 대한 인식이 없는 정책당국의 안이함이 원인으로 규명되었으며 2004년에 발생한 강원도 고성 산불은 늘 위험성을 내포하고 있는 현대인의 생활에서의 시민의식 문제로 인식되고 있다. 또한 2006년 8월 여름 장마는 지구환경의 변화(온난화 등)로 인한 재난으로서, 이런 재난의 발생 빈도와 강도는 날로 증가할 수 있음을 경고하고 있다.

결론적으로 오늘날 재난은 점점 대형화되어 인명은 물론 기반시설을 포함한 재산상의 막대한 손실을 초래한다. 그러나 엄청난 재난을 지속적으로 경험하고 있음에도 불구하고 국민들의 안전의식에는 그다지 큰 변화가 없으며, 정부의 대책 역시 체계적이고 장기적인 대응으로 재발방지에 힘쓰기보다는 임시처방적인 사후복구에 중점을 두는 수준에 머물러 여전히 같은 문제들이 반복적으로 제기되고 있는 실정임을 부인할 수 없다.

2. 재난의 개념 정의

현대사회에서 재난의 개념을 일목요연하게 정의하는 것은 어려운 일이다. 왜냐하면 재난을 의미하는 유사한 용어가 많아 각각의 의미가 혼용되기 때문에 혼란을 초래할 뿐만 아니라 학자들의 견해에 따라 개념과 분류가 다르기 때문이다. 또한 각 나라마다, 혹은 같은 나라에서도 시대적 배경과 사회적 환경에 따라 재난의 범주가 다르게 사용된다. 그러나 문명이 발달하고 인명을 중요시하게 되면서 재난의 범주는 점차 늘어나는 추세이며, 특히 우리나라의 경우 법률에 따라 다양하게 정의되어 현재까지도 학문적으로 통일되지 않은 채 사용하고 있는 실정이다.

결국 재난의 개념은 사회 환경과 시대에 따라 유동적이고 상대적이며, 사회의 관심도에 따라 작은 사고까지도 재난으로 인식되는가 하면 그 반대의 경우도 있다.

재난(Disaster)이라는 말의 어원을 분석하면 Dia는 어원상 분리 · 파괴 · 불일치를 뜻하고 Aster는 라틴어로 Astrum 또는 Star라는 의미이므로, Diasater는 별의 분리 또는 별이 파괴되거나 행성의 배열이 맞지 않아 생기는 대규모의 갑작스러운 불행이라는 의미로 해석된다. 이런 어원적 유래를 볼 때 재난이란 하늘로부터 비롯된 인간의 통제가 불가능한 해로운 영향을 의미하며, 구체적으로는 태풍 · 홍수 · 지진과 같은 대규모 자연재해를 지칭하고, 현대사회에 들어와 대규모 인적 재난의 피해가 자연재해를 능가함에 따라 "Disaster"는 자연재해와 인적 재난을 포괄하는 개념으로 받아들여지게 되었다. 재난은 보통 예측가능성이 없이 갑작스럽게 발생하며, 여러 공적 기관과 개인 자원조직들의 즉각적이고 조정 · 통제된, 그리고 합리적 대응과 신속한 복구활동이 요구되는 일련의 사건을 말한다.

앞서 언급했듯, 재난의 개념 정의에 대해서는 학자나 관련 법규, 그리고 각 나라의 기관에 따라 약간씩 차이를 보이고 있다. 먼저 학자에 따라서는 "예기치 못했고, 바람직하지 않은 사건이나 현상의 출현으로 재산이나 신체에 손실을 초래하는 상태"로 재난을 정의하거나, "인간의 생존 및 생활 질서를 위협하거나 파괴하는 상태"로 정의하기도 한다. 또한 각 나라의 기관별 재난의 정의도 다음과 같이 약간의 차이를 보이고 있다.

각 나라의 기관별 재난의 정의

구분	정의
미국의 연방재난관리청 (FEMA ; Federal Emergency Management Agency)	재난은 정부의 통상적인 관리절차나 자원으로서는 대처할 수 없는 인적 및 물적 손상을 초래하는 사건을 말하고, 대개 돌연히 발생하지만 대처과정에서는 다수의 정부기관과 민간부문들의 즉각적이며 조정된 노력을 필요로 한다. (FEMA, 1984 : 1～3).
유엔개발계획 (UNDP ; United Nations Development Programme)	재난은 사회의 기본조직 및 정상기능을 와해시키는 갑작스러운 사건이나 큰 재난으로서 재난의 영향을 받는 사회가 외부의 도움 없이는 극복할 수 없고, 정상적인 능력으로 처리할 수 있는 범위를 벗어나는, 즉 사회간접시설, 생활수단의 피해를 일으키는 단일 또는 일련의 사건을 말한다.
일본의 재해대책기본법 제2조 제1항	재난은 태풍 · 호우 · 폭설 · 홍수 · 해일 · 지진 · 쓰나미(지진해일) · 화산폭발, 그 밖의 이상한 자연현상 또는 대규모 화재 · 폭발 기타의 원인에 의해서 생기는 피해를 말한다.

우리나라의 경우에도 시대적 배경과 사회적 환경에 따라서 재난에 대한 개념이 달라졌고, 현재 법률상의 정의에서도 재난에 대한 개념이 통일되지 않은 채 사용되고 있는 실정이다.

국내의 법률상 정의

구분	정의
헌법 제34조 제 6항	국가는 재해를 예방하고 그 위험으로부터 국민을 보호하기 위하여 노력하여야 한다.
민방위기본법 제2조 제1호	민방위란 적의 침공이나 전국 또는 일부 지방의 안녕 질서를 위태롭게 할 재난으로부터 주민의 생명과 재산을 보호하기 위하여 정부의 지도하에 주민이 수행하여야 할 방공 · 응급적인 방재 · 구조 · 복구 및 군사작전상 필요한 노력 지원 등의 모든 자위적 활동을 말한다.
자연재해대책법 제2조 제1호	"재해"라 함은 재난 및 안전관리기본법 제3조 제1호의 규정에 의한 재난으로 인하여 발생하는 피해를 말하고, 제2호에서 "자연재해"라 함은 재난 및 안전관리기본법 제3조 제1호의 규정에 의한 재해 중 태풍 · 홍수 · 호우 · 강풍 · 풍랑 · 해일 · 조수 · 대설 · 가뭄 · 지진(지진해일을 포함한다.) · 황사 그 밖에 이에 준하는 자연현상으로 인하여 발생하는 재해를 말하며, 제3호에서 "풍수해"라 함은 태풍 · 홍수 · 호우 · 강풍 · 풍랑 · 해일 · 조수 · 대설 그 밖에 이에 준하는 자연현상으로 인하여 발생하는 재해를 말한다.
재난 및 안전관리기본법 제3조 제1호	"재난"이라 함은 국민의 생명 · 신체 및 재산과 국가에 피해를 주거나 줄 수 있는 것으로서 가목은 태풍 · 홍수 · 호우 · 강풍 · 풍랑 · 해일 · 대설 · 가뭄 · 지진 · 황사 · 적조 그 밖에 이에 준하는 자연현상으로 인하여 발생하는 재해, 나목은 화재 · 붕괴 · 폭발 · 교통사고 · 화생방사고 · 환경오염사고 그 밖에 이와 유사한 사고로 대통령령이 정하는 규모 이상의 피해, 다목은 에너지 · 통신 · 교통 · 금융 · 의료 · 수도 등 국가기반체계의 마비와 전염병 확산 등으로 인한 피해 등을 말하는데, 이는 자연재해를 포함한 대부분의 재해를 재난으로 포함하고 있다.
재해경감을 위한 기업의 자율활동 지원에 관한 법률	태풍 · 홍수 · 호우 · 강풍 · 풍랑 · 해일 · 대설 · 가뭄 · 지진 · 황사 · 적조 그 밖에 이에 준하는 자연현상으로 인하여 발생하는 재해인 자연재해만을 재난으로 한정하고 있다.

우리나라의 경우 자연재해대책법에서는 자연재해가 대응단계에서의 불가항력적 결과물이라는 측면에서 '재해'라는 용어를 사용하고, 기존 재난관리법에서는 인위재난 대응단계에서의 통제가능성에 초점을 맞추어 연속적 진행개념인 '재난'이라는 용어를 사용하고 있었다. 하지만 최근 재난 및 안전관리기본법으로 일부 개정이 되면서 자연재해와 인위재난 모두 재난의 정의에 포함시켰다.

이상의 다양한 정의에서 알 수 있듯, 재난의 의미는 약간씩 차이가 있으나 각 정의들의 공통점을 간추려 보면 재난은 '자연적 혹은 인위적 원인으로 생활환경이 급격하게 변화하거나 그 영향으로 인하여 인간의 생명과 재산에 단기간 동안 많은 피해를 주는 현상'으로 정의할 수 있다.

즉, 인간의 생존과 재산의 보존이 불가능할 정도로 생활 질서를 위협받는 상태를 초래하는 사고 또는 상태를 말한다.

3. 재난 분류

재난의 분류는 발생원인과 사회에 미치는 충격속도 · 규모 · 발생장소 등을 기준으로 하여 그 유형을 구분할 수 있다. 재난의 유형은 재난 발생원인 · 발생장소 · 재난의 대상 · 재난의 직간접적 영향 · 재난 발생과정의 진행속도 등의 기준에 의하여 다음과 같이 분류할 수 있다.

재난의 구분에 따른 분류

구분	분류
재난의 원인에 의한 분류	자연재난/인위재난(사회적 재난)
발생장소에 의한 분류	육상재해/해상재해, 광역재해/국가재해
피해속도에 의한 분류	만성재해/급성재해
재난의 규모에 의한 분류	개인재해/사회적 재해

그러나 이러한 유형 분류는 점차 재난 발생의 원인을 기준으로 두 가지 범주로 나누게 되었다. 즉, 재난의 고전적 의미는 사람의 통제범위를 넘어서는 자연으로부터의 피해를 의미하고, 현대적 의미는 자연재난 외에 사람으로 인한 피해를 포함한 모든 재난으로 간주한다.

현대사회는 정보 및 교통과 산업의 발전으로 사회 모든 분야 간의 교류가 활발하여 환경은 새로운 체계 속에서 무한히 복잡해지고 있다. 특히, 기술의 발전과 사회구조의 다양화 현상으로 재난의 유형은 사회 전체 영역에서 새로운 변화와 규모가 가속 · 확대되어가고 있다.

현대사회의 초고속 산업화와 과학기술의 발전, 그리고 도시화 현상에 따른 건축물의 대형화 · 고도화 · 복잡화로 인해 자연재난의 피해보다 상대적으로 인적 재난의 피해가 급속히 증가하고 있다. 즉, 자연재난과 기술적 재난 또는 인위재난으로 크게 나뉘게 된 것이다. 또한 문명의 발전과 함께 인적 요인에 의한 대형사고가 중요시되면서, 테러 및 전쟁, 전염병으로 인한 사회적 재난까지도 포함되는 개념으로 정립되고 있다. 결론적으로 근대사회에서 현대사회로 발전하면서 재난의 개념은 지속적으로 변화하고 있다.

Jones(1993)는 재난의 유형을 크게 자연재난, 준자연재난, 인적 재난으로 분류하고, 자연재난의 유형을 다시 지구물리학적 재난과 생물학적 재난으로 분류하였다. 그리고 지구물리학적 재난의 유형을 지질학적 재난 · 지형학적 재난 · 기상학적 재난으로 세분화하였는데, 준자연재난에 환경오염인 스모그현상 · 지구온난화현상 · 사막화현상 · 염수화현상 · 산성화 · 토질침식 등이 포함되어 있어서 재난의 의미가 확대 적용되었다고 볼 수 있다.

Jones에 의한 재난의 분류

<table>
<tr><th colspan="6">재난</th></tr>
<tr><th colspan="4">자연재난</th><th>준자연재난</th><th>인적 재난</th></tr>
<tr><td colspan="3">지구물리학적 재난</td><td>생물학적 재난</td><td rowspan="3">스모그현상, 지구온난화현상, 사막화현상, 염수화현상, 눈사태, 산성화, 홍수, 토질침식 등</td><td rowspan="3">공해, 광화학 연무, 폭동, 교통사고, 폭발사고, 전쟁 등</td></tr>
<tr><td>지질학적 재난</td><td>지형학적 재난</td><td>기상학적 재난</td><td rowspan="2">세균 질병, 유독식물, 유독동물 등</td></tr>
<tr><td>지진, 화산, 쓰나미 등</td><td>산사태, 염수토양 등</td><td>안개, 눈, 해일, 번개, 토네이도, 폭풍, 태풍, 이상기온, 가뭄 등</td></tr>
</table>

Anesth는 재난의 유형을 크게 자연재난과 인적 재난으로 분류하고, 자연재난의 유형을 다시 기후성 재난과 지진성 재난으로, 인적 재난의 유형을 사고성 재난과 계획적 재난으로 분류하였다. 이 분류는 존스에 의한 재난의 분류를 보다 구체화한 것이라고 할 수 있다.

Anesth에 의한 재난의 분류

대분류	세분류	재난의 유형
자연재난	기후성 재난	태풍, 수해, 설해
	지진성 재난	지진, 화산폭발, 해일
인적 재난	사고성 재난	• 화재사고 • 교통사고 : 자동차, 철도, 항공, 선박사고 • 산업사고 : 건축물 붕괴 • 폭발사고 : 갱도, 가스, 화학, 폭발물 • 생물학적 재난 : 박테리아, 바이러스, 독혈증 • 화학적 재난 : 부식성 물질, 유독물질 • 방사능재난
	계획적 재난	테러, 폭동, 전쟁

법적 분류를 살펴보면 재난 및 안전관리기본법에서는 재난을 인적 재난, 자연재난, 사회적 재난으로 분류하였다. 과거에는 재난을 발생 원인에 따라 자연현상에 의한 것은 자연재해, 인위적 속성에 의한 것은 인적 재난으로 구분하였다.

인적 재난에는 화재 · 붕괴 · 폭발 · 교통사고 · 화생방사고 · 환경오염사고 등이 있고, 자연재해에는 태풍 · 홍수 · 호우 · 폭풍 · 해일 · 폭설 · 가뭄 · 지진 · 황사 · 적조 등이 있다. 수습체계로는 중앙에 중앙안전관리위원회(위원장 : 국무총리), 중앙재난안전대책본부(본부장 : 행정차지부장관), 중앙긴급구조통제단(단장 : 소방방재청장)이 있고, 지역에 지역안전관리위원회(위원장 : 시 · 도지사, 시 · 군 · 구청장), 지역재난안전대책본부(본부장 : 시 · 도지사, 시 · 군 · 구청장), 지역긴급구조통제단(단장 : 소방본부장, 소방서장)이 있다.

복구책임에 있어서 인적 재난은 피해원인자(보상 및 배상)에 있고 자연재해의 경우 방재책임자(국가시설 : 국가, 지방시설 : 지방차지단체, 개인시설 : 개인)에게 그 책임이 있다. 단, "재해구호및재해복구비용부담기준등에관한규정"에 따라 국가가 일부보조 및 지원한다. 대규모 재난 발생 시 재난사태 선포 및 특별재난지역을 선포할 수 있다.

재난의 법적 성격을 도시하면 다음 표와 같다.

재난의 법적 성격

<table>
<tr><th>구분</th><th colspan="2">재난</th></tr>
<tr><td>대상</td><td colspan="2">• 인적 재난 : 화재, 붕괴, 폭발, 교통사고, 화생방사고, 환경오염사고
• 자연재해 : 태풍, 홍수, 호우, 해일, 폭풍, 폭설, 가뭄, 지진, 적조 등</td></tr>
<tr><td>근거법</td><td colspan="2">재난 및 안전관리 기본법</td></tr>
<tr><td>수습 체제</td><td colspan="2">• 중앙안전관리위원회(위원장 : 국무총리)
• 중앙재난안전대책본부(본부장 : 행정안전부 장관)
– 중앙사고수습본부(본부장 : 해당 부처 장관)
– 중앙긴급구조통제단(단장 : 소방방재청장)
⇩
• 지역안전관리위원회(위원장 : 시 · 도지사, 시 · 군 · 구청장)
• 지역재난안전대책본부(본부장 : 시 · 도지사, 시 · 군 · 구청장)
• 지역긴급구조통제단(단장 : 소방본부장, 소방서장)</td></tr>
<tr><td rowspan="2">복구 책임</td><td>인적 재난</td><td>자연재해</td></tr>
<tr><td>피해 원인자
(보상 및 배상)</td><td>• 방재책임자
– 국가시설 : 국가
– 개인시설 : 개인
– 지방시설 : 지방자치단체
※ “재해구호및재해복구비용부담기준등에관한규정”에 따라 국가 일부 보조 및 지원</td></tr>
<tr><td>대규모 재난 발생시</td><td colspan="2">• 재난사태 선포(재난및안전관리기본법 제36조)
대통령이 정하는 재난이 발생하거나 발생 우려로 인하여 사람의 생명, 신체 및 재산에 미치는 중대한 영향 또는 피해를 경감하기 위하여 긴급한 조치가 필요하다고 인정되는 경우 선포
※ 선포대상지역 3개 시 · 도 이상 : 선포 → 국무총리
선포대상지역 2개 시 · 도 이상 : 선포 → 중앙재난안전대책본부장
• 특별재난지역 선포(재난및안전관리기본법 제59조, 제60조)
대통령이 정하는 재난의 발생으로 인하여 국가의 안녕 및 사회질서의 유지에 중대한 영향을 미치거나 당해 재난으로 인한 피해의 효과적인 수습 및 복구를 위하여 특별한 조치가 필요하다고 인정되는 경우 선포
※ 선포 : 대통령</td></tr>
</table>

그러나 자연현상이든, 인위적 속성이든, 사회적 현상에 의한 것이든 간에 실체적 측면에 초점을 두는 경우에는 관리체계의 일원화가 가능하다는 의미에서 용어 통일의 필요성이 제기되었다. 이에 재난 및 안전관리기본법에서는 자연재난과 인적 재난으로 구분하지 않고 그냥 “재난”으로 용어를 통일하고 있다. 이는 현재의 사회적 환경이나 과학기술 수준에서 예상하지 못했던 새로운 유형의 재난발생 시에도 유연하게 대처할 수 있도록 확대 일원화한 것으로 이해할 수 있다.

■ 자연재난과 인위재난의 특성 비교

자연재난은 광범위한 지역에 걸쳐 발생되므로 그에 따른 재산피해와 사상자 발생 역시 넓은 지역에서 산발적으로 발생되는 반면, 인위재난은 국소지역에서 재산피해와 사상자가 집중적으로 발생된다는 특징을 갖는다. 또한 자연재난은 재난상황이 전개되는 시점에서 대응활동과 재난의 통제가 극히 제한적으로 진행되는 반면, 인위재난은 대응활동과 재난의 통제 가능성이 상대적으로 높다. 시간적 측면에서도 자연재난이 장기간에 걸쳐 완만히 진행되는 데 비해 인위재난은 단기간에 걸쳐 급격히 완결된다.

그러나 산업화와 도시화에 따라 인위재난 중에서도 화학공장사고나 방사능누출사고 등의 경우 광범위한 지역에 걸쳐 장기간 재해현상이 진행되기도 하고, 지진과 같은 자연재난이 단기간에 걸쳐 많은 재산과 인명피해를 집중적으로 발생시키는 경우도 있다. 우리나라의 울진을 비롯한 강원도지역의 대형 산불은 처음에는 인위재난으로 시작하여 계속되는 가뭄과 강풍으로 인한 자연재난이 합세하여 수많은 이재민과 재산피해를 입게 되어 각각의 특징을 공유하는 현상을 보이고 있다.

자연재난이든 인위재난이든 그 원인에서 차이점은 있으나 피해와 대응 측면에서 상당히 복합적이어서 구별의 의미는 그리 크지 않다.

특히 인명구조와 재해진압을 위해 사용되는 지휘체제 모형이나 대응자원의 동원도 자연재난이든 인위재난이든 별다른 차이점을 보이지 않는다.

자연 · 인위재난의 비교

특성	자연적 재난	인위재난
발생과정	돌발적	돌발적
충격정도	강력	강력
피해의 가시성	보통 가시성으로 환경의 손상초래	가시적으로 피해가 나타나지 않는 경우 존재
예측 가능성	• 어느 정도의 예측 가능 • 어느 정도의 경고 가능	예측 불가능
상황의 전환점 (Law Point)	식별 가능한 분명한 전환점 존재, 이 시점 이후 시간이 경과함에 따라 상황이 개선되는 경향이 있다.	분명한 전환점이 존재할 수도 있으나, 유독물질 사고의 경우 시간 경과에 따라 상황이 호전되지 않을 수 있다.
통제에 대한 인식	통제 불가능으로 인식	통제 가능한 것으로 인식
영향의 범위	보통 재난의 희생자에 국한	직접적으로 피해를 받지 않은 사람에게도 영향
영향의 지속성	비교적 단기간 지속	• 단기간 또는 장기적 지속 • 화학사고의 경우 장기적 영향

4. 재난 특성

재난은 일반적으로 다음과 같은 특성을 갖는다.

- 실질적인 위험이 크더라도 그것을 체감하지 못하거나 방심한다.
- 본인과 가족의 직접적 재난피해 외에는 무관심하다.
- 시간과 기술 · 산업발전에 따라 발생빈도나 피해규모가 다르다.
- 인간의 노력이나 철저한 관리 여부에 따라 상당부분 근절시킬 수 있다.
- 발생과정은 돌발적이며 강한 충격을 나타내나 같은 유형의 재난피해라도 형태나 규모, 영향범위가 각기 다르다.
- 재난발생 가능성과 상황변화를 예측하기 어렵다.
- 고의든 과실이든 타인에게 끼친 손해에 대해서는 배상의 책임을 가진다.

이러한 특성을 종합해 보았을 때, 재난의 가장 큰 특성은 불확실성이다.

불확실성은 어떤 행동이 어떤 종류의 결과를 초래할 것인지는 알지만 실제로 그러한 상황이 일어날 확률은 알지 못하는 상태를 말한다. 위험이 재해로 연결될지, 또 언제, 어디서, 누구에게, 얼마나 큰 재해로 나타날지 예측할 수 없는 것으로 복잡한 기술사회로 이행할수록 불확실성은 기하급수적으로 커진다. 특히 현대사회의 재난은 복합적인 원인으로 발생하는 경우가 대부분이므로 불확실성은 더욱 커지고 있는 실정이다.

불확실성 내에서 재난은 복잡성, 인지성, 친숙성, 통제가능성, 예측가능성, 상호작용성 등의 특성을 가진다. 복잡성은 재난 자체의 복잡성과 재난 발생 이후 관련 기관들 간의 관계에서 야기되는 복잡성으로 나누어 살펴볼 수 있다. 우선 재난 자체의 복잡성의 경우 재난의 강도, 규모, 그리고 최초 사건과 관련된 다른 재난의 발생으로 나누어 볼 수 있다. 또한 재난 발생 이후 관련 기관들 간의 관계에서 비롯되는 복잡성도 있다. 예방활동단계에서와는 달리 재난의 발생 이후 복수의 기관이 참여하게 되고, 그에 따라 관련 기관들 간의 권한설정, 역할분담, 조정의 문제가 야기된다.

인지성은 재난을 인식하는 인지적 차이로서 재난은 어떤 집단에게는 기회를 제공할 수 있으나 한편으로는 기존의 어떤 공동체나 개인의 파괴를 야기하거나 전혀 다른 행동양식을 가진 외부인의 개입을 불러올 수도 있다. 또한 어떠한 사건이 발생하였을 때 그 사건을 재난으로 인식할지, 일상적인 사고로 인식할지에 관한 차이도 존재한다. 사회적 환경과 기간에 따라서 인식범위가 다르기 때문에 재난의 인지성은 수시로 바뀐다 할 수 있다.

일상적 사고와 재난의 특성 비교

일상적인 사고	재난
일상적 측면에 작용	비일상적 측면에 작용
익숙한 절차	익숙하지 않은 절차
도로, 전화, 시설의 손상 없음	도로차단, 전화불통, 시설파괴
수용 가능한 통신 빈도	무선주파수에 과부하 경향
주로 조직 내의 통신	조직 간 정보 분배 필요
평범한 통신용어 사용	다른 용어를 사용하는 사람과의 통신
주로 지역 언론과 관련	국가 및 국제 언론과 관련
요구되는 자원이 관리능력 내	요구되는 자원이 관리능력 초과
심하지 않은 스트레스	심한 스트레스로 인한 공황상태
심리적으로 동요되지 않음	심리적으로 동요됨

친숙성은 재난의 두려움으로 설명할 수 있는데, 과거에 발생하였거나 사람들에 의해서 경험되었던 친숙한 위험과 처음 발생하거나 경험되지 않았던 낯선 위험으로 구분된다. 자연재난은 대부분 인류가 살아오면서 다양하게 겪어 본 친숙한 위험으로서 통제할 수는 없지만 진전과 귀결을 어느 정도 예상할 수 있다. 역사를 통하여 수많은 시행착오를 거듭하면서 자연재해에 대한 다양한 대응방안들이 상당히 알려져 있고 통제할 수는 없더라도 친숙하기 때문에 두려움의 대상이 아니다. 그러나 인적 재난은 이전에 경험해 보지 못한 새로운 형태의 위험으로 알지 못한다는 사실로 인한 두려움과 재해의 원인을 확인하기 어렵기 때문에 그 진행방향과 과정도 예상하지 못하므로 예방조치와 대응방안을 강구하는 데 한계가 있다.

통제 가능성이란 '재난이 발생하는 것을 막을 수 있는가'의 문제로서 일반적으로 자연적 재해는 통제가 거의 불가능하다고 본다. 지진의 발생을 막을 수 없고 태풍과 장마를 조절할 수도 없다. 다만 피해를 줄이기 위해 스스로를 지키려는 노력을 할 뿐이다. 이와 반대로 인위적 재해는 재난관리를 잘하면 발생 가능성을 어느 정도 줄일 수 있다. 따라서 통제 가능성은 자연적 재해의 경우 재해발생 후의 상황을 해결하기 위한 방향으로 위기관리가 될 때 전체적인 위기관리의 효과를 높일 수 있고, 인위적 재해의 경우 재해의 예방에 중점을 두고 위기관리체계가 운영될 때 효과적인 위기관리를 할 수 있다는 것을 의미한다.

자연재난은 예측 가능하여 피해를 최소화할 수 있지만 근본적으로는 통제가 불가능한 반면, 인적 재난은 새로운 유형의 재난이 발생하는 등 예측이 불가능하지만 근본적인 통제가 어느 정도 가능하여 재난의 피해를 최소화할 수 있다. 또한 자연재난은 인명피해와 재산피해의 범위가 광범위하게 영향을 미치고, 인적 재난은 비교적 국소적 영향을 미친다.

마지막으로 상호작용성은 재난의 발생이 단일한 원인에 기인하지 않으며, 재난의 결과 또한 단일한 피해가 아니고 상호작용으로 피해를 입히는 것이다. 재난이 발생한 경우 재난 자체와 피해주민 및 피해지역의 기반시설이 서로 영향을 미치면서 여러 가지 사건이 전개될 수 있다. 재난이 일어나 기반시설의 마비가 오면서 피해주민이 대피하고, 대피지역에 연쇄적으로 경제적 · 정신적 피해가 발생하며, 복구에 필요한 경제적 손실과 인력 등 다양한 상호작용이 일어난다는 점이다.

5. 우리나라 재난의 특성

우리나라는 서구사회가 약 2세기에 걸쳐 이룩한 것을 아주 짧은 시간에 성취하였다. 따라서 경제발전에 초점을 맞춘 이러한 과정에서 사회적으로 여러 가지 문제들이 많이 발생하였고, 이제 이러한 문제들을 해결할 뿐만 아니라 덧붙여 서구사회가 경험하고 있는 문제들도 함께 고려해야 할 단계에 이르렀다고 할 것이다.

1990년대 이후 우리나라에서 빈번하게 터지는 대형 재난사고의 원인에 관해서는 이른바 한국적 특수성이 크게 작용하고 있는 것으로 지적된다. 여기서 말하는 "한국적 특수성"으로는 근대화의 파행성, 한국 특유의 폭증사회, 날림사회, 비상적인 발전 혹은 왜곡된 발전 등이 언급된다. 서구사회의 근대화가 오랜 시간 정상적인 발전과정을 통해 이루어진 데 반해 우리는 경제적인 것에 초점을 맞춰 무리하게 성장을 추진해왔기에 대형 재난사고를 피할 수 없다는 것이다. 그리고 제도를 운용하는 개인 혹은 조직의 부패나 부실공사, 부주의나 과실, 관리소홀, 즉 인재가 언급된다. 한국의 후진적인 행정조직과 위험관리체계가 사회를 위험에 빠뜨렸다는 논리이다. 이에 따르면, 결국 재난관리의 체계화된 제도화만이 동시 다발적으로 발생하는 재난사고를 방지할 수 있는 해결책이 된다. 또한 재난관리의 실패 원인에 대한 분석과 행정적 · 기술적 안전대책의 강화가 있었음에도 불구하고 연이어 대형 재난사고가 터진다는 사실이 후진적 행정조직 및 관리체계의 문제로 받아들여진다.

따라서 우리는 근대화의 이면적 측면을 반성하려는 위험사회의 문제의식에 대해 고찰할 필요가 있다. 이러한 위험사회 테마가 갖는 보편성과 차이에 주목하여, 한국적 재난의 특성을 '이중적 복합위험사회'라는 개념으로 접근하고자 한다. 산업화와 정보화를 동시에 겪으면서 전통과 근대 그리고 탈근대를 동시에 경험하고 있는 우리 사회에 만연한 사고와 위험요소를 표현하고 부각시키는 데 '이중적 복합위험사회'의 적실성이 있다.

이 개념을 통해 우리는 예측 가능한 환경과 재난의 위험 그리고 재난방지부분의 불충분한 투자, 열악한 재난관리수준 등에서 드러나는 한국 고유의 위험요소를 포착할 수 있다.

재난을 가져오는 위험사회 테마를 우리만의 고유한 위험요소들로서 고려하는 '이중적 복합위험사회'로 정리할 때, 한국적 재난의 특징을 다음 세 가지로 정리할 수 있다.

첫째, 전후좌우를 골고루 살피지 않고 오로지 앞만 보고 질주하는 일면적인 사고방식이다. 사태의 불확실한 측면을 세심히 살피거나 타인을 배려하는 관점을 무시한 채 수단과 방법을 가리지 않고 목표를 성취하려는 태도가 부실을 가져오고 대형재난을 일으키는 원인이 되었다는 것이다.

둘째, 한국적 위험사회의 또 다른 전형적인 모습은 바로 '미래에 대한 무관심이다.' 압축적 근대화로 돌진한 한국사회의 주요 초점은 바로 현재의 성장이었다. 성장이라는 최우선적 목표를 위해서는 현재의 문제들은 단편적으로 관찰될 수밖에 없었다. 따라서 미래세대에 대한 관심은 상상조차 하기 힘들었다. 이러한 근본적인 인식의 결함이 있었기에 미래에 대한 투자라고 할 수 있을 안전사회부문에 대한 투자는 소홀하지 않을 수 없었다.

셋째, 극심한 환경의 오염이다. 생태계의 위기는 비교적 서구와 우리의 경험이 유사성을 많이 갖는 측면이라고 할 수 있다. 그만큼 생태계의 위기는 전 지구적이고, 전체 인류와 직결되는 성격을 갖는다. 특히 우리나라는 성장과 발전에만 몰두한 결과 자연의 반격을 받는 '생태적 위험사회'가 되었다. 일례로 1998년 5월 오존주의보가 12차례나 발령되었는데, 이는 보통 1년 동안 발생하였던 수치이다. 다이옥신이 크게 문제가 되는 소각장과 가장 심각한 문제라 할 수질오염은 심각한 수준이다. 1990년 발암물질이라고 알려진 트리할로메탄이 수돗물에서 검출되었고, 1998년 부산의 수돗물에서 장바이러스가 검출된 사건은 우리가 당면한 물 위기의 심각성을 그대로 보여주는 것이다.

마지막으로, 우리나라에는 현재 다양한 형태의 재난이 존재하는데, 서해 페리호 침몰사건(1993), 충주호 유람선 화재(1994), 구포역 열차탈선사고(1993), 아현동 도시가스 폭발사고(1994), 대구지하철 가스폭발사고(1995), 성수대교 붕괴(1994), 삼풍백화점 붕괴(1995), 대한항공 여객기 괌 추락사고(1997), 씨랜드 참사(1999), 인천 호프집 화재(1999), 지리산 관광버스 전복(2000), 대구지하철 화재(2003) 등 우리의 기억 속에 남아 있는 대부분의 안전사고들은 모두가 '인재'였다. '빨리빨리', '앞만 보고' 달리는 태도로 인해 빚어진 참사들로서, 압축적 근대화 패러다임이 내장할 수밖에 없는 어두운 부분이며, 한국적 재난의 단면이라고 지적할 수 있을 것이다.

6. 우리나라 재난의 요인

우리나라 재난의 발생원인과 현상들은 사회 · 경제 발전과정에서 자연스럽게 나타난 것이 아니라 정부의 강력한 개입주의적 '관리국가'에 의한 부정적 형태로 나타나게 되었다. 예를 들면, 1960년대 박정희 군사정권의 등장은 산업화가 시장의 자율적 기제에 따르지 않고 정부의 강력한 주도에 따라 계획적으로 추진되는 조건을 형성했다. 당시 박정희 정권은 경제, 교육, 법 등 사회 전 영역에 걸쳐 광범위하게 그리고 깊숙이 개입 · 침투하여 계획하고 유인하였고, 이 과정에서 부정적 형태의 재난요인의 내재, 혹은 부정적 형태의 현상들이 발생했다. 이와 같은 부정적 형태의 행정적 · 정치적 요인을 정리하면 다음과 같다.

첫째, 압축적 근대화는 국가가 시장 육성 · 지원을 위해 사회 전반에 걸쳐 강력한 통제를 행사한 반민주적 개발독재에 힘입어 수행되었던 것이다. 강력한 통제의 반민주적 개발독재는 강력한 지도자의 결의에 따라 시장에 대한 체계적인 개입과 규제를 단행하는 것이다. 중앙정부는 부족한 시간과 가용자원을 확보하고 낭비를 방지하기 위해 국가와 대기업, 금융 간의 공적 관계뿐만 아니라 노동자, 심지어 언론까지도 국가의 정책목표와 지침에 따라 동원하고 통제했다. 그 결과 권력이 과도하게 중앙에 집중되어 중앙정부는 산업화와 관련된 거의 모든 영역에 개입하여 정책결정을 내렸으며, 대기업과 금융의 안정성도 중앙정부의 정치적 지시에 의해서만 보장될 수 있었다.

둘째, 집중된 권력과 그에 기반을 둔 규제와 통제는 세계시장의 다국적 기업들과의 경쟁에서 열악한 경제적 조건을 극복하기 위해 저임금, 공기단축 등 비용절약의 위험성이 높은 전략을 유도했다. 이러한 구조에서 기업은 안전을 위한 비용을 불필요한 것으로 여기게 되며, 국가는 최단 시간에 선진국으로 진입하려는 속도효율에 집착하여 위험관리에는 상대적으로 소홀하였다.

셋째, 정부 내의 정책결정에서 관료조직은 강압적 권력에 의해 시민사회의 감사와 견제 밖에 있었기 때문에, 관료들은 자신이 내린 결정이 미칠 부정적인 결과를 심각하게 고려하지 않은 채 당장의 이익을 위해 중요 결정을 내렸다. 관료조직의 사회 전반에의 개입은 수입규제, 수출촉진, 특정 산업의 보호 및 육성, 자본의 조달과 배분, 노동통제, 사회통제 등 여러 가지 정책의 단계별 결정과 집행 과정에서 각종 특혜와 부조리, 부패가 개입될 가능성을 잠재하고 있었다. 더 나아가 국가는 조국근대화라는 국가주의적 공익의 이름으로 그들의 모든 결정을 합리화했다. 그러나 억압적 폭력에 의존한 정치로 시민들의 참여과정이 차단된 탓으로 국가 관료들에 의한 결정과 그 결정에 따른 위험에 대해 올바른 정보를 얻을 수도 없었다. 때문에 피해가 있어도 이것을 공론장의 의제로 설정하기는 어려웠다.

넷째, 이러한 강한 국가의 압축적 근대화 과정에서 경제성장이 체계적으로 생산해내는 부정적 요인들(위험)은 근대화에 동반되는 필연적 요소라 할 수 있다. 동시에 압축적 근대화는 강한 국가의 지배를 정당화하는 이데올로기로서 가능했다. 그 결과 경제성장과 기술적 진보는 마땅히 좋은 것이라는 사고가 사회 전체를 지배했고, 경제성장의 부산물로서의 위험성 내재 문제는 공개적 논쟁이나 비판의 대상이 될 수조차 없었으며 정치적 갈등의 중심에 서지도 못했다. 대다수 국민들은 국가를 통하지 않으면 어떤 문제도 해결되지 않는다고 믿었으며, 국가의 업무수행에 대한 저항은 불가능하다고 체념하고 수인하는 수동적 자세로 길들여졌다. 다시 말해 국민들의 의식에서 재난이란 불가항력적인 것이었으므로 그 대응 및 복구과정에 치중하는 정부의 재난대책은 무조건 합리화되고 재난인식의 중요성과 예방적 차원의 대책은 상대적으로 소홀하게 되는 것이다.

요약하면, 압축적 근대화 패러다임이란 단기간의 경제적 성취를 위하여 강력한 국가가 국민의 자율과 참여는 배제한 채, 대중을 동원한 발전모델이라고 할 수 있다. 이 패러다임은 필연적으로 인간의 삶의 질에는 관심을 기울이지 않는다. 왜냐하면 국민들이 느끼는 행복감과 같은 삶의 질적 측면들이 고려되고 측정되기 이전에 수치상으로 정해진 목표를 달성하는 것이 우선적 과제로 설정되기 때문이다. 이러한 논리와 구조에서 인간의 안전문제에 대한 인식은 필연적으로 낮은 단계에 머물러 있게 되고 사후 대책에 치중할 수밖에 없다.

SECTION 02 재난관리

1. 재난관리의 개념

재난관리란 각종의 재해를 관리하는 것으로서 이를 구체적으로 정의하자면, "재해의 피해를 최소화하기 위하여 재해의 완화, 준비계획, 응급대응, 복구에 관한 정책의 개발과 집행과정"을 총칭하는 것이다. 즉 사전에 재난을 예방하고 대비하며, 재난 발생 후 그로 인한 물적 · 인적 피해를 최소화하고 본래의 상태로 복구하기 위한 모든 측면을 포함하는 총체적 용어로서 재난의 잠재적 원인(위험)과 재난의 진행, 그리고 재난으로 인한 결과(피해)를 관리하는 것을 말한다.

또한 재난관리의 목표는 여러 가지 위험요소를 사전에 관리하여 재난이 일어날 확률을 최소화하는 예방적 정책과 행동을 평가, 선정 및 구현하는 일련의 과정이다. 위험요소를 최소화하거나 완화시키기 위해 취할 여러 행동을 평가하고 적절한 대응책들을 선정하며, 재난 감소의 노력을 극대화하기 위해 통합된 형태로 이것들을 구현하는 과정이다. 과거에는 재난의 방지에 초점을 두었으나 인위적 재난의 발생빈도가 높아지면서 재난 발생 이후의 문제에 초점을 맞추는 경향이 있다. 과거의 "재난방지"라는 개념 대신 "재난관리"의 개념은 재난발생 이후의 대응단계와 복구단계까지를 포함하는 개념이라고 할 수 있다.

재난의 예방 · 대응 · 복구의 과정이 보다 과학적이고 효과적으로 이루어질 때 인적 · 물적 피해를 줄일 수 있다. 즉, 자연의 파괴가 발생하여도 이에 대한 방어수단만 취하고 있으면 재해를 어느 정도 방지 · 경감할 수 있고, 인간의 대응책이 미비하면 재난이 발생한다는 인식에 입각하여 재해의 예방 · 대응 · 복구의 과정이 과학적이고 효과적으로 이루어질 때 인적 · 물적 피해를 줄일 수 있다는 점에서 매우 중요하다. 그리고 정책적 측면에서 재난관리 중에서도 특히 복구관리는 일정의 배분적 성격을 가진다. 복구관리에 투자되는 막대한 재원이 어떤 기준에 의하여 누구에게 그 혜택이 돌아가느냐는 측면은 재난관리가 단순한 기술적 측면이 아닌 가치(부)의 권위적 배분이라는 점에서 정책적 중요성이 높다.

재난관리의 중요성을 요약하면 다음과 같다.

첫째, 재해의 예방 · 대응 · 복구의 과정이 보다 과학적이고 효과적으로 이루어질 때 인적 · 물적 피해를 줄일 수 있다. 즉, 자연의 파괴가 발생하여도 이에 대한 방어수단만 취하고 있으면 재해를 어느 정도 방지, 경감할 수 있다는 점에서 재해관리는 필요하다.

둘째, 정책적 측면에서의 재난관리, 그 중에서 특히 복구관리는 일종의 배분적 성격을 가진다. 복구관리에 투자되는 막대한 재원이 어떤 기준에 의하여 누구에게 그 혜택이 돌아가느냐는 측면은 재난관리가 단순한 기술적 측면이 아닌 가치의 권위적 배분이라는 점에서 정책적 중요성이 높다.

셋째, 재난관리가 소극적 면에서의 대응이라는 차원을 넘어 장기적인 국토개발과 치수사업과의 연계하에 이루어진다면 모든 국민에게 보다 안전하고 쾌적한 생활공간을 제공하는 복지차원에서도 그 중요성을 찾을 수 있다.

오늘날 많은 나라와 기관들이 채택하고 있는 재난관리의 활동과 목표는 총체적 재난관리모형(CEM ; Conferensive Emergency Management Model)에 기반하고 있다. 페탁(Willian J. Petak)은 재난관리과정을 재난발생 시점이나 관리시기를 기준으로 ① 완화와 예방(Mitigation and Prevention) ② 대비와 계획(Preparedness and Planning) ③ 대응(Response) ④ 복구(Recovery)의 4단계로 설명하고 있다. 이러한 4단계 모형은 1970년대 말 미국의 "전국주지사협회(NGA ; National Governors Association)"에서의 연구결과로서 일반적으로 많은 재난관리자와 연구자들이 이러한 모형을 채택하고 있다. 재난의 경우 우선 사고발생의 원인과 조건을 찾아내어 이를 소멸시키는 일이 중요하고, 그것이 발생했을 경우를 대비해 작업을 갖추어야 하고, 다음으로 재난 발생 시 대응 과정에 있어서 체계적인 계획이 있어야 하며, 마지막으로 복구 및 재발방지를 위한 노력이 필요하다.

이상 네 가지 과정은 상호단절된 것이 아니라 상호순환적 성격을 갖고 있으며, 완화 · 예방 · 대비 · 계획 · 대응 · 복구 등의 과정은 각 과정이 개별적으로 이루어진 것이 아니라 시간적 활동순서이고, 각 과정의 활동결과 및 내용은 다음 단계의 활동에 영향을 미친다. 또한 최종 복구활동의 결과 및 노력과 경험은 최초의 완화단계의 활동에 환류되어 장기적 재난관리의 제 과정이 하나의 관리체계 속에서 각각의 고유한 기능을 지니고 있는 하위체제로서 작용하게 되고 이 네 가지 과정이 통합 정리될 때 효과적인 재난관리가 이루어질 수 있다. 또한 이러한 네 가지 과정의 통합만이 아니라 재난관리의 총체성으로 인해 여기에 참여하는 각종 기관, 각 수준의 정부의 조정과 통제 등 필요한 활동체제를 갖추는 노력 또한 재난관리에 필수적인 요소이다.

재난관리의 과정은 재난의 생애주기(Life Cycle)에 따라 예방 및 완화, 준비 또는 대비대응, 그리고 복구의 4단계 과정으로 분류된다. 앞의 두 단계는 재난발생 이전 단계이고 뒤의 두 단계는 재난발생 이후 단계이다.

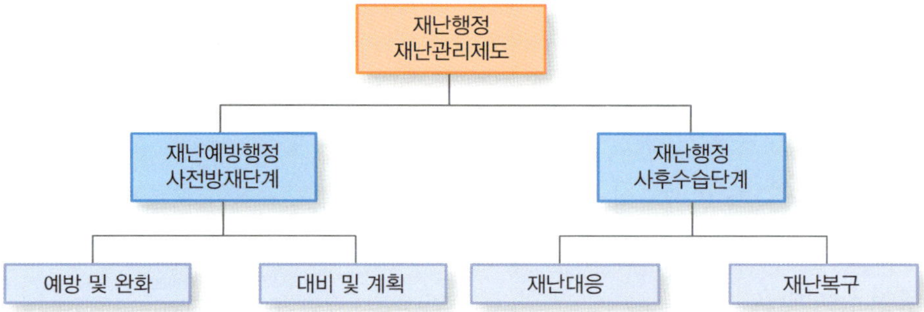

재난단계별 조직도

이처럼 재난관리의 각 단계는 개별적이고 독립적인 것이 아니고 상호의존적이다. 또한 재난관리의 단계별로 각각의 특성을 가지고 있다. 사전예방을 위한 완화단계와 준비단계에서는 예방을 위한 계획수립과 정비가 주된 활동이며, 사후 수습을 위한 대응단계와 복구단계에서는 계획의 실행과 복구가 주된 활동이다.

재난관리 단계별 주요활동

구분	단계	주요활동 내용
재난발생 이전단계	완화단계 (Mitigation)	위험성 분석 및 위험지도 작성, 건축법 제정과 정비, 조세유도 재해보험, 토지이용관리, 안전관련 제정 및 정비 등
	준비단계 (Preparedness)	재난대응 계획수립, 비상경보체계 구축, 비상통신망 구축, 유관기관 협조체제 유지, 비상자원의 확보 등
재난발생 이후단계	대응단계 (Response)	재난대응계획의 시행, 재해의 긴급대응과 수습, 인명구조 구난활동 전개, 응급의료체계 운영, 환자의 수용과 후송, 의약품 및 생필품 제공 등
	복구단계 (Recovery)	잔해물 제거, 전염병 예방 및 방역활동, 이재민 지원, 임시거주지 마련, 시설복구 및 피해보상 등

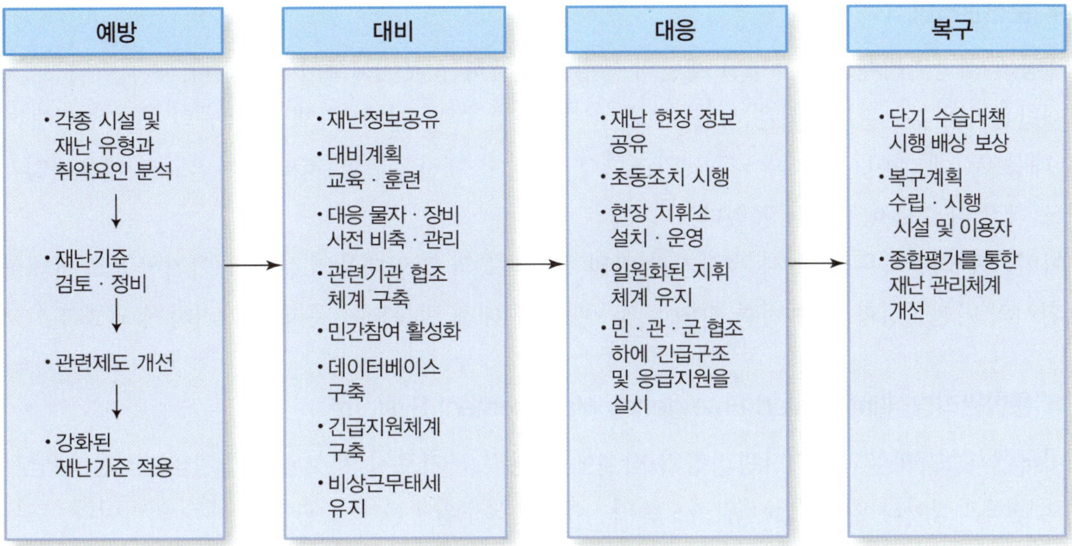

재난관리 체계의 흐름도

2. 재난관리의 유형

재난관리는 크게 분산관리방식과 통합재난관리방식으로 구분할 수 있는데, 먼저 분산관리방식은 그 발생 원인에서 다른 특성을 보여주는 인위재난과 자연재난 등으로 구분하여 관리하는 유형별 관리방식이며, 통합재난관리방식은 종합성과 통합성의 관점에서 모든 재난을 통합 관리하는 것이다.

통합재난관리방식은 각 재난마다 마련된 개별긴급대응책과 개별공적 활동의 통합으로 이루어진 것으로서 재난유형별 관리방식은 지진대책과 수해대책 · 독극물 누출 · 풍수해나 설해 등 재난의 종류에 상응하여 대응방식에 차이가 있다. 하지만 통합재난관리방식은 이를 모든 재난에 공통되는 방지대책을 중심으로 완화 · 대비 · 복구에 걸친 대책에 관하여 일체적 대응체계로 전환한 것이라 할 수 있다.

우리나라, 일본, 중국 등은 재난을 발생 유형별로 관리하는 체제를 유지하고 있으나 미국(IEMS), 프랑스(DSC), 영국, 독일 등은 통합재난관리체제를 유지하고 있다.

재난을 유형별로 관리하는 것은 조직의 기능 중복이나 누락 등으로 비효율적이며 재난 발생 시 혼란을 초래하게 된다. 따라서 선진국들은 1970년대 이후 통합재난관리제도를 채택하기 시작하였고, 일본도 재난유형별로 관리하기는 하나 재난 발생 시에는 '소방청'이 모든 재난을 종합 관리하고 있는 실정이다.

■ 분산관리방식

전통적 재난관리제도는 유형별 재난의 특징을 강조하는 것에서부터 시작된다.

재난관리의 분산관리방식은 지진, 수해, 유독물, 풍수해, 설해, 화재 등 재난의 종류에 상응하여 대응방식에 차이가 있다는 것을 강조한다. 따라서 재난유형별 계획이 마련되며 대응책임기관도 각각 다르게 배정되어 있었다.

이러한 관리방식은 재난 시 유사기관 간의 중복대응과 과잉대응의 문제를 야기하였고 난해한 계획서의 비현실성과 다수 기관 간의 조정 · 통제에 대해 반복되는 문제를 야기하게 되었다.

■ 통합관리방식(Integrated Emergency Management System)

미국에서 1979년 연방위기관리청의 창설에 이론적 근거로서 제시된 통합관리방식은 재난관리의 전체과정이라 할 수 있는 완화 · 준비 · 대응 · 복구활동을 종합관리 한다는 의미이다. 모든 재난은 피해범위 · 대응자원 · 대응방식에 있어 유사하다는 데 그 이론적 근거를 삼고 있고, 이는 곧 재난대응에 필요한 대응기능별 책임기관을 지정하여 유사 시 참가기관들을 조정하고 통제한다는 조정적 의미이다.

재난관리의 종합성은 일차적으로 대응할 책임과 역할을 담당하는 자치단체의 활동과 이차적으로 중앙정부에 의한 국가차원의 광범위한 대응이 일체성을 지니고 활동을 전개하여야 하며 그와 동시에 자치단체 및 중앙부처의 각 부문이나 담당기관 간의 상호 긴밀한 협력이 발휘되어야 한다는 것이다.

특히 이러한 통합재난관리방식에서 강조되고 있는 점은 재난정보의 통합관리이며 이것은 전체적인 대응활동을 조정 · 통제하는 데 있어 의사결정의 근원이 된다.

재난관리방식별 장단점 비교

유형	재난유형별 관리	통합재난관리
성격	분산적 관리방식	통합적 관리방식
관련부처 및 기관의 수	다수부처 및 기관관련	소수부처 및 기관관련
책임범위와 부담	소관재난에 대한 관리책임, 부담분산	모든 재난에 대한 관리책임, 과도한 부담가능성
활동범위	특정 재난에 대한 관리활동	모든 재난에 대한 관리활동
정보의 전달	정보전달의 다원화/혼란우려	정보전달의 단일화/효율적
재원마련과 배분	복잡(과잉, 누락)	간소
재난대응	대응조직 없음(사실상 소방)	통합 대응/지휘통제 용이(소방)

우리나라의 재난관리는 재난의 유형별로 각 행정기관이 주관하여 책임을 지고 있다. 주관기관은 총 책임을 담당하며, 유관기관은 재난 및 사고의 규모와 상황에 따라 다소 변동이 가능하도록 시스템화되어 있다.

재난관리 유형별 분류

구분		주관기관	유관기관	비고
자연재난	풍수해	소방방재청	국토부, 교과부, 기재부, 지경부, 복지부, 국방부, 농림부, 환경부, 문화부, 경찰청, 기상청, 산림청, 방통위, 해경청, 농진청, 지자체	해일, 설해 포함
	낙뢰	소방방재청	농림부, 기상청, 지자체	
	가뭄	소방방재청	국토부, 농림부, 환경부, 기상청, 지자체	
	지진	소방방재청	국방부, 지경부, 국토부, 복지부, 문화부, 교과부, 농림부, 노동부, 환경부, 경찰청, 방통위, 문화재청, 해경청, 기상철, 지자체	
	황사	환경부	지경부, 교과부, 복지부, 소방청, 기상청, 산림청, 농진청, 지자체	
	적조	농림수산식품부	환경부, 국방부, 해경청, 기상청, 지자체	
인적 재난	산불	산림청	국방부, 법무부, 외교부, 노동부, 복지부, 경찰청, 소방청, 방재청, 기상청, 지자체	
	교통재난	국토해양부 해양경철청	국방부, 외교부, 법무부, 복지부, 노동부, 경찰청, 방재청, 기상청, 지자체	항공, 철도, 해상재난, 도로, 교통, 시설안전, 다중이용선박안전 포함
	폭발 · 대형화재	소방방재청	복지부, 지경부, 국방부, 환경부, 문화부, 노동부, 방재청, 경찰청	
	건축물 등 시설물 재난	소방방재청	복지부, 국토부, 경찰청, 지자체	초고층대규모지하 연계복잡건축물안전, 다중이용업소안전 포함
	독극물 · 환경오염	환경부 해양경찰청	농림부, 국방부, 국토부, 방재청, 경찰청, 지자체	해양오염 포함
	산업재해	노동부	복지부, 국토부, 환경부, 방재청, 경찰청	건설사업장안전, 유해성 물질안전 포함

구분		주관기관	유관기관	비고
해외재난	해외재난	외교통상부	국정원, 경찰청, 외교부, 문화부, 복지부, 국토부, 통일부	
재난지원	재난방송	방송통신위원회	방재청, 기상청, 방송사, 지자체	
	방재기상	기상청	농림부, 방통위, 방재청, 방송사	

또한, 국가기반시설, 안전관리분야, 전염병에 따라서도 각 행정기관이 주관하여 책임을 지고 있다. 주관기관은 총 책임을 담당하며, 유관기관은 재난 및 사고의 규모와 상황에 따라 다소 변동이 가능하도록 시스템화되어 있다.

국가기반분야별 분류

구분	주관기관	유관기관	비고
에너지 (전력, 가스, 석유)	지식경제부	행안부, 교과부, 외교부, 노동부, 국방부, 환경부, 문화부, 방재청, 경찰청	전기, 유류, 가스재난 포함
정보통신 (통신망)	방송통신위	행안부, 국방부, 노동부, 방재청, 해경청, 경찰청	통신재난 포함
정보통신 (전산망)	행정안전부	국방부, 경찰청	고용전산망 포함
교통수송 (철도, 항공, 화물, 도로, 지하철, 항만)	국토해양부	행안부, 국방부, 노동부, 지경부, 방재청, 해경청, 경찰청, 지자체	
금융전산시스템	금융위원회	행안부, 기재부, 노동부, 경찰청	
보건의료서비스 (의료서비스, 혈액)	보건복지가족부	행안부, 노동부, 국방부, 교과부, 경찰청	
원자력	교육과학기술부 지식경제부	행안부, 국방부, 복지부, 외교부, 문화부, 환경부, 농림부, 방재청, 해경청, 방통위, 경찰청, 지자체	방사능방재 포함
환경 (소각장, 매립장)	환경부	행안부, 노동부, 경찰청, 지자체	
식용수 (댐, 정수장)	국토해양부 환경부	행안부, 국방부, 노동부, 농림부, 복지부, 방재청, 경찰청, 지자체, 수자원공사	

안전관리분야별 분류

구분	주관기관	유관기관	비고
보행자안전	행정안전부	교육청, 경찰청, 지자체	
승강기안전	행정안전부	방재청, 경찰청	
어린이놀이시설안전	행정안전부	교과부, 경찰청	
여름철물놀이안전	소방방재청 해양경찰청	행안부, 교과부, 경찰청, 지자체	
사회복지시설안전	보건복지가족부	행안부, 방재청, 경찰청, 지자체	보육시설안전, 청소년수련시설 안전 포함
교육시설안전	교육과학기술부	행안부, 방재청, 교육청, 경찰청	유치원시설안전, 연구실안전, 학교시설안전 포함
유도선안전	소방방재청	행안부, 경찰청	
자전거이용안전	행정안전부	국토부, 경찰청, 교육청, 지자체	
문화체육시설안전	문화체육관광부	행안부, 경찰청, 방재청, 지자체	유원시설안전, 공연장안전, 체육시설안전 포함
등산사고안전	산림청	행안부, 경찰청, 방재청, 지자체	
수상레저안전	해양경찰청 소방방재청	행안부, 경찰청	
문화재안전	문화체육관광부	행안부, 방재청, 산림청, 경찰청	
사이버안전	행정안전부	방통위, 국정원, 경찰청	

전염병 분류

구분	주관기관	유관기관	비고
전염병	보건복지부	행안부, 외교부, 법무부, 교과부, 국방부, 농림부, 환경부, 국토부, 국가정보원, 경찰청, 방재청, 해경청, 소방청, 지자체	
가축질병	농림수산식품부	행안부, 외교부, 복지부, 국방부, 환경부, 경찰청, 해경청, 관세청, 농진청, 지자체	

3. 재난관리의 변화와 정부의 대처

정부는 1995년 7월 18일 재난관리법을 제정하면서 중앙부처는 물론 지방자치단체에 재난관리 전담기구와 인력 확보를 서두르게 되었고, 공공 및 민간시설물 등 제반시설물에 대한 일제 안전점검 실시와 위험시설물의 보수 · 재건축 추진과 동시에 60여 개의 재난관련법령 재정비를 통해 재난예방장치를 강화하였다.

좀 더 살펴보면 정부는 국무총리를 위원장으로 하는 「중앙안전 대책위원회」를 중심으로 각 부처장관이 소관 분야별로 예방 · 수습대책을 마련하는 한편, 각 분야별 재난관리계획을 종합화한 「국가재난관리계획」을 수립하여 집행해 나가게 하였다. 광역 및 기초자치단체에서는 단체장을 중심으로 관내 유관기관 · 단체가 참여한 「지역안전대책위원회」를 구성 운영하고, 지역실정에 맞는 재난관리계획을 수립하여 재난의 예방 · 대응 · 수습 · 사후관리를 체계적으로 감당하기에 이르렀으며, 동시에 「안전문화운동」도 적극적으로 전개하여 왔다.

'01년부터는 국무총리 소속하에 발족한 「안전관리개선기획단」을 중심으로 그간 정부의 많은 기관에서 각각 관리하는 재난관리기능을 종합 · 조정함은 물론 점검 · 평가함으로써 안전관리업무의 실효성을 확보하는 한편 관계 행정기관 간 역할분담으로 안전관리개선업무에 관하여 원활한 추진체계가 구축되었다.

하지만 2003년 2월 18일 발생한 「대구지하철 방화사고」는 사망 192명, 부상 148명의 엄청난 인명피해를 초래하는 등 국가적 재난관리상 총체적인 부실 문제가 제기되었다. 이와 관련 국가재난관리체계를 획기적으로 개선하기 위하여 「소방방재청 개청준비단」(3. 11)과 국가재난관리시스템 기획단」(3. 17)을 설치하여 「국가재난관리 종합대책」을 수립함으로써 범정부적인 재난관리기반체계를 구축하였으며, 그동안 '재난'과 '재해'로 이원화된 개념을 '재난'으로 통합 일원화하였고, 재난관리시스템 개선을 통하여 국가 최초의 재난관리 전담기구인 「소방방재청」을 설치하게 되었다.

2004년 6월 1일 출범한 「소방방재청」은 행정자치부 민방위재난통제본부 기능을 중심으로 새롭게 설치된 것으로 민방위와 방재 및 소방기능을 포괄적으로 수용하는 한편 안전관리 기능을 추가함으로써 명실공히 국가 재난을 총괄 관리하는 전담기구로서 우리나라 재난관리사에 큰 획을 그은 것으로 평가되고 있다.

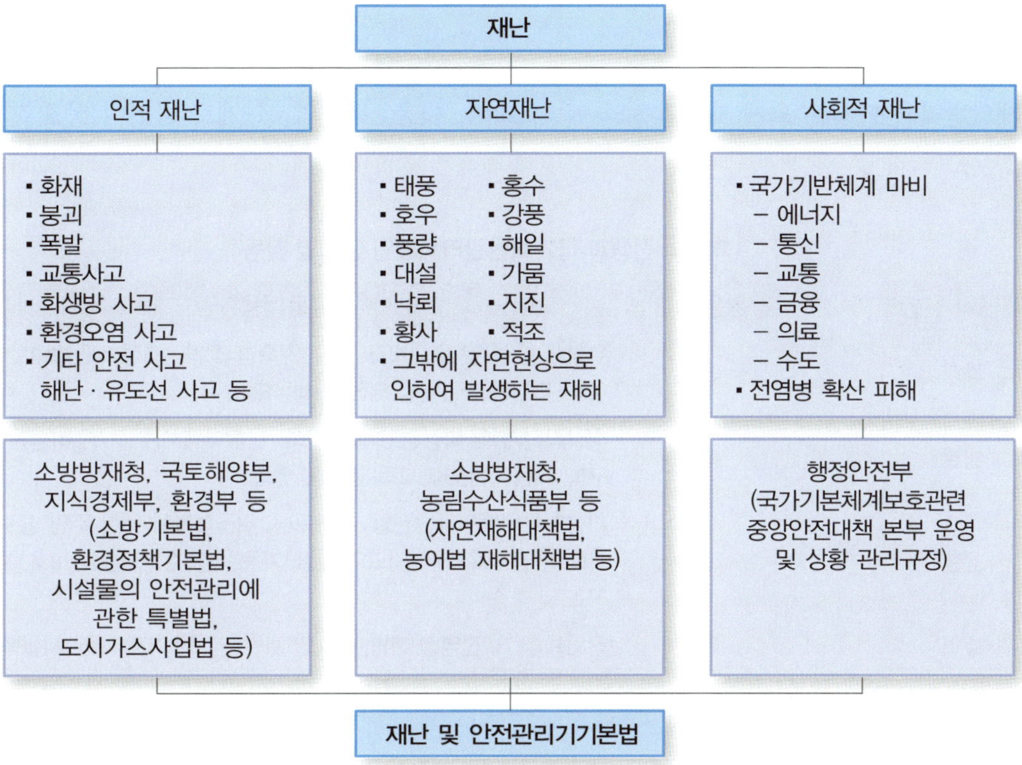
재난
인적 재난
자연재난
사회적 재난
▪ 화재
▪ 붕괴
▪ 폭발
▪ 교통사고
▪ 화생방 사고
▪ 환경오염 사고
▪ 기타 안전 사고
해난 · 유도선 사고 등
▪ 태풍 ▪ 홍수
▪ 호우 ▪ 강풍
▪ 풍랑 ▪ 해일
▪ 대설 ▪ 가뭄
▪ 낙뢰 ▪ 지진
▪ 황사 ▪ 적조
▪ 그밖에 자연현상으로 인하여 발생하는 재해
▪ 국가기반체계 마비
– 에너지
– 통신
– 교통
– 금융
– 의료
– 수도
▪ 전염병 확산 피해
소방방재청, 국토해양부, 지식경제부, 환경부 등 (소방기본법, 환경정책기본법, 시설물의 안전관리에 관한 특별법, 도시가스사업법 등)
소방방재청, 농림수산식품부 등 (자연재해대책법, 농어법 재해대책법 등)
행정안전부 (국가기본체계보호관련 중앙안전대책 본부 운영 및 상황 관리규정)
재난 및 안전관리기기본법

재난의 분류체계

4. 재난관리의 단계

재난관리의 단계는 크게 재난활동의 예방, 대비, 대응, 복구의 4단계로 나뉘며 상호 연계가 가장 중요하다.

재난의 진행과 국가재난관리체계의 단계별 활동

재난의 진행		활동단계	활동내용
배양	↔	예방	위험성 분석 및 위험지도 작성, 건축법 정비 · 제정, 재난보험, 토지이용관리, 안전 관련법 제정, 조세유도
발발		대비	비상작전계획, 비상경보체계 구축, 통합대응체계 구축, 비상통신망 구축, 대응자원분배, 교육훈련 및 연습
진행		대응	비상계획 가동, 재난진압, 구조구난, 위급상황에 대한 주민 홍보 및 교육, 긴급의료지원, 사고대책본부가동, 환자수용, 간호, 보호, 수색, 구조 및 후송
소멸		복구	잔해물 제거, 전염성 예방, 이재민 지원, 임시주거지 마련, 시설복구

※ 자료 : 김태윤(2000), 국가 재해재난 관리체계 구축 방안연구, 한국행정연구원, p35

단계별 재난 활동내용

단계	단계별 재난개념	일반적 내용
예방	재난예방이란 인간의 생명과 재산에 미치는 자연적 또는 인위적 위험성 정도를 줄이거나 제거하기 위해 장기적 관점에서 취해지는 모든 활동들을 말한다. 예방(완화 또는 경감을 포함)단계는 당해 사회가 과거에 비상상황이 발생했는지 여부를 떠나 어떤 위험성에 노출되어 있다는 것을 전제로 한다.	• 건축법규, 재난재해보험, 소송(기소) • 토지사용관리 • 감시감독/조사 • 공공 예방안전교육, 과학적 연구 • 위험지도 제작 • 안전법규, 기타 관련법령 및 조례 • 세금경감 및 세금인상정책

단계	단계별 재난개념	일반적 내용
대비	재난대비(준비 및 계획이라고 함)란 비상시 효과적인 대응을 용이하게 하고 작전능력을 향상시키기 위해 취해지는 사전준비 활동을 말한다.	• 비상방송시스템 구축 • 대응 활동을 위한 비상통신시스템 구축 및 관리 • 대응조직(기구)관리 • 긴급대응계획의 수립 및 연습 • 재난방송 및 공공정보자료 (방송 및 주민보호방송 시나리오) • 대응시스템의 가동연습 • 재난위험성 분석 • 지역 간 상호원조협정체결 • 자원동원관리체계 구축 • 대응요원들의 교육훈련 • 경보시스템 구축
대응	대응 활동이란 재난발생 직전과 직후 또는 재난이 진행되고 있는 동안에 취해지는 인명구조, 재산손실의 경감, 긴급복구 활동을 총칭하는 개념이다.	• 비상방송시스템의 가동 • 시민들에 대한 비상대비 및 방어활동을 유발하도록 하는 긴급지시 • 응급의료지원 활동 전개 • 긴급대응계획의 가동(활성화) • 대책본부 및 긴급구조통제단의 가동 • 공식적으로 승인된 대주민비상경고 • 피해주민 수용 및 구호 • 긴급대피 및 은신 • 탐색 및 구조 • 대응자원동원 • 경보시스템의 가동
복구	복구 활동은 일반적으로 단기복구와 중장기 복구 활동으로 구분하여 관리하는데, 단기복구는 최소한의 필수불가결한 생활지원 활동을 말하며, 중장기 복구는 정상적인 생활 상태로의 복구 및 보다 향상된 상태로의 복귀를 위해 취해지는 활동을 말한다.	• 피해주민 및 대응 활동요원들에 대한 재난 심리상담(외상 후 스트레스 관리) • 피해평가 • 잔해물 제거 • 보험금 지급 • 대부 및 보조금 지원 • 재난으로 인한 실직자 지원 • 유익한 재난관련 공공정보 제공 • 대응계획 평가 • 대응계획 수정 및 수정내용 배포 • 임시 거주지(주택) 마련

(1) 예방 및 완화단계

예방(Prevention)은 예방활동이라고도 하며 위기완화는 위기가 실제로 발생하기 전에 위기 촉진 요인을 미리 제거하거나 가급적 일어나지 않도록 억제 또는 완화하는 과정을 의미한다. 따라서 예방 및 완화단계는 자연 및 인위재난으로부터 인간의 생명과 재산을 보호하고자 재난에 관한 장기적 완화대책 또는 제거대책을 수립하는 제반활동을 수행하는 단계를 말한다. 인간의 건강, 안전, 그리고 사회의 복지에 위험이 존재할 때 무엇을 할 것인가를 결정하는 단계로서 방지할 수 있는 재난을 막거나, 이것이 불가능할 경우 그 영향을 축소 또는 감소시키기 위한 계획적이고 질서정연한 노력을 통하여 재난발생의 가능성을 낮추는 프로그램을 수행하는 단계이다.

예방 및 완화단계는 위험감소 계획을 결정 · 집행하고, 각종 재난으로부터 인간의 생명과 재산에 대한 위험의 정도를 감소시키려는 장기적 정책으로 이루어지고 있는데, 완화단계의 활동은 가능한 한 재난의 원인을 제거하거나 재난이 발생할 수 있는 가능성과 강도를 크게 감소시켜 인명과 재산을 보호하는 방향, 재난발생지역의 이용제한 방향으로 맞추어져 있다.

홍수나 가뭄 등의 자연재난은 주기적 · 반복적으로 발생한다는 관점으로 보면 어느 정도 예측 가능하다는 입장이 견지되어 왔는데, 자연재난관리정책의 완화활동으로는 사전예방대책의 수립, 재난피해 감소방안의 마련, 재난영향의 예측 및 평가 등이 있다. 구체적인 세부활동에는 재난 취약시설물에 대한 주기적 점검 및 규제, 주요 방재시설물에 대한 연계관리계획의 수립, 방재업무의 전담요원 확보, 위험시설이나 취약시설에 대한 보수 · 보강계획, 위험요소에 대한 사전 관리, 발생 가능한 것으로 판단되는 자연재난의 탐색 및 조치, 개발사업에 대한 사전 재난영향 평가, 재난영향의 감소를 위한 강제 규제방안 마련, 기상정보 및 재난취약요인에 대한 분석 등이 있다.

이 중 예방 및 완화단계에서 주로 행해지는 활동으로서는 재난관리를 위한 장기적 계획의 마련, 화재방지 및 기타 재난으로 인한 피해를 축소하기 위한 건축기준 법규의 마련, 위험요인과 지역을 조사하여 위험지역을 표시한 위험지도의 작성, 수해 상습지구의 설정과 수해 방지시설의 공사, 안전기준의 설정 등이 있다. 또한 미래에 발생할 가능성이 있는 재난을 사전에 예방하고 재난발생 가능성을 감소시키며, 발생한 재난의 피해를 최소화시키기 위한 활동을 말한다. 즉 사회와 그 구성원의 건강, 안전, 복지에 대한 위험이 있는지 알아보고 위험요인을 줄여서 재해발생의 가능성을 낮추는 활동을 수행하는 예방차원의 단계이다. 완화관리 단계에서 재해분석과 더불어 재해관리능력의 평가도 포함된다. 재해분석이란 재해의 종류에 대한 지식과 피해를 입을 개연성이 있는 지역사회에 관한 제반사항을 연구함으로써 재해발생에 대한 사전지식을 획득하는 과정이며, 재해관리능력의 평가는 대부분의 위기상황 관리에 요구되는 기능, 즉 예를 들면 재해관리조직, 비상활동계획, 자원관리, 지시와 통제, 커뮤니케이션과 P · R, 예방활동이 요구된다.

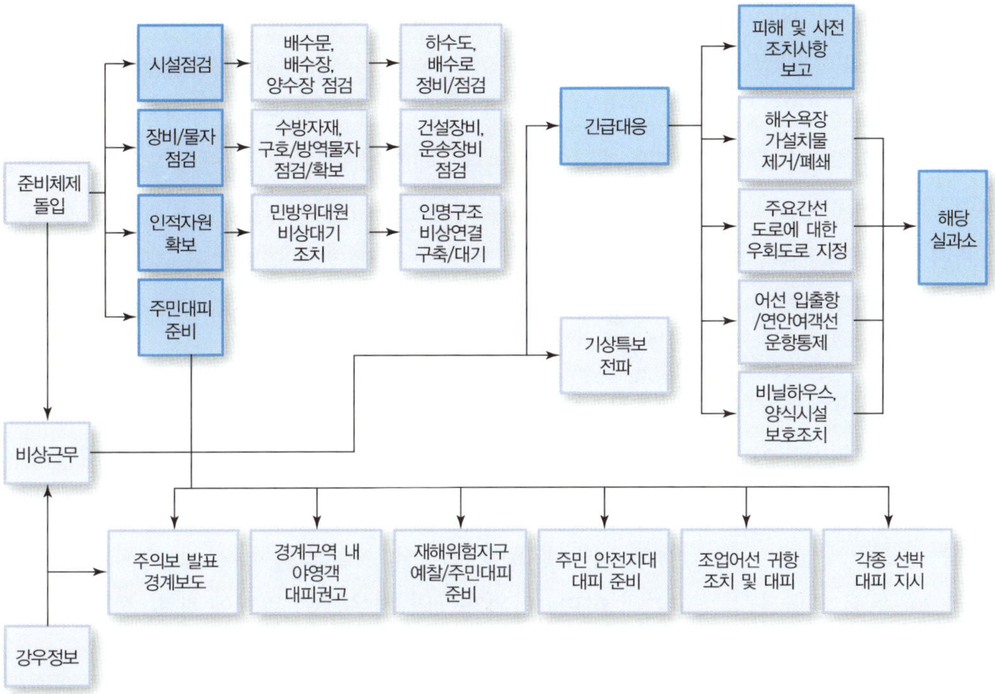

예방단계 업무 프로세스

또한 인적 재난 역시 불확실성을 갖고 있지만 과거 경험으로부터 예견 · 예측이 가능한 것으로 볼 수 있는데, 인적 재난관리정책의 완화활동에는 재난요인의 사전제거, 안전기준의 설정, 위험에의 노출 감소 등이 있고, 구체적인 활동에는 규제, 법령의 정비, 위험측정 분석 및 관리, 위험시설물 보수 및 보강, 홍보 및 경보 등이 해당된다. 이러한 완화활동을 통해 인명구조와 부상의 감소, 재산상 손실 예방이나 손실의 감소, 사회적 혼란과 스트레스의 최소화, 중요시설물의 유지, 사회 기반시설의 보호, 정신적 건강 보호, 정부와 공무원의 법적 책임 감소, 정부활동을 위한 긍정적인 정치적 결과의 제공 등과 같은 성과나 편익을 얻을 수 있다.

다음으로 예방활동단계는 단순히 정부 혼자만이 그 목적에 달성하는 것은 불가능하다. 개인, 기업, 지방자치단체와 중앙정부 등이 다 함께 각자의 분야에서 최선을 다할 때 비로소 최대의 성과를 달성할 수 있는 것이다.

첫째, 개인은 각 가정에서 안전생활을 몸소 실천해야 하는데, 예를 들면, 가정의 전기 · 가스 시설 사용 시 주의사항 등을 숙지하고, 각종 안전규칙을 철저히 준수해야 하며, 주거지역에서 발견되는 여러 가지 위험요소들을 관할구청에 신고해야 한다.

둘째, 기업은 각종 안전 관련 법률에 의거 건축물을 건설하고, 재난 시 기업의 중요 정보손실을 예방하기 위한 구체적인 대안을 모색해야 한다.

셋째, 지방자치단체와 중앙정부는 각 관할구역의 위험요소들을 평상시 파악하여 그에 대한 대책을 마련하고, 대국민 안전교육을 실시하며, 소방대상물에 대한 철저한 소방검사와 화재영향평가, 교통영향평가, 환경영향평가 등 국민과 기업의 각종 안전규제정책을 철저히 실행해야 한다. 특히 정부의 역할로 종합개발계획이 있는데, 개발계획 수립 시 사전의 위험요소 및 위험지역의 파악, 위험도의 측정, 그리고 재난 시 위험요소들이 삶의 환경에 미칠 영향을 파악해서 도시기반시설 계획, 구획정리, 단지 개발 시 위험지역의 개발을 억제하고, 대신에 녹지공간 또는 공원 등으로 지정하여 미래에 있을지도 모를 재난의 영향으로부터 피해를 줄여야 한다.

예방 및 완화전략은 각종 재난으로부터 인간의 생명과 재산에 대한 위기피해의 정도를 감소시키려는 보다 일반적이고 장기적인 전략으로 지역사회가 미래에 직면하게 될 재난을 극복할 수 있는 능력을 배양시키는 데 초점을 두되 위기의 종류에 따라 목표가 다르다. 즉, 자연재난의 경우에는 구조 · 구급과 인간활동에 대해 필요한 조치를 취함으로써 재난노출지역에 대한 주기적 영향으로부터 재난을 감소시키려 하며, 인위재난의 경우에는 위기에 대한 적절한 조치를 통해 사전에 그 발생기회를 감소시키거나 원인을 제거하려는 것이 주목표이다.

(2) 대비활동단계

재난대비단계(Disaster Preparedness Phase)는 재난에 대비하여 필요한 비상계획을 수립하고 훈련을 통해 재난대응조직의 능력을 강화하는 단계이다. 최근의 재난의 경우 발생하게 되면 그 피해가 엄청난 피해를 수반하고 있어서 초기대응의 중요성은 더욱 커지고 있으며, 그를 위한 대비단계에 관련기관 간 상호협조체제를 구축하고 이를 실현하기 위한 훈련과정은 매우 중요하다.

예방단계의 제반 활동에도 불구하고 재난발생확률이 높아진 경우 재난 발생 후에 효과적으로 대응할 수 있도록 사전에 대응활동을 위한 운용계획을 구성하고 재난의 발생에 대한 대응능력을 유지하는 등 운영적인 준비 장치들을 갖추는 단계이다.

즉, 재난이 발생하였을 때 이에 대한 대비를 어떻게 할 것인지에 대한 계획수립과정을 보다 개선시키고 재난 이후의 활동을 평가할 수 있도록 비상시 효과적인 대응을 용이하게 하고 작전능력을 향상시키기 위해 취해지는 사전준비활동을 말한다. 대비단계는 구체적으로 다음과 같은 활동들로 나눌 수 있다.

첫째, 재난발생 시에 재난대응정책을 집행하는 과정에서 활용하게 될 중요 자원들을 미리 확보한다. 즉, 재난 시 사용할 수 있는 정상적인 자금원 이외에도 예측하지 못한 사건에 대해 자금을 투입할 수 있는 간접적인 자금원까지도 확보해 놓아야 한다는 것이다. 따라서 재난관리가 정상상태로의 신속한 복귀를 목표로 한다면 지속적 · 연속적 과정으로서의 대비과정은 대응과정과 연계되어야만 하고, 과학적 지식과 계획에 의해 합리적으로 이루어져야 한다.

둘째, 재난발생지역 내외에 있는 다양한 재난대응기관들의 사전 동의를 확보한다. 즉, 각 분야 간의 조정과 협조를 이루는 것이 필요하다. 예를 들어, 의료 재난관리는 조직 간 · 지역 간 조정의 문제를 발생시키고, 여기서 조정을 어렵게 만드는 것은 사회적 · 경제적 그리고 정치적 장벽으로 이들 문제들을 극복할 경우에만 조정과 협조의 문제가 해결될 수 있다. 또한 재난 시 자원의 신속한 배분을 가능하게 하기 위해서 재난관리 우선순위체계를 세우는 것이 필요하며, 대응단계를 위한 특정한 자원 조달 기제를 확인하여야 한다.

셋째, 재난으로 인한 재산상의 손실을 줄이고 주민들의 생명을 보호할 재난대응활동가들을 훈련시킨다. 예를 들면 풍수해대응훈련, 산화예방진화훈련, 설해대비훈련, 해난대비훈련, 지진대비훈련, 농업피해대비훈련과 소방훈련, 공업재해에 대비한 유독성 가스 방재훈련 등을 실시한다. 또한 준비계획들은 재난이 발생하였을 경우 그 실효성이 확보되어야 하기 때문에 계획과정에 생활과 여러 가지 제약요인을 고려한 생활접근계획이 되어야 한다. 그리고 항상 새로운 상황에 적응할 수 있는 유연한 대처여야 하며 최상의 준비상태를 유지하여야 한다.

넷째, 재난대응계획을 사전에 개발하고 재난을 관리하는 데 필요한 계획이나 경보체계 및 다른 수단들을 준비하는 일련의 활동이다. 준비활동에 대한 지역 주민들의 적극적 지지와 참여를 유도하고, 사전에 재난관리계획을 수립하여 재난의 피해를 최소화하기 위한 조기경보체계와 긴급통신망 구축, 비상연락망과 통신망 정비 및 효과적인 비상대응활동의 확립이 포함된다. 또한 재난발생 시 투입될 자원과 관련하여 신속하게 배분될 수 있도록 자원배분의 우선순위가 이 단계에서 설정되어야 하며, 재난 발생 시 정상적으로 사용할 수 있는 자원 외에 예측하지 못한 재난에 대해서도 자원이 투입될 수 있는 특별자원 확보방안도 마련되어야 한다. 또한 재난과 관련한 정보의 수집과 분석이 체계적이고 포괄적이며 지속적으로 이루어질 수 있도록 하여야 하며, 이를 토대로 재난의 정도를 판단하고 전개될 재난에 대한 예측과 대비가 이루어져야 한다.

(3) 대응활동단계

대응활동단계는 예방 · 대비활동단계와 밀접하게 연계되어 재난유형에 관계없이 재난관리의 총체적 차원에서 재난을 파악 · 대응하는 통합 관리체계 확립을 통해 피해 복구와 원조를 제공해야 한다. 즉, 재난 시 재난관리 기관들이 수행해야 할 각종 임무 및 기능을 실제 적용하는 단계이다. 대응단계의 정책은 완화단계의 정책, 준비단계의 정책과 상호 연계함으로써 제2의 손실 발생 가능성을 감소시키고 복구단계의 정책에서 발생할 수 있는 문제들을 최소화시키는 재난관리의 실제활동을 의미하는 매우 중요한 국면이다.

자연재난관리정책과 관련한 주요 대응활동으로는 대응기관 사이의 협조 및 조정, 피해자 보호 및 구호조치와 피해상황 파악 및 응급복구 등이 있고, 세부 활동으로는 현장지휘소 및 통합상황실 운영, 관련기관 사이의 의견조정 및 의사결정, 대응기관별 활동목표와 역할을 명확화, 피해자 및 이재민의 수용시설 확보 및 관리, 희생자 탐색구조와 응급의료 지원, 의연금품과 구호물자 전달체계 등이 있다. 인적 재난관리정책과 관련한 활동으로는 대응기관의 협조 및 조정, 피해자 보호 및 관리, 현장수습 및 관리가 있다. 이와 관련한 세부 활동에는 재난상황실 운영, 대응 목표와 기관별 역할의 명확성, 구조 · 탐색 및 응급의료활동 전개, 수용시설의 확보 및 관리, 긴급복구계획의 수립 등이 있다.

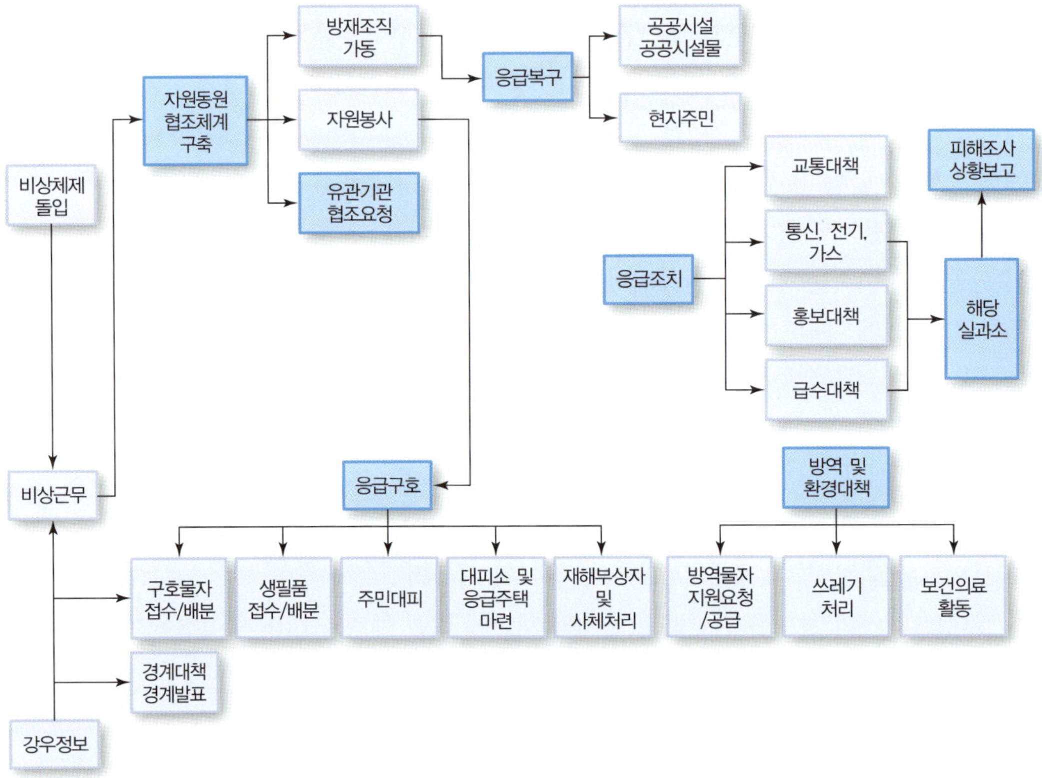

대응단계 업무 프로세스

국가재해재난관리체계는 무엇보다도 신속한 대응을 실현해야 한다. 그러기 위해서는 재난발생에서 관리인력의 파견까지의 절차가 간소해야 한다. 일단 파견된 후에는 정예의 전문요원들의 능수능란한 현장장악력이 필요하다. 이는 전문성과 조직성을 기반으로 가능할 것이다. 현장의 위기상황을 어느 정도 수습한 후 복구에서도 마찬가지로 신속하고 조직적인 활동이 절실하다. 대응단계의 업무를 요약하면 표와 같다.

재난대응 단계의 업무

업무명	업무개요
예보 · 경보	• 태풍, 호우, 오존, 방사능 등의 경보 및 특보 발령 • 비상연락체계의 가동 및 대피명령의 통보
신고접수 및 전파	• 재난발생 정보의 입수 및 신고접수 • 상황실 및 안전 관련 조직에 전파
상황 파악	• 재난의 유형 및 성격 파악 • 현장정보의 입수체계 구축, 상세정보 수집 및 파악 • 지휘 통제 활용, 관련기관 제공 • 인명 및 재산 등 피해상황의 수시 집계 • 대응체계 구축 및 운영 • 지휘본부 및 현장지휘소 설치 및 가동 • 유관기관 협조체계 가동
대응조직의 상황처리	• 조직 간 업무조정 및 의사결정을 통한 총괄적인 지휘 통제 • 필요자원 및 인력의 파악과 동원 • 구조대, 각 지원 실무반 등 대응조직의 대응 활동
현장 수습 및 관리	• 응급 복구 활동 • 사망 및 부상자 처리, 교통통제 등 주변 환경 정비 • 주변 위험시설물에 대한 점검 등 2차 재난예방 활동 • 이재민 현황 파악 • 대피, 수용시설의 확보 및 긴급구호

대응조직의 주요 임무는 인명을 보호하고, 피해의 확산을 막기 위한 것이므로 대응조직은 재난에 적절히 대응할 수 있는 지식, 기술, 능력을 갖추어야 한다. 지식은 재난이 발생한 현장에서 위험요소가 무엇인지 파악하고, 향후 재난이 어떻게 더욱 진행되는지를 예측하는 것을 말한다. 기술은 대응활동에서 실제 적용하는 기술로서 화재전술 및 진압 등을 말하며, 능력은 대응조직의 충분한 인력 및 장비를 뜻한다. 실제로 재난현장에서는 대부분 소방조직이 재난대응을 담당한다. 또한 대응활동단계에서 대형재난 시 재난안전대책본부, 긴급구조통제단 등으로 구성된 비상설 재난관리조직이 운영되어 이전단계에서 계획했던 비상계획이 실행되고, 비상대응활동으로 재난현장의 수색과 인명구조 비상대피소 등을 설치한다.

이와 함께 재난관리정책의 대응 국면에 대한 주민의 인식 정도도 중요한 요소다. 즉 재난대응 과정에서 주민이 속해 있는 해당 지역사회의 재난대응계획이 진행 중에 있으며, 그 활동에 대하여 특정 공무원이 책임을 지고 있다는 것을 주민들이 알 수 있어야만 한다. 이것은 재난관리 정책 집행자가 자신의 책무를 효과적으로 수행하고자 하는 경우에 필요한 것으로서, 우선 위기상황에서 재난관리조직에 대한 주민의 신뢰성이 확보되어 있어야만 하며, 이러한 신뢰성은 재난발생 이전부터 재난관리자들이 해당 지역의 재난에 대해 전문성에 입각하여 접근하고 특별한 장비 활용에 대한 훈련을 통하여 주민들에게 인식될 수 있는 것이다. 대응단계는 비상계획 및 비상체계의 가동, 주민 비상행동 요령지시, 비상 의료지원, 피해주민 수용과 보호, 긴급대피소 설치 및 운영, 인명 수색과 구호활동 등 인명을 구하고 재산피해를 최소화하기 위하여 취해지는 활동을 포괄한다. 주로 재난 직전과 재난 중, 그 직후에 취해지는 응급활동 등이 대응단계에 들어간다고 볼 수 있다.

(4) 복구활동단계

복구활동은 재난이 발생한 후부터 피해지역이 원상으로 회복되는 장기적인 과정이고, 초기 회복기간으로부터 해당 지역이 정상상태로 돌아올 때까지 지원을 제공하는 지속적 과정인 단계이다. 즉, 복구활동은 피해지역 원상복구를 위한 원조 및 지원활동으로 전형적인 배분정책 영역에 속하는 단계이다.

복구단계에는 재난으로 인한 혼란상태가 상당히 안정되고 응급적인 인명구조활동과 재산보호활동이 이루어진 후에 재난 이전의 정상상태로 회복하려는 다양한 활동들이 포함된다. 이는 크게 단기적 응급복구와 장기적 원상복구로 나눌 수 있다. 임시통신망 구축, 임시주택 건설, 쓰레기 처리, 전염병 통제를 위한 방제활동 등은 단기적 응급복구에 해당되고, 도로와 건물의 재건축 등 도시 전체를 재건립하는 활동 등은 장기적 원상복구에 해당된다. 단기적으로는 이재민들이 최소한의 생활을 영위해 나갈 수 있도록 하는 데 중점을 두고, 임시통신망 구축, 임시주택건설, 쓰레기 처리, 전염병 통제를 위한 방제활동 등에 주력하여야 한다.

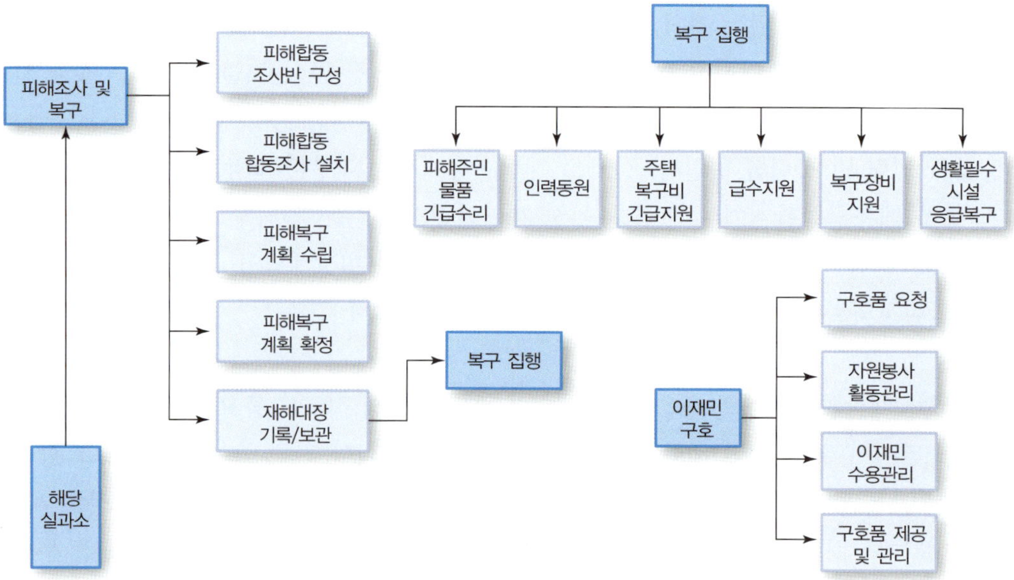

복구단계 업무 프로세스

이때 복구절차는 최대한 간소화하는 것이 중요하다. 자연재난의 경우 해마다 집중적으로 발생하는 기간이 있으므로 그 시기가 돌아오기 전에 복구가 완료되지 않으면 다시 악순환적 재난이 발생할 여지가 있기 때문이다. 이를 위해서는 체계 전반에 걸친 효율성의 확보, 체계의 정보화가 긴요하다. 재난과 관련된 다양하고 수많은 차원과 정보원으로부터의 자료를 통하여 예측 · 경보할 수 있는 능력과 재난의 배양기 동안 취약지점과 상황을 도출해낼 수 있어야 한다. 재난의 진행기 동안에는 그 진행의 방향과 규모를 예측할 수 있어야 하는데, 재난관리체계의 합리적 형성과 운용이 필요하다. 예를 들면, 재난에 대응하기 위해서는 재해의 신고 · 확인, 관련기관의 지휘 · 통제, 구조인원 및 장비의 파악, 재해본부 · 현장지휘부, 작업반 · 의료본부, 이송차량 간의 통신 확보, 응급의료체계의 구축, 화학물질 취급단체, 전력, 도시가스, 상수도공급소 등 특수단체에 대한 정보 확보 등이 긴요하다. 이러한 정보수요에 효과적으로 대응하기 위해서 국가재해재난관리체계는 거대한 데이터베이스를 구축하고 있어야 함은 물론, 이를 효과적으로 활용할 수 있는 전문화된 정보처리역량을 갖추어야 한다. 이러한 정보역량이 통합적 · 유기적 · 협업적 국가재난관리체계의 구축을 실질적으로 가능케 하는 소프트웨어가 된다. 만약 이러한 정보역량이 결여되어 있다면 효과적 재난관리체계의 수립은 사실상 불가능하다고 할 것이다.

장기적으로는 재개발계획과 도시계획 등의 과정을 거쳐 원상회복을 해야 한다. 이러한 계획들은 장래에 닥쳐올 재해의 영향을 줄이거나 재발을 방지할 수 있는 좋은 기회가 되며, 위기관리의 첫 단계인 재해예방과 완화단계에 순환적으로 연결된다는 점을 강조할 수 있다. 복구활동에서 가장 큰 활동으로는 피해를 당했을 때의 의료지원 및 피해자 보호, 피해 평가 및 보상, 보험, 피해지역 복구가 있다.

02

CHAPTER

자연재난의 이해

Korea Disaster Safety Technology Institute

SECTION 01 자연재난의 개념과 특성

1. 자연재난 개념

인간은 자연재난을 극복하며 인류문명을 이룩했으며, 재난을 극복하기 위하여 본능적으로 행동하였다. 비를 피하기 위하여 동굴에 들어가고, 가뭄을 극복하기 위하여 우물을 팠으며, 병충해로부터 이기기 위하여 약초를 먹었다.

물론 자연재난은 인위적으로 완전히 근절시킬 수 없는 불가항력적 요소를 갖고 있다. 하지만 재난 발생의 사전 예측에 따른 예방조치와 방어시설물의 구축 등 재난발생 시의 신속한 복구대책 수립으로 피해 확대 방지를 위한 노력을 함으로써 재해를 최소화하거나 막을 수 있다.

자연재난(Natural Disaster)은 자연현상에 기인한 재해를 말하며, 그 원인과 결과의 다양한 형태에 의해 여러 가지 자연재난으로 나뉠 수 있다. 크게 지진 · 화산활동 등에 의한 지질재난과 기상요인에 의한 기상재난으로 구분된다.

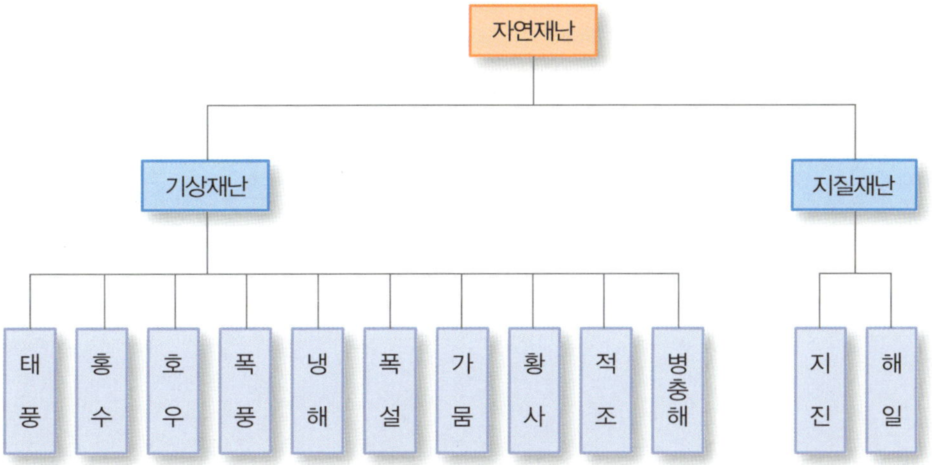

자연재난의 분류

사실 자연재난이라 해도 순수 자연현상에 의한 경우만은 없다. 인간의 기술사용과 자연파괴에 의해 그 빈도와 강도가 커지고 있고, 자연재난에 대처하는 인간의 태도 여부에 따라 더욱 큰 피해를 초래하기도 한다. 더욱이 하나뿐인 지구가 자연적 · 인위적 여러 요인에 의해 병들어가면서 기상과 지질에 이상이 생기고 있어 인류는 그 원인을 규명하고 근본적인 해결책을 마련하고자 부심하고 있다.

2. 자연재난의 발생

21세기에 들어, 지구온난화현상이 발생하면서 극단적인 건조나 호우가 발생하고 엘니뇨현상에 따른 가뭄이나 홍수가 발생할 가능성이 높아졌다. 최근 자연재난의 발생 증가의 근본적 원인은 지구온난화라 할 수 있는데 지구온난화는 전 세계적인 문제로 2002년에 중동부 유럽에서 100년 만에 최악의 홍수가 발생한 것이 대표적인 예이다.

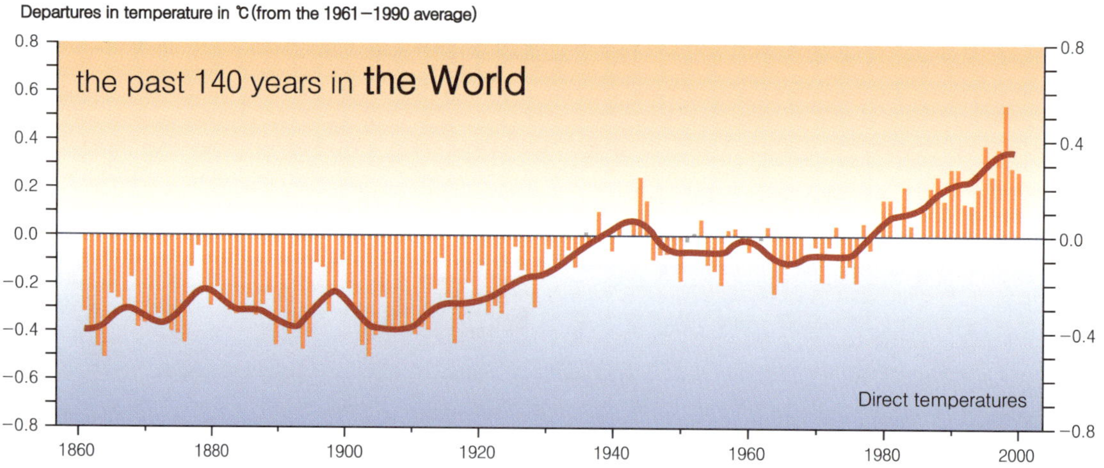

지난 140년간 기후변화

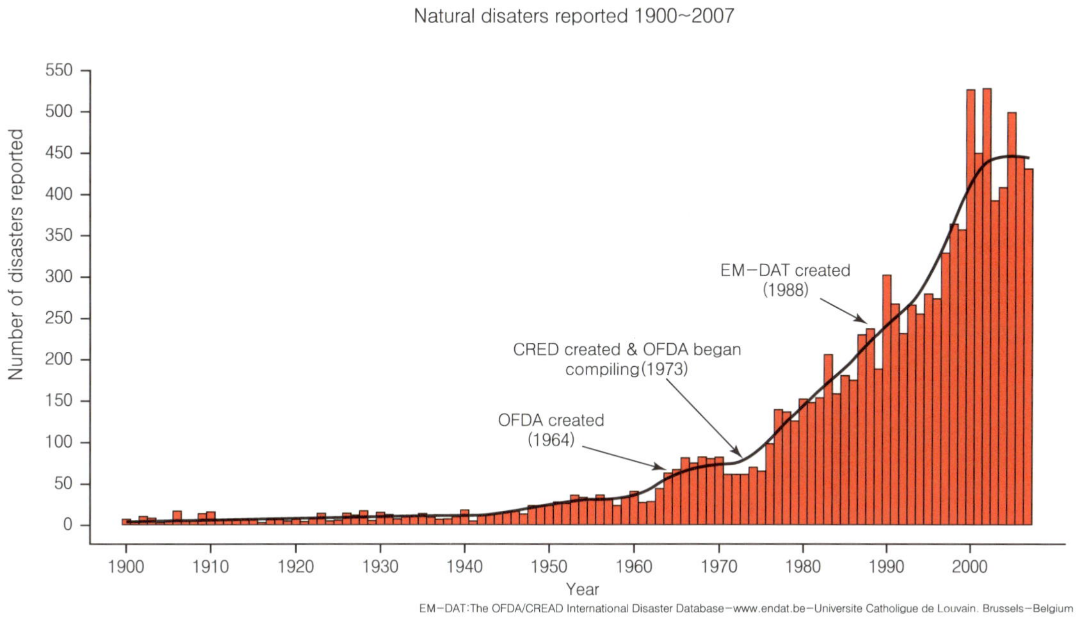

세계의 자연재해 발생현황

(자료: The OFDA/CRED International Disaster Database)

이처럼 지구온난화에 의한 자연재난의 발생은 날이 갈수록 증가하고 있으며, 그에 따른 경제적 피해 또한 현저하게 증가하고 있는 추세이다. 유형별로는 1980년대 중반 이후 홍수 관련 재난이 가장 빈번하게 발생하였고, 그 다음 태풍, 가뭄, 지질재난(지진, 화산 등)의 순서로 발생하였다. 그러나 사망자는 지질재난(지진, 화산, 쓰나미)이 가장 많았으며, 그 다음으로는 가뭄, 홍수, 태풍, 산사태 순서로 발생하였다. 재산의 피해는 태풍, 홍수, 지진, 기타, 가뭄, 산사태의 순서로 많이 발생하였다.

우리나라 역시 자연재해의 발생과 그로 인한 피해가 계속 증가하고 있다.

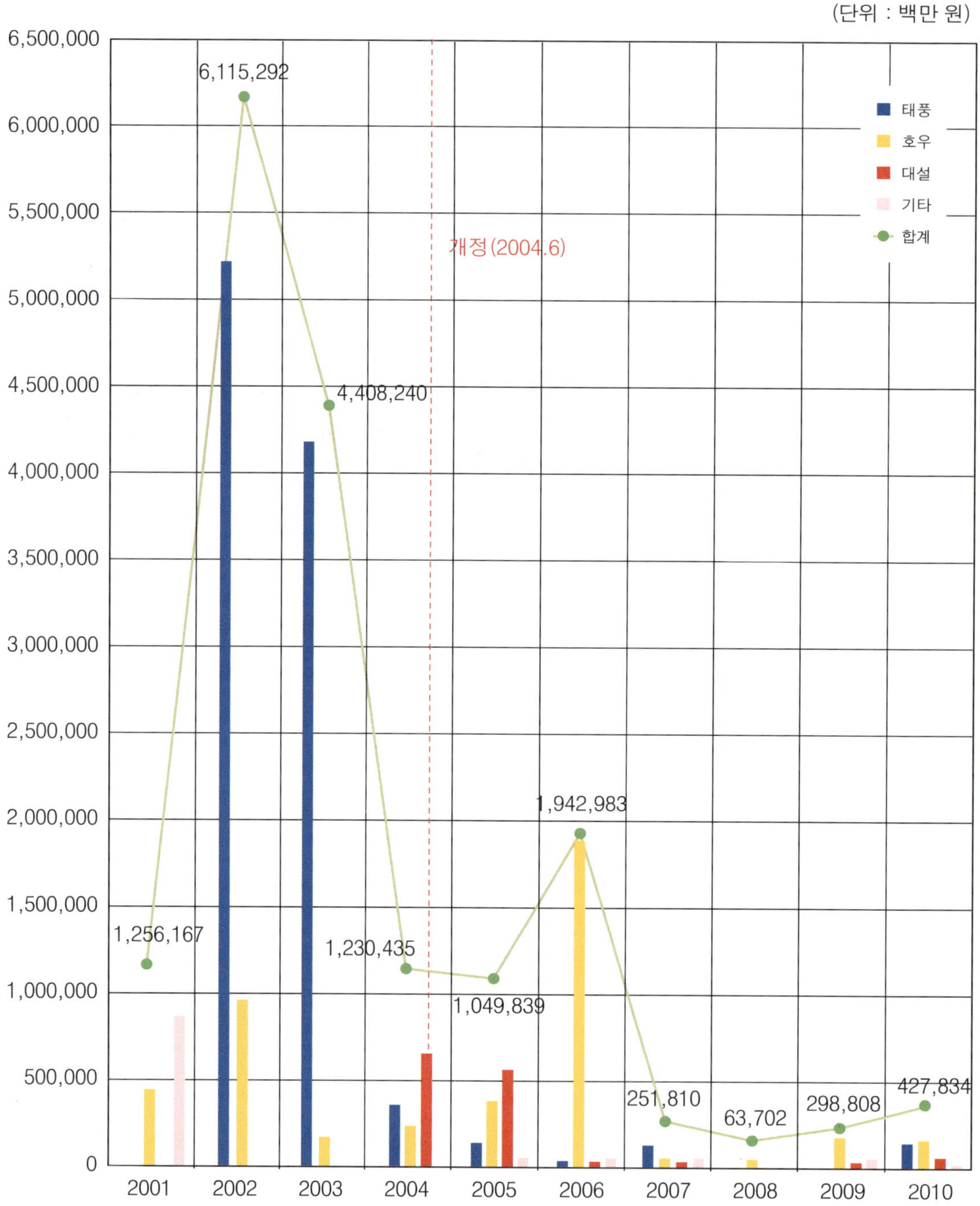

최근 10년간 국내 자연재해 총괄

우리나라는 전 국토의 70% 이상이 산지로 구성되어 있어 강우발생 시 유출량이 급속하게 하류부 하천으로 도달하기 때문에 자연재해 중 태풍을 동반한 홍수재해의 위험성이 가장 크다. 또한 지질상태도 대부분 화강암과 편마암으로 구성되어 있기 때문에 수목의 생장이 어려워 강우발생 시 산사태를 유발할 가능성이 크며, 6~9월 사이에 강수량이 집중되는 기상학적 요인에 의해 홍수피해에 자주 노출되어 왔다. 대표적인 홍수피해로는 2002년에 제15호 태풍 루사와 2003년에 태풍 매미가 우리나라에 엄청난 재산피해와 인명 피해를 발생시켰다.

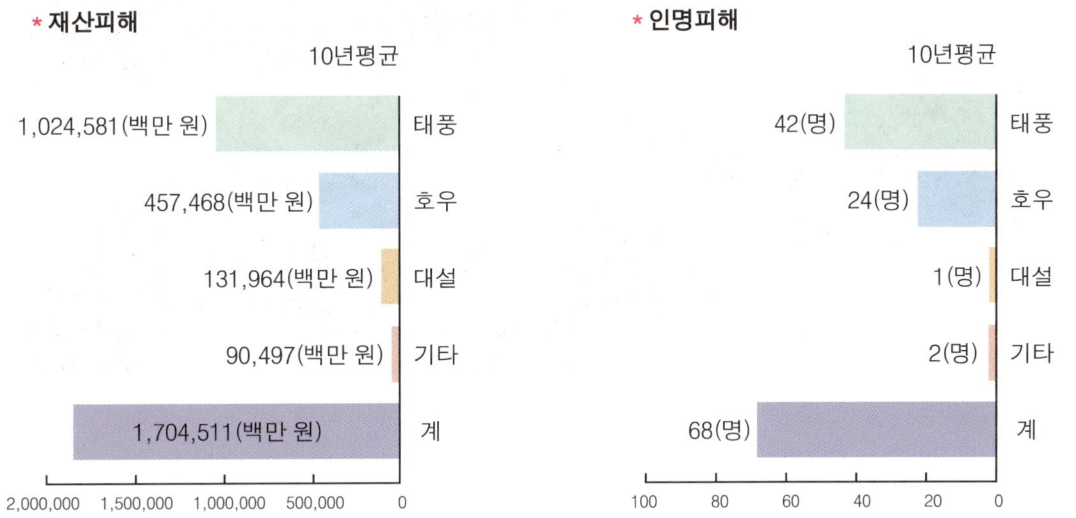

자연재난의 재산 및 인명피해

3. 자연재난의 대응

1992년 브라질 리우에서 세계 178개국이 모여 전 세계적 자연재난의 근본적 원인인 지구온난화를 방지하기 위한 기후변화협약을 채택하였고, 이를 시작으로 1995년부터 매년 관련 국가에서 회의를 거쳐 지구온난화 대처를 위한 협의가 진행되고 있다. 특히 1997년 12월 교토의정서의 채택은 선진국을 중심으로 온실가스의 의무적 감축을 시행하는 중요한 의정서였다. 그 이후 선진국들은 개발도상국의 참여를 요구하고 있지만, 개발도상국은 그동안 선진국이 지구에너지의 대다수를 사용하였고 현재도 그러하므로 지구온난화에 대한 대책 마련과 노력은 선진국의 몫이라고 주장하였다. 그러나 선진국과 개발도상국 간의 이견을 좁혀 온실가스 감축에 대한 궁극적 목표 달성을 위해 신축성체제를 도입하게 되었다.

신축성체제는 온실가스의 감축을 각 국가의 상황을 고려하여 융통성 있게 감축하는 것으로, 배출권 거래제, 공동이행제, 청정개발체제라는 세 가지 의무를 가지고 있다.

배출권 거래제는 각 나라의 온실가스 배출량을 한정하고, 배당된 온실가스 배출량에 못미칠 경우 여분의 배출량을 다른 나라에 팔 수 있는 제도이다. 공동이행제도는 선진국 간에 다른 나라로 투자하여 온실가스를 감축시켰을 경우 감축량의 일부분을 가져갈 수 있게 한 것이고, 선진국에서 개발도상국으로 투자하여 감축량을 가져가는 경우는 청정개발체제라 한다.

기후변화협약

SECTION 02 풍수해

1. 태풍의 개요

태풍이란 적도해양상의 모든 순환기후시스템의 일반적 용어인 '열대성 저기압'의 한 형태이다. 즉 '태풍의 눈'이라 불리는 비교적 조용한 중심을 주위로 큰 회오리처럼 시간당 120km 이상의 풍속을 가진 열대성 저기압을 말한다. 태풍은 적도 근처의 태평양 및 대서양, 또는 인도양의 따뜻한 습기를 가진 대기에서 형성된 열대성 저기압으로 시작되기 때문이다.
세계기상기구(WMO ; World Tropical Depression)에 따르면 열대성 저기압은 최대 풍속 16m/s(38mph, 33knots) 이하로 순환하는 구름과 뇌우로 구성된 상태이며, 열대성 폭풍은 최대풍속 17 ~ 32m/s(39 ~ 73mph, 33 ~ 62knots)로 순환하는 강한 뇌우로 구성된 상태이고, 태풍은 최대풍속 33m/s(74mph, 64knots) 이상으로 구분하고 있다.

또한 태풍은 '태풍의 눈' 가장자리로부터 약 30 ~ 50km에 걸쳐 있는 원형대에서 최대의 속도를 나타내는 매우 낮은 기압의 중심 주위를 공기가 큰 규모로 소용돌이치는 바람을 말한다. 이 소용돌이 바람은 북반구에서는 반시계방향, 남반구에서는 시계방향으로 회전하고 있다. 중심부근에서 태풍의 바람은 시간당 300km보다 큰 돌풍일 때도 있다. 매년 이러한 격렬한 태풍은 이를 예측하기 어려운 경로에 위치한 해안선과 내륙에 피해를 주고 있다.

태풍의 형성과정을 보면 공기가 수렴하는 곳에서 저기압이 형성되는데, 이것이 해상에서 나타나면 수렴하는 공기는 많은 수증기를 포함한 공기가 된다. 이 공기는 저기압권 안에서 상승하고, 이 과정에서 수증기는 응결하여 구름 입자가 되고, 이것이 모여 빗방울이 된다. 이렇게 수증기가 응결할 때에는 많은 열량을 내고 따라서 주변의 공기보다 구름이 더욱 따뜻해진다. 따뜻해진 공기로 주변의 공기가 몰려들게 되고 이렇게 몰려든 공기의 에너지가 태풍을 만들게 된다. 태풍이 형성되기 위해서는 공기의 소용돌이가 있어야 하고, 해수면 온도는 26℃ 이상이어야 하며, 또한 공기가 따뜻하고 매우 불안정하며 공기 중에 수증기가 많아야 한다.

태풍

태풍은 발생지에 따라 명칭이 다르다. 북대서양, 카리브해, 멕시코만, 북태평양 동부에서 발생하는 것을 허리케인(Hurricane)이라고 부르며 서태평양지역에서는 태풍(Typhoon)이라고 부른다. 인도양, 아라비아해, 벵골만에서 발생하는 것을 사이클론(Cyclone), 호주 부근 남태평양 해역에서 발생하는 것을 윌리윌리(Willy-willy)라고 부른다.

모든 태풍은 다 위험하지만 해일, 바람, 그 외의 다른 인자들을 결합하는 방법이 태풍의 파괴력을 결정한다. 태풍의 규모와 그 규모에 따르는 영향을 샤퍼-심슨(Saffir-Simpson)은 5개의 범주로 나누어 분류하였다. 이 기준은 태풍에 의한 잠재적 재산손실과 해안을 따라 예견되는 홍수를 산정하기 위해 사용된다.

샤퍼-심슨(Saffir-Simpson)의 태풍규모 기준

범주	풍속(mph)	피해	영향
1	74～95	미미	건물에는 피해가 없다. 주로 고정되지 않은 이동주택, 관목 및 나무피해, 일부 해안가 도로의 침수와 교각의 작은 피해
2	96～110	보통	• 일부 건물의 지붕, 문, 창문의 피해 • 식물, 이동주택, 교각에 상당한 피해 • 해안과 저지대의 대피로가 태풍의 중심 도달 2～4시간 전에 침수, 보호되지 않은 정박지의 작은 선박은 계선이 부서짐
3	111～130	심함	• 작은 거주지와 공공건물의 외벽이 일부 손상, 구조적 피해, 이동주택 파괴 • 해안 근처의 침수로 작은 구조물의 파괴 및 부유물에 의한 큰 구조물 파괴
4	131～155	극심	• 작은 거주지의 지붕의 완전한 파괴 및 외벽 손상 • 해변 대규모 침식 • 해안 근처의 건물 저층 피해
5	155 이상	재난	• 많은 거주지와 도시건물의 지붕 완전파괴 • 작은 공공건물 날아감, 일부건물 완전파괴

또한 우리나라에 피해를 주는 북태평양 서부에서 발생하는 태풍의 강도는 중심기압보다는 중심최대풍속을 기준으로 분류하고, 태풍의 크기는 초속 15m 이상의 풍속이 미치는 영역에 따라 분류한다.

태풍의 강도 분류

구분	최대풍속
약한 태풍	17m/s(34knots) 이상～25m/s(48knots) 미만
중간 태풍	25m/s(48knots) 이상～33m/s(64knots) 미만
강한 태풍	33m/s(46knots) 이상～44m/s(85knots) 미만
매우 강한 태풍	44m/s(85knots) 이상

태풍의 크기 분류

구분	풍속 15m/s 이상의 반경
소형 태풍	300km 미만
중형 태풍	300km 이상～500km 미만
대형 태풍	500km 이상～800km 미만
초대형 태풍	800km 이상

바람도 많은 피해를 주지만 태풍에 의한 가장 큰 피해는 익사이다. 태풍이 해안선을 따라 접근하고 이동해감에 따라 정상보다 8m 또는 그 이상의 거대한 파도와 조수를 초래하는데, 이러한 해수의 상승은 순식간에 발생하여 해안가의 저지대를 침수시킨다. 또한, 파도와 물의 흐름이 해안을 침식하고 섬들을 고립시키며 고속도로와 철도지반을 휩쓸어 버린다. 바람이 가라앉게 되면 태풍의 큰 위협은 강우로 인한 홍수로 대치된다. 우리나라에 도달해 피해를 주는 태풍은 주로 북태평양 서부인 필리핀 동쪽의 넓은 해상에서 7~10월에 발생하는데, 평균적으로 매년 27개 정도가 발생하여 그 중 2~4개가 우리나라에 피해를 준다.

80~90개의 열대성 폭풍과 45개의 허리케인은 매년 지구에 영향을 미쳐 지난 1,000년 동안 130,000개가 발생했다. 연평균 6개의 허리케인이 대서양과 멕시코만에서 형성되어 지질학적으로 짧은 시간에 사이클론의 침식, 퇴적 그리고 전체적인 경관 변화 특히, 제빈도와 같이 노출된 지역에 영향을 미친다.

2. 홍수 · 호우의 개요

호우란 일반적으로 큰비와 같은 뜻으로 사용되며, 좁은 지역에 단시간에 내리는 많은 양의 비를 말한다. 또한 각각의 강우 기후구에서 평균적인 강우 강도의 우량을 훨씬 상회하는 강한 강우 현상을 가리키는 경우도 있다. 집중호우는 국지적이고 짧은 시간에 많은 양의 비가 내리는 것을 말하는데 호우의 여러 현상 중 하나라고 할 수 있다. 일반적으로 하루 강수량이 연 강수량의 10% 이상일 때를 기준으로 하는 경우가 많다. 이러한 호우로 인하여 제방으로부터 물이 월류하여 건조한 땅을 덮고 있는 물을 홍수라 한다. 즉, 호우로 인하여 하천, 강, 연못 또는 저수지의 수위가 높아지면서 결국 넘치는 현상이다.

홍수 · 호우 1

홍수 · 호우 2

넓은 지역에 오는 큰 호우도 집중호우현상이 몇 번 나타나면서 지역이 넓어지고 우량도 증가되는 것이 대부분이다. 집중호우는 대부분 장마전선상에서 발달하는 요란에 의해 발생하며, 이에 따른 기상재해가 발생되기 때문에 장마와 관련된 기상재해는 집중호우와 직 · 간접으로 관련되어 있다. 집중호우는 뭉게구름으로 알려진 적란운에 의해서도 발생한다. 크게 발달하는 적란운의 크기는 대략 반경 5 ~ 10km 정도로 그 높이는 10 ~ 15km에 달한다. 이 정도 크기의 구름은 대략 1,000에서 1,500만 톤의 물을 포함하고 있는 거대한 하늘의 저수지이다. 이런 구름이 지나가면서 비를 뿌리면 우리는 그냥 소나기라고 말한다. 그러나 이 구름이 한 곳에 정체하여 계속 비를 내리면 집중호우가 된다. 또, 이런 적란운은 그 수명이 한 시간 정도밖에 되지 않으나 주변 조건이 맞으면 계속하여 생성과 소멸의 과정이 일어나서 마치 여러 시간을 지속하는 것처럼 보인다. 기상청에서 슈퍼컴퓨터와 기상 레이더 등 첨단장비를 가지고도 그 예측이 쉽지 않은 것은 이처럼 짧은 시간에 수없이 발생, 이동 또는 정체, 소멸하는 중규모 대류계의 특성 때문이다.

또한 집중호우는 상층에 나타나는 제트기류와도 밀접한 관계가 있다. 습한 공기가 제트기류에 의해 빨려 올라가 심한 상승기류가 되고, 이것이 상층에서 냉각하여 떨어지는 것이다. 특히 우리나라 장마철의 비는 짧은 시간에 맹렬히 쏟아진다. 1일 강수량이 300mm를 넘는 경우도 많고, 1시간 동안 100mm를 넘는 집중호우도 곳곳에서 기록되고 있다.

기상청에서는 24시간 예상 강우량이 80mm 이상이고 재해가 예상되면 호우주의보를, 24시간 예상 강우량이 150mm 이상이 예상되면 호우경보를 발표한다.

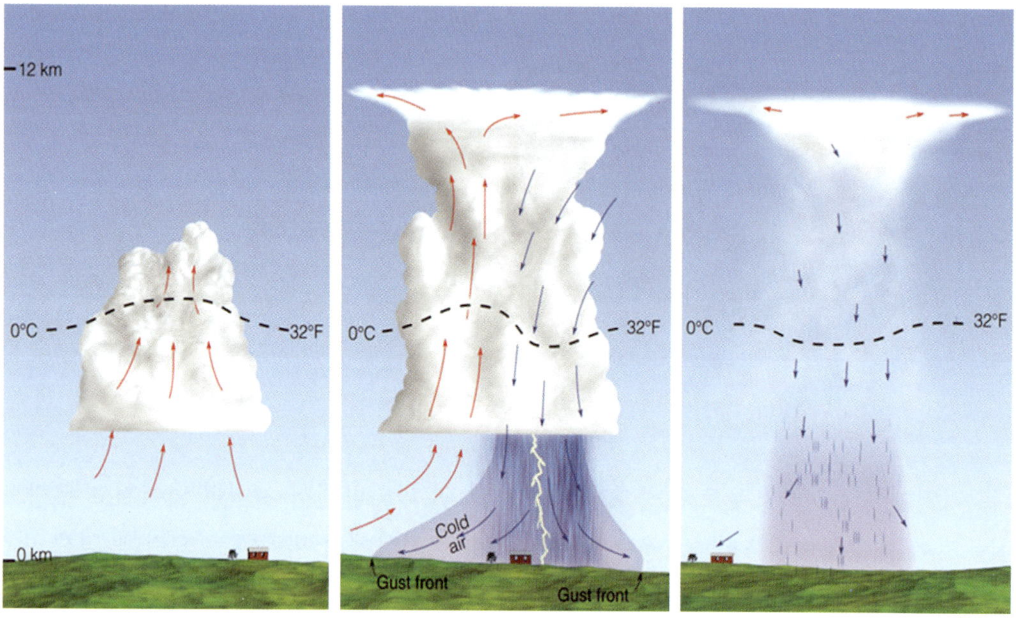

집중호우의 생성단계

3. 태풍의 영향 및 피해

태풍은 원자탄과 비교해 만 배나 더 큰 에너지를 가지고 있어 그 위력을 쉽게 실감할 수 있다. 태풍이 접근하면 폭풍과 호우로 인하여 수목이 꺾이고 건물이 무너지고 전신전화의 두절과 정전이 발생하며, 하천의 범람, 항내의 소형 선박들이 육상으로 밀리는 등의 막대한 피해를 준다.

80～90개의 열대성 폭풍과 45개의 허리케인은 매년 지구에 영향을 미쳐 지난 1,000년 동안 130,000개가 발생하고 있으며, 바람으로 인한 피해도 크지만 태풍에 의한 가장 큰 피해는 익사이다. 태풍이 해안선을 따라 접근하고 이동해감에 따라 정상보다 8m 또는 그 이상의 거대한 파도와 조수를 초래하는데, 이러한 해수의 상승은 순식간에 발생하여 해안가의 저지대를 침수시키고, 파도와 물의 흐름이 해안을 침식하고 섬들을 고립시키며 고속도로와 철도지반을 휩쓸어 버린다. 바람이 가라앉게 되면 태풍의 큰 위협은 강우로 인한 홍수로 대치된다. 우리나라에 도달하여 피해를 주는 태풍은 주로 북태평양 서부인 필리핀 동쪽의 넓은 해상에서 7～10월에 주로 발생하는데 평균적으로 매년 27개 정도가 발생하여 그 중 2～4개가 우리나라에 피해를 준다.

태풍 통보

구분	내용
태풍정보	태풍의 중심이 20°N, 140°E 북서구역에 위치하고 일반 국민에게 태풍에 대한 동향이나 주의 등을 환기시킬 필요가 있을 때
태풍주의보	태풍의 영향으로 최대풍속이 14m/s 이상이고, 폭풍, 호우, 해일 등으로 기상재해가 우려될 때
태풍경보	태풍의 영향으로 최대풍속이 21m/s 이상이고, 폭풍, 호우, 해일 등으로 막대한 기상재해가 우려될 때

과거 주요 호우 및 태풍 피해 현황 순위(1～5위)

순위(연도)		1위(2002년)	2위(1998년)	3위(1999년)	4위(1990년)	5위(1987년)
주요 피해 원인 구분	기간	집중호우 8/48/11 태풍(루사) 8/309/2	집중호우 7/318/18	집중호우 및 태풍(올가) 7/238/4	집중호우 9/99/12	태풍(델마) 7/157/16
통과 구역	–		전국 (제주 제외)			경남, 강원
최대 풍속	m/s			완도 : 46.0 무안 : 41.0 광주 : 39.6 마산 : 37.0		제주 : 19.0 완도 : 21.0
최대 일 강우량	mm	연천 : 266 진천 : 219 속초 : 295.5 대관령 : 712.5 강릉 : 870.5	강화 : 481.0 보은 : 407.5 양평 : 346.0	철원 : 280.3 춘천 : 237.2	대관령 : 330.8 강릉 : 297.5 수원 : 276.3 원주 : 250.5 서울 : 247.5	제주 : 163.6 완도 : 139.1 고흥 : 216.8 강릉 : 173.5 부산 : 135.7
주요 피해 지역	–	전국	전국 (제주 제외)	전국	서울, 경기 강원, 충북	남해, 동해
이재민	인	71,204	24,531	25,327	187,265	99,516
사망 및 실종	인	350	324	67	163	345
건물	동	42,339	2,793	2,373	3,514	2,594
농경지	ha	19,890	7,796	3,879	7,796	9,669
농작물	ha	265,418	78,079	190,518	47,088	171,910
선박	척	104,816	22	582	528	4,851
공공시설	개소	44,515	20,664	14,251	16,253	47,957

순위(연도)		1위(2002년)	2위(1998년)	3위(1999년)	4위(1990년)	5위(1987년)
기타	개소	440,968	7,165	8,107	671,310	4,002
피해액 (천원)	(가) (나)	6,115,292,608	1,290,385,149 1,247,817,345	549,478,021 520,312,144	756,151,545 520,312,144	617,418,074 391,297,894

4. 홍수 · 호우의 영향 및 피해

호우의 피해는 도시지역에서는 일 150mm 강수 시 1천만 원, 일 200mm 강수 시는 1억 원 정도의 피해를 보고, 평야지역에서는 일 80～130mm 강수 시 600만 원, 160～300mm 강수 시 1～10억 원의 피해를 입는 것으로 나타났으며, 특히 일 강수량 110mm를 경계로 하여 호우피해 규모가 갑절로 커지고, 110mm에서 140mm까지 증가할 때 4배 이상 커지는 등 피해규모가 기하급수적으로 증가하는 경향을 보이는 것으로 보고된 바 있다. 집중호우가 내리면 농작물의 생산량이 줄어드는 대신 수입량이 늘어나고, 산업부분에서도 생산이 중단되거나 축소되며, 피해 복구비가 늘어나고, 각종 기회상실비용이 증가하고 물가도 올라 전체 경제성장률이 약 0.68% 떨어지는 것으로 추정된다.

우리나라는 해마다 풍수해로 인해 엄청난 피해를 보고 있으며 피해 복구비 또한 막대하다. 우리나라의 최근 홍수 피해를 살펴보면 1996년 7월 26일～28일까지 경기 및 강원북부지방에서 연천 687mm, 적성 637mm, 동두천 578mm, 철원 527mm 등 임진강 유역에 집중호우가 내려 엄청난 홍수를 초래하였다. 이 홍수로 총 89명의 인명피해가 발생하고 재산피해도 5,313억을 기록하였다.

1998년 7월 31일～8월 1일까지 지리산 계곡의 돌발홍수를 시작으로 3～8일 서울 · 경기지역, 8～9일에 충청도지역, 11～12일 속리산 일대, 14～15일 서울 · 경기지역, 15～18일 사이에 충청 남부 및 전라도 지역에 집중호우가 내려 전국적인 호우 피해를 기록하였으며, 산사태 제방붕괴, 침수 등으로 380여 명이 넘는 인명피해와 18여만 명에 달하는 이재민 그리고 1조 5천억 원의 재산피해를 기록하였다.

2002년 제15호 태풍 루사('02. 8. 30～9. 1)의 영향으로 강원도 강릉시에는 하루 동안에 870.5mm의 강우가 관측되었다. 태풍 루사는 8월 30일 전라남도 고흥반도 부근으로 상륙하여 내륙을 거쳐 강원도 속초지방으로 진출하여 소멸되었으며, 전국적으로 246명의 인명피해와 5조 1,479억 원의 재산피해를 입혔다.

2006년 7월 7일～10일에는 태풍 에위니아가 발생하여 중심기압 985hPa, 최대풍속 31m/s의 강한 중형급 태풍으로 경남 및 전남 등 남부지역을 중심으로 강한 바람과 함께 국지적인 집중호우가 내렸다. 이 기간에 남해 401mm, 거제 373.5mm, 산청 366mm, 진주 306.5mm, 여수 296mm, 고흥 276mm의 비가 내렸다. 7월 11 ~ 29일 중 7월 11일은 북한에 머물던 장마전선이 중부지방을 오르내리는 가운데 중국에 상륙한 태풍 빌리스의 영향으로 수증기가 대량으로 발생하여 산악지인 강원 영서지역에 500 ~ 900mm의 많은 비를 내리고 장마전선이 경기 남부지방까지 내려가면서 경기지역에 국지성 집중호우가 발생하였다. 7월 11일 ~ 20일에 횡성 921mm, 평창 870mm, 홍천 851mm, 동해 729mm, 정선 716mm, 인제 679mm의 비가 내렸다.

태풍 에위니아의 영향으로 여수, 보성 등 해안지역과 김해, 진주 등 대하천 하류지역 내수 배제불량에 따른 시가지 침수가 주로 발생하였으며, 강원 산간계곡의 집중호우로 산사태에 의한 토석류가 발생, 산간 오지마을 유실, 매몰 등으로 피해가 집중되었다. 또한 유출된 토석류가 하천을 메우고 수목 등이 교량에 걸리면서 하천범람 및 제방붕괴로 이어져 하천변 주택, 농경지, 도로 유실 등 피해가 발생하였으며, 산간지역 도로의 경우 절개지, 계곡 등에서 유출된 토석류와 산사태 등으로 국도, 지방도 등 도로붕괴, 매몰피해가 극심하였다.

5. 풍수해 피해사례

(1) 태풍 앤드류

1) 사고 개요

태풍 앤드류는 1906년 샌프란시스코의 대지진 이래 미국에서의 최악의 자연재해로 기록되고 있다. 태풍 앤드류는 8월 24일 월요일 오전 약 4시경 상륙하여 태풍의 중심이 마이애미 20km 남쪽에 위치한 홈스테드 공군기지 위를 통과하며 서쪽으로 이동했다. 육지에 상륙한 후의 태풍의 눈의 대략적인 직경은 약 35km 정도였으며, 이 당시 두 개의 신빙성 있는 지표 풍속이 기록되었는데 키비스케인 남쪽 관측소에서 평균 최대시속 240km/h로 기록되었으며 마이애미 부근 남쪽의 코랄게이블에 있는 국립태풍센터의 6층 건물 지붕의 풍속계로 측정한 최대 돌풍은 260km/h로 기록되었다.

2) 피해상황

구분	피해 내용
인명피해	사망 38명
재산피해	• 총 피해액 150 ~ 200억달러 • 건물파손 85,000채, 재민 175,000 ~ 250,000명 • 전기공급 및 전화 연결 단절 600,000채, 기름유출 12,000갤런 • 가스생산설비 53여 개 파괴 및 피해(미국 전체 가스공급의 5%)

태풍 앤드류

(2) 1996년 강원도 수해

경기도 및 강원지역 수해는 1996년 7월 26일에서 7월 28일 3일간에 걸쳐 경기도 및 강원도 북부지역(총 4개 시 · 군 · 구)에서 발생하였다.

1996년 강원도 수해

1) 사고 개요

서해상의 고온다습한 수증기가 유입되어 경기·강원 북부지방의 찬 공기와 부딪치며 집중호우가 발생하여 임진강, 한탄강 유역의 파주시, 연천, 철원, 화천군 등에 많은 피해가 발생하였다.

철원 · 화천지방의 군부대 막사는 전시 대비 산계곡이나 평야부에 위치하여 집중호우 시 강한 강수강도에 의한 산사태로 매몰되고 또한 철원 이북지역의 홍수가 남쪽으로 유입되면서 침수 · 유실되는 피해가 발생하였다.

피해 발생 시간이 심야시간대여서 미처 대피할 여유가 없었던 60여 명의 군인들이 사망 · 실종되고 탄약고의 지뢰 등 폭발물이 유실되어 수거에 많은 어려움이 따랐다.

장곡댐의 가제방은 설계빈도 20년 빈도로 1일 최대강우량 271.37mm로 설계 시공하였으며, 1996년 홍수기의 1일 최대강우량 489mm의 집중호우가 발생하여 가제방이 일부 유실 · 매몰되었다. 특히, 산사태로 떠내려 온 토석재, 잡목 등이 가배수터널의 일부를 막아 배수에 지장을 주었으며, 교량 · 제방에 걸려 통수단면의 축소를 가져와 댐터 하류 지역의 하천제방이 유실되고 농경지가 매몰되는 등 강원도 지역에 극심한 피해가 발생하였다.

연천댐의 홍수 시 물을 가득 채우고 있다가 집중호우로 불어난 강물을 감당하지 못하고 우측댐의 일부가 무너지는 사고가 발생하였다. 따라서 우안 토사댐 약 50m가 유실되고, 좌안 진입로 약 20m가 유실되었으며, 발전설비 및 건물, 숙소가 완전 침수되었다. 또한 하류지역의 주민 10,000여 명이 긴급 대피하였다.

2) 피해상황

연사흘 간 내린 집중호우로 문산천이 범람, 고층 아파트와 고지대를 제외하고 주택가와 농경지 대부분이 침수되는 피해로 많은 이재민과 재산피해가 발생하였다. 특히 임진강유역은 총 8,128km^{2}로 우리나라에서는 네 번째로 큰 하천유역이나 이 중 2/3가 북한에 위치하여 하천유량분석 등 치수관련 자료가 미흡한 상황에 북한지역의 폭우까지 겹쳐 임진강 수위가 급격히 불어났다. 뿐만 아니라 서해안 만조시점과 맞물려 배수처리가 불가능함에 따라 임진강, 한탄강 지류의 차탄천, 문산천, 동문천 등의 범람으로 연천읍, 문산읍 등이 침수되었다.

강원도 철원, 화천 산간지대에 3일간의 집중호우로 산사태가 발생하여 다수의 인명피해와 하천 제방붕괴 및 유실이 농경지의 매몰로 이어지면서 많은 재산피해가 발생하였다. 호우기간 내 강수량은 연천 687mm, 철원 527mm, 화천 427mm였으며, 시간당 최대강수량은 청원 43mm(7월 26일, 07:00 ~ 08:00), 강화 49mm(7월 27일, 01:00 ~ 02:00), 1일 최대 강우량은 철원에서 268mm를 기록하였다.

주요 피해 내용

구분	내용	비고
사망	82명	민간 25명 / 군 57명
실종	7명	민간 4명 / 군 3명
부상	85명	
재민	4,258세대(16,933명)	
재산	427,531백만 원	• 지역별 : 경기 163,156원, 강원 262,443원, 인천 1,932원

※ 민간 인명피해 29명은 피해 유형별로 하천급류 24명, 산사태 2명, 기타 3명
지역별로는 서울 2명, 경기 12명, 강원 13명, 인천 2명

(3) 태풍 루사

태풍 루사는 2002년 8월 말에 한반도에 상륙했던 태풍이다. 당시 최대 순간풍속은 초당 39.7m, 중심 최저기압은 970hPa이었으며 강원도 동부에 많은 강수를 내리면서 많은 피해를 남겼다. 124명이 사망하고 60명이 실종되었으며 총 5조 4696억 원의 재산피해를 냈다. 루사라는 이름은 말레이시아반도에 사는 사슴과의 일종에서 따온 것이다.

태풍 루사

1) 사고 개요

제15호 태풍 루사는 2002년 8월 30일에서 9월 1일까지 우리나라에 피해를 입혔다. 2002년도에는 남해상의 해수온도가 평년보다 높아 지속적으로 수증기가 유입되면서 제15호 태풍 루사가 우리나라에 접근하였다. 경로는 제주도 동해상을 거쳐 8월 31일 18시경 전남 고흥군으로 상륙하였고, 9월 1일 15시경 동해 속초지역을 지나가면서 열대성 저기압으로 약화되어 소멸되었다. 강릉지방의 경우 연평균강수량의 62%인 870.5mm가 하루 만에 내렸으며, 대형 태풍인 루사의 관통은 역대 강우관측기록을 경신하는 국지성 집중폭우를 기록하였다.

2) 피해 및 복구

주요 피해 내용

구분	내용
인명피해	사망 209명, 실종 37명, 부상 75명, 재민 21,318세대(63,085명)
재산피해	주택침수 27,562세대, 농경지 유실 17,749ha, 재산 5조 1,479억 원

대형 태풍 '루사'로 인한 큰 피해 발생에 대하여 지적된 문제점은 급변하는 수문기상 특성에 적응한 치수 관련 설계기준 조정, 하천 및 도시의 치수체계 재정비가 미비하였다는 점이다.

그에 대한 대책으로는 방재분야에 대한 과감한 투자와 적절한 대책을 시행하고, 지역적인 특성에 맞는 치수정책 재검토, 홍수에 대해서 매년 지속적인 투자를 통하여 보다 안전한 사회기반 시설을 유지해야 한다. 또한 교량이나 보의 철거 혹은 개선과 같은 하천시설의 정비, 중요한 시설이나 지역을 보호하기 위해 다른 지역으로 홍수를 유도하는 대비책을 마련하고 수해를 가상한 대비훈련을 실시해야 한다. 항만 건설 등으로 인한 해양환경 변화가 우려될 경우 특히, 방파제 등 매립 또는 준설 후 인공구조물을 설치할 경우에는 해양환경 변화에 대해 철저한 사전 검토를 수행해야 한다. 관련 구조물이 설치될 지역에서는 시공 후의 지속적인 유지관계가 중요하다. 평상시의 관리를 통해 방파제나 해안의 이탈된 피복석을 정비하고 내부 사석이 유실되었는지 확인해야 한다. 지방 어항의 소규모 방파제에 대한 설계지침을 강화하고 재검토해야 한다. 평상시 중요시설 인근의 해역에서는 해황(조위, 파랑 등)에 대한 관측을 철저히 하고, 국민과 관련 공무원의 자연재해에 대한 이해를 위해 방재교육과 계몽이 절실히 필요하다.

(4) 태풍 매미

2003년 9월에 한반도에 막대한 피해를 입힌 태풍이다. 우리나라에서 기상관측을 실시한 이래 중심부 최저기압이 가장 낮은 950hPa(헥토파스칼)을 기록했다. 인명피해 130명, 재산피해 4조 7,810억 원이 발생했다. 2003년 9월 6일 발생해 9월 14일 소멸한 중형급 태풍으로, 태풍의 이름은 북한에서 제출한 것이며, 제14호 태풍이라고도 한다. 9월 6일 처음 발생했을 때는 중심 기압이 996hPa, 중심 최대 풍속이 18m로 열대성 폭풍에 지나지 않았으나 이후 서쪽으로 이동하면서 점차 태풍으로 발달해 한반도에 상륙하여 남해안에 도달했을 때 중심 기압이 950hPa(태풍은 중심 기압이 낮을수록 힘이 커진다.)로 강해졌다.

태풍 매미

1) 사고 개요

제14호 태풍 매미는 2003년 9월 12～13일 동안 한반도 남부지역 강타를 시작으로 동해 쪽으로 지나갔으며, 우리나라에서는 전형적인 9월 태풍, 9월 6일 괌섬 북서쪽 약 400km 부근 해상에서 저기압 형태로 발생했으며, 9월 12일 18시경 제주도 성산포 동쪽 해상을 거쳐 동일 21시경에 경상남도 사천시 부근 해안으로 한반도에 상륙했다. 이후 북통진하여 경상남도 함안을 거쳐 13일 03시경에 경상북도 울진을 거쳐 동해상을 통과해 지나갔다.

이어 북태평양 고기압을 타고 한반도로 북상하기 시작해 11일에는(일본 미야코 섬 기상관청 기록에 따르면) 2003년 발생한 태풍 가운데 가장 강한 중심 기압 910hPa의 강력한 태풍으로 변모하였다. 북위 25°를 넘으면서 차츰 약해지기는 했지만, 여전히 중형급의 강한 위력을 유지한 채 같은 날 16시 제주도를 거쳐 20시에는 경상남도 삼천포 해안에 상륙하였다. 그 뒤 7시간 만에 영남 내륙지방을 지나 13일 03시 무렵에는 경상북도 울진을 거쳐 동해안으로 진출하면서 약해지기 시작해 14일 06시 일본 삿포로 북동쪽 해상에서 태풍으로서의 일생을 마쳤다.

2) 피해 및 복구

인명 피해

구분	내용	비고
사망	119명	• 원인별 : 산사태, 절개지 붕괴 18, 건물 붕괴 12, 하천급류 27, 침수 18 등 • 지역별 : 경상남도 63, 경상북도 19, 부산 16, 강원 13, 전라남도 12, 대구 4, 제주 2 등
실종	13명	
부상	366명	
재민	4,089세대 (10,975명)	• 지역별 : 경상남도 2,330가구(6,428명), 경상북도 15가구(1,346명) 부산 511가구(1,552명), 강원 355가구(922명), 전라남도 157가구(358명) ※ 경상남도 지역 전체 중 58%

재산 피해

구분	내용	비고
주택	26,799동	• 지역별 : 경상남도 11,067동, 강원도 3,474동, 부산 2,966동, 대구 943동, 경상북도 2,093동, 제주 472동 등
농경지	37,986ha	• 지역별 : 경상남도 16,129ha, 경상북도 9,281ha, 전라남도 3,732ha, 강원도 8,844ha 등
재산	4조 7,810억	• 공공시설 약 3조 2,640억 : 도로 2,278개소, 교량 90개소, 하천 2,676개소, 소하천 3,685개소(수리시설 27,547개소), 사방시설 1,204개소(1,477ha), 임도 397개소(360km) • 사유시설 약 1조 5,170억 : 건물 6,513동(전파 1,556동, 반파 4,967동), 비닐하우스 2,110ha, 농경지 5,067ha
정전	1,477호	부산 33, 대구 20, 전남 16, 경상남도 52, 제주 14, 충청북도 12 등
원자력 발전소	5기	고리 1 · 2 · 3 · 4호기, 월성 2호기 가동 중단
항만 컨테이너 크레인	11기	전도 8기, 궤도이탈 3기 파손
정수장	47개	부산 월래정수장 등 23개 시와 군

대책으로는 기초지자체에 방재관련 상설기구를 설치하여, 평상시에는 재난예방을 위한 활동을 수행하고, 재난 발생 시에는 피해상황 파악 등 각종 재난복구업무를 수행한다. 방재관련 각종 행정을 효율적으로 수행하기 위해서는 현재 관행적으로 운영되고 있는 복수직에 대한 운영방침을 재고해야 하고, 실시설계보고서가 작성되면 어떠한 형태든 심의기구를 구성하여 제대로

된 보고서를 작성할 수 있도록 해야 한다. 태풍에 대비한 송전탑의 강도보강 및 공급계통의 다중화, 지중화가 필요하고 염해 방지를 위한 지속적 감시 실시, 그리고 태풍 등 재해대비 라이프라인 시설을 설치해야 한다.

(5) 허리케인 카트리나

1) 사고 개요

허리케인 카트리나(Hurricane Katrina)는 2005년 8월, 미국 남동부를 강타한 초대형 허리케인이다. 애틀랜틱 허리케인(Atlantic Hurricane) 중, 6번째로 강한 태풍이었으며, 미국에 상륙한 태풍 중 3번째로 강한 태풍이었다. 애틀랜틱 허리케인(Atlantic Hurricane)이란, 대서양에서 생성된 태풍을 말한다. 허리케인 카트리나는 플로리다 주 내소 군 동쪽 약 280킬로미터의 열대성 저기압으로부터 발생했다. 마이애미-데이드/브라워드 군의 육지에 상륙하기 전에 1등급 허리케인으로 커졌다. 플로리다를 가로질러 남서쪽으로 움직인 후 멕시코만으로 빠져나갔고 2005년 8월 28일 하루 동안 그곳에 머물며 태풍의 최고속도는 175mph(280km/h)를 기록하고, 기압은 최고 902mbar까지 기록하여, 5등급에 도달하였다. 허리케인이 강해진 원인은 고온의 멕시코만류가 뉴올리언스 방향으로 순환영역이 확대되었기 때문이다. 2005년 8월 29일 시속 225킬로미터의 강풍과 함께 3등급 허리케인으로 루이지애나 버라스-트라이엄프 육지에 2차 상륙했다가 미국 동부 시간으로 8월 31일 오후 11시, 캐나다와의 국경에서 소멸하였다.

허리케인 카트리나

2) 피해상황 및 복구

허리케인 카트리나로 인해 총 1,836명이 사망했고, 705명은 실종되었으며, 피해액은 약 1,000억 달러로 추정된다. 가장 큰 피해를 입은 지역은 미국 뉴올리언스이다. 8월 30일 허리케인으로 인해 폰차트레인 호수의 제방이 붕괴되면서 이 도시 대부분의 지역에 물난리가 일어났다. 뉴올리언스는 지역의 80% 이상이 해수면보다 지대가 낮아 2005년 9월 초 들어온 물들이 빠지지 못하고 그대로 고여 있었다. 이 지역에 살고 있는 주민 중 2만 명 이상이 실종된 상태이며, 구조된 사람들은 인근 슈퍼돔에 6만 명 이상, 뉴올리언스 컨벤션센터에서 2만 명 이상 수용되었다. 두 수용시설은 전기가 끊긴 상황에서 물 공급 및 환기마저 제대로 되지 않아 이재민들의 불만과 범죄가 지속적으로 증가하였으며, 이재민의 대부분을 차지하는 흑인과 백인 간의 인종갈등 조짐까지 보여 주정부 및 연방정부는 피해 복구에 대해 국제사회에 지원을 요청하는 한편, 이라크 지역에 파견된 군 병력 일부를 피해지역에 추가 투입시켰다.

카트리나의 피해가 커졌던 것은 美정부가 큰 피해를 예상하지 못하여 대처가 미흡하였고, 이라크 파병에 따른 재정상의 이유로 안전대책의 지원이 원활하지 못한 것이 주요 요인이다.

6. 풍수해 대비 유관기관 협조사항

(1) 부 · 처 · 청 공통사항

① 한발 앞선 태풍대비 상황실 설치 운영
② 유관기관 및 산하 기관장 정위치 진두지휘
③ 대규모 건설공사장의 현장관리책임자 정위치
④ 관할 시 · 군 · 구청장과 유기적인 협조체제 강화
⑤ 소관부처 및 산하기관 관리시설물의 점검 · 정비
⑥ 응급복구용 자재 비축, 장비 확보 및 인력동원체계 점검
⑦ 통신두절 대비 비상통신수단 확보태세 점검
⑧ 해안저지대, 상습침수 및 재해취약지역 예찰활동 강화

(2) 문화체육관광부

① 태풍 해당 지역 방송국에 주의보 발표 및 경계사항 보도 요청
② 언론기관에 재해 시 국민행동요령 등 홍보사항 협조
③ 각종 보도매체 안내, 지원, 통제 및 정보제공에 관한 사항
④ KBS의 재난방송체계 적극 활용

⑤ 문자 방송 또는 생방송체제로 긴급뉴스 방송 실시
⑥ 라디오, TV방송 보도와 관련한 사항 처리

(3) 농림수산식품부

① 비닐하우스, 인삼재배시설, 축사, 잠사 등 농림시설 점검
② 저수지, 취입보, 양 · 배수장, 용 · 배수로, 방조제 및 배수갑문 등 수리시설 점검
③ 배수문, 원동기 및 배수펌프 조작기능 점검
④ 농경지 배수로 정비 및 낙과방지를 위한 지주대 보강
⑤ 비닐하우스시설 중앙파이프 보강 및 결속 보완
⑥ 어선의 대피 · 결박 및 출항 통제
⑦ 어항의 방파제시설, 배수갑문 등 시설물 점검
⑧ 어망, 어구 등 수산 증 · 양식시설 점검

(4) 지식경제부

① 전력, 가스, 석유, 광산, 공단산업, 에너지 공급시설 등 점검
② 각종 산업공사장 가건물 사용금지
③ 댐, 부속구조물 안전관리 및 유사 시 대처계획 점검
④ 전주, 가로등 · 신호등 감전사고 예방 등 재해특성에 따른 유발재해방지 대책

(5) 방송통신위원회

① 통신두절 대비 비상용 통신수단 확보 및 긴급 통신소통을 위한 지원태세 점검
② 재해취약 통신시설의 점검 관리
③ 긴급복구용 자재, 장비 및 인력동원태세 점검

(6) 보건복지부

① 학교강당, 교회, 마을회관, 공공건물 등 이재민 수용시설 점검
② 화장장, 공원부지 등 소관시설 점검
③ 보건소, 보건지소 등의 비상근무태세 점검
④ 의료기자재, 약품, 방역 · 소독약품 및 구호품 관리상태 점검
⑤ 응급의료 및 구호활동체계 점검 대기

(7) 환경부

① 상 · 하수도시설, 폐기물처리시설 등 점검
② 태풍으로 인한 쓰레기 발생 시 수거 및 처리체계 점검
③ 쓰레기 임시적환장 지정, 쓰레기 긴급수거용 운송장비 및 인력 동원 확보 체계, 긴급 식수원 공급대책 등 점검

(8) 산림청

① 산사태위험지, 사방댐, 임도시설 점검
② 산림휴양 및 표고재배시설, 양묘장, 조경수재배지 동 시설 관리
③ 산림벌채지역 내 벌채입목 제거실태 점검

(9) 국토해양부

① 댐 사전 예비방류 검토 및 방류 실시
② 육상, 해상 및 항공 교통통제 상황 파악 및 체계 점검
③ 공사현장 안전조치 확립 및 홍수예 · 경보 발령태세 점검
④ 도로, 하천, 광역상수도, 공업용수시설 등 시설물 점검
⑤ 긴급 복구용 자재 비축, 장비 및 인력동원태세 점검
⑥ 교통두절 시 우회도로 지정 관리
⑦ 수계별 주요지점 수위현황 수시 파악
⑧ 선박의 대피 · 결박 및 출항 통제
⑨ 항만시설, 배수갑문 등 시설물 점검

(10) 한국철도공사

① 하천횡단 철도교, 상습침수지역 등 재해취약시설 예찰활동 강화
② 긴급 복구용 자재 비축, 장비 및 인력동원태세 점검

(11) 경찰청

① 고립예상지역의 119, 군부대 등과 연계한 인명구조태세 점검
② 산간, 계곡, 하천, 유원지 등 야영 · 등산객, 낚시꾼 등 대피유도
③ 신호등 감전사고예방 점검 및 안전조치
④ 재해우려지역의 경비 및 방범 활동체계 점검
⑤ 교통 두절 시 우회도로 지정 등 통제체계 점검

(12) 해양경찰청

① 헬기, 경비함정, 특수기동대 등 수난구조태세 점검
② 항해선박 안전지대 대피유도 및 안전운항 계도
③ 어선 출어 통제 및 항·포구 대기선박 안전지대로 대피유도

(13) 국립공원관리공단

① 국립공원 및 시·도립공원 내 시설물 관리
② 산간, 계곡, 해변, 야영지, 하천변 등 재해우려지구 내 탐방객 출입통제 및 안전지대 대피 등 안전관리

7. 풍수해 상황 시 근무요령

① 태풍·호우 시 산간계곡·하천 등 안전조치 및 인명피해 최소화에 만전
② 특히, 야영객 안전장소 신속대피 등 고립되는 사람이 없도록 관리 철저

1 현지 호우 상황 확인·판단	• 방재기상정보시스템, 홍수통제시스템 등을 이용한 현지 강우상황 및 수위 등 확인 • 군청, 면사무소, 이장 자율방재단 4대강 현장 직접통화 현장상황 확인(담당자 지정)
⇩	
2 지역본부 비상근무태세 확인	• 기상특보, 강우상황 등을 고려한 시·도, 시·군·구, 관계기관 비상근무 및 상황관리 조치 • 피해예상지역 사전조치사항 판단 및 대비·대응조치 실시
⇩	
3 상황별 위험지역 관리	• 태풍·호우 진행상황에 따라 위험·경계지역관찰 및 필요 시 긴급대응 조치 • 인명피해 우려지역, 자연재해위험지구, 상습침수지역 등 실시간 현장상황 파악
⇩	
4 위험지역 야영객 대피 조치	• 대피안내방송, 담당공무원 현지순찰, CBS 재난문자 송출, Safety Line 설치 등 조치 • 주요 인명피해 예상지역은 시군, 읍면동 담당공무원 통화 현지상황 파악 및 조치
⇩	
5 상황보고 및 지시	• 재난상황 실시간 현장상황 관리 • 교통통제, 주요공공시설 Life Line 피해 상황파악 및 응급복구 관리 • 재난 진행상황 실시간 보고체계 유지

※ 일련의 모든 과정을 "근무일지"에 실시간별 기록·관리

8. 풍수해 단계별 대책

(1) 예방대책

1) 풍수해 예방대책 기본추진사항

■ 공 통

① 각종 행정계획 수립 및 개발사업 추진 시 풍수해로부터 국민의 생명 · 재산 및 국토를 보호하기 위한 대책을 우선적으로 고려

② 풍수해 취약시설물 점검 · 정비 등 예방대책 수립

③ 중앙대책본부 · 지역대책본부 · 관계 재난관리책임기관 · 긴급구조기관 · 긴급구조 지원기관 등과 협조체제 구축

④ 풍수해 예측 및 정보전달체계의 구축

⑤ 풍수해 대비 교육 · 훈련 및 풍수해 관리예방 홍보

⑥ 방재연구의 활성화를 통한 과학적이고 실용적인 연구 및 정책개발

⑦ 풍수해 재난상황의 신속한 대응을 위한 표준대응절차의 수립과 시설물의 응급복구체계 확립

■ 부처별

① 인명피해 최소화 종합대책 수립(주무기관 : 소방방재청, 산림청, 지방자치단체)

- 인명피해우려지역 지정
- 산사태, 붕괴, 침수위험지역과 산간계곡 유원지를 인명피해우려지역으로 사전 지정
- 대피로 및 대피장소와 현장책임자 지정관리
- 조기경보발령체계(Early Warning System) 구축 · 운영
- 마을 이장 간 Hot-Line 양방향 정보체계 구축

② 재난취약시설의 점검 · 정비 강화

- 방재시설물의 점검 · 정비
  (주무기관 : 소방방재청, 국토해양부, 농림수산식품부, 환경부, 산림청, 지방자치단체)
- 옹벽 · 축대, 도로 · 교량, 하천, 배수펌프장, 저수지, 방조제, 양 · 배수장, 산사태 방지시설, 하수도 등 방재시설물의 기능 유지를 위한 점검 · 정비 실시
- 대규모 건설공사장 등 특별관리
  (주무기관 : 관계중앙행정기관, 재난관리책임기관, 지방자치단체)
- 지하철공사장, 신도시 건설, 골프장 조성, 고속도로, 댐건설, 택지 조성, 관광단지 개발 및

기타 50억 원 이상 대규모 건설공사장에 대하여 수방대책 마련 추진

- 재해위험지구의 지정관리(주무기관 : 관계중앙행정기관, 재난관리책임기관, 지방자치단체)
- 방재책임자는 지정 고시된 재해위험지구에 대하여 중 · 장기 정비계획수립, 관계중앙행정기관의 승인을 받아 우선순위에 따라 정비
- 재해위험개선 사업 추진(주무기관 : 소방방재청, 지방자치단체, 민간업체)
- 재해위험 개선사업 및 이주대책에 관한 특별법에 근거하여 자연재해위험 지구, 태풍, 호우, 해일 등 상습피해 빈발 지역 이주대책계획 수립 · 추진
- 저수지 · 댐의 안전관리 대책 추진(주무기관 : 소방방재청, 지방자치단체)
- 저수지 · 댐의 안전관리 및 재해예방에 관한 법률에 근거하여 재해예방을 위한 사전점검 · 정비 및 재해발생 시 대응 등에 관하여 필요한 사항을 규정함으로써 효과적인 안전관리체계 확립
- 공공시설의 기능 확보 및 예방활동(주무기관 : 관계중앙행정기관, 지방자치단체)
- 공공시설의 점검, 응급복구대책, 체제정비, 자재 비축
- 건축물의 안전성 확보(주무기관 : 관계중앙행정기관, 지방자치단체)
- 건물이나 지하시설 등에 방수문 및 방수판 설치, 침수피해 예방
- 국민생활필수시설(Life-Line)의 기능 확보
(주무기관 : 관계중앙행정기관, 지방자치단체, 국민생활필수시설 사업자)
- 국가, 지방자치단체 및 국민생활필수시설(Life-Line)사업자는 상하수도, 공업용수도, 전기, 가스, 통신 등 국민생활 필수시설의 안전성 확보

③ 소하천정비종합계획 수립(주무기관 : 소방방재청, 지방자치단체)

- 소하천정비의 기본방침 및 재난예방 대책 마련

④ 사전재해영향성 검토 및 풍수해저감 종합계획 수립(주무기관 : 소방방재청, 지방자치단체)

- 각종 개발 사업에 따른 재해 유발요인을 사전검토하기 위하여 사업의 확정 · 허가 전 사전재해영향성 검토 협의

⑤ 우수유출저감시설 기준 및 내풍 설계기준 마련(주무기관 : 관계중앙행정기관, 지방자치단체)

- 우수유출 증가량을 침투 또는 저류할 수 있는 우수유출저감대책 강구

⑥ 홍수 예 · 경보시설의 개선(주무기관 : 국토해양부, 지방자치단체)

- 인명피해 다발지역의 홍수 예 · 경보시설 개선
- 상습침수지역을 중심으로 자동경보시스템 설치 운영
- 홍수 위험지도 제작 활용

⑦ 외수 및 내수피해 방지사업 추진

- 외수 피해방지를 위한 치수사업 지속 추진(주무기관 : 국토해양부)

- 하천 개수사업 추진으로 2차 피해방지
- 다목적 댐 건설로 홍수조절능력 향상
- 내수 피해방지를 위한 내수 배제사업 추진(주무기관 : 농림수산식품부)
- 전국의 노후 수리시설 등 개보수사업 추진
- 농경지 침수방지를 배수개선사업 추진
- 도시저지대 침수피해 예방을 위한 배수 펌프장 확대 설치

⑧ 해안시설, 어선, 수산 증 · 양식시설 피해경감대책
- 해안지역 피해방지를 위한 방재사업 추진(주무기관 : 국토해양부)
- 항만시설의 확충
- 방파제 축조, 표지시설 보수, 연안침수방지시설, 갑문시설 개보수 등
(주무기관 : 농림수산식품부)
- 국가 및 지방관리 방조제시설 개 · 보수 및 확충
- 어선 및 수산 증 · 양식시설 피해경감대책(주무기관 : 농림수산식품부)
- 노후어선 대체 및 필요 시 입 · 출항통제 강화 등 피해 경감대책 마련
- 수산 증 · 양식시설 피해경감대책

⑨ 급경사지 관리대책 추진(주무기관 : 소방방재청)
- 급경사지 붕괴위험지역의 지정 · 관리, 정비계획수립 및 응급대책
- 안전점검, 붕괴위험지역 지정, 현지조사 실시 등
- 붕괴위험지역의 계측관리 등
- 지반의 침하 · 활동 · 전도 및 붕괴 등에 따른 위치변화 감지

⑩ 산림피해 예방사업 추진(주무기관 : 산림청)
- 산지 · 예방사방, 야계사방, 사방댐 설치 · 정비 등 산사태 피해우려지역에 대한 사업 추진
- 산사태 위험지역 지정 · 관리 및 발생 예보제 실시
- 급경사지 등 산사태 위험지 내 개간, 주택신축 등 산림형질 변경 억제 등 산지개발에 따른 재난저감방안 추진

⑪ 재난위험시설물에 대한 정비사업 추진
(주무기관 : 행정안전부, 지식경제부, 국토해양부, 지방자치단체)
- 위험 도로, 철도 시설 및 노후 위험교량 정비
- 광산시설 폐석 유실방지 및 폐광지역 지반 안정성 조사 · 보강
- 재난취약 송 · 배전선로 등 전력시설 보강 및 선로이설
- 재난취약 전력 · 가스 · 석유 및 집단에너지 공급시설 보강 및 수급지원

2) 국민의 자율방재의식 고취

■ 방재지식 보급 · 훈련(주무기관 : 관계중앙행정기관, 지방자치단체)

① 방재의 날 등 방재 관련 행사 시 주민에게 풍수해의 위험성 주지 및 방재 지식 보급 등 방재의식 전파

② 거주지, 직장, 학교 등 재난발생 시 주민 대피계획 및 야간방재 훈련을 포함한 정기적인 방재훈련 실시

■ 지역 자율방재조직 구축 지원(주무기관 : 소방방재청, 지방자치단체)

① 민간방재역량 강화를 위하여 지역실정에 밝은 원로, 통 · 리장, 전문가, 시민단체 등으로 구성되는 실효성 있는 지역 자율방재조직체계 구축

② 대한적십자사와 민간봉사단체가 연계, 재난발생시 민간봉사자의 활동이 원활하도록 활동환경 정비

■ 기업의 방재활동 촉진(주무기관 : 기업체, 지방자치단체)

① 풍수해 발생 시 종업원의 안전, 고객의 안전, 경제활동의 유지 등을 위하여 재난 시 표준행동지침의 작성, 방재체제의 정비, 방재훈련 실시

② 기업을 지역사회의 일원으로 받아들여 자율적 재해경감 활동 유도

③ 우수기업의 인증, 세제지원, 자금지원 우대 등

3) 풍수해 저감을 위한 연구개발 및 정보체계 구축

■ 안전기술개발종합계획 수립 추진(주무기관 : 소방방재청)

① 재난 예방 · 원인조사 등을 위한 실험 · 조사 · 연구 · 기술개발 및 전문 인력 양성 등 과학기술진흥시책 강구

② 관계중앙행정기관의 안전기술개발에 관한 계획 종합, 과학기술 기본법이 정한 국가과학기술위원회의 심의를 거쳐 안전기술개발 종합계획 수립

■ 신속 · 정확한 기상예보를 위한 장비확충 및 기법개발

① 기상관측시스템의 입체화

- 기상관측망 확충 보강(주무기관 : 기상청)
- 악기상 탐지영역 향상을 위한 기상레이더 확충, 노후 기상레이더 교체, 기상위성 시스템 보강, 자동기상관측 장비 확충 등

- 해양 기상 관측망 확충(주무기관 : 기상청)
- 해양 기상관측 부이(Buoy) 확충, 기상관측선 확보 등 해양 기상관측망 확충

② 중규모 악기상 현상의 감시 및 예측능력 향상(주무기관 : 기상청)

- 기상 예측 소프트웨어 개발기술 가속화
- 기상 위성자료의 모델 입력기술 및 국지예보기법 확대 개발
- 수치예보모델 개선 연구 및 수치예보체계 구축
- 중장기 기술개발 추진
- 선진국 수준의 단기 및 중기예보시스템 운영
- 장기 예보시스템 보강, 기상용 슈퍼컴퓨터의 성능 확대

③ 기상정보통신 고도화(주무기관 : 기상청)

- 기상 정보통신시스템의 안정적 운영
- 영상회의 시스템 및 기상정보 통신망 장비교체
- LAN 통신망의 교체 · 보강 등 기상정보통신망의 초고속화
- 다중영상시스템 장비교체 등 기상정보 교환 및 지원체제 향상

④ 기상재난 저감기술 개발(주무기관 : 기상청)

- 집중호우, 태풍 등 한반도 악기상 조기감시 및 예측기술 집중 개발
- 국가 경제 및 산업진흥과 밀접한 중 · 장기예보 정확도 향상기술 개발
- 엘니뇨/라니냐 · 지구온난화 감시 및 한반도 기후변화 예측기술 개발
- 수자원, 에너지, 해운 등 수요중심의 산업응용기술 개발
- 동아시아 기후변화 및 온난화, 장마, 황사 등 국제공동 연구사업 추진

⑤ 악기상 집중관측사업 및 연구(주무기관 : 기상청)

- 태풍 및 악기상에 대한 입체 · 관측 생산체계 구축
- 악기상 관련 한반도 에너지 및 물순환 진단기술 개발
- 준 상시 악기상 관측 · 분석시스템 구축
- 첨단기상관측장비의 도입 및 운영에 관한 선행기술 확보
- 국제집중관측프로그램(CEOP, X-BAIU)과 연계, 효과적인 악기상 감시체제 구축 및 국가 위상 제고

■ 재난 예 · 경보 전달체계 확충 · 운영(주무기관 : 소방방재청, 지방자치단체)

① 사전 예 · 경보시스템 확충 및 운영고도화(산간계곡 → 도시로 확대)

② 자동우량경보시설, 재난문자전광판, 경보앰프 등 시설 확충

■ **풍수해대책 연구 및 자료관리(주무기관 : 소방방재청, 재난관리책임기관, 지방자치단체)**

① 각종 연구기관과 행정기관이 상호협력하여 방재기술의 연구개발사항을 방재시책에 반영
② 풍수해 발생 시 각종 자료의 보전(지적, 건물, 권리관계, 지하매설물, 측량도면, 정보도면 등) 및 자료보관체제의 정비

4) 지역별 안전도 · 재난관리체계 등 평가 및 정책반영

① 지역별 안전도 평가 실시(주무기관 : 소방방재청)
② 재난관리체계 등의 정비 · 평가 실시(주무기관 : 소방방재청)

(2) 대비대책

1) 인명피해 최소화 사전대비 추진

(주무기관 : 소방방재청, 산림청, 지방자치단체)

① 인명피해우려지역 점검 강화
② 산사태, 붕괴, 침수위험지역과 산간계곡 유원지를 인명피해우려지역에 대한 점검 강화
③ 대피로 및 대피장소와 현장책임자 비상연락체계 점검
④ 조기경보발령체계(Early Warning System) 구축실태 점검
⑤ 마을 이장 간 Hot-Line 양방향 정보체계 점검 강화

2) 조기경보발령체계(Early Warning System) 구축실태 점검

(주무기관 : 관계중앙행정기관, 재난관리책임기관, 지방자치단체)

① 방재담당 공무원 훈련 강화
② 방재관계기관 상호 간의 연계성 확보
③ 방재중추기능의 확보

3) 방재훈련 실시(주무기관 : 소방방재청, 재난관리책임기관, 지방자치단체)

정보의 수집 · 전달, 구원요청 등 기동력 있는 광역단위의 실천적인 방재훈련 실시

4) 재난 예 · 경보 전달체계 구축(주무기관 : 소방방재청, 지방자치단체)

① 자연재난 취약지역 재난 예 · 경보 시스템 구축
② 재난 예 · 경보 시스템 작동상태 사전 점검

5) 재난정보의 전달 · 분석체계 구축

■ 재난정보 현장모니터링 시스템 구축(주무기관 : 소방방재청, 지방자치단체)

① 시 · 군 · 구별 모니터 위원 지정 및 시범운영
② 상시 현장정보 수집 · 분석을 위한 모니터링시스템 구축

■ 재난정보 수집 · 전파체계 구축

① 재난정보의 수집 · 전파체제 정비(주무기관 : 소방방재청, 기상청, 국토해양부, 재난관리책임기관, 지방자치단체)
② 기상 · 해상 · 수위 등의 상황관측 정보수집 · 전파체제 및 시설정비
③ 야간 및 휴일 등 행정사각시간대 대응체제 확립
④ 통신수단의 확보(주무기관 : 방송통신위원회, 재난관리책임기관, 지방자치단체, 전기통신사업자)
⑤ 비상통신체제의 정비, 유 · 무선통신 시스템의 종합적 운용 및 응급대책 등 중요통신망의 확보 대책

6) 방재물자 확보 · 비축 및 동원장비 등 지정 · 관리

수방자재 확보 · 비축 및 응급복구용 장비 지정 지정 · 관리
(주무기관 : 소방방재청, 지방자치단체)

7) 구조 · 구급 대책 수립(주무기관 : 지방자치단체, 지역긴급구조기관)

① 응급조치에 필요한 구급구조용 장비 및 자재 확보
② 유관기관 간의 상호 관련정보 교환 및 협조체제 정비

8) 긴급의료 및 긴급수송 대책 수립

응급구호용 의약품, 의료기자재 등 비축, 재난의료시설을 선정하여 재난발생 시 구급의료 활동(주무기관 : 소방방재청, 보건복지가족부, 지방자치단체, 대한적십자사, 전국재해구호협회)

9) 이재민 수용 및 구호물자 공급(주무기관 : 지방자치단체)

① 주민의 대피유도 체제
② 노약자, 장애인, 외국인 등의 대피유도를 위한 안내표지 설치 및 민방위, 지역주민, 방재조직 등의 협력을 얻어 피난유도체제 정비

③ 비상식량 조달 및 공급활동계획 수립
(주무기관 : 소방방재청, 관계중앙행정기관, 대한적십자사, 전국재해구호협회)
④ 식료품 등 구호물자의 사전 비축, 조달체제 정비 및 공급계획 수립
(주무기관 : 관계중앙행정기관, 지방자치단체)

(3) 대응대책

1) 풍수해 대응 활동체제의 확립(주무기관 : 관계중앙행정기관, 지방자치단체)

① 비상근무체제에 따라 직원의 비상소집, 재난대책본부 설치 운영, 각종 재난정보수집과 연락체제 확립 등 대응조치
② 재난관리책임기관, 공공기관 등과 상호 긴밀한 협조체제 구축
③ 중앙 및 유역홍수대책비상기획단 운영

■ **주민에 대한 재난 예 · 경보 신속 전파**

① 언론매체를 통한 대국민 홍보 강화
(주무기관 : 소방방재청, 재난관리책임기관, 지방자치단체)
② 기상특보, 재난 예 · 경보의 신속한 보도
③ KBS 등 방송매체를 활용한 재난경보 전파체계 확립
④ 문자(스크롤) 방송 또는 생방송체제로 긴급뉴스 방송 실시
⑤ 방재관련 유관기관과의 홍보협조 강화
(주무기관 : 소방방재청, 재난관리책임기관, 지방자치단체)

■ **기상상황 및 재난상황의 전달**

① 기상상황과 재난상황 등을 국민에게 신속히 전달
(주무기관 : 기상청, 소방방재청, 지방자치단체)
② 재난위험요인이 있는 지역에 대한 주민대피 조치및 안전대책 강구
(주무기관 : 지방자치단체)
③ 재난사전조치 활동(주무기관 : 소방방재청, 지방자치단체)
④ 태풍, 홍수 등의 발생이 예상될 경우 댐, 보, 수문, 배수펌프장, 양 · 배수장 등의 적절한 조작 및 사전조치 사항을 관계기관에 통지
⑤ 수업 실시 여부 검토 등 학생보호대책 강구(주무기관 : 교육과학기술부)

■ **재난발생 시 신속한 상황관리체계 확립(주무기관 : 소방방재청, 지방자치단체)**

현장상황관리관과 중앙수습지원단을 활용, 재난현장 상황파악, 지도관리기능을 수행토록 중앙과 지방 간 상황 공동관리제 운영

■ **재난정보 수집 · 연락 및 통신수단 확보**

① 피해상황 조기파악 활동(주무기관 : 관계중앙행정기관, 지방자치단체)
② 재난발생 후 인명피해 및 국민생활 필수시설 등 피해상황에 관한 재난정보수집, 관계기관에 보고 및 전파
③ 대규모 재난으로 교통두절 시 항공기를 이용한 피해상황 파악
④ 응급조치 활동정보 교환(주무기관 : 지방자치단체)
⑤ 재난발생 시 신속한 응급조치 활동사항을 관계기관에 보고하고 유관기관과 정보교환
⑥ 통신수단의 확보(주무기관 : 방송통신위원회, 재난관리책임기관, 지방자치단체, 전기통신사업자)
⑦ 재난발생 시 중요 통신수단을 우선적으로 확보 조치

2) 인명피해최소화를 위한 조기경보발령체계(Early Warning System) 가동

(주무기관 : 소방방재청, 지방자치단체)
① 강우관측, CCTV, 이 · 통장 등 실시간 현장 모니터링 실시
② 유사 시 마을 이 · 통장, 지역자율방재단 활용, 주민 사전대피 실시
③ 위험지역 출입통제를 위한 Safety Line(재난안전선) 설치

3) 구조 · 구급 활동

① 인명구조를 위한 현장지휘소 설치 운영
(주무기관 : 소방방재청, 경찰청, 지방자치단체, 의료관계기관 등)
② 고립예상지역 주민에 대해 구조 및 대피(주무기관 : 지방자치단체)
③ 주민 및 자원봉사자 등의 자발적 구조 · 구급활동 역할 부여(주무기관 : 자원봉사단체)
④ 피해를 입은 지방자치단체는 피해상황을 파악(주무기관 : 지방자치단체)
⑤ 피해를 입지 않은 지방자치단체는 피해를 입은 지방자치단체의 구조 · 구급 활동 지원
(주무기관 : 국방부, 지방자치단체)
⑥ 구조 · 구급활동에 필요한 기자재는 원칙적으로 해당 활동을 실시하는 기관이 보유
(주무기관 : 관계중앙행정기관, 지방자치단체)
⑦ 유발재난 및 2차 피해 방지 활동 : 침수피해 및 토사의 확대방지

4) 의료활동(주무기관 : 소방방재청, 관계중앙행정기관, 지방자치단체)

① 현장응급의료소 설치 운영

② 의약품, 의료 기자재의 비축 보관

③ 5일간 사용할 의약품, 의료기자재 등을 비축 보관

5) 교통 및 통신두절지역에 대한 긴급연락체계 구축(주무기관 : 지방자치단체)

① 교통두절지역에 대한 연락체계

② 재난발생 시 긴급조치를 위한 비상 및 예비 통신대책 수립

③ 통신두절지역에 대한 연락체계

④ 위성통신, 무선통신 등 긴급통신수단의 확보

⑤ 교환시설, 전송시설, 무선시설 등 이동용 긴급복구장비의 확보

6) 교통두절지역의 소통대책(주무기관 : 지방자치단체)

① 도로침수, 낙석, 토사유실, 교통두절지역에 대한 긴급 응급복구 조치

② 도로관련기관과 협조체제 유지 및 대규모 재난발생 시 군부대 지원요청

7) 이재민 대피 · 수용 및 구호(주무기관 : 지방자치단체)

대피장소, 대피로, 침수구역, 토사재난 위험장소 등의 소재, 재난의 개요, 기타 대피에 관한 정보의 제공

8) 비상급수 및 생필품 보급

① 재난으로 단수지역 및 이재민 공동수용시설에 응급 급수 대책 수립
(주무기관 : 지방자치단체)

② 피해 발생 즉시 이재민에게 생필품공급 가능한 체계 확립(주무기관 : 지방자치단체)

9) 시설물 응급복구(주무기관 : 지방자치단체)

① 응급복구를 위한 인력 확보 및 국민생활 필수시설(Life-Line)의 신속한 응급복구 실시

② 침수지역 주택 등에 대한 급조치 및 건물의 안전성을 검토

③ 신속한 응급복구를 위해 군부대 장비 지원요청

10) 침수피해 등으로 발생한 대량의 폐기물 청소 및 전염병 예방을 위한 방역
(주무기관 : 환경부, 보건복지가족부, 산림청, 지방자치단체)

11) 자원봉사 활동, 의연금품, 해외지원 등을 파악하여 피해지역지원

(주무기관 : 소방방재청, 외교통상부, 자원봉사센터, 대한적십자사, 전국재해구호협회)

(4) 복구대책

1) 복구 기본방향 결정(주무기관 : 지방자치단체)

① 피해상황, 지역특성, 관계 공공시설관리자의 의견을 수렴하여 기능복원과 개선복구의 기본방향을 결정

② 피해 지방자치단체가 복구의 주체가 되어 주민의견을 수렴하여 적절한 복구방안 강구

2) 피해조사 및 복구지원

(주무기관 : 관계중앙행정기관 – 소방방재청 주관)

① 피해조사 및 피해원인분석재난복구계획(안)의 작성을 위해 관계부처 공무원으로 중앙합동조사단 편성 · 운영

② 대규모 재난발생시 재난원인을 종합적으로 분석하고 근원적 대책강구를 위해 학계 · 민간전문가 등을 위주로 재난원인분석 조사단 편성 · 운영

③ 복구비 지원(주무기관 : 소방방재청)

④ 「재난구호 및 재난복구비용 부담기준 등에 관한 규정」 적용 지원

3) 국고의 부담 및 지원(주무기관 : 소방방재청)

재난복구비용 등의 국고부담 및 지원은 동일한 재난기간(기상 특보 및 그 여파로 인한 기간은 포함)에 발생한 피해액(농작물 및 동산피해액 제외)이 기준금액 이상에 해당하는 경우 지원

4) 재난복구비용의 산정(주무기관 : 소방방재청)

① 기능복원(피해시설의 본래 기능을 유지할 수 있도록 현지 여건에 맞추어 피해시설을 복원)에 소요되는 비용을 원칙으로 산정

② 지구 · 지역 또는 시설에 대하여는 개선복구(피해 발생 원인을 근원적으로 해소하거나 피해시설의 기능을 개선하기 위하여 복구하는 것)에 소요되는 비용으로 산정

5) 과학적 피해원인조사 및 수요자중심의 복구체계 확립

(주무기관 : 관계중앙행정기관, 지방자치단체)

① 선진기술을 접목한 피해조사장비 현대화 추진

② 수요자 중심의 복구체계 확립

6) 항구적 복구대책 강구

① 수해복구 사업장에 대한 재발방지를 위해 항구적 복구 추진
② 산간오지 주민 등 취약지역 거주민 이주 지원대책 마련
③ 상습 피해지역, 재해취약지역 등에 대한 근본적 위험요인 제거

7) 풍수해 보험제도 운영 활성화(주무기관 : 소방방재청)

① 사유재산에 대한 적정 · 적시적 피해보상체계를 확립하고, 국가 예산 운영의 안전성 도모
② 가옥, 하우스 중심에서 시설물 중심으로 확대
③ 자동차책임보험처럼 위험도가 높은 가옥, 시설물 등에 대해서는 강제화할 수 있도록 제도 개선
④ 풍수해 보험 가입을 위한 적극적 홍보 및 활성화 추진

9. 태풍 대비 국민교육

▪ 태풍이 오기 전

① TV, 라디오를 통한 태풍의 진로와 도달시간 숙지
② 가정의 하수구나 집 주변의 배수구를 점검하고 막힌 곳을 뚫음
③ 침수나 산사태가 일어날 위험이 있는 지역에 거주하는 주민은 대피장소와 비상연락방법 숙지
④ 하천 근처에 주차된 자동차는 안전한 곳으로 이동
⑤ 응급 약품, 손전등, 식수, 비상식량 등 생필품 구비
⑥ 날아갈 위험이 있는 지붕, 간판, 창문, 출입문 또는 마당이나 외부에 서 있는 헌 가구, 놀이기구, 자전거 등 바람에 날릴 수 있는 것 등 단단히 고정
⑦ 공사장 근처 접근 금지
⑧ 전신주, 가로등, 신호등을 만지거나 접근하지 말 것
⑨ 감전의 위험이 있으니 집 안팎의 전기수리 금지
⑩ 운전 중일 경우 감속운행
⑪ 천둥 · 번개가 칠 경우 건물 안이나 낮은 곳으로 대피
⑫ 송전철탑이 넘어졌을 때는 119나 시 · 군 · 구청 또는 한전에 즉시 연락
⑬ 고층 아파트 등 대형 · 고층건물에 거주하고 있는 주민은 유리창이 파손되는 것을 방지하도록 젖은 신문지, 테이프 등을 창문에 붙이고 창문 가까이 접근 금지
⑭ 노약자나 어린이는 외출 금지

⑮ 물에 잠긴 도로로 걸어가거나 차량 운행 금지
⑯ 대피할 때에는 수도와 가스 밸브를 잠그고 전기차단기를 내릴 것

▪ 태풍주의보 시

지역	내용
도시	• 저지대 · 상습침수지역에 거주하고 있는 주민은 대피 준비 • 공사장 근처는 위험하니 접근금지 • 전신주, 가로등, 신호등을 손으로 만지거나 가까이 가지 말 것 • 감전의 위험이 있으니 집 안팎의 전기수리는 하지 말 것 • 운전 중일 경우 감속운행할 것 • 천둥 · 번개가 칠 경우 건물 안이나 낮은 곳으로 대피 • 간판, 창문 등 날아갈 위험이 있는 물건은 단단히 고정 • 송전철탑이 넘어졌을 때는 119나 시 · 군 · 구청 또는 한전에 즉시 연락 • 집안의 창문이나 출입문을 잠가 둘 것 • 노약자나 어린이는 집 밖으로 나가지 말 것 • 대피할 때에는 수도, 가스, 전기는 반드시 차단 • 라디오, TV, 인터넷을 통해 기상예보 및 태풍상황을 숙지
농촌	• 저지대 · 상습침수지역에 거주하고 있는 주민은 대피를 준비 • 공사장 근처는 위험하니 접근금지 • 감전위험이 있으니 고압전선 근처에 가지 말 것 • 집 안팎의 전기수리를 하지 말 것 • 천둥 · 번개가 칠 경우 건물 안이나 낮은 곳으로 대피할 것 • 바람에 지붕이나 물건이 날아가지 않도록 단단히 고정할 것 • 송전철탑이 넘어졌을 때는 119나 시 · 군 · 구청 또는 한전에 즉시 연락 • 집안의 창문이나 출입문을 잠가둘 것 • 노약자나 어린이는 집 밖으로 나가지 말 것 • 라디오, TV, 인터넷을 통해 기상예보 및 태풍상황을 잘 숙지할 것 • 집 주변이나 경작지의 용 · 배수로 점검 • 산간계곡의 야영객은 안전한 곳으로 대피 • 비닐하우스 등의 농업시설물 점검
해안	• 저지대 · 상습침수지역에 거주하고 있는 주민은 대피를 준비 • 침수가 예상되는 건물의 지하공간에는 주차하지 말고, 지하에 거주하고 있는 주민은 대피할 것 • 전신주, 가로등, 신호등을 손으로 만지거나 가까이 가지 말 것 • 집 안팎의 전기수리를 하지 말 것 • 공사장 근처는 위험하니 가까이 가지 말 것 • 해안도로를 운전하지 말 것 • 천둥 · 번개가 칠 경우 건물 안이나 낮은 곳으로 대피 • 간판, 창문 등 날아갈 위험이 있는 물건은 단단히 고정

지역	내용
해안	•송전철탑이 넘어졌을 때는 119나 시 · 군 · 구청 또는 한전에 즉시 연락할 것 •집안의 창문이나 출입문을 잠가둘 것 •노약자나 어린이는 집 밖으로 나가지 말 것 •라디오, TV, 인터넷을 통해 기상예보 및 태풍상황을 숙지할 것 •바닷가 근처나 저지대에 있는 주민은 대피 준비 •어업활동을 하지 말고 선박을 단단히 고정할 것 •어로시설 철거 또는 고정할 것 •해수욕장 이용 금지할 것

■ 태풍 경보 시

지역	내용
도시	•침수가 예상되는 건물의 지하공간에는 주차 금지 및 지하에 거주하고 있는 주민과 붕괴 우려가 있는 노후주택에 거주하고 있는 주민은 안전한 곳으로 대피할 것 •건물의 간판 및 위험시설물 주변으로 걸어가거나 접근 금지 •고층아파트 등 대형 · 고층건물에 거주하고 있는 주민은 유리창이 파손되는 것을 방지하기 위해 젖은 신문지, 테이프 등을 창문에 붙이고 창문 가까이 접근 금지 •집 안팎의 전기수리를 하지 말 것 •모래주머니 등을 이용하여 물이 넘쳐서 흐르는 것을 막을 것 •바람에 날아갈 물건이 집 주변에 있으면 미리 제거할 것 •도로에 있는 차량은 속도를 줄여서 운전 •아파트 등 고층건물 옥상, 지하실과 하수도 맨홀에 접근 금지 •정전 때 사용 가능한 손전등을 준비하시고 가족 간의 비상연락방법과 대피방법을 미리 의논
농촌	•주택 주변의 산사태 위험이 있으면 미리 대피 •모래주머니 등을 이용하여 하천물이 넘쳐서 흐르지 않도록 하여 농경지 침수를 예방 •위험한 물건이 집 주변에 있다면 미리 제거 •논둑을 미리 점검하고 물꼬를 조정 •다리는 안전한지 확인한 후에 이용 •산사태가 일어날 수 있는 비탈면 근처에 접근 금지 •이웃이나 가족 간의 연락방법과 비상시 대피방법을 확인 •농기계나 가축 등을 안전한 장소로 이동 •비닐하우스, 인삼재배시설 등을 단단히 고정
해안	•해안가의 위험한 비탈면에 접근 금지 •집 근처에 위험한 물건이 있다면 미리 치울 것 •바닷가의 저지대 주민은 안전한 곳으로 대피 •다리는 안전한지 확인 후에 이용 •선박을 단단히 묶어두고 어망 · 어구 등을 안전한 곳으로 이동 •가족 간의 연락방법이나 대피방법을 미리 확인

■ **태풍이 지나간 후**

① 파손된 상하수도나 도로가 있다면 시 · 군 · 구청이나 읍 · 면 · 동사무소에 연락
② 비상식수가 떨어졌더라도 아무 물이나 먹지 말고 물은 꼭 끓여 취식
③ 제방이 붕괴될 수 있으니 제방 근처에 가지 말고, 감전의 위험이 있으니 바닥에 떨어진 전선 근처에 가지 말 것
④ 침수된 집안은 가스가 차 있을 수 있으니 환기시킨 후 들어가고 전기, 가스, 수도시설은 손대지 말고 전문업체에 연락하여 사용
⑤ 사유시설 등에 대한 보수 · 복구 시에는 반드시 사진을 찍어 둘 것

10. 홍수 대비 국민교육

■ **홍수 우려 때**

① 피해 예상지역 주민은 대피 준비를 하고 물이 집안으로 흘러가는 것을 막기 위한 모래주머니나 튜브 등을 준비
② 홍수피해 예상지역 주민은 라디오, TV, 인터넷을 통한 기상변화 확인
③ 어린이나 노약자는 외출 삼가
④ 홍수 우려 시 피난 가능 장소 및 길 숙지
⑤ 비탈면이나 산사태 가능지역 출입금지
⑥ 초행지역이나 무릎 위로 물이 흐르는 지역에서는 걷기 및 운전금지
⑦ 바위나 자갈 등이 흘러내리기 쉬운 비탈면 지역의 도로 통행을 삼가고, 만약 지나게 되면 주위를 잘 살핀 후 이동
⑧ 연못, 구덩이 등에 관한 안전표지판 확인
⑨ 우물은 오염될 수 있으니 마실 물은 사전에 준비

■ **물이 밀려들 때**

① 갑작스러운 홍수 발생 시 신속히 대피
② TV와 라디오와 같은 정보매체에 귀 기울이기
③ 하천범람 주의
④ 둑의 물이 넘치고 하수도로 물이 나온다면 다음 사항 준비
- 시간적 여유가 있다면, 마당에 있는 여러 가지 물건들을 집안으로 옮기고 집 주변 정비하기
- 전기차단기 및 가스 밸브 off

- 상수도의 오염에 대비하여 욕조에 물 받기

⑤ 홍수에 의하여 밀려온 물에 가까이 가지 않도록 주의
⑥ 흐르는 물에 입수 금지
⑦ 침수된 지역 운전 금지
⑧ 지정된 대피소에 도착하면 반드시 도착사실을 알리고, 통제에 따라 행동

■ 물이 빠진 후

① 기름 및 더러운 물로 오염되었을 경우를 대비하여 물이 빠져나가고 있을 때는 물에서 멀리 떨어지기
② 흐르는 물에서는 약 15cm 깊이의 물에도 휩쓸릴 수 있으니 주의
③ 홍수가 지나간 지역은 지반이 약해 위험하므로 주의
④ 재난발생지역은 피하기
⑤ 홍수로 밀려온 물에 몸이 젖었을 때는 비누를 사용해 깨끗이 씻기
⑥ 집안 진입 전 붕괴 가능성을 반드시 점검하기
⑦ 가스 · 전기차단기가 off에 있는지 확인하고, 기술자의 안전조사 후 사용
⑧ 집안에 진입하면 가스가 새어 축적되어 있을 수 있으니 성냥불 및 불 사용을 금하고, 창문을 열어 환기시키기
⑨ 침투된 오염물에 침수된 음식 및 기타 재료는 사용금지
⑩ 수돗물 및 저장식수도 오염 여부를 반드시 조사 후에 사용

11. 호우 대비 국민교육

■ 호우 예보 때

① 주택의 하수구 및 집 주변 배수구 점검
② 침수, 산사태 위험지역 주민은 대피장소와 비상연락방법 사전 숙지
③ 하천에 주차된 자동차는 안전한 곳으로 이동시키기
④ 응급 약품, 손전등, 식수, 비상식량 등 준비
⑤ 저지대 · 상습침수지역에 거주민은 신속히 대피할 수 있도록 하기
⑥ 침수 시 피난 가능한 장소를 동사무소, 시 · 군 · 구청에 연락하여 미리 알아두기
⑦ 대형공사장, 비탈면 등의 관리인은 안전상태 확인
⑧ 가로등이나 신호등 및 고압전선 근처는 피하기

⑨ 집 안팎의 전기수리 금지
⑩ 공사장 및 주변 진입금지
⑪ 운행 중인 자동차의 속도 줄이기
⑫ 천둥 · 번개가 칠 경우 건물 안이나 낮은 지역으로 대피
⑬ 물에 떠내려갈 수 있는 물건은 안전한 장소로 옮기기
⑭ 송전철탑이 넘어졌을 시 119나 시 · 군 · 구청 또는 한전에 즉시 연락하기
⑮ 건물의 출입문 및 창문 봉쇄
⑯ 노약자나 어린이는 외출 삼가기
⑰ 물에 잠긴 도로로 지나가지 말기
⑱ 대피 시 수도와 가스 밸브 및 전기차단기 off
⑲ 라디오, TV, 인터넷을 통해 기상예보 및 호우상황을 수시로 확인

■ 호우 주의보 및 경보 때

지역	내용
도시	• 저지대 · 상습침수지역 거주 주민은 항시 대피 준비 • 대형공사장, 비탈면 등의 관리인은 안전상태 미리 확인 • 가로등, 신호등 및 고압전선 근처 피하기 • 집 안팎의 전기수리 금지 • 공사장 근처 피하기 • 운행 중인 차량은 서행하기 • 천둥 · 번개가 칠 경우 건물 안이나 낮은 지역으로 대피하기 • 물에 떠내려갈 위험이 있는 물건은 안전한 장소로 이동하기 • 송전철탑이 넘어졌을 시 119나 시 · 군 · 구청 또는 한전에 즉시 연락 • 건물의 출입문 및 창문 봉쇄 • 아파트, 고층건물 옥상이나 지하실 및 하수도 맨홀 접근 금지 • 침수예상건물의 지하주차금지, 지하에 거주하고 계신 주민은 대피 • 노약자나 어린이는 외출 삼가기 • 라디오, TV, 인터넷을 통해 기상예보 및 호우상황을 수시로 확인
농촌	• 저지대 · 상습침수지역 거주민은 항시 대피 준비 • 집주변 산사태 위험지역 살피고 대피 준비 • 고압전선 주변 진입금지 • 집 안팎의 전기수리 금지 • 천둥 · 번개가 칠 경우 건물 안이나 낮은 지역으로 대피 • 물에 떠내려갈 위험이 있는 물건은 안전한 장소로 이동 • 모래주머니 등을 이용하여 하천의 물이 넘치지 않도록 하여 농경지 침수 예방 • 논둑 점검 후 물꼬 조정하기

지역	내용
농촌	• 다리 안전 확인 후 이용 • 산사태가 일어날 수 있는 비탈면 접근금지 • 송전철탑이 넘어졌을 시 119나 시 · 군 · 구청 또는 한전에 즉시 연락하기 • 노약자나 어린이는 외출 삼가 • 라디오, TV, 인터넷을 통해 기상예보 및 호우상황을 수시로 확인 • 농작물 보호조치 • 집주변이나 농경지의 용 · 배수로 사전점검 • 산간계곡의 야영객은 미리 대피 • 이웃이나 가족 간의 연락방법과 비상시 대피방법 확인 • 농기계나 가축 등을 안전한 장소 이동 • 비닐하우스, 인삼재배시설 등 고정
해안	• 저지대 · 상습침수지역 거주 주민은 항시 대피 준비 • 해안가의 위험한 비탈면 접근금지 • 침수예상건물의 지하주차금지, 지하에 거주하고 계신 주민은 대피 • 가로등, 신호등 및 고압전선 근처 피하기 • 집 안팎의 전기수리 금지 • 공사장 주변 접근금지 • 해안도로 운전금지 • 천둥 · 번개가 칠 경우 건물 안이나 낮은 지역으로 대피 • 육지의 물이 바다로 빠져나가는 곳 근처는 피하기 • 송전철탑이 넘어졌을 시 119나 시 · 군 · 구청 또는 한전에 즉시 연락하기 • 출입문, 창문 등 봉쇄 • 다리 안전 확인 후 이용 • 노약자나 어린이는 외출 삼가 • 라디오, TV, 인터넷을 통해 기상예보 및 호우상황을 수시로 확인 • 바닷가의 저지대 주민은 안전한 곳으로 대피하기 • 물에 떠내려갈 수 있는 어망 · 어구 등은 안전한 곳으로 이동 • 해수욕장 이용 삼가
산악	• 산사태 발생지역의 주민은 대피 준비 • 재배시설 등의 피해를 줄일 수 있도록 조치하기 • 기상정보와 강우상황 수시확인

■ 호우가 지나간 후

① 집 도착 후, 구조적 붕괴 가능성을 반드시 점검한 후 출입하기

② 파손된 상하수도나 축대 · 도로가 있을 때 시 · 군 · 구청이나 읍 · 면 · 동사무소에 연락하기

③ 물에 잠긴 집안은 가스가 차 있을 수 있으니 환기시키고 가스 · 전기차단기가 off에 있는지 확인하고, 기술자의 안전조사가 끝난 후 사용

④ 침투된 오염물에 침수된 음식 및 기타 재료는 사용금지
⑤ 수돗물 및 저장식수도 오염 여부 반드시 조사 후에 사용

12. 강풍 대비 국민교육

■ 강풍 예보 때

① 문 · 창문을 닫고 집안에서 머무르기
② 유리 파손으로 생긴 피해를 줄이도록 젖은 신문지, 테이프 등을 붙이기
③ 해안지역에서는 바닷가 접근금지
④ 라디오, TV 기상정보 수시 확인
⑤ 날아갈 수 있는 모든 물건들은 집안에 보관
⑥ 날아갈 위험이 있는 지붕, 간판 등은 고정시키기
⑦ 비닐하우스는 방풍벽이나 그물을 이용한 파풍망을 설치
⑧ 비닐하우스는 서까래 사이에 나선형 말목으로 고정
⑨ 바람이 강하게 불 때는 비닐하우스 밀폐 후 환풍기 가동
⑩ 비닐의 찢어진 부분은 신속히 보수하여 바람 피해를 예방

■ 강풍이 몰아칠(주의보/경보) 때

강풍 주의보, 경보 발령기준

구분	육상		산간	
	보통(풍속)	순간풍속	보통(풍속)	순간풍속
주의보	14m/s 이상	20m/s 이상	17m/s 이상	25m/s 이상
경보	21m/s 이상	26m/s 이상	24m/s 이상	30m/s 이상

① 집에 있는 경우 현관, 복도 또는 창문의 유리파편으로부터 보호 가능한 곳으로 이동
② 지붕 위나 바깥 작업 삼가
③ 나무 밑 대피는 피하기
④ 바닷가 접근금지
⑤ 강풍이 지나간 후 땅바닥에 떨어진 전깃줄에 접근 및 접촉금지
⑥ 외출을 삼가고 자동차를 타고 갈 때는 서행하기
⑦ 위험시설물 주변으로 걸어가거나 접근금지

강풍이 지나간 후

① 피해조사 및 사진촬영 후 보관하기
② 가스, 수도, 전기 등 공급관 조사 및 작동 여부 확인
③ 시군구, 읍면동 등 관청 지시에 따르기
④ 자신의 집 피해에 흥분은 삼가고 신속하고 침착하게 처리하기

SECTION 03 대설

1. 대설의 개요

대설이란 아주 많이 오는 눈을 뜻한다. 우리나라 겨울철 대설은 기상학적 원인에 따라 크게 3가지 유형으로 구분된다. 먼저, 저기압이 우리나라를 통과할 때 남풍으로 유입된 온습한 수증기가 차가운 공기와 만나는 저기압의 북동 쪽에서 주로 많은 눈이 온다. 저기압이 남해상을 지나면 남부지방에 많은 눈이 오고, 저기압이 남해안 지방을 지나면 중부지방에도 많은 눈이 오는 경우가 있다. 한편 발해만 부근에서 발생한 작은 저기압이 중부로 접근하면 남서풍과 함께 남서해상의 수증기가 유입되는 서울 · 경기도 지방에도 많은 눈이 온다. 둘째, 강원도 영동지역을 비롯한 동해안 지방은 지형적 영향이 가세하여 동해상의 수증기가 유입되며 지속적으로 많은 눈이 온다. 만주로 한기가 남하할 때 종종 북쪽으로 한기를 동반한 상층 저기압이 통과하며, 백두대간의 풍하 측인 동해 북부해상으로 작은 저기압이 발달하여, 강원 산간지방에서는 지속적인 강설현상이 나타나는 경우가 있다. 때로는 한기가 태백산맥의 동쪽 사면을 따라 남하하면서 해안지방에 많은 눈이 내리기도 한다. 셋째, 시베리아 고기압이 확장하며 한파가 몰려올 때 매우 찬 공기가 서해상의 따뜻한 해수면 위를 지나면서 낮은 눈구름들이 발달하고 북서풍을 따라 충남 서해안과 전라도 서해안으로 밀려와 해안지방을 중심으로 지속적인 눈이 내린다. 대륙고기압이 변질되거나 약화되는 데 통상 수일이 걸릴 수 있어 서해안 지방의 대설은 종종 지속성을 보인다. 남서해상과 동해 중부 해상에서도 유사한 대설패턴이 나타나며, 이 시기에 제주도와 울릉도 지방이 각각 영향을 받는다. 특히 영동지방은 태백산맥을 넘는 습윤 공기와 동해에 위치한 찬 북동 기류가 만나 대설의 원인이 된다.

대설

2. 대설의 영향 및 피해

대설은 순식간에 도심 교통을 마비시키기도 하고, 한파를 동반한 폭풍과 함께 몰아치거나 지속적으로 내리게 되면 운송과 유통을 포함한 서비스업종은 물론이고 재배용 비닐하우스 등의 약한 구조물을 훼손하여 농가에도 많은 피해를 입힌다. 한파에 동반된 대설은 폭풍을 동반할 뿐 아니라 내린 눈이 얼어붙어 시설물과 도로 등에도 많은 피해를 준다. 대도시에서는 약간의 눈이 쌓여도 도로가 미끄러워져 심한 교통정체가 일어나게 된다. 기상청에서는 24시간 안에 5cm 이상의 신적설이 예상될 때 대설주의보를 발표하고 있다. 또한 같은 기간 동안 20cm 이상 신적설이 예상되면 대설경보를 발표하게 된다. 다만 산지에는 평소보다 많은 눈이 내리므로 24시간 동안 새로 쌓일 눈의 양이 30cm 이상이 예상될 때 대설경보가 발표된다.

3. 대설 피해사례

(1) 2004년 중부지방 폭설

1) 사고 개요

4일 밤 11시, 서울 18.5cm를 비롯해 문산 23.0cm, 동두천 18.2cm, 양평17.8cm, 인천 12.7cm, 원주 12.0cm, 수원 11.3cm 등 중부지방에 100년 기상관측 이래 최대 3월 폭설이 내렸다. 서울 · 경기 · 강원지역에 오후 5시부터 대설주의보가 내려졌다. 1904년 우리나라에서 기상관측을 시작한 이래 서울에 내린 3월 눈으로는 1991년 3월 8일 12.8cm가 최고 기록이었다.

중부지방 폭설로 인하여 경부고속도로가 27시간 동안 차량소통이 마비되었고, 트러스구조로 설계된 개폐형 축사 및 공장 지붕이 붕괴되었다.

비닐하우스(단동식, 연동식)의 구조물(원호)과 인삼재배사(연동식, 단동식)가 붕괴되었다.

또한 고등학교 체육관의 지붕(원더빌딩) 및 공장지붕(트러스)이 붕괴되었으며, 자치단체 관할 도로 제설 시의 인력 및 장비 부족으로 교통이 마비되었다.

당시 기상예보의 부정확한 폭설보도로 피해가 확대되었는데, 충청남 · 북도, 경상북도지역에 대한 대설주의보 발령이 늦었으며, 적설량 예측이 크게 빗나감(충청남 · 북도, 경상북도지역에서는 3월 4일 24시 전후 강설)으로써 피해 규모가 더욱 확대되었다.

2004 중부지방 폭설

2) 피해상황

폭설로 인한 재산피해액은 과거 최대 폭설피해액인 6,590억 원을 넘어선 6,734억 원(사유시설 6,620억 원, 공공시설 114억 원)이 발생하였다. 이 중 충청남도 3,526억 원, 충청북도 1,918억 원, 대전 670억 원, 경상북도 등 617억 원의 재산피해가 발생하였다.

이재민은 7,117세대의 주 생계수단 상실로 인한 이재민 포함 25,145명이 생겼으며, 충청남도 3,734세대/13,196명, 충청북도 2,714세대/9,653명, 경상북도 510세대/1,761명, 대전 등 159세대/535명의 이재민이 발생하였다.

3) 대책 및 복구

기상예보에 대한 정확성을 향상시키기 위하여 기상청의 폭설 예측 역량을 강화할 필요가 있으며, 고속도로 등의 국가기반시설을 위한 재해응급 대응체제를 위한 매뉴얼 작성이 필요하다. 또한 도로 등에 폭설 시 도로교통을 통제하는 교통통제기준 확립 및 제설요원들이 사용할 제설대기소를 확충할 필요가 있다.

경부고속도로는 27시간 동안 차량소통이 마비되었고 자치단체 관할 도로 제설 시의 인력 및 장비 부족으로 부분적으로 교통이 마비되었다. 그러나 제설장비를 시 · 군 · 구 또는 읍 · 면 · 동에서 완전 구비하는 것은 매우 어려운 실정이므로 현실을 고려하여 일반 영농장비에 부착 가능한 제설날을 읍 · 면 · 동에 보관 후, 폭설 시 농민들의 장비(트랙터 등)를 활용하여 도로의 제설을 실시한 후 정부에서 유류대 등을 지급하는 방안을 활성화할 필요가 있다.

축사도 트러스 구조로 설계된 개폐형 축사(우사)지붕이 붕괴되었기 때문에 구조물 축조 시 설계지침에 적합한 구조물을 축조할 필요가 있으며, 트러스 수평재의 보강 및 트러스 수직재의 보강이 필요하다. 또한 트러스의 중심부에 수직지지대를 위치시켜야 하며, 각 자치단체에는 농림부에서 작성한 표준설계도가 작성 · 보급되어 있으나 농민들은 경제적인 이유로 표준설계도에 따르는 시설물 건축을 기피하는 경향이 있으므로 표준설계지침을 지도할 필요가 있다. 비닐하우스의 상부구조물이 과대한 적설하중으로 인하여 상부가 붕괴되었기 때문에 상부 지지대의 간격, 굵기, 형상 등을 개선해야 하고, 내부 및 외곽구조물 지지대의 강도도 증대할 필요가 있다.

인삼재배시설은 차광이 목적이므로 시설물의 낮은 쪽 이음부에 대한 강도를 증대할 필요가 있으며, 이러한 시설물은 다년간 활용시설이므로 시설자재를 나무에서 철재 등으로 개선할 필요가 있다. 비닐하우스에 작용하는 적설하중을 고려하여 표준설계도에 반영하기 위한 연구가 필요하다.

4. 대설 대비 유관기관 협조사항

(1) 공통사항

① 각급 기관장 정위치 근무 등 비상근무태세 유지
② 소속 산하기관 및 유관기관 등 긴급대응체계 구축
③ TV, 라디오 등 방송매체를 이용한 대국민 홍보 강화
④ 소관시설 피해상황 파악 및 응급복구대책 강구

(2) 문화체육관광부

① 매스컴을 통한 각종 기상정보의 신속한 전파
② 폭설대비 대국민 행동요령의 대대적인 홍보 추진

(3) 보건복지가족부

① 동절기 저소득층 기초생활 보장 및 취약계층 지원
② 사회복지시설 동절기 안전점검 실시

(4) 교육과학기술부

① 폭설 피해지역 임시휴교, 단축수업 등 검토
② 언론매체를 이용해 학생 보호를 위한 홍보 강화

(5) 국방부

① 군(軍) 보유 제설장비 및 동원병력 지원체계 구축
② 제설 및 응급복구작업 동원 가능 군부대 투입 검토
③ 응급복구 예하 군부대 주변 도로의 제설작업 실시

(6) 농림수산식품부

① 비닐하우스, 인삼재배시설 등 농림시설 피해대책 강구
② 시설원예 등 특작시설에 대한 특별보호대책 강구
③ 피해 최소화를 위한 농민 홍보 및 계몽교육 실시
④ 수산증 · 양식시설 등 피해경감대책 강구
⑤ 양어장 등 어장별 담당공무원 순찰 등 보호대책 강구
⑥ 피해 최소화를 위한 어민 홍보 및 계몽교육 실시

(7) 국토해양부

① 고속도로, 국도 등 교통통제 및 제설대책 총괄 추진
② 지방국토관리청, 자치단체와 협조, 교통소통대책 강구
③ 철도, 버스, 지하철 등 비상시 대중교통 수단 강구

(8) 경찰청

① 폭설상황에 따른 교통통제 등 비상근무 실시
② 주요 교통취약구간 기동순찰반 배치
③ 출 · 퇴근길 교통난 해소를 위한 교통흐름 조정

(9) 한국도로공사

① 경부고속도로 등 정체구간 조기소통대책 추진
② 교통량이 많은 고속도로 교통취약지구 집중관리
③ 방송사와 협조, 고속도로 교통정보 등 수시 제공

(10) 국립공원관리공단

① 폭설에 따른 단계별 국립공원 입산통제계획 수립 추진
② 유관기관과 협조, 조난자 구조를 위한 헬기지원체제 구축
③ 등반객, 조난자를 대비한 비상대피소 설치 운영

(11) 지식경제부

① 전기 · 유류 · 가스 등 주요에너지의 안정적 공급체계 유지
② 전기 · 가스 등 동절기 안전대책 수립 · 시행

(12) 기상청

① 강설 예측정보 신속전파
② 기상자료 자동 송 · 수신체계 구축지원
③ 기상특보사항 문자 송신 서비스 구축지원
④ 적설관측자료 제공지원 요청

5. 대설 상황 시 근무요령

① 강설 전 비상근무태세 확립, 취약구간 사전제설 및 인력 · 장비 전반배치 등 조치
② 시설피해 최소화를 위해 피해 발생 전 눈 쓸어내리기 등 사전예방조치

1 현지 강설 상황 확인 · 판단 – 주요도로, 피해예상시설	• 방재기상시스템(AWS)을 이용한 강설상황 확인 • 서울 강설화상전송시스템, 서해 무인등대, 인천대교 등 강설상황 확인 • 지역별, 등급별 취약도로구간 담당 확인 • 해당 취약시설 소유자와 직접 통화
⇩	
2 지역본부 비상근무 및 제설 – 예찰활동 및 대처상황 확인	• 시 · 도, 시 · 군 · 구 사전 비상근무 및 사전제설 작업, 인력 · 장비 전진배치 등 확인 조치 • 한국도로공사, 국도유지사무소, 도로관리사업소 대처상황 확인 • 수도권 주요도로 소통상황 특별관리 ※ 심야시간대 사전 제설작업 대기인원 파악
⇩	
3 교통소통(통제), 주요 등산로, 고립 예상지역 확인	• 주요지점 CCTV 실시간 모니터링 • 주요 취약도로구간 통제상황 확인(경찰서) • 시군별 고립예상지역 공무원 · 이장 등 전화 현장상황 확인 • 국립공원 통제방송, 사고위험지구, 등산객 확인 • 필요 시 소방본부 등 헬기출동 요청
⇩	
4 주요 취약시설 피해상황 확인 – 비닐하우스 등 농 · 축 · 임업 시설	• 비닐하우스, 인삼재배시설, 축산시설, 임업시설 예방조치 및 피해상황 확인 • 수산 증 · 양식시설 등 피해상황 확인
⇩	
5 실시간 상황보고 및 지시	• 필요 시 재난방송 요청, CBS 송출 실시 • 시간대별 도로통제 · 제설진행상황 확인 • 시설피해 발생 · 응급조치 등 확인 보고 ※ 출퇴근시간대 교통소통취약구간 집중관리

※ 대설특보 발표 시 상황전파 유형 및 순서
① CBS　② 재난방송　③ 동보팩스　④ 상황전파시스템(NDMS)　⑤ 크로샷

6. 대설의 단계별 대책

■ **기본방향**

① 인명 중시의 예방적 방재정책 추진
② 수도권지역 및 고속도로 교통대책 중점 추진
③ 수산 증 · 양식시설 및 농림시설(비닐하우스, 인삼재배시설 등) 피해경감대책 추진
④ 현장중심의 홍보 강화 및 민간 자율방재체제 정착

■ **추진전략**

① 지역자율방재단 및 민간모니터위원 등을 활용하여 신속한 상황관리로 한 단계 앞선 사전 예방활동 전개
② 산악지역, 고립예상지구 및 등반객 안전대책 강구
③ 서울, 인천, 경기 등 자치단체 간 취약경계구간에 대하여 연계 제설작업 추진체계 구축 · 운영
④ 제설인력, 자재, 장비 및 각종 비축물자 확보
⑤ 시설기준 적정 여부, 규격품 사용, 관리실태 등 계도 강화

(1) 예방대책

1) 기본추진사항

■ **공 통**

① 설해 예방을 위해 제설, 동해방지 등에 관한 계획을 종합적으로 추진
② 눈사태방지를 위한 삼림조성이나 눈사태방지시설의 정비
③ 재난관리책임기관별 설해발생 대비, 조사 · 연구
④ 설해 예방조직 정비, 물자와 자재 비축 · 관리 및 장비 확보
⑤ 도로별, 지역별 교통대책 및 농 · 수산시설 설해경감대책 강구

■ **부처별**

① 도로별 제설 및 수도권 교통대책수립
(주무기관 : 국토해양부, 재난관리책임기관, 지방자치단체)
- 도로별 제설대책
- 적설량 등 기상상황에 따른 단계별 교통통제계획 설정 및 제설 작업반 사전편성 운영(인력 및 장비 포함)
- 폭설 시 교통두절 예상구간 및 우회도로 지정 관리
- 수도권지역 교통대책

- 강설확률 60% 이상 시 초동단계에서 교통대책 강구
- 적설량 10cm 이상일 경우 대중교통대책 수립 추진

② 제설체제의 정비

- 주무기관
- 국토해양부(국도 등), 도로공사(고속도로), 지방자치단체(지방도, 시 · 군 · 도, 농어촌도로 등), 재난관리책임기관(관리지역 및 시설 등)
- 염화칼슘, 모래 등 제설자재 사전확보 및 현장 비축
- 제설장비 사전 점검 · 정비 및 제설요원 동원계획

③ 설해에 대한 건축물의 안전성의 확보(주무기관 : 관계 중앙행정기관, 지방자치단체)

- 학교나 불특정 다수의 사람이 사용하는 시설, 주택 등이 눈의 하중에 의한 붕괴피해를 예방하기 위한 안전성 확보

④ 산악 · 고립지역 및 등반객 안전대책(주무기관 : 산림청, 재난관리책임기관, 지방자치단체)

- 국립 및 시 · 도립공원 등 산악지역에 대한 등산로 통제구간 지정 관리
- 등산로 통제소 및 구조대책 합동상황실 설치 · 운영
- 신속한 구조 활동을 위한 군 · 경찰 · 소방 협조체제 구축 · 운영
- 고립예상지역 지정 중점관리
- 교통두절 예상지역을 고립예상지역으로 사전 지정 관리
- 학교, 마을회관 등 대피장소 지정 및 구조대원 확보
- 등반객 조난사고 예방대책
- 대피소 설치 등 안전대책 강화
- 예보 시 입산금지 및 입산자 안전대피 등 겨울철 등반객 통제강화

⑤ 수산 증 · 양식시설 및 농림시설 피해경감 대책(주무기관 : 농림수산식품부, 국토해양부, 지방자치단체)

- 원인 · 계절 · 지역별 피해원인 분석 및 대책강구
- 시설하우스 등에 대한 표준설계서 규격을 준수하도록 행정지도 강화

2) 설해예방대책 연구 촉진(주무기관 : 소방방재청, 관계중앙행정기관)

- 설해대책에 관한 연구의 활성화
- 국립방재연구소, 대학 등의 연구 활성화
- 설해대책에 관한 방재기술개발

3) 재난관리체계 등의 정비 · 평가 실시(주무기관 : 소방방재청)

- 대규모 재난발생에 대비한 단계별 예방 · 대응 및 복구과정 평가
- 재난관리책임기관의 재난대응 조직체계 및 관련 규정 등 정비실태

(2) 대비대책

1) 제설 장비 · 자재 확보대책

- 제설장비 연계활용을 위한 지자체 · 유관기관 간 협조체계 효과적 운영
  ※ 지자체 "민관군 제설단" 및 건설기계 관련 협회 등과 협약체결 등을 통한 장비운영체계 구축
- 제설장비 · 자재의 선제적 운용을 위한 전진기지 구축 · 운영
- 친환경 제설자재의 활용방안 강구
- 고속도로 정체 · 고립에 대비한 재해구호물자의 확보 · 조달

2) 홍보 강화 및 건축물 주변 책임 제설

■ 설해예방 홍보(주무기관 : 소방방재청, 지방자치단체)

① 폭설 시 주민, 차량운전자 등에 대한 안전정보 제공 대책수립 · 운영
② 겨울철 재난대비 국민행동요령과 대국민 협조사항 등을 각종 홍보매체를 통하여 홍보
③ 국민행동요령, 강설상황 및 교통통제 등 교통정보사항(CBS 및 재난문자 전광판 등)

■ 건축물소유자 · 관리자 등의 보도 · 이면도로 제설책임 홍보(주무기관 : 소방방재청, 지방자치단체)

① 건축물 주변의 보도 · 이면도로 등에 대한 책임제설 · 제빙 홍보

3) 설해예방을 위한 기상예보 시스템 강화(주무기관 : 정부(기상청))

① 기습 폭설 등의 예보능력 강화를 위한 기상관측 기술의 고도화
② 심야 시간대 폭설예상 시, 대국민 예보전달 시스템 구축

4) 설해 정보의 수집 · 전파 및 통신수단의 확보

① 설해 정보의 수집 · 전파체제의 정비(주무기관 : 기상청, 방송통신위원회)

- 저기압 및 전선의 활동 등에 의한 강설량, 적설량, 기온 등의 기상상황을 신속하고 정확히 수집 · 전파하기 위한 체제 확립
- 강설량, 적설량 등 설해에 관한 정보를 효율적으로 전파하기 위해 관계 기관은 평소부터 보도기관 등을 통한 정보제공체제 정비

※ 112무선통신사 및 민간모니터위원, 지역자율방재단 등 적극 활용 등

② 통신수단의 확보(주무기관 : 방송통신위원회)

- 비상통신체제의 정비, 유 · 무선통신시스템의 역할분담을 통한 운용 및 응급대책 등 재난 시 중요통신 확보 대책수립 추진

(3) 대응대책

1) 설해 대응 활동체제의 확립(주무기관 : 소방방재청, 관계중앙행정기관, 지방자치단체)

① 비상근무체제에 따라 직원의 비상소집, 재난대책본부 설치 운영, 각종 재난 정보수집과 연락체제 확립 등 대응조치

② 재난발생 시 지역본부장이 현장의 신속한 상황파악을 위하여 군 CP 개념을 도입한 비상지원본부 설치

③ 현장상황관리관과 중앙수습지원단을 활용, 재난현장 상황파악, 지도관리기능을 수행토록 중앙과 지방 간 상황 공동관리제 운영

2) 주민에 대한 재난 예 · 경보 신속 전파

① 언론매체를 통한 대국민 홍보 강화(주무기관 : 소방방재청, 재난관리책임기관, 지방자치단체)

② KBS 등 방송매체를 활용한 재난경보 전파체계 확립

③ 방재관련 유관기관과의 홍보 협조 강화(주무기관 : 소방방재청, 재난관리책임기관, 지방자치단체)

④ CBS, VMS, 재난문자전광판 등 고속도로 및 국도 등 도로이용자에 대한 신속한 강설 및 우회정보 제공 강화

3) 기상상황 및 재난상황의 전달

① 상황전달(주무기관 : 기상청, 소방방재청, 지방자치단체)

② 기상정보 및 강설상황 등을 언론매체와 연계하여 신속히 전달

③ 학생보호 대책(주무기관 : 교육과학기술부)

④ 학생 수업 실시 여부 검토 등 학생 보호대책 강구

4) 도로별 제설 및 수도권 교통대책 추진

① 도로관리청 주관하에 위험구간 우선제설 및 경계구간 합동제설체계 운영
(주무기관 : 국토해양부, 지방자치단체)

② 도로관리청 주관하에 위험구간 우선 실시

※ 교통량 및 지역여건 등을 감안, 제설자재, 장비 집중배치 및 제설 실시

③ 수도권지역 합동제설체제 운영 및 교통량에 따른 제설체계 가동
(주무기관 : 국토해양부, 지방자치단체)
④ 중점지구 : 자동차 전용도로, 주요간선도로, 수도권 위성도시 연결도로 등 교통량이 많은 곳

5) 폭설 시 물류수송지연 방지대책 강구(주무기관 : 국토해양부)

폭설 시 농 · 축 · 수산물 등 각종 물류수송 지연에 따른 물가상승을 방지하기 위한 간선 및 지선도로 제설대책 강구

6) 폭설 시 구조 및 구급 활동(주무기관 : 관계중앙행정기관, 지방자치단체)

① 동원인력 및 장비 지정
② 고립예상 지역별로 동원인력 및 장비 사전 지정 운영
③ 인명구조를 위한 장비 동원계획
④ 지자체 · 군 · 경찰 · 소방 등과 권역별 구조 협조체계 구축 · 운영

(4) 복구대책

① 피해조사 및 복구비 지원(주무기관 : 관계중앙행정기관 – 소방방재청 주관)
- 관계부처 공무원으로 중앙합동조사단 편성 · 운영
- 관계부처 공무원으로 구성 · 운영
- 대규모 재난 발생 시 재난원인의 분석과 대책강구를 위해 필요 시 학계 · 민간전문가 등을 위주로 재난원인분석조사단 편성 · 운영
- 대규모 재난 발생 시 재난원인의 종합적 분석과 근원적 대책강구를 위해 필요 시 학계 · 민간전문가 등을 위주로 편성 · 운영
- 「재난구호 및 재난복구비용 부담기준 등에 관한 규정」 적용 지원

※ 비닐하우스, 인삼재배시설 등 표준설계기준에 맞는 시설에 한해 복구비 지원

② 국고의 부담 및 지원(주무기관 : 소방방재청)
- 재난복구비용 등의 국고부담 및 지원은 동일한 재난기간(기상 특보 및 그 여파로 인한 기간은 포함)에 발생한 피해액(농작물 및 동산 피해액 제외)이 일정 기준금액 이상에 해당하는 경우 지원

③ 사유재산피해에 대한 풍수해보험제도 활성화(주무기관 : 소방방재청)
- 사유재산에 대한 적정 · 적시적 피해보상체계를 확립하고, 국가 예산 운영의 안전성 도모 차원의 적극 추진
- 풍수해 보험 가입을 위한 적극적 홍보 및 활성화 추진 등

7. 대설 대비 국민교육

■ 눈이 많이 내릴(주의보/경보) 때

지역	내용
차량 운전자	• 자가용 차량 이용 금지 및 대중교통(지하철, 버스 등) 수단을 이용 • 고속도로 진입을 자제 및 국도 등을 이용 • 눈 피해 대비용 안전 장구(체인, 모래주머니, 삽 등) 휴대 • 커브길, 고갯길, 고가도로, 교량, 결빙구간 등에서 서행 운전 • 라디오, TV 등을 항상 청취하여 교통상황 수시 확인 • 간선도로변의 주차는 제설작업에 지장을 주니 삼가기 • 지하철 공사구간의 복공판 통행 시 바닥결빙이 있을 수 있으니 서행 운전 • 차간 안전거리 확보하고 브레이크 사용 자제 • 브레이크 사용 시 엔진브레이크 사용 • 눈길에서는 제동거리가 길어지기 때문에 교차로나 건널목(횡단보도) 앞에서는 감속 운전
보행자	• 가능한 한 외출 삼가 • 외출 시 바닥면이 넓은 운동화나 등산화를 착용하여 미끄럼 주의 • 미끄러운 눈길을 걸을 때에는 주머니에 손을 넣지 말고 보온장갑 착용 • 도보 보행 시 휴대전화 통화 삼가기 **대설 주의보, 경보 발령기준** 대설 주의보 : 24시간 신적설량이 5cm 이상 예상될 때 대설 경보 : 24시간 신적설량이 20cm 이상 예상될 때, 다만 산지는 30cm 이상 예상될 때 • 건널목(횡단보도)을 건널 때에는 정지선 차량 확인 후 도로진입 • 계단을 오르내릴 때 난간 잡고 다니기 • 야간 보행은 매우 위험하므로 조속히 귀가 • 차량 승차 시 타 차량의 주행을 방해하지 않도록 주의
가정	• 내 집 앞, 내 점포 앞 도로의 눈은 내가 치우는 건전한 주민정신 발휘 • 내 집 주변 빙판길에는 염화칼슘이나 모래 등을 뿌려서 미끄럼 사고 예방 • 어린이와 노약자는 외출 삼가 • 적설 시 차량, 대문, 지붕 및 옥상 위에 눈 치우기 • 노후가옥은 안전점검을 하여 붕괴사고 예방 • 고립지역은 비상연락체계 유지
직장	• 평상시보다 조기출근하고 신속히 귀가하기 • 출 · 퇴근 시 자가용 운행을 삼가하고 대중교통(지하철, 버스 등) 이용 • 직장 주변의 눈은 내가 치우는 건전한 주인정신 발휘 • 직장 주변 빙판길에는 염화칼슘이나 모래 등을 뿌려서 미끄럼 사고 예방

지역	내용
농촌 지역	• 붕괴가 우려되는 비닐하우스 등 농작물 재배시설은 사전점검 및 받침대 보강 등을 실시하여 피해예방 ※ 눈이 20cm 정도 쌓이면 전깃줄이 끊어지고, 소나무가지가 부러짐 • 하우스에 쳐져 있는 차광막 등은 사전에 제거하여 피해 최소화 • 피해예방을 위한 비닐 찢기 작업 시 등에는 안전사고 유의 • 작물을 재배하지 않는 빈 비닐하우스는 비닐을 걷어내어 보호하기 • 고립지역은 비상연락체계 유지 • 라디오, TV 등을 청취, 폭설 등 기상상황을 수시확인
해안 지역	• 각종 선박 등 대피, 입출항 통제 및 결박(고정)조치 • 수산 증 · 양식시설은 어류 등이 동사하지 않도록 보온조치 • 주민, 낚시꾼, 행락객 등 해안가 접근금지 • 해안도로 운행을 될 수 있으면 지양하고 안전장구 부착 후 통행유도 • TV, 라디오 등을 시청취하여 폭설 등 기상상황을 수시로 파악

■ 눈이 많이 내려 차량이 고립된 때

① 출발 전 기상정보와 목적지까지 우회도로를 미리 파악 후 월동장비와 연료, 식음료 등을 사전에 준비완료

② 고립 · 정체 시 차량 안에서 대기하며 라디오 및 휴대전화 재난문자방송 등을 통하여 교통상황과 행동요령을 파악 후 행동하기

③ 부득이 차량을 이탈할 때는 연락처와 키를 꽂아 둔 채 대피

④ 인근 가옥이나 휴게소 등이 있으면 응급환자 및 노인, 어린이를 우선 대피

⑤ 담요나 두꺼운 옷 등을 걸쳐 체온을 유지하고 가볍게 몸을 움직이기

⑥ 차량히터 작동 시에는 수시로 환기시키기

⑦ 수시로 차량 주변의 눈을 치워 배기관(머플러)이 막히지 않도록 하고, 차량 출발이 쉬울 수 있도록 조치

⑧ 모두 동시에 잠을 자지 말고, 교대로 잠을 자고 항상 주위상황 파악

⑨ 제설작업차량이나 구급차의 진입을 위해 갓길 주 · 정차금지

⑩ 차량고장 등의 상황 발생 시 즉시 도로관리기관, 경찰서, 소방서 등에 연락 취하기

⑪ 휴대전화기 등을 이용하여 가족과 친지에게 상황을 알린 후 당황하지 말고 경찰이나 도로관리기관 직원 등 관계자의 통제에 협조하기

⑫ 비상시를 대비하여 불필요한 휴대전화 사용금지

SECTION 04 지진

1. 지진의 개요

지진이란 지구적인 힘에 의하여 땅속의 거대한 암반이 갑자기 갈라지면서 그 충격으로 땅이 흔들리는 현상을 말한다. 즉, 지진은 지구 내부 어딘가에서 급격한 지각변동이 생겨 그 충격으로 생긴 파동, 지진파가 지표면까지 전해져 지반을 진동시키는 것이다. 일반적으로 지진은 넓은 지역에서 거의 동시에 느껴진다. 이때 각 지역의 흔들림의 정도, 즉 진도를 조사해 보면 갈라짐이 발생한 땅속 바로 위의 지표, 즉 진앙에서의 흔들림이 가장 세고 그곳으로부터 멀어지면서 약하게 되어 어느 한계점을 지나면 느끼지 못하게 된다.

지진

지진의 크기를 대표하는 수치로는 절대적 개념의 규모와 상대적 개념의 진도가 사용되고 있다. 규모란 발생한 지진에너지의 크기를 나타내는 척도로 지진계에 기록된 진폭을 진원의 깊이와 진앙까지의 거리 등을 고려하여 지수로 나타낸 것으로, 장소에 관계없는 절대적 개념의 지진 크기이다. 보통 소수 첫째 자리까지 표현하며, 보통 "규모(M) O.O" 이라고 표현하는데, M이 규모를 의미한다. 우리나라와 일본 기상청에서는 천발지진의 규모결정에 사용하는 쯔보이공식을 사용하여 규모를 결정하고 있다.

$$M = 1.73\log A + \log B - 0.83$$

M : 규모로서 단위가 없으며, 소수 첫째 자리까지 계산

A : 진앙거리(단위 : km)

B : $\sqrt{(MN^2 + ME^2)} \times 1000/$배율, 수평2성분 진폭의 합성값($\mu$단위 : 10^{-6}m)

(MN : 남북방향 진폭, ME : 동서방향 진폭)

진도란 지진으로 인해 땅이나 사람 또는 다른 물체들이 흔들리고 파괴되는 정도를 미리 정해 놓은 등급으로 나타내는 것으로, 지진발생 시 지반의 운동 정도를 평가하는 데 사용된다. 우리나라는 2001년부터 미국 등 세계 여러 나라에서 사용하고 있는 수정머켈리(Modified Mercalli, MM) 진도 1～12까지 12등급을 사용하고 있으며, 진도는 모두 로마숫자의 정수로 표기하는 것이 관례이다.

지진규모 및 진도에 따라 나타나는 현상

규모	진도	현상설명	
1.0～2.9	Ⅰ	Ⅰ	특별히 좋은 상태에서 극소수의 사람만이 느낌
3.0～3.9	Ⅱ ～ Ⅲ	Ⅱ	건물의 위층에 있는 소수의 사람만이 느낌
		Ⅲ	• 실내에서 특히 건물 위층에 있는 사람들이 뚜렷하게 느낌 • 정지하고 있는 차가 약간 흔들리며, 트럭이 지나가는 듯한 진동 지속시간이 산출됨
4.0～4.9	Ⅳ ～ Ⅴ	Ⅳ	• 실내에서는 많은 사람이 느끼나 야외에서는 거의 느끼지 못함 • 밤에는 일부 사람이 잠을 깸 • 그릇, 창문, 문 등이 흔들리며 벽이 갈라지는 듯한 소리를 냄 • 대형 트럭이 건물에 부딪치는 듯한 느낌을 줌 • 정지한 차가 뚜렷하게 흔들림

규모	진도	현상설명	
4.0～4.9	Ⅳ ～ Ⅴ	Ⅴ	• 거의 모든 사람이 느낌 • 많은 사람이 잠에서 깸 • 그릇과 창문이 깨어지기도 하며, 고정 안 된 물체는 넘어지기도 함
5.0～5.9	Ⅵ ～ Ⅶ	Ⅵ	• 모든 사람이 느낌 • 많은 사람이 놀라 대피함 • 무거운 가구가 움직이기도 하며, 건물 벽에 균열이 생기기도 함
		Ⅶ	• 모든 사람이 놀라 뛰쳐나옴 • 설계와 건축이 잘 된 건축물에서는 피해를 무시할 수 있으나, 보통 건축물은 약간의 피해 발생 • 부실건축물은 상당한 피해 발생 • 굴뚝이 무너지기도 하며, 운전자도 지진동을 느낄 수 있음
6.0～6.9	Ⅷ ～ Ⅸ	Ⅷ	• 특수 설계된 건축물에 약간의 피해 발생 • 일반 건축물에도 부분적인 붕괴 등 상당한 피해 발생 • 부실 건축물은 극심한 피해 발생 • 상품, 굴뚝, 기둥, 기념비, 벽돌이 무너짐
		Ⅸ	• 특수 설계된 건축물에도 상당한 피해 발생 • 견고한 건축물에 부분적 붕괴발생 • 지표면에 균열발생 • 지하 송수관 파손
7.0 이상		Ⅹ	• 대부분의 건축물이 기초와 함께 부서짐 • 지표면에 심한 균열이 생김 • 철로가 휘고 산사태가 발생함
		Ⅺ	• 남아 있는 건축물이 거의 없으며, 지표면에 광범위한 균열이 생김 • 지표면이 침하하고 철로가 심하게 휨
		Ⅻ	• 전면적인 파괴 상황 • 지표면에 파동이 보임 • 수평면이 뒤틀리며 건물이 하늘로 던져짐

또한, 진앙이란 진원의 바로 위 지표면 지점이며 진원은 지진이 발생할 때 지반의 파괴가 시작된 곳으로 지진파가 발생한 지점을 말한다. 진앙은 위도와 경도로 표시하며 일반인의 이해를 돕기 위하여 인근지명을 사용하여 붙여진다.

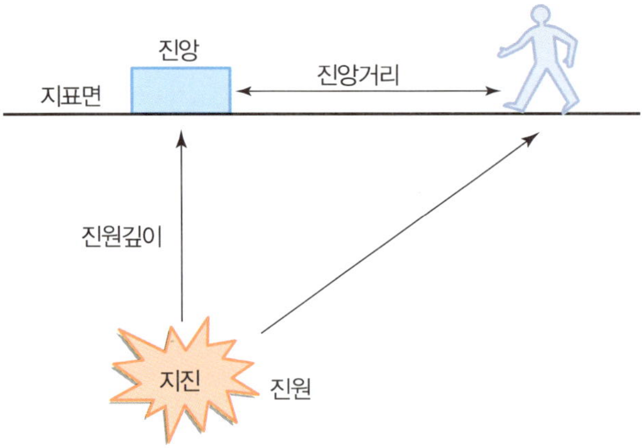

진원과 진앙의 개념

(1) 지진의 원인

지진의 직접적 원인은 암석권에 있는 판의 움직임이다. 이러한 움직임이 직접 지진을 일으키기도 하고 다른 형태의 지진 에너지원을 제공하기도 한다. 판을 움직이는 힘은 다양한 형태로 나타나는데, 침강지역에서 판이 암석권 밑의 상부맨틀에 비해 차고 무겁기 때문에 이를 뚫고 들어가려는 힘, 상부 맨틀 밑에서 판이 상승하여 분리되거나 좌우로 넓어지려는 힘, 지구 내부의 열대류에 의해 상부맨틀이 판의 밑부분을 끌고 이동하는 힘 등이라고 생각할 수 있으나, 이것들이 어느 정도의 비율로 작용하는지 정확히 알 수는 없다. 지진의 원인은 판구조론 이론과 탄성반발설에 의해 비약적인 발전을 하게 되었다. 판구조론 이론은 수없이 많은 지진의 진앙을 세계지도에 표시한 결과 대다수의 지진이 지구 위에 큰 무늬를 이루며 나타나는 것을 발견하였는데, 이를 통해 지진이 판과 판 경계부분에서 발생한다는 사실이 알려진 것이다. 탄성반발설은 지면에 기존의 단층이 존재한다고 가정하고, 이 단층에 가해지는 힘(탄성력)에 의해 어느 부분이 견딜 수 없을 때, 견디지 못한 부분이 급격히 파괴되면서 지진이 발생한다는 학설이다. 탄성반발설은 천발지진(지표로부터 70km 이하에서 발생하는 지진)의 발생 메커니즘을 설명하는 이론으로 적용한다.

(2) 지진의 분류

지진이 발생한 깊이에 따라 천발지진, 중발지진, 심발지진으로 분류한다.

지진의 구분

지진의 구분	진원의 깊이
천발지진(Shallow Earthquake)	70km 이하
중발지진(Intermediate Earthquake)	70km ~ 300km 사이
심발지진(Deep Earthquake)	300km 이상

또한 진앙지에서 거리에 따라 근거리 지진, 원거리 지진으로 나눌 수 있다.

지진의 구분에 따른 거리

지진의 구분	진앙지에서 거리
근거리 지진	600km 이내
원거리 지진	600km 이상

지진은 발생크기에 따라 본진, 전진 및 여진으로 구분한다. 본진은 일반적으로 제한된 공간과 시간 내에서 상대적으로 규모가 가장 큰 지진이며, 전진은 이와 같은 본진 전에 발생한 지진을 말한다. 또한 여진은 본진 뒤에 발생한 지진인데, 규모가 가장 큰 본진이 발생한 후 일정 규모 이상의 여진이 계속 발생하여 피해가 가중되는 경우가 많다.

사람의 몸으로 느끼는 정도에 따라 무감지진과 유감지진으로도 구분한다. 무감지진은 사람의 진동을 몸으로 느낄 수 없고 지진계에만 기록되는 지진을 말하며, 유감지진은 사람이 진동을 몸으로 느낄 수 있는 지진으로 일반적으로 규모 3.0 이상의 지진이다.

지진파에는 다른 속도로 전달되는 여러 종류의 파가 존재하는데, 크게 P파와 S파, 표면파라는 3가지 유형으로 나뉜다. P파는 파동의 진행방향과 진동방향이 평행한 음파로, 암석권에서의 속도는 5 ~ 7km/sec이다. 고체와 액체, 기체를 모두 통과하고, 지진이 발생하면 가장 빠른 속도로 전해져 다른 지점에 도달한다. S파는 P파 다음으로 빠른 파로, 파동의 진행방향이 진동방향과 수직인 음파이다. 암석권에서의 속도는 3 ~ 5km/sec로, 고체만 통과할 수 있다. 표면파는 P파, S파보다 속도가 느린 음파이다. 주로 지각 표면에서만 전달되고, 지진피해에 심각한 영향을 끼치는 파이다. LQ파와 LR파가 있으며 LQ파가 LR파보다 속도가 빠르다. 마지막으로 자유진동파는 큰 규모의 지진일 때 지구 내부를 전파하여 발생하는 초저주파 진동현상으로 Standing Wave 또는 Vibration라고 한다.

지진파의 종류와 특성

지진파 구분		지진파 특성
실체파 (Body Wave)	P파 : 종파 (Primary Wave)	• 밀도의 소밀에 의한 지각 변화파 • 음파와 같은 소밀파로서 모든 매질에서 전파됨
	S파 : 횡파 (Secondary Wave)	• 밀도의 변화 없이 지각의 변형만 있음 • 진행방향에 수직인 횡운동에 의해, 액체 내부(지구의 외핵과 내핵)는 통과할 수 없음
표면파 (Surface Wave)	LQ파 (Love Wave)	• 하층은 파동이 없고 윗부분만 파가 전달되며, 밀도의 변화는 일어나지 않음 • Love파는 S파의 수평운동 성분인 SH파로서, 수직운동 성분 지진계에는 거의 기록되지 않음
	LR파 (Rayleigh Wave)	• 밀도의 변화가 심하며 파동형식의 S파, P파의 복합적 성질을 보임 • P파와 S파의 수직운동 SV파가 조합된 성질을 가지며, 수평운동성분 지진계에는 거의 기록되지 않음
기타	자유진동 (Free Oscillation)	• 큰 규모의 지진이 발생한 이후, 종이 울리고 난 것처럼 몇 주간에 걸쳐 나타나는 지구 전체의 진동 • 체적변화를 수반하는 구상진동과, 체적변화가 없는 뒤틀림진동으로 구분됨

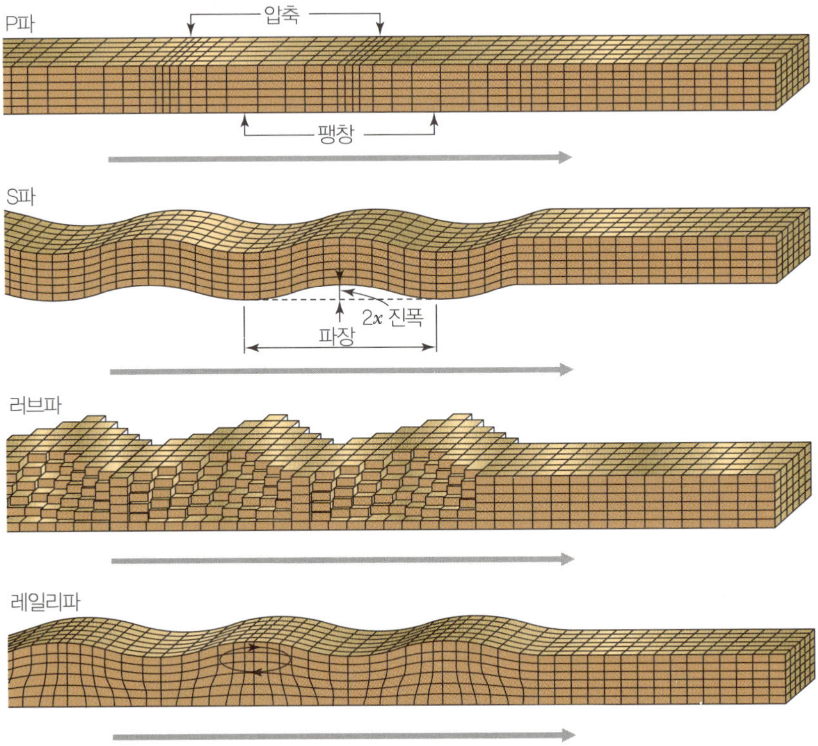

지진파의 전파모양

지진이 발생하면 2차적으로 해일이 발생하게 되는데, 해저나 해안에서 발생한 지진에 의해 바다 밑이 솟아오르거나 가라앉아서, 해수면의 변화가 생기거나 해저에 대규모 사태가 발생하면 큰 물결이 일어나 사방으로 퍼지게 되고, 이것이 해안에 이르러 평소와는 다른 높은 파도로 되는 현상을 지진해일이라 한다.

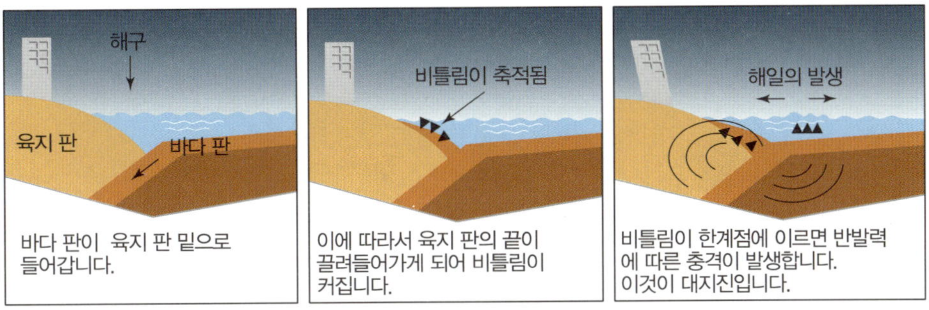

지진해일의 형성

대부분의 지진해일은 천발 지진에 의하여 해저가 수직으로 움직이면서 물을 이동시키기 때문에 발생한다. 주기가 짧은 해일은 규모가 작은 지진으로, 주기가 긴 해일은 큰 지진으로 만들어진다. 또한 장주기의 지진은 많은 양의 해수를 이동시켜 가장 큰 해일을 만들어낸다. 일반적으로 해안에서 지진이 발생하면 약 2시간 후 지진해일이 발생하게 되며, 지진해일은 여러 차례 열을 지어 도달한다. 제 1파보다 2, 3파의 크기가 더 클 수도 있고, 지진해일에 의한 해면의 진동은 10시간 이상 지속되기도 한다. 지진해일의 내습 속도는 사람의 거동보다 빠르고, 그 힘이 우세하여 약 30cm 정도의 해일 상황에서는 성인이 걸을 수 없고, 약 1m 정도의 해일이라면 목조 건물이 파괴될 수 있을 정도의 힘을 가지고 있다. 해일은 주로 일본, 캄차카, 알류산 열도와 알래스카만, 멕시코 및 페루의 섭입대에서 발생하는 지진으로 발생한다. 태평양 주변에서 큰 쓰나미는 약 10년마다 한 번씩, 파고가 30m 되는 대형 쓰나미는 20년 주기로 발생하고 있다.

우리나라는 일본열도 서쪽바다에서 대규모 지진이 발생하면 지진해일로 인해 동해안에 침수 피해가 발생된다. 해안선에서의 지진해일의 크기는 30m 이상인 것도 있으며, 10m 정도의 것이 흔히 발생한다. 우리나라는 태평양에서 발생되는 지진해일의 경우 일본이 가로막고 있어 직접적인 피해는 받지 않고 있으나, 일본 근해에 지진해일이 발생할 경우 우리나라 동해안에서도 큰 피해를 입게 된다. 지진해일이 해안선에 접근하면 해안선과 상호작용을 일으켜 에너지 일부가 반사되기도 하고 일부는 전파되면서 그 크기가 커져 구조물에 막대한 피해를 주거나 해안선을 따라 침수 피해를 준다. 지진해일로 인한 인적 재해로는 주로 익사와 중경상 등의 재해, 건물 · 교량 · 철도 · 도로 등의 유실 및 파괴, 선박 유실 및 파손, 건물의 침수 등을 들 수 있다. 실제로, 지진해일이 발생하면 전기 · 수도 · 가스 등 도시기능의 마비로 인해 생활고나 물가 상승, 사회적 혼란 등을 초래하게 된다. 지진해일에 대한 이상적 대책은 해안에 대피소를 건축하거나 방조시설을 축조하는 것이다. 방조시설로는 방조제, 방조력, 방조림, 대피 도로, 완충지대 등을 들 수 있다.

지진해일

2. 지진의 영향 및 피해

지진으로 인한 피해는 지반 진동을 1차적 피해로 시작하여, 여진, 화재, 산사태, 해일 등 2차, 3차적 피해로 영향을 미친다.

■ 지반 진동

지진파, 특히 지표의 암석층을 통과하는 표면파의 이동결과이다. 규모 8.0 이상의 대부분의 강진에서는 가끔 지표면이 파도치는 것을 볼 수 있다. 지반 진동은 지진에 의한 가장 중요한 1차적 손상의 원인이다. 진동은 건물에 손상을 주거나, 때에 따라서는 완전히 파괴시킨다.

■ 단층작용과 지반균열

단층작용으로 지반에 균열이 발생하면 건물과 도로는 붕괴되고, 그 외 단열부위에 있는 모든 것이 파괴된다. 소규모 지진은 단층을 따라 완만하고 지속적으로 진행되는 지반 이동으로 야기되며, 구조적 손상을 끼칠 수도 있다.

■ 여진

지진의 위기는 종종 주 지진 직후 발생하는 작은 지진에 의한 여진에 의하여 악화된다. 예로서 1964년 알래스카 지진 후 4개월 동안 1,260회의 후속지진이 기록되었다.

■ 화재

2차적인 영향이지만, 지반 진동보다도 더 심각한 재해를 발생시키는 것은 화재이다. 지반 이동으로 난로가 넘어지거나 가스관이 파손되며, 누전으로 인한 화재가 발생한다. 1906년 샌프란시스코 지진, 1923년 도쿄와 요코하마 지진의 90% 건물피해가 화재 때문이었다.

■ 산사태

급경사 지역에서는 지진 진동으로 암석 활동, 절벽의 붕괴 및 토석류의 급속한 유동 등이 발생할 수 있다. 1970년 페루의 Yungay에서 발생하여, 최소 18,000명을 사망케 한 파괴적인 산사태는 규모 7.8의 지진에 의하여 유발되었다.

■ 액상화

느슨한 포화사질토 지반에 지진동이 가해질 때 지반이 전단강도를 상실하고 액체와 같이 유동하는 현상이다. 액은 액상화의 대표적인 피해사례로서, 일본 니가타 지진 시 기초지반의 액상화 현상으로 아파트가 침하 · 붕괴되었다.

■ 지반고 변화

가끔 아주 큰 지진으로 넓은 지역의 지반고가 변화된다. 1964년 알래스카지진은 코디악(Kodiak) 섬에서는 프론스 윌리암 사운드(Pronce William Sound)에 이른 약 1,000km의 길이에 침강 및 융기를 초래한 지반의 연직 변위를 야기시켰다. 침강은 최고 2m에 달한 반면, 융기는 일부 지역에서 11m에 달하였다.

■ 해일

지진의 다른 2차적 영향은 해일이다. 해일의 주요원인은 해저지진인데, 특히 태평양 연안에서 파괴적이다. 잘 알려진 예는 1946년 알래스카 유니막(Unimak)섬 근처 대규모 해저지진으로 야기된 해일이다. 당시 파도는 시속 800km로 태평양을 가로질러, 4시간 30분 후에는 하와

이 힐로(Hilo)를 강타하였다. 비록 대양에서의 파고는 1m 내외였지만 육지에 근접하면서 급격히 증대되어, 하와이에 도착하였을 때는 파고가 정상 만조위보다 높은 18m에 달하였다. 가옥 500채가 완파되고 1,000여 채가 손상되었으며, 159명이 희생되었다. 또한 2004년 서남아시아를 휩쓴 규모 9.0에 의한 지진해일로 인해, 30만 명에 이르는 인명피해가 발생된 바 있다.

■ **홍수**

홍수는 2차 혹은 3차적인 지진의 영향인데 보통 지반침하, 댐 파괴, 또는 해일의 결과로 발생한다. 미시시피강 테네시 측의 뉴마드리드를 가로지르는 릴풋(Reelfoot) 호수는 1811 ~ 1812년 지진 시의 지반침하에 뒤이은 홍수로 생겨났다.

3. 지진 피해사례

(1) 홍성지진

1) 사고 개요

1978년 10월 7일 오후 6시 21분부터 약 3분 9초간 진도 5.0의 지진이 충청남도 서북부지방에서 발생하여 홍성군 홍성읍 일대에 큰 피해를 주었다.

홍성지진

2) 피해상황

주요 피해 내용

구분	내용
인명피해	부상 2명, 여고생 4명
재산피해	총 피해액 199,955천 원 : 건물파손 100여 동, 건물균열 1,000개소, 성곽붕괴 90m, 상품, 가구 및 담장 등의 부속구조물 파손이 670여 건

3) 대책 및 복구

정부는 피해가 발생한 직후 10월 7일 오후 7시 각종 매스컴을 통하여 가옥을 점검하고 가스가 새는지 여부를 확인하도록 계도하고 재해대책본부를 설치, 기능별로 반을 편성하여 피해조사와 긴급복구에 임하도록 조치하였으며, 홍성국민학교와 홍성중학교의 6개 교실에 대하여는 학생 출입을 통제하였다. 10월 8일, 홍성읍 민방위 3개대 135명은 파손가옥과 지방문화재(1972. 10. 14 지정)인 홍주 성곽 위험부위를 수리하였고, 경찰서 등 15개 주요 기관에 대한 안전진단을 실시하였다. 10월 9일에는 홍성읍 민간안전대책위원회(회장 전용섭 외 20명)를 구성, 민방위대원 150명이 홍주성 주변 잡목 제거 및 상부 비닐 덮개 씌우기, 상수도, 배수로, 축대 보수, 성곽 주변 위험가옥 거주자 20세대 104명을 대피시켰다. 또한 성곽 주변 도로를 차단하고 위험표지관 등을 설치하여 피해 확산 방지에 주력하였다.

중앙재해대책본부는 10월 10일부터 중앙합동조사반을 편성, 조사를 실시하여 부상 2명, 재산피해 301백만 원을 확정하였다. 공공시설은 해당 부서 자체예산으로 복구하고 민간시설인 전파, 반파 주택은 정부의 지원기준에 의거 지원함을 원칙으로 하여 총복구비 657백만 원의 복구비를 지원하였다. 복구비 지원내용을 보면 학교시설 149동에 188백만 원, 경찰서, 전화국 등 공공시설 6건에 10백만 원, 성곽 주변 위험가옥 이주 및 보수에 273백만 원, 일반 건물 1,849건에 85백만 원, 101백만 원 등이었다.

(2) 고베지진

1) 사고 개요

1995년 1월 17일 오전 5시 46분 야와지시마 북부의 지하 20km를 진원지로 하는 진도 7.2의 도시직하형 강진이 발생하여 일본의 효고현 남부지역 일원을 강타했다. 후에 '한신대지진'이라고 이름 붙여진 이 지진은 고베시, 아시야시, 니시노미야시 등의 도시부를 강타하여 엄청난 피해로 일본은 물론 전 세계를 충격과 경악에 몰아넣었다.

고베지진

2) 피해상황

주요피해 내용

구분	내용
인명피해	사망자 5,500여 명, 피난민 30만여 명
재산피해	10조 엔 : 붕괴가옥 19만 호, 손실면적 100여 ha

3) 대책 및 복구

막대한 피해를 가져온 이 지진의 일차적 원인은 지진의 규모가 상상을 초월할 만큼 컸으며, 그것이 인구, 건물, 산업시설 등이 고도로 밀집해 있는 도시부에서 발생했다는 데서 찾을 수 있을 것이다. 또한 지진 다발국으로 알려진 일본에서도 지진 안전지대로 분류되어 지진에 대한 경각심이 상대적으로 낮았던 한신지역에 강진이 엄습했다는 것도 피해가 커지는 요인으로 작용하였다. 한신지역은 지진보다는 태풍과 강수로 인한 풍수해에 중점을 둔 방재태세를 구축, 운영해 오던 지역으로 알려져 있었다.

하지만 재해의 사전예방 측면에서 살펴보아야 할 것이 지진이 발생하기 전의 일본의 재난관리체제이다. 이때까지 일본의 재난관리의 체제는 제도적 측면과 법적 측면에 있어 많은 문제점을 가지고 있었다. 첫째, 당시 일본의 통치구조는 긴급사태 발생 시 신속한 의사결정을 할 수 있는 행정 시스템을 가지고 있지 못했다. 의원내각제하의 일본의 총리대신은 행정 전반에 대한 일원적인 지휘명령권이 없었다.

더욱이 재해법상의 주관부서는 국토청 방재국이며, 중앙방재회의의 실질적인 사무국기능을 수행하고 있었으나 방재국의 권한은 실질적으로는 중앙성청 간의 조정에 한정되어 있었다. 또한 각 기관 간의 관할권 의식이 팽배했다. 재해대책 중 의료후생 관계는 후생성이, 도로관계는 건설성, 수송통제는 운수성, 식량관계는 농림수산성과 식량청 등으로 다기화되어 있어 긴급사태의 대처 단계에서 일원적인 작전이 필요한 경우도 관계기관과의 조정이 너무 복잡하고 유권적인 조정이 불가능한 실정이었다.

둘째는 1961년 제정된 일본의 방재법인 '재해대책기본법'의 문제이다. 이 법에서는 재해대책의 일차적인 책임을 지방자치제에 두고 자치제 주도하에 재해대책을 마련하였으며 그 능력의 범위를 벗어날 경우 원조를 받도록 하는 구조로 되어 있었다.

이렇다 보니 중앙정부에 의한 긴급재해대책본부를 설치한 경우가 한 번도 없었고 비상재해대책본부의 장을 맡고 있는 국토청은 긴급사태에 대응할 실행부대를 갖고 있지 못했고 당직도 없는 관청으로 전락했던 것이다.

셋째는 대규모 재해 발생 시 군대의 활용체제의 미비를 뽑을 수 있다. 대규모 재해 시 인명구조나 구원활동의 주력이 되는 것이 군대인데 일본의 재해대책기본법에 있어서 자위대는 역사적 배경에 의해 2차적 존재로 인식되었다. 이렇다 보니 대규모의 재난에도 자위대의 출동은 극단적인 요청주의의 원칙하에 놓여 있게 되어 당연 늑장 출동과 지원대비태세에 있어 소홀할 수밖에 없었다.

일본의 대지진이 발생하기 1년 전에 미국의 캘리포니아주의 노스릿지에서도 대규모 지진이 있었다. 진도 6.7의 규모였지만 사망자 61명, 부상자 1만여 명, 피난소 수용자 약 2만여 명이었다. 1995년 일본의 대지진과 비교 시 경미한 피해이다. 미국의 노스릿지 지진의 경우가 FEMA(미연방긴급관리청)을 중심으로 한 가장 효율적인 자연재난의 성공적 사례로 평가받은 것도 이러한 이유이다. 물론 미국과 일본의 재난위기관리의 전제조건은 매우 상이하다. 하지만 성공적인 선례를 중심으로 고베지진의 대비 단계의 문제점을 도출해 보는 것도 큰 의미가 있다.

첫째, 최고결정권자에게 정보전달체계의 미흡이다. 미국의 노스릿지 지진은 FEMA의 24시간 비상체제로 즉각적인 사태 파악 후 지진 발생 10분 후에 대통령에게 연락이 취해진 반면, 일본은 1시간 40여 분이 경과한 후 총리대신에게 최초로 연락이 취해졌다.

둘째, 사전 위기상황을 대비한 각 조직의 대응 매뉴얼화와 역할분담의 미흡이다. 미국의 경우 평시부터 각 조직의 대응과 역할 분담 및 정보전달체제가 잘 갖추어져 있고 시 · 군 · 주 · 연방의 각 조직과 민간봉사단체가 독자적 판단에 신속히 대응할 수 있도록 매뉴얼화되어 있어 피해를 최소화할 수 있었다. 반면, 일본의 경우 재해 이전에 매뉴얼이 제대로 정비되어 있지 않아 중앙정부, 지방공공단체 자원봉사자 등의 활동의 조정과 유기적 결합의 실패로 임기응변적 대응을 했다.

셋째, 조직적 구원활동체제의 미비를 들 수 있다. 미국의 경우는 특수조직이 결성되고 각종 분야의 전문가 팀이 조직되어 신속한 구조활동을 전개한 데 반해, 일본은 전문적인 팀에 의한 조직적 구조활동체계의 미비와 지연 투입으로 피해를 더했다. 더구나 행정, 민간기업, 자원봉사 활동이 단발적으로 이루어져 오히려 교통체제만 초래했다.

재난 위기 시 초동 대응단계에서 정부가 얼마나 신속하고 적절한 조치를 취하느냐는 피해의 규모와 직접적인 연관이 있다. 흔히들 초동 72시간이 승부수라고 말한다. 이는 재난 발생 후 72시간 내에 어떠한 활동으로 재난관리가 되느냐에 따라 피해규모가 결정된다는 것이다.

대규모의 피해를 가져왔던 일본의 고베지진 역시 초동 대응작전의 실패였다. 무엇보다도 먼저 지적되는 것이 정부의 초동태세 확립과 초동조치가 지연되었다는 점에서 찾을 수 있다. 지진 발생 5시간 후에 비상재해대책본부의 설치 지시가 이루어졌으며 이때까지도 지진의 규모가 전후 최대 규모라는 것을 상정하지 못한 비상조치였다. 이러한 초동 대응의 실패는 국토청의 방재국이 현지의 조직을 전혀 갖고 있지 못했으며 재해정보를 현지 경찰, 소방, 자위대, 해안보안청 등에 의존하다 보니 문제는 더욱 심각했다. 게다가 무라야마 수상은 적극적인 지도력을 발휘하지 못한 채 초동 대응의 지연을 방치했다. 수상은 지진발생 당일 오전 중 '재해대책기본법'에 의거하여 각의를 거쳐 비상재해대책본부를 설치하고, 국토청 장관을 본부장으로 임명하는 조치를 취하였으나 국토청은 실질적인 손발이 없는 기관이었으며 더욱이 나와바리(관할권)의식과 다테와리관청(횡적인 연결이 약한 성청별 종적 행정 시스템)이 갖는 일본식 행정관행이 초동 대응의 지연으로 이어졌다.

둘째, 한신대지진에서 나타난 정부위기관리의 문제점에 관한 비판의 큰 흐름은 대규모의 재해원조에 불가결한 자위대 파견이 지체되었다는 점에 집중되었다. 지진 발생 후 피해현장 부근의 이타미시에 주둔하고 있던 제36보통과 연대(보병연대)는 이타미역에서 생매장되어 있던 경찰관을 구출해내는 등의 부대 주변에서의 활동을 전개하면서 대규모의 재해파견에 대비하였으나 즉각적인 투입이 아니라 효고현 지사로부터의 파견요청을 기다리고 있었다. 그러나 1월 17일 지진이 발생된 후 효고현 지사의 자위대 파견에 대한 정식요청이 있었던 것은 4시간 이상이 경과한 오전 10시경이었다. 한편, 현고현 지사의 파견요청이 있기 전에 자위대의 최고지위에 있는 니시모토(西元徹也) 통합막료회의 의장은 고베지진을 대규모 재해라고 우려하면서도 '통사의 재해파견절차'를 무리하게 바꾸면서까지 대처하려는 노력을 보이지 않았다.

셋째, 소방 협력체제의 불비이다. 화재의 현장에는 소방대의 활동이 별로 눈에 띠지 않았고, 더욱이 헬리콥터에 의한 공중진화는 이루어지지 않았다. 오전 10시경 고베시장이 오사카와 동경의 소방청에 직접 요청하여 오사카시의 응원부대는 10시 15분에 출발했지만 교통체증으로 인해 13시 40분에 고베에 도착했다. 더욱이 수도관 파괴로 인한 소화용수가 부족하여 바닷물을 퍼 올려야 했으며 피난차량에 의한 도로의 체증과 경찰의 교통통제 실패로 초동 대응의 지연은 더욱 연장되었다.

일본정부는 지진으로 인한 피해를 복구하기 위해 기본이념으로 '생활의 재건', '경제의 부흥', '안전한 지역건설'을 추진하고 피해지역의 복구를 위한 기본방침 등에 관한 특별 법률을 제정했다. 중앙정부의 이러한 복구계획은 기본적으로 피해지역과 일체가 되어 복구대책을 추진해 나가는 체제를 갖추었다. 더욱이 복구의 추진에 있어서는 중앙정부와 지방이 각자 맡은 역할을 기본으로 하고 현지주민들의 의향을 존중하면서 시책을 실시하였으며 중앙정부는 각 성청, 현, 시정의 시책을 종합 조정하는 역할을 했다.

중앙정부의 부흥위원회는 학식경험자 등에 의해 구성되었고 추가로 고베시의 시장과 효고현지사 등이 참여해 피해 지방공공단체의 실정과 의향을 반영할 수 있도록 구성했으며, 중앙정부의 부흥계획안은 고베시와 효고현이 작성한 부흥계획을 기초로 1995년 가을 최종 결정되었다. 이러한 발 빠른 부흥계획 책정작업에서 특히 민간인으로부터 많은 의견이 수렴되었다. 하지만 복구의 수준은 지진 이전의 상태가 아니라 새로운 방재도시, 21세기 산업도시로의 건설을 추진해야 함에도 불구하고, 예산문제와 어떤 도시로 조성할 것인가에 대한 이념에 대한 합의가 없어 복구 이상의 것은 기대하기 힘들다는 비판이 거셌다.

고베 지진은 초기 대응의 실패로 인해 대량 피해를 입었고 부흥계획은 지방자치단체와 중앙정부가 각기 주도적으로 수립 · 추진했으나 각 단위 정부들 간의 협조와 주민들의 의견반영이 문제가 되었다. 이러한 부흥계획은 중장기적인 것으로 당장의 효과를 기대하기는 어렵지만 복구와 부흥은 철저한 계획수립과 실행이 보장되지 않으면 제2의 피해를 유발할 수 있다. 따라서 일본의 고베지진 이후 복구 및 부흥계획에 대한 비판과 노력은 아직도 원시적이고 체계가 서 있지 않은 우리에게 중요한 교훈을 준다.

4. 지진 대비 유관기관 협조사항

부처별	임무 및 역할
국방부	• 인력 및 장비의 지원 등에 관한 사항 • 통신두절지역에 대한 항공 정보 수집 지원
교육과학기술부	• 학교 피해시설 피해현황 파악 및 응급조치 • 응급수업대책 수립 추진 • 지진으로 인한 원전시설 피해 확인 및 점검 • 원전 피해 확산방지대책 강구 및 시행
문화체육관광부	• 소속기관 및 산하 단체 다중 이용시설물 안전대피 조치 • 보도자료 제공 및 대국민 홍보계획 수립지원 • TV, 신문 등 언론사와 협조체제 구축 • 재해수습상황 사진촬영 및 기록 • 대국민 선무대책 지원
농림수산식품부	• 농 · 축산물 방역 등의 지원 등에 관한 사항 • 피해농업기반시설물에 대한 응급조치 • 복구사업 등에 필요한 인력 및 장비 지원 • 어항 등 해안시설물 피해현황 파악 및 응급조치
지식경제부	• 긴급에너지 수급 지원 등에 관한 사항 • 전력설비, 가스설비, 정유설비 등의 피해상황 파악 및 긴급 복구 • 이재민 수용시설에 대한 전력 및 가스공급
노동부	• 여진에 대비해 붕괴 우려가 있는 대형 사업장 점검 실시 • 응급복구 지원을 위한 전문인력 파악 관리
환경부	• 피해지역에 대한 음용수 및 하수처리 대책 • 이재민 수용시설에 대한 식용수 및 하수처리계획 • 상 · 하수도 피해시설물, 매립지 등 폐기물처리시설에 대한 응급복구 지원 • 쓰레기 및 폐기물 처리 지원
국토해양부	• 복구사업에 필요한 인력 및 장비 동원 • 수송대책본부 구성 · 운영 • 국민생활 필수시설에 대한 응급복구 • 항만 등 해안시설물 피해현황 파악 및 응급조치
보건복지가족부	• 사상자 및 부상자의 응급 의료 지원 • 전염병 관리 지원 • 현장응급의료소 설치 · 운영 지원
기상청	• 지진상황의 파악 · 분석 전파
조달청	• 복구자재 지원 등에 관한 사항
경찰청	• 인명구조를 위한 인력 및 장비의 동원 • 재해현장 경비 및 질서유지 • 재해현장 교통통제 및 피해지역 주민대피 유도 • 각종 범죄예방 및 검거 등 • 통신두절지역에 대한 항공 정보 수집 지원

부처별	임무 및 역할
문화재청	• 문화재 피해상황 파악 및 응급조치 • 동산문화재 도난방지 및 안전대책 강구
방송통신 위원회	• 통신두절 소통대책 및 재해지역 통신지원대책 강구 • 재난방송 요청 및 신속한 전파 • 재난관련 대국민 홍보 및 재난상황 방송요청 협조

5. 지진 상황 시 근무요령

① 지진 발생 시 신속한 상황전파 및 지휘부 보고체계 유지

② 인명 구조 · 구급, 대피 최우선 조치, 신속한 피해상황 파악 및 초동조치

[1] 지진발생 확인 · 진단	• 기상청 지진속보 및 지진통보 접수 • 가속도 모니터링 시스템 알람 확인 • 지진대응시스템 피해추정결과 모니터링
⇩	
[2] 신속한 상황전파체계 유지	• 재난방송 요청 • 상황전파시스템을 통한 전파(신속 전파를 위한 문안, 수신처 관리 및 숙달훈련 실시) • 지진 규모 및 피해추정결과 지자체, 유관기관 피해상황 및 지원요청사항 전파 • 청 전직원 비상소집(크로샷)
⇩	
[3] 실시간 지휘부 보고	• 피해추정결과 지휘부 신속보고 • 피해 진행상황 모니터링 및 실시간 보고체계 유지
⇩	
[4] 초동 상황관리 지휘	• 인명 구조 · 구급 최우선 초동 지휘 • 화재진압, 가스폭발 방지를 위한 소방서, 소방본부, 가스안전공사 등 지휘 • 치안유지를 위한 경찰투입 요청 ※ 필요시 지휘부 보고 후 재난사태 선포 건의
⇩	
[5] 비상재난 대응체계 가동	• 중앙재난안전대책본부 가동 • 긴급대응을 위한 광역지원체계 가동 • 비상국무회의, 재난사태 선포 건의 등 조치

※ 지진 발생 시 상황전파 유형 및 순서

① 재난방송 ② 상황전파시스템(NDMS) ③ 크로샷(5분 이내 상황전파 완료)

☞ 재난방송(또는 CBS)을 우선 실시, 지역주민의 피해를 줄일 수 있도록 조치

6. 지진의 단계별 대책

■ **기본방향**

① 국가 내진성능 목표의 설정 및 내진보강
② 지진 발생 시 신속한 정보전달을 위한 시스템 구축
③ 지진피해 경감을 위한 지진 위험지도 제작 · 활용
④ 지진방재 종합훈련 프로그램 개발 및 훈련 실시

■ **추진전략**

① 기존 시설물에 대한 단계적 내진실태조사 및 적용실태 지도 · 감독
② 각 기관별 전파체계 구축 및 대응 세부절차 등 제반 조치사항 규정
③ 지진재해대응시스템 고도화 추진 및 주요 시설물 지진가속도 계측기 설치로 신속대응체계 마련
④ 국민 및 지진 실무자의 지속적인 교육과 훈련의 실시

(1) 예방대책

1) 국가 내진성능 목표 설정 및 내진설계 · 내진보강

① 기존시설물 내진보강 기본계획 수립 및 추진
- 각종 민간소유 건축물의 내진보강대책 추진
- 재난안전대책본부 및 종합상황실 내진대책
- 내진설계 대상시설물 기준 정비 추진

2) 지진 및 지진해일 관측시스템 확충

① 지진 및 지진해일 관측망 종합계획 수립 · 운영
② 지진정보 통보체계 고도화
③ 주요시설물 지진가속도 계측기 설치 및 통합관리

3) 지진위험지도 제작 · 활용

① 국가 지진위험지도 및 활성단층지도 제작 · 활용('09. 3 ~ '12. 2)
② 각종 지질 및 지반조사 자료 통합 · 관리

4) 교육 및 훈련

① 지진방재관련 대국민 교육 · 홍보 강화 추진

② 지진방재 종합훈련 프로그램 개발 및 훈련 실시('10년 ~)

(2) 대비대책

1) 지진재해대응시스템 고도화 추진

시스템 정확화 및 안정화 등 고도화 추진('09. 1 ~ 12월)

2) 지진재난 각종 매뉴얼 보완 추진

지진재난 위기대응 실무 매뉴얼, 현장조치 행동 매뉴얼 등 각종 지진 관련 매뉴얼 보완 (소방방재청, 자치단체)

3) 공항, 철도, 전기, 가스시설 등 대규모 인명피해의 위험이 높은 공공시설의 비상 대처계획 수립(소방방재청, 관계부처)

4) 지진피해조사단 및 피해시설물 위험도평가단 구성 · 운영(소방방재청, 지자체)

조사단 및 평가단 지침 작성 및 지자체 조례 제정 : '09년 ~

5) 신속한 재난경보체계 마련 및 효율적 재난방송을 위한 지역재난방송시스템 보완

(방송통신위원회, 기상청, 소방방재청, 방송사)

지역 협의회 운영 및 시스템 운영체계 개선 · 보완

(방송통신위원회, 방송사) : '10년 ~

(3) 대응대책

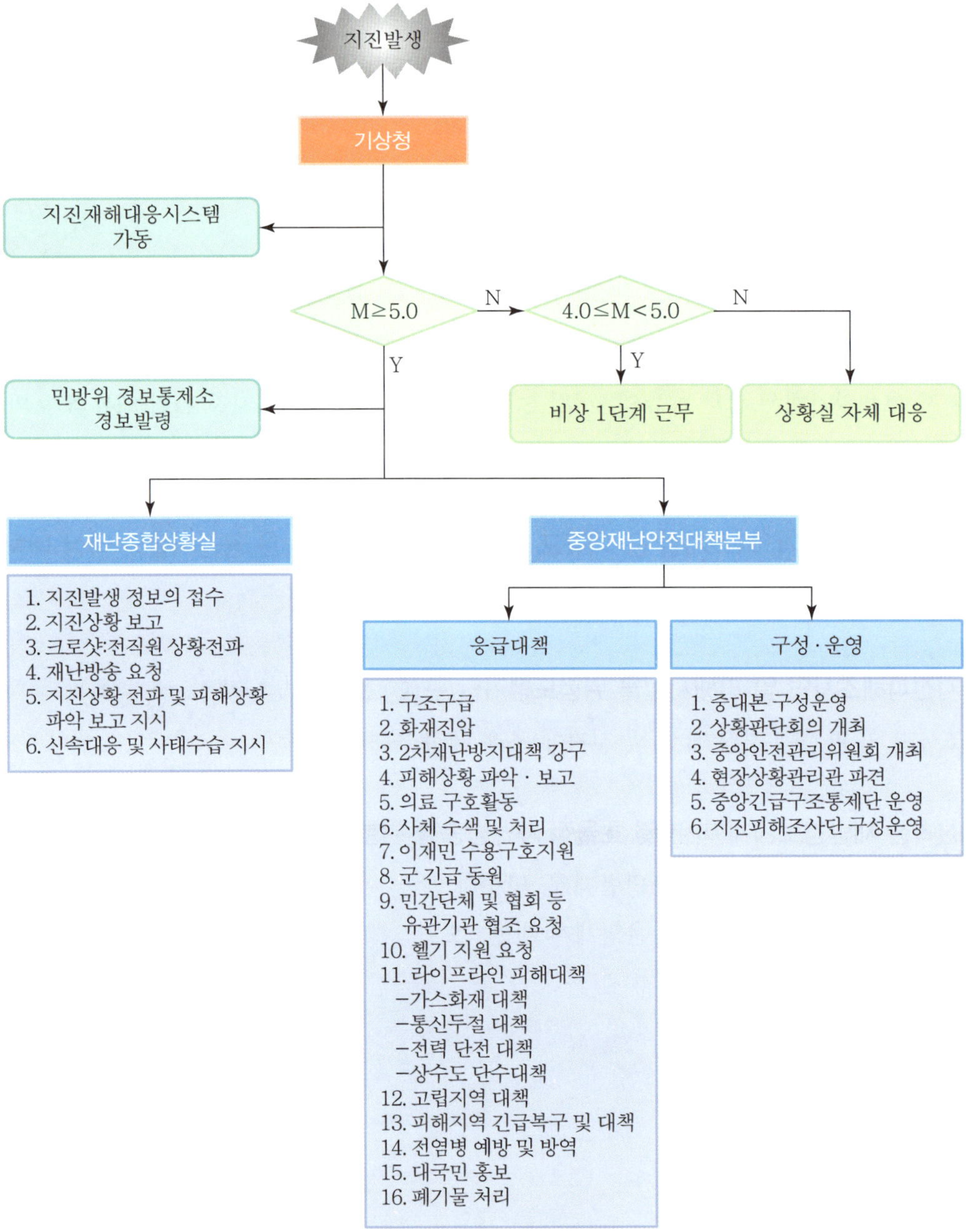

지진발생에 따른 대응체계

1) 지진 상황전파 및 대응조치(주무기관 : 소방방재청, 지자체)

① 재난방송 실시 요청

② 재난방송 요청 : 주민에 대한 재난상황 신속 전파

③ 지진상황 전파
④ 지방자치단체 및 유관기관 등에 지진상황 전파
⑤ 시 · 군 · 구에 신속대응 철저 지시

2) 구조 · 구급(주무기관 : 소방방재청, 지자체, 보건복지가족부, 경찰청)
① 대규모 인명피해 발생지역에 긴급구조 · 구급대원 신속투입 및 현장지휘소 설치
② 차량 접근 불량지역 등에 긴급구조 · 구급활동을 위한 헬기 지원 체계 구축
③ 긴급구조 · 구급에 필요한 물자지원을 위한 관계기관 협조 체계 구축
④ 사체수색 및 처리
⑤ 이재민 수용 및 구호 대책 수립

3) 화재진압(주무기관 : 소방방재청, 환경부, 지자체)
① 화재진압활동
② 소방용수 확보방안 마련
③ 소방 및 민간 헬기 지원방안 마련

4) 2차 재난 방지대책 강구(주무기관 : 소방방재청, 국토해양부, 지식경제부, 지자체)
① 시설물 추가 붕괴, 폭발 · 가스누출, 위험물 · 독극물 취급시설 등 2차 피해예상 시설 점검 및 안전조치
② 열차(KTX 포함) 운행중단 및 시설 안전점검, 응급복구시스템 개발
③ 항공기 운행중단 및 시설 안전점검

5) 피해상황 파악 · 보고 및 긴급복구대책(주무기관 : 지식경제부, 국토해양부, 농림수산식품부, 교육과학기술부, 국방부, 방송통신위원회, 노동부)
① 지역 재난안전대책본부 피해상황 집계
② 관계부처 · 유관기관의 피해상황 파악 집계
③ 가스, 전력, 통신, 상하수도 등 라이프라인 시설 응급조치 및 복구대책 수립
④ 도로, 교량, 댐, 철도 등 공공시설 응급복구 및 복구계획 수립
⑤ 군 긴급지원, 고립지역 및 장비 물자 지원대책 수립
⑥ 피해주택에 대한 응급조치 및 주택공급 대책

(4) 복구대책

1) 피해조사 및 복구지원(주무기관 : 관계중앙행정기관, 외교통상부, 자원봉사센터, 대한적십자사, 전국재해구호협회, 소방방재청, 기상청)

① 관계부처 공무원 및 전문가로 구성된 중앙지진피해조사단 편성 · 운영

② 피해상황, 지역특성, 관계공공시설 관리자의 의견을 수렴하여 기능복원과 개선복구의 기본방향을 결정

③ 해외로부터의 지원에 대한 접수(외교통상부)

④ 해외에서의 지원에 대한 접수계획을 작성하여 지원을 제의한 국가, 관계부처 및 피해 지방자치단체에 통보

2) 항구적인 대책

시설복구 또는 집단이주 등 적절한 복구방안 강구(정부 지원)

7. 지진재난 국민교육

■ **지진이 오기 전**

① 지진 발생 시 위험을 일으킬 수 있는 집안의 가구 등을 정리

※ 천장이나 높은 곳의 떨어질 수 있는 물건을 치우고, 머리맡에는 깨지기 쉽거나 무거운 물품을 두지 말 것

② 비상시를 대비해 응급처치법을 숙지

③ 전열기, 가스기구 등을 단단히 고정

※ 전기배선, 가스 등을 점검하고 불안전한 부분을 수리

※ 가스 · 전기 · 수도를 차단하는 방법을 미리 숙지

④ 지진 후 가족을 다시 만날 수 있는 장소를 미리 결정해 두고 다른 지역에 사는 친지에게 본인의 안전을 알릴 수 있도록 통신수단을 마련

⑤ 지진이 발생하였을 때 모든 가족은 위험한 장소를 피하여 안전한 장소로 대피

※ 집 주위에 대피할 수 있는 공터, 학교, 공원 등도 미리 숙지

⑥ 비상시 사용할 약품 · 비품 · 장비 · 식품의 위치와 사용법을 알아두고 비상시 가족이 취할 사항과 역할을 미리 정할 것

⑦ 실내의 단단한 탁자 아래, 내력벽 사이 작은 공간 등 안전한 위치를 파악

⑧ 각 방에서 위험한 위치(유리창 주변, 책장이나 넘어지기 쉬운 가구 주변)를 확인해 두고 지

진 발생 시 위험한 위치에 있지 않도록 할 것

⑨ 균열음, 진동 등 건물이 무너질 조짐이 있거나 균열이 진행되고 있는 것이 발견된 경우에는 전문가에게 문의

⑩ 가족과 함께 지진에 대비한 훈련을 미리 해둘 것

⑪ 주택의 기초와 집 주변의 지반상태를 점검

■ 지진 발생 때

구분	내용
집안	① 자신과 가족의 안전이 최우선 • 테이블 밑에 들어가서 몸을 보호 • 크게 흔들리는 시간은 길어야 1～2분 정도 • 우선 튼튼한 테이블 등의 밑에 들어가 그 다리를 꽉 잡고 몸을 피신 • 테이블 등이 없을 때는 방석 등으로 머리를 보호 ② 불이 났을 때 침착하고 빠르게 불을 꺼야 함 • 작은 지진이라도 즉시 불을 끄는 습관과 서로 알리고 협력하여 초기 소화 (대지진 발생 때는 소방차에 의한 화재진압이 어려울 수 있으므로, 개개인의 노력에 따라 화재피해를 줄일 수 있음) • 평소에 작은 지진이라도 불을 끄는 습관을 익히도록 할 것 • 가족은 물론 이웃사람들과도 협력해서 초기 소화를 하는 것이 가장 중요 ③ 지진발생 때 불을 끌 기회는 3번! • 첫 번째 기회 크게 흔들리기 전, 즉 흔들림이 작을 때. 작은 흔들림을 느낀 순간에 즉시 "지진이다. 불을 꺼라"라고 서로 고함을 질러 사용 중인 가스레인지나 난로 등의 불을 끔 • 두 번째 기회 큰 흔들림이 멈췄을 때. 크게 흔들릴 때는 가스레인지에서 요리 중인 그릇 등이 떨어질 수 있어 대단히 위험함. 큰 흔들림이 멈춘 후 또「불을 꺼라!」라고 소리를 쳐서 불을 끔 • 세 번째 기회 발화된 직후. 만일 불이 나도 1～2분 이내에 충분히 소화 가능. 바로 소화할 수 있도록 소화기나 소화용 큰 그릇을 불이 날 수 있는 근처에 항상 비치 ④ 서둘러서 밖으로 뛰어나가지 말 것 • 집 밖은 위험이 가득, 먼저 안전을 확인 • 지진 발생 때 진동 중에 서둘러 밖으로 뛰어나가면 유리창이나 간판 등이 떨어지므로 대단히 위험 • 또한, 블록담, 자동판매기 등 고정되지 않은 물건 등은 넘어질 우려가 있으므로 가까이에 가서는 안 됨 ⑤ 문을 열어서 출구를 확보! • 비상시의 대피방법을 미리 생각해 둘 것 (철근콘크리트 구조의 아파트는 문이 비뚤어져 갇힌 사례가 있었음) • 문을 열어 출구를 확보 • 만일 갇힐 사태를 대비해서 대피방법에 관해 미리 준비

구분	내용
집밖	① 야외에서는 머리를 보호하고 위험물로부터 몸을 피할 것 • 땅이 크게 흔들리고 서 있을 수 없게 되면 무엇인가 기대고 싶어 하는 심리가 작용하므로 가까이에 있는 대문기둥이나 담이 우선 그 대상이 될 수 있는데 이와 같은 것들은 언뜻 보기에는 튼튼해 보이지만 사실은 매우 위험 ② 과거 대지진 시 블록 담이나 대문기둥이 무너져 많은 사상자가 발생하였으므로 블록 담이나 대문 기둥 등에 가까이 가지 말 것(번화가나 빌딩가에서 가장 위험한 것은 유리창이나 간판 등의 낙하물) ③ 손이나 가방 등을 들어 머리를 보호하는 것이 가장 중요 ④ 자동판매기 등 고정되지 않은 물건 등도 넘어질 우려가 있으므로 조심할 것. 빌딩가 등에 있을 때는 상황에 따라서 건물 안에 들어가는 것이 오히려 안전할 수도 있음
백화점 극장 지하상가	① 안내자의 지시에 따라서 행동할 것 ② 많은 사람이 모이는 곳에서는 큰 혼란이 발생할 우려가 있으니 이러한 장소에서는 안내자의 지시에 따라서 행동 ③ 화재가 발생하면 바로 연기가 꽉 차게 되니 연기를 마시지 않도록 자세를 낮추면서 대피
엘리베이터	① 안전을 확인해서 가장 가까운 층으로 신속하게 대피, 갇혔더라도 침착할 것 ② 지진이나 화재 발생 시 엘리베이터 사용 금지 ③ 엘리베이터를 타고 있을 때는 모든 버튼을 눌러, 신속하게 내린 후 대피 ④ 만일 갇혔을 때는 인터폰으로 구조를 요청
전철	① 큰 혼란에 주의하고, 우선 몸의 안전을 생각하며 충격으로 넘어지지 않도록 고정 물건을 꽉 잡을 것 ② 큰 충격이 발생하므로 화물 선반이나 손잡이 등을 꽉 잡아서 넘어지지 않도록 할 것 ③ 열차 내 방송 등에 따라서 침착하게 행동. 섣부른 행동은 큰 혼란을 야기 ④ 전철의 운행이 정지되었다고 해서 서둘러 밖으로 나가면 큰 부상의 위험이 있음 ⑤ 지하철역에서는 정전되었을 때도 바로 비상등이 켜지게 되어 있으니 서둘러서 출구로 뛰어나가는 것은 위험한 행동이며, 큰 혼란의 원인이 되니 구내방송에 따라서 침착하게 행동할 것
산 바다	① 산 근처나 급한 경사지에서는 산사태나 절개지 붕괴위험이 있으므로 안전한 곳으로 대피 ② 해안에서는 지진해일이 발생할 우려가 있으니 지진을 느끼거나 지진해일 특보가 발령되면 지역의 안내방송이나 라디오 등의 정보에 따라 신속히 안전한 곳으로 대피
자동차	① 지진이 발생하면 자동차의 타이어가 터진 듯한 상태가 되어 핸들이 불안정해지면서 제대로 운전을 못하게 되니 충분히 주의를 하면서 교차로를 피해서 길 오른쪽에 정차시킬 것 ② 대피하는 사람들이나 긴급차량이 통행할 수 있도록 도로의 중앙부분을 비워 둘 것 ③ 도심에서는 거의 모든 도로가 전면 통행금지되니, 자동차 라디오의 정보를 잘 듣고 부근에 경찰관이 있으면 지시에 따라서 행동할 것 ④ 대피할 필요가 있을 때는 화재발생 때에 차 안으로 불이 들어오지 않도록 창문은 닫고, 자동차 키를 꽂아 둔 채로, 문을 잠그지 말고 안전한 곳으로 신속히 피신

구분	내용
환자 발생 시	① 대규모 지진 시에는 많은 부상자의 발생이 예상되며, 정전이나 차량정체 등으로 구조대, 의료기관도 평소와 같은 활동을 못하게 될 수 있음 ② 부상자 가까이에 있는 사람들이 적절한 응급처치를 할 필요가 있으니, 평소에 응급처치에 대한 지식을 배워둘 것
피난 시	① 화재가 확대되어서 인명피해가 우려되면 신속히 대피하고 대피할 때는 관계공무원이나 경찰관 등의 안내에 따르고, 최소한의 소지품만을 가지고 자동차를 이용하지 않고 걸어서 갈 것 ② 병약자 등의 피난은 지역주민들의 협조가 절대적으로 필요하고, 평소에 이웃사람들과 미리 의논해서 결정해 두는 것이 필요함

■ 지진이 멈춘 직후

① 여진은 지진보다 진동은 작지만 지진에 의하여 취약해진 건물에 치명적 손상을 줄 수 있으므로 여진에 철저히 대비할 것

② 부상자를 살펴보고 즉시 구조를 요청하여야 하며 부상자가 위치한 곳이 위험하지 않다면 부상자를 그 자리에 그대로 두어야 하고, 만약 부상자를 옮겨야만 한다면 먼저 기도를 확보하고 머리와 부상부위를 고정한 후 안전한 곳으로 옮길 것

③ 의식을 잃은 부상자에게는 물을 주지 말 것

④ 만약 부상자의 호흡과 심장이 모두 또는 호흡이나 심장이 멈추었으면 신속하고 조심스럽게 심폐소생술(인공호흡)을 실시

⑤ 담요를 이용하여 환자의 체온을 유지하되, 환자의 체온이 너무 올라가지 않도록 주의

⑥ 만약 정전이 되었다면 손전등을 사용하고 불(양초, 성냥, 라이터)은 누출된 가스가 폭발할 위험이 있으므로 안전을 확인하고 사용

⑦ 유리파편 등에 대비하여 견고한 신발을 신을 것

⑧ 주택안전에 대하여 의심이 간다면 집안으로 들어가기 전에 전문가의 확인을 받을 것

⑨ 건물(굴뚝, 담장, 벽체 등)을 점검하되, 붕괴우려가 있으므로 최초 진단은 멀리 떨어져서 할 것

⑩ 건물 내에 쏟아진 약품, 표백제, 유류 등을 정리하되 양이 많거나 환기가 안 되거나 종류 · 처리방법을 모를 때에는 그대로 두고 대피

⑪ 전선, 가스관, 수도관 등 주요 관로와 가전제품의 피해상황을 파악

⑫ 가스 새는 소리가 나거나 냄새가 나면 창문을 열어 놓고 대피하되, 가능하면 메인밸브를 잠글 것

⑬ 가스가 누출되면 가스 밸브를 잠근 후, 관계기관(지역 도시가스회사 또는 LPG 공급회사, 한국가스안전공사, 119)에 신속히 신고하고 전문가의 조치를 받은 다음 재사용할 것
⑭ 전기적인 이상이 있다면 전기차단기를 내릴 것
⑮ 수도관에 피해를 보았다면 집으로 들어오는 밸브를 잠글 것
⑯ 하수관로의 피해 여부를 확인하기 전까지 수세식 화장실을 사용하지 말 것
⑰ 캐비닛은 물건이 쏟아질 수 있으므로 문은 조심히 열 것
⑱ 인명의 위험이 있는 경우를 제외하고는 전화사용을 자제할 것
⑲ 긴급사태 관련 뉴스를 주의 깊게 들을 것
⑳ 거리로 될 수 있으면 나가지 않는 것이 좋으나 반드시 나가야만 한다면, 지진에 의한 피해(떨어진 전선, 붕괴의 위험이 있는 건물 · 축대 · 교량 · 도로 등)에 주의
㉑ 소방관, 경찰관, 구조요원의 도움이 있기 전까지는 피해지역으로 접근하지 말 것
㉒ 해안에 거주하는 주민일 경우 해일에 대비

SECTION 05 가뭄

1. 가뭄의 개요

가뭄은 비정상적인 수분 부족이 상당기간 동안 계속되는 현상으로 인하여 각종 용수공급의 부족에 따라 경제적으로 겪는 직접적 피해와 정신적 고통과 생활의 불편을 수반하는 간접적 피해를 말한다. 가뭄은 처해진 자연과 환경에 따라 다르게 해석할 수 있다. 사막에서는 비가 내리지 않더라도 가뭄이라 할 수 없지만, 우리나라의 경우 장마 직전에 매일 비가 내려도 물이 모자랄 경우는 가뭄이라 한다. 따라서 가뭄은 수자원이 평균보다 적어서 인류에게 피해를 끼치는 것이라 정의할 수 있다.

가뭄

가뭄은 크게 기상학적, 수문적, 농업적, 사회 · 경제적 가뭄으로 크게 구분된다.

기상학적 가뭄은 강수량, 증발산량 등의 기상학적 수자원이 계절적으로 평균치에 미달함에 의한 피해를 말하며, 기상학적 가뭄은 각 나라별 상황에 따라 정의가 다르게 적용되고 있는 현실이다.

각 나라별 기상학적 가뭄의 기준

나라	가뭄의 기준
미국	48시간 이내에 강우가 2.5mm보다 작은 경우
영국	일강우가 2.5mm보다 작은 날이 연속으로 15일 이상인 경우
리비아	연 강우량이 180mm 이하인 경우
인도	실제 계절강우량이 평균 편차의 2배보다 부족한 경우
발리	비가 없는 날이 6일 이상 지속될 경우

농업적 가뭄은 작물생육에 필요한 토양수분의 부족으로 인한 피해로 강우 부족, 실제와 잠재 증발량 간의 차이, 토양수분 부족, 저수지 또는 지하수위의 저하 등과 같은 점에 초점을 맞추어 농업적 영향에 연결시킨다.

수문학적 가뭄은 댐, 저수지, 하천 등의 지표수와 지하수 등의 부족으로 인한 피해를 말한다. 모든 가뭄은 강우의 부족으로 인하여 발생하지만 수문학적 가뭄은 수자원 전체가 계절적 평균치에 비하여 모자라서 피해가 생기는 경우로 물의 부족을 자연적 부분에서만 보는 것이 아니라 인간의 물 수요까지 조사하여 가뭄을 확인한다.

사회경제적 가뭄은 생활용수, 공업용수, 농업용수 수요와 공급의 부족으로 인한 피해를 말한다. 즉 생활의 변화, 공업의 발달, 농업방식의 변화에 따른 공급의 부족으로 생기는 피해이다.

우리나라 수자원 보존양의 연간 편차는 매우 크나, 지역별 연간 분포는 균일한 특징을 가지고 있으며, 계절적 변동이 심하다. 연간 유출량 731억m^3에서 약 39%인 493억m^3가 홍수인 5월에서 9월에 집중되며, 5대 강을 제외한 대부분의 중소 하천은 경사가 급하고 유로길이가 짧아 직접 바다로 유출된다. 우리나라 지하수 보존양은 1조 3,240억m^3로 연평균 총 강수량의 약 10배, 하천 유출량의 약 19배로 추정되고 있다. 대규모 지하수 층의 발달이 빈약해 지하수 개발은 불리하지만 비홍수 시 또는 물 부족 시에 중소 규모 지하수 개발로 대처할 수 있는 정도의 양은 충분하며 국가 차원에서 가뭄을 단계별로 나누어 가뭄추진대책을 시행하고 있다.

단계별 가뭄추진대책

구분		기준	주요 내용
1단계	1-1단계	10% 감량 공급 시	• 고지대 및 급수 불량 지역 운반 급수 • 방송, 캠페인 등을 통한 절수 홍보
	1-2단계	10 ~ 30% 감량 공급 시	• 물 다량 사용업소의 영업시간 단축 • 공공건물, 대형빌딩 절수 확대 • 격일제 또는 3일제 제한 급수 실시
2단계	2단계	30 ~ 50% 감량 공급 시	• 수돗물 다량 사용 공장 조업 단축 • 군부대 인력 및 장비 지원 비상급수
3단계	3-1단계	50 ~ 60% 감량 공급 시	• 실정에 따라 3 ~ 5일제 급수 • 산업용수 공급 감축 및 중단 • 개인 및 민방위 관정, 전용 상수도 공동이용 확대
	3-2단계	60% 이상 감량 공급 시	• 최소한의 생활용수만 공급 • 수돗물 다량 사용업소 격일제 영업
4단계	4단계	급수 중단	• 먹는 샘물 공급 • 최소한의 식수배급제 실시

수자원 공급량이 실제 수요량보다 부족하게 되면 가뭄이 발생한다. 북태평양 기단과 양쯔강 기단 또는 오호츠크해 기단의 이상 발달이 있게 되면 장마전선이 우리나라에 형성되지 못하므로 대륙지방으로부터 이동해 오는 저기압의 진로를 가로막을 뿐 아니라 동서 계절풍의 발달이 억제되어 가뭄이 일어나게 된다. 월별로는 여름철을 중심으로 5 ~ 11월 사이에 대체로 물 부족 현상이 일어나지만 특히 8월에 심하게 나타난다. 8월이 되면 여름장마가 대체로 끝나고 본격적 더위가 찾아오며 기온이 높아 증발량이 많아지기 때문이다.

고대에서 근대까지 농업이 주산업으로 용수수요가 적었던 시대에는 가뭄으로 인한 수확량 감소로 기근을 겪었다. 현대에는 인구 증가, 도시화 및 산업화 등에 따라 용수수요가 증가했지만, 다목적 댐의 건설 등 발달된 수자원 관리로 가뭄의 피해는 과거에 비해 크게 줄어들게 되었다.

2. 가뭄의 영향 및 피해

여름의 고온과 가뭄은 농업에서 특히 많은 피해가 발생한다. 특히 여러 작물의 고사는 물론이며 성장 및 결실에 방해를 주어 작물수의 감소, 밭작물의 파종지연과 시듦, 과수피해를 가져오고, 가축과 수산업에도 피해를 준다. 생활용수 분야에서는 용수의 부족으로 식수난은 물론 생활에 필요한 물의 부족으로 각종 불편함을 야기한다. 제조산업의 생산기반은 가뭄으로 인해 연일

무더위의 발생 시 산업현장의 조업환경이 열악해져 생산효율 감소와 공업용수의 원활한 공급이 이루어지지 않으므로 지역 업체들의 조업단축 및 중단으로 생산에 차질을 가져온다. 그 외에 가뭄 시의 고온은 담수 및 해수의 온도상승과 수질악화를 유발하여 수중 생물 환경에 영향을 미친다. 아울러 강이나 하천의 수량이 줄면서 용존산소량의 감소 및 상승한 온도로 물고기들이 죽음을 당하게 된다. 간접적인 피해로는 물 부족으로 인한 영업제한, 각종 행사 제약에 의한 물가변동을 야기한다. 아울러 용수의 부족에 의한 사회적 불안과 생활의 불편이 야기된다.

■ 직접적 피해

① 농업용수 부족에 기인한 농작물 피해, 수산 · 양식업 피해 및 가축피해
② 공업용수 부족에 의한 생산중단에 대한 손실
③ 생활용수공급 부족에 따른 생활불편 및 피해
④ 각종 용수 판매량의 감소에 따른 손실
⑤ 재난복구, 보조 및 지원

■ 간접적 피해

① 수자원 개발을 위한 추가경비
② 사회적 불안감
③ 각종 생산품의 공급부족에 따른 물가상승효과
④ 물부족으로 인한 질병의 증가와 이에 따른 피해
⑤ 수질오염에 증가에 따른 정수시설의 추가경비

가뭄재난의 피해유형

대분류		중분류	소분류	비고
직접피해	농 · 수 · 축협피해	벼	모내기(고사)	가뭄으로 인한 피해 발생(피해면적으로 비용추산/생산피해비용)
			논 물마름(고갈, 균열)	
			병충해	고온과 가뭄으로 병충해 발생
		밭작물	채소 및 특작 (파종지연, 시듦)	가뭄으로 인한 피해 발생(피해면적으로 비용추산/생산피해비용)
		과수	사과, 배, 포도 등의 작물	각종 병충해 발생과 상품가치 하락 및 포도 경우 황화현상 발생
		가축	폐사, 가축분뇨처리비용 및 방역비용 등	방역비용, 축사위생관리 및 유해가스 발생 억제 등을 위한 추가비용 발생(생산피해비용)
		수산물	양식업 및 내수면 어종폐사	톤당 폐사비용 추정

대분류		중분류	소분류	비고
직접피해	생활피해	생활, 음용수	생활용수 부족	급수장비 및 인력지원 비용/생수 등 생활용수지원비용
	산업피해	공업용수	생산중단 손실	생산피해 감소비용
		사업지원	긴급재해대책비(관정, 간이 용수공급시설 등)	국고 사용으로 인한 경제적 비용 발생
			양수기 지원	
			농업용저수지 준설	
			농가용 유류대금	
			쓰레기 처리	
		인력 및 장비 지원	인력지원	인력 지원비와 살수차와 양수기 등의 장비지원비
			장비지원	
		홍보 등의 간접 지원	TV, 라디오 등의 매체활용비용	방송활동 등의 인력비 및 매체 활용비
		보조 및 지원	재해농어가 보조 및 지원	이재민구호/학자금면제/영농종자금상환연기/ 이자면제/양곡지원
간접피해		국민경제부담	물 다량사업소의 영업제한	공장 가동일수 제한 및 업소영업일수 제한
			각종행사 자제	일정 차질에 따른 피해 발생
		물가변동	농산물 가격 상승	전반적 생활물가 상승
			자재 가격상승	농수산 생산비 증대
		기타	국민적 스트레스/ 사회적 불안감/질병	사회 불안정에 대한 피해
			모금행사 등 인력동원	비계획적 하상굴착 등으로 환경훼손
			용수부족에 따른 생활불편 수질오염 및 생태피해	생태계 피해비용 추산

우리나라에 막대한 피해를 준 90년대 이후의 가뭄으로는 1939, 1968, 1978, 1982, 1994년도의 가뭄으로 약 10년 주기로 발생하였다. 1939년의 가뭄은 낙동강 유역에서 가장 극심한 물 부족을 보였으며, 영산강은 지표수가 고갈되었다. 1978년의 가뭄은 영산강 유역 및 서남 해안지방과 낙동강 유역이 극심했으며, 영천 및 밀양 지방에서는 농업용수뿐만 아니라 공업용수까지 큰 위협을 받았다. 1982년의 가뭄은 충청 이남, 경상남북 지방에서 극심했으며, 낙동강은 본류를 제외하고 모든 지류가 고갈상태였다. 1994년의 경우 북태평양 기단이 우리나라에 접근할 수 없었기 때문에 유례없는 극심한 가뭄이 발생하였다. 이로 인해 전국적인 용수의 공급과 농작물에 극심한 피해가 발생하였으며, 하천 유지용수의 부족 등으로 식수원이 오염되는 등 큰 피해를

입었다. 2001년의 가뭄 또한 사상 유례가 드문 경우로 3월부터 6월 9일까지 기간 동안 전국 72개 관측 지점 중 57개 지점에서 관측 이래 최소 강수량을 기록했다. 특히 인천과 부산은 1904년 최초 관측 이래 최소 강수량을 기록하였다.

우리나라 주요 가뭄 피해 현황

연도	가뭄 시기	가뭄 지역	가뭄면적 (천ha)	가뭄 상황
1967년	5～7월	전남 경남 · 북	403	• 70년만의 가뭄 • 5～7월 강우량 307.4mm • 전남도민의 1/3 이상인 140만 명 식수난 • 가뭄피해액 6,226억
1968년	1～6월	전남	470	• 1～6월까지 강우량 평년의 1/2 수준 • 5～7월 강우량 122.2mm • 가뭄피해액 7,009억 원
1977년	6～8월	중부 및 영 · 호남	65 (벼 63, 밭 2)	• 월평균 강우량 50% 수준 • 전남(신안) : 8월 59mm • 경북(포항 등 7개시 · 군) : 7월 50mm
1978년	1～5월	전국(경기, 강원 제외)	43 (벼 23, 밭 19)	• 월평균 강우량 45% 수준 • 영남 27%, 전북 35%, 충남 38% 수준 • 저수율(5월) : 64%
1980년	5～6월	중부	6	• 평균 강우량 대비 100～140mm 부족 (모내기 시기 지연)
1982년	1～5월	안동, 대구, 목포	59 (벼 54, 밭 5)	• 전국적으로 평균 강우량 292mm 부족 • 전국적으로 저수율 34% 수준
1988년	6～8월	중부	1	• 전국 평균 425mm 부족 • 저수율 34% 수준
1994년	6～7월	영 · 호남	140 (벼 64, 밭 76)	• 남부지방(6. 1～7. 20) 강우량 평년 27% 수준 • 제주 남해안, 남부내륙, 중남부 가뭄 심함 • 저수율 28% 수준
2000	2～5월	영 · 호남	58(보리)	• 평년 강우량 : 16～43% 수준 • 전남지역 보리피해 심함
2001년	3～6월 초순	전국	19(벼 15, 밭작물 4)	• 평년 강우량 10～68% 수준(3월 1일～6월 10일) • 6월 6일 전국 17,956개 농업용저수지 저수율 39～68% 수준(평년대비 63～86%) • 서울, 경기, 충청, 경북부지역 가뭄 극심 • 제한급수 : 전국 85개 시군, 93,615세대

3. 가뭄재난의 정량화

(1) 가뭄지수

가뭄지수는 강우, 강설, 유출 그리고 다른 물 공급을 나타내는 여러 가지의 자료들을 이해하기 쉬운 숫자 및 그림으로 나타내기 위해 사용되며, 가뭄지수 값은 일반적으로 하나의 숫자로 나타내는데 실제로 기본 자료보다 정책결정에 있어 대단히 유용하다. 가뭄지수 산정방법들은 모든 가뭄상황에 대해서 효율적이지는 못하나, 특정한 용도에 있어서 적정하게 적용될 수 있는 것으로 여러 국가에서 사용되는 가뭄지수의 종류가 다양하다.

각종 가뭄지수에 따른 가용자료 및 장단점

가뭄지수	가용자료	장점	단점
정상강우백분율(PNP) –평균치 비율	강수량	단일지역 또는 계절을 비교함에 있어 상당히 유효하다.	• 극치강우의 영향이 크게 나타난다. • 정규분포형을 보장할 수 없다.
십진분류(Deciles) –파머가뭄비수	강수량	강수에 대한 정확한 통계치 제공	정확한 계산을 위해 장기간의 강우 지표 필요
파머가뭄심도지수(PDSI) –파머가뭄지수	강수량 기온 유효토양 수분량	지역의 기후적 상이성을 고려	• 가뭄의 출연 시기가 지체될 수 있다. • 산악지역이나 극한 기후상태가 빈번한 지역은 정확도가 떨어 진다. • 복잡, 불명확하고 주 · 월 지속 시간에 국한
표준화강수지수(SPI) –표준강수지수	강수량	• 다양한 지속시간에 대해 산정 될 수 있다. • 가뭄의 조기 경보 제공 • 타 방법에 비해 간단하다.	• 강수량만 고려한다. • 이전에 산정된 지수값이 변할 수 있다.
작물수분지수(CMI) –작물지수	강수량 기온	잠재적인 농업가뭄 정의	농업가뭄에 국한
전국강우지수(RI)	강수량	국가규모의 생산량과 상관시키는 데 유용	• 전반적인 가뭄상태를 알 수 없다. • 농업가뭄에 국한
강수량효과비	강수량 증발량 월평균기온	식물성장의 판단에 유용	기후적 특성에 지배됨
유효가뭄지수(EDI)	강수량 강수집중도 (시간)	• 가뭄의 기간정의 가능 • 수자원 부족량 및 잉여량 까지 알 수 있음	• 월 단위는 가뭄기간을 정의할 수 없음 • 위험에 대한 대비가 어려움

각종 가뭄판단지수는 각 나라별 가뭄피해의 유형에 따라 적용되고 있다. 미국의 경우에는 가뭄피해유형에 따라 표준화강우지수, 파머가뭄지수, 작물지수를 사용하고, 호주의 경우는 파머가뭄지수를 사용한다. 우리나라의 경우 월 및 3개월 단위의 파머가뭄지수 및 표준강수지수를 토대로 하여 평균치비율, 강우량십분위, 강수량효과비, 증발량에 의해서 산출한다.

각국의 가뭄판단지수 현황

모델명	이용인자	산정방법	이용현황	제안자
가뭄판단지수	파머가뭄지수 표준강우지수 평균치비율 강수량십분위 강수량효과비 증발량	일강수량 5.0mm 이하의 일수가 15일 이상 지속되고 1개월 강수량이 50mm 이하인 조건 파머가뭄지수, 표준강수지수, 평균치비율 등의 가뭄지수를 활용	한국	기상청
SPI(표준화강우지수)	월 강수량	분포 특성에서 변이확율	미국	Mckee 등 (1993)
PDSI(파머가뭄지수)	월 강수량 증발산량 유효토심	유효토양수분 추정에서 지수	미국, 호주 한국(월단위)	Palmer (1965)
CMS(작물지수)	주강우량 증발산량	유효토양수분 추정에서 지수	미국	Palmer (1965)

가뭄판단지수에 따른 가뭄의 정도

단계	지수범위	가뭄상황
매우가뭄	–2.0 미만	작물손실, 광범위한 물 부족, 제한급수 고려 필요
가뭄	–2.0 ~ –1.0	작물에 다소 피해발생, 물 부족 시작, 자발적 절수 요구
정상	–1.0 ~ 1.0	식물 성장에 필요한 정도로 강수가 충분함
습함	1.0 이상	충분한 강수로 인해 가뭄상황 없음

우리나라 가뭄판단은 표준강수지수, 파머가뭄지수, 평균치비율에 의한 1차적인 신가뭄지수를 산정한다. 일강수량 5.0mm 이하의 일수가 15일 이상 지속되고, 1개월 강수량이 50mm 이하인 조건에서 1차 신가뭄지수에 무강우 일수에 0.045를 곱한 값을 더하여 통합가뭄심도를 결정한다. 일강수량 5.0mm 이하의 일수가 15일 이상 지속되고, 1개월 강수량이 50mm 이하인 조건이 아닐 시는 1차 선가뭄지수를 통합심도로 결정하는 방법을 사용한다. 이는 파머가뭄지수, 표

준강수지수, 평균치비율 등을 활용, 우리나라 현실에 맞게 가뭄을 판단할 수 있도록 개발된 지수로 기상청에서 이용하고 있다.

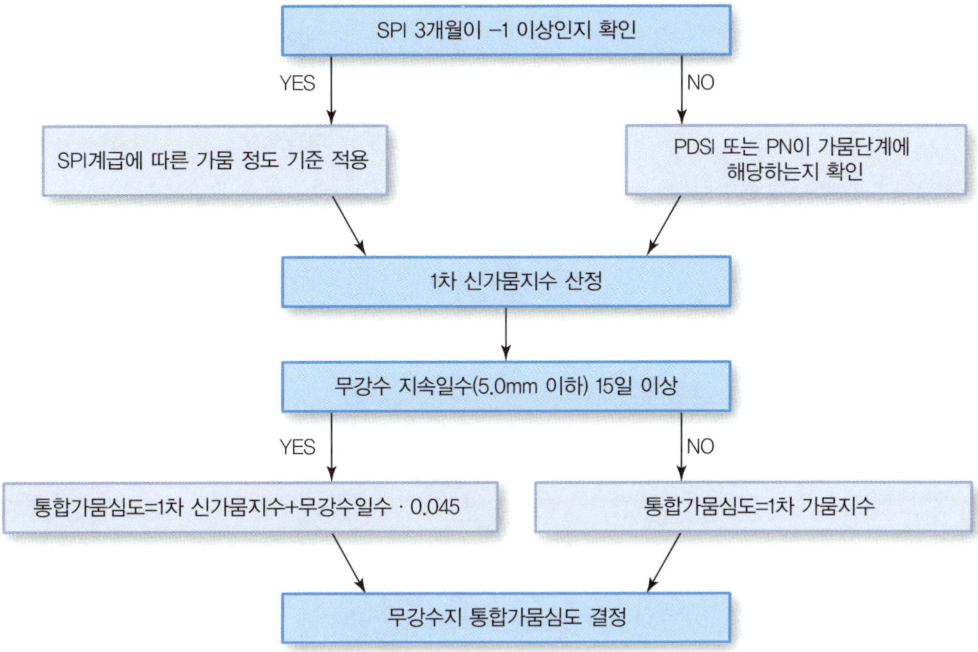

가뭄판단지수 산출과정

4. 가뭄 피해 사례

(1) 1994년 국내 가뭄

1) 사고의 개요

1994년은 장기가뭄에 따라 5월～9월까지 평균기온이 3℃ 상승하였고, 최고기온은 3.8℃가 높아졌으며, 전년보다 강수량과 강수량이 턱없이 부족하였다. 특히 1994년 영 · 호남지역을 중심으로 7월 15일～8월 9일 사이에 극심한 가뭄을 초래하였다.

2) 피해상황

우리나라 논 재배면적 총 1,115천ha 중 13.3%인 148천ha의 농경지에서 피해를 입었다. 이를 유형별로 구분해보면 논의 경우 고갈이 61%, 논바닥이 갈라진 균열면적이 36.8%, 고사가 2.2%로, 지역별로는 전남이 가장 큰 피해를 입었다.

1994년 논 가뭄피해

도별	발생일	재배면적(ha)	피해면적(ha)			
			계	고갈	균열	고사
충북	7. 26 ~ 7. 31	65,800	1,794	1,563	231	–
충남	7. 15 ~ 7. 31	171,400	106	106	–	–
전북	7. 15 ~ 8 .9	163,900	52,399	25,987	25,257	1,155
전남	7. 12 ~ 8 .9	191,200	59,953	41,467	16,846	1,640
경북	7. 13 ~ 7. 31	157,200	5,071	3,256	1,817	–
경남	7. 12 ~ 8. 9	130,000	25,235	15,287	9,458	490
대구	7. 2 5 ~ 7. 26	1,900	106	103	3	–
광주	7. 18 ~ 7. 31	10,000	3,226	2,479	747	–
제주	–	300	–	–	–	–
기타	–	223,300	–	–	–	–
계		1,115,000	147,892	90,248	54,359	3,285

밭의 경우 총 피해면적 72,227ha 중 두류가 34.3%, 고추가 26.5%, 채소류가 33.6%를 차지하였다. 지역별로는 전남이 46.8%로 가장 큰 피해를 입었다.

1994년 밭 가뭄피해

도별	발생일	재배면적(ha)	피해면적(ha)			
			계	두류	고추	기타
전북	7. 19 ~ 7. 31	65,065	6,212	726	2,767	2,719
전남	7 .19 ~ 7. 31	162,924	33,787	14,521	8,619	10,647
경북	7. 19 ~ 7. 31	152,137	16,702	5,067	6,441	5,194
경남	7. 12 ~ 7. 31	72,686	6,756	2,258	1,298	3,200
제주	7. 20 ~ 7. 31	65,294	8,723	2,258	–	6,465
대구	7. 25 ~ 7. 26	4,198	42	–	–	42
광주	7. 24 ~ 7. 31	5,315	5	–	–	5
기타	–	347,316	–	–	–	–
계		1,115,000	147,892	90,248	54,359	3,285

또한, 1994년 8월 18일부터 9월 17일까지는 경남 · 북 지역에서 가뭄으로 총 피해면적 27,300ha가 발생하였다.

수산물의 경우 해수 및 하천수 온도의 상승으로 인해 양식어업과 내수면 어업에서 7월 22일부터 폐사가 시작되어 큰 피해를 입었다.

1994년 수산물 피해

발생일	어종		
	계	양식	내수면
7. 23	145	88	57
7. 24	159	98	61
7. 29	575	473	102
7. 30	611	509	102

가축의 피해는 총 1,531,101두가 폐사되었으며 피해액은 6,697백만 원에 달하였고, 복구 수요액은 3,069백만 원이 추정되었다.

1994년 가축 피해

도	피해두수					피해액 (백만 원)	복구액 (백만 원)
	닭	돼지	소	기타	합계		
경기	498,648	770	11	91,850	498,648	1,130	190
강원	75,801	–	–	6	75,801	208	24
충북	29,729	68	1	–	29,729	83	12
충남	121,940	963	7	2,310	121,940	469	85
전북	274,364	2,089	59	9,898	274,364	1,639	1,202
전남	118,243	3,261	132	1,572	118,243	736	349
경북	202,780	2,117	83	–	202,780	872	260
경남	171,047	3,410	55	26,514	141,068	1,342	915.3
제주	786	–	–	1	785	2.4	0.7
기타	36,672	200	5	886	36,672	215.6	31
합계	1,384,833	12,878	353	133,017	1,531,101	6,697	3,069

생활용수 피해는 암반관정과 소형관정의 설치를 실시하였고, 급수차 운반이 실시되었다.

5. 가뭄의 단계별 대책

■ **기본방향**

① 물 절약 프로그램의 개발 및 연구
② 지하수 기초조사 확충 및 D/B 구축
③ 가뭄 발생시기 예측과 가뭄 발령기준 등 개발
④ 기존 수자원시설의 효율적 활용
⑤ 관계부처 합동 지침 추진

■ **추진전략**

① 지하수 D/B화로 정보관리시스템 구축
② 용수공급능력이 부족한 수리시설 확충 및 보강
③ 수계별 댐군 연계운영 및 권역별 광역급수체계 구축
④ 양수장, 용수로 등 수리시설의 신설 · 확장 등 용수개발
⑤ 가뭄대책의 효율적 · 체계적 추진을 위한 관계부처 합동지침 마련 및 가뭄

(1) 예방대책

1) 가뭄 예방대책 기본 추진사항

■ **공통**

① 가뭄발생시기 예측과 가뭄 발령기준을 정량화할 수 있는 기술개발 및 연구촉진
② 물 절약 프로그램의 개발 및 연구
③ 시설물별 용수관리시스템 개발 · 운영
④ 가뭄의 평가와 예측 모형, 이수 및 절수관리지침 등 마련

■ **부처별**

① 농업용수대책 추진(주무기관 : 농림수산식품부, 지방자치단체)
- 영농기 이전 농업용수의 개발을 위한 사전조사의 실시, 농업용수의 개발 시 환경파괴 등을 고려
- 수리시설, 양수장비 정비점검 및 부족한 장비의 사전보충 실시
- 논물 가두기, 간이보 설치 등 용수확보대책의 사전점검 및 준비
- 용수 부족지역은 농작물을 선별 파종하는 등 피해예방대책 강구

② 가뭄 해소 중 · 장기계획 수립 추진(주무기관 : 관계중앙행정기관, 지방자치단체)

- 다양한 수자원 확보방안 추진
- 상습가뭄지역 용수문제 해결을 위한 다목적댐이나 중규모 · 용수전용 댐의 건설 및 해수담수화 사업 추진
- 수질오염 우려가 없는 지역에 식수 전용 소규모 저수지를 건설하여 가뭄 시에 비상 식수원으로 활용
- 수리시설이 없는 지역의 용수원 개발과 상습가뭄지역을 조사, 저수지, 양수장, 용수로 등 수리시설의 신설 · 확장
- 지하수의 효율적 개발 · 이용 및 해수담수화, 중수도 도입 등 다양한 수자원 확보방안 추진
- 기존 수자원 시설의 효율적 활용
- 중소도시 및 농어촌지역 가뭄 등 비상시에 안정적인 용수 공급이 가능하도록 광역상수도와 지방상수도의 연계운영 등 광역상수도 확대
- 수계별 댐 군을 연계 운영하여 용수공급 능력 증대
- 개발된 지하수의 사후관리 강화를 위하여 준공신고제 도입 운영, 기초조사 확충, D/B 구축 및 관측소 설치

③ 물 절약 대책추진(주무기관 : 관계중앙행정기관, 지방자치단체)

- 물 다량 사용업소, 유치원 및 초 · 중 · 고 · 대학 등에 절수교육 실시 및 절수기 설치 유도
- 일정 규모 이상의 건축물 및 물 다량 사용업소에 중수도 및 절수기 설치 의무화

(2) 대비대책

1) 가뭄대책에 관한 연구개발 및 조사 활성화(주무기관 : 관계중앙행정기관, 지방자치단체)

① 재난관리책임기관 등의 가뭄방재를 위한 조사 · 연구개발

② 가뭄대책에 관한 기초자료 집적, 연구시설 확충 등

2) 가뭄발생 예상지역 관리(주무기관 : 관계중앙행정기관, 지방자치단체)

① 한해 장비 DB 구축 및 점검 · 정비

② 개발된 관정에 대한 사후관리 강화를 위하여 D/B 구축

③ 자체보유 중인 장비에 대해 분기 1회 이상 점검 · 정비 실시

④ 기상분석 및 생육상황 관찰

⑤ 지역별 강우량, 저수율 파악 및 정밀 분석

⑥ 논 · 밭의 토양 수분 함량 및 농작물 생육 상황 파악

⑦ 가뭄 우려 단계의 조치사항 수립 및 추진

⑧ 가뭄대책 유류대, 양수 장비 배정 및 중장비 지원
⑨ 기술지원단 현지 파견, 용수원 개발 지원
⑩ 양수, 절수재배 등 가뭄대책 추진
⑪ 가뭄 확산 단계의 조치사항 수립 및 추진
⑫ 중장비 지원, 용수원 개발 예산 지원
⑬ 가뭄대책 추진체제로 전환
⑭ 용수원 확대 개발(관정, 하상굴착, 간이보 등)
⑮ 양수장비 및 인력 총동원 급수 추진

(3) 대응대책

1) 가뭄 대응활동체계 확립(주무기관 : 소방방재청, 재난관리책임기관, 지방자치단체)

① 언론매체를 통한 대국민 홍보 강화
② 기상특보, 재난 예 · 경보의 신속한 보도
③ KBS 등 방송매체를 활용한 재난경보 전파체계 확립
④ 문자(스크롤) 방송 또는 생방송체제로 긴급뉴스 방송 실시
⑤ 방재관련 유관기관과의 홍보 협조 강화
⑥ 언론매체를 통한 기상상황 및 재난상황의 전달
⑦ 기상특보 등의 기상상황과 재난상황 등 관련정보를 언론매체를 통하여 국민에게 신속히 전달
⑧ 전국의 2개 도 · 10개 시 · 군 이상에 가뭄 발생 시 소방방재청, 환경부, 국토해양부, 농림수산식품부, 국방부, 지식경제부 등 관련부처에 가뭄 상황실 설치 운영
⑨ 가뭄상황실 운영은 각 유관부처별로 특성에 따라 설치 운영하되 중앙재난 안전대책 본부가 총괄기능 수행
⑩ 관계부처에서 추진한 예산, 장비, 인력지원 상황 등을 일보 · 주보 중앙재난 안전대책본부에 통보
⑪ 지방자치단체 가뭄 상황관리는 지방재난안전대책본부에서 총괄 추진하고, 자치단체 특성과 가뭄상황에 따라 가뭄대책업무 체계를 조정하여 추진
⑫ 비상급수지역의 급격한 증가, 농업용수 등의 부족으로 정부합동 대책추진 필요 시 합동근무 실시

2) 단계별 제한급수대책 수립(주무기관 : 관계중앙행정기관, 지방자치단체)

① 기관 · 자치단체별로 지역실정에 맞는 단계별 급수대책 수립

② 지역실정에 따라 1단계(10 ~ 30% 감량 공급) 4단계(급수 중단)로 구분 단계별 추진대책 수립 실시

3) 긴급식수원 확보 및 생활용수 공급(주무기관 : 관계중앙행정기관, 지방자치단체)

① 유휴우물 또는 농업용 관정 등 기존시설 최대 활용
② 민방위기본법에 의하여 설치된 비상급수시설, 인근 정수장, 간이 상수도, 전용상수도 등 활용
③ 농업 · 공업 · 발전용수 등 다른 수리시설 일시 전용
④ 유관기관과 협조체제 구축 및 비상급수를 위한 시설장비 및 인력 확보(군, 소방서 등)
⑤ 먹는 샘물업체와 협조, 긴급식수 공급
⑥ 가뭄발생지역 또는 물 부족 예상지역은 지하수, 간이용수원 등을 개발하고 물 부족 지역은 양수공급 실시
⑦ 지하수 개발 : 암반관정, 소형관정, 집수정 등
⑧ 간이용수원 개발 : 하상굴착, 포강, 이동식양수시설 등
⑨ 양수급수 : 양수 장비를 동원한 용수공급 및 다단양수

4) 절수운동 전개 등 대국민 홍보(주무기관 : 관계중앙행정기관, 지방자치단체)

① 방송매체를 통한 절수운동 전개
② TV 4사를 통한 자막방송 및 특집프로 제작 홍보
③ 가뭄 극복 관련 프로그램 제작 · 방영
④ 가뭄극복 3대 운동의 전개 → 저수, 절수, 용수개발 홍보

(4) 복구대책

1) 피해 농작물에 대한 복구비 지원(주무기관 : 농림수산식품부)

① 피해 규모에 따라 중앙 또는 자치단체 지원
② 농어업재해대책법 제4조 제1항 및 동법 시행규칙 제2조 제1항 제2호의 규정에 따라 시군구당 농작물 피해면적이 50ha 이상 시 지원
③ 자치단체 지원
④ 중앙 지원 대상에서 제외된 가뭄피해 자치단체에 대하여 지원

2) 가뭄대책 장비 및 시설 구입비 및 동력비 등의 지원

(주무기관 : 관계중앙행정기관, 지방자치단체)

① 유류대 및 전기료
② 가뭄 예방용 용수 확보를 위하여 사용한 유류 및 전기료 지원
③ 장비구입비
④ 가뭄 대책용 양수기 및 양수용 발동기 구입비 지원
⑤ 시설비 지원
⑥ 양수용 펌프 및 관정 설치비 지원

3) 재난구호 및 재난복구비용부담기준에 관한 규정에 의한 지원(주무기관 : 소방방재청)

① 지원대상
② 수원 확보 및 공급을 위한 소요사업비, 양수 및 급수장비 구입비(50% 지원)

4) 가뭄대책에 관한 연구개발 및 인공강우 개발 등(주무기관 : 관계중앙행정기관)

① 가뭄의 정의 등에 대한 재정립, 가뭄방재를 위한 조사 · 연구 개발
② 기후변화에 대비 가뭄해소를 위한 인공강우기술 연구 추진
③ 강수량, 가뭄 지속기간 예측, 가뭄 조기진단 및 대응을 위한 예 · 경보체계 구축
④ 상습가뭄지역에 대한 기상정보의 실시간 제공 및 실시간 저수지운영시스템과 연계한 가뭄 예 · 경보 시스템 구축

6. 가뭄재난 국민교육

■ 가뭄 대비 방법

지역	내용
도시지역	• 가정에서는 식기류 세척 · 세수 · 샤워 시 물을 받아 사용 • 가정에서 세탁할 때는 한꺼번에 빨래하기 • 물을 많이 사용하는 업소는 물 사용을 최소화하여 영업 • 정원이나 꽃밭에는 한번 사용한 허드렛물로 재활용 • 개인소유의 우물(관정 포함)은 공동으로 이용
농어촌지역	• 논 · 밭 토양의 수분 정도와 농작물의 상태 관찰 • 농작물에 피복(멀칭)이 가능한 곳에서는 볏짚, 비닐 등으로 토양수분 증발을 최소화 • 물이 쉽게 고갈되는 곳이나 물이 부족한 지역 숙지 • 가뭄이 오기 전에 우물과 같은 용수원 개발 • 물을 끌어올 수 있는 시설(수로)이나 물을 퍼 올릴 수 있는 장비(양수기) 점검 • 수리불안 전답 지역에서는 논물가두기, 물 재사용 등 관리 철저히 하기

SECTION 06

황사

1. 황사의 개요

황사란 주로 중국 북부나 몽골의 건조 · 황토지대에서 바람에 날려 올라간 미세한 모래 먼지가 대기 중에 퍼져서 하늘을 덮었다가 서서히 강하하는 현상 또는 강하하는 흙먼지를 말한다. 황사현상은 바람을 동반한 여러 가지 형태의 모래먼지의 비산, 이동, 낙하, 침적 활동을 하고 있기 때문에 다양한 명칭으로 정의되고 또한 분류된다. 중국에서는 "Sand and Dust Storm(모래먼지폭풍)" 또는 "Blowing Sand(모래비산)" 등 여러 가지 명칭으로 정의되고 있으며, 일본에서는 "Kosa(상층먼지)"라고 정의한다.

황사

황사는 3～5월에 많이 발생하며 때로는 상공의 강한 서풍을 타고 한국을 거쳐 일본, 태평양, 북아메리카까지 날아간다. 평상시에는 10～50㎍/m^3인 먼지농도가, 황사 발생 시에는 100～500㎍/m^3으로 증가하고, 황사의 주성분인 규소, 알루미늄, 칼슘, 칼륨, 나트륨 등의 농도가 상승한다. 전국적으로 전체 관측 횟수를 보면 전라도 지방(최다 횟수 발생지역은 광주)이 가장 많다. 발생일수로 보면, 서울 · 경기지역과 서해안지역이 길다. 그러나 드물게 서울에서 1991년 겨울(1991. 11. 30～12. 3)에 관측된 경우가 있으며, 1999년 1월 25일에 이른 황사가 발생되기도 했고, 2001년도에는 1월 2일에 극심한 황사가 발생되었다.

우리나라의 황사 관측지침은 황사강도분류 목측에 의해 시정을 기준으로 강도를 3등급으로 구분하여 3시간마다 정규관측과 그 사이에 발생한 현상의 변화를 기록하고 있다.

기상청 황사 관리지침

강도	특징
0	시정이 다소 혼탁함
1	하늘이 혼탁하고 황색먼지가 물체 표면에 약간 쌓이는 정도
2	하늘이 황갈색으로 되어 빛을 약화시키며 황색먼지가 쌓임

2. 황사의 영향 및 피해

황사는 특히 급속한 공업화로 아황산가스 등 유해물질이 많이 배출되고 있는 중국을 경유하면서 오염물질이 섞여 건강에 악영향을 미친다. 황사가 발생하면 석영(실리콘), 카드뮴, 납, 알루미늄, 구리 등이 포함된 흙먼지가 대기를 황갈색으로 오염시켜 대기의 먼지양이 평균 4배나 증가한다. 이에 따라, 작은 황진이 사람의 호흡기관으로 깊숙이 침투해서 천식, 기관지염 등의 호흡기 질환을 일으키거나, 눈에 붙어 결막염, 안구건조증 등의 안질환을 유발한다. 그러므로 이에 대한 적절한 대처와 예방이 필요하다.

(1) 인체의 피해

황사로 인한 인체 피해는 황사 발생 시 대기 중의 미세먼지 농도의 증가에 따른 건강피해와 황사 먼지 속에 포함되어 있는 중금속과 미생물 및 위해물질 등 대기 중의 여타 오염물질의 증가에 의한 건강피해로 나눌 수 있다. 황사로 인한 건강피해는 조기사망, 질병유발, 삶의 쾌적성 감소 등이 있다.

대량의 먼지가 인체 내에 들어가면 여러 가지 건강상의 문제를 초래한다. 특히 황사가 발생하면 대기 중의 미세먼지 농도가 급격히 증가하게 된다. 2.5um 이하의 미세먼지는 입자크기가 너무 작아 가래나 기침으로 걸러지지 않기 때문에 호흡기를 통해 폐포 깊숙이 들어가 호흡기에 침적하여 기관지염, 천식 등 호흡기질환을 초래한다. 미세먼지에 유해물질이 붙어있을 경우 위해도는 크게 증가할 수 있다. 미세먼지는 호흡기계통은 물론 눈에 들어갈 경우 자극성 결막염 등 안질을 일으킬 수 있다.

(2) 농 · 축산업의 피해

황사가 농 · 축산업에 미치는 영향을 크게 4가지로 살펴보면,

① 황사먼지는 식물잎 표면에 침적하여 광합성 및 호흡에 영향을 주어 식물생장에 지장을 초래할 수 있다.

② 시설작물의 경우 투광률 저하로 작물의 생산성을 떨어뜨리는 작용을 하는 경우도 있다. 황사 발생 시 비닐하우스를 수시로 세척한 경우를 대조구로 비교한 결과, 일사량이 17% 감소함을 알 수 있다. 농촌진흥청에 따르면 황사가 발생하여 일사량이 감소하면 오이 수확량이 30% 정도 감소하는 것으로 예측하고 있다. 실제로 황사가 온 2002년 3월 26일 전후로 여주 등 8개 지역 15개 농가의 오이 수량을 조사한 결과 10%가 감소하였다.

③ 가축의 경우 호흡기질환의 발생으로 발육에 지장을 받을 수 있다. 2002년 황사 발생에 따른 한우의 호흡기질환 일일 발생두수를 살펴보면, 황사발생기간보다 황사가 발생한 후 1~4일 사이에 한우의 호흡기질환 발생두수가 증가함을 알 수 있다.

④ 세균, 곰팡이, 바이러스 등의 미생물과 내분비계 장애물질(환경호르몬), 잔류성 유기오염물질(POPs) 등의 유해물질이 황사를 통해 이동, 침적될 경우 농축 산업이 피해를 입을 수 있다.

(3) 산업피해

황사는 제품의 설계, 제조, 판매, 유통 및 사용 등 제품 라이프 사이클(Life Cycle)과 각종 서비스 사업 각각의 단계에서 영향을 미친다. 황사의 영향으로 인해 경제적 손실 등 피해를 보는 산업이 있는가 하면 황사에 대처하는 제품 수요가 늘어나 황사특수를 누리는 업종도 생겨난다.

(4) 교육피해

강력한 황사의 발생은 학교 휴업 등 교육 분야에서의 피해도 발생시키고, 이로 인한 자녀보호와 같은 가사노동의 발생 등 일련의 사회적 연쇄파급 효과가 발생한다. 2002년의 경우, 전국적으로 유치원 1,694개교, 초등학교 3,717개교, 중학교 24개교 등 총 5,435개교가 휴업 또는 단축수업을 실시한 것으로 조사되었다.

(5) 쾌적성 감소에 의한 야외활동제약 및 황사회피

황사의 발생은 야외활동의 제약에 의한 각종 레저 및 관광산업의 저하가 우려된다.

실외활동 제약에 따라 백화점의 매출액은 떨어지는 반면, 인터넷 또는 홈쇼핑의 매출액이 증가하고, 공기청정기, 마스크, 보호용 안경과 같은 황사방지용 제품의 판매가 증가한다. 아울러 세탁, 세척비용이 증가하게 된다.

(6) 생태환경 및 심미적 환경피해

황사의 발생은 생태환경에의 위해는 물론 심미적으로 쾌적하지 못한 환경에 기인하여 각종 직종의 종업원들의 노동생산성이 감소될 수 있다.

황사재난의 피해유형 종합

<table>
<tr><th>구분</th><th colspan="2">피해유형</th><th>피해형태</th><th>비고
(주관기관)</th></tr>
<tr><td rowspan="11">직접
피해</td><td colspan="2">인체피해</td><td>• 호흡기질환, 안과질환, 심혈관질환, 이비인후과 질환으로 질병유발, 조기사망 등
• 쾌적성 감소</td><td>보건복지가정부,
환경부</td></tr>
<tr><td colspan="2">농 · 축산물피해</td><td>• 황사먼지 침적으로 광합성 및 호흡장애로 생장지장
• 투광률 감소로 오이, 애호박, 착색단고추 피해
• 가축의 호흡기 질환</td><td>농수산식품부</td></tr>
<tr><td rowspan="6">산
업
체
피
해</td><td>항공교통업</td><td>• 가시거리 감소로 인한 교통장애, 항공기 결항, 여객선 결항 및 그로 인한 관련 산업의 매출액 손실</td><td>국토해양부</td></tr>
<tr><td>초정밀산업
(전자, 반도체)</td><td>• 반도체 등 생산제품 불량률 증가, 공기순환 제어장치 중단 및 필터교체주기 단축</td><td>지식경제부</td></tr>
<tr><td>조선업</td><td>• 도저공정중단으로 조업일수 증가</td><td>지식경제부</td></tr>
<tr><td>자동차</td><td>• 수출 차량에 대한 추가 왁스칠 비용추가</td><td>지식경제부</td></tr>
<tr><td>유통업</td><td>• 백화점 매출증가율 감소</td><td></td></tr>
<tr><td>기타</td><td>• 레저 및 실외산업 매출감소
• 유리산업의 불량률 증가
• 낙농업 : 학교 휴교로 매출 손해
• 황사회피(회피용 물품구입 및 이용증가) 및 처리(세탁 및 세척)비용</td><td></td></tr>
<tr><td colspan="2">식품위생</td><td>• 불량 길거리 음식 등</td><td>보건복지가정부</td></tr>
<tr><td colspan="2">지표지질환경변화</td><td>• 거의 안 나타남</td><td>국토해양부
소방방재청</td></tr>
</table>

구분	피해유형	피해형태	비고 (주관기관)
간접 피해	교육피해	• 학교휴업	교육인적자원부
	야외활동/경제활동 제약	• 시간손실비용 및 사후처리비용	전부처
	생태환경	• 건전한 생태환경 저해	환경부
	심미적 환경	• 황사가 발생할 경우 종업원들의 노동생산성 감소	전부처

3. 황사의 피해사례

(1) 중국의 사례

1) 사고 개요

강한 황사는 큰 피해를 일으키는 일종의 재해성 기후다. 중국은 황사피해가 무척 심각한 나라 중 하나로, 매년 사막화와 황사로 인한 직접적인 경제 손실이 540억 위안에 달한다. 대표적으로 1993년 5월 5일 중국 북서부 지역에서 강한 황사가 발생하여 신장 동부, 간쑤 허시, 닝샤 대부분 지역 및 네이멍구 서부지역을 강타했다. 그로 인한 경제적 손실만도 수억 위안에 달하며 사망 85명, 실종 31명, 가축 12만 마리 폐사 등의 피해를 냈다. 이로 인한 토지퇴화 등과 같은 생태 및 사회적 피해는 추산조차 어렵다.

중국의 황사피해

2) 피해상황

황사의 피해는 교통에 주는 피해와 농업, 임업, 목축업의 생산에 미치는 피해, 건물의 피해로 볼 수 있다.

주요 피해에 따른 세부내용

주요피해	내용
철도교통 운송 피해	중국 서부지역에서 국부적으로 발생한 황사는 가시거리는 축소, 철로 매몰, 레일 돌출 등을 야기해 우다~지란타이 노선이 4일간 란저우~신장 노선이 31시간동안 중단되었으며 37차례에 걸쳐 열차 운행이 중단되거나 연착되었다.
공항 폐쇄 및 운항 중단	란저우 중촨 공항의 가시거리가 떨어져 공항이 폐쇄되었다. 일부 항공기의 이륙이 지연되었으며 란저우행 비행기는 착륙이 불가능하여 당시 회항해야만 했다.
농업, 임업, 목축업 생산 피해	전봇대 750개 전복, 전력 공급용 전선 22만 5000m 단절, 농업용 변압기 및 전기기계 89대 파손, 수리시설100여 곳 훼손, 수로 5만 5000m 막힘, 채소 비닐하우스 파손, 지막 2만 2천 7000km^2 훼손, 하류 및 댐의 토사퇴적, 저수 능력 감소, 방호림 및 용재림 파괴 등의 피해가 발생하였고, 오래된 나무가 뿌리째 뽑히는 것을 비롯하여 총 9만 그루의 나무가 부러졌다. 이밖에 목초지가 풍식되고 모래로 뒤덮여 사용 가능한 면적이 감소했으며 3만 2000마리의 양과 1만여 마리의 가축, 가금류가 폐사하거나 유실되었다.
건물피해	진창, 우웨이 등 3개 현에서 4412채의 가옥이 훼손되었다.

4. 황사 대비 부처 간 협조사항

추진 전략	추진 대책	주관부처 (협조부처)
황사피해 방지 기반구축	황사피해방지 종합대책 수립추진	환경부(전부처)
	황사대책위원회 구성 · 운영	환경부(전부처)
	황사피해방지대책 추진의 법적 근거 마련	환경부
황사 예 · 특보 정확도 향상	황사 발원지 및 이동경로에 대한 관측 강화 • 국내 · 외 황사 관측망 확충	기상청(환경부)
	황사 예보모델 및 운영체계 개선	기상청
	황사 모니터링, 조기경보 네트워크 구축 지원	기상청(외교부)
황사대응체계강화	황사특보 기준 개정 추진	기상청(환경부)
	재난관리차원의 황사대응체계 마련	소방방재청(전부처)

추진 전략	추진 대책	주관부처 (협조부처)
황사연구 및 분석 시스템 구축	황사연구 기능강화	환경부(전부처)
	황사 중 유해물질 실시간 모니터링 시스템 도입	환경부
황사피해 저감을 위한 국제협력강화	한중일 환경장관회의를 통한 국제협력 추진	외교부, 환경부
	동북아 황사 조기경보체제 구축	기상청
	한중일몽기상청장 협의체 구성	기상청
	몽골 [그린벨트] 조림사업 추진	산림청(외교부)
	국제기구를 통한 협력사업 참여 확대 • 황사 발원지 황사저감 시범사업 지원 • 황사 모니터링 네트워크 구축 지원 • 동북아 산림네트워크 구축	 환경부(외교부) 환경부(외교부) 산림청(외교부)
	민간차원의 사막화방지 참여 유도	산림청(환경부)
기타 황사피해 방지대책 추진	학교수업 및 학생보호대책	교육부
	산업부문 황사피해 방지대책	산자부
	황사대비 국민보건 안전대책	복지부
	항공기 안전운항대책	건교부
	황사대응 예상지원 대책	기획처
	황사피해방지 홍보대책	홍보처
	농 · 축산분야 황사피해 예방대책	농진청
	황사대비 식품안전관리대책	식약청

5. 황사의 단계별 대책

■ 기본방향

① 황사도달 최소 12시간 전 황사 예 · 특보 발령
② 황사관측 및 조기경보체제 강화를 통한 황사예보 정확도 70% 달성
③ 황사피해방지 관리시스템 구축을 통한 황사피해 저감
④ 동북아지역 황사대응 국제협력의 리더십 발휘

■ 추진전략

① 실제적인 피해현황에 근거한 방지대책 발전방안 제시

② 황사생애주기에 근거한 1년 365일 시기별 방지대책 추진
③ 국내정책과 지역협력전략이 상호 연계된 정책방안 모색

(1) 예방대책

1) 황사방지 조림사업 추진

① 한 · 중 정상회담('00. 10)에서 합의한 감숙성 백은시, 내몽골자치구 통료시 등 중국 서부 5개 지역의 총 8,040ha에 22백만 그루의 묘목 식수 및 조림기술과 경험 전수('01 ~ '05, 한국국제협력단(KOICA) 자금 500만 불 지원)
② '01년부터 중국과 몽골지역의 사막화방지를 위한 민간차원의 조림사업지원('01 ~ '05, 산림청 녹색자금 1,166백만 원)
③ 중국 내몽고지역 사막화방지 조림사업 지원('08, 300백만 원)
④ 2008년까지 523ha의 사막화방지 조림 완료
※ '07 ~ '12년(6년)까지 총 39억 원 투자 예정
⑤ 한 · 몽 정상회담('06. 5)에서 합의한 몽골 2개 시(달란자드가드, 룬솜)지역에서 그린벨트 조림사업 추진('08, 930백만 원)
⑥ 2008년까지 몽골의 룬솜과 달란자드가드 지역에 황사 및 사막화방지 조림 200ha 완료
※ '07 ~ '16년(10년)까지 총 128억 원 투자 예정
⑦ 2011년 제9차 사막화방지협약 총회 유치계획서 제출(3. 21) 및 국제행사 심사위원회(기획재정부)의 UNCCD 총회 유치 확정 가결(4. 20)

2) 황사대응 국제협력 체제 강화

① 한 · 중 · 일 3국 황사공동연구단 구성 및 운영('08 ~ '12)
② ABC(Atmospheric Brown Clouds) 프로젝트 참여('08 ~ '12)
③ 백령도 실시간 측정소 ARM프로젝트 Super-site 등록('08 ~ '12)
④ 동북아환경협력계획(NEASPEC) 및 한 · 중, 한 · 일 환경공동위원회 협력 지속 추진('08 ~ '12)

(2) 대비대책

1) 황사 입체 관측망 구축

① 국내 황사 관측망 확충
② 황사관측 공백지역 PM-10 관측망 확충(23 → 28개로 확충, '08년)
③ Lidar 관측망 보강(4개 → 7개소로 확대 구축, '11년 1개소, '12년 2개소)
④ 황사심화 분석체제 구축

⑤ 서해안 지역에 황사입경분포 및 물리 · 화학 특성 관측망 설치
※ 입자농도계수기(APS) 4개소(백령도, 문산, 서울, 군산) 설치
⑥ 복사계(Sky-radiometer) 관측망을 구축하여 황사예보 및 위성자료 검정에 활용(백령도, 서울, 고산)
⑦ 황사 관측망 운영 개선 및 품질관리(QA/QC) 시스템 개발
⑧ 황사관측자료 수집률 개선(목표 : '06년 94% → '09년 98% 이상)
⑨ 황사관측자료 품질향상을 위해 품질관리(QA/QC) 시스템 개발
⑩ 중국 황사 관측망 확충 및 관리 강화
⑪ 기존의 한 · 중 황사공동관측망(10개소)과 중국기상국 황사관측자료(5개소) 활용 및 확대구축('10 ~ '11년)으로 총 25개 관측자료 공유
⑫ 자료품질 향상을 위해 사후관리사업 추진(KOICA 자금지원, '08. 1월)
⑬ 몽골 황사 관측망 자료 활용
⑭ 몽골 남부 황사발원지에 기 설치된 황사감시기상탑(1개소)의 측정자료 실시간 입수

2) 황사유해대기물질 관측 시스템 구축 운영

① 실시간 측정소 설립 및 운영
② 전국 주요 지점 7개소에 실시간 측정소 구축
③ 백령도, 서울, 광주, 대전('09), 제주('10), 부산('11), 인천('12)
④ 황사 유해대기물질 실시간 관측 시스템 구축
⑤ 입자/가스상, 이온성분, 중금속(수은 포함), PAHs 측정
⑥ 원격탐사 기법을 응용한 분석시스템 구축
⑦ 레이더, Sun-photometer 등을 이용한 황사광학특성 분석

3) 황사 예 · 특보 시스템 개선

① 황사사례 검색시스템 구축 운영
② 황사사례의 심층 분석을 통해 과거 유사한 사례를 실시간 추적
③ 지역차원의 조기경보체계 구축 운영
④ 황사특보 발령 시 환경부 및 기상청 측정망 통합 활용
⑤ 황사발생 시 유관기관 및 대국민 신속전파(기상청)
⑥ One-stop Fax 및 SMS문자를 통해 5분 내 특보사항 전파
⑦ 극심한 황사발생 시 긴급 방송 요청권과 DMB 자막방송을 활용하여 신속한 대국민 전파
⑧ 황사 정보제공 및 유관기관 간 대응체계 강화

⑨ 황사정보센터를 통한 실시간 황사정보 제공 및 최초 상황전파, 단계별 조치요령, 사후보고 등 관계부처, 자치단체 등이 공유하는 매뉴얼 마련

4) 황사 예보 기술 개발

① 황사 예측모델 개발 개선('08 ~ '12)
② 차세대 기상모델을 활용한 황사 고해상도(10km) 예보모델 개발
③ 발원지 실시간 관측자료 동화기법 개발 및 위성자료를 통해 최적 초기 조건을 구현하고 황사이동 정밀 전후방 기류분석 모듈 개발
④ 다양한 격자와 황사 관련 물리과정에 대한 앙상블 예보시스템 구축
⑤ 황사 위성탐지기술 개발('08 ~ '12)
⑥ 정지궤도 위성자료를 활용한 황사탐지기술 개발('11년)
⑦ 차세대 극궤도, 지구관측 위성자료를 활용한 황사탐지기술 개선('12년)

5) 건강피해방지 질병 감시체계 구축

① 질병별 황사 영향기전 및 건강영향 크기 분석('08 ~ '10)
② 황사에 대한 건강영향평가 추진('08 ~ '12)
③ 우리나라 및 중국에서 황사, 미세먼지의 호흡기 및 심혈관계 건강영향과 독성학적 특성에 관한 연구 수행
④ 모델링 기법에 기반한 황사로 인한 환자발생 예측기전 마련('12)
⑤ 천식 지수 개발 및 보급('08 ~ '12)

(3) 대응대책

1) 분야별 황사피해 대응체계 구축 운영

① 산업분야별 대응체계 구축 운영('08 ~ '12)
② 반도체 · 디스플레이, 자동차, 조선, 철강 및 석유화학, 일반기계 등 6개

■ **업종 대응체계 구축 · 운영〈지식경제부〉**

지식경제부		관련협회	조치사항
산업환경과	⇔	반도체산업협회	• 사업장에 황사발생 전파 및 방지대책 실시 요청 • 업종별 황사피해방지 실천
분야별 주무과(협조)		자동차공업협회	
반도체디스플레이과		조선공업협회	
수송시스템산업과		기계산업진흥회	
기계항공시스템과		석유화학공업협회	
재료산업과		한국철강협회	

■ **업종별 피해방지 대응체계 구성 현황〈지식경제부〉**

① 항공기 이착륙 상황 파악 등 비상운항대책 수립 시행〈항공안전본부〉
② 항공기, 공항 및 항행안전시설 점검 강화〈항공안전본부〉
③ 레저, 스포츠, 관광 등 실외산업 피해 대책 수립 추진〈문화체육관광부〉
④ 농업분야별 대응 체계 수립〈농촌진흥청〉
⑤ 황사발생 시 농축산물 및 시설물 관리지도('08 ~ '12)
⑥ 황사로 인한 가축의 호흡기장애 및 안구질환 등 예방을 위한 관리('08 ~ '12)
⑦ 농작물의 광합성 장해 및 비닐하우스 광 투과율 저하에 따른 작물생육 피해예방을 위한 관리('08 ~ '12)
⑧ 체육분야〈문화체육관광부〉
⑨ 생활체육 활동 시 황사발령에 따른 "행동요령" 전파
⑩ 실외경기 개최 자제 및 취소 권고지침 시달
⑪ 식품분야〈식품의약품안전청〉
⑫ 제조업소, 판매업소 등 업종별 및 일반가정에서 황사에 대비하는 식품
⑬ 안전관리요령 개발보급 및 지속 홍보실시 추진('08 ~ '12)
⑭ 제조업소 등 지도 · 점검 시(교육, 지시공문 등) 황사대비 안전관리요령 지도 · 홍보 실시

2) 중앙황사대책상황실 운영

① 구성

환경부 기후대기정책과에 중앙황사대책상황실 설치, 국립환경과학원 대기환경연구과와 환경관리공단 대기측정망팀은 기관 내 설치하여 중앙 황사대책상황실과 비상연락체계 유지

② 역할

• 기관별 황사상황 관련 추진사항 및 피해상황 파악

• 황사상황 기관별 추진 및 조치사항을 취합하여 종합보고
• 황사발생 후 위해성 평가, 황사 내 중금속 · 화학성분 모니터링 실시 및 전파

(4) 복구대책

1) 황사피해 사후관리 강화

① 분야별 대책의 성과평가 및 황사영향 조사
② 연도별 국가 황사 보고서 발간
③ '07년도 황사발생 사례분석 자료집 발간('08. 2)
④ '08년 발생 황사사례 종합분석 완료(총 10회)
⑤ 분야별 전년도 황사피해의 사회경제적 영향 조사
⑥ "산업분야 주요 업종별 황사피해 현황파악 및 대책방안 수립" 정책용역 실시('08 ~ '09, 지식경제부)
⑦ 부처별 황사피해 지원 대책 수립 · 시행('08 ~ '12, 전부처)

6. 황사재난 국민교육

■ 황사 예보 때

지역	내용
가정	• 텔레비전, 인터넷, 라디오를 통해 기상 정보 수시확인 • 알레르기성 결막염, 비염, 기관지 천식 등을 유발하므로 노약자, 어린이는 외출 삼가기 • 노약자, 호흡기 질환자 등은 실외활동 자제 • 귀가 후 손발을 깨끗이 씻기 • 채소나 과일은 더욱 깨끗이 씻은 후 섭취하기 • 황사가 실내로 들어오지 못하도록 창문 등은 수시로 점검 – 실내 공기정화기, 가습기 등을 준비 – 외출 시 보호안경, 마스크, 긴소매 의복 등 준비 – 비포장 식품은 오염되지 않도록 위생용기에 보관
학교 등 교육기관	• 기상청에서 발표한 기상예보를 분석하여 지역실정에 맞게 휴업 또는 단축수업을 신중히 검토 • 학생들의 비상연락망을 점검, 연락체계 유지 • 휴업 조치 시 맞벌이 부부의 자녀에 대해서는 학교에서 자율학습 실시 • 학생과 학부모를 대상으로 황사 피해예방 행동요령을 지도 · 홍보
축산 · 시설원예 등 농가	• 방목장에 있는 가축 대피 • 노지에 방치 · 야적된 사료용 볏짚 등을 덮을 피복물 준비

지역	내용
축산 · 시설원예 등 농가	• 동력분무기 등 황사세척용 장비점검 • 비닐하우스, 온실 등 시설물의 출입문과 환기창 점검 ※ 제조업체 등 사업장에서는 자재와 생산제품의 야적을 억제하고, 어쩔 수 없는 경우 포장

■ 황사 발생(주의보/경보) 때

지역	내용
가정	• 황사가 들어오지 못하도록 창문을 닫고 노약자, 호흡기 질환자 등은 실외활동금지 • 외출 시 보호안경, 마스크, 긴소매 의복을 필수착용, 귀가 후에는 손발 등을 깨끗이 씻고 양치질하기 • 물을 자주 마시고 공기정화기와 가습기 사용하기 • 황사에 노출된 농수산물은 충분히 세척 후 요리하기 • 2차 오염을 방지하기 위하여 식품가공 · 조리 시 손을 청결히 하기
학교 등 교육기관	• 유치원, 초등학생의 실외활동을 금지하고 수업단축 또는 휴업 고려 • 실외학습, 운동경기 등은 중지 및 연기
축산 · 시설원예 등	• 방목장에 있는 가축대피 • 축사의 출입문과 창문을 닫아 황사 유입 최소화, 외부공기접촉 최소화 • 야외에 야적된 사료용 건초, 볏짚 등은 비닐이나 천막으로 덮기 • 비닐하우스, 온실 등 시설물의 출입문과 환기창 닫기 ※ 제조업체 등 사업장에서는 불량률 증가, 기계 고장 등의 피해를 당하지 않도록 작업일정 조정 · 상품포장 · 청결상태 유지

■ 황사가 지나간 후

지역	내용
가정	• 실내공기 환기 • 황사에 노출되어 오염된 물품은 충분히 세척 후 사용
학교 등 교육기관	• 학교의 실내 · 외 청소 및 먼지 제거 • 학생들의 건강을 살펴 감기 · 안질환자, 가려움증 등은 휴식 및 전문의와 상의 • 황사 후 발생할 수 있는 전염병에 대한 예방접종 및 식당 등에 대한 소독 실시
축산 · 시설원예 등	• 비닐하우스 · 축사 등 시설물, 방목장 사료조, 가축과 접촉되는 기구류 등은 소독 • 황사에 노출된 가축의 몸은 소독 • 황사가 끝난 후 2주일 정도 질병의 발생 유무 관찰 • 구제역 등의 증세가 나타나는 가축이 발견되면 즉시 신고

황사 주의보, 경보 발령기준

• 황사 주의보 : 황사로 인해 1시간 평균 미세먼지(PM10) 농도 400㎍/m^3 이상 2시간 이상 지속될 것으로 예상될 때
• 황사 경보 : 황사로 인해 1시간 평균 미세먼지(PM10) 농도 800㎍/m^3 이상 2시간 이상 지속될 것으로 예상될 때

SECTION 07 화산

1. 화산의 개요

화산 폭발은 자연재해 중 가장 놀랍고 파괴적이다. 지하 깊은 곳에서 생성된 마그마가 벌어진 지각의 틈을 통하여 지표 밖으로 나오면서 휘발되기 쉬운 성분은 화산가스로 배출되고, 용암이나 화산쇄설물로 분출하여 만들어진 산을 화산이라 말한다.

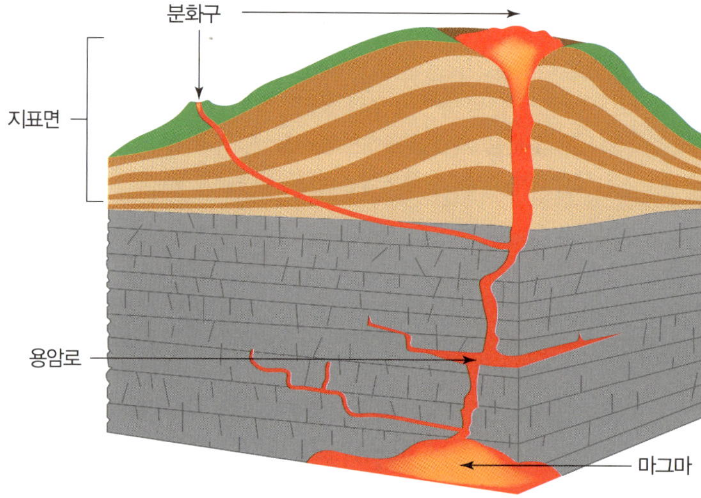

화산의 구성

고대부터 인류는 화산 폭발의 재해에 두려움을 가지고 있어 산에 재물을 바치는 의식을 하였고, 화산폭발은 신화와 전설의 소재가 되었다. 화산의 위험은 늘 계속되었고, 인류는 그로 인해 인명과 재산에 피해를 입을 수밖에 없었으나 화산폭발을 통하여 지구가 형성되었으며, 지층을 변화시키는 데 중요한 역할을 하여 왔다. 지구표면의 80% 이상이 화산으로부터 형성되었으며, 수억 년에 걸쳐 화산구멍으로부터 분출되는 가스는 생물이 살아가는 데 필요한 영양분을 공급하는 지구 초기의 해양 및 대기를 형성하였다. 즉, 거시적으로 보았을 때 화산은 지구와 인류에게 피해만 주는 것이 아니라 인류가 살아갈 수 있는 대지와 영양분을 만들어주고 공급해 주는 역할을 한다고 볼 수 있다.

화산

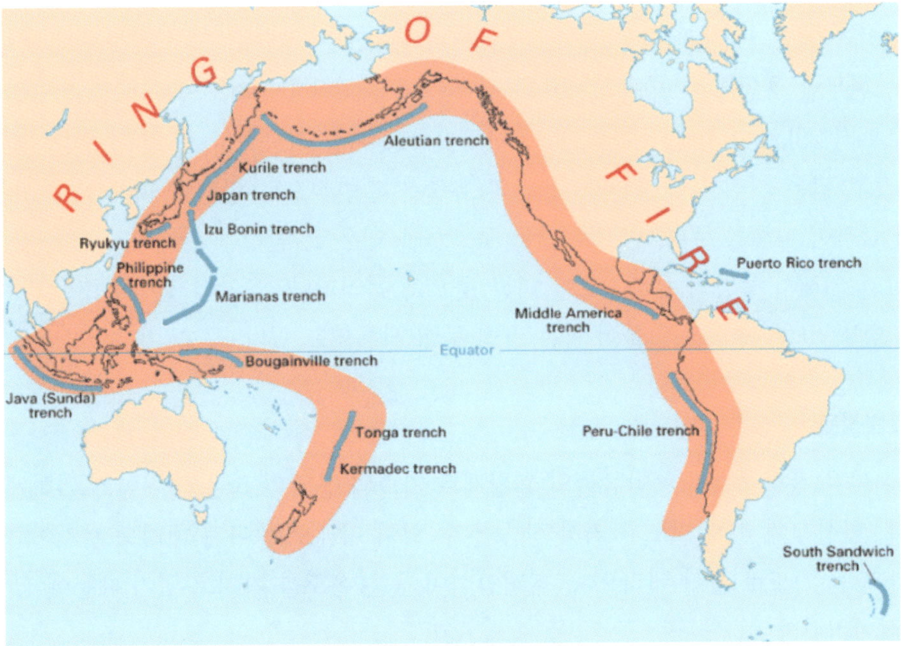

불의 고리(Ring of Fire)

화산은 활동 여부에 따라 3가지로 나눌 수 있다. 현재 활동이 진행 중인 활화산, 역사에 활동 기록이 남아 있으나 지금은 활동하지 않는 휴화산, 역사에 활동한 기록이 없으며 현재에도 활동하지 않는 사화산으로 분류된다. 휴화산의 대표적인 예로는 한라산을 들 수 있으며, 백두산은 최근 활화산으로 규정되고 있다. 또한 화산의 위치는 화산대(Volcanic Band)의 위치를 아는 것이다. 전 세계의 많은 활동적인 화산들은 소위 "불의 고리(Ring of Fire)"라 불리는 태평양 주위의 미국 서부, 시베리아, 일본, 필리핀, 뉴질랜드까지 연결되는 연결부에 분포되어 있다. 판구조론에 따라 화산은 지구의 단단한 표면을 포함하는 큰 판 근처에서 발생하며, 판이 함께 맞닿는 부분은 화산활동이 더욱 큰 위험을 가지고 있음을 알 수 있다.

2. 화산의 영향 및 피해

화산은 인명과 재산에 많은 피해를 주게 된다. 거대한 용암유출 및 화산분출을 동반한 폭발로 인한 피해는 상상을 초월할 정도의 피해를 끼친다.

▪ 용암유출

용암은 용융된 마그마가 지표면 위로 나와 흐르는 것으로 용암의 유출은 분출하는 화산의 정상부나 측면부에서 배출되는 액화 암석이다. 용암은 분출하는 화산으로부터 급한 경사면을 따라 흘러내려와 인명과 재산을 파괴한다. 용암의 이동속도는 용암의 점성과 화산의 경사에 따라 좌우되며, 현무암 용암류는 일반적으로 화도 부근에서 초당 1m 정도의 속도로 전진한다. 대부분 화도로부터 25km 이상 이동하지만, 50km 이상도 이동 가능하다. 또한 안산암 용암류는 점성이 더 크고 짧은 거리를 이동한다. 용암의 유출은 일반적으로 인명에 피해를 주는 것보다는 시설물에 심각한 피해를 주며, 나무로 만든 구조물을 태우고, 환경을 황폐화시킨다. 용암유출의 피해를 막기 위해서 용암의 유출경로를 다른 곳으로 돌리거나, 용암의 선단부를 냉각시키고 고화시키는 방법, 또는 제방을 만들어 막는 방법 등이 사용되고 있다.

▪ 화성쇄설물

화성쇄설물은 폭발구름과 용암유출의 혼합체로 가스와 용암의 작은 파편이 조밀하게 섞여 있는 것이다. 화산재에 비해 밀도가 커서 상승할 수 없어 아래로 쏟아져 내려오는 재이다. 화산의 사면을 따라 큰 속도로 흘러 내려오며, 파편암석이 높은 온도를 가지고 있기 때문에 고체물질들을 녹여 섞어버린다.

■ 화산재

화산재는 직경 2mm 이하의 부석 조각으로 화산분출에 의해 대기로 뿌려진 뒤 증기구름 속에서 떠다니다가 아래로 떨어져 대지를 뒤덮는다. 화산재는 갈색 또는 흰색을 띠며, 녹지 않기 때문에 물리적으로 제거해야 한다. 화산재는 항공기의 이륙을 막고, 농작물에 심각한 피해를 주며, 시설물에도 붕괴와 손상을 입힌다. 또한 입자들이 매우 작기 때문에 기계설비의 오작동을 일으킨다.

■ 이류

이류는 정상에 얼음과 눈이 많은 화산에서 쉽게 나타나는데, 중력에 의해 언덕 아래로 이동하는 유동성 진흙의 집단으로 라하(Lahar)라고도 한다. 이류는 많은 양의 얼음과 눈이 급하게 녹으면서 화산사면 아래로 빠른 속도로 흐르면서 토양과 화산재와 혼합되어 모든 것을 휩쓸어 버린다.

■ 독가스

화산에서 빠져나온 고농도의 이산화탄소는 꺼진 움푹한 지역에 집적될 수 있다. 공기 중의 10%만 이산화탄소가 있어도 사람은 질식사할 수 있다. 이산화탄소는 색깔과 냄새가 없기 때문에 사람과 동물, 식물들에게 아무런 경고도 없이 죽음을 맞이하도록 한다. 또한 화산에서 많은 양의 이산화황을 만들기도 하는데 이산화황은 강한 냄새를 가지고 있고 질식사를 시킬 수 있는 독성의 기체이며, 산소와 반응하여 태양광을 차단하여 기후를 냉각시키는 현상을 만든다.

화산 피해물질

3. 화산의 피해사례

(1) Vesuvius 화산

1) 사고 개요

Vesuvius 화산은 높이 1,281m의 나폴리 동쪽 12km 지점에 있는 현무암질의 2중식 활화산이다. 유럽대륙 유일의 활화산으로 산꼭대기에는 지름 500m, 깊이 250m의 화구가 있고, 그 안에 중앙화구구가 있다. 소마산(1,132m)이라고 부르는 외륜산과 중앙화구구 사이에는 아트리오라는 길이 약 5km, 너비 600m의 초승달 모양의 화구원이 펼쳐진다. 산의 경사면은 용암이 흐르다 굳은 용암대지로 덮여 있으며 수풀이 무성하다. 지난 100년 동안 유럽 대륙에서 유일하게 화산 활동이 있었던 화산이기도 하며, 현재는 분출을 멈춘 상태이다. 하지만 베수비오 화산은 여전히 증기를 뿜어내고 있는 활화산이다. 베수비오 화산은 아프리카 판과 유라시아 판의 수렴 경계면에 있는 성층화산이다. 아프리카 판이 유럽판 밑으로 밀고 들어가면서 발생하는 에너지가 화산 활동의 원동력이다. 베수비오 화산의 용암대지는 안산암과 함께 스코리아, 화산재, 부석 등이 포함되어 있다.

Vesuvius 화산폭발

2) 피해상황

베수비오 화산의 분출은 약 17,000년 전부터 시작되었으며 그 후 주봉인 그란코노는 79번의 분출이 있었다. 서기 79년, 베수비오 화산은 엄청난 규모의 폭발을 일으키며 24시간도 채 지나지 않아 화산 활동으로 로마 제국의 폼페이와 헤르쿨라네움을 5 ~ 6m 두께의 화산재로 덮어 버렸다. 이 화산재로 일부 건물의 지붕을 제외하고는 모든 것이 파묻혔다. 베수비오 화산은 약 19시간 동안 100억 톤에 달하는 화산재와 암석파편을 뿜어댔다. 이로 인해, 5000여 명에 달하는 폼페이 시민과 도시 전체는 한 순간에 자취를 감추었다. 그 후 1,500년 동안 폼페이는 땅 속에 묻혀 완전히 잊혔다가, 1594년 수로 공사를 하던 중에 우연히 발견됐다. 그로부터 현재까지 100년 넘게 폼페이 유적지 발굴작업이 계속되고 있으며, 현재 인근의 인구가 3백만 명에 이르러 세계에서 가장 위험한 화산의 하나로 지목되고 있다.

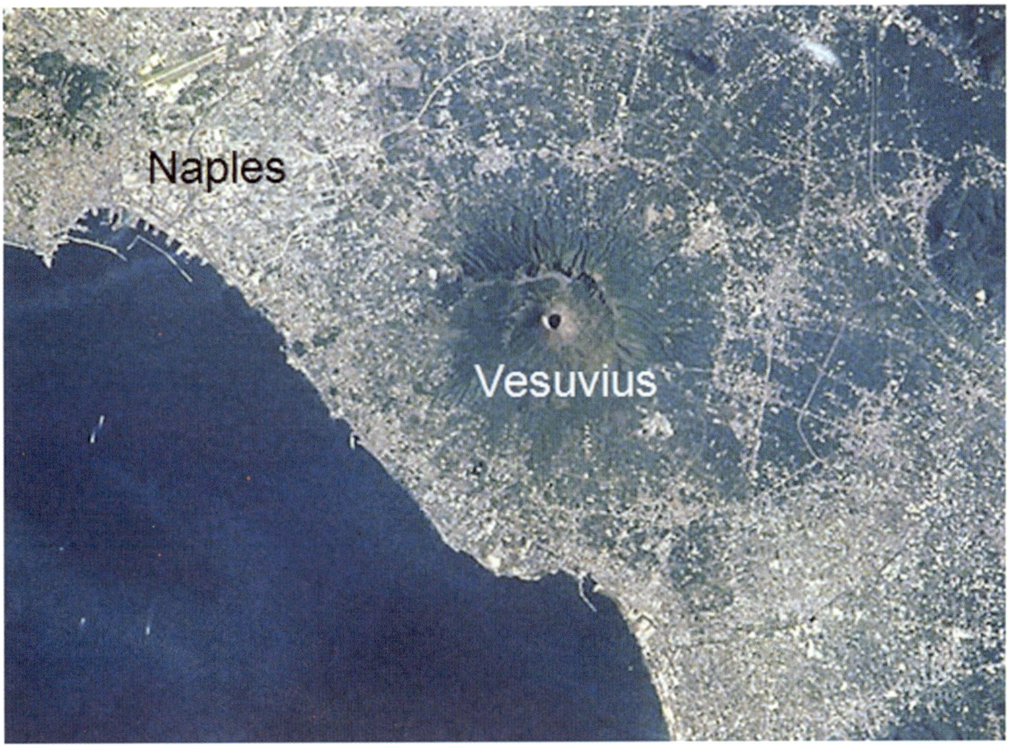

현재 Vesuvius와 Naples

03

CHAPTER

인적 재난의 이해

Korea Disaster Safety Technology Institute

SECTION 01 인적 재난의 개념과 특성

1. 인적 재난의 개념

인적 재난은 1990년대 대형사고가 발생하기 전까지 명확한 개념이나 관리제도 등이 미비한 상태였다. 1995. 4. 28. '대구지하철 공사장 도시가스 폭발사고'에 이어 1995. 6. 29. 502명의 사망자를 낸 '서울 삼풍백화점 붕괴사고'와 1999. 10. 21. '성수대교 붕괴사고'는 인적 재난관리에 대한 필요를 증대시키는 계기가 되었다. 대형사고의 대응과 구조구급을 위한 재난관리체제 도입의 필요성 등이 요구됨에 따라 인적 재난관리에 관한 기본법인 「재난관리법」(1995. 7. 18 법률 제4950호), 「재난 및 안전관리기본법」(폐지 2004. 3. 11 법률 제7188호)이 제정되었다.

「재난관리법」(제2조)에 의하면 인적 재난은 화재 · 붕괴 · 폭발 · 교통사고 · 화생방사고 · 환경오염사고 그 밖에 이와 유사한 사고로 관련법령이 정하는 일정 규모 이상의 피해로 정의하고 있다. 각각의 사고 유형에 대한 개념은 다음과 같다.

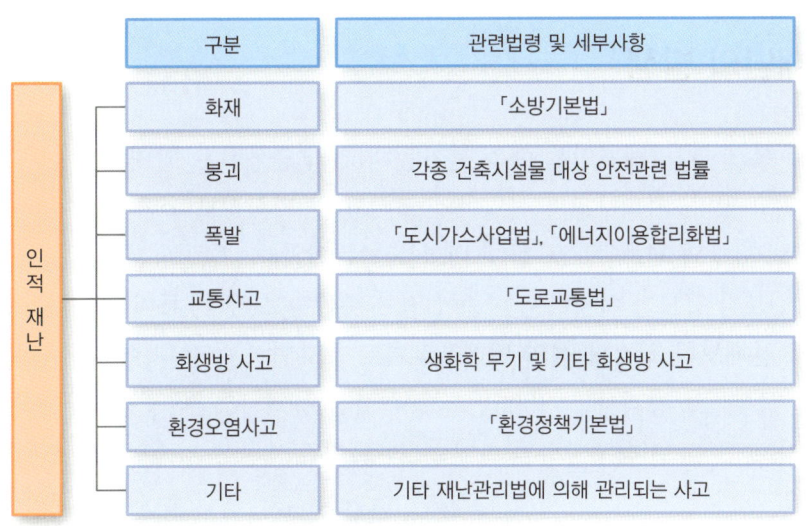

	구분	관련법령 및 세부사항
인적 재난	화재	「소방기본법」
	붕괴	각종 건축시설물 대상 안전관련 법률
	폭발	「도시가스사업법」, 「에너지이용합리화법」
	교통사고	「도로교통법」
	화생방 사고	생화학 무기 및 기타 화생방 사고
	환경오염사고	「환경정책기본법」
	기타	기타 재난관리법에 의해 관리되는 사고

인적 재난의 분류

'화재'는 「소방기본법」에서 정한 소방대상물에 불이 붙어 인명과 재산피해가 발생한 경우를 말한다.

'붕괴'는 각종 시설물(건축물, 교량, 육교 등)이 시공하자(施工瑕疵), 노후, 관리소홀, 지반약화 등으로 붕괴되어 인명과 재산피해가 발생한 사고를 말한다.

'폭발사고'는 「도시가스사업법」과 「에너지이용합리화법」에서 정한 가스 및 에너지가 누출되어 폭발에 의해 인명과 재산피해가 발생한 사고를 말한다. 단, 가스에 의한 화재, CO 중독, 산소결핍 등으로 인한 사고는 기타 재난으로 분류된다.

'도로교통사고'는 「도로교통법」(제2조)에서 규정하는 도로에서 자동차가 교통으로 인하여 인명과 재산피해가 발생한 사고를 말한다.

'환경오염사고'는 「환경정책기본법」에서 규정하는 환경이 오염되어 피해를 입은 사고를 말한다. 환경오염은 산업활동이나 기타 사람의 활동에 따라 발생되는 대기오염, 수질오염, 토양오염, 해양오염, 방사능오염, 소음, 진동, 악취 등이 사람의 건강이나 환경에 피해를 주는 상태를 말한다.

「재난관리법」의 제정을 통해 일상에 노출되어 있는 인적 재난에 대한 총괄적인 관리가 시작되었다고 할 수 있다. 이후 「재난 및 안전관리기본법」(2004. 3. 11 법률 제7188호)이 제정되고, 소방방재청이 2004. 6. 2 행정자치부(現 행정안전부)에서 분리, 독립되면서 인적 재난을 화재사고, 산불사고, 붕괴사고, 폭발사고, 도로교통사고, 환경오염사고, 유도선사고, 해난(해양)사고 등으로 유형화하였고, 집중적인 관리체제가 만들어졌다.

2. 인적 재난의 발생

산업구조가 복잡 · 다양해지면서 예측 불가능 위기의 출연으로 말미암아 대규모 인적 · 물적 피해가 증가되고 있다. 사회구조가 산업화와 도시화 및 지식정보화 단계를 거쳐 변화 발전하면서 인적 재난의 유형과 피해규모도 함께 변화를 거듭해왔다. 기존의 자연재난 중심의 형태에서 인적 재난의 빈도나 규모가 차지하는 비중이 점차 증가하고 있다. 특히 우리나라의 경우 급격한 경제성장으로 분배보다 성장 중심의 이데올로기로 흐르면서 안전을 소홀히 하게 되었다. 그에 따라 1994년 성수대교 붕괴사고, 1995년 삼풍백화점 붕괴사고, 대구공사장 폭발사고, 1999년 씨랜드 화재사고, 2003년 대구지하철 화재 등 각종 인적 재난에 지속적으로 노출되었다.

국내 지역별 주요 재난사고 발생 현황(1993 ~ 2010년)

시 · 도	건수	내용
서울	17	성수대교(94), 아현동 도시가스 폭발(94), 삼풍백화점 붕괴(95), 용산 중산APT 화재(97), 한진아파트 축대 붕괴(97), 여의도 공동구 화재(00), 중곡동 신경외과 화재(00), 홍제동 주택 화재 및 건물 붕괴(01), 세곡동 비닐단지 화재(01), 미아동 LP가스 폭발(01), 금호미술관 가스 누출(01), 불광시장 상가건물 붕괴(01), 삼선동 주택붕괴(04), 수유동 리모델링 건물붕괴(05), 종각역 지하상가 일산화탄소 누출(06), 숭례문 화재(08), 정부중앙청사 화재(08)
부산	13	구포열차전복(93), 구포대교 버스추락(97), 장림동 화학약품공장 폭발(98), 부산 골드프라자 화재(98), 바지선 폭발(99), 부일외고 수학여행 교통사고(00), 대우조선 헬기추락(01), 시내버스 교통사고(01), 금정구 교통사고(03), 다대포항 앞 선박좌초(06), 영도 카니발놀이기구 추락사고(07), 영도구 상하이노래연습장 화재(09), 남포동 여인숙 화재(09)
대구	7	대구 도시가스 폭발(95), 골든프라자 오피스텔 지하붕괴(97), 지하철공사장 붕괴(00), 88고속도로 교통사고(00), 대구 지하철 방화사건(03), 수성구 열차추돌사고(03), 수성동 목욕탕 폭발화재(05)
인천	4	인천 미사일 폭발(98), 인천 호프집 화재(99), 부평구 가스폭발(02), 인천대교 버스교통사고(10)
대전	1	동구 주택가 LP가스 폭발(01)
경기	23	경기여자기술학원 화재(95), 광명시장 화재(95), 남한강 버스 추락사고(96), 동두천 산불(96), 과천경마장 사고(96), 안양 연립주택 붕괴(96), 부천 LP가스 폭발(97), 청북 상수도가압장 붕괴(98), 부천 LP가스충전소 폭발(98), 화성 씨랜드 화재(99), 성남시 단란주점 화재(00), 안산시 공장폭발 화재(00), 광주예지학원 화재(01), 평택 화영아파트 LPG 폭발(03), 안양 제일여인숙 붕괴(04), 철산역 전동차 화재(05), 이천 GS물류센터 신축공사장 붕괴(05), 이천 냉동창고 화재(08), 용인 고시원 화재(08), 이천 물류창고 화재(08), 판교 공사장 붕괴사고(09), 의정부 경전철 공사현장 붕괴(09), 천안 우체국 공사현장 매몰(09)
강원	10	태백 탄광매몰(96), 고성 산불(96), 북한강 준설선 침몰(96), 장성 광업소 탄광사고(97), 강릉 산불(98), 동해 산불(98), 영동고속도로 버스 충돌(98), 동해안 산불(00), 양양산불(05), 속초시 모델하우스 화재사고(06)
충북	3	우암상가 APT 붕괴(93), 충주호 유람선 화재(94), 경부고속도로(옥천) 교통사고(02)
충남	10	논산 정신병원 화재(93), 천안여관 화재(01), 임마뉴엘복음관 화재사고(02), 경부고속도로(천안) 교통사고(02), 서천군 금매복지원 화재(02), 천안초등학교 화재(03), 서해대교 교통사고(06), 당진 동부제강 부두공사장 붕괴(07), 허베이스피리트 유류유출사고(07), 서천군 마량항 어선 충돌사고(09)
전북	5	서해 페리호 침몰(94), 남원 철도건널목 충돌(97), 익산 LP가스충전소 폭발(98), 순창 용수로 터널공사 안전사고(01), 군산 개복동 대가주점 화재(02)
전남	9	아시아나 여객기 추락(93), 제5금동호 충돌(93), 화순 철도건널목 충돌(95), 씨프린스호 기름유출(95), 목포 주상복합건물 붕괴위험(97), 여천공단 폭발화재(00), 순천 단란주점 가스폭발(01), 출입국관리사무소 화재(07년), 고흥 연도교 건설공사장 붕괴(07)

시·도	건수	내용
경북	6	포항 세라프 할인매장 화재(01), 봉화군 관광버스 추락사고(03), 청도군 대흥농산 화재(03), 상주 시민운동장 안전사고(05), 인덕 노인요양센터 화재(10), 상주~청원 간 고속도로 교통사고(10)
경남	5	거창 산불(97), 진주 관광버스 추락(01), 김해「에어차이나」추락(02), 마산 마도장여관 화재(02), 창녕 화왕산 억새풀 태우기 안전사고(09)
제주	2	북제주군 관광버스 교통사고(00), 다세대주택 가스폭발화재(06)
기타	3	KAL여객기 추락(97), 베트남기 추락(97), 골든로즈호 충돌 침몰사고(07)
합계	118	

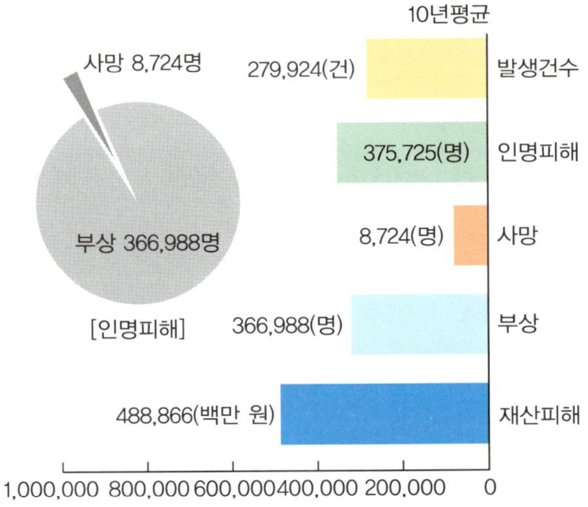

우리나라의 최근 10년 평균 인적 재해

지금까지 우리나라의 인적 재난에 대한 대응은 대형사고가 터진 이후 사회적 파급효과에 따라 이루어지는 것이 현실이었다. 하지만 인적 재난은 자연재난과 달리, 대상 재난의 상세한 원인조사와 그에 기초한 예방대책의 강구를 통하여 재난 자체의 발생방지 또는 피해의 저감 등을 이룰 수 있다. 따라서 이에 대한 적절한 대비와 예방이 무엇보다 중요하다.

SECTION 02

화재

1. 화재사고의 개요

어떤 물질이 산소와 화합하여 열과 빛을 내며 타는 현상으로, 사람의 의도와는 상관없이 발생하거나 고의에 의해 발생 또는 확대된 화학적인 폭발로 연소하는 현상으로서 소화시설 등을 사용하여 소화할 필요가 있는 것을 화재라고 정의한다.

화재사고

소방방재청 「국가화재분류체계매뉴얼(2007)」에서 화재의 3요소를 정리하면 다음과 같다.

- 사람의 의도에 반(反)하거나 방화에 의하여 발생할 것
- 소화의 필요가 있는 연소현상일 것
- 소화시설 등을 사용할 필요가 있을 것

이상 열거한 3가지 요소가 전부 포함되는 것이 화재이다. 즉, 이 세 가지는 화재의 성립요건이므로 이 가운데 한 가지라도 해당하지 않으면 화재가 아니다. 그러나 폭발현상의 경우는 두 번째, 세 번째 항목의 유무에 관계없이 화재로 본다.

소방방재청 「국가화재분류체계매뉴얼(2007)」에서 화재는 건축 · 구조물 화재, 자동차 · 철도차량 화재, 위험물 · 제조소 등 화재, 선박 · 항공기 화재, 임야 화재, 기타 화재로 분류한다. 화재가 복합되어 발생한 경우엔 화재의 구분을 "화재피해액이 많은 것"으로 하되 화재피해액이 같은 경우나 화재피해액이 많은 것으로 구분하는 것이 사회 관념상 적당치 않을 경우 "발화장소(대상)"로 화재를 구분한다.

화재의 유형

구분	세부 내용
건축 · 구조물 화재	• 건축물, 구조물 또는 그 수용물이 소손된 것 • 용어정의 – 건축물 : 토지 위에 정착된 공작물 중에 지붕 및 기둥 혹은 벽을 가진 것 – 구조물 : 토지 위나 아래에 인공적으로 고정시켜 만든 시설물 – 수용물 : 기둥, 벽 등 구획을 중심선으로 둘러싸인 부분에 수용된 물건 또는 그것과 일체화하여 있는 물건
자동차 · 철도 차량화재	• 자동차 · 철도차량 및 견인차량 또는 그 적재물이 소손된 것
위험물 · 제조소등 화재	• 위험물제조소 등, 가스제조소 등 화재
선박 · 항공기 화재	• 선박, 항공기 또는 그 적재물이 소손된 것
임야 화재	• 산림, 야산, 들판의 수목, 잡초, 경작물 등이 소손된 화재
기타 화재	• 위의 각 호에 해당하지 않는 화재 • 기타 화재의 예 – 야외 : 쓰레기, 모닥불, 야적장 – 도로 : 전봇대, 가로등 등

화재원인에 따른 분류에는 방화, 실화, 자연적 원인, 미상으로 구분하며 이에 대한 세부내용을 정리하면 다음과 같다.

■ 방화

"불이 나서는 안 된다."는 것을 알고 있는 상황에서 고의적으로 불을 지른 경우를 말한다. 화재를 방화로 판단하는 중요한 요소는 의도성(Intent)이다. 방화의 명백성 정도에 따라 방화와 방화의심으로 구분된다.

① 방화 : 방화범 검거, 방화증거 확보, 방화를 뒷받침할 목격자 진술 등이 확보된 경우
② 방화의심 : 방화를 제외한 원인이 존재하지 않으며, 외부의 침입 흔적이 있는 경우, 유류와 같은 촉진제를 사용한 경우, 범죄를 은닉한 흔적이 있는 경우 등이 발견될 경우 이를 종합하여 방화의심으로 결정한다.

■ 실화

실화는 인간의 의도적 행위 결과가 아닌 부주의, 무모하고 우발적인 사고 등으로 인한 화재와 전기 · 기계 · 화학적 원인 등 물리적 요인에 의하여 화재가 발생한 경우를 말한다. 다만 여기에는 논두렁 태우기, 쓰레기 소각 등 제한된 범위 내의 소각을 하려다 실패한 경우도 포함된다.

발화열원, 발화요인, 최초 착화물로 구분하여 화재 원인을 분석 가능하다.

■ 자연적 원인

① 자연적 재해 : 화재가 발생하게 된 1차 원인이 지진, 태풍, 홍수, 낙뢰 등일 경우를 의미한다.
② 돋보기 효과 : 금속이나 유리병 등 주변 환경에 의해 광학적 렌즈현상을 만들어 화재를 일으키는 현상이다.

■ 미상

조사를 했으나 화재원인의 확실성을 확보할 수 있을 만큼 충분한 정도로 입증되지 못한 경우와 그 원인을 조사 중인 화재를 말한다.

국내에서는 연소특성 즉, 가연물질의 종류와 성상에 따라 화재의 종류별 급수를 규정하고 있으며, 미국, 일본 등에서도 유사한 형태로 분류하여 지정하고 있다. 연소특성에 따른 화재분류 기준은 다음과 같다.

연소특성에 따른 화재 분류 기준

구분	세부내용
A급 화재 (일반가연물화재)	• 나무, 솜, 종이, 고무 등 일반 가연성 물질에 의한 화재 • 타고 난 후 재가 남으며, 물로 소화가 가능 • 분류 : 백색
B급 화재 (유류화재)	• 석유류나 동 · 식물류 등 반고체 유지를 포함한 인화성 물질 및 이에 준하는 물질의 화재 • 타고 난 후 재가 남지 않으며, 물로는 소화효과가 없어 토사나 소화기로만 소화가 가능 • 가스의 경우 폭발을 동반하기도 함 • 분류 : 황색

C급 화재 (전기화재)	• 전기기계 · 기구 등의 화재로서 변압기 · 배전반 · 기타 이에 속하는 전기설비의 화재를 의미 • 전기적 절연성을 가진 소화기로 소화 가능 • 분류 : 청색
D급 화재 (금속화재)	• 철분, 금속가루, 마그네슘, 칼륨, 나트륨에 붙은 불에 물을 사용할 경우 폭발 위험을 야기 • 금속가루의 경우 폭발을 동반하기도 함 • 분류 : 무색

상기에 분류된 연소특성에 따른 화재종류 이외에도 「화재조사 및 보고규정」에서 제시한 소실 정도에 따른 분류기준을 살펴보면 다음과 같다.

소실 정도에 의한 분류[6)]

구분	소실 정도	내용
전소	70% 이상	• 건물의 70% 이상 소실되었거나 그 미만이라도 잔존부분을 보수하여 재사용이 불가능한 것
반소	30% 이상 70% 미만	• 건물의 30% 이상 70% 미만이 소실된 것
부분소	30% 미만	• 전소 및 반소 화재에 해당되지 아니하는 것
즉소	• 화재발생 즉시 소화된 화재로 인명피해가 없고 피해액이 경미한(동산, 부동산을 포함하여 50만 원 미만) 화재로 화재건수에 이를 포함함	

2. 화재사고의 영향 및 피해유형

최근 사회구조는 산업의 발달과 함께 도시화, 고층화, 조밀화 되어감에 따라 화재의 형태 또한 복잡 다양해지고 있으며, 화재로 인한 인명 및 재산피해 역시 증가하고 있다. 화재사고는 활동 대상이 다양하고 연소의 형태도 가연물의 종류에 따라 다르며 소화방법 및 구조방법도 대상물에 따라 차이가 있다.

현장활동에 장애가 되는 것이 연소 시 발생되는 독성 가스(일산화탄소, 이산화탄소, 시안화수소, 암모니아, 아황산가스, 염화수소 등) 및 농연에 의한 구조대원의 시계불량이다. 초기 진압에 실패할 경우 연소가 확대되어 많은 소방력이 필요하며 건축물 붕괴 및 구조물 변형 등 2차 재해 발생의 위험성이 대단히 높다. 화재현장은 연기에 의한 시계불량, 낙하물, 연장된 호스, 소화수

6) 소방방재청 훈령 제229호, 「화재조사 및 보고규정」 제30조(화재의 소실정도), 2010. 12. 9 개정

에 의한 미끄러짐, 전기누전 등 여러 가지 장애가 산적되어 진압대원 및 구조대원의 안전사고와 관련된 위험 요소가 많다. 내화건물 화재는 기밀성이 높아 농연 열기가 충만하기 때문에 소화활동 및 검색 구조활동이 곤란할 뿐만 아니라 유독가스에 의한 중독사 또는 산소부족에 의한 질식사 등 단시간에 많은 인명피해 양상을 보이고 있다.

소방방재청의 「화재통계자료(2009)」에서 제공한 지난 10년간의 국내 화재발생 사고의 추이를 정리하면 다음과 같다.

10년간 국내 화재사고 발생추이[7)]

구분	발생(건)	사망(명)	부상(명)	재산피해 (백만 원)	소실면적 (m^2)	소실 동수	이재 가구	이재 민수
2000	34,844	531	1,853	151,972	1,373,108	19,109	1,816	4,794
2001	36,169	516	1,860	169,750	1,484,627	18,155	1,896	4,897
2002	32,966	491	1,744	143,447	1,382,200	17,046	1,535	3,961
2003	31,372	744	2,089	151,590	1,598,006	15,522	1,258	3,130
2004	32,737	484	1,820	146,634	1,463,481	16,290	1,301	3,264
2005	32,340	505	1,837	171,374	2,861,739	16,871	1,533	3,807
2006	31,778	446	1,734	150,792	1,820,251	16,173	1,635	3,836
2007	47,882	424	2,035	248,417	4,601,993	21,094	1,370	3,205
2008	49,631	468	2,248	383,142	4,984,321	18,479	1,569	3,457
2009	47,318	409	2,035	251,852	7,757,190	18,155	1,441	2,983
증감률	4.6%	−0.6%	1.6%	9.8%	31.6%	0.1%	−1.6%	−4.3%
연평균	37,704	502	1,926	196,897	2,932,692	17,689	1,535	3,733

상기 〈표〉에서 보는 바와 같이, 지난 10년('00 ~ '09) 동안 일반화재에 의한 재난은 '00년 34,844건, '09년에는 47,318건이 발생하여 연평균 7.39% 증가하였다. 인명피해도 연평균 2,419.9명(사망 515.4, 부상 1,904.5)으로 2.11%의 증가를 보였으며, 하루 평균 사망 1.41명, 부상 5.22명으로 분석된다. 재산피해는 연평균 188,354.3백만 원으로 하루 평균 516.04백만 원의 재산 손실이 있는 것으로 나타났다. 상기 화재 통계자료 결과를 도식화하여 정리하면 다음과 같다.

7) 소방방재청(http://nfds.go.kr), 「화재통계자료(2009년)」

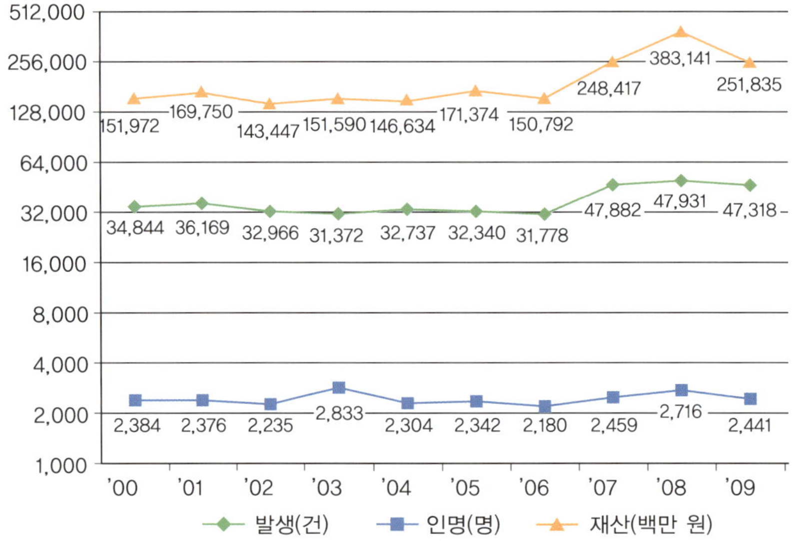

화재사고 발생건수 추이분석

※ '08년 화재 : 총 49,631건(인명피해 2,716명(사망 468, 부상 2,248), 재산피해 383,141백만 원)

상기 그림에서 보는 바와 같이 '09년 일반화재로 인한 재난은 47,318건이 발생하여 2,441명(사망 409, 부상 2,032)의 인명피해와 251,835백만 원의 재산피해를 냈다.

최근 3개년('07~'09년) 화재사고 발생추이를 살펴보면 '08년도에 급증한 발생건수와 높아진 사망비율이 '09년도에 평균 빈도 및 사망률도 낮아진 것을 알 수 있다. '08년 대비 발생건수는 4.8%가 감소되었으며, 사망자는 409명으로 14.42%가 감소하여 1일 1.12명이 사망한 것이 된다. 부상자는 2,032명으로 10.62%가 감소하여 1일 5.56명이 화재로 부상을 당하는 피해가 발생하였다. 이를 정리하면 다음 표와 같다.

'07 ~ '09년 화재사고 인명피해 추세분석[8)]

구 분	발생건수	인명피해(명)	사망(명)	부상(명)	사망비율
'07년	47,882	2,459	424	2,035	17%
'08년	49,631	2,716	468	2,248	17%
'09년	47,318	2,441	409	2,032	16%

8) 소방방재청, 「2009 재난연감」

국내 시 · 도별 화재사고 발생률을 도식화하여 정리하면 다음 그림과 같다.

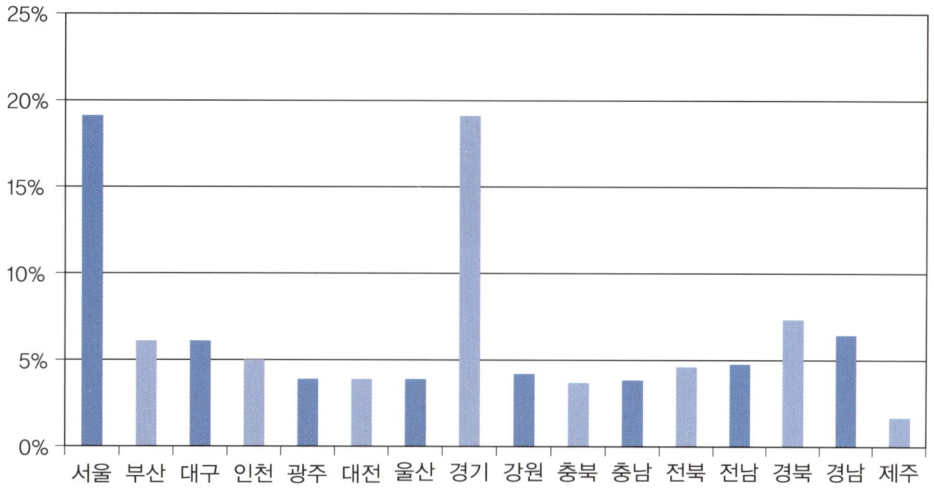

시 · 도별 화재사고 발생비율

상기 그래프에서 보는 바와 같이, 지역별로는 경기(10,479건), 서울(6,318건), 경남(3,968건), 경북(3,280건), 부산(2,941건) 순으로 나타났으며, 장소별로는 주거용 건물 11,767건으로 전체 화재의 24.9%를 차지하고 있다. 원인별로는 부주의로 인한 화재가 48.1%(22,763건)로 가장 높은 발생률을 보였고, 다음으로 전기적 요인 22.8%(10,786건), 기계적 요인 7.7%(3,651건), 방화와 방화의심 7.1%(3,361건) 등으로 화재가 발생하였다.

3. 화재사고의 사례

(1) 씨랜드 화재참사

1) 사고 개요

1999년 6월 30일 새벽 경기도 화성군 서신면 백미리(현 경기도 화성시 서신면 백미리)에 있는 청소년 수련시설인 놀이동산 씨랜드 청소년수련원에서 원인을 알 수 없는 화재가 발생하여 취침 중이던 유치원생 19명과 인솔교사 및 강사 4명 등 23명이 숨지고 5명이 부상당하는 참사가 발생하였다.

씨랜드 화재사고

2) 피해상황

씨랜드 청소년수련원에서 발생한 화재참사의 인적 및 물리적 피해상황으로는 인명피해 29명(사망 23명, 부상 6명), 재산피해 72백만 원(부동산 : 조립식 건물 3동 782.4평 중 1동 534.2평 소실액 62백만 원, 동산 : 에어컨, 냉장고 및 집기류 소실액 10백만 원)이 발생하였다.

3) 사고의 원인

국립과학연구소 및 수원지방검찰청에서의 조사결과 301호실의 모기향불이 있던 곳 위쪽 천장에 불길에 의해 생긴 것으로 보이는 「환상무늬의 수열흔」이 나타나 있었고 누전 등 전기에 의한 화재로 인정할 만한 증거가 발견되지 않아 목격자들의 진술과 다른 화인(火因)의 부존재 등을 종합적으로 판단하여 「화인은 모기향불이 옆의 가연성 물질(1회용 가스라이터, 종이, 의류)에 접촉되면서 발화된 것」으로 발표하였다.

■ **인솔교사 등 보호의무자의 무책임이 빚은 대형 참사**

유치원 어린이들은 5 ~ 6세에 불과하여 사리변별력이 미약하고 화재 등 돌발상황에 스스로 대처할 능력이 없으므로 인솔자들이 항상 어린이 옆에서 보호하여야 함에도 아이들만 방치한 채 다른 곳에서 잡담과 음주를 하였으며, 모기향 같은 불씨를 방치하고 옆에 인화성 물질을 쌓아 놓은 채 인솔 교사가 부재하는 등 안전에 대한 무감각증을 드러냈다.

■ **시설물 마감재료**

씨랜드 수련시설은 스티로폴, 목재 등 인화성이 강하고 열전도가 강한 철골구조물로 건축되어 대형 참사가 발생할 수 있는 요인이 되었다.

4) 개선방안 및 대책

■ **안전에 대한 평가 · 판단 체제 수립**

소방기술사의 영역에 화재안전상의 중요 기준을 포함시킴으로써 건축공간과 소방시설이 화재안전성의 관점에서 동시에 평가될 수 있는 체제를 갖추어야 한다.(건축방화기술사를 신설하고 장기적으로 두 자격의 일원화를 도모하는 식의 자격제도 개선방안 마련)

■ **제도적 개선**

전문성의 활용도를 높일 수 있는 체제적 방안을 확보하고 법과 제도의 수립과정 또는 민원유권해석 등의 과정에서 전문적 판단이 개입되게 하고, 규정운용상 현실적 및 기술적 장애에 봉착한 경우 민원인과 안전담당자에게 합리적 해법을 제시할 수 있는 제도적 장치를 만들어야 한다.

■ **전문 연구기관의 설립**

① 화재분야의 국가연구기관을 설립하고 각종 법규나 기준제정, 정책수립상의 지식과 정보 Tank의 역할을 하도록 한다. 각국의 재해사례에 대한 Data Base를 구축하여 사고를 미연에 예측하고 사전에 안전관리체제의 실효성과 적정수준을 가늠할 수 있도록 재해예상 시나리오의 수립이 가능토록 해야 한다.

② 안전업무 담당자가 유혹과 압력으로부터 자신을 보호 및 격리할 수 있는 구조적 대책을 제시하고, 대책확보를 위한 전문가협의회를 구성하여 그 결과를 적극 수렴해야 한다.

(2) 대구 지하철 화재참사

1) 사고의 개요

대구 지하철 화재참사는 2003년 2월 18일 대구 도시철도 1호선 중앙로역에서 방화로 일어난 화재이다. 대구 지하철 방화사건으로 불리기도 한다. 이로 인해 2개 편성 12량(6량×2편성)의 전동차가 모두 불탔으며 192명이 사망하고 148명이 부상당해서, 대구 상인동 가스 폭발사고와 삼풍백화점 붕괴사고 이후 최대 규모의 사상자가 발생했다. 사고 뒤 열차는 불에 타 뼈대만 남았고, 중앙로역도 불에 타서 운행을 한동안 중단했다.

대구 지하철 화재사고

2) 피해상황

대구 지하철 화재참사의 인적 및 물적 피해사항으로는 인명피해 340명(사망 192명, 부상 148명), 재산피해 614억 77백만 원이 발생하였다. 이 중 지하철 및 중앙로역 피해 570억, 지하철 324억(전동차 188억, 운임손실 136억), 중앙로역 246억(시설 231억, 역 구내 임대시설 15억), 인근상가 물품피해 4,477백만 원 등이다.

법적보상은 사망자 186명에 464억 원을 지급하였다. 이는 한 사람당 최고 6억 6,200만 원, 최저 1억 원이며 평균 2억 5,000만 원에 해당한다. 부상자 133명에게는 모두 133억 원, 한 사람당 최고 3억 4,100만 원, 최저는 600만 원이 지급되어 평균 한 사람당 1억 원이 지급됐다.

3) 사고의 원인

사고의 원인으로는 1차적인 원인과 2차적인 원인으로 나누어 볼 수 있다. 먼저 1차적인 원인으로는 한 정신질환자가 대구 지하철 1호선 중앙로역 구내, 진천동에서 안심동으로 운행하던 1079호 전동차 안에서 휘발유가 든 페트병에 불을 지른 것이다. 2차적인 원인은 다음과 같다.

■ 2차 사고원인

① 피난동선이 길어 유사시 대피시간의 지연(승강장으로부터 지상까지 160m)

② 대량 발생하는 연기의 효과적 제어 미흡
③ 매연으로 인한 피난구 유도등 식별불능으로 대피 미흡
④ 승차권 개찰구의 피난장애 발생으로 원활한 인명대피 곤란
⑤ 역사 · 터널, 차량 내 공안 부재로 사고발생 원인의 사전 미제거
⑥ 전동차량 내 가연성 내장재의 사용(FRP, 방사선가교폴리우레탄, 염화비닐수지, 폴리에스터목케터, 발포우레탄폼 등)으로 연소 급속 확대 및 유독성 가스발생으로 인한 시계 판단불가 및 질식으로 인명피해 확대
⑦ 차량 내 소화기의 위치 인식 및 초기소화장비 부족 등으로 초기소화 실패
⑧ 지하철 화재 발생 시 교행하는 전동차량의 화재현장 진입금지 조치 등 기관사 및 지하철사령실 초기 대응 미흡으로 신속 대피 불가
⑨ 화재시 차량 출입문 비상탈출방법의 무지로 신속 탈출이 미흡

4) 개선방안 및 대책

참여정부 출범 직후 당시 노무현 대통령은 전국 대도시의 각 지하철 운영 주체 및 광역철도 운영 주체인 철도청(現 한국철도공사, 코레일)에 2006년까지 전 차량에 대한 내장재 교체를 완료하라고 지시하였다. 기존의 차량은 좌석, 벽 내부 단열재 등에 가연성 소재인 천이나 면 따위를 사용했기 때문이다. 개조의 시작은 승객들이 직접 사용하게 되는 좌석이었다. 수도권 전철 운영기관 중에 서울특별시지하철공사(현 서울메트로) 및 서울특별시도시철도공사(5678 서울도시철도)는 견고하고 불에 안타는 스테인리스 재질의 금속으로 하였고 철도청(現 코레일)은 불연재 모켓시트로 교체하는 것이 1단계의 화재예방대책이었다.

그 후 시공사와 예산을 확보하여 2003년 하반기부터 2006년까지 로윈, SLS중공업, 흥일기업에서는 해당 차량기지에 출장 나오는 식으로 실시하였고, 1999년부터 2002년까지 한국철도차량과 현대로템에서 제조된 전동열차는 당시의 로템 의왕공장으로 회송되어 내장재를 교체하였다.

(3) 숭례문 화재사건

1) 사고 개요

2008년 2월 10일 오후 8시 40분경 서울특별시 중구 남대문로 4가 29번지에 있는 숭례문 2층 누각에서 화재가 발생하였다. 소방차 32대와 소방관 128명이 출동하여 진화작업을 전개하였으나 자정을 넘긴 오전 0시 25분경에 2층 전체가 화염에 휩싸였고, 0시 58분경 2층이 붕괴된 뒤 1층까지 옮겨 붙어 오전 1시 54분에는 누각을 받치고 있는 석축 부분만을 남긴 채 전소하였다.

숭례문 화재

2) 피해상황

인명피해는 없었으나 약 100억 원의 재산피해가 발생한 것으로 추정(부동산 : 1층 10% 물리적 파손, 2층 80% 소실붕괴, 기타 부대시설)된다. 하지만 숭례문의 붕괴는 명실상부한 국내 대표 문화재인 '국보 1호'의 소실이라는 점에서 재산 손해액수로만 계산할 수 없는 유 · 무형의 막대한 피해를 남겼다.

화재로 붕괴된 국보 1호 숭례문의 원형 복원에는 2~3년 가량이 걸리며 예산은 200억 원 정도 소요될 것으로 추정된다. 그러나 숭례문의 주요 부분들이 불에 탔기 때문에 원형 그대로 재현하기는 불가능할 것으로 보인다. 중요 목조문화재 방재시스템 구축사업의 하나로 2006년 숭례문의 실측 도면을 작성해두었기 때문에 기술적으로 원형 복원은 가능한 상황이다. 복원사업은 문화재위원회의 심의 등을 거쳐 서울특별시 중구청 주도로 진행될 예정이다. 그러나 사실상 복원에 쓸 수 있는 대형 국내산 금강소나무의 확보에도 오랜 시간이 걸리며, 이를 안전하게 사용하기 위해 건조하는 데만도 3년이 넘기 때문에, 전문가들은 최소기한을 5년으로 보고 있다.

3) 사고의 원인

사건의 주요원인은 2월 10일 오후 8시 45분경 경기도 고양시에 거주하던 채종기에 의해 사회에 대한 불만으로 일으킨 방화로 밝혀졌다고 공식적으로 발표하였다.

문화재에 관한 소방법령이 전무하고 이에 따라 별도로 구체화된 지침 역시 전무하였기 때문에 화재 당시 현장에 출동한 소방원들은 불에 타는 숭례문에 대한 초기 진화에 실패하였다.

숭례문이 내외부에서 고압 집중방수를 해도 적심까지 물이 들어가지 못하는 구조로 되어 있어서 화재 진압이 지연되었으며, 문화재청 관계자의 자문을 받아 진화가 이루어지는 과정 때문에 화재진압이 지연되었다.

2006년 3월 서울특별시가 숭례문을 개방한 뒤 화재감지기나 경보시설도 없이 야간에는 경비용역업체에게 일임하는 등 관리를 소홀히 한 점이 방화를 초래한 것으로 지적되었으며, 관리책임을 맡은 중구청은 무료로 경비관리를 제공하겠다는 경비업체와 계약하면서 전기누전과 방화 등으로 인하여 발생한 손해에 대한 면책조항까지 두어 논란을 빚었다.

4. 화재의 단계별 대책

대규모 화재발생에 따른 위기상황에 대비한 정부 차원의 대응체계를 정립하여 위기상황으로 발전하는 요인을 사전제거, 감소시키기 위한 일련의 예방 · 대비 · 대응 및 복구활동의 기본방향 및 목표설정을 목적으로 재해관리대책을 마련하였다. 이를 위해 재난관리체계를 구성하며, 이에 대한 세부내용은 다음과 같다.

① 행정안전부(중앙재난안전대책본부)와 소방방재청(중앙긴급구조통제단)에서 국가차원의 체계적인 재난관리업무 수행
② 시 · 도 단위로 지역재난안전대책본부 · 긴급구조 통제단을 설치 · 운영
③ 한국전력 · 가스공사 등 재난관리 책임기관 및 긴급구조 지원기관 등과 연계하여 자체 재난관리계획을 추진하도록 함
④ 정부의 재난관리시책을 관련단체 등에 계도 · 홍보를 통하여 범국민적 관리의식 정착 유도

상기 화재사고 경감대책 등을 사전계획 · 대비하고, 교육 · 훈련을 실시하여 대비 · 대응능력 제고로 인명 · 재산피해 발생을 최소화고자 하기 위한 세부 재난관리대책을 예방대책, 대비대책, 대응대책 및 복구대책으로 분류하여 정리하면 다음과 같다.

(1) 예방대책

1) 다중이용시설 등 취약시설에 대한 예방 및 경계활동 강화

① 대형피해가 발생할 우려가 있는 “대형화재취약시설(6,590개소)” 지정관리
② 유사시 대형피해 확대가 예상되는 “화재경계지구(116개소)” 관리감독 강화

③ 지하시설물(지하가 · 터널 · 공동구 등)의 체계적인 소방안전확보 강구
④ 취약시기별 · 유형별 등 특별소방안전대책 수립 · 추진
⑤ 비상구에 대한 사전고지로 유사시 인명피해 저감대책 강구
⑥ 다중이용건축물의 소방시설 · 건축기준의 엄정 집행 및 감독지도
⑦ 대국민 소방안전교육 프로그램 개발 · 운영
⑧ 민간 자율적인 안전문화 환경조성을 위한 격려시책 추진
⑨ 대국민 안전문화 제고를 위한 소방홍보활동 지속 전개
⑩ 안전체험관 등 설치 · 운영 확대로 체험기회 확산 등
⑪ 어린이 안전사고방지를 위한 종합대책 추진

2) 대형화재 예방을 위한 제도기준 제정 및 정비

① 국가화재안전기준(NFSC) 보강 및 강화
② 백화점 등 다중이 이용하는 시설에 대한 화재영향평가제도 도입
③ 화재 등에 영향을 주는 안전관련법령 연계관리 강화
④ 대량위험물취급 화학공장 등 화재 · 폭발사고 방지대책 수립
⑤ 대규모 석유화학단지(5단지 326개소) 소방안전대책 강구

(2) 대비대책

1) 유관기관 간 소방협조 및 지원체제 구축

① 신속한 화재발생 경보 및 전파체계 확립
② 자치단체의 자원동원 매뉴얼 개발 및 자원지원체계 확립
③ 재난유관기관 간 신속한 상황전파를 위한 신고 일원화
④ 자치단체의 재난대응능력 강화를 위한 평가 프로그램 개발

2) 현장지휘체계 강화 및 초동대응태세 확립

① 화재 등 재난상황 관리 철저 및 보고체계 확립
② 재난유형별 긴급구조 대응계획 정비 및 보급
③ 신속한 화재현장 보고 및 지휘체계 구축
④ 신속한 재난대응활동을 위한 대응 프로그램 개발 · 연구

3) 화재사고 대비 효율적 진압 등을 위한 대책 강구

① 인근 지자체 · 소방서 간 응원체제 구축 및 가동훈련

② 화재취약지구 등 소방통로 확보로 신속한 현장대응능력 강화
③ 자원봉사자 등 민간단체 연계 · 조직화 활용방안 강구
④ 자율 소방력 강화를 위한 자위소방대 운영, 교육 · 훈련 등 강화
⑤ 소방관서 · 인력 및 장비의 연차적 보강 및 현대화

4) 재난대비 실효성 있는 소방교육 · 훈련 강화

① 대형 · 특수재난 대비훈련의 내실화
② 전문구조대원 양성을 위한 특수교육훈련 실시
③ 임무확인 · 대응절차 숙달을 위한 유관기관 합동 소방교육 · 훈련
④ 선진 소방기법 도입, 교육훈련프로그램 개발 등 훈련시스템 발전
⑤ 복잡 · 다양한 재난에 대한 신속한 인명구조능력 제고

5) 현장대응능력 강화를 위한 기반 구축

① 화재조사 전문화 및 현장대응능력 강화
② 광역소방 응원출동체제 구축으로 소방력 운용의 효율화
③ 의용소방대 조직관리의 내실화를 통한 기능의 활성화 및 강화

6) 현장 출동자원의 총체적 현장지휘 및 대응시스템 구축

① 표준작전절차(SOP) 활용으로 현장지휘체계 확립
② 재난의 예측 및 대응체제 개선
③ 훈련 · 통신체계의 단일화로 자원봉사조직의 현장활동 인프라 구축
④ 생화학테러 등 특수재난 대비 구조 · 구급 능력 향상

(3) 대응대책

1) 통합 지휘 · 통제체제 확립

① 대응역량 집중을 위해 유관기관 통합 지휘체계 강화
② 유관기관 통합작전이 가능한 군 CP 개념의 지휘체계 확립
③ 유관기관 비상자원동원 통합관리시스템 구축

2) 효율적 화재사고 진압 및 구조구급활동 전개

① 신속 · 정확한 상황보고 · 전파 및 유관기관 협조체제 유지
② 신속 · 정확한 상황관리 및 지휘로 재난대응능력 강화

③ 화재사고 유형별 · 사안별 전문 진압 · 구조요원 신속 배치

3) 응급구조 · 구호체계 신속 가동

① 신속한 피난유도 및 인명구조 · 구급활동 최우선 실시
② 응급의료전문기관 상호 협조체제 구축 및 신속 가동
③ 민간구조단체와 합동으로 긴급구조 · 구급활동 전개
④ 이재민 수용 · 급식 등 생필품 구호, 의연물품 등 접수 및 배분

(4) 복구대책

1) 수습 및 복구

① 민 · 관 · 군 합동 구호 및 라이프라인 피해복구 통합지원체제 운영
② 대한적십자사, 민간단체 및 자원봉사자 등 민 · 관 합동 구호조치
③ 각종 안전조치 및 화재 잔재물 수거 처리
④ 신속 · 정확한 피해조사에 의거 복구지원계획 수립
⑤ 긴급구조 및 복구활동상황 보도 및 주민 홍보

2) 신속한 화재원인 및 피해 조사

① 단계별 화재대응 활동 평가 및 평가결과 환류
② 화재원인 철저 규명을 통해 유사 사고 재발방지대책 강구
③ 사고원인 분석자료 등을 근거로 한 관련부처 합동 대책회의

5. 화재 대비 국민교육

(1) 화재예방

1) 건물화재예방

① 자택에 불필요한 가연물(헌옷, 신문폐지, 폐박스 등)을 싸놓지 않음
② 인화성 액체(알코올, 휘발유 등)나 인화성 기체(부탄가스)를 함부로 방치하지 않음
③ 카펫 밑면이나 장롱 뒤편 등 보이지 않는 곳에 전선을 늘어뜨리지 않음
④ 어린이의 손이 닿거나 쉽게 사용 가능한 곳에 라이터 등을 두지 않음
⑤ 집 안에서 흡연을 금지하며 흡연 시 침대나 이불 주위에서 흡연금지

⑥ 고층아파트에서는 이웃으로 통하는 비상문 또는 칸막이벽 유무를 확인하고 통행을 막지 않도록 함
⑦ 발코니를 확장하여 창문 개방이 어려운 주상복합 고층아파트에서는 현관문을 통하여 연기의 확산이 예상되므로 연기 침투를 막을 수 있는 안전구역이 요구됨
⑧ 고층건물에서는 대피훈련을 정기적으로 참여하고 화재 탈출 가능한 통로 숙지
⑨ 전기기구 관리담당자를 반드시 지정하여 퇴근 시 매일 전기기구를 확인
⑩ 다중이용업소(레스토랑, 노래방, PC방 등) 이용 전에 출입구 이외 비상구가 있는가를 확인하고 또한 비상구가 개방되어 안전하게 지상으로 연결되어 있는지 확인

2) 전기화재예방

① 단락(합선) 때는 퓨즈나 차단기는 정격용량 제품을 사용하고 규격전선을 사용하고 노후 시 즉각 교체
② 스위치, 분전반 등 정기적으로 점검하여 이상 유무를 확인하고 가연물질 등을 제거
③ 누전 시 건물이나 대용량 전기기구에 회로를 분류하여 회로별 누전차단기 설치 및 배선의 피복상태를 수시 확인
④ 과부하방지를 위해 콘센트에 문어발식 사용을 금지하고 전기용량 및 전압에 적합한 규격전선 사용
⑤ 과열 시 전기장판 등 발열체를 장기간 전원을 켠 상태로 사용하는 것은 위험하며 사용한 전기기구는 반드시 플러그를 뽑아 놓음
⑥ 전열기 등 자동온도조절기의 고장 여부를 수시로 확인하며 근처에 가연물을 두지 않음

(2) 화재 발생 후

① 불을 발견하면 “불이야” 하고 큰소리로 외쳐서 주변 다른 사람에게 알림
② 화재경보 비상벨을 누름
③ 엘리베이터는 절대 이용하지 않도록 하며 계단을 이용
④ 낮은 자세로 안내원의 안내를 따라 대피
⑤ 불길 속을 통과 시 물에 적신 담요나 수건 등으로 몸과 얼굴을 보호
⑥ 방문을 열기 전 문을 손등으로 대어보거나 손잡이를 만져 봄

SECTION 03 붕괴

1. 붕괴사고의 개요

붕괴란 폭발, 파열, 화재 등의 외력이 아닌 통상적 용도에 따라 건물 또는 건축구조물을 사용할 때 그 자체의 내부결함이나 부식 및 침식 등으로 그 전부나, 일부가 갑자기 무너져 내리는 것을 말한다. 단, 균열 또는 파손에 의해 일부가 떨어지는 것은 붕괴로 보지 않는다. 즉 붕괴는 일반적으로 적재물, 비계, 건축물이 무너진 경우를 말한다. 이때 산산이 흩어져 개개의 요소로 분해되어 파편 또는 분말이 되거나, 비 · 동결 및 기타에 의하여 파괴되는 작용 또는 상태를 뜻한다. 붕괴와 관련된 사진자료는 다음과 같다.

붕괴사고

2. 붕괴사고의 영향 및 피해유형

붕괴사고의 유형은 매몰사망, 지지력 부족에 의한 전락, 건축물 시공 중 동바리 붕괴와 같은 시설물 붕괴에 의한 사고로 구분될 수 있으며 붕괴 패턴의 4가지 유형은 다음과 같다.

붕괴 패턴의 4가지 유형

구분	세부 내용
기댄 모습 (Lean-to)	1개 이상의 지지벽이나 바닥 조이스트가 부서지거나 한쪽 끝에서 분리되었을 때 한쪽 바닥의 끝을 다른 쪽 낮은 바닥 위로 쓰러지게 하면서 형성
V자 모습	무거운 짐이 바닥 중심 가까운 곳으로 붕괴되도록 했을 때 형성
팬케이크 (Pancake) 모습	내력벽이나 기둥이 완전히 부서지고 높은 바닥이 낮은 바닥 위로 단순한 방법으로 붕괴를 일으키며 무너져 내려앉았을 때 형성
캔틸레버 (Cantilever) 모습	1개 이상의 벽이 무너지고, 그 바닥의 다른 쪽 끝은 아직 벽에 매달려 있기 때문에 바닥의 한쪽 끝이 그냥 허공에 매달려 있을 때 형성

또한 붕괴사고는 각종 안전수칙 위반 및 부실공사 등으로 인한 대형 공사장의 붕괴, 건물의 노후로 인한 붕괴, 가스, 폭발사고로 수반되는 2차적 붕괴의 양상을 띠고 있으며 앞으로도 이러한 사고는 매년 늘어날 것으로 예상된다. 대형 공사장, 건물, 공작물 등의 붕괴 시 구조대가 보유하고 있는 구조 장비로서는 역부족으로 판단되므로 대형 중장비(기중기, 크레인, 굴착기 등)를 동원하여 합동작전을 행하여야 한다. 인위적이든, 자연적이든 대형 건축물의 붕괴는 수많은 인명피해와 재산피해를 동반한다. 대형 건축물 붕괴사고는 인명 구조활동에 있어 많은 인원 및 장비가 필요하고 사고 수습기간이 길기 때문에 현장에 투입된 인원을 적절하게 교대 운용할 수 있도록 지휘관의 현명한 판단력이 필요하다. 붕괴에 의한 매몰자 구조는 구조작업이 어렵고 복잡한 상황하에서 수행되며 장기간의 현장 활동 소요시간이 필요하다.

3. 붕괴사고 사례

(1) 성수대교 붕괴참사

1) 사고의 개요

1994년 10월 21일 오전 7시 38분경에 제10, 11번 교각 사이 상부 트러스 48m가 붕괴되어 무너지는 사고가 발생하였다. 사고부분을 달리던 승합차 1대와 승용차 2대는 현수 트러스와 함께 한강으로 추락했고, 붕괴되는 지점에 걸쳐 있던 승용차 2대는 물속으로 빠졌다. 한성운수 소속 16번 버스는 붕괴 부분에 걸쳐 있다가 차체가 뒤집어지면서 추락하는 바람에 등교하던 무학여자고등학교 학생들이 사고를 당했다. 사고차량 중 승합차에는 경찰의 날을 맞아 우수 중대로 선정되어 표창을 받기 위해 본대로 가던 의경들이 타고 있었는데, 이들은 사고발생 후 전원 무사하여, 헌신적으로 피해자들을 구조했다.

성수대교 붕괴사고

2) 피해상황

성수대교 붕괴사고의 피해상황으로는 무학여자고등학교 학생(9명)들을 포함한 32명이 숨지고, 17명이 부상을 입었던 대 참사였다. 이 사고는 해외에도 크게 보도되어 건설업계에 큰 타격을 입혔을 뿐만 아니라 국가 이미지도 크게 실추되었다. 사망자 중에는 필리핀의 아델아이다 씨 등 외국인 1명이 포함되어 있었다.

3) 사고의 원인

원인은 교량 상판을 떠받치는 트러스의 연결이음새의 용접불량과 유지관리 소홀 때문이다. 그리고 다음과 같이 제도적 원인, 기술적 원인, 사회환경적 원인의 3가지 관점으로 나누어 생각해 볼 수 있다.

제도적 원인

① 정부의 표준품셈 및 설계 작용 자재단가가 현실과 맞지 않아 발생하는 실행공사비 부족으로 자재가 조잡, 저질 자재 사용이 불가피
② 시공당시 정부기준 노임과 시중 노임과의 현실화 율이 64.1~67.6%에 불과(노임 부족분은 자재로 보충)
③ 하도급의 부당한 관행과 비리로 실행원가에 못 미쳐 부실시공 성행
④ 대부분의 공사감독자나 관계자가 순환 감독제 위주의 인사제도로 공사착공부터 준공 시까지 공사의 전 과정을 맡지 못함(책임의식 결여)
⑤ 기술용역에 대한 심의가 “안전성 확보”와는 무관하게 진행
⑥ 유지관리 전담기구는 있으나 예산부족으로 제대로 관리되지 못함

기술적 원인

① 설계상 신공법 교량을 완벽하게 소화하기에는 그 당시 수준으로 무리가 따름, 시공 및 확인검사도 어려움
② 교량의 상부구조가 수직재와 핀플레이트 용접의 시공성을 충분히 고려하지 않은 채 설계됨
③ 유지관리를 위한 제규정이나 구조물의 가동 등을 관리할 수 있는 과학적 유지방법, 점검지침이 없었음
④ 제작 당시(1977년 4월) 특수교량을 일반교량과 같이 실적위주로 건설하는 2년 6개월간의 무리한 준공기간으로 인해 모든 것이 부실화됨
⑤ 당시 전문기술자에 의한 감리제도가 없어 기술적인 중요사항에 대한 도면검토, 현장확인이 부실
⑥ 설계하중 이상의 과하중이 구조물에 악영향을 미치는 것에 대한 인식부족과 과적 차량의 단속 소홀로 불량하게 제작된 부재 단면의 균열을 더욱 가속화

사회환경적 원인

① 지나친 실적 위주의 전시행정식 건설공사에 치중하여 시설물 사후관리에 있어 안전의식과 기술적 논리가 소외되었음
② 중동건설 붐과 국내에서의 동시다발적 주요 기반시설 확충으로 기술인력의 부족현상 심화
③ 정치적으로 선고 공약 남발과 공사의 난이도 등 제반여건을 고려하지 않는 당시의 건설풍토가 화근으로 작용
④ 질보다는 양적인 책임이 우선했으며 “적당주의”와 “빨리빨리”가 우선하는 사회적 분위기에서 관련기술개발이나 전문인력양성 보다는 눈앞의 가시적 평가를 우선하였음

4) 개선방안 및 대책

사고 당일 오후 7시에 사고의 책임을 물어 이원종 서울특별시장이 경질되었고, 우명규 시장을 거쳐 11월 3일 최병렬 시장이 부임했다. 붕괴 이후 토목학계는 무너지지 않은 부분을 그대로 수리해서 사용할 수 있다는 의견을 냈으나, 시민들의 정서를 감안해 새로 건설하는 방향으로 결정되어 1995년 4월 26일부터 현대건설이 새로 건설하기 시작해 1997년 7월 3일에 완성되어 차량 통행이 재개되어 현재에 이르고 있다. 그리고 이 사고로 인한 조치사항과 관계자들의 대처안은 다음과 같다.

▪ 조치사항

① 서울시 대책본수 설치(성수대교 사고대책본부 설치)
② 조직 : 서울시장을 본부장으로 8개반 편성 후 활동 시작

▪ 구조활동

① 경찰 : 교통통제
② 소방대, 119구조대, 소방대원 : 구급차 출동 및 사상자 구난
③ 특전사, 해난구조대 : 잠수요원 출동 시체 인양
④ 군 · 경 · 관의 합동 구조 시 지휘체계 혼선으로 문제점 발생
⑤ 33개 병원, 교회에 사상자 및 부상자 수송

▪ 교통정리

① 교통량 분산 검토 후 우회도로 안내판 설치
② 교통신호주기 조정
③ 버스 노선 조정

▪ 성수대교 붕괴 이후 관계자들의 대처안

당시 개원 중이던 국회가 일체 중지되었고, 서울특별시장이 경질되었으며, 24일 김영삼 대통령이 대국민 특별담화문을 전국 TV를 통해 발표하여 국민에게 사과하였다. (주)동아건설 또한 10월 23일자 전국 일간지, 신문에 사과문을 게재하였으며, 26일 동아건설의 최원석 회장은 본사에서 기자회견을 통해 1,500억 원을 들여 성수대교를 새로이 건설하여 국가에 헌납, 또 16개 한강다리의 정기적인 안전점검을 위한 100억 원의 기금을 희사하겠다고 발표하였다. 그러나 성수대교 재공사는 현대건설이 맡아 진행하였다.

■ 대책

① 성수대교의 붕괴는 용접불량 등 공사부실과 유지관리 부실, 규정 이상의 과적차량 통행단속 소홀 등이 직접적 원인이므로 이에 대한 단속과 관리 강화
② 성수대교 건설 당시의 유사 취약 교량시설에 대한 일제 점검 실시
③ 중앙정부 및 지자체에 안전관리 전담기구 신설 및 예산확보 시설물 안전관리에 관한 특별법 제정, 시설물 관리 책임제도 운영

(2) 삼풍백화점 붕괴참사

1) 사고의 개요

1995년 6월 29일 오후 5시 57분경 서울 서초동에 있던 삼풍백화점이 붕괴된 사건으로, 건물이 무너지면서 1,438명의 종업원과 고객들이 다치거나 사망했으며, 주변 삼풍아파트, 서울고등법원, 우면로 등으로 파편이 튀어 주변을 지나던 행인들 중에 부상자가 속출해 수많은 재산상, 인명상의 피해를 끼쳤다. 그 후 119 구조대, 경찰, 서울특별시, 정부, 국회까지 나서 범국민적인 구호 및 사후처리가 이어졌다.

삼풍백화점 붕괴사고

2) 피해상황

■ 인명피해

① 사망자 : 501명(남 105명, 여 396명; 사망확인 471명, 사망인정 30명)

② 부상자 : 937명

③ 실종자 : 6명

■ 재산피해

① 부동산

- 양식 : R/C조 5/4층 73,877m^2 전체 붕괴
- 건물 : 약 900억 원
- 시설물 : 약 500억 원

② 동산

- 상품 : 약 300억 원
- 양도세 : 약 1,000억 원
- 총 피해액 : 약 2,700억 원

■ 피해보상액

① 인적 피해 보상비 : 약 2,971억 원

② 물적 피해 보상비 : 약 820억 8천 5백만 원

③ 주변 아파트 피해 등 보상비 : 1억 4천 5백만 원

3) 사고의 원인

1987년 설계 당시 삼풍백화점은 삼풍랜드(상가)라는 명칭으로 서초동 삼풍아파트 대단지의 종합상가로 설계되어 있었다. 하지만 당시 삼풍건설산업(주)의 회장 이준(1922 ~ 2003)은 당시 시공사인 우성건설에게 백화점으로 변경해 달라고 요구했다. 건물 붕괴를 우려한 우성건설 측이 이를 거부하자, 이준 회장은 계약을 파기하고 당시 삼풍그룹 계열사인 삼풍건설산업에 변경을 지시했다. 물론 이런 일은 흔히 일어나는 일로, 변경 시 반드시 구조전문가의 검토를 받아야 한다. 그러나 당시에는 이 부분이 무시된 채 공사가 강행되었다.

삼풍백화점은 애초에 무량판공법(플랫슬래브 구조)의 건물로 설계를 해서 완공한 백화점 건물이었다. 본래 1987년 우원건축사무소(당시 대표이사 문정일)가 설계한 삼풍백화점 설계도에

는 기둥의 지름이 32인치였다. 그러나 실제 공사 시 기둥의 폭은 23인치로 줄여서 공사했다. 약 25% 정도가 줄어든 것인데, 이는 공사관계자가 공사비용을 착복하기 위해 자재를 줄였기 때문으로 밝혀졌다.

본래 4층까지만 설계를 했던 삼풍백화점은 무리하게 5층으로 확장공사를 실시했으며, 더군다나 5층은 다른 용도의 건물에 비해 하중이 비교적 많이 소요되는 식당을 차리고 설상가상으로 5층 바닥에 온돌까지 설치했다. 게다가 이에 그치지 않고 5층에 무게 29톤에 달하는 에어컨을 3대씩이나 설치해 놓았는데, 이 에어컨에 냉각수가 가득 채워지면 무게는 87톤에 이르러 이는 설계하중의 4배에 해당되었다. 삼풍건설산업은 삼풍백화점의 추가하중을 전혀 고려하지 못하고 하중을 계산했으며, 안 그래도 가늘어진 기둥으로 인하여 붕괴위험이 있는 삼풍백화점은 에어컨과 식당 등 100톤을 웃도는 하중을 견뎌야 하는 지경에 놓인 까닭에 이미 붕괴는 예견되어 있었다. 게다가 5층 식당은 수시로 용도변경을 했기 때문에 건물에 크게 무리가 가는 결과를 초래했다.

4) 개선방안 및 대책

삼풍백화점의 붕괴사고 이후 대한민국의 경제호황 시기였던 1980년대와 1990년대 초에 지어진 건물들에 대한 공포와 회의적 시각이 확산되었다. 이로 인해 정부는 전국의 모든 건물들에 대한 안전평가를 실시하여 다음과 같은 개선방안을 내놓았다.

① 전체 고층 건물의 1/7(14.3%)은 개축이 필요한 상태
② 전체 건물의 80%는 크게 수리할 부분 존재
③ 전체 건물의 2%만이 안전한 상태

4. 붕괴사고의 단계별 대책

붕괴위험이 높거나 재난예방을 위하여 지속적으로 관리가 필요하다고 인정되는 시설의 지정 · 관리 및 정비를 통하여 안정관리상의 문제점 등을 사전에 파악, 효과적인 재난예방이 될 수 있는 기반을 마련한다. 이를 위해서 재난관리체계를 구성하는데 이에 대한 세부내용은 다음과 같다.

① 소방방재청 중심으로 각 지자체별 추진, 국토해양부, 지식경제부 등의 협조하에 대응체계 구축

② 유관기관의 협조체계 구축

사업내용	유관기관	협조체계 내용
재난 예방 활동 (안전점검)	한국전기안전공사	전기시설물 안전점검
	한국가스안전공사	가스시설물 안전점검
	한국시설안전공단	시설물 안전점검

상기 붕괴위험 시설의 지정 · 관리지침을 수립 · 운영함으로써 재난 취약 시설물을 효율적 · 체계적으로 관리하기 위한 세부 재난관리대책을 예방 및 대비대책, 대응대책, 복구대책으로 분류하여 정리하면 다음과 같다.

(1) 예방 및 대비대책

1) 특정관리대상시설의 지정 · 관리 및 안전점검 강화

① 구조 · 상태 및 규모 · 이용인구 등을 고려 중점관리시설(A · B · C급) 및 재난위험시설(D · E급)로 지정 · 관리

② 중점관리시설은 반기 1회 이상, 재난위험시설 월 1회(E급 2회) 이상 정기 및 수시점검을 통해 위험요인 사전제거 등 예방활동 강화

③ 재난의 발생이 우려되는 등 긴급한 사유가 있는 경우 재난예방을 위한 긴급안전점검 및 안전조치(정밀안전진단, 보수 · 보강 등 정비)

2) 재난위험시설의 장 · 단기 해소계획 수립 및 정비사업 추진

① 재난관리책임기관의 장은 노후교량 · 공동주택 등 재난발생의 위험성을 제거하기 위한 장 · 단기 계획 수립 · 시행

② 장 · 단기 해소사업 계획에 의한 우선순위에 따라 재난의 위험도가 높은 E급 및 재난발생 시 큰 피해가 우려되는 D급 시설을 우선 정비

3) 취약시기별 안전점검 강화로 재난발생 요인의 사전 해소

① 해빙기 · 행락철 등 재난 취약시기별 중점점검 대상시설에 대한 사전점검 및 위험요인 해소를 통한 시설물 안전관리 강화

② 안전점검 결과 중대한 결함이나 위험요인 발견 시 재난발생을 방지하기 위한 사용제한 · 금지 및 긴급 보수 · 보강 조치

③ 안전점검의 전문성 확보를 위해 전기 · 가스안전공사, 시설안전공단 및 안전관리자문단 등 합동점검반 편성 · 운영

(2) 대응대책

1) 재난발생 우려가 있는 경우 신속한 응급조치 실시

재난이 발생하거나 발생할 우려가 있는 경우에 당해 지역의 위험구역 설정, 출입금지 · 제한 또는 퇴거 · 대피조치 명령

2) 상황보고 · 전파 및 인력 · 장비 등 동원 명령체계 구축

① 상황 발생시 단계별 · 유형별 신속한 보고 · 전파

② 조속한 수습을 위한 전문인력 · 장비의 긴급출동 응급조치

3) 피해지역 인근주민 긴급대피 조치 및 교통대책 수립

① 대피명령, 경계구역 설정 및 긴급대피 유도

② 폭발 · 붕괴 등 2차 피해 유발요인 진단 및 제거

4) 긴급구조활동 및 지원대책 수립

① 재난현장 지휘체계 확립 및 현장지휘소 · 응급의료소 설치

② 신속한 구조 및 실종자 수색, 사망 · 부상자 신원 파악

(3) 복구대책

1) 안전조치 및 붕괴현장 복구대책 수립

① 관계기관 협조 응급복구반 편성 및 장비 · 자재 동원

② 붕괴 잔재물 수거 및 통신 · 상하수도 · 전기 · 가스시설 우선 복구

2) 사고원인 조사 및 항구적 복구계획 수립

① 관계 재난관리책임기관과 합동으로 재난합동조사단 편성 · 운영

② 재난피해상황 및 사고원인 조사, 재난복구계획 수립

③ 사고발생원인 · 결과 및 수습 · 복구 등 기록 분석

④ 사고원인에 따라 향후 항구적 재발방지대책 수립

5. 붕괴사고 대비 국민교육

(1) 붕괴사고의 일반적인 대처방안

일반적인 붕괴사고 발생 시 대처방안에 대해 건물붕괴 징조 감지 시, 건물 내부에 있을 때, 건물 외부에 있을 때로 분류하여 세부 행동사항을 정리하였으며, 이에 대한 세부내용은 다음과 같다.

1) 건물붕괴 징조를 감지 시

■ 건물붕괴 징조 감지 시 건물 밖으로 즉시 대피

① 건물바닥이 갈라지거나 함몰되는 현상 발생 시
② 갑자기 창이나 문이 뒤틀리고 여닫기가 곤란할 때
③ 철거 중인 구조물에 화재가 발생하거나 화염에 철강재 노출 시
④ 바닥의 기능부위가 솟거나 중앙부위에 처진 현상이 발생되는 때
⑤ 기둥이 휘거나 대리석 등 마감재가 부분적으로 탈락할 때
⑥ 기둥 주변에 거미줄형 균열이나 바닥 슬래브의 급격한 처짐이 발생한 때
⑦ 계속되는 지반침하와 석축 옹벽에 균열이나 배부름현상이 나타나는 때
⑧ 벽이나 바닥의 균열소리가 얼음이 깨지는 듯이 나는 때
⑨ 개 등 동물들이 갑자기 크게 짖거나 평소와 달리 매우 불안해하는 때

2) 건물 내부에 있을 때

① 건물이 붕괴할 경우 당황하지 말고 주변 대피소를 찾음
② 엘리베이터 홀, 계단실 등과 같이 견디는 힘이 강한 벽체가 있는 안전한 곳으로 임시 대피
③ 부상자는 가능한 빨리 안전한 장소로 탈출 후 응급처치 시행
④ 평소에 완강기, 로프, 손전등 등 탈출에 필요한 물품 구비 및 확인
⑤ 붕괴사고 발생시 건물 밖으로 탈출 가능한 통로를 찾고 주위 사람들과 협력하여 완강기 등을 이용하여 노약자, 어린이 등을 우선 탈출시킴
⑥ 이동 중 장애물 등을 될 수 있으면 움직이지 않도록 하고 불가피하게 제거 시 추가붕괴사고에 대비
⑦ 유리파편이나 낙하물에 대비하여 코트, 담요 등으로 머리와 얼굴 보호
⑧ 붕괴 때문에 고립이 장기화되는 경우를 고려하여 냉장고 등에서 음식, 물을 찾아 먹되 가능한 오래 버틸 수 있도록 음식물 소비를 조절함
⑨ 잔해 때문에 행동이 불가할 경우 혈액순환이 잘되도록 수시로 손가락과 발가락을 움직임

⑩ 구조대의 호출이 들리면 침착하게 반응하며 체력을 완전 소진시킬 수 있는 행동을 삼가고 편안한 자세를 유지하면서 구조요청을 함
⑪ 공기공급이 잘되는 창문이나 선반이 없는 벽 쪽이나 낙하물로 보호받을 수 있는 튼튼한 테이블 밑에서 자세를 낮추고 구조를 기다림
⑫ 안전지대에 있는 경우 그곳에 머무르고 부서진 계단이나 정전으로 가동이 중단될 수 있는 엘리베이터는 사용 금지
⑬ 가스누출 위험이 있는 경우에는 폭발의 위험이 있으므로 성냥 등을 켜지 말고 손전등을 사용

3) 건물 외부에 있을 때

① 건물 밖으로 나오면 추가붕괴와 가스폭발 등의 없는 안전한 지역으로 대피
② 붕괴건물 밖에는 추가붕괴, 가스폭발, 화재 등의 위험이 있으니 피해가 없도록 사고현장에 접근 금지
③ 붕괴지역 주변을 보행할 때나 이동할 때는 위험지역 또는 불안정한 물체에서 멀리 떨어지고, 유리파편 등에 다치지 않도록 가방, 방석 등으로 머리를 보호

SECTION 04 폭발

1. 폭발사고의 개요

폭발이란 급속히 진행되는 화학반응에 있어서, 반응에 관여하는 물체가 급격히 또한 현저하게 그 용적을 증가하는 반응이다. 도시가스 사용지역의 확대 및 LPG 가스의 사용 확대에 따라 폭발사고의 위험성이 증가하고 있다. 폭발사고는 사용자의 부주의, 가스 생산제조 업체에서의 사고, 유통과정에서의 취급 부주의, 각종 공사장에서의 굴착작업 중의 과실, 부실시공 및 가스관의 노후화 등에서 비롯되며 다양한 사고를 추가적으로 발생시키고 그 범위 및 피해 정도가 매우 심각하다.

폭발사고

2. 폭발사고의 영향 및 피해유형

대구 지하철공사장 LPG 누설 폭발사고(1995. 4. 28), 아현동 도시가스 밸브기지 폭발사고(1994. 12. 7) 등은 세계적으로도 그 유래를 찾아보기 힘든 사고들이다. 가스의 소비가 늘어나면서 크고 작은 가스폭발사고 특히 대형사고의 위험성은 항상 주변에 상존하고 있다.

폭발현상이 항상 연소를 수반하는 것도 아니고, 연소현상이 항상 폭발적으로 일어나는 것이 아님에도 불구하고 많은 사람들은 폭발과 연소 사이에 밀접한 관계가 있는 것으로 생각하고 있다. 일반적으로 폭발이라고 하면 우선 큰 소리와 건물이나 실내의 파괴를 연상한다. 폭발 시에 발생하는 큰 소리, 이른바 폭발음은 공기 중을 전파하는 압력파에 의한 것이고 건물이나 실내파괴는 그들의 내부압력 상승에 의한 것이다. 그러므로 폭발현상은 압력상승과 불가분하다고 생각된다. 그렇지만 어느 정도의 시간에 어느 만큼의 압력에 달했을 때를 폭발이라 할 수 있는가에 대해서는 명확한 정의가 없다.

(1) 화학적 폭발

열적 폭발현상이라고도 하며, 불안정한 화합물 또는 화약류의 분해폭발이나 혼합가스의 연소폭발 등이 이에 속한다. 화학적 폭발은 다시 폭연과 폭굉으로 구분할 수 있다.

1) 폭연

폭연은 비교적 낮은 속도로 전파되어 나가며, 연소생성물의 흐름방향은 연소파의 진행방향과 반대방향이다. 저폭약이란 것은 이와 같이 폭연하는 물질을 뜻한다. 이런 것들은 주로 추진제로 사용되며, 완벽하게 밀폐되어 있지 않으며 그 폭발력은 낮다. 저폭약의 예로서는 화포 및 로켓용 추진제, 내연기관의 혼합기 등을 들 수 있다.

2) 폭굉

폭굉은 그 전파 속도가 1 ~ 10km/s에 이르며 항상 그 매질에서의 음속보다 빠르다. 폭굉이란 충적파를 유지하는 에너지를 화학반응으로부터 얻는다. 연소생설물의 흐름방향이 충격파의 흐름방향과 같으며, 일반적으로 높은 압력이 발생한다. 고폭약이란 이와 같이 폭굉이 일어나는 폭약을 뜻한다. 이러한 고폭약은 밀폐되지 않은 상태에서도 큰 폭발력을 갖는다.

(2) 물리적 폭발

응상에서 기상으로 갑작스러운 상변화에 의한 폭발로서, 과열액체의 증기폭발이라고도 하며 보일러 내의 과열수의 폭발이 가장 좋은 예이다. 보일러 폭발의 위력은 고폭약의 폭발에 버금가는 파괴력을 보인다. 과열액체인 열수로 채워져 있던 보일러가 단순한 기계적 파괴에 의해서 압력이 급격히 떨어지면 열수와 수증기 간의 평형이 갑자기 무너져 열수는 과열상태가 된다. 대기압하에서는 이 온도의 열수가 존재할 수 없으므로 급격히 증발하여 물 전체가 거의 순간적으로 수증기로 변한다. 수백 배로의 갑작스러운 부피팽창은 큰 충격파를 동반한 대폭발을 일으킨다. 이 밖에도 물이나 그 밖의 액체가 매우 뜨거운 물질에 접촉하여 갑작스럽게 많은 증기를 만들 때 일어난다. 짙은 황산에 물을 부었을 때 발생하는 폭발도 반응열에 의한 증기폭발로 해석되며, 해저화산의 폭발, 용융금속과 물이 접촉할 때의 폭발 등이 모두 이와 같은 원리로 발생한다. 전자레인지에서 급속하게 과열된 달걀이 폭발하여 달걀껍질 파편이 어린아이의 눈에 박힌 사고 등도 급격한 상황변화에 의한 것이다.

(3) 기계적 폭발

안전장치가 고장난 고압용기의 파열, 자동차 타이어의 파열 등과 같이 구조물이 압력을 견디지 못하고 파열되는 갑작스러운 압력방출현상이 이에 해당한다. 열유체공학에서 사용되는 충격파관은 이와 같은 기계적 폭발에 의해서 충격파를 발생시키는 장치이다.

(4) 전기적 폭발

전기적인 에너지가 갑작스럽게 열에너지로 변환될 때의 현상이다. 가는 도선에 고전류를 흘리면 도선 폭발현상이 발생한다. 이 현상은 전기신관 등에 이용되고 있으며, 전기퓨즈의 끊어짐도 같은 원리이다. 일상에서 흔히 접하는 가장 좋은 예는 천둥번개현상이다.

(5) 핵 폭발

원자핵의 분열이나 융합으로부터 발생하는 질량손실에 의한 에너지의 급격한 방출현상이다. 이상과 같이 충격파를 지속시키는 에너지의 종류에 따른 폭발의 분류가 이해하기 쉬우나 실제 우리 주변에서 발생하는 폭발재해 중에는 두 가지 이상의 에너지가 동시에 또는 연속적으로 공급되면서 큰 피해를 일으킨다. 이와 같은 재해는 산업사회에서 피할 수 없는 일이기는 하나, 폭발재해를 예방하는 구체적 방법에 관한 지식과 기술의 부족에서 야기되는 것이 대부분이다.

(6) 혼합가스의 폭발

연료가스가 공기나 산소와 적당한 비율로 혼합되어 있는 경우, 점화원에 의해 점화가 되면 연소파의 전파에 의해서 폭발이 발생한다. 연료가스가 공기와 혼합되어 있을 경우, 연소할 수 있는 농도 범위를 폭발한계라고 한다. 도시가스로 주로 공급되는 메탄의 경우는 공기 중에 5～15%이고, 용기로 일반 가정에 배달되는 프로판은 2.2～9.5%이다. 메탄과 프로판을 비교할 경우, 조금만 누설되어도 폭발 가능 범위에 들고 공기보다 무거워 누설 시 아래쪽으로 가라앉는 프로판이 더 위험하다고 볼 수 있다. 일상에서의 폭발사고는 도시가스나 액화석유가스의 누설에 의한 혼합가스의 폭발이 대부분을 차지한다. 이러한 혼합가스의 폭발은 폭발에너지가 증기폭발이나 폭약의 폭발 등에 비해 작아 건물의 벽이나 유리창 등에는 큰 피해를 입히더라도 건물의 기초 부분에는 아무런 영향을 미치지 못한다. 오히려 폭발과 함께 발생하는 화재에 의해서 많은 인명과 재산상의 피해를 보는 경우가 많다.

대구 지하철공사장 폭발사고와 같이 복공판으로 밀폐된 아주 넓은 공간에 대량의 가스가 누설되고 점화된다면 상황이 달라질 수 있다. 밀폐된 공간에서 점화되어 전파하는 연소파는 초기에는 폭연이었지만 진행하면서 압력이 높아지고 전파속도가 가속되면서 음속을 넘어 폭굉으로 발달할 경우 그 피해는 예상을 뛰어 넘는 결과를 가져올 수 있다. 하수관에 누설된 도시가스의 폭발, 대규모 화학공장의 배관 내에서의 폭발과 탄광 갱도에서 발생하는 폭발이 엄청난 피해를 가져오는 것은 이와 같은 폭굉으로의 천이현상으로 설명할 수 있다.

3. 폭발사고 사례

(1) 아현동 가스폭발사고

1) 사고의 개요

아현동 도시가스 폭발사고는 1994년 12월 7일 오후 2시 52분경 서울시 마포구 아현1동 도로공원 한국가스공사 아현밸브스테이션 지하실에서 계량기 점검 시 전동밸브 틈새로 다량 방출된 가스가 환기통 주변 모닥불 불씨에 점화되어 폭발한 사고이다.

이 사고로 사망자가 12명, 부상자 101명 등의 인명피해와 건물 145동(전파 75, 부분파손 70), 동산 431건, 영업 손실 47점, 차량손실 92대 등의 물적 피해 및 이재민 210세대 555명 등 엄청난 손실을 초래하였다.

아현동 가스폭발사고

2) 피해상황

지하공간은 격리된 공간으로 가스가 폭발하거나 화재가 발생하면 바깥공기의 유입이 차단되어 대형 폭발로 이어진다. 또한 비상통로가 제한적이어서 심리적 불안감 및 외부와의 단절로 인한 폐쇄감을 더해, 복잡한 내부통로로 인한 방향성 상실로 많은 인명과 재산피해를 초래한다.

아현동 도시가스배관이 폭발하면서 대형 폭탄이 터지는 폭발음과 함께 불기둥이 50m 이상 치솟으면서 불은 순식간에 인근 건물로 옮겨져 주변 50m내의 가옥 150여 채가 전소되거나 파손됐다. 불길은 누출된 가스를 따라 순식간에 확산, 왕복 8차선의 마포로 건너편까지 번졌으며 아현동 및 공덕동, 만리동, 충정로, 노고산동 일대가 검은 연기와 유독가스로 뒤덮였다. 이 사건으로 12명이 사망했으며, 49명이 부상당했다. 재산피해는 약 6억 원에 달하였다.

이 사건을 수사한 바, 가스공급기지가 주택이나 상가 밀집지역 내에 위치하고 있었고, 구시가지로서 가스 · 전기 · 전화선 등이 무질서하게 매설되어 있었으며, 도시가스임을 나타내는 표지 및 안내판 등이 설치되어 있지 않았다. 또 평소 지하철공사나 수도관공사 등 가스배관이 파손될 위험이 있는 공사 시 관계기관과 협의하지 않는 등 적절한 사전대책을 강구하지 않은 것으로 판단되었다. 화재예방과 진압측면에서도 많은 문제점이 있었는데, 경보작동과 동시에 소방차가 출동할 수 있는 체제가 미비하였으며, 도심지 교통체증에 따른 신속출동도 지장을 받고 있었다.

3) 개선방안 및 대책

이 사건을 계기로 가스공급기지를 주택이나 상가 밀집지역이 아닌 안전지대로 이전하였고, 가스관리요원을 추가로 충원하였다. 도시가스관의 매설과 배관 깊이의 적정화를 위해 중압가스관은 지하 2～3m, 저압가스관은 지하 50cm 이상으로 매설하도록 하였다. 또한 가스 · 전기 · 전화 · 지하철 등 지하시설물의 설치에 세심한 주의를 기울임과 동시에 관계기관과 협의하도록 하였다. 가스누설 경보작동과 동시에 소방관서와 자동화재 속보설비를 설치하고, 가스누설 경보 작동 시 자동 비상방송시스템을 설치하였다. 사고발생 시에는 경찰과 협의하여 소방차 우선통행 조치를 취하였고, 대형 가스폭발사고의 경우 소방서장의 요청이 있으면 통상적인 절차에 우선하여 즉시 차단조치체계를 구축하였다.

(2) 대구 지하철공사장 가스폭발사고

1) 사고의 개요

1995년 4월 28일 대구시 상인동 70번지 영남중고교 앞 네거리 지하철 1호선 제1～2구간 공사장에서 일어난 가스폭발 사건이다. 인근 대구백화점 상인점 신축공사장에서 지반을 다지기 위해 천공작업을 하던 중 그 부근을 지나던 지름 100mm의 가스관을 파손해 이 가스관으로부터 새어 나온 가스가 하수관을 타고 지하철 공사장으로 흘러들어 고여 있다가 폭발하였다. 가스관이 파손된 지 30여 분이 지난 뒤에야 도시가스 측에 신고하였고, 신고를 받은 대구 도시가스 측도 신고 받은 후 30여 분이 지난 뒤에야 사고현장으로 통하는 가스밸브를 잠그는 등 늑장 조처로 큰 피해를 초래했다. 폭발음과 함께 약 50m의 불기둥이 치솟았으며, 지하철공사장 복공판 400여m 구간이 내려앉아 차량 150대가 파손되고 주택, 건물 등 80여 채가 파괴되었다. 그리고 등교 중이던 학생 42명을 비롯하여 사망 101명, 부상 145명 등 246여 명의 사상자를 냈다. 피해액은 약 600여억 원으로 추정되었다.

대구 지하철 가스폭발사고 사진

2) 피해상황

■ 인명피해

사망 101명, 부상 116명으로 총 217명의 인명피해로, 공사장 작업원 78명이 95. 4. 28. 7:00경 지하철현장에 투입되어 이중 5명이 사망하고 17명이 부상을 당했는데, 공사장 작업자의 인명피해 유형별 내용은 다음 표와 같다.

작업원 사상자 현황

작업위치			작업인원	사상자			비고
				계	사망	부상	
유형별	합계		78	22	5	17	정상 56
	사고구간	소계	34	22	5	17	정상 12
		지하 BOX내	10	–	–	–	정상 10
		지하 BOX외	12	12	4	8	
		지상	12	10	1	9	정상 2

작업위치			작업인원	사상자			비고
				계	사망	부상	
유형별	사고구간에서 원거리	소계	44	–	–	–	정상 44
		지하	41	–	–	–	정상 41
		지상	3	–			

■ **건물피해**

인근 건물피해는 날아간 복공판의 충격과 폭발진동 등으로 227동이 피해를 당했으며, 전파가 2동, 반파 7동, 부분파손 218동으로, 여기에는 경미한 피해자 요구 등 전 가구가 건물피해 대상이 되었다.

■ **차량파손 : 133대**

■ **지하철공사 피해**

지하철공사장 피해는 토류가시설 구조물 폭발 시 상향압력에 의해 버팀보 보다 띠장이 10～30cm씩 상방향으로 상승 이동되었으며, 이 과정에서 띠장과 H-Pile의 용접부가 파손되고 버팀보에 연결된 ㄷ형강, 형강이 심하게 변형되었다. 또한 버팀보에 설치된 Jack 다수가 파손 또는 절단되었는데, 이런 현상은 폭발지점으로 추정되는 부근 30m 구간에서 집중적으로 나타났다.

3) 사고의 원인

원인은 검 · 경 합동수사본부의 현장감식 및 국립과학수사연구소의 발표내용으로 확인한 결과 다음과 같다.

① 95. 4. 28. 오전 07:12분쯤 폭발사고 발생지역 남쪽 77m 지점의 대구백화점 상인동지점 신축공사장에서 그라우팅 천공작업 중 1.5m 지하에 매설된 직경 100mm의 도시가스관을 지름 75mm의 천공로드로 80mm 정도 천공 후 가스관통관 지름 100mm 정도 로드를 뺀 상태에서 천공작업 중지(가스관 파손 천공시간은 고려맨션에 설치된 정압기에 나타난 도시가스 압력변위 컴퓨터 기록자료로 추정)

② 도시가스관에서 약 4.0～4.2kg/cm^{2}의 압력으로 새어나온 가스가 모래층에 동공을 형성하면서 1.4m 떨어진 지점의 훼손된 빗물 유입관을 통해 하수관으로 유입

③ 하수관으로 유입된 가스는 하수 Box를 통해 77m 떨어진 지하철공사장으로 유입되면서,

지하철공사장에 매달기한 철재하수 Box 상부의 개구부를 통해 지하철공사장으로 유입

④ 가스관 파손 후 약 40분 뒤인 95. 4. 28 07:52경 지하철 하수 Box 개구부 부근에서 원인 불명의 화인으로 폭발한 것으로 추정

4) 개선방안 및 대책

■ 대책본부 설치

사고발생 직후 대구광역시와 지하철 건설본부는 신속한 사고수습 및 현장복구 조치로 최단기간 내에 시민편의시설 복구와 중단된 공사재개를 위하여 인근 달서구청에 종합사고대책본부와 공사현장 내에 공사장 복구반을 설치하고 각 협조기관의 모든 인력과 장비를 긴급 동원하여 주 · 야간 2교대로 사고 복구작업에 총력을 기울였다.

■ 인명피해 대책

사고자는 우선 병원에 안치한 후 유가족에게 인도하고 유족배상은 충분한 보상이 되도록 최대한 노력하였는데, 정부의 금융지원을 받아 시에서 우선 지급하고 나중에 책임 있는 회사를 상대로 구상권(求償權)을 행사할 수 있도록 했다. 또한 국민성금과 정부지원을 재원으로 위로금도 최대한 지급되도록 노력하였다. 부상자에 대해서는 완치가 될 때까지 책임지고 상해 정도에 따라 보상금을 지급하며 치료과정에서 보호자들이 겪는 불편사항이 모두 해결되도록 담당직원을 파견하였다.

■ 피해건물 대책

피해건축물에 대해서는 경미한 파손에 대해 건물주가 수선 후 견적서를 제출하면 사실 확인 후 대금을 지급하며, 전파 · 반파 건물은 구조안전진단과 사정절차를 거쳐 보상하도록 하였다. 또 건물 파괴로 영업을 하지 못한 부분에 대해서는 손실기관에 따라 영업권을 보상하고 가재도구 파손분에 대해서도 피해액을 정밀 산정하여 실비를 보상하도록 하였다. 또한 손해를 입은 건물에 대해서 재산세, 도시계획세, 취득세, 등록세, 면허세 등을 감면하도록 하였다.

4. 폭발 단계별 대책

대규모 폭발사고 발생에 따른 위기상황에 대비한 정부차원의 대응체계를 정립하여 위기상황으로 발전하는 요인을 사전제거, 감소시키기 위한 일련의 예방 · 대비 · 대응 및 복구활동의 기본방향 및 목표설정을 목적으로 재해관리대책을 마련하였다. 이를 위해 재난관리체계를 구성하며 이에 대한 세부내용은 다음과 같다.

- 행정안전부(중앙재난안전대책본부)와 소방방재청(중앙긴급구조통제단)에서 국가차원의 체계적인 재난관리업무 수행
- 시 · 도 단위로 지역재난안전대책본부 · 긴급구조통제단을 설치 · 운영
- 한국전력 · 가스공사 등 재난관리책임기관 및 긴급구조지원 기관 등과 연계하여 자체 재난관리 계획을 추진하도록 함
- 정부의 재난관리시책을 관련단체 등에 계도 · 홍보를 통하여 범국민적 관리의식 정착 유도

상기와 같이 가스나 유류사용의 미흡으로 폭발로 인한 피해 및 위험요소를 사전에 발굴하고, 폭발사고와 관련된 신속한 대응복구체계를 위한 정책과 제도를 마련하여 폭발로 인한 위험발생을 차단하고 억제한다. 주변시설물의 위험요인을 파악하고 예방활동 등을 위한 세부 재난관리 대책은 다음과 같이 예방대책, 대비대책, 대응대책 및 복구대책으로 분류된다.

(1) 예방대책

1) 다중이용시설 등 취약시설에 대한 예방 및 경계활동 강화

① 대형피해가 발생할 우려가 있는 관리대상시설물 지정관리
② 유사시 대형 피해확대가 예상되는 관리대상시설물 관리감독 강화
③ 지하시설물(지하가 · 터널 · 공동구 등)의 체계적인 소방 안전확보 강구
④ 취약시기별 · 유형별 등 특별소방안전대책 수립 · 추진
⑤ 비상구에 대한 사전고지로 유사시 인명피해 저감대책 강구
⑥ 다중이용건축물의 소방시설 · 건축기준의 엄정집행 및 감독지도
⑦ 대국민 소방안전교육 프로그램 개발 · 운영
⑧ 민간 자율적인 안전문화 환경조성을 위한 격려시책 추진
⑨ 대국민 안전문화 제고를 위한 소방홍보활동 지속 전개
⑩ 안전체험관 등 설치 · 운영 확대로 체험기회 확산
⑪ 어린이 안전사고 방지를 위한 종합대책 추진

2) 폭발사고 예방을 위한 제도기준 제정 및 정비

① 국가화재안전기준(NFSC) 보강 및 강화
② 백화점 등 다중이 이용하는 시설에 대한 폭발영향평가제도 도입
③ 폭발 등에 영향을 주는 안전관련법령 연계관리 강화
④ 대량위험물취급 화학공장 등 화재 · 폭발사고 방지대책 수립

⑤ 대규모 석유화학단지(5단지 326개소) 소방안전대책 강구

(2) 대비대책

1) 유관기관 간 소방협조 및 지원체제 구축

① 신속한 폭발발생 경보 및 전파체계 확립
② 자치 단체의 자원동원 매뉴얼 개발 및 자원지원 체계 확립
③ 재난유관기관 간 신속한 상황전파를 위한 신고 일원화
④ 자치 단체의 재난대응능력 강화를 위한 평가 프로그램 개발

2) 현장지휘체계 강화 및 초동대응태세 확립

① 폭발 등 재난상황관리 철저 및 보고체계 확립
② 재난유형별 긴급구조대응계획 정비 및 보급
③ 신속한 폭발현장 보고 및 지휘체계 구축
④ 신속한 재난대응활동을 위한 대응프로그램 개발 · 연구

3) 폭발사고 대비 효율적 진압 등을 위한 대책 강구

① 인근 지자체 · 소방서 간 응원체제 구축 및 가동훈련
② 폭발취약지구 등 소방통로 확보로 신속한 현장대응능력 강화
③ 자원봉사자 등 민간단체 연계 · 조직화 활용방안 강구
④ 자율 소방력 강화를 위한 자위소방대 운영, 교육 · 훈련 등 강화
⑤ 소방관서 · 인력 및 장비의 연차적 보강 및 현대화

4) 재난대비 실효성 있는 소방교육 · 훈련 강화

① 대형 · 특수 재난대비 훈련의 내실화
② 전문구조대원 양성을 위한 특수 교육훈련 실시
③ 임무확인 · 대응절차 숙달을 위한 유관기관 합동 소방교육 · 훈련
④ 선진 소방기법 도입, 교육훈련 프로그램 개발 등 훈련시스템 발전
⑤ 복잡 · 다양한 재난에 대한 신속한 인명구조 능력제고

5) 현장대응능력 강화를 위한 기반 구축

① 화재조사 전문화 및 현장대응능력 강화
② 광역 소방 응원출동체제 구축으로 소방력 운용의 효율화
③ 의용소방대 조직관리의 내실화를 통한 기능의 활성화 및 강화
④ 재난관련통합시스템 및 소방종합정보망 구축

6) 현장 출동자원의 총체적 현장지휘 및 대응시스템 구축

① 표준작전절차(SOP) 활용으로 현장지휘 체계 확립
② 재난의 예측 및 대응체제 개선
③ 훈련 · 통신체계의 단일화로 자원봉사조직의 현장활동 인프라 구축
④ 생화학테러 등 특수재난 대비구조 구급능력 향상

(3) 대응대책

1) 통합 지휘 · 통제체제 확립

① 대응역량 집중을 위해 유관기관 통합 지휘체계 강화
② 유관기관 통합작전이 가능한 군 CP 개념의 지휘체계 확립
③ 유관기관 비상자원동원 통합관리시스템 구축

2) 효율적 폭발사고 진압 및 구조구급활동 전개

① 신속 · 정확한 상황보고 · 전파 및 유관기관 협조체제 유지
② 신속 · 정확한 상황관리 및 지휘로 재난대응능력 강화
③ 폭발사고 유형별 · 사안별 전문 진압 · 구조요원 신속 배치

3) 응급구조 · 구호체계 신속 가동

① 신속한 피난유도 및 인명구조 · 구급활동을 최우선으로 실시
② 응급의료전문기관 상호협조체제 구축 및 신속 가동
③ 민간구조단체와 합동으로 긴급구조 · 구급활동 전개
④ 이재민 수용 · 급식 등 생필품 구호, 의연물품 등 접수 및 배분

(4) 복구대책

1) 수습 및 복구

① 민 · 관 · 군 합동구호 및 라이프라인 피해복구 통합지원체제 운영
② 대한적십자사, 민간단체 및 자원봉사자 등 민 · 관 합동구호 조치
③ 각종 안전조치 및 폭발 잔재물 수거 처리
④ 신속 · 정확한 피해조사에 의거 복구지원계획 수립
⑤ 긴급구조 및 복구활동상황 보도 및 주민홍보

2) 신속한 폭발원인 및 피해 조사

① 단계별 폭발대응활동 평가 및 평가결과 환류
② 폭발원인 철저 규명을 통해 유사사고 재발방지대책 강구
③ 사고원인 분석자료 등을 근거로 한 관련부처 합동대책 회의

5. 폭발사고 대비 국민교육

(1) 폭발사고의 일반적인 대처방안

일반적인 폭발사고 발생 시 대처방안에 대해 폭발사고 예방, 폭발사고 발생 시로 분류하여 세부 행동사항을 정리하였으며, 세부내용은 다음과 같다.

1) 폭발사고 예방

① 가스가 누출되었을 때에는 체류하는 가스를 밖으로 내보내는 등 즉시 환기를 하고 전기스위치나 화기사용을 금지함
② 먼지가 많이 발생하는 밀폐공간 등에서는 집진설비를 설치해야 하며, 화기사용을 억제함
③ 과열되기 쉬운 가전제품, 보일러 등은 무리해서 사용하지 말고 항상 안전밸브 등을 확인점검함
④ 휴대전화, 노트북 등의 축전지는 장시간 또는 고온의 장소에서 사용을 억제하고 금속물질과 함께 보관하거나 무리한 압력을 가하지 않음
⑤ 휴대용 부탄가스, 헤어스프레이 등 폭발성 용기는 반드시 구멍을 뚫어 잔류가스를 배출한 후 폐기
⑥ 여름철 가스라이터 등 폭발성 위험물질을 자동차에 두지 않음
⑦ 의심이 되는 폭발물을 발견 시 근처 경찰서나 군부대에 신고

2) 폭발사고 발생

① 건물 안에서는 2차 폭발에 대비하여 신속히 밖으로 대피 실시

② 폭발사고 때에는 굉음으로 청각장애를 초래할 수 있으므로 귀를 막고 대피

③ 폭발사고 시에는 멀리 떨어진 장소, 차폐벽이 있는 장소 등 안전한 곳으로 신속히 대피

④ 연기 · 가스에 의한 질식 등에 대비하여 바람이 불어오는 방향으로 파편이나 낙하물에 주의하면서 대피

⑤ 부상자는 즉시 안전한 장소로 먼저 옮긴 후 응급조치 실시

⑥ 추가폭발에 대비 전기스위치와 화기사용 등을 금하고 가스 중간밸브 등을 잠근 후 창문을 열어 자연환기를 실시

SECTION 05 교통사고

1. 개요

(1) 교통사고의 정의

교통의 사전적 의미는 사람이나 화물을 한 장소에서 다른 장소로 옮기는 행위를 말한다.

교통사고

오랜 옛날에 사람들은 위험으로부터 부족한 식량과 목숨을 지키기 위해 주변 환경조건을 이용하여 좀 더 신속하고 용이하게 짐을 나를 수 있는 기술을 고안해내기 시작했으며, 이러한 인간의 노력의 결과로 오늘날 교통수단의 발전을 가져올 수 있게 되었다. 교통사고는 교통기관의 범위와 사고발생장소에 따라 최광의(最廣義), 광의, 협의, 최협의(最狹義) 등 4가지 교통사고로 구분해 볼 수 있다.

1) 최광의(最廣義) 교통사고

최광의 교통사고는 차, 궤도차, 열차, 항공기, 선박 등 교통기관의 교통으로 인하여 다른 교통기관, 사람 또는 물건에 충돌 · 접촉하거나 충돌 · 접촉의 위험을 야기케 하여 사람을 사상하거나 물건을 손괴한 경우를 말한다. 육상 · 해상 · 항공 교통사고를 망라하고 민사 · 형사 · 행정책임의 기초가 된다.

2) 광의(廣義) 교통사고

광의 교통사고는 '차 또는 궤도차의 교통으로 인하여 사람을 사상하거나 물건을 손괴한 육상교통의 경우를 말한다. 즉 육상에서 발생한 교통사고를 의미하며, 차 또는 궤도차의 운전자, 조종사 또는 그 보조자 등이 고의 또는 과실에 의하여 다른 교통기관, 사람 또는 물건에 접촉 · 충돌하거나 접촉 · 충돌할 위험을 야기하여 사람을 사상하거나 물건을 손괴하여 피해결과가 발생한 경우를 말한다.

3) 협의(狹義) 교통사고

협의 교통사고는 차의 교통으로 인하여 사람을 사상하거나 물건을 손괴한 것으로 교통사고처리특례법상 교통사고를 말한다. 일반적으로 교통사고라 함은 교통사고처리특례법 제2조 제2항에서 규정하고 있는 개념을 의미하며 장소적 범위로는 도로교통법상 도로를 불문한다. 교통사고처리특례법상 형사책임의 기준이 된다.

4) 최협의(最狹義) 교통사고

최협의 교통사고라 함은 도로에서 차의 교통으로 인하여 사람을 사상하거나 물건을 손괴하는 것을 말한다. 이는 도로교통법 제54조 제1항에서 규정하는 개념을 의미하며, 장소적 범위는 도로에 한정된다. 도로교통법상 형사 · 행정책임의 기초가 된다.

(2) 교통사고의 요인

교통사고는 크게 사람 · 도로환경 및 시설 · 자동차 등의 여러 요인 중 하나 또는 그 이상이 복합적으로 결합되어 발생하게 되므로 종합적인 측면에서 사고 유발 요인을 살펴보아야 한다.

1) 인적 요인

교통활동의 주체인 사람에 의한 사고의 영향은 교통수단인 차량이나 교통 환경에 속하는 도로시설에 비해 상대적으로 중요하여 운전자와 보행자의 신체적 · 정신적 상태와 사고현장에서의 직 · 간접적인 행동, 그리고 사람으로부터 파생되는 인적인 요인이 결정적인 영향을 미치는 경우가 대부분이다.

2) 도로환경적 요인

도로환경적 요인으로는 도로의 선형불량(급커브, 급경사) 및 도로구조의 결함, 야간의 시인성 또는 교통안전시설의 미비, 교통운영 및 규제사항 부적절, 장애물 및 이상기후에 의한 시계불량, 노상장애물, 교통장애물, 노면 미끄러움, 노면 손괴 및 요철도로 부대시설 미비, 도로구조와 시설의 부조화 등을 들 수 있다.

3) 차량적 요인

차량의 결함으로 인한 사고는 전체사고에 비하면 비중이 크지 않지만 차량의 결함으로 인해 위험상황에 처하게 되면 대형사고로 연결될 가능성이 매우 높다. 교통사고의 원인이 될 수 있는 차량요인은 엔진장치, 제동장치, 조향장치, 등화장치, 현가장치, 타이어 및 와이퍼 결함 등을 들 수 있으나 대부분 제동장치의 결함 및 타이어 관련 결함이 대표적인 원인이라 할 수 있다.

(3) 교통사고의 성립요건

교통사고는 다음과 같은 성립요건을 필요로 한다.

장소적 요건으로 도로교통법에서는 도로에서 발생한 사고를 전제로 하지만 교통사고처리특례법상으로 교통사고는 반드시 도로에서 발생하는 것에 한하지 않고 판례의 입장도 교통사고는 차의 교통으로 야기된 것이면 도로에서 발생한 것뿐만 아니라 도로 이외의 장소에서 일어난 경우에도 교통사고에 해당된다.

■ 차에 의한 사고이어야 한다

교통사고처리 특례법 제2조 제2호에서는 「'교통사고'라 함은 차의 교통으로 인하여 사람을 사상하거나 물건을 손괴하는 것을 말한다.」라고 정의하고 있으며, 여기서 말하는 "차"라 함은 도로교통법 제2조 제16호의 규정에 의한 차와 건설기계관리법 제26조 제1호의 규정에 의한 건설

기계를 말하는데, 도로교통법상의 차는 자동차 · 건설기계 · 원동기장치자전거 · 자전거 또는 사람이나 가축의 힘 그 밖의 동력에 의하여 도로에서 운전되는 것으로써 철길 또는 가설된 선에 의하여 운전되는 것과 유모차 및 신체장애자용의 자차 외의 것을 말한다.

■ **차의 교통으로 인해 발생한 사고이어야 한다**

"교통"이라 함은 도로에서 사람의 왕래나 화물의 운반을 위한 차의 운행 즉, 차를 당해 장치의 용법에 따라 사용하는 것을 말하며 조정을 포함한다. 그러나 차량을 밀고 당기거나 이를 위하여 핸드브레이크를 조작하고 에어컨이나 히터를 켜기 위하여 시동을 거는 행위는 운전으로 볼 수 없다.

■ **손해의 결과가 발생하여야 한다**

"사람을 사상하거나 물건을 손괴하였을 때"라 함은 그 차의 운전자를 제외한 사람을 사상하였거나 운전 중인 당해 차량을 제외한 다른 물건을 손괴하였을 때를 말하며, 피해가 없는 경우에는 도로교통법상 법규위반의 문제만 발생할 뿐 교통사고에는 해당하지 아니한다.

■ **사고의 법규위반과 피해의 결과 사이에 인과관계가 있어야 한다**

인과관계의 정도는 긴밀한 조건관계일 필요는 없고 상당한 인과관계면 족하다고 할 것이다.

■ **업무상 과실이 있어야 한다**

차의 운전자로서 업무상 요구되는 주의 의무를 소홀히 하여 차의 운행 중 사실을 인식하지 못하고 피해의 결과를 발생시킨 것을 말한다. 교통규칙을 준수하는 차의 운전자는 상대방도 교통규칙을 준수하리라는 것을 신뢰하면 족한 것으로 상대방이 교통규칙을 위반하는 경우까지 예상하여 통상의 수준을 넘는 고도의 방어조치를 취할 의무는 없다할 것이다. 그러므로 여기서 말하는 주의 의무는 평균적으로 건전한 상식을 가진 보통의 운전자를 기준으로 객관적으로 판단하며, 객관적 주의 의무의 일반적 기준은 도로교통법 제48조에서 말하는 안전운전의 의무 규정으로 봄이 타당할 것이다.

2. 교통사고의 영향 및 피해유형

도로교통안전은 국민의 행복과 국가경쟁력 평가의 중요한 지수가 되었다. 지금 세계 여러 나라는 국가경쟁력 강화와 국민의 안녕을 위해 도로에서의 교통안전에 막대한 관심과 투자를 아끼지 않고 있다. 우리나라에서도 도로에서의 교통사고가 중요한 사회문제로 등장하자 1983년도부터 정부를 비롯한 각계에서 교통안전대책을 체계적으로 수립 · 시행해 오고 있다.

1999년 이후 교통사고 발생건수는 연평균 1.7%, 사망자는 4.6% 감소하고 있는 추세를 보이고 있다. 이러한 교통사고의 감소추세 원인은 안전띠 착용의 생활화, 양질의 운전자를 위한 교통안전교육 강화, 과학적 장비 등을 통한 양적 단속에서 질적 단속으로의 정착, 운전 중 휴대전화 사용금지, 국민들의 교통질서 의식향상 등이다.

2009년 한 해 동안 도로에서 발생한 교통사고는 231,990건으로 5,838명이 사망하고 361,875명이 부상당했다. 인구 10만명당 교통사고 사망자가 12.0명, 자동차 1만대당 사망자가 2.8명으로 미국, 영국, 일본, 독일, 프랑스 등 선진 외국에 비해 교통사고로 인한 인명피해가 많이 발생하고 있다. 1일 평균 636건의 교통사고로 약 16명이 사망하고 991명이 부상을 당한 셈이다. 이러한 교통사고의 피해로 인해 자동차보험회사 등 손해보상대행기관의 손해액은 우리나라 GNI의 약 0.7% 수준인 7조 9,109억 원으로 집계되고 있다.

(1) 교통사고 인적 피해유형

① "사망"이란 교통사고 발생 시로부터 30일 이내에 사망한 경우(99년까지는 72시간 이내)
② "중상"이란 교통사고로 인하여 3주 이상의 치료를 요하는 부상을 입은 경우
③ "경상"이란 교통사고로 인하여 5일 이상 3주 미만의 치료를 요하는 부상을 입은 경우
④ "부상신고"란 교통사고로 인하여 5일 미만의 치료를 요하는 부상을 입은 경우
※ 통합 DB에서 보험 및 공제조합의 경우 사망(기간 관계없음)과 부상(장해등급)의 기준이 상이함

(2) 인명피해에 따른 구분

① 대형사고 : 사망자가 3명 이상이거나 부상자(사망자 포함)가 20명 이상인 사고
② 사망사고 : 사망자가 1명 이상인 사고
③ 중상사고 : 사망자가 없이 중상자가 1명 이상인 사고
④ 경상사고 : 사망자, 중상자 없이 경상자가 1명 이상인 사고
⑤ 부상신고사고 : 사망자, 중상자, 경상자 없이 부상신고자가 1명 이상인 사고
⑥ 중사고 : 사망 또는 중상자가 1명 이상인 사고(사망사고+중상사고)

(3) 기타 부문별 교통사고피해의 정의

① 노인운전자사고 : 제1당사자의 연령이 65세 이상인 사고

② 여성운전자사고 : 제1당사자의 성별이 여성인 운전자가 발생시킨 사고

③ 고속국도사고 : 고속국도 내에서 발생한 사고

④ 이륜차사고 : 제1당사자의 승차 차종이 이륜차인 사고(원동기장치 자전거 제외)

3. 교통사고의 대책

(1) 항공 재난대책 계획의 개요

항공재난사고

1) 목적

항공재난 발생의 최소화를 위해 실효성 있는 안전대책 수립, 시행과 항공기 사고 발생 시 즉각 대처할 수 있는 단계별 대응체계 확립으로 신속한 복구와 함께 인적 · 물적 피해 및 국민 불편을 최소화하는 것이 목적이다.

2) 재난관리의 여건 및 전망

① 국제 항공운송시장의 지속적인 성장에 따른 국내 수요 증가
② 사고 발생률은 감소하고 있으나, 선진국 수준에는 다소 미흡
③ 국민 소득 증가로 인한 항공 레저 · 스포츠 대중화로 안전사고 우려

3) 재난관리대책의 기본방향 및 추진전략

■ 기본방향

① 항공사고로 인한 사망사고 발생 건수의 지속적 감소
(2014년까지 10만 비행 횟수당 0.2건 → 0.041건) 추진
② 항공기 사고발생 대비는 신속하고 체계적인 대응체계 확립

■ 추진전략

구분	내용
항공사고 예방활동 강화	• 분야별, 계절별 안전감독활동 추진
	• 안전성 향상을 위한 민 · 관 항공안전 협력체제 강화
	• 제반 항공안전정보의 통합관리 및 체계적인 분석을 통한 과학적인 사고 예방체계 확립
	• 항공로 확충 및 국제공항 이착륙절차 개선
	• 항행안전시설의 확충 및 보강
	• 공항시설의 안전위험요소 최소화
항공기 사고발생 대비 대응체계 확립	• 공항별 비상계획의 지속적 보완
	• 주기적인 사고대비 모의훈련의 실시
	• 관련 기관간 협력체계 보완 및 강화

4) 재난관리 체계

■ **상황보고 체계**

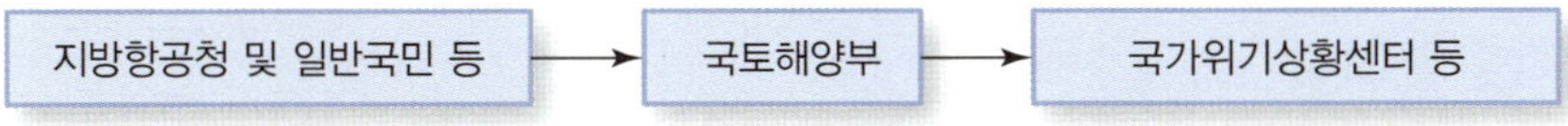

■ **긴급 구조 · 구급체계**

소관지방 지방항공청에 사고수습통제본부를 설치하고, 관련기관 간 협조체제 유지 및 지원 등을 통해 사고 수습

■ **기관별 조치사항**

최초 보고기관이 구조활동 등 초동조치를 취하고 지방항공청(사고수습본부)은 본격 수습에 들어가며 국토해양부는 사고조사 등 실시

(2) 항공 재난관리대책

1) 예방대책

■ **분야별, 계절별 안전감독 활동 추진**

① 항공사 등에 대한 상시 안전감독

② 군 · 관 합동 안전점검

■ **민 · 관 항공안전 협력체제 구축**

국토부 및 항공사 간 항공안전 상시협의회를 반기 1회 또는 필요시 운영하여 안전증진 방안을 협의하고, 항공안전 감독결과 평가회의를 분기별로 개최하여 문제점 토의 및 개선방안 마련

■ **국제항공안전기준의 국내규정 반영**

국제민간항공기구(ICAO)에서 제정한 국제표준 이행 여부 확인을 위해 지속적인 모니터링을 시행하여 미비점 보완 및 정비

■ **항공안전정보의 통합관리 및 분석을 위한 정보시스템 구축**

항공기 운항 · 관제정보, 항공사 감독정보 등 각종 정보를 체계적으로 관리 · 분석할 수 있도록 통합정보시스템 운영

■ 신항법체계(성능기반항행 : Performance Based Navigation) 구축

국제기준에 적합한 PBN 로드맵 수립 및 단계별 이행

■ 항행안전시설의 확충 및 보강

① 첨단기능을 갖춘 공항 레이더시설 현대화
② 안전강화 및 결항률 감소를 위한 착륙시설 현대화
③ 항공기 운항의 정시성(定時性) 확보를 위한 공항접근시설 현대화
④ 항공로 구성시설 및 항공이동통신시설 현대화

■ 공항시설의 안전위험요소 최소화

국제기준에 적합한 공항시설 완비

■ 중장기 항공정책기본계획(항공안전부문) 수립

① 항공안전 · 인력양성 · 환경보호 등 안전부문에 대한 세부 추진과제 발굴 및 추진일정 등 검토
② 연도별 종합적인 항공안전정책 기본계획을 수립 · 시행

2) 대비대책

■ 항공사고 대비체제의 지속적 보완

공항별 비상계획 보완

■ 사고대비 모의훈련 실시

① 종합훈련(1회/2년)
② 부분훈련(1회/1년)
③ 도상훈련(매 6개월)

3) 대응대책 : 중앙사고수습본부의 구성

지방항공청을 수습통제본부로 하는 사고수습대책본부(공항공사), 기체처리본부 및 사고대책반 등 현장대책반과 항공철도사고조사위원회가 소속된 중앙사고수습본부(국토해양부)를 구성한다.

4) 복구대책

■ **수습 및 복구체계**

중앙사고수습본부 부본부장(항공정책실장)은 상황반, 홍보반, 관리반, 조사반, 지원반을 관할하고, 중앙사고수습본부장(국토부장관 또는 제2차관)은 수습 및 복구체계를 총괄한다.

■ **사고유형별 대책기구**

사고 유형	기구 명칭	위원장 또는 본부장
• 대형사고 – 인명과 재산피해가 매우 크며 그 영향이 광범위하여 범정부적 종합대처가 필요한 사고	• 중앙재난안전대책본부 • 중앙사고수습본부 • 지역사고수습본부	• 행정안전부장관 • 지방행정 • 기관장
• 중형사고 – 국민의 관심이 집중되어 주무부처 또는 지방행정 기관의 대처가 필요한 사고	• 중앙사고수습본부 • 지역사고수습본부	• 제2차관 • 지방행정 기관장

(3) 철도 재난대책 계획의 개요

1) 목적

철도재난에 효율성 있는 대응체계 구축을 통한 국민의 생명과 재산피해를 최소화 하고 신속한 복구로 국민의 불편을 최소화하는 것이 목적이다.

2) 재난관리의 여건 및 전망

① 철도사고는 크게 감소하였으나 테러 위험은 상존

② 철도구조개혁, 고속철도 개통, 철도운행 증가 등 철도산업 및 철도운영 환경의 변화에 따른 새로운 형태의 사고발생 우려

③ 철도터널, 교량 및 역사 등 안전관리 대상 구조물 증가에 따른 철도구조물과 관련된 재난사고 증가 예상

④ 신규 또는 소규모 철도운영기관의 증가로 철도종사자의 안전관리 경험 및 전문성 부족에 기인한 안전사고 위험

철도재난사고

3) 재난관리대책의 기본방향 및 추진전략

■ **기본방향**

① 선진국 수준의 철도교통 안전 및 재난체계 확립
② 철도사고 위험요인의 지속적인 발굴과 능동적인 대응
③ 수립 중인 제2차 철도안전종합계획(2011-2015)에 반영

■ **추진전략**

① 사고예방 및 위기관리체계 구축
② 철도시설 · 차량의 안전성 확보
③ 철도종사자 위기대응 능력 향상 및 안전의식 제고

4) 재난관리체계

국토해양부 주관으로 유관중앙행정기관 및 지자체 등과의 협조체계를 가동 · 운영하고, 협조기관의 협조를 받아 구조 및 구호 등 응급조치를 실시하여 항구복구대책 추진

5) 재정투자계획

① 일반철도시설 유지보수 추진(71노선 7,453km)
② 일반철도시설 개량 추진(71노선, 3,108km)
③ 철도교통관제 운영 및 구축(관제운영 3개소, 구축 1개소)
④ 철도건널목 위탁 관리(172개소)
⑤ 국가주요시설 방호비 지원(15개소)
⑥ 철도건널목 입체화 추진(29개소)
⑦ 철도안전정보 종합관리시스템 구축 등(시스템 구축 및 SE 과제 1식)
⑧ 안전사고예방을 위한 안전시설 설치(스크린도어 194역, 엘리베이터 32역, 에스컬레이터 4역 등)

(4) 철도 재난관리대책

1) 예방대책

■ 철도사고 조사 및 위기관리체계 구축

① 철도사고 조사의 전문성 · 효율성 강화
② 철도사고의 과학적 관리체계 확립
③ 자체적인 사고예방 노력 및 사고수습 · 복구 등 위기관리능력 향상
④ 철도사고 예방을 위한 대국민 홍보 강화

■ 철도종사자의 자질향상으로 재난예방 기여

① 철도차량 운전면허제도 실시 및 기관사의 승무적합성 검사 시행 관리감독 철저
② 철도차량 교육장비의 보급 확대 및 체계적인 안전교육 시행
③ 관제업무 종사자의 전문성 확보 및 교육훈련 지속 실시

■ 안전시설 및 설비개선 · 보완, 사고요인 사전 제거

① 철도 대형 충돌사고 대비 기존선 건널목 개선

② 지하역 승강장 스크린도어 설치 및 일반인 출입방지 안전 펜스 등 선로보호 방호울타리 보강 · 설치
③ 침입자 감시를 위한 CCTV 및 안전감지장치 등 설치
④ 지하역사 및 터널 내 화재사고 대비 방재설비 개선
⑤ 열차운행선 공사 시 안전대책 수립 및 시행

■ **교량 · 터널 등 철도운행 관련 취약시설 집중관리**

① 안전기준 준수 여부 실태점검, 취약점 발굴 · 개선
② 교량 · 터널 등 취약시설을 특별 지정하여 정밀안전진단 등 집중관리
③ 대형사고 유형별 징후목록 유지 및 정기 · 수시 평가

■ **철도차량의 안전성 제고**

① 철도차량의 현대화 및 성능개선
② 신조(新造) 도입 철도차량 운행 전 성능시험 시행
③ 철도차량 유지보수의 과학화, 체계화

■ **예방중심의 철도안전관리 체계 강화**

① 철도종합안전심사 시행
② 신설, 개량선에 대한 사전점검 등 종합시험운행 시행
③ 철도위험물 안전 운송체계 확립

■ **해외 고속철도 안전사고 예방 및 대응기법 분석 · 활용**

① 해외 대형사고 사례 종합분석 및 대응기법 연구
② 해외 각국의 철도관계기관과 협력관계 구축, 각종 철도안전사고 관련 매뉴얼 입수, 분석 · 활용

■ **폭파협박 등 테러 · 안전 위협정보 입수 · 대처**

① 철도 테러협박, 폭발물 등 의심스런 물품 발견 신고접수 및 유관기관 전파체계 구축
② 테러협박 관련 정보입수 시 군 · 경 대테러 특공대 긴급출동 및 유관기관 합동조사반 현장 파견, 상황 판단

2) 대비대책

■ 긴급구조 · 구난체계 구축

① 장대터널 · 장대교량에 승객 대피소 및 긴급 대피로 확보 · 관리
② 긴급구조 · 구난차량 및 장비진입로 확보 및 신속 출동체제 구축

■ 사고대비 인력 · 장비 · 물자동원 태세 구축

① 비상복구팀 24시간 상시 운영 및 비상연락망 유지
② 사상자 운반 및 긴급 구조용 특수장비 확보
③ 비상복구장비 · 자재 확보, 적정 배치 및 업체 협력체계 구축

■ 유관기관 협조체제 구축

① 철도관련 유관기관 역할분담 및 협력체계 점검
② 사고 발생시 대비 현장 지휘체계 구축 · 유지
③ 철도 대형사고 예방 감시 · 신고 · 전파체계 구축 등 비상연락 체계 강화

■ 교육 · 훈련 및 홍보활동 강화

① 철도관계자 대상 사고유형별 대처요령 숙지 교육 실시
② 철도사고 장소별 · 유형별 가상상황 설정, 도상 모의훈련 및 관계기관 합동 현장 모의훈련 실시
③ 사고발생 시 승객 대피요령 · 대응방법 등 언론매체 활용, 다양한 홍보활동 적극 전개

3) 대응대책

■ 철도사고 등의 보고

① 철도사고 등의 즉시보고
② 철도사고 등의 조사보고

■ 신속한 상황보고 · 전파 및 유관기관 협조체제 유지

① 사고형태 · 인명피해 규모 등 사고현장 상황 파악, 신속보고 · 전파
② 긴급구조활동 관련 유관기관 간 역할분담 등 공조체제 유지
③ 기관별 대응관리체계 가동 및 대응

■ 초동조치 등 긴급구조활동 전개

① 사고열차 및 전후방 관계열차 비상정차, 2차 사고방지
② 승객대피 유도 및 민간 구조단체와 협조, 합동으로 구조 · 구호활동 전개
③ 현장 의료구호소 설치, 사상자 응급조치
④ 열차화재 발생 시 자체 진압 및 긴급구조기관 출동

■ 재난안전대책본부 등 범국가적 대책기구 설치 · 운영

① 사고의 규모 등을 감안, 필요시 재난안전대책본부 설치 · 운영
② 중앙, 시 · 도, 시 · 군 · 구 재난안전대책본부 설치
③ 중앙사고수습본부 · 중앙사고수습지원본부 등 설치, 사고현장 실태 파악 및 대응체제 가동
④ 중앙안전관리위원회 소집, 기관별 임무 협의 · 조정

■ 정부 위기관리 활동 대국민 홍보

① 필요시 사고수습 주관기관인 국토해양부장관이 중앙재난안전대책 본부장과 협의하여 담화문 발표
② 필요시 비상홍보센터 설치 · 운영, 사고상황 등에 대한 정부 대응활동 브리핑 및 대국민 홍보활동 전개

4) 복구대책

■ 복구지원팀 구성, 피해복구 통합지원체계 가동

① 피해규모 파악 및 복구지원계획 수립
② 각급기관 긴급 대응반과 연계, 효과적 수습 및 복구대책 강구
③ 사고의 수습 · 복구활동에 대한 기록 · 관리 및 결과 종합보고
④ 예비군 · 민방위 · 군 및 사회단체 등에 의한 복구활동 통합 지원

■ 사고원인 조사 및 재발방지대책 강구

① 항공 · 철도 사고조사위원회의 사고원인 조사
② 사고원인 분석 · 평가 및 문제점 도출 등 재발방지대책 수립
③ 주요사례 분석, 항구적 관리시스템 개발

■ 사상자 처리 및 장례 등에 대한 지원대책 강구

① 사상자 후송상황 확인, 소요 병실 확보 및 의료진 협조 조치

② 사상자 신원파악 및 피해자 가족과의 연락, 보상문제 등 협의

③ 합동분향소 설치, 합동 · 개별 장례 여부, 유가족 편의 제공

■ 복구 진행상황 보도 및 홍보

① 복구 및 사고 피해자 등 정부지원 계획

② 철도운영 및 안전관리 개선대책 등 홍보

(5) 도로 재난대책 계획의 개요

도로 재난사고

1) 목적

「재난 및 안전관리기본법」에 의거 도로재난을 사전 예방하고 피해발생 시 효율적으로 대처하여 국민의 생명과 재산을 보호하는 데 목적이 있다.

2) 재난관리의 여건 및 전망

재난관리의 여건 및 전망

여건의 변화	• 해마다 도로연장, 자동차 보유대수 및 교통량 증가 • 도로시설물의 노후화 및 차량의 대형화, 중량화 • 국민들의 행복한 삶 추구를 위한 안전에 대한 욕구 향상 • 국제사회의 불안 등 각종 테러위협 증가

⇩

전망	• 도로상에서 재난이 발생할 위험이 점차 증대 • 도로상의 재난대비 대책도 한 단계 발전된 수준 요구 • 재난관리시스템의 전산화, 재난관리 기술의 과학화 · 첨단화 필요 • 테러 등으로 인한 도로시설 피해에 대한 대비 필요

3) 재난관리대책의 기본방향 및 추진전략

■ **기본방향**

① 실효성 있는 사전예방대책의 수립으로 재난을 미연에 방지

② 종합적인 보고, 긴급구조, 수습 등 대응체계를 구축하여 신속한 복구와 함께 인적 · 물적 피해 및 국민불편을 최소화

■ **추진전략**

재난관리대책의 추진전략

예방대책	• 재난예방을 위한 사전안전대책의 수립 추진 • 재난관리 인력의 전문화 및 시스템의 현대화 • 안전의식 고취, 안전문화 정착을 위한 홍보 · 교육 강화 • 노후 위험시설에 대한 안전점검 및 성능개선

⇩

대비대책	• 재난정보의 체계적 관리 및 전산화 • 재난대비 매뉴얼 작성 및 대응훈련 실시

⇩

대응대책	• 신속 · 정확한 피해규모 파악과 초기대응체제 구축 • 긴급구호 · 구조체제 확립 • 유관기관 연계체계 및 긴급물자 공급체계 확립

⇩

복구대책	• 신속한 수습복구 체제 구축 및 피해확산 방지 • 정확한 사고원인 조사 및 재발방지대책 수립

4) 재난관리체계

① 도로재난으로 인한 국민의 생명과 재산피해를 방지하기 위하여 완벽한 재난관리체계를 구축
② 「재난 및 안전관리기본법」에 의한 재난관리체계 및 도로법에 의한 도로관리청을 감안한 관리체계 등 확립
③ 재난규모별 비상근무체계 구축 및 사고수습본부 설치

5) 재정투자계획

① 도로 선형개량을 통한 주행안전성 확보
② 도로 구조물 개축을 통한 기능개선 추진
③ 도로 수해방지를 위한 낙석 · 산사태 정비
④ 도로안전 확보를 위한 중앙분리대 설치, 사고 잦은 장소 개선 추진 등
⑤ 교통체계 효율성 증진을 위한 ITS 확대 구축

(6) 도로 재난관리대책

1) 예방대책

■ 재난예방을 위한 점검 및 관리

① 각종 법령에 규정된 안전점검의 철저한 이행
② 수시 및 특별점검
③ 취약시설물 지정관리

■ 시설개선 및 안전시설 설치

① 사고 취약지점 개선 및 도로안전진단 추진
② 노후위험시설 개선 및 성능보강
③ 낙석, 산사태 위험지구 정비, 위험도로개량 등 추진

■ 안전문화 운동 추진

① 안전의식 향상을 위한 세미나 및 캠페인
② 교통안전 대책 홍보
③ 교통기초질서 준수 계도

■ 상시 응급구조 및 구난체계 구축

① 인명사고 발생시 응급구조대, 인근소방서, 군부대, 경찰서 등과 즉시 연락이 가능한 긴밀한 협조체제 구축
② 관할구역에 소재하는 병원을 지정하여 사고발생시 신속한 환자 후송과 치료 · 보상체계 등을 구축
③ 인명사고 발생 시 체계적인 대응을 위하여 인명구조, 사상자후송, 임시운영 및 처리 등에 관한 책임자를 지정, 유사시에 대비토록 조치

2) 대비대책

■ 재난정보 관리체계

① 개인휴대 통신시스템을 이용한 정보전달체계 구축
② 사면붕괴 예 · 경보 시스템 구축 및 운영
③ 재난관리시스템 개발 및 운영을 통한 재난정보 통합관리
④ 고속도로 종합재난체계 구축
⑤ CCTV 및 VMS 등 정보수집 · 전달설비 추가설치
⑥ 우회국도 ITS 확대 구축
⑦ TRS 전국망을 통한 무선통신에 의한 재난상황 지휘체계 구축
⑧ 콜센터를 통한 고속도로 재난상황 신고접수
⑨ 시설물 점검, 관리감독 강화 및 비상소집 연락체계 개선

■ 재난관리체계의 전산화

① 재난관리시스템 운영을 통한 재난정보 DB화
② 고속도로 종합관제시스템 구축을 통한 재난관리 시스템화
③ CCTV 확대설치를 통한 현장 모니터링 범위 확대

■ **자원동원계획**

① 긴급복구에 필요한 자재, 인력 및 장비 동원계획 수립
② 우선 자재인력 · 장비투입, 부족 시 인근사무소, 관련지자체와 상호 지원체계 구축

■ **재난대응훈련**

① 연1회 이상 재난대비 도상 또는 실제훈련 실시(소방방재청 계획이 있을 경우 동 계획에 의거 시행)
② 재난유형별 대응대책을 익힐 수 있도록 훈련 실시
③ 자체 및 유관기관 합동훈련

3) 대응대책

■ **신속한 상황보고 · 전파 및 유관기관 협조체계 유지**

① 사고형태 · 인명 피해규모 등 사고현장 상황 파악, 신속보고 · 전파
② 긴급구조활동 관련 유관기관과 역할분담 등 공조체제 유지
③ 기관별 대응관리체계 가동 및 대응

■ **사고수습본부 구성 · 운영**

① 재난규모별 비상근무체계에 따라 필요시 사고수습본부 설치 · 운영
② 중앙, 시 · 도, 시 · 군 · 구 재난안전대책본부 설치
③ 중앙사고수습본부 · 중앙사고수습지원본부 등 설치, 사고현장 실태 파악 및 대응체제 가동
④ 중앙안전관리위원회 소집, 기관별 임무 협의 · 조정

■ **차량통제 및 우회조치**

① 부분(일부차로)통제
② 전면통제 시에는 우회도로 지정 운영

■ **정부 위기관리 활동 대국민 홍보**

① 긴급구조활동 상황의 보도 · 안내

4) 복구대책

■ 응급복구

신속한 수습 · 복구를 위한 응급조치 시행

■ 사고원인조사

① 합동조사단을 구성 현장을 조사 · 점검하여 사고원인 규명
② 정밀안전진단, 안정해석 등을 통한 항구복구 대책 수립
③ 증거보존자료의 수집

■ 피해배상(보상)대책

① 재난발생 원인 및 피해현황 조사
② 배상(보상)기준의 설정 및 피해자 배상(보상)계획 수립
③ 조기협상이 되도록 적극 중재 유도

■ 재발방지대책

① 사고원인 조사결과를 활용하여 설계단계, 시공단계, 유지관리단계별 재발 방지대책을 수립 시행
② 제도개선 사항 등 종합대책 마련

(7) 해상 재난대책 계획의 개요

1) 목적

① 해상교통 안전을 확보하여 안전하고 깨끗한 바다 실현
② 안전정보 제공을 통한 대국민 해양안전의식 제고
③ 효율적 수난구호체제 구축으로 해상 수난구호역량 강화

2) 재난관리의 여건 및 전망

■ 국제 해상안전 동향

① 국제해사(海事)기구(IMO)를 중심으로 해상에서의 테러방지를 위하여 해사보안 강화 예상
② 단일선체 유조선의 조기폐선과 중급유 운송금지 기한설정 및 유류오염사고에 대한 국제적 손해배상책임 강화
③ 위험물운송 안전 및 대기오염물질 배출규제, 선박 평형수 배출 규제 등 해양안전과 환경분야에 대한 규제 강화 예상
④ 국가 간 무역확대 등 국제적 해상재난 수색구조협력 필요성 증대에 따른 인도적 차원에서 인접국 간 국제협력 강화

해상 재난사고

■ 국내 해상안전 동향

지속적인 수난구호역량 강화로 선박구조율 및 인명구조율은 향상

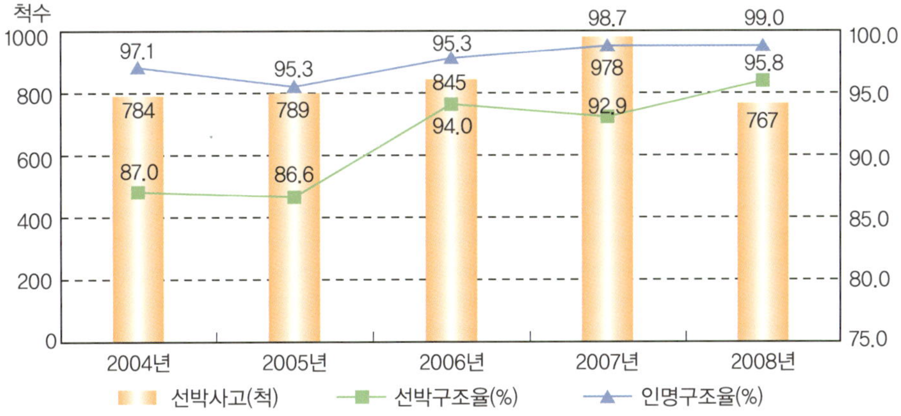

최근 5년간 선박사고 현황

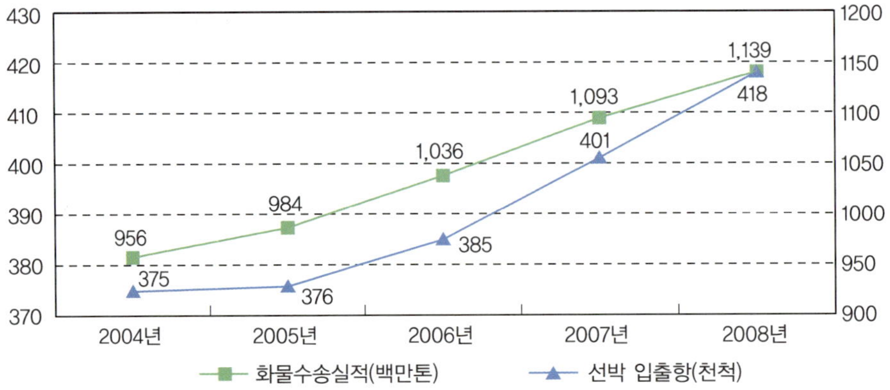

최근 5년간 화물수송실적 및 선박입출항 현황

① 대형 해양사고를 예방하기 위한 지속적인 노력에도 불구하고 우리나라 사상 최대의 해양오염사건인 유조선 '허베이스피리트'호 유류유출('07. 12. 7, 원유 12,547㎘ 유출) 사건도 발생

② 선박의 대형화 · 고속화 및 해상교통량 증가 등에 따른 선박의 입출항이 빈번한 항내 대형사고 위험요인은 더욱 증가

③ 해상물동량이 증가되고 선박이 대형화 · 고속화되어 낚시객 등 해양 레저 인구의 증가로 해양사고 위험요인이 점점 증가

3) 재난관리대책의 기본방향 및 추진전략

■ 기본방향

① 해상교통 종사자의 안전업무능력 향상
② 선박과 해상안전시설 안전성 확보
③ 해상교통 안전관리체제 정비
④ 해상재난의 구조능력 확충

■ 추진전략

① 연안해역 해상교통환경 개선
② 대형 해양사고 방지를 위한 제도개선
③ 국제해사정책 주도역량 강화
④ 해역별 특성에 맞는 재난대비 · 대응 태세 확립
⑤ 해상재난에 대한 해 · 공 입체적인 수색구조역량 강화

4) 재난관리체계

■ 국토해양부 재난관리조직의 구성

① 주관기관 : 국토해양부(해사안전정책관, 해양경찰청)
② 유관기관 : 소방방재청, 항만공사(부산, 울산, 광양)

(8) 해상 재난관리대책

1) 예방대책

■ 연안해역 해상교통환경 개선

① 선박통항환경에 대한 안전성 평가 · 개선
② 안정적인 해상교통정보 제공을 위한 시스템 안정화

■ 대형 해양사고 방지를 위한 제도개선

① 단일선체 유조선의 단계적 운항저감 추진
② 국제항해선박의 안전점검 강화시행

■ 해양안전 및 위기관리 시스템 개선

① 선박운항 모니터링 시스템(VMS) 정밀도 제고
② 선박운항상황 관리범위 확대
③ 선박위치정보 활용범위 확대

■ 국제해사정책 주도역량 강화

① 선제적 여론형성을 위한 서울국제해사포럼 개최(매년)
② 국적선 경쟁력 제고를 위한 지역협력 강화
③ 새로운 국제협약의 선도적 가입 추진

■ 해사안전 첨단기술 개발 및 산업육성

① 다중위성 대응 위성항법보정시스템(DGNSS) 개발(～'12년)
② 선박평형 수 처리장치 IMO 승인 획득 지속지원

■ 효과적인 해양재난관리 체계 구축

① 해역별 치안특성 분석을 통한 체계적인 해양재난관리 추진
② 민간구조자원으로서 민간해양구조대 설립 및 활성화
③ 첨단 IT 기술을 이용한 선진 해양 응급의료시스템 구축

④ 국가 간 수색구조협력 활성화 및 선진 조난통신체제 구축

2) 대비대책

■ 지역별, 시기별 특성에 맞는 체계적인 해양재난관리

① 지역별 해양사고 다발해역 및 안전취약지역 조사 및 확인 · 점검

② 연중 농무기(3～6월), 태풍내습기(7～9월), 동절기(11～2월) 특성에 맞는 각 지역별 해양사고 대비 · 대응 계획 수립

■ 민 · 관 협력에 의한 수난구호체계 활성화

① 수난구호법 개정을 통해 민간해양구조대, 한국해양구조연합회 설치 근거 및 행정적 · 재정적 지원방안 마련

② 민간해양구조대의 조직, 정원, 출동수당, 유류비 지원, 교육 · 훈련, 복제, 장학금, 사상시 보상근거 마련

■ 유관기관 간 해양재난 대응협력체계 강화

① 사고 발생 시, 신속한 상황 전파를 위한 근무자 파견근무

② 주요 해양사고 발생 시 군, 소방, 구난업체와 협조체제 유지

③ 항공기, 여객선 등 주요 해양사고 대비 통합 현장훈련 실시

■ 함정, 항공기, 연안구조장비 등 주요장비 도입

① EEZ 등 원해해역에 대한 광역경비 및 해양재난 대비 · 대응역량 제고를 신조함정 건조 및 노후함정에 대한 대체건조 추진

② 항공기 도입을 통한 EEZ 등 원해해역에 대한 신속하고 효율적인 해양사고 대응 및 입체적인 수색구조체계 구축

■ 선진 해양응급의료체계 구축

응급의료혜택을 해양에서도 받을 수 있도록 “해양 원격응급의료시스템” 구축 추진

■ ‘해양긴급번호 122’ 활성화

① ’07. 7월부터 운용을 개시한 ‘해양긴급번호 122’의 대국민 인지도 및 사건 · 사고 신고율 제고를 위한 대국민 홍보 강화

② ‘해양긴급번호 122’ 접수요원에 대한 표준 상황접수 · 처리매뉴얼 작성 및 주기적인 교육 · 훈련 실시

■ **122해양경찰구조대의 수색구조역량 강화**

해양사고 대비 전문구조인력으로 구성된 122해양경찰구조대 인력 증원, 전문장비 보강 및 주기적인 교육 · 훈련 실시

■ **위성비상위치지시용 무선표지설비(EPIRB) 관리체계 개선**

국무총리실 "위성비상위치지시용 무선표지설비(EPIRB) 관리 개선방안" 관련 유관기관별 구체적 실행방안 마련

■ **국제적 해상재난 대응 국가 간 협력체제 강화**

① 국제해사기구(IMO) 활동 및 수색구조 관련 국제회의 참석을 통한 국가간 SAR 협력 네트워크 구축

② 인접국 · 관련국 간 수색구조 합동훈련 실시

3) 대응대책

■ **해양항만상황관리실 운영(국토해양부)**

① 상황종합관리 · 보고 및 전파 시스템 구축 및 개선

② 선박위치추적정보 분석을 위한 인원확충 및 체계구축

■ **해양재난 상황관리체계 확립(해경청)**

① 본청 및 지방청, 경찰서에 해상치안종합상황실 운용

② 신속한 상황 전파로 재난피해 최소화

■ **신속하고 체계적인 구조활동 전개**

사고규모, 기상 등을 감안한 구조대응 세력 편성 · 운영

■ **구조된 사람 · 선박 · 물건에 대한 사후처리**

① 구조인원 또는 사망자 조치

② 선박, 표류물 · 침몰품 등 물건의 처리

■ **해상 조난 · 안전 통신 제도 선진화 추진**

① 조난 · 안전 통신망 개선방안 연구용역을 통한 GMDSS(세계해상조난안전제도) 선진화 방안 및 최적 시스템 마련

② GMDSS 운용요원 전문교육기관 위탁교육 실시 및 자격증 취득 추진 등 조난통신요원 전문성 제고

4) 복구대책

■ **민간재난복구지원팀 구성 · 운영**

관할 지자체와 협의하여 재난복구지원계획 수립 및 집행

■ **자체 피해복구팀 구성 · 운영**

자체피해사항 조사 및 복구계획 수립 · 집행

5) 성과 평가

■ **허베이스피리트호 사건 수습**

대형 해양사고를 예방하기 위한 지속적인 노력에도 불구하고 우리나라 사상 최대의 해양오염 사건인 유조선 '허베이스피리트'호 유류유출('07. 12. 7, 원유 12,547kℓ 유출) 사건이 발생하였으나 오염피해 최소화를 위한 범국민적인 자원봉사활동의 전개로 세계적으로도 유례를 찾아볼 수 없을 정도의 방재효과를 거둠

■ **정부조직개편에 따른 재난대응 조직 2원화 및 축소**

① 정부조직 개편에 따라 선박의 종류에 따라 안전관리부서가 나뉘어졌으며, 이에 따라 사고 예방을 위한 대책 및 재난대응 기구도 2원화

② 상황실 조직이 축소되고 전문인력 배치가 지연됨에 따라 재난대응 단계에서 문제발생 가능성 상존

SECTION 06 화생방사고

1. 화생방사고의 개요

화학, 생물학, 방사능을 아울러 화생방이라고 표현하며, 이를 살상의 목적으로 무기에 적용하면 화생방무기가 된다. 한반도가 휴전 중인 상황을 고려할 때, 이러한 화생방무기에 의한 공격을 간과할 수는 없다. 실제 미 국방부는 "한국은 전 세계에서 화학 및 생물 방사능 및 핵무기 공격을 당할 위험이 가장 높은 지역이며, 이에 대비한 특별한 대책과 훈련이 필요하다"고 지적한 바 있다.

원자력을 이용한 국내의 산업발전이 증대되고 있다. 반면, 이에 따른 사고발생 가능성도 증가하고 있다. 실제로 전국 2,200여개의 연구기관, 병원, 기업 등에서 방사선원을 이용하고 있으며 사용량이 매년 10% 이상 증가하고 있는 추세이다. 또한 원자력발전소는 시설의 특수성으로 인하여 바다와 인접함으로써 태풍, 지진 등에 의한 피해발생 우려가 있다.

화생방사고

2. 화생방사고의 영향 및 피해유형

화생방무기는 그 효과가 다양하여, 테러분자에 의한 지하철 살포나 백색가루 편지와 같이 은밀한 사용이 용이하며, 감염경로가 다양하다. 또한, 공격초기단계 징후식별이 곤란하고, 탐지 및 식별시간이 과다하게 소요되며, 조기 경보 및 전파의 지연으로 피해발생이 증가될 수 있다. 1984년 인도 버팔의 독성물질방출사건, 1986년 러시아 체르노빌 원전폭발사고 등 전쟁이 아닌 상황에서도 화생방사고가 발생한 것을 감안할 때, 이에 대한 대책의 강구가 필요하다.

화생방무기의 공격은 군사작전에만 영향을 미치는 것이 아니라, 그 피해를 민방위체계와 민간인에게 훨씬 심하게 입힘으로써 전쟁 지속능력 저하와 후방 동원 체계에 마비를 불러일으킬 수 있다. 또한 전쟁이 끝난 후에도 사람들의 생활 혹은 거주가 불가능한 것이 가장 큰 피해이다. 실제 1941년에 탄저균이 시험된 스코틀랜드 그리나드섬과 같은 경우, 최소 200년에서 최대 1000년까지 사람의 거주가 불가능하다. 1945년에 일본 히로시마에 원자폭탄이 투하됐을 당시의 사망자는 7만 8000여 명이었으나, 30년이 경과한 시점에서 방사능 유출로 인한 후유증으로 사망한 사람이 25만명에 달했다. 이러한 피해 집계를 살펴볼 때, 화생방사고로 인한 피해는 시간적인 제약이 없는 것을 알 수 있다.

3. 화생방사고 사례

(1) 이라크 화생방 사고

1) 개요

이라크는 지난 1967년 이후 대량살상무기 개발을 시작했으며 화학무기를 본격적으로 생산·보유한 시기는 이란과의 전쟁이전인 1979년부터인 것으로 알려져 있다. 이라크는 신경작용제, 수포작용제 등 약 12,000톤을 저장하고 있었으며, 이는 포탄, 미사일 등에 장착되어 사용되었다. 이라크는 이란-이라크 전쟁기간 중 화학무기를 사용하였으며, 종전 무렵에는 북부 쿠르드인들에게도 화학무기를 사용하였다.

2) 피해상황

1988년 3월 16일에서 18일까지 3일 동안 겨자가스와 신경작용제(GA, GB, VX)를 혼합하여 쿠르드 할랍자 일대를 공격하였다. 그 결과 순식간에 5,000여 명이 사망하였으며, 12,000여 명이 부상을 당하였다. 화학공격 후 환경은 완전히 변하여 오랜 기간동안 경작을 하거나 거주할 수 없게 되었다. 폭탄 피폭지점으로부터의 거리에 따라 식물이나 나무는 다양한 피해를 받았다. 녹색의 식물은 모두 노란색으로 변하였고, 피폭지역의 심하게 오염된 곳은 그 후 2년간 우기철에 비가 많이 내렸음에도 불구하고 새로운 싹이 자라나지 않았다. 잔디나 키가 작은 식물은 모두 죽었으며, 키가 큰 식물이나 나무는 누렇게 변하며 잎이 모두 말라 떨어졌다.

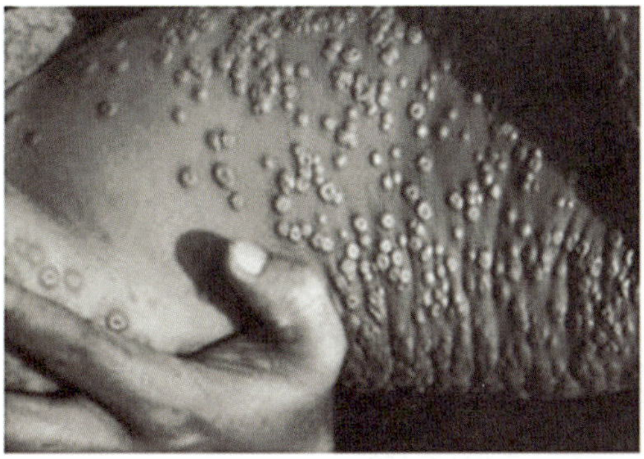

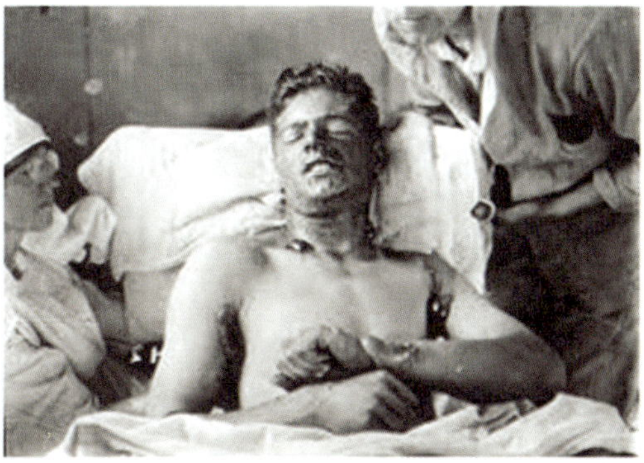

이라크 화생방사고

(2) 일본 히로시마 원자폭탄

1) 사고의 개요 및 피해상황

1945년 8월 6일 미국에 의해 일본 히로시마에 15kT의 원자폭탄이 투하되었다. 이 폭격으로 히로시마시의 중심부 약 12km가 폭풍과 화재에 의하여 괴멸되었고, 사망자 7만8000명, 부상자 8만4000명, 행방불명자가 수천에 이르렀으며, 파괴된 가옥 수는 6만호로 알려졌다. 30년이 경과했을 때 약 250,000명이 방사능으로 인한 심각한 후유증으로 인해 목숨을 잃었다. 피폭자가 받는 피해는 방사선 · 열선 등에 의한 신체적 피해뿐 아니라 신체적 장애에 의한 노동력 상실과 소득의 저하, 가정의 해체 및 결손가정으로 인한 아동 · 부녀문제, 질병의 후유증과 유전적 영향에 대한 두려움 등 생활전반으로 파급되었다.

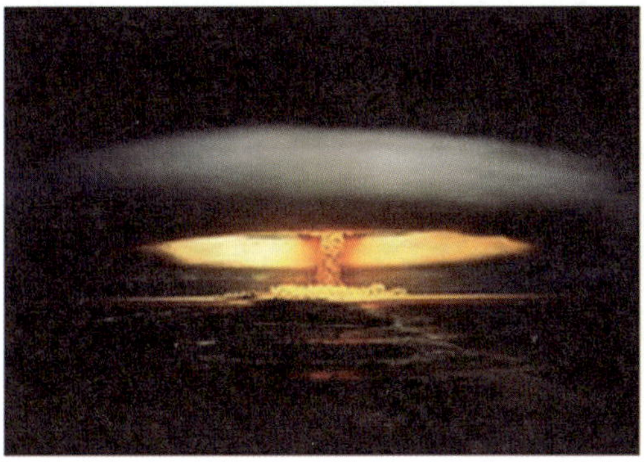

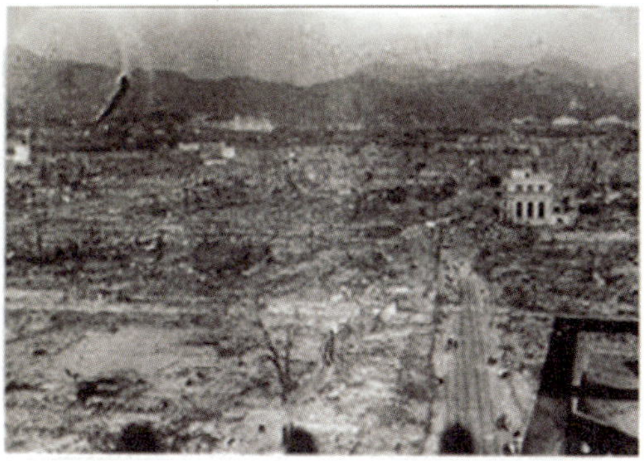

히로시마 원자폭탄 피해

4. 화생방사고의 대책

(1) 화생방사고대책 계획의 개요

1) 목적

■ **배경**

① 화생방물질 유출사고 및 화생방사고는 인체 및 환경에 치명적 영향 초래

② 화학물질사고 및 화생방사고는 인체 및 환경재난에 대한 국가대응 전략수립 및 이행을 위한 종합대책 수립이 필요

화생방사고

■ **목적**

① 「유해화학물질 관리법」전면개정 · 시행('04. 12. 31)을 계기로 화학물질의 제조 · 수입 · 판매 · 보관 · 저장 · 운반 · 사용에 대한 체계적 집중관리를 통해 유통질서 확립대책을 수립
② 국가 위기관리능력 향상을 위한 교육 · 훈련 기술지원 및 화학테러 · 사고 감시체계 구축 · 운영
③ 화생방사고를 예방하고 사고 발생시 신속하게 대처할 수 있는 대응체제를 구축함으로써 국민의 생명과 재산을 보호
④ 유사시 대응기관에 정확한 사고대응정보 제공을 통해 화학물질 사고로부터 인명, 재산, 환경피해의 최소화

2) 재난관리의 여건 및 전망

■ **사고의 여건**

① 화생방물질 유출사고 및 화생방사고는 인체 및 환경에 치명적 영향 초래
② 화학물질 유통량 증가(국내 유통 화학물질 : 41,000여종, 유통량 : 418백만톤), 유독물 취급시설(6,265개소) 산재 등으로 화학사고의 증가는 빈번히 발생하며, 화학물질의 특성상 사고 시 인체 및 환경에 치명적 영향 초래
③ 우리나라 화학산업의 규모가 증대함에 따라 유독물에 의한 화학사고 등 환경오염사고의 개연성도 함께 증가하여 수질환경오염사고의 사후 피해 최소화 및 조기수습을 위해 사고 유형별 적정 대응책 마련의 필요성 증대

■ **화학사고에 대한 국제동향**

OECD 등 국제사회는 화학사고로부터 생명과 환경을 보호하는 것을 주요 과제로 인식

■ **화학사고 대비를 위한 환경부의 역할 증대**

재난 및 안전관리기본법, 국가위기관리기본지침(대통령훈령 제124호)에 의거, 화학물질사고를 비롯한 각종 재난에 대한 국가대응시스템에서 환경부의 역할이 증대

■ **화학사고 예방 · 대비 · 대응 방향**

① 화학사고 발생시 적정 대응으로 피해확산을 방지하기 위해서는 화학물질별 방제정보, 응급처치 요령 등 각종 대응정보의 개발 · 제공과 초동대응자 교육훈련 및 피해지역 사후관리가 필요
② 사고대비물질 지정 · 관리, 자체방제계획 이행, 화생방물질 사고 후 영향조사 등 화학물질 사고 관리제도 시행과 화학테러 대비 · 대응 기능 강화를 위한 지속적인 업무 추진이 필요

3) 재난관리대책의 기본방향 및 추진전략

- **기본방향**

① 화생방사고로부터 인명 · 환경피해 최소화
② 화생방사고의 예방을 위해 사고발생 요인의 근원적 제거
③ 화생방사고의 조기발견을 위해 입체적 감시체계 구축

- **추진전략 및 추진방향**

① 유독물 취급시설 안전관리 등 유통질서 확립대책 강화
② 화생방사고 발생 시 대응체계 신속 설치 및 운영
③ 계절별 특성에 맞는 화생방사고 예방대책 강구
④ 화생방사고 조기발견을 위한 입체적 감시체계 구축

4) 재난관리체계

- **주관기관 :** 환경부
- **지원기관 :** 국정원, 국방부, 보건복지가족부, 국토해양부, 행정안전부, 지식경제부, 소방방재청, 경찰청, 지자체
- **협조기관 :** 고용노동부, 교육과학기술부, 농림수산식품부, 문화체육관광부

(2) 화생방사고대책

1) 예방대책

- **유독물 취급시설 · 환경오염사고 안전관리 강화**

① 연차별 화학물질 유통질서 확립 종합대책 수립
② 화생방사고 유발시설에 대한 지도 · 단속 계획 수립

- **관리자 안전교육 강화**

① 유독물 영업자를 대상으로 간담회, 관련협회 등을 통한 유독물 관리 교육 강화
② 화생방물질 취급 관계자 안전교육 실시

2) 대비대책

■ 사고대응 체계 강화

① 웹 기반 화학사고대응 정보시스템 구축

② 유역(지방)환경청별로 관할지역 사고대응기관, 초동조치기관, 유독물 취급업소 등에 대한 비상연락체계 및 방제장비 현황 등을 상시 파악(비상연락망 책자 배포 : 2,000부)

③ 화생방사고 예방을 위해 업체별, 업종별로 사용품목, 처리실태 등을 정밀 조사하여 자료를 분석, 중점관리 실시

■ 사고전담인력 확보 및 대응장비 지속 확충

① 4개 유역환경청에 화학사고 · 테러 대응 전문요원 배치

② 유역(지방)환경청, 국립환경과학원에 화생방사고 테러대응장비 확충

■ 사고대응 요원에 대한 전문교육 확대 실시

① 국립환경인력개발원에서 "화학테러대응과정" 및 "화학사고대응과정"을 통해 소방, 경찰 등 초동대응기관에 교육 실시(연인원 160명, 4회 실시)

② 소방, 경찰, 지자체, 군 등에 화학사고 테러 시 효율적 현장대응 수행을 위한 교육 교재 및 대응요령 동영상 등의 개발보급

3) 대응대책

■ 사고수습본부 설치 · 운영

대형사고 발생시 환경부에는 중앙사고수습본부, 환경청에는 지역사고 수습본부 설치 · 운영

■ 화학물질사고대응정보시스템(CARIS)을 통한 정보 제공

사고물질의 유해성 확산평가, 실시간 기상정보, 사고대응 시나리오 등 대응정보를 지자체, 소방, 경찰, 군 등에 제공

■ 현장 전문인력 및 대응장비 지원

① 환경청에서 현장지원팀을 사고현장에 투입하여 사고수습활동 지원

② 사고수습 및 오염 확산방지를 위한 제독기술 등 사고대응 기술지원

4) 복구대책

■ **사고지역 사후관리를 위한 영향조사 실시**

① 인체 및 환경영향조사 결과를 근거로 매체별 복구 기준 및 사고유형별 정화기법을 지자체 및 사고 원인자에게 제공

② 관계기관의 협조를 받아 관할 지방자치단체주관으로 피해조사를 하되, 필요할 경우에는 관계전문가 등으로 합동조사반을 구성하여 조사 실시

■ **사고지역 피해복구 활동 지원**

필요시 오염지역 복구기술 제공을 위한 전문인력을 현장에 지원하고 중화제 등 방재약품 정보 제공

■ **유사사고 발생시 신속대응 및 재발방지 대책 마련**

① 사고원인물질, 발생량, 발생원인 등을 화학물질사고대응정보시스템에 반영하여 유사사고의 방지 및 신속한 대응유도

② 동일 원인물질 취급업체 및 사고지역 주변 사업장을 대상으로 안전관리 실태점검

5) 대응체제

원자력시설 등에서의 방사능재난 예방활동 강화와 화생방사고 발생 시 효율적으로 대응하기 위한 재난관리체제구축과 화생방테러에 대한 대응책을 강구하고, 방재관계기관의 비상대응능력 제고를 통해 화생방사고 시 신속한 주민보호 및 환경보존을 수행할 수 있도록 하는 대책이 필요하다. 이와 같은 화생방사고의 대비와 대응 체제에 대해 정리하면 다음과 같다.

화생방사고 대비대응 체제

구분	세부 내용
1	• 화생방사고 및 재난관리체제 확립 – 현장화생방방재지휘센터 중심의 비상대응지휘체계 확립 – 지방자치단체 지역화생방방재대책본부 중심의 이행체제 확립 – 긴급구조통제단과 초동대응 공조체제 구축 및 유지 – 중앙정부 비상대응 지원체계 유지 – 국가안전관리체제와 연계한 지역사고대책본부 비상대응체계유지 – 현장지휘본부 비상대응 지원체계 유지

구분	세부 내용
2	• 화생방 테러대책 구축 · 운영 – 화생방시설의 물리적 방호체제와 연계된 방재체제 구축 – 공항 · 항만 등의 화생방물질 검문검색 체제 확립 – 긴급구조기관등과 연계한 초동대응체제 보강 – 현장지휘본부 비상대응 지원체계 유지
3	• 화생방방재 관계기관의 비상대응기구 재정립 – 주요 화생방방재 기관의 의무, 책임 및 권한 사항 정립 – 화생방방재 지원기관의 협조지원 사항 조정 – 비상대응기구의 조직 및 임무 정립 – 비상대응기구 각 조직의 책임자 명시
4	• 화생방사고대응시설 구축 및 장비 보강 – 화생방사고대응 장비 보급 추진 – 화생방방재 전산시스템의 활용증대방안 강구 – 현장지휘센터 및 유관기관간 전산시스템 연계 구축 – 화생방비상 조기통보체계 구축 – 사고예측 및 분석능력 강화 – 화생방영향평가체제 확대 구축 – 통합지휘무선통신망 연계 등 유관기관간 정보공유를 통한 비상대응 효율성 제고
5	• 화생방방재 교육 · 훈련 강화 – 종합 교육프로그램 개발 · 운영 – 교육 이수자 관리체제 구축 · 운영 – 교육기관 지정운영 및 교육의 내실화 – 방재훈련의 내실화 및 참여기관 확대 – 지역화생방방재 종합 지원계획 수립 및 예산 확보 · 지원 – 화생방방재대책 전담조직 및 전문인력 확보
6	• 주민의 화생방방재대책 인식 제고 – 다양한 주민 홍보 방안 강구 – 환경감시인력 · 장비 보강 및 기술지침 개발 · 보급 – 주민의 자발적인 방재훈련 참여 유도
7	• 국가화생방비상진료체제 구축 · 운영 – 국가화생방비상진료센터 운영 – 화생방비상진료기관의 지정 · 운영 및 합동의료구호체제 확립 – 원격 화생방비상진료네트워크 구축
8	• 화생방재난 대응 관련 연구개발 및 국제협력 증진 – 화생방방재대책 인프라 구축을 위한 연구개발 – 국제원자력기구 등과의 방재대응기술 정보교류 – 한 · 중 · 일 화생방방재기술 및 의료지원 등 협력체제 모색

SECTION 07 환경오염

1. 개요

환경오염은 사업활동 혹은 사람의 활동에 따라 발생되는 대기오염, 수질오염, 토양오염, 해양오염, 방사능오염, 소음 · 진동, 악취, 일조방해 등으로서 사람의 건강이나 환경에 피해를 주는 상태를 말하며, 환경오염에 의한 재난 및 사고를「재난 및 안전관리기본법」에서 환경오염사고라고 지칭하고 있다. 이러한 환경오염사고는 자연재난과는 달리 인간의 활동으로 인해 발생한 재난으로 동물의 죽음 및 식물 생태계의 파괴 등을 야기하고 결과적으로 인간의 삶에 미치는 영향이 커서 조치가 필요한 사고로 정의된다.

2. 환경오염사고의 특징 및 피해

환경오염에 기인한 사고는 사회전반에 걸쳐 통제할 수 없는 위험요소들이 등장하기 때문에 발생하고 있다. 이차적, 비자연적, 인위적이며 불확실한 위험들이 급증하고 있다. 단순한 위험도의 증가가 아니라 사고의 전통적인 패러다임의 경계가 소멸되었다. 이러한 환경오염사고의 특징은 다음과 같이 정리할 수 있다.

(1) 환경오염사고의 특징

① 공간적 경계의 소멸 : 기후변화, 대기오염, 황사 등

② 시간적 경계의 소멸 : 방사능 폐기물, 유전자변형식품, 기후변화 등과 같은 세대를 넘어서 영향을 미치는 위험

③ 사회적 경계의 소멸 : 전통적인 법률관계를 통해 밝히기 어려운 복합적 인과관계

환경오염

환경오염사고는 공간적 · 시간적 · 사회적 경계가 모호하며, 생태계 및 인간사회에 미치는 악영향이 광범위하고, 그 지속시간이 매우 길다. 이와 같은 환경오염사고의 특성상, 광역 또는 국가단위의 체계적인 개입 및 대처가 필요하다.

(2) 환경오염사고의 피해

환경오염사고는 '핵 사고', '일정 규모 이상의 유류유출사고', '대규모 유해화학물질 유출사고', '유해시설의 폭발', '심각한 식수원오염', '황사' 등으로 종류를 구분할 수 있다. 이러한 환경오염사고가 발생할 경우, 환경의 구성요소인 대기, 토지, 수질에 오염을 유발하며, 그 속에서 생활하는 사람들에게 생명과 직결되는 심각한 사고의 형태로 나타나기도 한다. 따라서 사람 건강에 악영향을 미치거나 사회적, 경제적 활동에 악영향을 미치므로, 이들 재난에 대해서는 환경보건 측면에서의 대응계획이 마련되어져야 한다.

국내의 환경오염사고 중 대표적인 사례로는 '일정 규모 이상의 유류유출사고'와 '황사'를 들 수 있다. '일정 규모 이상의 유류유출사고'는 대규모의 해양환경오염을 유발하여 해양생태계는 물론, 인근 지역주민의 건강과 경제활동에도 악영향을 미친다. 또한 '황사'는 매년 일정시기에 발생하여 국민 개개인의 건강에 악영향을 미칠 뿐만 아니라 정밀산업에도 막대한 피해를 주어 경제적 손실을 야기하고 있다.

'대규모 환경오염'에 대한 위기관리 매뉴얼은 위생, 안전, 응급조치, 건강피해 예방 등 전반적인 환경보건에 대한 고려가 부족하여 보완이 필요하다. 특히 주변지역 주민 건강피해 최소화 조치로서 대비 단계에서의 민감군, 취약집단 파악, 사고대비 응급의료체계 마련, 사고 시 위생/보건계획 등 국민건강피해 최소화를 위한 대비/대응계획 등이 보완되어져야 할 것이다.

3. 환경오염사고 사례

(1) 허베이스피리트호 기름유출 사고

1) 사고의 개요

2007년 12월 7일 태안군 원북면 신도 남서쪽 해상에서 예인선 2척에 예인되던 11,800톤급 크레인바지선이 정박 중인 홍콩(중국) 선적 146,848톤급 유조선과 충돌하여 총 적재유 302,000 kℓ 중 12,547kℓ(약 10,900톤)의 원유가 해상에 유출되는 사고가 발생하였다. 이와 같이 유출된 원유는 태안 앞바다 및 서남해안 일대 양식장, 해수욕장에 오염을 일으켰다.

2) 피해상황

허베이스피리트호의 기름 유출로 인한 피해상황을 정리하면 다음과 같다.

허베이스피리트호 기름유출 사고 피해상황

구분	피해 범위
해상	• 사고선박의 북동방향 민어포와 안도사이 기름 찌꺼기 형성 • 사고선박의 남서방향으로 10마일까지 오염 분포 • 사고선박의 남동방향 태안군 안흥으로부터 안면읍 내 · 외파수도 부근까지 엷은 기름띠 형성 및 오염군 광범위 분포
해안	• 학암포, 의항, 신두리, 구름포, 백리포, 만리포 해안, 모항, 파도리 연안쪽으로 짙은 기름찌꺼기 형성(약 40km) • 안흥 내항 및 항포구 내측 기름 덩어리 산재 • 가의도, 마도 해안가 일부 및 가로림만 입구 약 1km 오염군 발견
피해면적	• 서산 가로림만~태안 남면 거아도 해안선 167km – 어장피해 : 5개 면(근흥 · 소원 · 원북 · 이원 · 남면) 약 2,108ha(추정) – 해수욕장 : 6개소(만리포, 천리포, 백리포, 신두리, 구름포, 학암포) 221ha(추정)
피해예상 어장	• 385개소 4,823ha – 태안군 273개소 3,752ha, 서산시 112개소 1,071ha(가로림만)

허베이스피리트호 기름유출사고

원유에는 여러 가지 종류의 화합물이 혼합된 상태로 존재한다. 메탄과 같은 휘발성 가스상 물질, 경유와 같은 액체성 물질, 중금속과 같은 고체성 물질 등이 혼합되어 있다. 따라서 유류유출사고는 다수의 인원이 상당한 수준의 원유의 유해물질에 장기간 노출되게 할 뿐 아니라 초기 공기노출과 방제작업 등을 통한 피부노출 등을 통해 발암물질이 포함된 화학물질에 민감계층이 집단적으로 노출되게 하므로 이에 대한 예방이 필요하다.

장기간에 걸친 방제작업은 다수의 인원이 원유에 함유된 유해화학 물질에 호흡기 혹은 피부를 통해 노출되게 된다. 그러나 해양의 유류유출은 광범위한 생태계와 생활터전의 파괴를 동반하여 경제적 손실과 공동체의 파괴로 인하여 많은 이차적인 건강문제를 야기한다. 특히 불안,

우울증, 외상 후 스트레스증후군 같은 질환의 증가를 가져오고 자살로 이어지기도 한다. 따라서 건강영향에 대해 보다 포괄적인 시각에서 접근이 필요하다.

3) 사고의 원인

'대규모 환경(수질)오염', '식 · 용수 분야'의 매뉴얼은 위생, 안전, 응급조치, 건강피해 예방 등 전반적인 환경보건에 대한 고려가 부족하여, 전체적인 보완이 필요하다. 특히 주변지역 주민 건강피해 최소화 조치로서 대비 단계에서의 민감군, 취약집단 파악, 사고대비 응급의료체계 마련, 사고 시 위생/보건계획 등 국민건강피해 최소화를 위한 대비/대응계획 등이 보완되어져야 할 것이다. 유류유출사고 또한 국가긴급방제계획이나 위기관리매뉴얼상에 환경보건적 고려가 이루어지지 않았다. 허베이스피리트호 기름유출사고 시 대응을 통해 환경보건 관점에서 방제에 대한 문제점을 정리하면 다음과 같다.

기름유출사고 시 환경보건 관점에서 방제의 문제점

구분	대응 미비 항목
대비 단계	• 작업자를 위한 적절한 보호구의 확보가 되지 않았음 • 환경보건 관련 지휘체계가 확보되지 않았음 • 유류오염사고와 관련한 환경보건 관련 비상시 행동계획이 없음 • 대피와 관련된 시나리오가 없었음 • 급성 노출에 대한 건강영향 및 생태영향 평가시스템이 구축되지 않았음 • 유류오염 건강문제에 대한 체계적인 자료수집과 연구가 이루어지지 않았음 • 조기경보체계의 마련이 필요함
대응 단계	• 환경보건학적인 위험에 대한 판단이 전혀 되지 않았음 • 대피 등 긴급조치가 시행되지 않았음 • 자원봉사자에 대한 건강보호 조치가 시행되지 않았음 • 초기에 환경부 · 복지부 직원이 파견되지 않았음 • 지자체(시 · 도 보건환경연구원)의 환경측정이 매우 늦게 시작됨 • 보호구가 부적절하였고 보호구 착용에 대한 적절한 권고사항이 시행되지 않았음 • 지자체(시 · 도 보건환경연구원)의 환경측정이 매우 늦게 시작됨 • 보호구가 부적절하였고 보호구 착용에 대한 적절한 권고사항이 시행되지 않았음 • 초기 환경노출평가와 모니터링이 시행되지 않았음 • 유류오염과 관련한 건강문제에 대한 전문적인 의료조치가 시행되지 않았음 • 정신 · 심리적 문제에 대한 평가와 조치가 이루어지지 않았음 • 어린이, 임산부, 천식 등 호흡기 질환자에 대한 조치가 이루어지지 않았음 • 적절한 병원과 구호센터가 마련되지 않았음 • 노출자의 등록, 관리체계가 마련되지 않았음

전체적으로 위험잠재력이 높은 지역에 대한 특별규정이 없으며, 이전 사고의 건강 · 생태영향에 대한 자료와의 연계성이 전혀 이루어지지 않은 문제점들이 나타났으며, 향후 이들 문제점들이 보완되어져야 한다.

4) 개선방안 및 대책

사고 초기의 대피 유무, 대피대상 지역 등에 대한 결정은 유출된 기름의 양, 기름의 종류, 사고지점(해안과의 거리), 해안 특성 등을 고려한 의사결정이 필요하다. 특히 배출량의 경우, 사고 직후의 배출량만으로 판단할 것이 아니라 배출될 가능성이 있는 모든 양을 가지고 판단하여야 한다. 해양 유류유출 사고 시 환경보건조치계획 유류유출사고를 기준으로 할 때, 유출사고에 대한 비상대응대책 수립을 위하여 필요한 과학적 근거를 검토하고 이를 토대로 국민건강피해 최소화의 원칙으로 유류유출 사고 시 요구되는 환경보건 조치 내용을 대비단계와 대응단계로 분류하여 정리하면 다음과 같다.

해양 유류유출사고에 대한 대책

구분	피해 범위
대비 단계	• 해양 유류유출 시 위험요소 파악 • 취약성 평가(위해도 지도 작성, 취약집단 모니터링 등) • 제도적 보완(이중선체 의무화, 안전규제 강화 등) • 유해물질 확인 및 그 영향 파악 • 취약지역(사고 빈발 지역과 위험인구가 많은 지역 등) 파악 • 응급의료체계 구축 • 조기 경보체제 강화 및 적절한 경보 타이밍 파악 • 기름 유출 시 유해물질 노출에 대한 응급조치 내용을 포함한 국민 행동요령 마련
대응 단계	• 긴급노출평가(스크리닝 물질 선정 및 신속평가 기법 마련) • 재난 경고 및 긴급지시(위험잠재력이 높은 지역 특별 지시) • 긴급 노출평가 결과, 필요 시 조직적인 대피 • 대피 시 위생관리, 비상 시 환경보건기구 구성 • 개인(자원봉사자, 지역 주민) 안전과 보호를 위한 필수품 마련 • 응급수송체계(수송자원 파악 및 사용의 우선순위 결정) • 폐기물 처리(유류 폐기물 및 흡착포, 방진복 등 이차 폐기물 포함) • 유해물질 노출 시 국민 행동요령 홍보 • 식수공급 등 피해지역 위생관리 • 급/만성 건강영향평가, 생태계 영향 파악

4. 환경오염사고의 대책

(1) 환경오염사고대책 계획의 개요

1) 목적

■ **배경**

① 화학물질 유출사고는 인체 및 환경에 치명적 영향을 초래하고 수질환경오염사고는 하천의 수생태계 보전 및 환경보호에 악영향을 미침

② 화학물질사고, 수질환경오염사고 등 각종 환경재난에 대한 국가대응 전략수립 및 이행을 위한 종합대책 수립이 필요

환경오염

■ 목적

① 수질환경오염사고를 예방하고 사고발생 시 신속하게 대처할 수 있는 대응체제를 구축함으로써 국민의 생명과 재산을 보호

② 유사시 대응기관에 정확한 사고대응정보 제공을 통해 화학물질사고로부터 인명, 재산, 환경피해의 최소화

2) 재난관리의 여건 및 대응방향

■ 사고의 여건

① 화학물질 유출사고는 인체 및 환경에 치명적 영향 초래

② 수질환경오염사고는 성장을 위한 산업육성정책 기조로 수반하여 발생하는 오염물질이 양산되거나 개발사업의 추진으로 공공수역의 수질은 더욱 악화 우려

③ 화학물질 유통량 증가(국내 유통 화학물질 : 41,000여종, 유통량 : 418백만톤), 유독물 취급시설(6,265개소) 산재 등으로 화학사고의 증가는 빈번히 발생하며, 화학물질의 특성상 사고 시 인체 및 환경에 치명적 영향 초래

④ 우리나라 화학산업의 규모가 증대함에 따라 유독물에 의한 화학사고 등 환경오염사고의 개연성도 함께 증가하여 수질환경오염사고의 사후 피해 최소화 및 조기수습을 위한 사고유형별 적정 대응책 마련의 필요성이 증대

■ 화학사고 예방 · 대비 · 대응 방향

① 화학사고 발생시 적정 대응으로 피해 확산을 방지하기 위해서는 화학물질별 방제정보, 응급처치 요령 등 각종 대응정보의 개발 · 제공과 초동대응자 교육훈련 및 피해지역 사후관리가 필요

② 사고대비물질 지정 · 관리, 자체방제계획 이행, 화학물질사고 후 영향조사 등 화학물질사고 관리제도 시행과 화학테러 대비 · 대응 기능 강화를 위한 지속적인 업무 추진이 필요

3) 재난관리대책의 기본방향 및 추진전략

■ 기본방향

① 수질환경오염사고의 예방을 위해 사고발생 요인의 근원적 제거

② 수질환경오염사고의 조기발견을 위해 입체적 감시체계 구축

■ **추진전략 및 추진방향**

① 유독물 취급시설 안전관리 등 유통질서 확립대책 강화
② 화학사고 발생 시 대응체계 신속 설치 및 운영
③ 계절별 특성에 맞는 수질환경오염사고 예방대책 강구
④ 수질환경오염사고 조기발견을 위한 입체적 감시체계 구축
⑤ 수질환경오염 관계기관 간 비상연락체계 구축 · 운영

4) 재난관리체계

① 주관기관 : 환경부
② 지원기관 : 국정원, 국방부, 보건복지가족부, 국토해양부, 행정안전부, 지식경제부, 소방방재청, 경찰청, 지자체
③ 협조기관 : 고용노동부, 교육과학기술부, 농림수산식품부, 문화체육관광부

(2) 환경오염사고대책

1) 예방대책

■ **유독물 취급시설 · 환경오염사고 안전관리 강화**

① 연차별 화학물질 유통질서 확립 종합대책 수립
② 수질환경오염 유발시설에 대한 지도 · 단속 계획 수립

■ **관리자 안전교육 강화**

① 유독물 영업자를 대상으로 간담회, 관련협회 등을 통한 유독물 관리 교육 강화
② 유류취급 관계자 안전교육 실시

2) 대비대책

■ **사고대응 체계 강화**

① 웹 기반 화학사고대응정보시스템 구축
② 유역(지방)환경청별로 관할지역 사고대응기관, 초동조치기관, 유독물 취급업소 등에 대한 비상연락체계 및 방제장비 현황 등을 상시 파악(비상연락망 책자 배포 : 2,000부)
③ 수질오염사고 예방을 위해 업체별, 업종별로 사용품목, 폐수발생량, 처리실태 등을 정밀조사하여 자료를 분석, 문제업소에 대한 중점관리 실시

■ **사고전담인력 확보 및 대응장비 지속 확충**

① 4개 유역환경청에 화학사고 · 테러 대응 전문요원 배치
② 유역(지방)환경청, 국립환경과학원에 화학사고 테러 대응장비 확충

■ **사고대응 요원에 대한 전문교육 확대 실시**

① 국립환경인력개발원에서 "화학테러대응과정" 및 "화학사고대응과정"을 통해 소방, 경찰 등 초동대응기관에 교육 실시(연인원 160명, 4회 실시)
② 소방, 경찰, 지자체, 군 등에 화학사고 테러 시 효율적 현장대응 수행을 위한 교육 교재 및 대응요령 동영상 등의 개발보급

3) 대응대책

■ **사고수습본부 설치 · 운영**

대형사고 발생시 환경부에는 중앙사고수습본부, 환경청에는 지역사고 수습본부 설치 · 운영

■ **화학물질사고대응정보시스템(CARIS)을 통한 정보 제공**

사고물질의 유해성 확산평가, 실시간 기상정보, 사고대응 시나리오 등 대응정보를 지자체, 소방, 경찰, 군 등에 제공

■ **현장 전문인력 및 대응장비 지원**

① 환경청에서 현장지원팀을 사고현장에 투입하여 사고수습활동 지원
② 사고수습 및 오염확산 방지를 위한 제독기술 등 사고대응기술 지원

4) 복구대책

■ **사고지역 사후관리를 위한 영향조사 실시**

① 인체 및 환경영향조사 결과를 근거로 매체별 복구 기준 및 사고 유형별 정화기법을 지자체 및 사고 원인자에게 제공
② 관계기관의 협조를 받아 관할 지방자치단체 주관으로 피해조사를 하되, 필요할 경우 관계 전문가 등으로 합동조사반을 구성하여 조사 실시

■ **사고지역 피해복구 활동 지원**

필요시 오염지역 복구기술 제공을 위한 전문인력을 현장에 지원하고 중 화제 등 방재약품 정보 제공

■ **유사사고 발생시 신속대응 및 재발방지 대책 마련**

① 사고원인물질, 발생량, 발생원인 등을 화학물질사고대응정보시스템에 반영하여 유사사고의 방지 및 신속한 대응 유도

② 동일 원인물질 취급업체 및 사고지역 주변 사업장을 대상으로 안전관리 실태 점검

04

CHAPTER

사회적 재난의 이해

Korea Disaster Safety Technology Institute

SECTION 01 사회적 재난의 개념과 특성

1. 사회적 재난의 개념

사회적 재난이란 위기 및 재난 관련 학계에서 비교적 최근에 대두되기 시작한 개념이다.

조직 및 사업장 내 파업 · 테러 · 시민 불복종 등 사회적 재난을 발생시키는 요인과 그로 인한 재난에 대해서 Waugh(2000), Haddow와 Bullock(2003) 등의 학자들이 언급하였지만 "사회적 재난"을 처음으로 "재난"으로 정의하여 분류한 학자는 Alexander(2002)이다. Alexander는 그의 저서에서 자연적 요인 및 기술적 요인에 의한 재난과 구분하여 사회적 재난을 언급하였다. 사회적 재난에 속하는 유형으로 폭발물 사용 · 총격 · 인질 및 비행기 납치를 포함하는 테러와 폭동 · 데모 · 혼잡한 군중 간의 충돌 · 혼란한 군중의 급격한 집단이동을 포함하는 대규모 군중사고를 제시하였다.

예를 들어, 2000년 여의도 지하공동구 화재로 인하여 지하공동구의 통신시설, 전력시설 등이 유실되어, 통신서비스와 전기서비스가 동시에 중단되는 위험이 발생하였다.

정보기술의 발전에 따라 통신기술을 활용하는 기업업무와 국민생활의 의존도가 증가하는 가운데, 정보통신서비스는 의사소통 및 자료 · 문서 교환의 수단을 넘어 현대사회의 경제적 · 사회적 인프라 역할을 수행하고 있다. 따라서 통신장애나 통신서비스 마비로 인하여 기업업무와 국민생활에 문제점이 발생 한다면 사회적 혼란과 경제적 손실은 물론 국가 전체에 위기상황을 초래한다.

금융사 간의 통합에 반대하는 시위에 의해 금융전산시스템이 전면 마비, 전산관리소에 공무원으로 위장한 불순분자가 침투하여 중요 전산시스템을 파괴함으로써 금융전산시스템이 마비되어 국민 경제활동의 손실뿐 아니라 국가적 위기상황으로 확대될 수 있다. 갑작스런 혹서가 발생하여 전력사용량이 급증하고, 대규모 광역정전 등으로 전국적 규모의 정전이 발생할 경우에도 금융권 마비, 경제활동 손실 등 국가적 위기 상황으로 확대될 수 있다.

여의도 지하공동구 화재사진

이와 같이, 단순한 사고가 또 다른 위험으로 확산되면서 위기상황을 발생하는 경우는, 1차 자연재난으로 인한 교통 및 수송의 기반 시설물 파괴로 인한 2차 경제활동 마비 등 교통 및 소송 시스템의 위기, 사회적 위기를 초래한다. 또한, 폭발적 위기로서 화재와 같이 비정상적이고 즉각적인 영향을 미치는 위험이 있다. 예를 들어, 테러단체가 주요 은행의 전산센터를 점거 폭파 협박과 대규모 인출을 할 경우 경제활동 마비 등 경제적 · 사회적 위기상황으로 확대된다. 중동에서의 전쟁이나 해상 석유 유조선에 대한 연속 테러 등으로 인한 국내 석유 공급 중단은 국가적 혼란과 경제적 손실로 이어져 국가의 위기가 발생하며, 원유 값 급상승으로 석유 수입에 치명적 타격을 입는 경우 도시가스 공급 중단에 따른 취사 · 난방 문제와 연료 사용 중단으로 사회적 혼란이 야기된다.

사이버 테러의 확산으로 컴퓨터의 기본자료 파괴, 진행업무의 중단 등 혼란을 야기할 수 있으며, 불순분자의 소행에 의해 일정 지역의 전화국이 폭파되어 통신고립사태가 발생한다. 특히 전국의 인터넷 연결 장비가 고장을 일으키면 증권 · 은행 업무 중단 및 마비로 이어져 국가적 위기상황을 초래한다. 또한 이외에도 사회적 재산은 발생 원인에 따라 자연에 의한 것과 인간에 의한 것으로, 고의 · 우연적 사고로 나누고 다시 격렬 · 비격렬로 나눈 것을 말한다. 삼풍백화점 붕괴사고는 우연히 발생한 격렬한 위기에 속하고 미국의 9.11 테러사건은 고의에 의한 격렬한 위기에 속한다.

사이버테러의 경고

사회적 재난의 경우 위기의 규모와 범위가 광범위한 만큼 위기발생 이후 대비계획 및 협력체계의 규모가 다른 재난에 비해 커진다. 사회적 재난과 같이 확산속도가 빠르고 위기의 규모와 범위가 큰 경우 다양한 참여자가 참여하는 네트워크 거버넌스가 요구된다. 사회적 재난이 발생됨에 따라 확실한 정책목표가 가시화되지만 이전에 경험하지 못한 사회적 재난의 특성상 정책수단의 선택이 불확실할 가능성이 높다.

2. 사회적 재난의 특성

사회적 재난은 종교적 · 정치적 · 이념적 목적 달성을 위해 개인이나 집단이 인간의 생명과 재산을 위협하거나 사회질서를 파괴하기 위한 의도적 · 고의적인 범죄일 뿐만 아니라, 인종적 · 종교적 · 지역적 이익을 위한 집단행동으로 인해 발생하는 재난상황이라고 정의할 수 있다. 특히 우리나라의 경우에는 남북한의 대치상황으로 인해 정치적 · 이념적 측면의 목적을 달성하기 위한 사회적 재난이 발생할 가능성이 높은 동시에 안보재난이 곧 사회적 재난으로 전이될 수 있다. 이러한 사회적 재난의 특성을 정리하면 다음과 같다.

■ 복합적 특성의 재난

사회적 재난은 사회현상에 의해서만 나타난다기보다는 자연재난과 인위재난에 의해서도 발생하는 복합재난의 성격이 있다. 즉, 사회적 재난은 사회구성원, 사회집단, 민족 간 · 인종 간 · 종교 간의 관계 속에서 주로 발생한다. 이와 함께 사회적 재난은 자연재난과 인위재난으로부터 유발되는 한편, 사회적 재난으로 인해 인위재난이 발생하는 경우도 있다.

■ 인위적 재난과의 유사성

사회적 재난은 인간에 의해 발생한다는 점에서는 인위재난과 유사한 점이 있으나, 인위재난이 기술적인 실수나 부주의, 무지 · 무관심에서 비롯되는 것인 반면 사회적 재난은 고의성과 의도성, 즉 종교적 · 정치적 · 이념적 목적 달성을 가진다는 점에서 차이가 있다.

■ 피해규모의 대형화

도시화, 세계화, 정보화, 고속화, 시설의 고밀도화, 산업의 첨단화 등 사회 고도화가 진행될수록 사회적 재난에 대한 취약성이 증가하는 동시에 피해 규모의 대형화가 일어나게 된다.

■ 사회기반시설의 피해

금융, 교통 · 수송, 전기, 정보통신 등과 같이 일상생활에 필수적인 기반 시설에 대한 침해나 사고는 그 자체가 사회적 재난으로 발전할 가능성이 매우 높다. 즉 이러한 기반시설에 대한 보호대책이나 복구계획이 없는 상태에서 발생하는 사회적 재난은 우리 사회 전반의 일상생활과 산업활동을 마비시키는 심각한 영향을 주기 때문에 이에 대한 대비책을 마련해야 한다.

사회적 재난의 관리에는 정부뿐만 아니라, 민간 부문의 기업은 물론 시민사회의 각 개인과 단체를 포함한 모든 행위자들이 참여할 경우에만 그 효과성을 확보할 수 있다.

■ 국가적 측면의 관리방안 요구

사회적 재난은 국가 핵심기반시설은 물론 일반 국민, 정부 서비스, 국가 정체성과 관련된 대상에 대해서도 관리방안의 수립이 요구된다. 오늘날 많은 사회적 재난 사례가 발생함에도 불구하고 그 중요성을 인식하지 못하는 경우가 많다. 또는 일부 중요성을 인정하는 경우에도 국가적으로 중요한 일부 시설에 대해서만 관심을 갖는 경우가 있으나, 일반 국민을 대상으로 하는 사회적 재난, 정부서비스에 대한 사회적 재난, 국가 정체성에 대한 사회적 재난 역시 중요한 부분이다.

SECTION 02 테러

1. 테러의 개요

오늘날과 같은 국제화시대에는 전 세계가 하나의 생활권으로 묶여 있으며, 우리나라도 이러한 흐름에서 예외일 수 없다. 우리나라 국민들에게도 이제 해외여행이나 업무 등을 이유로 외국으로 나가는 일은 일상이 되었다. 이러한 변화는 범죄학의 생활양식-노출이론과 일상활동이론으로 설명할 수 있을 것이다. 생활양식-노출이론과 일상활동이론의 기본적 가설은 범죄피해의 가능성에 있어 인구학적 차이는 피해자의 개인적 생활양식의 차이에 기인한다는 것이다. 즉, 이렇게 모든 사람은 그 생활환경에 따라 범죄피해의 위험이 높은 상황, 지역, 시간에 노출되는 정도가 다르기 때문에 범죄피해에 대한 위험부담 또한 다르게 된다는 것이다. 즉 이전과는 다르게 우리 국민들의 외부 테러세력과의 접촉빈도와 가능성이 높아짐에 따라 과거보다 높은 테러에 대한 위험성을 갖게 된 것으로 설명할 수 있다.

테러

이러한 위험성의 증가는 최근 일련의 사건으로 입증이 되고 있다. 2009년 4월 나이지리아에서 발생한 대우건설 바지선 억류사건, 2009년 5월 소말리아 북단에서 발생한 '오로라 9'호 피랍기도 사건, 2009년 6월 예멘에서 발생한 국제의료봉사단체 소속 한국인 피살사건, 2009년 7월 인도네시아 자카르타에서 발생한 폭탄테러로 인한 한국인 부상 사건, 2010년 1월 이라크 바그다드 시내 호텔에서 발생한 연쇄 차량폭탄테러 등 우리 국민을 대상으로 한 테러 사건들이 끊임없이 일어나고 있다. 더구나 2010년 1월에는 러시아 알타이 국립사범대에 단기연수를 온 광주 모 대학 2학년 강모 씨(22)가 이르쿠츠크 바르나울 시에서 러시아 청년 3명에게 칼 등으로 상해를 입고 병원 치료 중에 사망한 사건이 발생했는데, 러시아 극우단체 '스킨헤드' 등에 의한 이런 사건 역시 처음은 아니다. 이처럼 국내외에서의 테러 빈발은 상대적으로 안전하다고 생각하였던 우리 국민들에게 테러에 대한 공포심을 증가시키는 계기가 되고 있다.

테러에 대한 공포심이 증가되고 있는 현실에서 이 연구는 테러 발생 가능성과 예방정도 및 테러에 대한 국가의 대응정도를 일반인을 대상으로 분석하였다. 연구의 초점을 "테러의 제 문제에 대한 일반인의 인식"으로 삼은 것은 범죄학에서의 범죄에 대한 두려움에 대한 논의의 증가와 같은 맥락이다. 실제로 발생하는 범죄건수에 비하여 더 큰 사회적인 파장을 주는 것은 그러한 범죄들에 대한 잠재적 피해자들의 공포심이다. 한 건의 강력사건이 발생하게 되면 현실적 피해자보다 수많은 잠재적 피해자들의 범죄에 대한 공포 증가로 인해 사람들이 사회활동의 패턴을 변화시키고 범죄예방차원에서의 비용을 지출하게 된다. 따라서 범죄에 대한 두려움은 사회 전반에 걸쳐 범죄 자체보다 사회에 더 큰 부정적 영향을 미치게 된다.

2. 테러사고의 영향 및 피해유형

최근의 테러리즘 특성은 사건의 숫자는 감소하나 테러범의 살상 잠재력은 기하급수적으로 증가하였다는 점이다. 이와 같이 불길한 사태 발전의 핵심은 20세기 말의 기술적 진보에 있다. 기술은 국내 · 외적 관계의 본질은 물론 지난 세기 생명을 위협하던 적대행위의 본질도 바꾸었다.

신테러리즘의 특징을 요약해 보면 다음과 같다.

■ 요구조건 및 공격 주체의 불분명

과거의 테러는 식민지 세력의 잔재 청산, 또는 자본주의체제 타도 등의 뚜렷한 목표를 가지고 있었으며, 테러를 자행한 뒤 성명을 통해 자신들의 얼굴을 알리면서 요구조건을 떳떳이 밝혔다. 그러나 신테러리즘에서는 극단주의자들의 서방에 대한 반감, 특히 미국에 대한 적대감이나 '거대한 사탄문화'와 지역패권에 대한 반대 등 추상적 이유를 내세워 테러를 감행하며, 자신들과 비호세력을 보호하고, 공포효과를 극대화하기 위해 요구조건 제시도 없고, 정체도 밝히지 않는 소위 '얼굴 없는 테러'를 자행하여 색출 및 근절에 어려움이 커지고 있다.

■ 전쟁 수준의 무차별 공격으로 막대한 물적 · 인적 피해 발생

과거의 테러는 요인암살, 항공기 · 인질 납치, 중요시설 점거 등 상징성을 띤 대상을 공격함으로써 자신들의 대의명분을 선전하고 공포심을 유발하는 수법을 선택, 많은 희생자를 내기보다는 극단적 수단을 동원한 의사소통행위의 측면이 강했으나, 신테러리즘은 전쟁의 한 형태로써 자행되며, 전쟁에서는 적의 궤멸이 목적이므로 무차별적 인명살상으로 상대방에게 최대한 타격을 가하므로 피해 또한 상상을 초월한다.

■ 그물망 조직으로 무력화의 곤란

과거의 전통적 테러조직은 카리스마적인 지도자가 지배하는 수직형 체제로서 정점의 지도부를 제거하면 테러조직을 무력화할 수 있었지만, 신테러리즘에서는 여러 국가 · 지역에 걸쳐 그물망조직으로 연결된 이념 결사체로서 인터넷 비밀사이트, 전자메일, 채팅룸 및 첨단 이동통신 등을 연락수단으로 활용하며 중심이 다원화되어 하나의 중심을 제거해도 다른 중심이 그 역할을 대신하므로 조직의 무력화가 어려운 특징이 있어 "정보화 시대의 망전쟁"(Netwar)으로 불리고 있다.

■ 테러의 긴박성으로 인한 대처시간 부족

미국 테러의 경우 수년에 걸쳐 항공기 조종술을 습득토록 하는 등 치밀한 준비과정을 거쳤으나 정작 테러시간은 초대형 여객기를 납치, 빌딩에 자살충돌하기까지 40 ~ 50분 만에 상황이 종료되었다. 이같이 상황이 종료되기까지 대처시간이 절대적으로 부족함에 따라 더욱 신속하고 효율적인 테러대응체계 확립이 필요하게 되었다.

■ 테러장비의 다양화

전통적 테러장비로는 저격용 총기나 폭발물 등이 사용되어 공항이나 행사장 보안검색 강화 시 어느 정도 색출이 가능했으나, 미국 테러에서는 별도의 테러장비가 없이 서류절단용 칼만으로 여객기를 납치, 빌딩에 충돌시키는 초유의 수법을 구사하였는바, 우리 생활 주변의 모든 문명의 이기들이 그 지배권만 탈취되면 모두 테러장비가 될 수 있어 방어 및 색출이 매우 어려워지고 있다.

■ 언론매체의 발달로 인한 공포심 확산

현대는 '개방화 시대'로 언론에 대한 상황통제가 어려울 뿐 아니라 'Global Communication' 시대로 지구촌 어디에서 발생한 사건이라도 반대 편까지 신속히 전파된다. 미국 테러에서는 CNN이 24시간 상황을 보도했고, 국내에서도 거의 전 방송국이 정규 프로그램을 중단하고 보도함으로써 테러범들이 노리는 공포가 빠르게 확산되었다. 특히 TV는 테러사건 현장의 생생한 동영상을 방영함으로써 절실한 공포감을 유발시키고 있다.

이러한 신테러리즘의 특성으로 테러를 받는 곳은 다양한 범위에 영향을 끼치게 되는데, 크게 3가지 정치적 · 경제적 · 사회적 · 심리적 영향으로 나눌 수 있다.

(1) 정치적 영향

테러는 세계정치의 판도를 바꾸어 놓기도 한다. 9.11 테러처럼 전 세계를 대상으로 인적 · 물적으로 막대한 피해를 입힌 테러라면 더욱 그러하다. 그 동안 미국의 독주로 불편해 하던 국제사회의 시각을 '대테러 전쟁'이라는 하나의 주제로 뭉치게 한 계기가 된 것이다. 세계의 주요 강대국들이 일단 미국과의 갈등요인들을 제쳐놓고 우선 테러와의 전쟁에 적극 협조하고 나선 것이다. 유럽 각 군은 9.11 테러를 서구 문명권 전체에 대한 도전과 위협으로 느꼈기 때문이다. 이로 인해 장차 국제사회는 미국과 중동 간의 헤게모니 쟁탈전을 중심축으로 하는 갈등구조 속에 서구사화에 대한 아랍, 이슬람권의 저항, 중국과 일본 간의 각축 등과 같은 하부갈등구조들이 보조축이 되어 복합적으로 작용하는 매우 불안정한 시대가 될 것이다.

(2) 경제적 영향

9.11테러는 세계경제의 메카이자 상징인 "세계무역센터"가 표적이었던 만큼 미국경제나 세계경제에 미치는 영향은 엄청났다. 테러참사로 가장 먼저 항공 산업에 타격이 가해졌다. 피해는 항공사만이 아니라 정보 · 통신 산업의 피해도 60억 달러에 달했다. 테러로 인해 유선전화 20만 회선과 데이터 회신 300만 개가 손상되었다. 가장 큰 타격을 받은 월가의 금융기관들은 각종 전산시스템과 데이터를 복구하기 위해서 약 81억 달러의 비용을 쏟아 부었다. 미국 경제가 세계경제의 바로미터인 만큼, 세계경제에 미친 영향도 컸다. 우선 계획되어 있던 각종 신제품 출시와 대규모 전시회, 비즈니스 축제, 대규모 주식공모 등이 취소 또는 연기되었고 세계증권계와 항공업계에 영향을 미쳤다.

(3) 사회적 · 심리적 영향

국민들의 생활에 미치는 영향 또한 지대했다. 9.11테러 이후 미국은 디즈니랜드 같은 놀이동산에 입장할 때도 금속탐지기 통과는 물론이고 소형가방도 엄격히 검사하고 있다. 주요 건물에는 바리케이트가 설치되고, 사무실이나 아파트도 출입증이 없으면 엄격히 출입을 통제하고 있다. 국민들 대부분이 이러한 조치에 대해 다소 불편하긴 하지만 필요하다는 반응이 지배적이다. 테러 이후 애국심이 상승했다는 것도 영향 중 하나이다. 미국 성조기 판매가 대폭 늘었고, 젊은 청소년들의 헌혈과 함께 군대 지원자 수도 급상승하였으며, 정부에 대한 신뢰도도 사상 최고치를 기록하였다.

3. 테러사고 사례

(1) 폭탄 테러(미국 오클라호마 폭탄테러)

1) 사고의 개요 및 피해상황

1995년 4월 19일 오전 9시 5분, 미국 중부 오클라호마주의 주도 오클라호마시티 중심가에 있는 알프레드 머라 빌딩에서 폭탄테러사건이 일어났다. 9층짜리인 이 건물에는 마약단속국 등 미국 연방정부의 각 기관 사무실과 탁아소 등이 있었다. 이 폭발로 건물은 완전히 파괴되었고 폭발지점에는 폭 10m, 깊이 2.45m의 큰 구덩이가 패었다. 공무원들이 출근한 시간에, 탁아소가 있는 건물을 택한 점으로 미루어 보아 범인이 테러에 대한 선전효과의 극대화를 노렸다는 점이 주목되었다. 또 사고 당일은 바로 2년 전 사교집단인 다윗파의 방화자살사건 날짜와 같다는 점이 중요한 단서였다. 범인은 사건 발생 90분 후 발생 지점에서 100km쯤 떨어진 거리에서 과속으로 달리던 중 속도위반으로 순찰대의 검문을 받았다. 그 과정에서 검문 경찰관이 맥베이를 알아보고 검거했다. 맥베이는 사건 발생 2년 전 텍사스에서 집단자살한 사교집단 다윗파에 대한 연방정부의 불만족스러운 처리 때문에 범행을 저질렀다고 밝혔다. 이 사건으로 168명이 죽고, 600여 명이 부상당했다.

오클라호마 폭탄테러

(2) 납치로 인한 테러(9.11 테러)

1) 사고의 개요 및 피해상황

2001년 9월 11일 알 카에다 조직원들이 미국의 국내선 항공기를 탈취하여 뉴욕의 세계무역센터와 워싱턴 D-C 및 국방부청사 등을 대상으로 동시다발적 테러를 자행하였다. 이 사고로 인한 사망자 및 실종자는 비행기 탑승자 211명과 소방관 및 경찰 350명을 포함하여 펜타곤 125명, 무역센터 4,819명 등 총 5,519명이며 부상자는 3,201명이었다. 건물붕괴는 4동이며 (110층 2동, 47층, 54층), 건물파괴는 40여 개에 달한 것으로 집계되고 있다. 이와 관련하여 야기된 경제적 손실은 추정하기 어려울 만큼 크지만 뉴욕시의 경우 400억 달러에 달하는 것으로 추정하고 있다. 사건의 전개와 무역센터 7호 빌딩 완전 붕괴에 걸린 시간은 9시간 정도였다. 이처럼 인위적 재난은 자연재난에 비해 단시간에 엄청난 피해를 유발할 수 있고 더욱이 재난 감지와 피해규모 등을 사전에 예측할 수 없다는 특징을 갖는다.

9.11테러 사고

2) 예방 및 완화단계에서의 분석

세계무역센터 테러 발생 직전, 미국에 대한 테러 징후들이 없었는가에 대한 의문을 제기해 볼 수 있다. 왜냐하면 미국이 이러한 징후를 사전에 포착하고 대비를 했더라면 엄청난 재난은 사전에 예방되거나 적어도 그 피해 규모를 대폭 줄일 수 있었을 것이다.

세계무역센터 테러가 일어나기 전인 1996년 10월 이미 알 카에다 조직은 미국과 미국의 동맹에 대해 성전(Jihad) 수행을 선언하여 미국을 대상으로 테러활동을 감행했었다. 이보다 앞서 1983년 이미 알 카에다 조직은 레바논 미 해병대 폭파사건과 1993년 미국 뉴욕에 위치한 세계무역센터 지하에 폭탄테러 사건을 자행했었다. 그리고 1998년 8월 케냐와 탄자니아의 미 대사관 공격으로 24명이 사망하고 약 5,000명이 부상당했으며, 2000년 10월 12일에는 예멘의 아덴항에 정박 중인 미구축함 Cole호에 대한 공격으로 승조원 17명이 사망하고 40여 명이 부상을 입었다.

이러한 테러활동과 더불어 미국 정보기관인 연방수사국 및 중앙정보국과 경찰은 테러를 암시하는 결정적 정보를 등한시하고 무시했다. 게다가 연방수사국과 중앙정보국은 항공기 납치로 세계무역센터 충돌 가능성을 2001년 6월 28일부터 9월 9일까지 부시대통령에게 5회 보고하였으나 묵살당했다. 결국 미국은 세계무역센터 테러 위기를 알 수 있었음에도 불구하고 위기를 위기로 인식하지 못하고 적절한 대비와 대응을 하지 못해 엄청난 결과를 초래했다.

3) 대비단계에서의 분석

미국은 한번도 경험해 보지 못한 전쟁 수준의 테러공격으로 국가적 위기상황에 처하게 되었다. 미국은 국가위기상황 발생 시 정부의 지속성을 유지하기 위해 헌법상 국가지도부를 보호하게 되어있다. 또한 여기에는 누구를 백악관 지하 벙커로, 어떤 각료가 다른 비밀장소로 또 의회 지도자들은 어디에 위치시켜야 할지가 명기되어 있다. 하지만 세계무역센터 테러가 발생한 후 어떤 인원이 어디로 배치되어야 하고 그 인원들이 출입승인조치를 받았는지, 무엇을 해야 할지, 어떻게 서로 통해야 하는지에 대한 세부계획이 미흡했다.

게다가 백악관 지하 벙커에는 국방부를 비롯한 주요부서가 군사시설 및 필요기관과 비화 화상회의 시스템이 갖추어 있었지만 운용이 미흡했고, 벙커에서는 TV를 보도할 수 없어 정부와 국민을 연결시킬 방법이 없었으며 전화선 폭주로 인해 통화불능현상까지 초래했다. 또한 의회는 비상사태에 대한 아무런 계획도 없었고 훈련받은 적이 없었으며 대피할 방호시설도 갖추어 있지 않았다 . 미국의 이러한 대비태세는 아마도 일본의 진주만 공격 이후 처음으로 발생한 미국 본토에 대한 공격이라는 점에서 많은 문제점을 드러냈다.

4) 대응단계에서의 분석

세계무역센터 테러가 일어나자 미국은 국가안보회의를 주축으로 테러에 대한 대응과 재난관리 절차를 논의했고, FEMA를 주축으로 실질적이고 신속한 피해 복구대응을 실시했다. 특히 위기관리 초기의 대비의 미숙을 잘 극복하고 대통령, 행정부, 의회 등 각기 권한과 기능에 따른 신속한 조치로 위기관리시스템을 효율적으로 운용했다. 부시 대통령은 사건발생 후 긴급 안보회의를 소집하고 재난대비시스템을 즉각 가동했다. 또한 전세계 미군에게 데프콘 IR을 발령하여 대비태세를 갖추게 했으며 테러방지를 위한 제도개선 및 보복전쟁을 위한 준비조치로 국가비상사태를 공식선언하고 전시내각을 구성하는 등 국가안보차원의 위기관리를 조치해 나갔다. 의회 역시 대통령 직무수행을 전폭적으로 지지하며 대테러 무력사용권 등을 승인하였으며 행정부 각 부서도 대통령의 위기관리 노력에 부흥하기 위해 국가안보회의를 통해 안정–준비–보복 전쟁의 수순을 밟았다.

테러와 관련된 피해복구 및 응급조치반 등의 가동은 FEMA에서 취하였다. FEMA는 테러가 발생하자 백악관과 연방기구 고위간부들 간에 테러대책을 논의했고 FBI에 연락관을 파견하고 워싱턴 주재 FEMA의 위기조치반을 24시간 가동함과 동시에 FEMA 10개 지역 본부를 가동 즉각적인 재난관리체제에 돌입했다. 이러한 FEMA는 특히 화재, 재난, 범죄의 상황을 하나로 묶어 운영하여 일사분란한 정보 수집과 분석이 이루어졌으며 더욱이 관련 기관이나 기업에서 비상사태에 대한 대응이 신속하고 독자적으로 이루어졌는데 이러한 것은 사전 준비와 응급상황에 대한 대처능력이 체질화되어 나타났다.

더욱이 미국의 방송매체들이 보여준 재난 관련 보도는 신속한 복구와 안정을 위한 활동으로 이어졌다. 모든 사고현장의 필름을 CNN을 비롯한 9개의 방송사가 공유하도록 자체적으로 결정하였으며 구조작업에 지장을 주거나 차질을 주지 않도록 현장 접근을 자제하였다. 또한 지나치게 참혹한 장면이나 국가의 구멍 뚫린 안보문제, 당국의 미흡한 대처 부분 역시 보도를 자제하는 등 철저히 국익차원에서 활동하였다. 추측이나 문제점 위주의 보도를 지양하고 조속한 사건 해결과 국민단결에 초점을 맞추어 보도를 한 것이다. 이러한 재난관리시스템과 각계각층의 노력으로 인해 세계무역센터 테러라는 엄청난 사태에서 뉴욕시는 사고 발생 6일 만에 완전히 기능을 회복했다.

5) 복구단계에서의 분석

미국은 테러 발생 직후 위기관리체제를 가동하여 주요한 긴급조치를 효과적으로 처리하면서 대테러전을 위한 신속한 정책 결정과 테러 피해를 극복하기 위해 국력을 모았다. 결국 미국은 탈레반 정권 및 알 카에다 조직의 제거를 목표로 대 아프간 전쟁을 개시했다. 또한 국가위기관리체계에 대한 총체적 정비를 강행했다.

미국 의회 정보위원회 합동으로 보고에 의하면 위기의 예방 및 완화단계에서 정보기관들 간의 정보교환이 적절하게 이루어지지 않아 사전 대응기회를 놓쳤다고 분석했다. 사전에 테러의 기도를 입수했음에도 불구하고 이 정보들이 의미하는 내용을 제대로 분석하지 못했다는 것이 가장 큰 원인이었다.

테러 이후 미국의 정보기관은 임무와 업무에 대한 우선순위와 관료화된 조직문화를 새롭게 변화시키는 데 초점을 맞추고, 그 일환으로 미국의 13개 정보기관의 정보를 통합하고 조정하는 역할을 CIA 국장이 담당하도록 했다. 이는 9.11테러를 겪으면서 위기상황으로의 확대에서 정보가 얼마나 중요한가를 인식한 결과이다.

또한 미국은 테러에 대비하기 위해 대통령 직속기관인 국토안보부를 새로 만들어 FBI, CIA, 국방부 등 안보 관련 기관을 조정하여 대테러업무를 총괄하고 테러 방지 및 저지 등의 지휘권을 행사하도록 하였다.

(3) 사이버 테러(1.25 인터넷 마비사태)

1) 사고의 개요 및 피해상황

정보화가 심화되면서 우리의 경제사회활동 기반구조는 정보통신 인프라에 절대적으로 의존하고 있어 사이버 안전에 대한 준비 없이 정보통신 기반 확장에만 주력했던 우리나라는 2003년 1월 25일 인터넷 마비사태를 통해 대변혁을 맞게 되었는바 그 개요는 다음과 같다.

1.25 인터넷 마비사태 개요

- 2003년 1월 25일 14시 10분경 초고속 인터넷 업체인 드림라인이 인터넷 이용 시 접속지연 및 일부 인터넷 사이트 접속 불능상태 발생(미국, 호주 등을 통해 국내로 슬래머웜이 유입된 것으로 추정) 보고
- 'MS-SQL서버'의 취약점을 이용한 새로운 웜바이러스가 발생하여 전세계 인터넷을 통해 급속하게 확산, 인터넷망의 부하 급증
- 주요 ISP의 'DNS 서버' 부하 증가, 특히 KT 혜화전화국 DNS 서버부하 급증
- 동일 15 : 30부터 KT, 데이콤, 하나로통신, 드림라인, 두루넷 등 주요 ISP들은 '1434'번 포트를 차단, 이를 계기로 17시 30분부터 네트워크트래픽 급감
- 일부 ISP의 경우 여전히 DNS 과부하 현상으로 정상적 서비스 불가

이 사태에 대해 국가사이버안전센터가 그 원인을 분석한 자료에 따르면 1월 25일 14시 10분경부터 시작되어 17시 30분까지 지속된 인터넷의 지연이나 서비스 불능상태는 백본망13)과 하부 네트워크망의 붕괴에 기인하고 있다고 밝히고 있다. 또한 'Slammer웜'은 404byte 크기의 공격 패킷을 초당 최대 26,000개, 평균 4,000개 생성하며 이렇게 많이 발생된 패킷들에 의해 네트워크의 bps(bitpersecond : 초당 전송률) 혹은 pps(packet- persecond : 초당 패킷량)의 한계치가 초과했으며, 이로 인해 네트워크 장비에서 패킷들을 처리하지 못하여 패킷유실 및 장비 장애가 발생하였다.

CAIDA(Cooperative Association for InternetData Analysis)의 통계에 따르면 특히 우리나라가 외국에 비해 많은 MS-SQL서버가 감염된 것으로 확인되었으며 상대적으로 볼 때 일본의 약 7배, 중국의 약 2배가 많아 우리나라의 인터넷 규모를 짐작해 볼 수 있으며 때문에 공격패킷이 상대적으로 월등히 많이 발생한 것으로 나타났다.

2) 개선방안 및 대책

외국에 비해 우리나라가 웜바이러스에 취약성을 드러낸 것과 관련하여 안철수연구소의 안철수 사장은 이미 2002년 7월에 마이크로소프트(MS)사가 자사의 SQL서버의 보안 취약점을 발견하고 그 대책으로 패치파일까지 제공하였음에도 불구하고 대다수 서버관리자들이 이를 설치

하지 않았기 때문이라고 보았으며, 다수의 전문가들도 "해커의 의도적 공격이 아니라 바이러스 침입으로 이번 사건이 발생한 만큼 사전에 바이러스 점검만 했더라도 막을 수 있었을 것"이라고 지적하였다. 1.25인터넷 마비사태는 기존의 컴퓨터나 서버를 파괴시키는 종류에서 벗어나 네트워크를 직접 공격하는 것으로 바뀌었다는 점과 전체 네트워크가 다운될 경우 엄청난 사회적 혼란과 경제적 손실을 가져다 줄 수 있다는 교훈을 남겼다.

4. 각국의 테러대응정책

(1) 미국

국가안보회의(NCS)체제는 국가안보법에 근거하여 미국의 국가안보와 관련 대통령의 자문기관을 설치하였고 외교 · 국방 · 국내정책의 부처 간 통합 및 대통령보좌기관을 담당하고 있다. 미국의 국가안전을 위해하는 사건들에 대해서는 국가안보의 총괄 정책과 위기를 담당하는 NCS를 중심으로 운용되고 있다.

미국은 9.11사건 이후 국토안보국법을 제정하여 국가안보국을 신설하여 테러에 대한 종합적인 예방과 국가안전전략을 수립하는 임무를 부여하였다. 국토안보부는 '반테러리즘법'을 제정하여 국내의 안보강화와 감시절차를 강화시키고 국제돈세탁의 방지 및 법집행기관의 권한을 강화하는 등에 대한 대책을 수립하였다. 이 부서는 과거 22개의 분산되어 있던 국토안전에 관한 업무를 한 곳에 집중시켜 설립한 기관으로 그 업무는 다음 표와 같다.

미국 국토안보부 업무내용

구분	업무내용
미국 국토 안보부 주요 업무사항	• 미국 내에 테러리스트들의 위기와 업무를 억제 • 테러리즘에 대한 미국의 취약성을 감소 • 미국 내에서 발생한 테러리스트의 공격으로부터 손상을 최소화하고 복구지원 • 자연적 · 인위적 비상계획에 관하여 중심으로서의 활동을 포함하며 국토안보부로 이관된 실체들의 모든 직무를 수행 • 국토안보에 직접적으로 관련되지 않은 국토안보부내 기관 및 산하부서의 직무가 명시적인 특정명령에 의하여 축소되거나 예외로 간과되지 않도록 보증 • 국토안보를 목적으로 한 노력과 활동 및 프로그램에 의하여 미국 전체의 경계안보가 축소되지 않도록 보증 • 불법마약거래와 테러리즘 간의 연계를 감시하고 당해 연계를 단절시키기 위해 노력하며 기타 불법마약거래를 금지하기 위한 노력에 기여

(2) 영국

영국은 1974년 '테러리즘 방지 임시조치법'을 제정 · 공포하여 테러리스트뿐 아니라 테러리즘 용의자들에 대한 강제출국의 권한을 부여하고 있으며 경찰이 테러리즘 용의자를 48시간 구금할 수 있도록 되어 있고 출입국 관광객의 보안검색을 할 수 있는 권한까지 경찰에게 부여하고 있다. 또한 영국정부는 법적 대응과 함께 코브라로 알려진 테러리즘대책본부를 구성하여 테러리즘 발생 시 위기관리에 대처하고 있다. 9.11 테러 이후 영국은 테러방지를 위해 강력한 법적 대책을 추가하였다. 2001년 12월 '반테러리즘, 범죄안전법(Anti-terrorism, Crime and Security Act)'을 제정하여 테러범죄자에 대한 자산동결, 병원체 및 독극물의 통제, 통신자료 취득 등에 관한 기존의 규정을 개정하여 테러에 관한 수사권을 강화하고 있다.

(3) 일본

일본은 2001년 이후 「테러대책특별조치법」의 제정, 「자위대법」의 개정, 「해상보안법」의 개정 소위 테러대책 3대법의 입법조치를 완료하여 일본의 영 · 내외 테러사건 발생 시 자위대의 출동 근거를 마련하였다. 「테러대책특별조치법」은 일본의 영 · 내외에서 테러의 발생 시 자위대가 협력지원 및 수색구조, 이재민의 구호활동을 할 수 있는 근거를 제공하였고, 「자위대법」에서는 자위대, 주일미군시설에 대한 테러를 방지하기 위해 자위대가 출동할 수 있게 하는 한편 출동 전 국가공안위원장과 협의하여 사전에 필요한 정보를 수집할 수 있는 권한을 부여하고, 「해상보안법」은 외국선박에 대하여 무기를 사용할 수 있는 근거를 마련하였다.

일본은 원칙적으로 테러에 대한 대응은 경찰청이 담당하며 경찰청에 테러대책실이 설치되어 있다. 테러대처부대로는 SAT 이외에 NBC테러전문대응부대가 있고 경찰청 경비국 외사과에는 국제테러긴급대응팀(TRT)이 설치되어 테러가 발생하였을 경우 전문적 지식을 가진 요원이 현장에 파견되어 각국 수사기관에 지원 협조할 수 있도록 하고 있다.

5. 테러예방 행동기법

(1) 테러예방 일반 행동기법

1) 상시 안전대책의 필요성

인간이 추구하는 행복의 완성을 위해 전제되는 조건 중 하나는 안전(safety)의 확보이다. 위협이나 위험에서 자유롭고 싶은 욕구는 인간이 가지는 가장 기본적 욕구이기 때문이다. 그러나 전 세계 곳곳에서 연쇄적으로 발생하고 있는 테러 · 폭력 · 인적 재난 등은 평화롭고 인간다운

행복을 추구하기 위한 최소한의 존립 기반마저 위협하고 있는 실정이다. '테러의 시대' 그리고 '불확실성의 시대'에 주요 인사는 물론이고, 기업체의 임원 · 근로자 · 여행객 · 유학생 · 그리고 현지에 정착하여 생활하고 있는 한국 교민 등 그 누구도 예외 없이 테러에 노출될 수 있다.

특히 공격 대상의 구분이나 지리적 제한도 없이 발생하는 테러 양상으로 인해 한국인 피해사례가 지속적으로 발생해 우려가 높아지고 있다. 아울러 세계 제13대 경제대국의 위상에 상응하는 국제사회에서의 역할과 책임이 높아지면서 한국이 테러의 대상으로 지목되는 원인으로 작용하고 있다. 아프간에 동의 · 다산 부대 파병, 그리고 이라크 자이툰 부대, 쿠웨이트 다이만 부대 파병 등으로 인해 이슬람권 지역에서 반한 감정이 고조되고, 이는 한국에 대한 테러 가능성 증가로 이어지고 있는 것으로 분석되고 있다.

알 카에다에 의해 자행된 9.11 미 테러 직후 미국의 대테러 보복전쟁이 시작되고, 연이은 이라크 전쟁에 미국의 동맹국으로서의 대테러 국제공조에 참여함에 따라 알 카에다는 한국을 테러 대상 목록에 올렸다. 실제로 알 카에다의 테러 공격 1순위는 미국 · 영국 · 호주이며, 2순위는 일본 · 한국 · 필리핀 순이라는 언론 보도도 있었다.

지금까지 이라크를 포함한 해외에서 우리 국민에 대한 직 · 간접 테러 자행 및 테러 시도가 20여 건 이상 발생했다. 아울러 테러조직이 인터넷을 통해 테러 자행에 대한 협박을 시도하는 소위 '디지털 지하드'도 20여 차례나 발생한 것으로 알려지고 있다.

해외방문 및 체류자에 대한 주요 테러일자(1997 ~ 2006)

일자	사건 개요
1997. 10. 15	스리랑카 콜롬보 세계무역센터 폭탄테러로 LG전선 직원 등 2명 부상
1999. 02. 03	남아프리카 공화국 요하네스버그 주재 (주)대우 지역본부 사장이 현지 숙소 주차장 앞에서 총격을 받아 사망
1999. 08. 11	일본 동경에서 컴퓨터회사 경영자인 한국인 1명이 무장공격으로 사망
1999. 10. 31	필리핀 루손 섬에서 국도 확장공사 중이던 경남기업 현장 사무소가 「U신인민군」 T의 무장 공격 받음
2001. 01. 16	인도네시아 '자유 파푸아 운동'(OPM)이 원목캠프에 근무하는 현지법인 코린도 사 한국인 직원 2명 및 현지인 직원 11명 인질납치. OPM은 1.19 인질협상차 방문한 코린도 사 한국인 직원 1명과 현지인 2명을 추가로 억류
2003. 11. 30	이라크 티크리트에서 (주)오무전기 근로자 4명이 피격 · 사상

일자	사건 개요
2004. 05. 31	이라크에서 가나무역 직원 김선일이 저항세력에 피랍, 6.22 팔루자 인근 도로변에서 참수된 시체로 발견
2005. 02. 11	러시아 상태페테르부르크 소재 고등학교에 유학 중이던 학생 3명이 귀가 도중 스킨헤드족에게 집단 공격을 받음
2005. 10. 01	인도네시아 발리 소재 식당가에서 연쇄폭탄테러가 발생하여 26명이 사망하고, 100여 명(한국인 6명 포함)이 부상당함
2006. 02. 15	파키스탄에서 서방 언론의 「K무함마드」 풍자만평에 불만을 품은 시위대가 현지에 진출한 (주)삼미대우 운영 버스터미널을 공격함. 버스 17대, 승용차 3대, 미니밴 3대가 전소되고 현지인 직원 4명이 중경상을 당함
2006. 03. 14	팔레스타인 한 호텔에서 KBS 특파원 1명 납치, 하루만에 석방
2006. 04. 04	원양어선 동원호 한국인 8명 등 피랍 후 석방
2006. 06. 06	나이지리아 '니제르델타 해방운동'(MEND) 소속 30여 명이 「보니」섬 한국기업 건설현장을 습격, 우리 근로자 5명을 납치함. 협상을 통해 전원 석방
2007. 01. 10	나이지리아 대우건설현장 근로자 5명 납치, 다음날 석방됨
2007. 05. 03	나이지리아 대우건설의 화력발전소 현장 직원 3명 피랍, 6일 후 석방
2007. 05. 15	소말리아 해역에서 한국인 선원 4명 승선한 원양어선 납치
2007. 07. 19	아프간에서 한국인 봉사단원 23명을 납치함. 남성인질 2명이 피살되었으며, 나머지 인질 21명은 41일 만에 석방됨

테러가 언제 · 어디서 · 어떻게 발생할 것인지를 예측하는 것은 매우 어려운 일이다. 테러에 노출되지 않기 위해서는 가장 기본적인 안전대책을 숙지하는 것이다. 테러는 일반 범죄와 비교해 보면 자행 목적이나 성격 그리고 그 파급효과 면에서 분명히 차이가 난다.

그러나 테러 역시 넓은 의미에서 보면 범죄이다. 따라서 테러에 대한 기본적인 안전대책은 범죄예방을 위한 안전대책과 매우 유사하다. 가장 중요한 것은 안전에 대한 개인들의 태도와 의식이다. 여기에서 언급하는 기본 안전 대책은 해외에서의 개인 혹은 가족들이 테러조직은 물론이고 일반 범죄자의 공격 목표가 될 수 있는 가능성을 낮추어 줄 것이다. 아울러 국내에서도 범죄예방에 적용할 수 있는 대책들이다.

2) 테러예방 일반 행동기법

구분	테러예방 행동기법 내용
1	가족 구성원들에게 안전의 중요성과 안전상의 위기는 누구에게나 찾아올 수 있다는 경각심을 갖도록 하고, 위기상황에서 어떻게 행동해야 하는 것인지에 대해서 토론하고 이야기한다.
2	누군가가 감시를 하고 있다는 것을 인지하거나, 수상한 사람이 목격되거나, 이상한 낌새 혹은 불길한 예감이 느껴지면, 무심코 지나치지 말고 경찰 등 관계 당국에 신고를 한다. 인간은 누구나 본능적으로 위험을 감지하는 장점을 가지고 있다. 이 장점을 적극적으로 활용하는 자세를 견지한다.
3	개인적 활동 루트(routines)를 다양하게 한다. 예를 들면, 직장인은 출퇴근 로(路)를 매번 동일하게 하지 말고, 하루는 A코스, 다른 날은 B코스, 그리고 그 다음에는 C코스를 이용한다. 그리고 출퇴근 시간도 다양화할 필요가 있다. 주부들이 쇼핑을 위해 외출할 때도 이 원칙을 지키도록 한다. 일상적 활동 루트를 다양하게 함으로써, 범죄자나 테러범에게 공격 시간과 공격 루트에 대한 예측이 불가능하도록 하는 것이 좋다.
4	항상 자신의 위치 혹은 귀가예정시간 등을 가족이나 친구에게 알리는 습관을 가진다. 위기 시에 추적이 가능하고, 귀가예정시간을 넘기는 경우에 필요한 조치를 취할 수 있도록 하는 계기가 된다.
5	개인이 거주하고 있는 집 혹은 일시적으로 머물고 있는 호텔 등에서 누군가를 만나도록 되어 있을 경우라도, 반드시 만나기로 한 방문자의 신원을 확인하는 습관을 가진다.
6	항상 현지 전화 사용법을 알아야 한다. 전화를 걸 때 필요한 동전이나 전화 카드를 소지한다. 그리고 경찰 · 소방 · 앰뷸런스 · 병원 전화번호를 메모하여 가지고 다니도록 한다.
7	가장 가까운 경찰서 · 군 경찰 · 정부기관 혹은 대사관 등 위기 시에 피난처로 삼을 수 있거나, 긴급한 도움을 청할 수 있는 곳을 알고 있어야 한다.
8	대중들과의 논쟁을 삼가고, 대적하는 것을 피한다. 문제가 발생하면 관계 당국에게 보고(신고)를 한다.
9	가장 기본적인 현지어를 말할 수 있도록 한다. 예를 들면 경찰의 도움이 필요합니다(I need a policeman.), 병원이 어디 있습니까?(Where is the hospital?) 도와주세요!(Help me!) 등과 같은 표현은 기본적으로 알고 있어야 한다.
10	위험이 닥쳐올 때 사용할 수 있는 간단한 신호를 만들어 숙지한다. 누군가 미행을 하고 있다는 사실을 가족에게 알려 문단속을 하게 하거나, 위험을 관계 당국에게 알리라는 의미로 엄지손가락을 세우는 등의 수신호를 통해 가족 구성원이 공동으로 위험에 대처한다. 가족 구성원 간의 신호는 절대로 외부인과 공유하지 않도록 해야 한다.
11	항상 혈액형이 표시되어 있는 신분증 혹은 병원에서 특별한 치료가 필요한 사항을 영어 혹은 현지어로 기록해 두어야 한다. 특별한 의료적 관리가 필요한 경우에는 여행 기간 만큼 혹은 최소한 일주일 분량의 의약품을 소지하도록 한다.
12	어떤 경우에도 현저하게 눈에 띄는 행동은 삼간다. 대중의 관심을 받지 않도록 하고, 특히 많은 현찰을 꺼내 보이는 등의 행동은 스스로가 범죄의 대상이 되고, 범죄를 유발하는 자살행위라는 사실을 명심해야 한다.
13	어떤 경우에도 불필요하게 자신의 집 주소 · 전화번호 그리고 가족에 대한 사항을 노출시키지 않아야 한다. 범죄에 이용될 수 있는 신상 정보는 철저하게 관리하는 것이 좋다.

구분	테러예방 행동기법 내용
14	테러 공격에 대한 경고, 혹은 대피 명령 등으로 현지인들이 인근지역 혹은 원거리로 대피하는 일이 있는지를 유심히 살펴 참고하도록 한다.

(2) 가정에서의 테러예방 행동기법

1) 가정 안전대책의 필요성

가정은 개인이 가장 많은 시간을 보내는 곳이다. 휴식을 취하고 사랑하는 가족과 사랑을 나누는 행복 추구의 근원지이다. 그런데 때로 이 공간이 테러에 노출되는 경우가 발생한다. 결론적으로 말해 테러로부터 안전한 지대는 없다는 것이다. 따라서 최소한의 안전대책을 숙지하고, 실천에 옮기는 노력만으로도 테러에 노출되는 것을 막을 수 있다.

2) 가정에서의 구체적인 행동기법

구분	가정에서의 테러예방 행동기법 내용
1	집으로 외부인이 접근하는 것을 모두 정확하게 확인할 수 있도록 시야를 확보하도록 한다. 시야를 가리는 나무의 경우 가지치기를 해서 시야를 확보하고, 이동이 가능한 대형 화분의 경우에도 시야를 가리지 않는 곳으로 이동시켜 놓는 것이 좋다.
2	범죄자가 간단한 도구를 이용하여 쉽게 침입할 수 없도록, 튼튼한 재질로 만들어진 문과 자물쇠를 설치한다. 치안 상황이 좋지 않은 지역에서는 출입문에도 방범용 출입문을 외부에 따로 설치하는 것이 좋다.
3	새로 거주할 주택을 구입하거나 임대를 하는 경우에는, 입주 시에 자물쇠를 반드시 교체하도록 한다. 과거에 거주하던 사람들이 열쇠를 가지고 있을 수도 있고, 분실해서 범죄에 악용될 수 있기 때문이다. 그리고 열쇠를 단 하나라도 분실했을 경우 자물쇠를 반드시 새 것으로 교체해야 한다. 출입통제 기술의 발전으로 최신식 기술이 적용된 넘버키 · 지문인식 · 혹은 홍체인식 도어를 설치하는 것도 검토해 볼 필요가 있다.
4	열쇠를 자동차 시동키와 함께 묶어서 사용하는 것을 피하는 것이 좋다. 특히 자동차 시동키와 함께 묶어 사용하는 경우에는, 절대로 시동을 걸어둔 채 잠시라도 자동차를 방치하지 않도록 해야 한다. 자동차가 방치된 채 시동을 걸어 두는 경우 집 열쇠를 분실하는 경우가 발생할 수 있다. 이 경우 자물쇠를 교체하는 불편은 물론 교체에 따른 비용 부담을 겪어야만 한다.
5	야간 침입을 방지하기 위해 충분한 조명장치를 하여, 어두운 부분을 제거하는 것이 좋다. 어둠을 이용해 은밀하게 침입하는 좀도둑들은 물론, 테러범들은 야간을 주로 이용한다는 점을 기억해야 한다. 필요 시에는 폐쇄회로 텔레비전(CCTV)을 설치하거나 기계경비 시스템을 구축하여, 침입 발생 시에 경비원들이나 치안 당국의 출동을 요청하는 방법을 강구하는 것이 좋다.

구분	가정에서의 테러예방 행동기법 내용
6	외출 시에 전등 혹은 음향기기가 자동으로 켜지고 꺼지는 시스템을 작동하도록 한다. 비록 집이 비어 있지만, 이런 방법을 통해 집에 사람이 있는 것 같은 느낌이 들도록 하는 것이 좀도둑 등의 침입 의지를 사전에 제거하여 억제효과를 가져올 수 있다.
7	출입문을 노크하는 방문자에 대해서 아무런 신분 확인절차 없이 무심코 문을 열어주어서는 안 된다. 문을 열지 않고 내부에서 방문자의 신분을 확인할 수 있는 조그마한 장치를 설치하도록 한다. 필요할 경우 신원 확인이 용이한 첨단 회로장치를 설치하도록 한다.
8	열쇠를 숨기거나, 열쇠를 어린 아이들에게 맡기지 않도록 한다. 특히 외출 시에 우유배달통이나 출입문 근처에 놓여 있는 화분 등에 숨기는 것은 범죄자나 테러범에게 열쇠를 주는 것이나 다름없다. 공동주택의 경우 우편물 수거함이나 전화 혹은 전기 배전함 속에 넣어두지 않도록 해야 한다.
9	자동차는 가능한 한 길가에 주차하는 것을 삼간다. 주택을 구입하거나 임대계약을 하기 전에 주차공간의 유무를 확인해야 하며, 주차공간이 없을 경우에는 실내 주차공간 확보 공사를 하여 차를 주차하도록 한다. 폭탄 테러의 경우 자동차에 폭탄을 설치할 수도 있으므로, 차에 외부인의 접근을 근본적으로 차단하도록 한다.
10	아이들이 집에 있을 때 위기상황이 발생하면, 도움을 요청하기 위해 경찰에게 전화하는 방법 그리고 구체적으로 어떤 내용을 알려야 하는지를 알려주도록 한다.
11	거주할 수 있는 주택을 마련함에 있어서 이웃과 동떨어진 지역이나 일방통행로가 있는 지역, 막다른 골목이 있는 지역은 범죄가 자주 발생하므로 피한다.
12	공동 주택의 경우 가급적 침입이 용이한 1층은 피하고, 비어 있는 집이 이웃에 있는 곳도 피하는 것이 좋다. 아파트의 경우 1층을 피하는 것도 중요하지만, 5층 이상의 고층도 피하는 것이 좋다. 비상시 탈출과 구출에 어려움이 발생할 수 있기 때문이다.
13	전화를 받을 때는 받는 사람의 이름과 주소를 노출할 수 있는 말은 절대로 삼간다. 예를 들면 수화기를 들자마자, "삼성동 홍길동입니다."라는 응대는 주소지와 신분을 노출하는 것으로 삼가는 것이 좋다. 아울러 어떤 경우라도 가족 구성원의 휴대폰 번호 등을 알려주어서는 안 된다. 가족 구성원의 연락처를 문의하는 경우 "이름과 연락처를 남겨주시면, 연락을 드리도록 하겠다."는 식의 응대가 좋은 방법이다.
14	범죄에 이용될 수 있는 개인 신상정보나 주소지 등의 정보를 노출할 수 있는 우편물 등을 절대로 휴지통에 버리지 않도록 한다. 가정용 파쇄기를 구입하여 사용하는 것도 고려해 보는 것이 좋다.
15	밤이 되면 창문의 커튼을 반드시 닫도록 한다. 창문용 커튼은 가급적 두꺼운 천을 이용하여 외부에서 내부가 보이지 않도록 하고 아울러 창문이나 발코니에 자주 노출되는 것도 피하는 것이 좋다. 불필요하게 외부에 자신과 가족이 노출되는 것은 결코 좋지 않다.

6. 테러유형별 대응 행동기법

(1) 폭발물 테러 대응 행동기법

1) 실내폭발물 의심물체 발견

구분	실내폭발물 발견 시 행동기법
1	폭탄은 크기가 작은데다 여러 모양으로 위장이 가능하기 때문에 식별하기가 곤란한 것이 특징이므로, 폭발물 의심물체 발견 즉시 안전 담당관이나 현지 경찰에 연락하고, 어떠한 경우에도 운반하거나 손을 대지 않도록 각별히 주의하도록 한다.
2	최단시간 내 안전한 곳으로 대피하고, 동료들에게도 지체 없이 위험을 알려 신속하게 대피토록 한다.
3	휴대전화나 라디오 작동 시 전자파가 폭발물 기폭장치를 작동시킬 수 있으므로 사용을 금하도록 한다.
4	건물에서 대피할 경우에는 당황하지 말고, 침착하게 차례차례 줄을 지어 신속히 비상계단을 이용하여 지상으로 대피한다. 폭탄이 장치된 방향과 반대방향의 비상계단을 이용하도록 한다.
5	나 혼자만의 안전을 위해 서두르거나 뛰어가면 많은 사람이 한꺼번에 몰려 압사를 당할 수 있고, 오히려 탈출이 늦어질 수도 있다. 따라서 침착하게 질서를 유지하면서 탈출하도록 한다.
6	다급하다고 창문으로 무작정 뛰어내리지 말아야 하고, 이동 시에는 벽돌 · 유리 등 파괴된 파편으로 인한 안전사고위험에 대비한다.
7	엘리베이터는 갇힐 수 있기 때문에 가급적 사용하지 않도록 하고, 계단을 이용한다.
8	유도요원의 유도지시에 따라야 한다. 소방대원이 도착한 경우에는 사상자의 위치를 알려주고, 신속한 수습에 방해가 되지 않도록 한쪽으로 비켜준다.
9	혼자보다는 2인 이상이 같이 함께 안전지역으로 이동하고, 노약자 · 어린이가 있는 경우는 함께 대피한다.
10	2차적인 폭음 · 붕괴, 화재가 예상될 경우는 견고한 건물외벽을 따라 신속히 대피한다. 일단 밖으로 빠져 나오면 적어도 500m 이상 떨어진 곳까지 대피하고, 필요하다면 빌딩 자체에서 설정한 안전거리까지 대피하도록 한다.
11	강당이나 로비 등 기둥 간격이 넓은 곳은 폭발로 인해 무너질 가능성이 있으므로, 이들 장소로 대피하지 않는다.
12	폭탄이 터지면 우선 바닥에 몸을 웅크리고 고막을 보호하기 위해 귀 주위를 손으로 감싸며, 입은 살짝 벌려 폭발로부터의 압력의 균형을 유지하도록 한다.
13	엎드릴 때는 양팔과 팔꿈치를 옆구리에 붙여 폐 · 심장과 가슴을 보호하며, 귀와 머리를 손으로 감싸 목 뒷덜미와 귀 · 두개골을 보호하도록 한다.
14	흔히 두 번 또는 그 이상의 총격 및 후폭발이 발생할 수도 있기 때문에, 몇 분이 지나기 전에는 절대로 일어나지 않으며, 만약 이동해야 할 경우에는 낮은 포복자세를 유지하도록 한다.

2) 폭발로 인한 화재

구분	폭발로 인한 화재시 행동기법
1	폭발로 인해 화재가 발생하면 먼저 화재경보기를 울리고, 소방서에 곧바로 신고한다.
2	평소에 화재 대비계획을 마련하고, 유사 시에 탈출방법을 숙지하고 있는 것이 무엇보다 중요하다.
3	건물의 소산(疏散)계획은 생활하는 모든 사람이 쉽게 볼 수 있는 장소에 게시하고, 직원 등을 대상으로 정기적으로 교육을 시킨다.
4	사무실에서 가장 가까운 비상구를 알고 있고, 비상구까지 출입문의 수를 안다면 농염 및 정전 상태에서도 쉽게 탈출할 수 있다.
5	화재가 발생한 사무실의 문은 반드시 닫고 탈출하고, 지나온 모든 문도 닫는다.
6	이동 시에는 유독가스를 마시지 않도록 최대한 자세를 낮추고, 젖은 천으로 코와 입을 가린다.
7	농염이 가득한 장소를 지날 때에는 최대한 낮은 자세로 기어서 나와야 하며, 닫힌 문을 열 때에는 손등으로 문의 온도를 확인하고 뜨거우면, 절대로 열지 말고 다른 비상통로를 이용한다.
8	옥외로 빠져 나오면 건물에서 떨어진 지정된 장소로 이동하여, 모든 인원이 탈출하였는지 확인한다.
9	탈출한 경우에는 절대로 다시 화재 건물로 들어가서는 안 된다.
10	건물 밖으로 나오지 못한 경우에는 절대로 당황하거나 흥분하지 말고, 밖으로 통하는 창문이 있는 방으로 들어가서 구조를 기다린다. 이때 연기가 들어오지 못하도록 문틈을 수건 등으로 막고, 주위에 물이 있으면 옷가지 등으로 물을 묻혀 입과 코를 막고 숨을 쉬어야 한다. 전화가 있다면 소방당국에 신고하여 위치를 정확하게 알려준다.
11	장애인과 같이 있는 사람은 비상시 도움을 줄 동료를 반드시 지정해 둔다.
12	현재 생산되고 있는 엘리베이터 버튼 중 일부는 열감지작동식으로, 화재가 발생하면 화재 층으로 자동적으로 가서 문이 열리게 되므로 뜨거운 열기 및 화염에 노출될 위험이 있다.
13	비상구 및 통로의 문은 절대로 잠그지 않는다.
14	몸에 불이 붙으면 절대 뛰지 말고, 바닥에 몸을 굴려 불을 끄도록 한다.
15	내부에 갇혔을 때는 창문 등을 통해 위치를 알리고, 구조될 것이라는 신념을 가지고 불이 번지지 않도록 조치한다.

(2) 인질납치 테러 대응 행동기법

구분	인질납치 테러 시 행동기법
1	명예로운 생존을 위해서 노력한다. 인질이 되었을 경우 납치범에게 불필요하게 비굴하거나 적대적으로 대응하지 않도록 노력한다. 자신의 명예는 물론 가족의 명예를 지킬 수 있는 방법이 무엇인지를 고민하는 것이 필요하다.

2	인질납치 등이 자주 발생하는 지역에 거주하거나 여행을 가야 하는 경우에는, 사전에 최악의 사태가 발생했을 경우에 대비해 가족의 경제적 문제 해결방안을 마련해 두고, 유언장을 작성해 두도록 한다. 유언장과 관련된 갈등 발생을 막기 위해, 변호사나 신뢰하는 친구에게 유언장의 존재 여부와 유언장의 내용을 명확하게 해두는 것이 좋다.
3	인질로 잡히면 대항하려 하지 말고, 납치 시에 최대한 협조할 것임을 밝힌다. 잘 훈련되고 조직화된 테러조직의 납치범들은 중무장한 경우가 대부분이며, 이들은 누구든지 살해할 수 있는 범죄인들이므로 대항하는 것은 최악의 상황을 만들게 된다. 총기를 가진 테러범에게 대항하는 것은 가장 어리석은 것이다.
4	납치 후 가능한 빨리 현실을 직시하고 평정심을 갖도록 노력한다. 두려움을 극복하고 감정을 다스리도록 한다. 지구가 무너져도 솟아날 구멍이 있는 법이고, 호랑이에게 물려가도 정신만 차리면 살아날 수가 있는 법이다.
5	납치 후 구금되는 장소로 이동하는 과정에서 방향, 이동시간, 이동 중에 감지하는 소음, 납치범들의 대화 내용 등을 통해 감금장소를 확인하는 근거를 기억하도록 노력한다. 이들 정보는 사후 테러범 근거지 소탕에 결정적인 정보로 이용될 수도 있다.
6	납치범 수, 이름, 신체적 특징, 억양, 개인적 습관, 납치조직의 계급구조 등을 기억하도록 한다. 납치조직의 정보는 향후 유사한 사건의 재발방지에 도움이 될 수 있다.
7	납치범들이 납치한 사람을 혼란시키려고 하며, 고립시키려고 하는 의도 등을 파악하도록 노력한다. 그리고 앞으로 전개될 수 있는 상황을 예측하고 정신적으로 대비하려고 노력한다.
8	납치범들을 화나게 하지 말고, 긍정적인 관계를 수립하도록 시도한다. 납치범들이 친구처럼 행동하면서 접근하는 것에 속아서는 안 된다. 그들이 필요한 정보를 얻기 위해 행하는 상투적인 방법이기 때문이다.
9	정치적이고 이념적인 토론을 피하라. 특히 정치적 질문에 대해서는 신중해야 한다.
10	인질 납치의 경우 납치범들이 수용 불가능한 과도한 요구를 한다든지, 혹은 기타의 이유로 인해 인질들을 장기간 억류하는 행위로 이어지는 경우도 발생한다. 이 경우 중요한 사항 중에 하나가 건강을 잃지 않는 것이다. 따라서 가능하다면 건강 유지를 위한 운동을 주기적으로 해야 한다. 팔굽혀 펴기, 윗몸일으키기, 스트레칭 등이 좋은 운동법이다.
11	건강 유지를 위해 제공되는 음식물은 모두 섭취하도록 한다. 설령 입맛에 맞지 않더라도, 음식물을 섭취하는 것이 생존의 지름길이라는 것을 잊지 말아야 한다.
12	납치범들이 정보를 얻기 위해 질문을 할 경우에는 아주 짧게 대답하고, 사실을 있는 그대로 말하는 것이 좋다. 불필요하게 속인다는 느낌을 주지 않도록 한다.
13	테러범들이 그들의 요구조건을 내세우기 위해, 글을 쓰게 하거나 녹음을 하도록 요구하면, 시키는 대로 한다. 인질로 잡힌 사람이 스스로 선처를 요구하는 것은 해결책이 아니다. 인질의 선처 요구에 응하는 테러범이라면 애당초 납치를 안 했을 것이다.
14	인질로 잡혀 있다고 하더라도 한국인이라는 자긍심을 잃지 않도록 행동하는 것이 중요하며, 이 경우 납치범을 자극하는 행동은 삼가야 한다.

(3) 교통수단 테러 대응 행동기법

해외방문 및 이동 등을 위해 현대인에게 필수적인 것이 바로 교통수단이다. 최근에 발생하는 테러 사건의 경우 항공기 납치는 물론이고 자동차, 버스, 열차 그리고 지하철 등 교통수단에 대한 무차별적 테러가 빈번하게 발생하고 있다. 대표적인 사례가 바로 미국의 9.11테러, 3.11 스페인 열차테러, 그리고 7.7 런던 테러 등이다. 따라서 교통수단에 대한 테러로부터 자신을 지키는 안전대책의 확보는 중요한 사안이 되고 있다. 교통수단에 대한 테러에 대응하는 기법은 다음과 같다.

구분	교통수단 테러 시 행동기법
1	현지에서 사용하는 승용차는 현지인들에게 일상적인 차를 사용하는 것이 좋다. 현지 일반인들은 상상할 수 없는 고가의 승용차를 사용함으로써 부자로 보일 경우 범죄의 대상이 될 수 있다.
2	출퇴근 등의 일상생활 패턴이 노출되지 않도록 하라. 정형화된 출퇴근 시간, 출퇴근 경로, 출퇴근 수단은 범죄를 모의하는 자들에게 범행 시나리오를 작성하는 데 이용당할 수 있다. 일상적 생활 속에서 출퇴근 시간을 30분 당기거나, 승용차를 이용하더라도 때로는 대중교통을 이용한다든지 함으로써, 잠재적 범인들이 자신의 생활 패턴에 대해 예측할 수 없도록 한다.
3	소유한 차량의 시동을 걸기 전에 차량의 주위와 외부 그리고 내부 순으로 확인하는 습관을 가져야 한다. 만약 의심스러운 점이 조금이라도 발견되면, 절대 시동을 걸어서는 안 된다. 특히 침입 흔적이 있거나, 차량 내부 배선에 이상이 보이거나, 전기선과 같은 것이 발견되면 세심한 주의가 필요하다. 테러범의 경우 폭탄을 차량에 설치하여 엔진 시동과 동시에 폭발하도록 한다는 점을 잊어서는 안 된다.
4	여행을 할 때는 늘 동행자와 함께하는 것이 좋다. 그리고 가능하다면 경호원 등 누군가의 호위(convoy)를 받는다.
5	출장, 여행, 출퇴근 등의 운전 경로에 경찰서, 소방서 등과 같은 안전한 대피소(safe haven)의 위치를 파악한다. 유사시에 공격을 시도하는 범죄자들을 피해, 단시간에 이동하여 도움을 받을 수 있는 장소이기 때문이다.
6	항상 차량 키 관리를 철저히 한다. 만약 차량의 키를 분실한 경우에는, 비상용 키가 있다 하더라도 도어 록 등을 반드시 교체해야 한다.
7	차량의 운전사를 고용하는 경우, 신분을 철저히 파악한 후 고용한다. 현지 경찰의 도움을 받을 수 있다면, 범죄 기록 유무 여부를 확인해본다. 이것이 불가능하면 잘 알고 지내는 믿을 수 있는 사람들의 추천을 받는 것도 좋은 방법이다.
8	고용된 운전사에게는 사전에 안전 확보에 필요한 사항에 대해서 철저히 교육을 시켜야 한다. 시동을 걸기 전에 확인할 사항, 운전 중에는 문을 잠그고 창문을 열지 말 것, 차량을 방치하지 말 것, 인근 경찰서 등 안전 대피소에 관한 사항 등을 교육하는 것이 좋다.
9	항상 차의 잠금장치를 확인한다. 특히 야간에 잠금장치의 확인은 필수사항임을 명심하고, 개인 주택의 차고에 차량을 주차할 때도 차량의 잠금장치는 물론이고 차고의 출입문을 잠근다.

구분	교통수단 테러 시 행동기법
10	불가피하게 차고 아닌 노변에 주차할 경우, 조명이 있는 곳에 주차하도록 한다. 어둠이 범죄 촉발의 원인이 된다는 것을 명심한다.
11	운전을 할 때는 항상 안전벨트를 착용하고 차량 문은 잠그도록 하며, 창문은 환기를 위한 최소 상태를 제외하고는 열지 않도록 한다.
12	항상 누군가의 감시에 대한 경계심을 가지는 것이 필요하며, 운전 중에 직면할 수 있는 위험 유형 등에 대해 생각하고 대처 방법을 알아두도록 한다. 누군가가 감시를 하고 있다는 느낌이 들면 집으로 가지 말고, 경찰서 등과 같은 안전한 대피 장소로 운전한 후 도움을 요청하는 것이 원칙이다.

SECTION 03 전쟁

1. 전쟁의 개요

국제법상 전쟁을 합법적인 것과 위법적인 것으로 나눌 수 있다. 정당한 사유 없이 외국에 대하여 무력 공격을 하는 것은 불법적인 전쟁이며, 일반적으로 이러한 전쟁을 침략전쟁이라고 한다. 이에 반해서 불법적인 공격을 받은 국가가 자위를 위해서 수행하는 전쟁은 합법이며, 국제법상 이와 같은 전쟁을 자위전쟁이라고 한다. 또한 합법적인 전쟁에는 자위전쟁을 수행하는 국가를 돕고, 침략국가를 응징하기 위해 제3국이 전쟁에 가담하여 실시하는 제재전쟁이 있다. 오늘날의 집단안전보장체제하에서는 집단적인 제재라는 형식으로 합법적인 전쟁이 수행될 가능성이 많다.

도덕적 기준에 의해서는 정의의 전쟁과 불의의 전쟁으로 나뉠 수 있고, 정치목적과 이데올로기상으로는 독립전쟁 · 혁명전쟁 · 식민지전쟁 · 종교전쟁 · 예방전쟁 등으로 구분된다. 참가국 또는 지역적인 면에서는 세계전쟁 · 국제전쟁 · 연합전쟁 · 국지전쟁 · 내전 등으로 구분되고, 전쟁의 주체에 의해서는 2개국 간의 전쟁 · 대리전쟁 · 내전 등으로, 또한 전쟁의 수단과 목적에 따라서는 전면전쟁 · 무제한전쟁 · 절대전쟁 · 제한전쟁, 사용무기에 따라서는 핵전쟁(전면핵전쟁 · 제한핵전쟁) · 비핵전쟁 · 재래식전쟁, 선전포고의 유무에 따라서는 정규전쟁 · 비정규전쟁, 시간적인 관계에 의해서는 장기전(지구전쟁) · 단기전(결전전쟁) · 우발전쟁으로 나뉜다.

전쟁은 하나의 성격만을 가지는 것이 아니라 많은 범주에 관련되는 성격이 복합적으로 혼재되고, 다분히 주관적인 요소가 개입되므로 한마디로 규정하기 어렵다. 즉, 고대로부터 어느 국가이건 간에 침략이나 불의의 전쟁을 하였다고 하는 예가 거의 없다는 사실이 그것을 실증하고 있다.

2. 특성에 따른 전쟁의 구분

(1) 정치목적 및 이데올로기상의 구분

전쟁의 발생 원인 중 정치목적 및 이데올로기상의 기준으로 발발하는 전쟁을 분류하면 독립전쟁, 혁명전쟁, 식민지전쟁, 종교전쟁, 예방전쟁 등으로 구분할 수 있다.

독립 전쟁은 국가의 지배하에 있는 지역에서 독립을 목적으로 일어나는 전쟁이다. 독립 요구 운동이 무력 투쟁에서 전쟁으로 발전한 것이며, 그 점에서 기존의 정권 탈취를 목적으로 하는 쿠데타나 동일한 주권 국가의 연속으로 정치체제 변혁을 목적으로 하는 혁명과는 다르다. 독립 전쟁의 예로 네덜란드 독립전쟁(1572~1609), 미국 독립전쟁(1775~1783), 그리스 독립전쟁(1821~1829), 멕시코 독립전쟁(1810~1821) 등이 있다. 독립전쟁은 전쟁의 기간이 장기화된다는 특징이 있다.

식민지 전쟁은 산업혁명을 이룬 유럽의 선진국들이 기계화되면서 생산량의 증가로 자국에서 소비할 수 없는 물건들에 대한 처분을 위해 약소국을 식민지화하여 강제 판매 및 노예화를 이루었다. 이에 대한 반발로 독립을 위해 벌인 전쟁을 의미한다. 또한 선진국들의 식민지 쟁탈을 위한 전쟁 역시 식민지전쟁으로 분류된다. 식민지전쟁에 대한 대표적 예로 포르투갈 식민지전쟁(1961~1975), 버마전쟁(1824~1926, 1852~1853, 1885), 앤여왕전쟁(1701~1713), 윌리엄왕전쟁(1689~1697) 등이 있다.

종교전쟁의 경우 넓은 의미로는 종교에 관계되어 일어난 모든 전란을 지칭하나, 서양사상의 용어로서는 16세기 후반에서 17세기 후반에 걸친 유럽에서 종교개혁을 계기로 한 신 · 구 양 교파의 대립으로 야기되어 국제적 규모로 진전된 일련의 전쟁을 가리킨다. 종교전쟁의 대표적 예로 30년전쟁(1618~1648), 위그노 전쟁(1562~1598), 3앙리 전쟁 등이 있다.

(2) 참가국 및 지역적 특성에 따른 구분

전쟁의 발생 원인 중 전쟁 참가국 및 지역적 특성을 기준으로 발발하는 전쟁을 분류하면 세계전쟁, 연합전쟁, 국지전쟁, 내전 등으로 구분할 수 있다.

세계전쟁은 세계의 대국의 대부분이 참여하는 전쟁이다. 세계전쟁은 일반적으로 여러 개의 대륙에 걸쳐서 벌어지며 크나큰 피해를 남긴다. 이 표현은 일반적으로 20세기에 일어난 두 전쟁에 붙이는 이름이다. 이들 전쟁은 이전에 본 적이 없는 규모와 살육의 전쟁이었다. 이들은 제

1차 세계대전(1914년 ~ 1919년)과 제2차 세계대전(1939년 ~ 1945년)이다. 또한 관점에 따라서는 20세기의 세계대전 이전에도 수많은 "국제적"이고, "여러 국가"가 참여하거나 또는 "여러 대륙"에서 벌어진 전쟁이 이전에도 있었다는 점을 들어 이미 여러 차례 세계대전이 일어났다고 보기도 한다. 예를 들면 알렉산드로스 대왕의 동방 원정은 유럽과 아시아가 무대였으며, 몽골제국의 원정은 최소한 10개 나라가 참여한 전쟁이었고, 아시아와 유럽이 전쟁의 무대였다.

연합전쟁의 경우 목적을 동일시하는 국가들의 연합으로 반대되는 세력과 벌이는 전쟁으로 대표적으로 페루–볼리비아 연합전쟁이 있다. 이는 페루–볼리비아 국가연합과 칠레, 아르헨티나, 북페루의 반 페루–볼리비아 연합군이 맞붙은 전쟁이다. 연합전쟁이라고 부르기도 한다. 반 연합 측이 전쟁에서 승리하여 페루–볼리비아 연합이 해체되었다. 특히 원래 태평양과 인접해 있던 해양국 볼리비아는 이 전쟁에서의 패배로 인하여 120km^{2}에 달하는 자국의 영토와 400km 길이의 태평양 연안을 칠레에 의해 상실하고 내륙국으로 전락했다.

국지전쟁이란 한정된 지역 내에서 이루어지는 전쟁으로 대표적 예를 들면 6 · 25전쟁 · 베트남전쟁 · 중동전(아랍 · 이스라엘 분쟁) 등이 이에 해당한다. 전쟁을 지역적으로 놓고 보았을 때, 전 세계적으로 이루어지는 전쟁(세계전쟁)과 한 지역 내에서 이루어지는 국지전으로 분류할 수 있다.

국지전은 흔히 전쟁수단으로서 핵무기 등 가공할 위력을 지닌 병기를 사용하지 않는 제한전쟁(limited war)의 일종인데, 한편으로는 전쟁의 목적 면에서 그 목적이 제한된 제한전쟁으로 간주되기 쉽다. 그러나 국지전에 있어서도 핵병기를 사용할 수 있으며, 또한 국지적으로 하고 있는 전쟁이라 할지라도 전쟁 당사국의 입장에서는 국가의 총력과 종합적인 목적 달성을 위한 전쟁일 수도 있으므로 국지전과 제한전쟁은 성질이 다른 것이라고 할 수 있다.

(3) 전쟁의 수단에 의한 구분

전쟁의 발생 원인 중 전쟁에 동원되는 무기의 수단에 의한 기준으로 발발하는 전쟁을 분류하면 핵전쟁, 재래식 전쟁, 사이버 전쟁 등으로 구분할 수 있다.

핵전쟁의 경우 핵폭발에 따르는 폭풍 · 열선 · 방사선의 세 효과에 의해서 종래의 고성능폭약을 사용하는 재래형의 전쟁과는 그 양상을 달리한다. 그 거대한 파괴력과 살상력은 광대한 지역에 미치며, 핵무기의 사용규모에 따라서는 단지 1국의 괴멸뿐만이 아닌 전 세계의 파괴까지도 가져올 가능성이 있다. 또 핵폭발에 의하여 생성되는 방사성물질은 지표로 강하하여 광대한 지역을 오염시키고, 게다가 잔류효과로서 장기간에 걸쳐 인류에게 방사성 상해를 주게 될 우려가 있다. 핵전쟁은 전면핵전쟁과 제한핵전쟁으로 구분된다. 핵전쟁의 경우 미국이 원자폭탄을 개발해 핵실험에 성공하고 이것을 태평양 전쟁에서 일본 히로시마 나가사끼에 군사적 목적으로 투하한 1945년 8월에 발생한 전쟁이 유일하게 꼽힌다. 원자폭탄의 여파로 핵무기의 위험성과 파급영향에 대한 두려움을 가질 수 있었다.

사이버 전쟁은 첨단 공격수단을 사용하여 적의 컴퓨터시스템, 통신망 등을 공격함으로써 적의 사이버전 수행체계(감시체계, 지휘통제체계, 화력체계, 방호체계, 복구체계 등)를 파괴 또는 무력화시키는 행위이다. 사이버 전쟁의 예로 1997년 6월 미국 국가안전보장국(NSA)은 컴퓨터 전문가들을 해커로 위장시켜 컴퓨터보안에 대한 실태를 확인하기 위해 미 태평양함대사령부 지휘통제소에 대한 전자폭탄 등 모의 공격을 감행한 결과 중앙 컴퓨터 시스템이 통제불능의 상태에 이르렀고, 국방기밀과 정보가 해킹당했으며 핵탄두 등 극비 군사시설에 대한 통제능력까지 상실하는 심각한 허점이 드러났다.

3. 전쟁의 사례

(1) 이라크 전쟁

2001년 9월 11일 미국 세계무역센터(WTC ; World Trade Center)에 대한 여객기 테러사건이 일어난 뒤 2002년 1월 미국은 북한, 이라크, 이란을 '악의 축(Axis of Devil)'으로 규정하였다. 그 후 이라크의 대량살상무기(WMD ; Weapons of Mass Destruction)를 제거함으로써 자국민 보호와 세계평화에 이바지한다는 대외명분을 내세워 동맹국인 영국, 오스트레일리아와 함께 2003년 3월 17일 48시간의 최후통첩을 보낸 뒤, 3월 20일 오전 바그다드 남동부 등에 미사일 폭격을 가함으로써 전쟁을 개시하였다. 작전명은 '이라크의 자유(FOI ; Freedom of Iraq)이다.

전쟁 개시와 함께 연합군은 이라크의 미사일기지와 포병기지 · 방공시설 · 정보통신망 등에 대해 3회에 걸쳐 공습을 감행하고, 3월 22일에는 이라크 남동부의 바스라를 장악하였다. 이어 바그다드를 공습하고 대통령 궁과 통신센터 등을 집중적으로 파괴하였다. 4월 4일 바그다드로 진격해 사담후세인국제공항을 장악하고, 4월 7일에는 바그다드 중심가로 진입한 뒤, 이튿날 만수르 주거지역 안의 비밀벙커에 집중 포격을 감행하였다. 4월 9일 영국군이 바스라 임시지방행정부를 구성하고, 다음날 미국은 바그다드를 완전 장악하였다. 이로써 전면전은 막을 내리고, 4월

14일에는 미군이 이라크의 최후 보루이자 후세인의 고향인 북부 티크리트 중심부로 진입함으로써 발발 26일 만에 전쟁은 사실상 끝이 났다.

동원된 병력은 총 30만 명이며, 이 가운데 12만 5000여 명이 이라크 영토에서 직접 작전에 참가하였다. 인명피해는 미군 117명, 영국군 30명이 전사하고, 400여 명이 부상당하였다. 또 종군기자 10명 외에 민간인 1,253명 이상이 죽고, 부상자만도 5,100여 명에 달한다. 그 밖에 1만 3800여 명의 이라크군이 미군의 포로로 잡히고, 최소한 2,320명의 이라크군이 전사하였다.

일명 '전자전'으로 불릴 만큼 각종 첨단무기가 동원되었는데, 개량형 스마트폭탄(JDAM), 통신 · 컴퓨터 · 미사일 시스템을 마비시키는 전자기 펄스탄, 전선과 전력시설기능을 마비시키는 소프트폭탄(CBU-94/B) 외에 지하벙커 · 동굴파괴폭탄(GBU-28/37), 열압력폭탄(BLU-118/B), 슈퍼폭탄 (BLU-82), 무인정찰기 겸 공격기인 프레데터, 지상의 왕자로 불리는 개량형 M-1A2 에이브럼스전차, AC-130 특수전기 등이 그것이다.

전쟁을 반대하는 시위가 세계 곳곳에서 이어졌으며, 민간지역에 대한 오폭 등으로 인해 민간인 사상자가 늘어나면서 비난의 강도도 더욱 거세졌다. 게다가 미국의 실질적인 목적이 이라크의 자유보다는 이라크의 원유 확보, 중동지역에서 친미 블록 구축, 미국의 경기 회복을 위한 돌파구 마련, 중동 지역 정치구도 재편 등에 있다는 이유로 각국의 비난이 쏟아졌다.

이라크 전쟁

(2) 제2차 세계대전

제2차 세계대전은 인류 역사상 가장 많은 인명피해와 재산피해를 남긴 가장 참혹했던 전쟁이다. 통상적으로 전쟁이 시작된 때는 1939년 9월 1일 새벽 4시 45분 나치 독일군이 폴란드의 서쪽 국경을 침공하고, 소비에트 연방군이 1939년 9월 17일 폴란드의 동쪽 국경을 침공한 것이라고 본다. 한 편에선 1937년 7월 7일 일본 제국의 중화민국 침략, 1939년 3월 독일군의 프라하 진주 등을 개전일로 보기도 한다. 1945년 8월 6일과 8월 9일, 미국의 원자폭탄 투하 이후 8월 15일 일본 제국이 무조건 항복하면서 사실상 끝이 났으며, 일본 제국이 항복 문서에 서명한 9월 2일 공식적으로 끝났다. 이 결과로 한국, 타이완 등 일본의 식민지로 남아 있던 지역들이 독립하거나 모국으로 복귀하였다.

제2차 세계대전

전사자는 약 2500만 명, 민간인 희생자도 약 3천만 명에 달했다. 전쟁 기간 중 일본은 1937년 중국 침략 때 난징 등에서 대학살을 감행, 겁탈과 방화를 일삼으며 수십만 난징 시민을 무자비하게 살해하고, 1938년부터 일본인을 비롯한 조선인, 중국인, 동남아시아인 등 여러 나라의 여성을 일본군 위안부로 동원하였으며, 독일은 '인종 청소'라는 이유로 수백만 명 이상의 유대인과 집시를 학살하였다. 또한 미국은 1945년 3월 10일 일본의 수도 도쿄와 그 주변 수도권 일대를 대규모로 폭격한 이른바 도쿄 대공습을 감행해 15만 명을 살상했고(재일 조선인 포함), 같은 해 8월 6일과 9일에 각각 히로시마와 나가사키에 원자폭탄 공격을 감행하여 약 34만 명을 살상하였고, 영국공군과 미국 육군항공대는 드레스덴과 뮌헨 공습을 감행하여 각각 20여만 명을 살상하는 등, 전쟁과 상관없는 민간인들의 피해도 매우 심했었다. 제2차 세계대전은 크게 서부유럽

전선, 동부유럽전선과 중일 전쟁 · 태평양 전선으로 구분할 수 있다.

(3) 콜롬비아 마약전쟁

콜롬비아 정부가 콜롬비아 마약조직으로 인한 최대 피해국인 미국의 압력과, 마약공급이라는 국가의 이미지를 개선하기 위해 1989년 8월 14일 코카인 밀매조직에 대한 소탕작전을 벌이자, 이에 무장한 마약조직이 강경 대응함으로써 양자의 대결은 내전의 양상을 띠기 시작했다. 이어 자유당의 유력한 대통령 후보였던 갈란이 마약조직에 의해 암살되자, 바르가스는 전면소탕을 선언하고 밀매조직의 간부들을 체포, 미국에 인도하는 등의 조치를 취하기 위한 비상대권을 발동하였다. 이와 함께 콜롬비아 군 · 경은 밀매조직의 거점을 공격, 비행기, 헬리콥터, 차량, 요트, 코카인 등 약 2억 달러 상당을 압수하고 1만여 명을 체포했다. 그러나 수천 명의 사병을 거느린 마약조직은 이에 맞서 정부에 전면전을 선언하고, 정부청사, 정당사무실, 정치인들의 주택, 방송국 등에 폭발물을 투척함으로써 정부와 밀매조직은 무력충돌을 일으켰다. 국가와 범죄조직 간의 내전양상은 콜롬비아 정부가 마약거점인 메데인시 등 10개 도시에 야간통금을 실시한 데 이어 탱크 및 특수부대를 추가로 투입하고, 마약조직이 로켓포 등의 화력으로 대항함으로써 전국적으로 확산되었다.

콜롬비아 마약전쟁

한편, 국내 소비마약의 약 80%가 콜롬비아 마약조직에 의해 밀입되어 막대한 피해를 입고 있던 미국은, 콜롬비아 정부의 마약조직 소탕을 지원하기 위해 전투기, 헬리콥터 등 6,500만 달러 상당의 군사장비와 200여 명의 군사지원단을 파견하는 등 콜롬비아 마약전쟁에 본격적으로 개입하였다. 콜롬비아군은 작전 초기에 2만여 명을 검거하고 143대의 항공기 및 헬리콥터, 수백 대의 보트와 차량을 압수하였다. 또, 마약수송에 이용된 수십 군데의 활주로를 폐쇄하였으나 특수부대 출신의 용병과 막강한 무력을 지닌 마약조직의 저항도 만만치 않았다. 콜롬비아의 마약밀매조직은 세계 코카인 시장에 연간 200t 정도의 마약을 공급하여, 1988년 한 해만도 콜롬비아의 최대 수출품목인 커피가 벌어들인 12억 달러의 4배가 넘는 50억 달러를 벌어들인 것으로 추정되고 있다. 이들은 마약밀매로 축적한 엄청난 부와 무력, 조직력을 바탕으로 정계, 언론계 등 콜롬비아 각계에 막강한 영향력을 행사하면서, 1980년 이래 그들의 조직에 해를 끼쳤다는 이유로 법무장관, 검찰총장 각 1명, 법관 200명, 언론인과 경찰관 수십 명을 살해하였다. 이 코카인 밀매사업에는 30만 명의 콜롬비아인이 직 · 간접적으로 관련되어 있고, 120만 명이 코카인 정제과정에 참여하여 고용혜택을 입고 있다.

4. 전쟁 대응요령

(1) 공통행동요령

① 집밖으로 나오지 말고 방송을 계속 들으면서 정부의 안내를 믿고 따라야 한다.

② 무작정 피난에 나서거나 식량 · 연료 등 생활필수품의 사재기를 해서는 안 되며, 정부가 배급제를 실시할 경우 적극 협조해야 한다.

③ 적의 거짓선전에 속아 동요하는 일이 없도록 하고, 적에게 도움을 주는 행위를 해서는 안 된다.

④ 군사작전 등을 돕기 위한 필요차량을 제외한 모든 차량에 대하여 운행이 제한되므로 대중교통수단을 이용해야 하며, 개인용 유 · 무선 전화기는 꼭 필요한 때 외에는 사용을 자제해야 한다.

⑤ 평소 가정과 직장 주변의 대피소나 비상급수원을 확인해 두고, 적의 공습 등이 예상될 때는 지하대피소로 신속히 대피해야 한다.

(2) 경계경보 – 적의 공격이 예상될 때

① 사이렌으로 1분 동안 평탄음이 울리고, 라디오 · TV · 확성기 등으로도 경보 방송한다.

② 어린이와 노약자를 미리 대피시키고 평소 준비해 둔 비상용품은 대피소로 옮긴다.

③ 화재위험이 있는 유류와 가스통 등은 안전한 곳으로 옮기고, 외부 가스밸브를 차단하며 전열기의 코드를 뽑는다.

④ 화생방 공격에 대비하여 방독면 등 개인보호장비를 점검하고, 음식물과 우물 등은 뚜껑이나 비닐로 덮는다.

⑤ 극장 · 운동장 · 백화점 등 사람이 많이 모이는 곳에서는 영업을 중단하고 손님들에게 경보 내용을 알린 뒤 대피준비를 하도록 한다.

(3) 공습경보 – 적의 공격이 긴박하거나 공습 중일 때

① 사이렌으로 3분 동안 파상음이 울리고, 라디오 · TV · 확성기 등으로도 경보 방송한다.

② 화생방 공격에 대비한 방독면 등 개인보호장비와 간단한 생필품 · 물자 등을 가지고 대피한다.

③ 지하대피소 등 안전한 곳으로 빨리 대피하고, 고층건물에서는 지하실 또는 아래층으로 대피한다.

④ 운행 중인 차량은 가까운 빈터나 도로 오른쪽에 세우고 승객을 모두 내리게 하여 안전한 곳으로 대피한다.

⑤ 대피한 뒤에도 계속 방송을 들으면서 정부의 안내에 따라 행동한다.

(4) 비상시에 필요한 물자

1) 비상용 생활필수품

① 식량 : 가구별로 15~20일분 정도

② 가공식품 : 라면, 통조림 등 적정 소요량

③ 취사도구 : 식기(코펠), 버너, 부탄가스, 침구 및 피복(담요, 의류)

④ 기타 : 라디오, 배낭, 핸드폰, 휴대용 전등, 양초, 성냥(라이터), 비누, 소금 등

2) 가정용 비상약품(비상구급낭)

① 의약품 : 소독제, 해열진통제, 소화제, 지사제, 화상연고, 지혈제, 소염제

② 의료기구 : 핀셋, 가위

③ 위생재료 : 붕대, 탈지면, 반창고, 삼각

3) 화생방전 대비물자

① 방독면 또는 비닐, 수건, 마스크

② 보호옷, 보호두건 또는 비닐옷

③ 방독(고무)장화, 방독(고무)장갑

④ 비누, 합성세제, 접착테이프 등

SECTION 04 집회 및 시위

1. 집회 및 시위의 개요

집회의 개념은 특정 또는 불특정 다수인이 특정한 목적을 위해 일시적으로 일정한 장소에 모이는 것을 말한다. 여기서 말하는 특정한 목적은 집회 참여인들 간의 최소한의 내적 유대(Inner Yerbindung)가 형성된 공동의 목적으로서 반드시 공적인 것에 한정할 필요가 없다는 것이 다수설이다. 다수인의 기준에 대해서는 2인설과 3인설의 대립이 있는데, 3인설은 독일 민법의 규정에 기초를 둔 것이지만 공동목적만 있으면 2인으로도 충분히 개최될 수 있다는 것이 현행판례의 태도이다. 집회는 다수인 상호간의 내적 유대에 의한 의사접촉이므로 단순한 모임인 군집과 구별되며, 일시적 모임이라는 점에서 계속적 모임인 결사와 구별된다.

시위의 개념은 다수인이 공동목적을 가지고 도로 · 광장 · 공원 등 공중이 자유로이 통행할 수 있는 장소를 진행하거나 위력 또는 기세를 보여 불특정 다수인의 의견에 영향을 주거나 제압을 가하는 행위로 정의하고 있다. 헌법재판소 결정에 의하면 "특정 시설물의 옥상 등 공중이 자유로이 통행할 수 있는 장소가 아니더라도 위력 또는 기세를 보여 불특정 다수인의 의견에 영향을 미치는 행위를 지위로 볼 수 있다."라고 규정하고 있다. 시위는 행진이나 일반 문화 행사와 구별된다. 행진은 다수인이 공동목적을 가지고 도로 · 광장 · 공원 등 공중이 자유로이 통행할 수 있는 장소를 진행하는 시위의 한 유형이지만 진행 도중 멈추어서 연좌시위 · 종교시위 · 제등행렬 · 장의행렬 등은 공중의 의견에 영향을 미치기 위한 집단행동이 아니므로 시위로 볼 수 없다.

현행 집시법은 집회와 시위를 용어상으로 구별하고 있다. 하지만 일반적으로 시위는 집회의 한 부분을 이루는 것으로 이해되고 있다. 시위는 장소 이동적 집회로 간주하여야 할 것이기 때문이다. 비록 소수지만 시위는 집회에 포함되는 개념이라는 견해도 있다.

2. 집회 및 시위의 종류

집회의 종류에는 그 장소에 따라 옥내집회와 옥회집회, 공개 여부에 따라 공개집회와 비공개집회, 그 시간에 따라 야간집회와 주간집회, 무장 여부에 따라 무장집회와 비무장집회, 성질에 따라 평화적 집회와 비평화적집회 등으로 구분할 수 있다. 여기서 가장 문제가 되는 것은 옥내집회 및 옥외집회의 구별과 평화적 집회와 비평화적 집회의 구별이다.

평화적 집회와 비평화적 집회의 구별은 학설상 매우 어려운 문제이고 현실적으로도 판단이 어려운 문제이다. 독일의 집시법처럼 '비평화적'이라는 용어를 '폭력적이고 폭동적'이라는 용어로 대체하거나, 우리의 집시법처럼 '집단적인 폭행 · 협박 · 손괴 · 방화 등으로 공공의 안녕질서에 직접적인 위협을 가할 것이 명백한 집회 또는 시위'로 풀어서 나타내도 양자의 구별이 어렵기는 마찬가지다. 경찰의 집시법 집행을 둘러싸고 과잉진압 시비가 생기는 원인을 살펴보면 평화적 집회와 비평화적 집회의 구분이 어려운 데서 비롯되는 경우가 대부분이다.

옥내집회는 천장이 덮여있고 사방이 개폐될 수 있는 공간에서 행해지는 집회를 일컫는다. 다수의 참가자가 옥내에서 집회를 개최하는 동안 개별적인 참가자가 옥외에서 집회를 하고 일부는 옥외에서 방청하며 토론에 참가하더라도 이는 옥내집회로 보아야 할 것이다. 이에 반하여 옥외집회는 천장이 없는 천공하(天空下)의 집회를 말하며, 비록 해가림이나 천막 등으로 허공이 가려져 있더라도 사방이 개폐할 수 없는 곳에서의 집회는 옥외집회로 보아야 할 것이다.

집회의 자유는 집회개최의 자유, 집회지도의 자유, 집회참여의 자유로 분류된다. 그러나 하나의 집회에 반드시 집회개최자와 집회지도부가 존재해야 하는 것은 아니다. 집회개최자나 집회지도부가 없는 상태에서도 집회나 시위가 얼마든지 개최될 수 있기 때문이다. 시위의 자유는 의사표현의 자유를 실현하기 위한 매개물 이상의 것이며, 특별한 보장을 받는 특수한 의사소통 기본권(Kommunikationsfreiheit)이다. 그 특별한 보장이란 집단성을 통해서 의사표현을 강화할 수 있다는 것이다. 그런 점에서 시위의 자유는 공간적 · 물리적 척도를 가지고 있다. 그것은 일정한 의사표현을 위한 집단적이고 육체적인 현존을 통하여, 시위자들이 주장하는 관심사를 가지고 일정한 행동통일체로 들어가는 것이다. 이것을 인상 깊게 증명하는 것이 침묵시위이다.

우발적 집회는 집회개최자가 없고 사전의 계획도 없이 이루어지는 집회이다. 이 집회에서 특징적인 것은 집회개최자가 없다는 것이다. 우발적 집회와 관련해서는 많은 의문점들이 있다. 그 결과 이 문제를 해결하기 위한 여러 대안들이 제시되고 있기도 하다. 그 대안들은 집회 및 시위에 관한 법률을 통해서 우발적 집회를 완전히 금지하자는 것, 집시법의 실체규정들을 유추 적용하자는 것, 집시법의 적용대상에서 배제하여 경찰법의 적용을 받게 하자는 것 등이다. 어쨌든 우발적 집회가 원칙적으로 허용된다는 점에 대해서는 이견이 없다.

우발적이지는 않지만, 그 목적을 달성하기 위하여 가능한 한 신속하게 개최할 수밖에 없고, 짧은 시간 내에 개최해야 하는 긴급집회 또는 기습집회가 있다. 기습집회는 시사성 있는 현실적인 사유로 눈 깜짝할 사이에 이루어지며, 옥외집회에 관하여 집시법에 규정된 사항들을 준수해서는 집회의 목적달성이 곤란할 수밖에 없는 집회이다.

헌법상 집회의 자유의 조항이 집시법의 규정들을 지배하고 있기 때문에, 우발적 집회와 기습집회에서는 신고의무가 면제되거나(우발적 집회의 경우), 법률의 규정들이 헌법합치적으로 수정되어 적용되어야 한다(기습집회의 경우). 만약 개별법이 우발적 집회나 기습집회를 금지하는 경우, 그것은 원칙적으로 헌법상의 집회의 자유조항 위반으로 위헌이 될 것이다. 그 때문에 시간적인 사유로 또는 조직적인 사유로 불가능한 신고를 하지 않았다고 하여 우발적 집회나 기습집회를 금지할 수는 없다. 우발적 집회와는 달리 기습집회에서는 신고가 결코 불가능한 것이 아니라 신고기간의 준수만이 불가능하다. 기습집회는 신고의 가능성이 존재하는 즉시 신고해야 한다고 해석하는 이유가 여기에 있다. 독일연방헌법재판소는 기습집회는 집시법을 통하여 완전히 금지되는 것도 아니고 법률규정에서 완전히 자유로운 것도 아니라고 보고 있다. 재판소는 이 경우 오히려 헌법합치적 해석이 허용되는 것으로 보고 있다. 그리하여 기습집회의 경우 신고의무의 기간은 기습집회의 결정과 함께 시작하거나 늦어도 그 공적인 통지와 함께 시작한다고 보고 있다.

3. 집회 및 시위의 발생현황

(1) 연간 집회 및 시위 발생현황

2010년 각종 국책사업 추진 및 사업장별 노사분규로 집회시위가 총 8,811건 발생하였다. 집회 횟수는 전년 대비 38.74% 감소하였고, 전년 대비 집회시위의 감소가 뚜렷하게 나타났다. 국내에서 연간 발생되는 집회 및 시위의 횟수를 정리하면 다음과 같다.

국내 집회 및 시위 횟수(단위 : 건)

구분	2001	2002	2003	2004	2005	2006	2007	2008	2009	2010
집회 시위	13,083	10,165	11,837	11,338	11,036	11,036	11,904	13,406	14,384	8,811
부상자	304	287	749	621	893	817	202	577	510	18

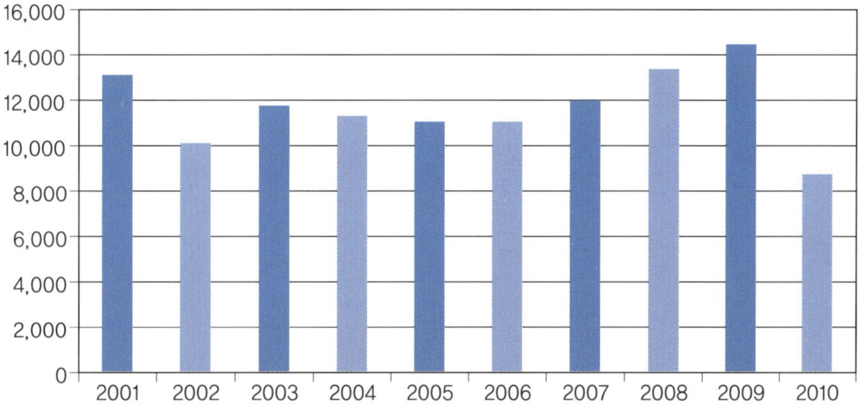

국내 집회 및 시위 횟수

(2) 연간 불법 폭력집회시위 발생현황

불법 폭력시위는 노동계 현안사업장 등의 불법집회를 중심으로 전국적으로 발생하여 2010년을 기준으로 수치상 불법 폭력집회시위는 33건으로 전년대비 26.67% 감소하였으며 부상자 또한 510명에서 18명으로 크게 감소하였다.

국내 불법 폭력집회 및 시위 횟수(단위 : 건)

구분	2001	2002	2003	2004	2005	2006	2007	2008	2009	2010
불법 폭력 집회시위	215	118	134	91	77	62	64	89	45	33
화염병 시위횟수	23	8	14	3	5	3	–	–	2	–
부상자	304	287	749	621	893	817	202	577	510	18

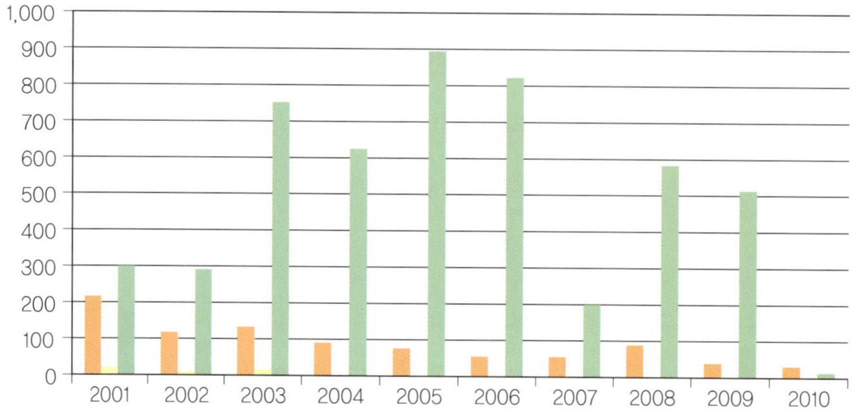

국내 불법 폭력집회 및 시위 횟수(단위 : 건)

(3) 집회시위로 인한 경찰 손실비용현황

경찰의 관리비용은 생산손실 유무와 관계없이 경찰이 투입된 모든 집회시위 중에서 1,000명 이상의 대규모 집회시위 모두를 대상으로 분석하였다. 경찰의 집회시위 관리시간은 집회시위 시간에 집회시위 전후 1시간씩(총 2시간)을 합한 것으로 정의하였다. 단순집회의 경우 경찰인력이 총 475,920명 투입, 2,678,576시간 동안 단순집회를 관리하였고, 집회시위의 경우 경찰인력이 총 634,110명 투입, 3,785,069시간 동안 집회시위를 관리하였다. 집회시위 관리에 경찰인력이 총 1,110,030명 투입되었고 총 6,463,645시간 동안 단순집회 및 집회시위를 관리하였다.

생산손실 유무와 공공비용

구분		횟수	투입경력(명)	관리시간	관리비용(원)
생산 손실 없음	학생집회	19	25,920	130,440	1,084,362,198
	일요일/공휴일	66	175,680	944,288	7,849,970,959
	근무시간 외	150	456,960	2,265,134	18,830,310,371
	소계	235	658,560	3,339,862	27,764,643,530
생산손실 있음		236	451,470	3,123,783	25,968,354,818
총계		471	1,110,030	6,463,645	53,732,998,349

투입된 경찰인력의 기회비용은 경찰관의 경우 임금을 전/의경의 경우 15세 이상 경제활동인구 1인의 시간당 국내총생산액을 기준으로 설정하였다. 경찰관의 임금은 경사 15호 기준으로 설정하여, 시간당 임금수준을 14,656원으로, 전/의경의 비용은 7,739원으로 정하였다. 이를 바탕으로 분석결과 집회시간 관리에 따른 공공비용은 약 222억 원으로, 생산손실이 있는 경우 공공비용은 약 259억 원으로 계산되었다.

집회시위 유형과 공공비용

구분	횟수	총 투입경력(명)	총 관리시간	관리비용(원)
단순집회	233	457,920	2,678,576	31,465,698,739
집회시위	238	634,110	3,785,069	22,267,299,609
총계	471	1,110,030	6,463,645	53,732,998,349

4. 집회 및 시위 사례

(1) 원전수거물 관리시설 반대 부안집회시위

1) 부안 집회사례 개요

1990년 11월 안면도 사태가 지역주민들과의 사전협의 없이 사업내용을 비공개로 진행하여 결국 주민들의 호응을 받지 못해 실패하였고, 그 이후 1996년 굴업도 원전수거물 관리시설 유치사업 또한 부지특성을 고려하지 않은 성급한 정책결정으로 인해 실패로 돌아갔다. 안면도와 굴업도의 원전수거물 관리시설유치사업이 거듭 원점으로 돌아감에 따라, 2003년 2월 마침내 정부가 원전수거물사업에 재착수하기로 결정하였다.

부안집회 관련

2003년 6월, 정부가 원전수거물관리시설 유치설명회를 개최했고, 이에 김종규 부안군수가 유치신청을 하면서 부안위도사태가 시작되었다. 2003년 7월 정부의 현금지원계획 철회 발표 이후, 원전수거물관리시설 유치에 대한 반대 의견이 거세졌고 2003. 말까지 정부와 부안 주민간의 극심한 갈등이 지속되었다. 2004년 2월 14일 원전수거물에 대한 부안주민투표를 실시하였으며, 그 결과 주민의 92%가 유치를 반대하였다. 이 주민자치투표는 전국에서 최초로 경찰이 질서유지와 안전을 지원하고 주민들이 주도적으로 자치투표를 행사한 사례가 된다.

2004년 9월 정부가 원전수거물 관리시설 유치 예비신청을 받기로 하였으나 신청을 낸 지방자치단체가 한 곳도 없었으며 부안군은 원전시설 유치에 찬성하는 일부 주민들의 반발에도 불구, 주민투표 없이 2003년 7월의 유치신청 이전상태로 사태는 마무리되었다. 그러나 부안 위도 주민들은 일관성 없는 정부정책으로 인해 원전수거물 유치 관련 사안에 대해 불안감을 표출하기도 하였다.

2) 부안집회시위 피해상황

다음은 부안사건이 발생한 시기의 월별 집회시위현황으로, 집회시위가 발생한 횟수와 이에 동원된 시민들의 인원수를 보여준다. 2003년에는 총 404회 집회시위가 발생하였고 총 237,582명이 참여하였으며 2004년에는 총 145회 집회시위가 발생하였고 총 51,655명이 참여하였다. 전체적으로 총 404회에 걸쳐 289,237명이 참가한 집회시위가 부안 사례에서 발생하였다. 이 중에서 불법시위는 총 13회, 28,600명이 참여하였고, 동원된 경력으로는 총 8,213개 중대에서 경찰관 총 63,425명이 동원되었다.

인적 피해로는 경찰관 241명, 민간인 214명이 부상을 입었고, 물적 피해로는 관공서의 소훼, 경찰차량 및 장비의 소훼 및 파손, 민간시설의 유리창 파손, 민간차량의 파손 등이 있었다.

부안군 월별 집회시위 (2005년)

구분		계	1월	2월	3월	4월	5월	6월	7월	8월	9월	10월	11월	12월
'03	횟수	259	-	-	-	-	-	-	26	41	42	47	66	37
	인원	237,582	-	-	-	-	-	-	21,820	58,970	49,360	39,279	39,923	28,230
'04	횟수	145	36	7	1	1	4	7	32	29	9	14	4	1
	인원	51,655	13,319	11,450	300	800	500	1,910	7,785	4,491	5,390	1,630	880	3,200

3) 부안 시위 및 집회 세부 사례

■ **부안 군민궐기대회**

핵 폐기장 백지화 부안군민 대책위에서는 2003년 7월 22일 14 : 00 ~ 일몰 시까지 부안읍 봉덕리 소재 부안수협 앞 노상에서 주민 · 반핵 사회단체 회원 · 농민회 등 3,500여 명이 참석해 동 궐기대회 후 수협 앞에서 주산4거리를 지나 군청까지 1.5km를 행진하였다.(7월 20일 신고, 5,000명)

■ **해상시위**

핵폐기장 백지화 부안군민 대책위에서는 2003년 7월 31일 09 : 00 ~ 일몰 시까지 부안 격포항 ↔ 위도부근에서 격포 · 진서 · 계화 등 지역어선 250여척 및 집행부 · 어업인 등 800여 명(어업인 250, 집행부 550) 동원, 행상 위력시위(퍼레이드)를 하였다.

■ **차량시위**

핵 폐기장 백지화 부안군민 대책위에서는 2003년 8월 5시 14 : 30 전북도청 앞 개최 예정인 전북도 대책위의 "발족 기자 회견"에 맞춰 반핵단체, 농민회, 지역주민 등 차량 1,000여 대 2,000여 명을 동원하여 부안 ↔ 전북도청(45km)까지 차량 시위를 하였다.

■ **부안군수 집단폭행**

2003년 9월 8일 15 : 00 ~ 19 : 00경 전북 부안군 진서면 석포리 소재 내소사 경내에서 사찰을 방문한 부안군수를 유치를 반대하는 부안군민 300여 명이 원전수거물관리시설 유치신청을 철회하라고 요구하면서 군수, 수행비서, 신변보호 경찰관들을 각목과 주먹으로 집단폭행하여 상해를 가하였다.

(2) 미군 장갑차에 의한 여중생 사망사건 관련 광화문 앞 촛불시위

1) 촛불시위 사례 개요

2002년 6월 13일 발생한 여중생 사망사건은 한미주둔군지위협정(SOFA)에 의거 미군으로 신병이 인도되어 결국 11월 22일 미8군 군사재판에서 두 미군 피고인에게 무죄판결이 내려졌고, 이를 계기로 반미집회와 한 · 미행정협정(SOFA) 개정 주장이 거세졌다. 11월 30일 광화문에서 네티즌을 중심으로 촛불집회가 처음 등장하여 참가인원 및 단체가 증가하였고, 동년 12월 7일 광화문에서 3,000명이 촛불집회에 참가하는 등 전국 39개소 16,000여 명이 반미집회 및 추모 촛불집회를 개최하였다.

이러한 촛불시위는 12월 14일 서울시청 앞에서 45,000여 명이 촛불행사 후 광화문까지 행진하는 등 전국 67개소에서 73,500여 명이 참가, 최고조에 달하였고, 이후 12월 21일 교보빌딩 주변에서 2,000여 명이 촛불집회를 갖는 등 전국적으로 7,700여 명이 참가하였으며 연말을 기점으로 인원이 축소되었다.

촛불집회

2) 촛불시위 사례를 통한 개선방안

여중생 사망사건 관련 광화문 앞 촛불시위의 경우 법적인 문제점에 대한 야간 문화제를 가장한 촛불집회의 경우, 처음 촛불집회 개최 당시에는 네티즌을 중심으로 순수한 추모행사 차원에서 시작하였지만 시간이 지나면서 각종 단체의 참가로 인원이 증가하였고, SOFA 개정 플래카드 등이 등장하였다. 집회가 야간에 개최되었기 때문에 기습적으로 광화문 차도점거, 미대사관 진출, 미대사관 계란투척 등 전형적인 시위형태를 띄면서 진행하였다. 처음 시작과 달리 촛불시위는 점점 집회의 성격을 가졌기 때문에 집시법 제13조의 적용하지 않고 집회의 일종으로 신고를 하고나서 개최를 하여야 할 것이다.

(3) 새만금 갯벌 방조제 건설 중단 관련 집회

1) 새만금 집회 개요

천주교와 불교 등 4대 종단 성직자들이 새만금 간척사업의 전면 중단을 요구하며 3월 28일 ~ 5월 31일까지 부안 해창 갯벌에서 서울 청와대까지 삼보일배로 행진을 시작하였다. 전북환경운동연합은 간척사업에 따른 환경과 생명파괴의 폐해를 알리고 즉각적인 사업 중단을 요구하기 위하여 실시하였다.

새만금 갯벌 방조제 건설 중단 관련 집회의 경우 법적인 문제점 중 하나인 삼보일배 형식으로 3월 28일 ~ 5월 31일까지 부안 해창 갯벌에서 서울까지 행진한 것은 순수한 종교행사로 보기에는 다소 무리가 있다. 최초 성직자 이외에도 30여 명의 공식 수행단이 있었고, 행진 도중 평일엔 100여 명, 주말엔 수 백 명이 행렬을 이뤄 연인원만 2만 4천여 명이 행진으로 뒤를 따랐다. 물론 이들의 주장과 주장하는 내용, 행진규모 및 인원으로 볼 때 집시법상의 행진으로 보지 않을 이유가 없다. 그럼에도 불구하고 종교행사라는 이유로 아무런 신고 없이 진행한 것은 문제의 소지가 있다. 삼보일배 행진이 종교행사의 일종이라 하더라도 행진까지 한 것을 보면, 집시법 제13조에서 배제하는 '종교집회'에 해당되는지 확실히 구분할 필요성이 있다.

촛불집회

5. 집회 및 시위의 대응방안

(1) 집회시위의 체계적 관리

1) 집회시위 단계별 관리

집회시위 징후단계에서 경찰은 담당지역 및 단체 등에 대한 치안정보를 수집하여 집회 및 시위요인을 면밀히 파악하고 분석하여 잠복 중이거나 발생 조짐이 있는 집단 반발요인을 면밀히 파악하고 분석하여야 한다. 집회시위의 신고 단계에서는 경찰은 주최 측의 자율관리 분위기를 조성하기 위해 주최 측과 충분한 협의를 갖고, 경찰의 자율적 집회보호 방침을 설명하는 한편, 필요시 신고내용을 조정해야 한다.

합법적 집회는 주최 측에서 질서 유지인을 최대한 동원하여 주최 측 책임아래 자율 관리하고, 경찰은 교통통제 · 폴리스라인 운영 등 집회 및 시위 진행에 적극 협조하여야 한다. 기동부대는 만약의 사태에 대비하여 근거리에 배치하여 상황에 대비토록 하고, 만약 집회시위가 불법 폭력으로 변질되어 경찰상 위해가 발생한 경우에는 경찰권을 적극적으로 발동하여 불법 행위자는 현장검거 또는 현장에서 채증(採證) 후 사후에 사법처리하는 방향으로 관리를 해야 한다.

2) 집회시위 관리기법 개발

인력낭비를 최소화하고 상호 물리적 충돌을 최소화하기 위해 집회시위에 관한 관리기법의 개발이 요구된다. 이를 세분화하면 다음과 같다.

■ 경찰버스를 활용한 주요시설 방호방안을 활용

경찰버스를 활용할 경우 시위대와 경찰의 직접 충돌을 방지하여 상호 부상자 발생을 최소화할 수 있고, 주요시설 방호에 효과적으로 대처할 수 있는 장점이 있다. 그러나 경찰버스에 대한 방화나 손괴로 경찰버스가 손상을 입을 수도 있고, 시위대가 차벽 위로 올라올 경우 안전사고의 가능성도 있는 등 문제점도 내포하고 있다. 이에 대해 경찰은 자체보완을 하여 시위대가 차벽위로 올라오지 못하게 철망을 미세하게 부착하는 등의 조치를 하여 대비하고 있고, 과격시위에는 차벽 위에 소방호스를 연결하여 방어하는 등의 조치를 하여야 한다.

■ 살수차 등 선진 진압장비 활용

최근 집회시위가 대부분 평화적으로 개최되지만 불법 폭력시위가 발생할 경우 상호 피해를 최소화하면서 이를 해산시킬 수 있는 장비가 필요하다. 이는 살수차 사용 시 광의의 적합성의 원칙을 준수할 것을 요구하고 있는 것으로 해석된다.

■ 집회시위 다발지역에 CCTV 집중적으로 설치하여 관리

최근 집회시위현장에는 시위자 중 일부가「집회및시위에관한법률」의 규정을 교모하게 악용하여 탈 · 불법을 자행하고 있다. 즉, 집회시위 현장에서 경찰과 몸싸움을 하면서 깃봉 등으로 경찰을 공격하거나 침을 뱉는 등의 행위가 빈발하고 있다. 이러한 불법집회시위를 주도하는 사람들의 교묘한 불법행위를 현장에서 제압하는 것은 예기치 않는 변수 등이 발생될 우려가 있어 상당한 어려움이 따른다. 따라서 체증에 의존할 수밖에 없는데, 체증 또한 현장 접근이 어려워 한계를 내포하고 있다. 따라서 CCTV 등의 고정망을 적극 활용할 필요가 있다.

SECTION 05

전염병

1. 전염병의 개요

병원체가 인간이나 동물에 침입하여 그 장기에 자리잡고 증식하는 것을 총칭하여 감염이라고 하며, 이 감염에 의한 증세의 발현을 감염증이라고 한다. 감염에는 전혀 증세가 없이 면역만 생기는 불현성 감염과, 증세가 나타나는 현성 감염이 있으며 때로는 감염증과 전염병을 동의어로도 쓰나, 전염병은 감염증 중에서도 그 전염력이 강하여 소수의 병원체로도 쉽게 감염되고 많은 사람들에게 쉽게 옮아가는 질병을 말한다.

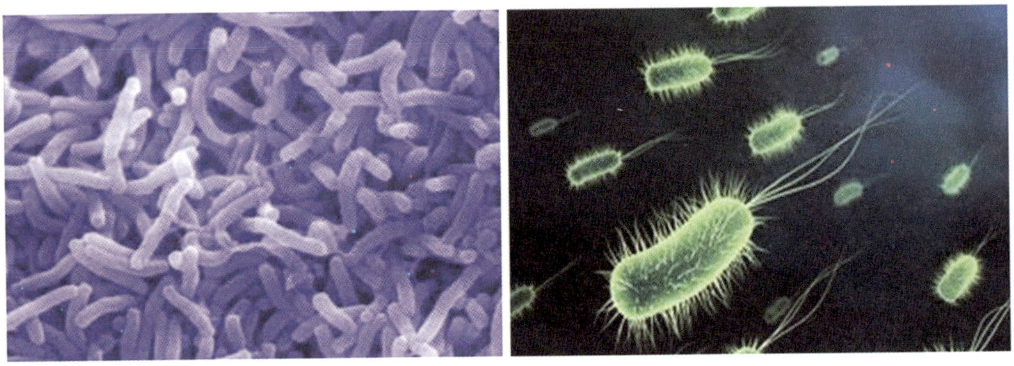

전염병

2. 전염병의 구분

"전염병"이란 제1군전염병, 제2군전염병, 제3군전염병, 제4군전염병, 제5군전염병, 지정전염병, 세계보건기구감시대상 전염병, 생물테러전염병, 성매개전염병, 인수공통전염병 및 의료관련전염병을 말한다.

전염병의 종류

구분	내용 및 종류
제1군전염병	마시는 물 또는 식품을 매개로 발생하고 집단 발생의 우려가 커서 발생 또는 유행 즉시 방역대책을 수립하여야 하는 다음 각 항목의 감염병을 말한다. 종류는 다음과 같다. 콜레라, 장티푸스, 파라티푸스, 세균성이질, 장출혈성대장균감염증, A형간염
제2군전염병	예방접종을 통하여 예방 및 관리가 가능하여 국가예방접종사업의 대상이 되는 다음 각 항목의 전염병을 말한다. 종류는 다음과 같다. 디프테리아, 백일해(百日咳), 파상풍(破傷風), 홍역(紅疫), 유행성이하선염(流行性耳下腺炎), 풍진(風疹), 폴리오, B형간염, 일본뇌염, 수두(水痘)
제3군전염병	간헐적으로 유행할 가능성이 있어 계속 그 발생을 감시하고 방역대책의 수립이 필요한 다음 각 항목의 전염병을 말한다. 종류는 다음과 같다. 말라리아, 결핵(結核), 한센병, 성홍열(猩紅熱), 수막구균성수막염(髓膜球菌性髓膜炎), 레지오넬라증, 비브리오패혈증, 발진티푸스, 발진열(發疹熱), 쯔쯔가무시증, 렙토스피라증, 브루셀라증, 탄저(炭疽), 공수병(恐水病), 신증후군출혈열(腎症候群出血熱), 인플루엔자, 후천성면역결핍증(AIDS), 매독(梅毒), 크로이츠펠트-야콥병(CJD) 및 변종크로이츠펠트-야콥병(vCJD)
제4군전염병	국내에서 새롭게 발생하였거나 발생할 우려가 있는 감염병 또는 국내 유입이 우려되는 해외유행 감염병으로서 보건복지부령으로 정하는 전염병을 말한다.
제5군전염병	기생충에 감염되어 발생하는 전염병으로서 정기적인 조사를 통한 감시가 필요하여 보건복지부령으로 정하는 전염병을 말한다.
지정감염병	제1군감염병부터 제5군감염병까지의 전염병 외에 유행 여부를 조사하기 위하여 감시활동이 필요하여 보건복지부장관이 지정하는 전염병을 말한다.
세계보건기구 감시대상 전염병	세계보건기구가 국제공중보건의 비상사태에 대비하기 위하여 감시대상으로 정한 질환으로서 보건복지부장관이 고시하는 전염병을 말한다.
생물테러 전염병	고의 또는 테러 등을 목적으로 이용된 병원체에 의하여 발생된 감염병 중 보건복지부장관이 고시하는 전염병을 말한다.
성매개전염병	성 접촉을 통하여 전파되는 감염병 중 보건복지부장관이 고시하는 감염병을 말한다.
인수공통 전염병	동물과 사람 간에 서로 전파되는 병원체에 의하여 발생되는 감염병 중 보건복지부장관이 고시하는 감염병을 말한다.
의료관련 전염병	환자나 임산부 등이 의료행위를 적용받는 과정에서 발생한 감염병으로서 감시활동이 필요하여 보건복지부장관이 고시하는 감염병을 말한다.

3. 전염병사고 사례

(1) 신종 인플루엔자

1) 신종 인플루엔자의 개요

신종인플루엔자 A(H1N1)는 지난 4월 북미 대륙을 중심으로 감염자가 발생하기 시작하여 전 세계에 퍼져 우리나라는 지난 7월 21일 국가전염병 위기단계를 "주의"에서 "경계" 단계로 상향 조정하였으며, 8월 15일 최초 사망자가 발생하였다. 신종 인플루엔자 A는 A형 인플루엔자 바이러스가 변이를 일으켜 생긴 새로운 바이러스로, 2009년부터 전 세계적으로 사람에게 감염을 일으킨 호흡기 질환이다.

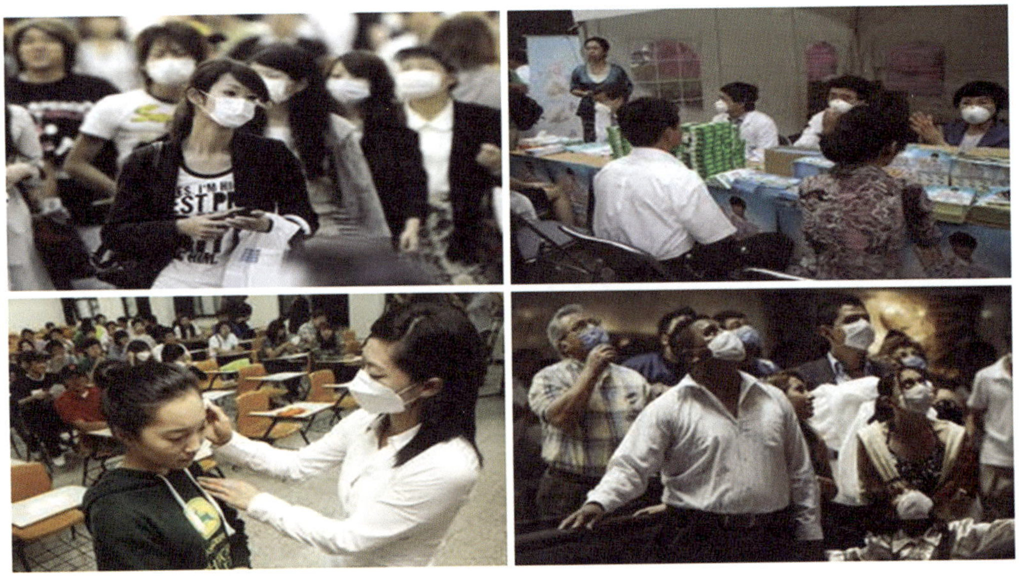

신종인플루엔자 바이러스

2) 신종 인플루엔자 유행 단계 구분

세계보건기구(WHO)에서는 단계별로 구체적인 행동목표와 지침 작성을 위해 대유행 단계를 구분한다. 세계보건기구는 2005년 5월 인체감염 발생 위험도에 따른 6단계의 대유행 단계를 발표하고, 회원국에게 이 단계를 기준으로 대유행 대비계획 및 관리 목표를 작성할 것을 권고하였다.

■ **대유행 간기**

조류인플루엔자 인체감염위험이 없거나 있더라도 심각하지 않고 인체감염이 없는 단계이다.

① 제1단계 : 인체감염을 유발할 새로운 바이러스가 없거나 동물에 존재하더라도 인체 감염

및 질병 위험성은 낮은 수준

② 제2단계 : 동물에서 새로운 바이러스가 존재, 인체감염의 위험이 높아지나 인체감염은 없는 상태

■ **대유행 경보기**

조류인플루엔자 인체감염이 발생하고 대유행 발생 위험이 증가하는 단계이다.

① 제3단계 : 인체감염이 발생하고 사람 간 감염이 발생하지만 극히 제한적으로 발생하는 단계

② 제4단계 : 제한적인 소규모 환자 집락 발생, 바이러스가 대유행을 일으킬 만큼 충분히 감염력을 획득하지 못한 단계

③ 제5단계 : 제한적인 규모의 환자 집락 발생, 제4단계 보다 바이러스가 인체에 적응이 좀 더 되었지만 대유행을 일으킬 만큼 충분히 감염력을 획득하지 못한 단계

■ **대유행기(제6단계) : 인플루엔자 대유행이 발생, 확산되는 단계**

3) 대유행 6단계의 정의와 각 단계별 목표

대유행 6단계의 정의와 단계별 목표

구분	단계	WHO 단계 정의	공중보건 목표
대유행 간기	1단계	• 인체에서 새로운 인플루엔자 바이러스 유형이 발견되지 않음 • 인체 감염을 유발할 수 있는 바이러스 유형이 동물에 존재 가능 • 동물에 바이러스가 존재하더라도 인체감염 및 질병 위험성은 낮은 수준	지역, 국가, 대륙 및 전 지구적 수준의 인플루엔자대유행 대비 강화
	2단계	• 인체에서 새로운 인플루엔자 바이러스 유형이 발견되지 않음 • 동물 내 인플루엔자 바이러스의 확산 • 인체 감염의 위험성 증가	사람 간 전파 위험 최소화 : 발생 시 신속한 전파의 발견과 보고
대유행	3단계	• 새로운 유형의 바이러스로 인한 인체감염의 발생 • 사람 간 전파는 없거나 극히 드문 경우에 친밀한 접촉을 통해서만 발생	새로운 바이러스 유형의 신속한 분리, 추가 환자에 대한 조기발견, 신고 및 대응
	경보기	• 제한적인 사람 간 전파를 통해 소규모 환자 집락이 발생 • 전파는 특정지역에 국한 되어 바이러스가 아직 충분히 인간에 적응하기 이전 단계	신종바이러스의 확산을 초동에 차단, 또는 백신개발 등 대비전략을 수행할 수 있는 시간을 벌기 위해 확산을 늦춤

구분	단계	WHO 단계 정의	공중보건 목표
대유행	5단계	• 대규모의 환자 집락(cluster)이 발생하지만 전파는 국소적인 상황 • 여전히 지역적으로 국한되어 있고 전파 경로 제한적 • 바이러스는 보다 인간에 적응한 단계이나 아직 완전히 전파능력을 갖고 있지 않음	대유행을 피하거나, 대유행의 대응 전략을 진행하기 위한 시간을 벌기 위해서 유행 지역의 확산 차단 또는 확산을 늦춤
대유행기	6단계	• 대유행 • 일반 대중 간 지속적 전파 • 전파 경로 확산	대유행 피해의 최소화

4) 국가적 대비 및 대처

▪ 위기 정의

국가위기란 국가의 주권 또는 국가를 구성하는 정치 · 경제 · 사회 · 문화 체계 등 국가의 핵심 요소나 가치에 중대한 위해가 가해질 가능성이 있거나 가해지고 있는 상태이며, 국가위기관리란 국가위기를 사전에 예방하고 발생에 대비하며 위기 발생 시 효과적인 대응 및 복구를 통해 그 피해와 영향을 최소화함으로써 조기에 위기 이전 상태로 복귀시키고자 하는 제반 활동을 말한다. 이 중 국가위기 관리대상으로서 전염병은 SARS, 조류독감, 광우병, 돼지콜레라, 구제역 등 확산 시 국민의 건강, 생명 및 국가경제 등에 직간접적으로 영향을 미쳐 국가기반체계가 마비되는 상황을 초래할 가능성이 있어 이에 대한 대비가 필요한 전염병을 말한다.

▪ 전염병 분야 위기형태

전염병 분야 위기형태는 다음과 같은 것이 있다.

전염병 분야 위기형태

구분	내용
해외 신종 전염병의 국내 유입 및 전국적 확산	해외에서 발생한 신종 전염병에 감염된 환자를 통해 전국적 규모로 확산되어 대규모 전염병 환자 발생을 뜻함
국내 신종 전염병의 전국적 확산	국내에서 발생한 신종전염병이 전국적으로 확산되어 대규모 전염병 환자 발생을 말함
국내 재출현 전염병의 전국적 확산	사라진 전염병이 전국적 규모로 확산되어 대규모 환자 발생을 말함
자연재해로 인한 수인성전염병의 전국적 확산	태풍이나 집중호우 등 자연재해로 인한 수해지역에서 대규모 수인성 전염병 환자 발생을 말함

■ 신종 인플루엔자로 인한 국가 위기관리조직

신종 인플루엔자로 인한 국가 위기관리조직은 보건복지가족부가 주관기관으로서 외교통상부, 법무부, 국방부, 행정안전부, 농림수산식품부 등이 유관기관으로서 협조 및 지원을 하게 된다.

재난분야 국가위기관리체계

구분	내용
NSC(국가안전보장회의)	• 국가 재난관리체계에 관한 사항을 기획 · 조정하고 재난관리 상황을 종합함
중앙안전관리위원회(중앙위원회)	• 재난관리에 관한 중요정책을 심의 · 조정하고 중앙행정기관과 협의 및 조정 역할을 담당함 • 중앙위원회 위원장은 국무총리가 되고 국가 안전보장과 관련된 사항은 안보 회의사무처와 협의
중앙재난안전대책본부(중앙대책본부)	• 대규모 재난에 대한 예방, 대비, 대응, 복구 활동에 관한 사항을 총괄 조정하고 필요한 조치를 취함 • 본부장(중앙본부장)은 행정안전부 장관이 됨
중앙사고수습본부(수습본부)	• 대규모 재난 발생 시(전염병) 주무부처의 장(보건복지가족부) 소속 하에 설치하며 중앙대책본부와 긴밀한 협조 하에 발생된 재난을 신속하게 수습함

■ 대유행 시 위기 경보 결정 주체 및 단계

위기경보 의사결정의 주체로서 보건복지가족부 장관이 최종 결정하고 위기평가회의에서 위기경보 발령을 위한 의사결정에 대한 자문을 한다. 위기경보 발령단계는 다음과 같다.

위기경보 결정주체 및 단계

구분	내용
1단계	위기 징후 포착 또는 발생 예상 시 위기경보를 준비
2단계	위기평가회의에 위기경보 발령을 안건으로 상정하여 위험수준을 평가 • 내부위기평가회의 : 보건복지가족부/질병관리본부/지자체 등 • 외부위기평가회의 : 관계부처/외부관계기관 등
3단계	위기경보 발령 및 NSC, 유관기관에 발령내용을 통보

■ 대유행 시 위기경보 전파

질병관리본부장은 위기발령 즉시 관할 시도, 유관기관 등에 비상연락망을 통한 유선 통보 및 전자문서를 발송한다. 또한 보건복지가족부, 질병관리본부(주관기관)는 자체 위기평가회의 결과 및 유관기관의 의견을 종합적으로 고려하여 위기수준에 해당하는 경보를 발령하고, 국가안전 보장회의사무처(위기관리센터) 및 유관기관에 신속하게 통보한다. 보건복지가족부, 질병관리본부는 범정부적 차원의 조치가 요구되는 경계 또는 심각단계의 위기 경보를 발령할 경우에는 국가안전보장회의사무처(위기관리센터) 및 중앙재난안전대책본부장(행정안전부장관)과 사전에 협의하여 경보를 발령하도록 하고 있다. 또한 위기경보 수준을 수정, 조정할 필요가 있을 경우에는 국가안전보장회의사무처(위기관리센터) 및 중앙재난안전대책본부장과 사전협의를 통해 재조정하도록 한다.

5) 상황별 대처

■ 개요

신종 인플루엔자가 대규모 행사(연인원 1,000명 이상이 참가하고 이틀 이상 개최되는 행사)에 참석한 사람들을 중심으로 빠르게 확산될 수 있으므로 국내 감염전파를 조기에 차단하고 확산을 방지하기 위한 대응절차와 조치사항이다.

국가 전염병 위기관리 기관별 임무

구분	내용
행사 전	• "급성열성호흡기질환자 행사 참가 금지" 사전 안내 • 개인위생 시설 확보(마스크, 손세정제 등) • 발열감시 및 급성열성호흡기질환자 조치 계획수립 • 행사관계자에 대한 개인위생 교육 철저
행사 중	• 개인위생 강화 및 교육 • 급성열성호흡기질환자 조기발견 및 조치 • 숙박시설 내 관리 • 다수환자 발생 시 행사중단 고려

■ 행사 전 신종인플루엔자 감염예방조치

"급성열성 호흡기질환자 행사 참가금지"에 대한 사전 안내를 하고, 고위험군은 가급적 행사에 참석하지 않도록 권고한다. 개인위생시설 확보를 위하여 다음 사항을 점검한다.

① 행사장 내 손 씻는 개수대 수를 충분히 확보 유지하고 청결히 함
② 비누 또는 손세정제 등을 충분히 비치함
③ 손 씻기 및 세안 후에는 일회용 수건이나 개인용 수건 등으로 깨끗이 닦도록 함
④ 시설 내 휴지를 비치하여 즉시 사용할 수 있도록 함

⑤ 기침 시 사용한 휴지를 바로 처리할 수 있도록 쓰레기통을 곳곳에 비치함

또한 행사 전 환자발생에 대비하여 행사장과 공동숙박시설 내에 별도의 임시 격리공간을 마련하는데, 이는 의사의 진료 또는 확진검사를 받기 전에 임시로 다른 사람들과 접촉을 피하는 공간으로, 가능하면 별도의 방을 지정하는 것이 좋고, 그렇지 못한 경우에는 다른 환자와의 거리를 2m 이상 유지하도록 한다. 급성열성호흡기증상 신고접수 담당자를 지정하고, 신고접수 담당자는 신고자의 체온 및 호흡기 증상유무를 확인한다. 행사 주최자는 급성열성호흡기 증상이 있는 참가자 또는 관계자가 즉시 주최 측에 동 사실을 신고토록 하는 절차와 급성열성호흡기 증상자가 자발적 신고하거나 인지된 경우 의사의 진료를 받을 수 있는 체계를 마련한다. 행사 참가자 및 관계자에 대한 개인위생 교육을 시행하고, 각종 홍보물을 행사장 내에 부착하여 개인위생을 강조한다.

■ **행사 중 신종인플루엔자 감염예방조치**

악수금지 등 개인위생 강화에 힘쓰고, 확산 방지를 위하여 다음과 같은 기침 예절을 준수하도록 권장한다. 신종인플루엔자 의심환자의 조기발견 및 조치를 위한 행사장 내 관리로서 신고접수 담당자는 급성열성호흡기증상이 의심되는 경우 즉시 주최자에게 신고하도록 하고, 의심환자는 다른 사람과의 접촉을 피하기 위해 임시격리공간에 대기시키며, 주최자는 급성열성호흡기증상자가 진료 받도록 조치하고, 진료 후 신종인플루엔자 의심되는 경우 기침예절 및 개인위생교육, 마스크 착용 후 귀가하도록 조치한다. 공동숙박시설 내 관리도 마찬가지로 시행하나 이 경우 귀가가 어렵다면 숙소내 임시격리공간에서 자가치료 및 외출자제 조치를 시행한다. 급성열성호흡기증상자 발생 시에는 증상자의 행사 참가를 금지하며, 행사 과정 중 다수의 환자가 지속적으로 발생하는 경우 원칙적으로 행사 중단하거나 최소 7일 이상 연기한다.

(2) 구제역

1) 구제역의 개요

소, 돼지, 양, 염소, 사슴 등 발굽이 둘로 갈라진 동물(우제류)에 감염되는 질병으로 전염성이 매우 강하며 입술, 혀, 잇몸, 코, 발굽 사이 등에 물집(수포)이 생기며 체온이 급격히 오르고 식욕이 저하되어 심하게 앓거나 죽게 되는 질병으로 국제수역사무국(OIE)에서 A급 질병(전파력이 빠르고 국제교역상 경제피해가 매우 큰 질병)으로 분류하며 우리나라 제1종 가축전염병으로 지정되어 있다.

구제역

2) 병인체

Picornaviridae Aphthovirus, 작은 RNA 바이러스로서 이는 7개의 혈청형 즉 A, O, C, Asia1, SAT1, SAT2, SAT3형으로 분류되며 이 주요 혈청형은 다시 80여 가지의 아형으로 나뉜다. 구제역 바이러스는 냉장 및 냉동조건하에서는 오래 보존되고, 50℃ 이상에서는 서서히, pH 6.0 이하 또는 9.0 이상 조건에서, 그리고 2% 가성소다, 4% 탄산소다 및 0.2% 구연산 등의 소독제에 불활화된다.

3) 전염경로

▪ 직접 접촉에 의한 간염

감염동물의 수포(물집)액이나 침, 유즙, 정액, 호흡공기 및 분변 등과의 접촉이나 감염 동물 유래의 오염축산물 및 이를 함유한 식품 등에 의한 전파(직접전파)

▪ 간접 접촉에 의한 간염

① 감염지역 내 사람(목부, 의사, 인공수정사 등), 차량, 의복, 물, 사료, 기구 및 동물 등에 의한 전파(간접접촉전파)

② 공기를 통한 전파(공기전파)이며 공기는 육지에서는 50km, 바다를 통해서는 250km 이상까지 전파될 수 있음

4) 증상

■ 잠복기간

2일에서 14일 정도로 매우 짧음

■ 소의 특징적 증상

① 구제역 바이러스에 감염된 소에서는 체온상승, 식욕부진, 침울, 우유생산량의 급격한 감소 등이 나타난다. 발병 후 24시간 이내에 침을 심하게 흘리고, 혀와 잇몸 등에 물집이 생긴 것을 관찰할 수 있으며, 입맛 다시는 소리를 내기도 한다.
② 물집은 발굽의 사이와 제관부, 젖꼭지 등에서도 관찰된다. 물집은 곧 터져서 피부가 드러나고 짓무르고 헐게 된다.
③ 구제역 바이러스에 감염된 6개월 미만의 송아지에서는 심근염에 의해 죽는 경우가 있으며, 이 경우 심근에 나타나는 특징적인 병변을 호반심(Tiger Heart)이라고 한다.
④ 일반적으로 이환율은 높고 폐사율은 낮은 편이나 어린 송아지의 경우 성우에 비하여 폐사율이 높으며 임신우에서는 유산을 초래되기도 한다.
⑤ 감염된 소들은 1주 이상 거의 먹지 못하며, 절뚝거리며 유방염, 산유량 격감 등의 경제적 피해가 발생한다.
⑥ 특히 젖소에서는 착유량이 50% 정도 감소한다.

■ 돼지의 특징적 증상

① 구제역 바이러스에 감염된 돼지에서 특징적으로 관찰되는 증상은 절뚝거림, 발굽의 심한 병변과 고통으로 인해 제대로 서거나 걷지 못하고 절뚝거리거나 무릎으로 기어 다닌다.
② 발굽의 물집이 터져 피부가 벗겨진 자리에 세균에 의한 2차 감염이 일어나고 이로 인해 발톱이 탈락되기도 한다.
③ 입 주변의 물집 형성은 소의 경우처럼 전형적이지는 않으나, 콧잔등에는 큰 물집이 형성되며 쉽게 터지는 경우가 많다.

5) 진단

■ 항원진단법

수포액, 수포형성 상피세포 또는 인후두 부위 채취액 등을 검사시료로 하여 세포배양을 이용한 구제역 바이러스의 분리, 중합효소연쇄반응(PCR)법을 이용한 구제역 바이러스 특이 유전자 검출방법 및 항원검출용 보체결합반응 또는 ELISA 검사법 등을 이용하여 구제역 바이러스를 검출하는 방법 등이 주로 이용된다.

▪ 항체진단법

혈액을 채취하여 혈청 내 구제역 바이러스의 항체 형성 여부를 검출하는 항체검사용 ELISA 검사법 등이 주로 이용된다. 현재 국내에서는 PCR기법 및 ELISA 검사법이 구제역의 진단에 활용되고 있다.

구제역에 대한 최종적인 확정 진단은 국제수역사무국(OIE)에서 지정한 구제역 국제표준실험실(World Reference Laboratory)로 수포액, 수포상피세포 및 혈청 등의 가검물 또는 감염동물로부터 분리한 바이러스를 송부하여 확진하게 된다.

6) 치료 및 예방약

특별한 치료방법은 없으므로 유사증상이 발견되면 국가기관(홈페이지 구제역 신고란 참고)에 신속히 신고하여야 한다. 구제역 바이러스는 변형이 매우 쉽게 일어나기 때문에 수많은 혈청형(아형)이 생성된다. 혈청형이 다른 예방약은 효능이 없고 아형이 다른 예방약은 효능이 낮아 혈청형이 맞는 예방약의 사용이 중요하다.

구제역 예방약은 구제역 바이러스를 특수시설 하에서 증식한 후 이를 순수하게 정제고농축하게 되며, 정제된 바이러스는 화학제품(Binary Etheleneimine)을 사용하여 불활화한다. 이렇게 순수 정제 농축한 불활화 바이러스(항원)를 Mineral Oil로 섞어 미세한 입자로 만든 것이 구제역 불활화 예방약이다. 국내에서 예방약을 만들 기술이 없기 때문에 만들 수 없는 것이 아니라 예방약을 만들면 오히려 구제역전파의 원인이 될 수 있기 때문에 예방약을 만들지 않고 있으며, 세계적으로 영국, 프랑스, 네덜란드, 독일 등 극히 일부 국가에서만 제조하고 있다. 이들 나라는 선진국으로, 생산시설이 우수하고 예방약을 만들 수 있는 신용 있는 회사들이다. 현재 우리나라가 관련을 맺고 있는 국제회사는 Merial사(다국적 기업 : 프랑스. 영국), Intervet(네덜란드)이다.

예방약은 실험동물인 소에 접종하여 안전성과 방어능을 결정한다. 즉 방어가(효능)는 3PD 50/두이며 1두분의 예방약 양 2㎖인 경우의 예를 들어보자. 이는 2㎖를 3PD50의 3으로 나눈 0.67㎖(2/3=0.67)를 10두의 소에 접종한 후 강독으로 접종한 소들을 공격 감염한 경우 10두 중 5두가 방어(50%)할 수 있는 능력을 말한다.

구제역 비발생국에서 구제역이 발생하면 6PD50/두의 효능을 함유한 예방약을 사용하여야 한다. 그 이유는 비축되어 있는 예방약이 야외 바이러스와 약간의 차이가 있더라도 그 결점을 보강시켜 주기 때문이다. 이는 고품질의 예방약을 사용함으로써 방어효능을 국내 축산의 안전을 보장할 수 있는 수준으로 유지하기 위함이다.

구제역이 언제 국내에서 재발생한지도 모르는 상황이므로 매년 수십만 두 분량의 예방약(6PD50/두)을 비축해 놓고 있다. 이는 동시에 한 두 지역에서 발생할 때에 쓸 수 있는 최소한의 분량이다.

① 항원비축 : 구제역 예방약 완제품 생산은 보통 4개월이 걸려야 완성이 되지만 항원에서 완제품을 만드는 데는 불과 4 ~ 5일 정도 소요된다. 우리의 항원은 현재 영국에 있는 Merial사에 보관해 놓고 있으며 국내에서 필요 시 요청만 하면 신속히 백신으로 제조하여 단계적으로 도입토록 되어 있다. 현재 계약항원은 O형, A형, Asia 1형으로 항원형 및 보관물량은 국내외 발생동향 등을 종합적으로 검토하여 결정토록 하고 있다.

② 접종방법 : 1차백신 접종 후 한 달 후 보강접종, 그 후 6개월마다 계속적인 접종

불활화 구제역 바이러스는 과거에는 화학제가 불안정하여 문제가 있었으나 최근에 개발된 화학제는 완전히 불활화하기 때문에 믿고 쓸 수 있으며 여러 실험을 거쳐 아무 이상이 없어야 판매가 가능하다.

4. 전염병 대책

(1) 예방대책

1) 법정전염병 관리보고체계 구축운영 및 개선

감염병의 예방 및 관리를 효율적으로 수행하기 위하여 전염병예방법을 "감염병의 예방 및 관리에 관한 법률"로 개정 추진한다.

■ **전염병 신고보고체계**

민간 의료기관 등 → 보건소 → 시 · 도 → 질병관리본부 전염병관리팀(즉시사항), 전염병감시팀(EDI보고), 역학조사팀(사례조사서 및 역학조사서)

■ **보고방법**

① 즉시 : 제1군 전염병, 제3군 전염병중 탄저, 제4군 전염병 등
② 주1회 : 제2군 및 제3군 전염병, 지정전염병

2) 전염병관리 대응체계 운영을 위한 방역 인프라 구축

① 신종 · 재출현 전염병 위기대응 구축 운영
② 전염병에 대한 조기 감시체계 구축 운영
③ 가축전염병(인수공통전염병) 발생 시 가축방역기관과 정보공유체계 구축

3) 국제협력 및 대국민 홍보

① 해외발생 동향 · 정보파악 및 확인 등 : 외교통상부, 농림부, 국립수의과학검역원, 국가정보원 등
② 전염병 예방교육 및 대국민 홍보서비스 제공

(2) 대비대책

1) 환자 조기 발견을 위한 감시체계 강화

■ **감시체계 강화방법**

① 전염병 자문위원회 및 관련 유관기관과 합동으로 대응체계 가동
② 유행 우려 질병에 대한 집중감시 및 경보체계 가동
③ 인플루엔자 일일감시체계 운영(100개소), 급성설사질환 실험실 감시망 등 위기 유발가능 주요 신종전염병 감시체계 강화
④ 전국 전염병관리요원 24시간 비상 전염병관리체제 돌입

2) 전염병 확산 대비 격리병원 치료제 등 자원 확보

■ **자원 확보 방법**

① 격리병원, 격리소, 검역장비, 보호장구 등의 적기공급에 차질이 없도록 준비태세 점검
② 신종인플루엔자 대유행 대비 국가지정 격리병상에 음압유지 병상 등 시설 확충을 통하여 적정 격리방안 마련
③ 항바이러스제제, 개인보호복, 마스크, 조기진단 장비 확보
④ 신종인플루엔자 전파 차단 및 사망 감소를 위한 예방백신 확보 · 접종 시행

⑤ 수해 등 재난발생 대비 침수지역 전염병예방활동을 위한 살균제, 살충제 등 중앙비축약품 확보

3) 신종전염병 위기대응 교육훈련 실시

■ 교육훈련 실시방법

① 전국 방역요원에 대한 전염병 방역 및 위기대응요령 교육 실시
② 유관기관 등과 합동으로 전염병 위기 대응 모의훈련 실시

(3) 대응대책

1) 신속한 대응체계 구축운영

■ 대응체계 구축운영 방법

① 범정부적 · 국가적 총력대응으로 위기상황을 조기에 식별하고 신속하게 대응
② 일일 전염병관리상황 모니터링 실시

2) 재난발생지역에 신속한 방역 및 역학조사 실시

■ 역학조사

① 제1단계 : 기 확인환자 조사
② 제2단계 : 접촉자 조사
③ 제3단계 : 추정할 수 있는 원인조사
④ 제4단계 : 질병모니터링 강화
⑤ 제5단계 : 역학조사결과 분석

■ 전염병관리활동 실시

① 제1단계 : 조기치료 및 확산방지를 위한 환자관리
② 제2단계 : 확산방지를 위한 접촉자 관리
③ 제3단계 : 추정원인 혹은 전파경로에 대한 관리

3) 전파확산 방지

■ **전파확산 방지방법**

① 국가전염병관리 시스템 및 인적 · 물적 자원 총가동 운영
② 입국자에 대한 검역강화

4) 대국민 홍보 강화

■ **홍보강화방법**

재난극복을 위한 전 국민 동참과 대응능력 향상 및 국민 불안 심리 해소

(4) 복구대책

1) 전염병에 의한 피해 복구대책 마련

■ **복구대책 마련방법**

① 재난기간 중 발생한 각종 피해사례의 문제점 파악 및 복구대책 마련
② 검역장비, 비축물자, 진단시약 비축 · 관리 등 안정적 확보를 위한 방안
③ 해외공조체계 구축을 통한 선진 전염병관리시스템 도입
④ 해외 전염병 발생동향 지속감시
⑤ 유사사례 대응을 위한 국가 전염병관리 인프라 보완

2) 전염병 관리리체계에 대한 평가수행

■ **평가수행방법**

① 비상 대응조직 및 관계부처 간 협조체제 평가
② 재난수준 및 단계별 조치사항 평가
③ 국민들의 대응능력 및 인식변화 모니터링 조사

5. 가축전염병 대책

(1) 예방대책

■ 예방대책방법

① 가축질병 예방대책 총괄 및 위기대응 프로그램 총괄
② 가축질병 중앙 · 지역 예찰 협의회 운영 및 예찰 활성화 등 상시방역 추진
③ 세계동물위생기구(OIE) 및 주변 국가들의 가축질병 발생동향을 신속하게 파악, 전파 및 대책 강구
③ 신종인수공통전염병의 국내 유입 차단을 위해 해외여행자 등에 대한 검색활동 협조 추진
④ 예방약품 비축 · 확보, 가축질병 검사장비 · 진단기술 확보
⑤ 축산농가의 자율 소독 등 차단방역 활동 강화
⑥ 정확한 정보제공 및 홍보활동 등을 통해 가축질병 예방에 대한 범국민적 공감대 형성
⑦ 양축 농가 및 국민에 대한 가축질병 예방 교육 · 홍보
⑧ 비상훈련(CPX) 등을 통해 방역관 교육 및 사전 점검
⑨ 특별 방역 및 소독의 날 운영 등 예방활동 전개

(2) 대비대책

사태 발생시 긴급방역조치 절차

구분	내용
1단계 : 발생지를 중심으로 이동제한지역 설정	위험 및 경계지역을 설정하여 이동제한 (통제초소 설치 등)
2단계 : 감염원 제거를 위한 살처분 및 소독 실시	발생농장 가축 등을 신속히 살처분 폐기 및 소독 실시
3단계 : 이동제한지역 사육 가금에 대한 확인 검사 실시	임상검사, 혈청검사 및 분변검사를 통해 이상 유무 확인
4단계 : 이동제한 해제 및 가축 재입식	살처분이 끝난 날부터 일정기간이 지나고 분변검사 및 입식시험을 거쳐 이상이 없음을 확인 후 가축 재입식

1) 관심(Blue)

① 위기상황 모니터 및 위기경보 발령
② 국가 비상방역체계 운영 준비(비상 연락망 확인, 예방약품 비축 확인 및 진단체계 점검, 가축방역협의회 개최 준비 등)

③ 위기상황 조기 파악을 위한 정보 수집(해외공관 및 국제기구를 통한 해외가축질병 동향 파악, 지역예찰협의회 운영 활성화)
④ 가축질병 차단을 위한 예찰활동, 홍보 및 교육 강화
⑤ 공항 · 항만 등 검역 및 해외 여행객에 대한 홍보활동 강화

2) 주의(Yellow)

① 위기상황 모니터 및 위기경보 발령
② 중앙가축방역대책본부 및 가축방역대책상황실 설치
③ 가축방역협의회 개최 및 대책 강구(방역지역 설정, 이동통제 등)
④ 중앙역학조사반 현장 파견(지자체 공동조사 및 방역기술 지원)
⑤ 가축질병 정밀진단 시행(필요시 국제표준검사소에 확인검사)
⑥ 전국 공항 · 항만 등 검역 및 해외 여행객에 대한 홍보 강화
⑦ 생산자단체 등과 합동방역체계 구축 및 역할분담 병행 추진

3) 경계(Orange)

① 위기상황 모니터 및 위기경보 발령
② 중앙가축방역대책본부 운영 강화 및 비상체제 가동
③ 가축방역협의회 개최 및 방역대책조치(살 처분, 예방접종 여부 등)
④ 세계동물보건기구(OIE)에 상황 전파
⑤ 중앙역학조사반 현장 파견
⑥ 가축질병 차단을 위한 전국 공항 · 항만 및 수출입 검역 철저
⑦ 국민의 불안심리 해소를 위한 홍보 활동

4) 심각(Red)

① 위기상황 모니터 및 위기경보 발령
② 범정부적 가축방역 대응체계 가동(상황실 운영 강화 등)
③ 가축방역협의회 개최 및 방역조치대책 검토 · 시행
④ 역학조사(전파경로 분석), 혈청검사 및 진단액 생산 · 공급 강화
⑤ 가축질병 차단을 위한 전국 공항 · 항만 및 수출입 검역 철저
⑥ 국민의 불안심리 해소를 위한 홍보활동 강화

(3) 대응대책

① 농림수산식품부(국립수의과학검역원), 시 · 도(가축방역기관), 시 · 군 · 구 축산담당 부서는 구제역, 고병원성 AI, 신종가축질병의 확산 차단과 조기 종식 및 축산물 수급안정, 농가 등 지원, 국민 불안 심리 해소를 위해 필요사항 조치

② 유관기관[외교통상부, 국방부, 행정안전부(경찰청), 환경부, 보건복지가족부(질병관리본부), 기획재정부(관세청), 국토해양부(해양경찰청) 등]은 차단방역 활동에 적극 협조

(4) 대응체계

① 농림수산식품부는 대통령실(국가위기상황센터), 국무총리실(중앙안전관리위원회), 행정안전부(중앙재난안전대책본부), 관계부처(국방부, 경찰청 등), 국립수의과학검역원, 시 · 도(가축방역기관, 시 · 군 · 구)와 신속한 상황 및 지시전파 체계를 가동하고, 가축방역지원본부, 생산자단체 등과 긴밀한 협조/지원체계 유지

② 유관기관(관계부처 및 기관)은 "가축질병" 위기관리 표준매뉴얼, "가축질병" 위기대응 실무매뉴얼, "가축질병" 현장조치 행동매뉴얼에 따라 적극 협조 · 지원 체계 가동

(5) 복구대책

① 가축질병 분야 위기발생기간 중 사례 종합 및 평가

② 살처분 축산농가 등 피해농가에 대한 재활 및 관련 산업 피해복구 지원

③ 가축질병 예찰활동 및 근절 확인

④ 가축질병 분야 위기에 대한 재발방지를 위한 제도개선 및 운영체계를 보완하는 등 종합적인 방역대책 강구

05

CHAPTER

관련법

Korea Disaster Safety Technology Institute

SECTION 01 재난 및 안전관리기본법

[시행 2014.2.7] [법률 제11994호, 2013.8.6, 일부개정]
안전행정부(재난총괄과) 02-2100-1816

제1장 총칙 〈개정 2010.6.8〉

제1조(목적) 이 법은 각종 재난으로부터 국토를 보존하고 국민의 생명 · 신체 및 재산을 보호하기 위하여 국가와 지방자치단체의 재난 및 안전관리체제를 확립하고, 재난의 예방 · 대비 · 대응 · 복구와 안전문화활동, 그 밖에 재난 및 안전관리에 필요한 사항을 규정함을 목적으로 한다. 〈개정 2013.8.6〉

[전문개정 2010.6.8]

제2조(기본이념) 이 법은 재난을 예방하고 재난이 발생한 경우 그 피해를 최소화하는 것이 국가와 지방자치단체의 기본적 의무임을 확인하고, 모든 국민과 국가 · 지방자치단체가 국민의 생명 및 신체의 안전과 재산보호에 관련된 행위를 할 때에는 안전을 우선적으로 고려함으로써 국민이 재난으로부터 안전한 사회에서 생활할 수 있도록 함을 기본이념으로 한다.

[전문개정 2010.6.8]

제3조(정의) 이 법에서 사용하는 용어의 뜻은 다음과 같다. 〈개정 2009.12.29, 2011.3.29, 2012.2.22, 2013.3.23, 2013.8.6〉

1. "재난"이란 국민의 생명 · 신체 · 재산과 국가에 피해를 주거나 줄 수 있는 것으로서 다음 각 목의 것을 말한다.
   가. 자연재난: 태풍, 홍수, 호우(豪雨), 강풍, 풍랑, 해일(海溢), 대설, 낙뢰, 가뭄, 지진, 황사(黃砂), 조류(藻類) 대발생, 조수(潮水), 그 밖에 이에 준하는 자연현상으로 인하여 발생하는 재해
   나. 사회재난: 화재 · 붕괴 · 폭발 · 교통사고 · 화생방사고 · 환경오염사고 등으로 인하여 발생하는 대통령령으로 정하는 규모 이상의 피해와 에너지 · 통신 · 교통 · 금융 · 의료 · 수도 등 국가기반체계의 마비, 「감염병의 예방 및 관리에 관한 법률」에 따른 감염병 또는 「가축전염병예방법」에 따른 가축전염병의 확산 등으로 인한 피해
   다. 삭제〈2013.8.6〉
2. "해외재난"이란 대한민국의 영역 밖에서 대한민국 국민의 생명 · 신체 및 재산에 피해를 주거나 줄 수 있는 재난으로서 정부차원에서 대처할 필요가 있는 재난을 말한다.
3. "재난관리"란 재난의 예방 · 대비 · 대응 및 복구를 위하여 하는 모든 활동을 말한다.
4. "안전관리"란 재난이나 그 밖의 각종 사고로부터 사람의 생명 · 신체 및 재산의 안전을 확보하기 위하여 하는 모든 활동을 말한다.

4의2. “안전기준”이란 각종 시설 및 물질 등의 제작, 유지관리 과정에서 안전을 확보할 수 있도록 적용하여야 할 기술적 기준을 체계화한 것을 말하며, 안전기준의 분야, 범위 등에 관하여는 대통령령으로 정한다.

5. “재난관리책임기관”이란 재난관리업무를 하는 다음 각 목의 기관을 말한다.

가. 중앙행정기관 및 지방자치단체(「제주특별자치도 설치 및 국제자유도시 조성을 위한 특별법」 제15조제2항에 따른 행정시를 포함한다)

나. 지방행정기관 · 공공기관 · 공공단체(공공기관 및 공공단체의 지부 등 지방조직을 포함한다) 및 재난관리의 대상이 되는 중요시설의 관리기관 등으로서 대통령령으로 정하는 기관

5의2. “재난관리주관기관”이란 재난이나 그 밖의 각종 사고에 대하여 그 유형별로 예방 · 대비 · 대응 및 복구 등의 업무를 주관하여 수행하도록 대통령령으로 정하는 관계 중앙행정기관을 말한다.

6. “긴급구조”란 재난이 발생할 우려가 현저하거나 재난이 발생하였을 때에 국민의 생명 · 신체 및 재산을 보호하기 위하여 긴급구조기관과 긴급구조지원기관이 하는 인명구조, 응급처치, 그 밖에 필요한 모든 긴급한 조치를 말한다.

7. “긴급구조기관”이란 소방방재청 · 소방본부 및 소방서를 말한다. 다만, 해양에서 발생한 재난의 경우에는 해양경찰청 · 지방해양경찰청 및 해양경찰서를 말한다.

8. “긴급구조지원기관”이란 긴급구조에 필요한 인력 · 시설 및 장비, 운영체계 등 긴급구조능력을 보유한 기관이나 단체로서 대통령령으로 정하는 기관과 단체를 말한다.

9. “국가재난관리기준”이란 모든 유형의 재난에 공통적으로 활용할 수 있도록 재난관리의 전 과정을 통일적으로 단순화 · 체계화한 것으로서 안전행정부장관이 고시한 것을 말한다.

9의2. “안전문화활동”이란 안전교육, 안전훈련, 홍보 등을 통하여 안전에 관한 가치와 인식을 높이고 안전을 생활화하도록 하는 등 재난이나 그 밖의 각종 사고로부터 안전한 사회를 만들어가기 위한 활동을 말한다.

10. “재난관리정보”란 재난관리를 위하여 필요한 재난상황정보, 동원가능 자원정보, 시설물정보, 지리정보를 말한다.

[전문개정 2010.6.8]

제4조(국가 등의 책무) ① 국가와 지방자치단체는 재난이나 그 밖의 각종 사고로부터 국민의 생명 · 신체 및 재산을 보호할 책무를 지고, 재난이나 그 밖의 각종 사고를 예방하고 피해를 줄이기 위하여 노력하여야 하며, 발생한 피해를 신속히 대응 · 복구하기 위한 계획을 수립 · 시행하여야 한다. 〈개정 2013.8.6〉

② 제3조제5호나목에 따른 재난관리책임기관의 장은 소관 업무와 관련된 안전관리에 관한 계획을 수립하고 시행하여야 하며, 그 소재지를 관할하는 특별시 · 광역시 · 특별자치시 · 도 · 특별자치도(이하 “시 · 도”라 한다)와 시 · 군 · 구(자치구를 말한다. 이하 같다)의 재난 및 안전관리업무에 협조하여야 한다.〈개정 2012.2.22〉

[전문개정 2010.6.8]

제5조(국민의 책무) 국민은 국가와 지방자치단체가 재난 및 안전관리업무를 수행할 때 최대한 협조하여야 하고, 자기가 소유하거나 사용하는 건물 · 시설 등으로부터 재난이나 그 밖의 각종 사고가 발생하지 아니하도록 노력하여야 한다. 〈개정 2013.8.6〉

[전문개정 2010.6.8]

제6조 삭제 〈2013.8.6〉

제7조 삭제 〈2013.8.6〉

제8조(다른 법률과의 관계 등) ① 재난 및 안전관리에 관하여 다른 법률을 제정하거나 개정하는 경우에는 이 법의 목적과 기본이념에 맞도록 하여야 한다.

② 재난 및 안전관리에 관하여 「자연재해대책법」 등 다른 법률에 특별한 규정이 있는 경우를 제외하고는 이 법에서 정하는 바에 따른다. 〈개정 2013.8.6〉

③ 삭제〈2013.8.6〉

④ 삭제〈2013.8.6〉

[전문개정 2010.6.8]

제2장 안전관리기구 및 기능

제1절 중앙안전관리위원회 등 〈신설 2013.8.6〉

제9조(중앙안전관리위원회) ① 재난 및 안전관리에 관한 다음 각 호의 사항을 심의하기 위하여 국무총리 소속으로 중앙안전관리위원회(이하 "중앙위원회"라 한다)를 둔다. 〈개정 2013.8.6〉

1. 재난 및 안전관리에 관한 중요 정책에 관한 사항
2. 제22조에 따른 국가안전관리기본계획에 관한 사항
3. 중앙행정기관의 장이 수립 · 시행하는 계획, 점검 · 검사, 교육 · 훈련, 평가, 안전기준 등 재난 및 안전관리업무의 조정에 관한 사항
4. 제36조에 따른 재난사태의 선포에 관한 사항
5. 제60조에 따른 특별재난지역의 선포에 관한 사항
6. 재난이나 그 밖의 각종 사고가 발생하거나 발생할 우려가 있는 경우 이를 수습하기 위한 관계 기관 간 협력에 관한 중요 사항
7. 중앙행정기관의 장이 시행하는 대통령령으로 정하는 재난 및 사고의 예방사업 추진에 관한 사항
8. 그 밖에 위원장이 회의에 부치는 사항

② 중앙위원회의 위원장은 국무총리가 되고, 위원은 대통령령으로 정하는 중앙행정기관 또는 관계 기관 · 단체의 장이 된다.

③ 중앙위원회의 위원장은 중앙위원회를 대표하며, 중앙위원회의 업무를 총괄한다. 〈신설 2012.2.22〉

④ 중앙위원회에 간사위원 1명을 두며, 간사위원은 안전행정부장관이 된다. 〈개정 2013.8.6〉

⑤ 중앙위원회의 위원장이 사고 또는 부득이한 사유로 직무를 수행할 수 없을 때에는 안전행정부장관, 대통령령으로 정하는 중앙행정기관의 장 순으로 위원장의 직무를 대행한다. 〈개정 2013.8.6〉

⑥ 제5항에 따라 안전행정부장관 등이 중앙위원회 위원장의 직무를 대행할 때에는 소방방재청장이 중앙위원회 간사위원의 직무를 대행한다. 〈개정 2013.8.6〉

⑦ 중앙위원회는 제1항 각 호의 사무가 국가안전보장과 관련된 경우에는 국가안전보장회의와 협의하여야 한다. 〈개정 2013.8.6〉

⑧ 중앙위원회의 위원장은 그 소관 사무에 관하여 재난관리책임기관의 장이나 관계인에게 자료의 제출, 의견 진술, 그 밖에 필요한 사항에 대하여 협조를 요청할 수 있다. 이 경우 요청을 받은 사람은 특별한 사유가 없으면 요청에 따라야 한다. 〈신설 2013.8.6〉

⑨ 중앙위원회의 구성과 운영 등에 필요한 사항은 대통령령으로 정한다. 〈개정 2012.2.22, 2013.8.6〉

[전문개정 2010.6.8]

제9조의2 삭제 〈2013.8.6〉

제10조(안전정책조정위원회) ① 중앙위원회에 상정될 안건을 사전에 검토하고 다음 각 호의 사무를 수행하기 위하여 중앙위원회에 안전정책조정위원회(이하 "조정위원회"라 한다)를 둔다.

1. 제9조제1항제3호, 제6호 및 제7호의 사항에 대한 사전 조정
2. 제23조에 따른 집행계획의 심의
3. 제26조에 따른 국가기반시설의 지정에 관한 사항의 심의
4. 제71조의2에 따른 재난 및 안전관리기술 종합계획의 심의
5. 그 밖에 중앙위원회가 위임한 사항

② 조정위원회의 위원장은 안전행정부장관이 되고, 위원은 대통령령으로 정하는 중앙행정기관의 차관 또는 차관급 공무원과 재난 및 안전관리에 관한 지식과 경험이 풍부한 사람 중에서 위원장이 임명하거나 위촉하는 사람이 된다.

③ 조정위원회에 간사위원 1명을 두며, 간사위원은 안전행정부에서 안전업무를 담당하는 차관이 된다.

④ 조정위원회의 업무를 효율적으로 처리하기 위하여 조정위원회에 분과위원회를 둘 수 있다.

⑤ 조정위원회의 위원장은 제1항에 따라 조정위원회에서 심의 · 조정된 사항 중 대통령령으로 정하는 중요 사항에 대해서는 조정위원회의 심의 · 조정 결과를 중앙위원회의 위원장에게 보고하여야 한다.

⑥ 조정위원회의 위원장은 중앙위원회 또는 조정위원회에서 심의 · 조정된 사항에 대한 이행상황을 점검하고, 그 결과를 중앙위원회에 보고할 수 있다.

⑦ 조정위원회 및 제4항에 따른 분과위원회의 구성 및 운영 등에 필요한 사항은 대통령령으로 정한다.

[전문개정 2013.8.6]

제10조의2 삭제 〈2013.8.6〉

제10조의3 삭제 〈2013.8.6〉

제11조(지역위원회) ① 지역별 재난 및 안전관리에 관한 다음 각 호의 사항을 심의 · 조정하기 위하여 특별시장 · 광역시장 · 특별자치시장 · 도지사 · 특별자치도지사(이하 "시 · 도지사"라 한다) 소속으로 시 · 도 안전관리위원회(이하 "시 · 도위원회"라 한다)를 두고, 시장 · 군수 · 구청장(자치구의 구청장을 말한다. 이하 같다) 소속으로 시 · 군 · 구 안전관리위원회(이하 "시 · 군 · 구위원회"라 한다)를 둔다. 〈개정 2012.2.22, 2013.8.6〉

1. 해당 지역에 대한 재난 및 안전관리정책에 관한 사항
2. 제24조 또는 제25조에 따른 안전관리계획에 관한 사항
3. 해당 지역을 관할하는 재난관리책임기관(중앙행정기관과 상급 지방자치단체는 제외한다)이 수행하는 재난 및 안전관리업무의 추진에 관한 사항
4. 재난이나 그 밖의 각종 사고가 발생하거나 발생할 우려가 있는 경우 이를 수습하기 위한 관계 기관 간 협력에 관한 사항
5. 다른 법령이나 조례에 따라 해당 위원회의 권한에 속하는 사항
6. 그 밖에 해당 위원회의 위원장이 회의에 부치는 사항

② 시 · 도위원회의 위원장은 시 · 도지사가 되고, 시 · 군 · 구위원회의 위원장은 시장 · 군수 · 구청장이 된다.

③ 시 · 도위원회와 시 · 군 · 구위원회(이하 "지역위원회"라 한다)의 회의에 부칠 의안을 검토하고, 재난 및 안전관리에 관한 관계 기관 간의 협의 · 조정 등을 위하여 지역위원회에 안전정책실무조정위원회

를 둘 수 있다.〈개정 2013.8.6〉

④ 삭제〈2013.8.6〉

⑤ 지역위원회 및 제3항에 따른 안전정책실무조정위원회의 구성과 운영에 필요한 사항은 해당 지방자치단체의 조례로 정한다.〈개정 2013.8.6〉

[전문개정 2010.6.8]

제12조(재난방송협의회) ① 재난에 관한 예보 · 경보 · 통지나 응급조치 및 재난관리를 위한 재난방송이 원활히 수행될 수 있도록 중앙위원회에 중앙재난방송협의회를 둘 수 있다.

② 지역 차원에서 재난에 대한 예보 · 경보 · 통지나 응급조치 및 재난방송이 원활히 수행될 수 있도록 지역위원회에 시 · 도 또는 시 · 군 · 구 재난방송협의회(이하 이 조에서 "지역재난방송협의회"라 한다)를 둘 수 있다.

③ 중앙재난방송협의회의 구성 및 운영에 필요한 사항은 대통령령으로 정하고, 지역재난방송협의회의 구성 및 운영에 필요한 사항은 해당 지방자치단체의 조례로 정한다.

[전문개정 2013.8.6]

제12조의2(안전관리민관협력위원회) ① 조정위원회의 위원장은 재난 및 안전관리에 관한 민관 협력관계를 원활히 하기 위하여 중앙안전관리민관협력위원회(이하 이 조에서 "중앙민관협력위원회"라 한다)를 구성 · 운영할 수 있다.

② 지역위원회의 위원장은 재난 및 안전관리에 관한 지역 차원의 민관 협력관계를 원활히 하기 위하여 시 · 도 또는 시 · 군 · 구 안전관리민관협력위원회(이하 이 조에서 "지역민관협력위원회"라 한다)를 구성 · 운영할 수 있다.

③ 중앙민관협력위원회의 구성 및 운영에 필요한 사항은 대통령령으로 정하고, 지역민관협력위원회의 구성 및 운영에 필요한 사항은 해당 지방자치단체의 조례로 정한다.

[본조신설 2013.8.6]

제13조(지역위원회 등에 대한 지원 및 지도) 안전행정부장관이나 소방방재청장은 시 · 도위원회의 운영과 지방자치단체의 재난 및 안전관리업무에 대하여 필요한 지원과 지도를 할 수 있으며, 시 · 도지사는 관할 구역의 시 · 군 · 구위원회의 운영과 시 · 군 · 구의 재난 및 안전관리업무에 대하여 필요한 지원과 지도를 할 수 있다. 〈개정 2013.3.23, 2013.8.6〉

[전문개정 2010.6.8]

제2절 중앙재난안전대책본부 등 〈신설 2013.8.6〉

제14조(중앙재난안전대책본부 등) ① 대통령령으로 정하는 대규모 재난(이하 "대규모재난"이라 한다)의 예방 · 대비 · 대응 · 복구 등에 관한 사항을 총괄 · 조정하고 필요한 조치를 하기 위하여 안전행정부에 중앙재난안전대책본부(이하 "중앙대책본부"라 한다)를 둔다. 〈개정 2013.3.23, 2013.8.6〉

② 중앙대책본부의 본부장(이하 "중앙대책본부장"이라 한다)은 안전행정부장관이 되며, 중앙대책본부장은 중앙대책본부의 업무를 총괄하고 필요하다고 인정하면 중앙재난안전대책본부회의를 소집할 수 있다. 다만, 해외재난의 경우에는 외교부장관이, 「원자력시설 등의 방호 및 방사능 방재 대책법」 제2조제1항제8호에 따른 방사능재난의 경우에는 같은 법 제25조에 따른 중앙방사능방재대책본부의 장이 각각 중앙대책본부장의 권한을 행사한다.〈개정 2012.2.22, 2013.3.23, 2013.8.6〉

③ 중앙대책본부장은 대규모재난이 발생하거나 발생할 우려가 있는 경우에는 대통령령으로 정하는 바

에 따라 실무반을 편성하고 중앙재난안전대책본부상황실을 설치하는 등 해당 대규모재난에 대하여 효율적으로 대응하기 위한 체계를 갖추어야 한다. 이 경우 제18조제1항제1호에 따른 중앙재난안전상황실 및 같은 조 제2항에 따른 재난안전상황실과 인력, 장비, 시설 등을 통합 · 운영할 수 있다.〈개정 2013.8.6〉

④ 중앙대책본부장은 국내 또는 해외에서 발생한 대규모재난의 대비 · 대응 · 복구(이하 “수습”이라 한다)를 위하여 필요하면 관계 중앙행정기관 및 관계 기관 · 단체의 임직원과 재난관리에 관한 전문가 등으로 중앙수습지원단을 구성하여 현지에 파견할 수 있다.〈개정 2013.8.6〉

⑤ 제1항에 따른 중앙대책본부, 제2항에 따른 중앙재난안전대책본부회의 및 제4항에 따른 중앙수습지원단의 구성과 운영에 필요한 사항은 대통령령으로 정한다.〈개정 2013.8.6〉

[전문개정 2010.6.8]

제15조(중앙대책본부장의 권한 등) ① 중앙대책본부장은 대규모재난을 효율적으로 수습하기 위하여 관계 재난관리책임기관의 장에게 행정 및 재정상의 조치, 소속 직원의 파견, 그 밖에 필요한 지원을 요청할 수 있다. 이 경우 요청을 받은 관계 재난관리책임기관의 장은 특별한 사유가 없으면 요청에 따라야 한다. 〈개정 2013.8.6〉

② 제1항에 따라 파견된 직원은 대규모재난의 수습에 필요한 소속 기관의 업무를 성실히 수행하여야 하며, 대규모재난의 수습이 끝날 때까지 중앙대책본부에서 상근하여야 한다.〈개정 2013.8.6〉

③ 중앙대책본부장은 해당 대규모재난의 수습에 필요한 범위에서 제15조의2제2항에 따른 수습본부장 및 제16조제2항에 따른 지역대책본부장을 지휘할 수 있다.〈개정 2013.8.6〉

④ 삭제〈2013.8.6〉

⑤ 삭제〈2013.8.6〉

⑥ 삭제〈2013.8.6〉

⑦ 삭제〈2013.8.6〉

[전문개정 2010.6.8]

[제목개정 2013.8.6]

제15조의2(중앙사고수습본부) ① 재난관리주관기관의 장은 재난이 발생하거나 발생할 우려가 있는 경우에는 재난상황을 효율적으로 관리하고 재난을 수습하기 위한 중앙사고수습본부(이하 “수습본부”라 한다)를 신속하게 설치 · 운영하여야 한다.

② 수습본부의 장(이하 “수습본부장”이라 한다)은 해당 재난관리주관기관의 장이 된다.

③ 수습본부장은 재난정보의 수집 · 전파, 상황관리, 재난발생 시 초동조치 및 지휘 등을 위한 수습본부 상황실을 설치 · 운영하여야 한다. 이 경우 제18조제3항에 따른 재난안전상황실과 인력, 장비, 시설 등을 통합 · 운영할 수 있다.

④ 수습본부장은 재난을 수습하기 위하여 필요하면 관계 재난관리책임기관의 장에게 행정상 및 재정상의 조치, 소속 직원의 파견, 그 밖에 필요한 지원을 요청할 수 있다. 이 경우 요청을 받은 관계 재난관리책임기관의 장은 특별한 사유가 없으면 요청에 따라야 한다.

⑤ 수습본부장은 해당 재난의 수습에 필요한 범위에서 시장 · 군수 · 구청장(제16조제1항에 따른 시 · 군 · 구대책본부가 운영되는 경우에는 해당 본부장을 말한다)을 지휘할 수 있다.

⑥ 수습본부장은 재난을 수습하기 위하여 필요하면 대통령령으로 정하는 바에 따라 제14조제4항에 따른 중앙수습지원단을 구성 · 운영할 것을 중앙대책본부장에게 요청할 수 있다.

⑦ 수습본부의 구성 · 운영 등에 필요한 사항은 대통령령으로 정한다.

[전문개정 2013.8.6]

제16조(지역재난안전대책본부) ① 해당 관할 구역에서 재난 및 안전관리에 관한 사항을 총괄 · 조정하고 필요한 조치를 하기 위하여 시 · 도지사는 시 · 도재난안전대책본부(이하 “시 · 도대책본부”라 한다)를 둘 수 있고, 시장 · 군수 · 구청장은 시 · 군 · 구재난안전대책본부(이하 “시 · 군 · 구대책본부”라 한다)를 둘 수 있다. 다만, 해당 재난과 관련하여 제14조제3항에 따라 대규모재난을 수습하기 위한 중앙대책본부의 대응체계가 구성 · 운영되는 경우에는 시 · 도지사나 시장 · 군수 · 구청장은 시 · 도대책본부나 시 · 군 · 구대책본부(이하 “지역대책본부”라 한다)를 두어야 한다. 〈개정 2013.8.6〉

② 지역대책본부의 본부장(이하 “지역대책본부장”이라 한다)은 시 · 도지사 또는 시장 · 군수 · 구청장이 되며, 지역대책본부장은 지역대책본부의 업무를 총괄하고 필요하다고 인정하면 대통령령으로 정하는 바에 따라 지역재난안전대책본부회의를 소집할 수 있다.〈개정 2013.8.6〉

③ 시 · 군 · 구대책본부의 장은 재난현장의 총괄 · 지휘 및 조정을 위하여 재난현장 통합지휘소(이하 “통합지휘소”라 한다)를 설치 · 운영할 수 있다. 이 경우 통합지휘소의 장은 긴급구조에 대해서는 제52조에 따른 시 · 군 · 구긴급구조통제단장의 현장지휘에 협력하여야 한다.〈신설 2013.8.6〉

④ 통합지휘소의 장은 관할 시 · 군 · 구의 부단체장이 되며, 통합지휘소에는 현장지휘관을 두고, 현장지휘관은 해당 시 · 군 · 구에서 재난 및 안전관리업무를 담당하는 공무원 중에서 통합지휘소의 장이 임명한다.〈신설 2013.8.6〉

⑤ 지역대책본부 및 통합지휘소의 구성과 운영에 필요한 사항은 해당 지방자치단체의 조례로 정한다.〈개정 2013.8.6〉

[전문개정 2010.6.8]

제17조(지역대책본부장의 권한 등) ① 지역대책본부장은 재난의 수습을 효율적으로 하기 위하여 해당 시 · 도 또는 시 · 군 · 구를 관할 구역으로 하는 제3조제5호나목에 따른 재난관리책임기관의 장에게 행정 및 재정상의 조치나 그 밖에 필요한 업무협조를 요청할 수 있다. 이 경우 요청을 받은 재난관리책임기관의 장은 특별한 사유가 없으면 요청에 따라야 한다. 〈개정 2013.8.6〉

② 지역대책본부장은 재난의 수습을 위하여 필요하다고 인정하면 해당 시 · 도 또는 시 · 군 · 구의 전부 또는 일부를 관할 구역으로 하는 제3조제5호나목에 따른 재난관리책임기관의 장에게 소속 직원의 파견을 요청할 수 있다. 이 경우 요청을 받은 재난관리책임기관의 장은 특별한 사유가 없으면 즉시 요청에 따라야 한다.〈개정 2013.8.6〉

③ 제2항에 따라 파견된 직원은 지역대책본부장의 지휘에 따라 재난의 수습에 필요한 소속 기관의 업무를 성실히 수행하여야 하며, 재난의 수습이 끝날 때까지 지역대책본부에서 상근하여야 한다.〈개정 2013.8.6〉

[전문개정 2010.6.8]

[제목개정 2013.8.6]

제3절 재난안전상황실 등 〈신설 2013.8.6〉

제18조(재난안전상황실) ① 안전행정부장관, 시 · 도지사 및 시장 · 군수 · 구청장은 재난정보의 수집 · 전파, 상황관리, 재난발생 시 초동조치 및 지휘 등의 업무를 수행하기 위하여 다음 각 호의 구분에 따른 상시 재난안전상황실을 설치 · 운영하여야 한다.

1. 안전행정부장관: 중앙재난안전상황실

2. 시 · 도지사 및 시장 · 군수 · 구청장: 시 · 도별 및 시 · 군 · 구별 재난안전상황실
② 소방방재청장은 「소방기본법」 제4조제1항에 따라 설치 · 운영하는 종합상황실과 별도로 제3조제1호 가목에 따른 자연재난에 관한 정보의 수집 · 전파, 상황관리, 재난발생 시 초동조치 및 지휘 등의 업무를 수행하기 위한 재난안전상황실을 설치 · 운영할 수 있다.
③ 중앙행정기관의 장은 소관 업무분야의 재난상황을 관리하기 위하여 재난안전상황실을 설치 · 운영하거나 재난상황을 관리할 수 있는 체계를 갖추어야 한다.
④ 제3조제5호나목에 따른 재난관리책임기관의 장은 재난에 관한 상황관리를 위하여 재난안전상황실을 설치 · 운영할 수 있다.
⑤ 제1항제2호 및 제2항부터 제4항까지의 규정에 따른 재난안전상황실은 제1항제1호에 따른 중앙재난안전상황실 및 다른 기관의 재난안전상황실과 유기적인 협조체제를 유지하고, 재난관리정보를 공유하여야 한다.
[전문개정 2013.8.6]
[제19조에서 이동, 종전 제18조는 제19조로 이동 〈2013.8.6〉]

제19조(재난 신고 등) ① 누구든지 재난의 발생이나 재난이 발생할 징후를 발견하였을 때에는 즉시 그 사실을 시장 · 군수 · 구청장 · 긴급구조기관, 그 밖의 관계 행정기관에 신고하여야 한다.
② 제1항에 따른 신고를 받은 시장 · 군수 · 구청장과 그 밖의 관계 행정기관의 장은 관할 긴급구조기관의 장에게, 긴급구조기관의 장은 그 소재지 관할 시장 · 군수 · 구청장 및 재난관리주관기관의 장에게 통보하여 응급대처방안을 마련할 수 있도록 조치하여야 한다.〈개정 2013.8.6〉
[제목개정 2013.8.6]
[제18조에서 이동, 종전 제19조는 제18조로 이동 〈2013.8.6〉]

제20조(재난상황의 보고) ① 시장 · 군수 · 구청장은 그 관할구역에서 재난이 발생하거나 발생할 우려가 있으면 대통령령으로 정하는 바에 따라 재난상황에 대해서는 즉시, 응급조치 및 수습현황에 대해서는 지체 없이 각각 안전행정부장관, 소방방재청장, 재난관리주관기관의 장 및 시 · 도지사에게 보고하여야 한다. 이 경우 제3조제1호가목에 따른 자연재난에 대해서는 소방방재청장이, 제3조제1호나목에 따른 사회재난에 대해서는 재난관리주관기관의 장이 각각 보고받은 내용을 종합하여 안전행정부장관에게 통보하여야 한다. 〈개정 2013.8.6〉
② 해양경찰서장은 해양에서 재난이 발생하거나 발생할 우려가 있으면 대통령령으로 정하는 바에 따라 재난상황에 대해서는 즉시, 응급조치 및 수습현황에 대해서는 지체 없이 각각 지방해양경찰청장과 관할 시장 · 군수 · 구청장에게 보고하거나 통보하여야 하고, 지방해양경찰청장은 해양경찰청장과 관할 시 · 도지사에게 보고하거나 통보하여야 하며, 해양경찰청장은 대통령령으로 정하는 재난의 경우에는 안전행정부장관과 재난관리주관기관의 장에게 보고하거나 통보하여야 한다.〈개정 2013.3.23, 2013.8.6〉
③ 제3조제5호나목에 따른 재난관리책임기관의 장과 제26조제1항에 따른 국가기반시설의 장은 소관 업무 또는 시설에 관계되는 재난이 발생하면 대통령령으로 정하는 바에 따라 재난상황에 대해서는 즉시, 응급조치 및 수습현황에 대해서는 지체 없이 각각 재난관리주관기관의 장, 관할 시 · 도지사와 시장 · 군수 · 구청장에게 보고하거나 통보하여야 한다. 이 경우 관계 중앙행정기관의 장은 보고받은 사항이 제26조제1항에 따른 국가기반시설에 대한 것일 때에는 보고받은 내용을 종합하여 즉시 안전행정부장관에게 통보하여야 한다.〈개정 2013.3.23, 2013.8.6〉
④ 시장 · 군수 · 구청장이나 소방서장은 재난이 발생한 경우 또는 재난 발생을 신고받거나 통보받은 경

우에는 즉시 관계 재난관리책임기관의 장에게 통보하여야 한다.
[전문개정 2010.6.8]

제21조(해외재난상황의 보고 및 관리) ① 재외공관의 장은 관할 구역에서 해외재난이 발생하거나 발생할 우려가 있으면 즉시 그 상황을 외교부장관에게 보고하여야 한다. 〈개정 2013.3.23〉
② 제1항의 보고를 받은 외교부장관은 지체 없이 해외재난 발생 또는 발생 우려 지역에 거주하거나 체류하는 대한민국 국민(이하 이 조에서 "해외재난국민"이라 한다)의 생사확인 등 안전 여부를 확인하고, 안전행정부장관과 소방방재청장 및 관계 중앙행정기관의 장과 협의하여 해외재난국민의 보호를 위한 방안을 마련하여 시행하여야 한다.〈개정 2013.8.6〉
③ 해외재난국민의 가족 등은 외교부장관에게 해외재난국민의 생사확인 등 안전 여부 확인을 요청할 수 있다. 이 경우 외교부장관은 특별한 사유가 없으면 그 요청에 따라야 한다.〈신설 2013.8.6〉
④ 제2항 및 제3항에 따른 안전 여부 확인과 가족 등의 범위는 대통령령으로 정한다.〈신설 2013.8.6〉
[전문개정 2010.6.8]
[제목개정 2013.8.6]

제3장 안전관리계획

제22조(국가안전관리기본계획의 수립 등) ① 국무총리는 대통령령으로 정하는 바에 따라 국가의 재난 및 안전관리업무에 관한 기본계획(이하 "국가안전관리기본계획"이라 한다)의 수립지침을 작성하여 관계 중앙행정기관의 장에게 시달하여야 한다. 〈개정 2013.8.6〉
② 제1항에 따른 수립지침에는 부처별로 중점적으로 추진할 안전관리기본계획의 수립에 관한 사항과 국가재난관리체계의 기본방향이 포함되어야 한다.
③ 관계 중앙행정기관의 장은 제1항에 따른 수립지침에 따라 그 소관에 속하는 재난 및 안전관리업무에 관한 기본계획을 작성한 후 국무총리에게 제출하여야 한다.〈개정 2013.8.6〉
④ 국무총리는 제3항에 따라 관계 중앙행정기관의 장이 제출한 기본계획을 종합하여 국가안전관리기본계획을 작성하여 중앙위원회의 심의를 거쳐 확정한 후 이를 관계 중앙행정기관의 장에게 시달하여야 한다.〈개정 2012.2.22, 2013.8.6〉
⑤ 중앙행정기관의 장은 제4항에 따라 확정된 국가안전관리기본계획 중 그 소관 사항을 관계 재난관리책임기관(중앙행정기관과 지방자치단체는 제외한다)의 장에게 시달하여야 한다.
⑥ 국가안전관리기본계획을 변경하는 경우에는 제1항부터 제5항까지를 준용한다.
⑦ 국가안전관리기본계획과 제23조의 집행계획, 제24조의 시 · 도안전관리계획 및 제25조의 시 · 군 · 구안전관리계획은 「민방위기본법」에 따른 민방위계획 중 재난관리분야의 계획으로 본다.
⑧ 국가안전관리기본계획의 구체적인 내용은 대통령령으로 정한다.
[전문개정 2010.6.8]

제23조(집행계획) ① 관계 중앙행정기관의 장은 제22조제4항에 따라 시달받은 국가안전관리기본계획에 따라 그 소관 업무에 관한 집행계획을 작성하여 조정위원회의 심의를 거쳐 국무총리의 승인을 받아 확정한다. 〈개정 2013.3.23, 2013.8.6〉
② 관계 중앙행정기관의 장은 확정된 집행계획을 안전행정부장관에게 통보하고, 시 · 도지사 및 제3조제5호나목에 따른 재난관리책임기관의 장에게 시달하여야 한다.〈개정 2013.3.23〉
③ 제3조제5호나목에 따른 재난관리책임기관의 장은 제2항에 따라 시달받은 집행계획에 따라 세부집

행계획을 작성하여 관할 시 · 도지사와 협의한 후 소속 중앙행정기관의 장의 승인을 받아 이를 확정하여야 한다. 이 경우 그 재난관리책임기관의 장이 공공기관이나 공공단체의 장인 경우에는 그 내용을 지부 등 지방조직에 통보하여야 한다.
[전문개정 2010.6.8]

제23조의2(국가안전관리기본계획 등과의 연계) 관계 중앙행정기관의 장은 소관 개별 법령에 따른 재난 및 안전과 관련된 계획을 수립하는 때에는 국가안전관리기본계획 및 제23조에 따른 집행계획과 연계하여 작성하여야 한다.
[본조신설 2012.2.22]

제24조(시 · 도안전관리계획의 수립) ① 안전행정부장관은 소방방재청장의 의견을 들어 제22조제4항에 따른 국가안전관리기본계획과 제23조제1항에 따른 집행계획에 따라 시 · 도의 재난 및 안전관리업무에 관한 계획(이하 "시 · 도안전관리계획"이라 한다)의 수립지침을 작성하여 이를 시 · 도지사에게 시달하여야 한다. 〈개정 2013.3.23, 2013.8.6〉
② 시 · 도의 전부 또는 일부를 관할 구역으로 하는 제3조제5호나목에 따른 재난관리책임기관의 장은 그 소관 재난 및 안전관리업무에 관한 계획을 작성하여 관할 시 · 도지사에게 제출하여야 한다.〈개정 2013.8.6〉
③ 시 · 도지사는 제1항에 따라 시달받은 수립지침과 제2항에 따라 제출받은 재난 및 안전관리업무에 관한 계획을 종합하여 시 · 도안전관리계획을 작성하고 시 · 도위원회의 심의를 거쳐 확정한다.〈개정 2013.8.6〉
④ 시 · 도지사는 제3항에 따라 확정된 시 · 도안전관리계획을 안전행정부장관에게 보고하고, 제2항에 따른 재난관리책임기관의 장에게 통보하여야 한다.〈개정 2013.3.23〉
[전문개정 2010.6.8]

제25조(시 · 군 · 구안전관리계획의 수립) ① 시 · 도지사는 제24조제3항에 따라 확정된 시 · 도안전관리계획에 따라 시 · 군 · 구의 재난 및 안전관리업무에 관한 계획(이하 "시 · 군 · 구안전관리계획"이라 한다)의 수립지침을 작성하여 시장 · 군수 · 구청장에게 시달하여야 한다. 〈개정 2013.8.6〉
② 시 · 군 · 구의 전부 또는 일부를 관할 구역으로 하는 제3조제5호나목에 따른 재난관리책임기관의 장은 그 소관 재난 및 안전관리업무에 관한 계획을 작성하여 시장 · 군수 · 구청장에게 제출하여야 한다.〈개정 2013.8.6〉
③ 시장 · 군수 · 구청장은 제1항에 따라 시달받은 수립지침과 제2항에 따라 제출받은 재난 및 안전관리업무에 관한 계획을 종합하여 시 · 군 · 구안전관리계획을 작성하고 시 · 군 · 구위원회의 심의를 거쳐 확정한다.〈개정 2013.8.6〉
④ 시장 · 군수 · 구청장은 제3항에 따라 확정된 시 · 군 · 구안전관리계획을 시 · 도지사에게 보고하고, 제2항에 따른 재난관리책임기관의 장에게 통보하여야 한다.
[전문개정 2010.6.8]

제4장 재난의 예방 〈개정 2013.8.6〉

제25조의2(재난관리책임기관의 장의 재난예방조치) ① 재난관리책임기관의 장은 소관 관리대상 업무의 분야에서 재난 발생을 사전에 방지하기 위하여 다음 각 호의 조치를 하여야 한다. 〈개정 2013.8.6〉
1. 재난에 대응할 조직의 구성 및 정비

2. 재난의 예측과 정보전달체계의 구축
3. 재난 발생에 대비한 교육 · 훈련과 재난관리예방에 관한 홍보
4. 재난이 발생할 위험이 높은 분야에 대한 안전관리체계의 구축 및 안전관리규정의 제정
5. 제26조에 따라 지정된 국가기반시설의 관리
6. 제27조제1항에 따른 특정관리대상시설등의 지정 · 관리 및 정비
7. 제29조에 따른 재난방지시설의 점검 · 관리
7의2. 제34조에 따른 재난관리자원의 비축 및 장비 · 인력의 지정
8. 그 밖에 재난을 예방하기 위하여 필요하다고 인정되는 사항

② 재난관리책임기관의 장은 제1항에 따른 재난예방조치를 효율적으로 시행하기 위하여 필요한 사업비를 확보하여야 한다.

③ 재난관리책임기관의 장은 다른 재난관리책임기관의 장에게 재난을 예방하기 위하여 필요한 협조를 요청할 수 있다. 이 경우 요청을 받은 다른 재난관리책임기관의 장은 특별한 사유가 없으면 요청에 따라야 한다.

④ 재난관리책임기관의 장은 재난관리의 실효성을 확보할 수 있도록 제1항제4호에 따른 안전관리체계 및 안전관리규정을 정비 · 보완하여야 한다.

⑤ 삭제〈2013.8.6〉

⑥ 삭제〈2013.8.6〉

[제26조에서 이동, 종전 제25조의2는 제26조로 이동 〈2013.8.6〉]

제25조의3 삭제 〈2013.8.6〉

제26조(국가기반시설의 지정 및 관리 등) ① 관계 중앙행정기관의 장은 소관 분야의 기반시설 중 제3조제1호나목에 따른 국가기반체계를 보호하기 위하여 계속적으로 관리할 필요가 있다고 인정되는 시설(이하 "국가기반시설"이라 한다)을 다음 각 호의 기준에 따라 조정위원회의 심의를 거쳐 지정할 수 있다. 〈개정 2013.8.6〉

1. 다른 기반시설이나 체계 등에 미치는 연쇄효과
2. 둘 이상의 중앙행정기관의 공동대응 필요성
3. 재난이 발생하는 경우 국가안전보장과 경제 · 사회에 미치는 피해 규모 및 범위
4. 재난의 발생 가능성 또는 그 복구의 용이성

② 관계 중앙행정기관의 장은 제1항에 따른 지정 여부를 결정하기 위하여 필요한 자료의 제출을 소관 재난관리책임기관의 장에게 요청할 수 있다.

③ 관계 중앙행정기관의 장은 소관 재난관리책임기관이 해당 업무를 폐지 · 정지 또는 변경하는 경우에는 조정위원회의 심의를 거쳐 국가기반시설의 지정을 취소할 수 있다.〈개정 2013.8.6〉

④ 안전행정부장관은 국가기반시설에 대한 데이터베이스를 구축 · 운영하고, 국무총리 및 관계 중앙행정기관의 장이 재난관리정책의 수립 등에 이용할 수 있도록 통합지원할 수 있다.〈신설 2013.8.6〉

⑤ 국가기반시설의 지정 및 지정취소 등에 필요한 사항은 대통령령으로 정한다.〈개정 2013.8.6〉

[제목개정 2013.8.6]

[제25조의2에서 이동, 종전 제26조는 제25조의2로 이동 〈2013.8.6〉]

제27조(특정관리대상시설등의 지정 및 관리 등) ① 재난관리책임기관의 장은 재난이 발생할 위험이 높거나 재난예방을 위하여 계속적으로 관리할 필요가 있다고 인정되는 시설 및 지역(이하 "특정관리대상시설등"이라 한다)을 대통령령으로 정하는 바에 따라 지정하고, 관리 · 정비하여야 한다.

② 재난관리책임기관의 장은 제1항에 따라 특정관리대상시설등을 지정하면 대통령령으로 정하는 바에 따라 다음 각 호의 조치를 하여야 한다.
1. 특정관리대상시설등으로부터 재난 발생의 위험성을 제거하기 위한 장기 · 단기 계획의 수립 · 시행
2. 특정관리대상시설등에 대한 안전점검 또는 정밀 안전진단
③ 재난관리책임기관의 장은 제1항 및 제2항에 따른 지정 및 조치 결과를 대통령령으로 정하는 바에 따라 소방방재청장에게 보고하거나 통보하여야 한다.
④ 소방방재청장은 제3항에 따라 보고받거나 통보받은 사항을 대통령령으로 정하는 바에 따라 정기적으로 또는 수시로 국무총리에게 보고하여야 한다.
⑤ 국무총리는 제4항에 따라 보고받은 사항 중 재난을 예방하기 위하여 필요하다고 인정하는 사항에 대해서는 관계 재난관리책임기관의 장에게 시정조치나 보완을 요구할 수 있다.
⑥ 제1항부터 제5항까지에서 규정한 사항 외에 특정관리대상시설등의 지정, 관리 및 정비에 필요한 사항은 대통령령으로 정한다.
[전문개정 2013.8.6]

제28조(지방자치단체에 대한 지원 등) 소방방재청장은 제27조제2항에 따른 지방자치단체의 조치 등에 필요한 지원 및 지도를 할 수 있고, 관계 중앙행정기관의 장에게 협조를 요청할 수 있다. 〈개정 2013.8.6〉
[전문개정 2010.6.8]

제29조(재난방지시설의 관리) ① 재난관리책임기관의 장은 관계 법령 또는 제3장의 안전관리계획에서 정하는 바에 따라 대통령령으로 정하는 재난방지시설을 점검 · 관리하여야 한다.
② 안전행정부장관 또는 소방방재청장은 재난방지시설의 관리 실태를 점검하고 필요한 경우 보수 · 보강 등의 조치를 재난관리책임기관의 장에게 요청할 수 있다. 이 경우 요청을 받은 재난관리책임기관의 장은 신속하게 조치를 이행하여야 한다.
[본조신설 2013.8.6]
[종전 제29조는 제33조의2로 이동 〈2013.8.6〉]

제29조의2(재난안전분야 종사자 교육) ① 재난관리책임기관에서 재난 및 안전관리업무를 담당하는 공무원이나 직원은 안전행정부장관 또는 소방방재청장이 실시하는 전문교육(이하 "전문교육"이라 한다)을 받아야 한다.
② 안전행정부장관 또는 소방방재청장은 필요하다고 인정하면 대통령령으로 정하는 전문인력 및 시설기준을 갖춘 교육기관으로 하여금 전문교육을 대행하게 할 수 있다.
③ 전문교육의 종류 및 대상, 그 밖에 전문교육의 실시에 필요한 사항은 안전행정부령으로 정한다.
[본조신설 2013.8.6]
[종전 제29조의2는 제33조의3으로 이동 〈2013.8.6〉]

제30조(재난예방을 위한 긴급안전점검 등) ① 안전행정부장관, 소방방재청장 또는 재난관리책임기관(행정기관만을 말한다. 이하 이 조에서 같다)의 장은 대통령령으로 정하는 시설 및 지역에 재난이 발생할 우려가 있는 등 대통령령으로 정하는 긴급한 사유가 있으면 소속 공무원으로 하여금 긴급안전점검을 하게 하고, 안전행정부장관 또는 소방방재청장은 다른 재난관리책임기관의 장에게 긴급안전점검을 하도록 요구할 수 있다. 이 경우 요구를 받은 재난관리책임기관의 장은 특별한 사유가 없으면 요구에 따라야 한다. 〈개정 2013.8.6〉
② 제1항에 따라 긴급안전점검을 하는 공무원은 관계인에게 필요한 질문을 하거나 관계 서류 등을 열람

할 수 있다.

③ 제1항에 따른 긴급안전점검의 절차 및 방법, 긴급안전점검결과의 기록 · 유지 등에 필요한 사항은 대통령령으로 정한다.

④ 제1항에 따라 긴급안전점검을 하는 공무원은 그 권한을 표시하는 증표를 지니고 이를 관계인에게 보여주어야 한다.

⑤ 안전행정부장관 또는 소방방재청장은 제1항에 따라 긴급안전점검을 하면 그 결과를 해당 재난관리책임기관의 장에게 통보하여야 한다.〈개정 2013.8.6〉

[전문개정 2010.6.8]

제31조(재난예방을 위한 긴급안전조치) ① 안전행정부장관, 소방방재청장 또는 재난관리책임기관(행정기관만을 말한다. 이하 이 조에서 같다)의 장은 제30조에 따른 긴급안전점검 결과 재난 발생의 위험이 높다고 인정되는 시설 또는 지역에 대하여는 대통령령으로 정하는 바에 따라 그 소유자 · 관리자 또는 점유자에게 다음 각 호의 안전조치를 할 것을 명할 수 있다.〈개정 2013.3.23, 2013.8.6〉

1. 정밀안전진단(시설만 해당한다). 이 경우 다른 법령에 시설의 정밀안전진단에 관한 기준이 있는 경우에는 그 기준에 따르고, 다른 법령의 적용을 받지 아니하는 시설에 대하여는 안전행정부령으로 정하는 기준에 따른다.
2. 보수(補修) 또는 보강 등 정비
3. 재난을 발생시킬 위험요인의 제거

② 제1항에 따른 안전조치명령을 받은 소유자 · 관리자 또는 점유자는 이행계획서를 작성하여 안전행정부장관, 소방방재청장 또는 재난관리책임기관의 장에게 제출한 후 안전조치를 하고, 안전행정부령으로 정하는 바에 따라 그 결과를 안전행정부장관, 소방방재청장 또는 재난관리책임기관의 장에게 통보하여야 한다.〈개정 2012.2.22, 2013.3.23, 2013.8.6〉

③ 안전행정부장관, 소방방재청장 또는 재난관리책임기관의 장은 제1항에 따른 안전조치명령을 받은 자가 그 명령을 이행하지 아니하거나 이행할 수 없는 상태에 있고, 안전조치를 이행하지 아니할 경우 공중의 안전에 위해를 끼칠 수 있어 재난의 예방을 위하여 긴급하다고 판단하면 그 시설 또는 지역에 대하여 사용을 제한하거나 금지시킬 수 있다. 이 경우 그 제한하거나 금지하는 내용을 보기 쉬운 곳에 게시하여야 한다.〈개정 2012.2.22, 2013.8.6〉

④ 안전행정부장관, 소방방재청장 또는 재난관리책임기관의 장은 제1항제2호 또는 제3호에 따른 안전조치명령을 받아 이를 이행하여야 하는 자가 그 명령을 이행하지 아니하거나 이행할 수 없는 상태에 있고, 재난예방을 위하여 긴급하다고 판단하면 그 명령을 받아 이를 이행하여야 할 자를 갈음하여 필요한 안전조치를 할 수 있다. 이 경우 「행정대집행법」을 준용한다.〈개정 2013.8.6〉

⑤ 안전행정부장관, 소방방재청장 또는 재난관리책임기관의 장은 제3항에 따른 안전조치를 할 때에는 미리 해당 소유자 · 관리자 또는 점유자에게 서면으로 이를 알려 주어야 한다. 다만, 긴급한 경우에는 구두로 알리되, 미리 구두로 알리는 것이 불가능하거나 상당한 시간이 걸려 공중의 안전에 위해를 끼칠 수 있는 경우에는 안전조치를 한 후 그 결과를 통보할 수 있다.〈개정 2012.2.22, 2013.8.6〉

[전문개정 2010.6.8]

제32조(정부합동 안전 점검) ① 국무총리 또는 안전행정부장관은 재난관리책임기관의 재난 및 안전관리 실태를 점검하기 위하여 대통령령으로 정하는 바에 따라 정부합동안전점검단(이하 "정부합동점검단"이라 한다)을 편성하여 안전 점검을 실시할 수 있다.

② 국무총리 또는 안전행정부장관은 정부합동점검단을 편성하기 위하여 필요하면 관계 재난관리책임

기관의 장에게 관련 공무원 또는 직원의 파견을 요청할 수 있다. 이 경우 요청을 받은 관계 재난관리책임기관의 장은 특별한 사유가 없으면 요청에 따라야 한다.

③ 국무총리 또는 안전행정부장관은 제1항에 따른 점검을 실시하면 점검결과를 관계 재난관리책임기관의 장에게 통보하고, 보완이나 개선이 필요한 사항에 대한 조치를 관계 재난관리책임기관의 장에게 요구할 수 있다.

④ 제3항에 따라 점검결과 및 조치 요구사항을 통보받은 관계 재난관리책임기관의 장은 조치계획을 수립하여 필요한 조치를 한 후 그 결과를 국무총리 또는 안전행정부장관에게 통보하여야 한다.

[전문개정 2013.8.6]

제33조(안전관리전문기관에 대한 자료요구 등) ① 안전행정부장관 또는 소방방재청장은 재난 예방을 효율적으로 추진하기 위하여 대통령령으로 정하는 안전관리전문기관에 안전점검결과, 주요시설물의 설계도서 등 대통령령으로 정하는 안전관리에 필요한 자료를 요구할 수 있다. 〈개정 2013.8.6〉

② 제1항에 따라 자료를 요구받은 안전관리전문기관의 장은 특별한 사유가 없으면 요구에 따라야 한다.

[전문개정 2010.6.8]

제33조의2(재난관리체계 등에 대한 평가 등) ① 안전행정부장관이나 소방방재청장은 대통령령으로 정하는 바에 따라 다음 각 호의 사항을 정기적으로 평가할 수 있다. 〈개정 2013.3.23, 2013.8.6〉

1. 대규모재난의 발생에 대비한 단계별 예방 · 대응 및 복구과정
2. 제25조의2제1항제1호에 따른 재난에 대응할 조직의 구성 및 정비 실태
3. 제25조의2제4항에 따른 안전관리체계 및 안전관리규정

② 제1항에도 불구하고 공공기관에 대하여는 관할 중앙행정기관의 장이 평가를 하고, 시 · 군 · 구에 대하여는 시 · 도지사가 평가를 한다. 다만, 제4항에 따라 우수한 기관을 선정하기 위하여 필요한 경우에는 안전행정부장관이나 소방방재청장이 확인평가를 할 수 있다.〈개정 2013.3.23〉

③ 안전행정부장관은 제1항과 제2항 단서에 따른 평가 결과를 중앙위원회에 종합 보고한다.〈개정 2013.3.23〉

④ 안전행정부장관 또는 소방방재청장은 필요하다고 인정하면 해당 재난관리책임기관의 장에게 시정조치나 보완을 요구할 수 있으며, 우수한 기관에 대하여는 예산지원 및 포상 등 필요한 조치를 할 수 있다. 다만, 공공기관의 장 및 시장 · 군수 · 구청장에게 시정조치나 보완 요구를 하려는 경우에는 관할 중앙행정기관의 장 및 시 · 도지사에게 한다.〈개정 2013.3.23〉

[전문개정 2010.6.8]

[제목개정 2013.8.6]

[제29조에서 이동 〈2013.8.6〉]

제33조의3(재난관리 실태 공시 등) ① 시장 · 군수 · 구청장은 다음 각 호의 사항이 포함된 재난관리 실태를 매년 1회 이상 관할 지역 주민에게 공시하여야 한다. 〈개정 2013.8.6〉

1. 전년도 재난의 발생 및 수습 현황
2. 제25조의2제1항에 따른 재난예방조치 실적
3. 제67조에 따른 재난관리기금의 적립 현황
4. 그 밖에 대통령령으로 정하는 재난관리에 관한 중요 사항

② 안전행정부장관, 소방방재청장 또는 시 · 도지사는 제33조의2에 따른 평가 결과를 공개할 수 있다.〈개정 2013.3.23, 2013.8.6〉

③ 제1항 및 제2항에 따른 공시 방법 및 시기 등 필요한 사항은 대통령령으로 정한다.

[본조신설 2012.2.22]
[제29조의2에서 이동 〈2013.8.6〉]

제5장 재난의 대비 〈신설 2013.8.6〉

제34조(재난관리자원의 비축 · 관리) ① 재난관리책임기관의 장은 재난의 수습활동에 필요한 대통령령으로 정하는 장비, 물자 및 자재(이하 "재난관리자원"이라 한다)를 비축 · 관리하여야 한다.
② 안전행정부장관, 소방방재청장, 시 · 도지사 또는 시장 · 군수 · 구청장은 재난 발생에 대비하여 민간기관 · 단체 또는 소유자와 협의하여 제37조에 따라 응급조치에 사용할 장비와 인력을 지정 · 관리할 수 있다.
③ 안전행정부장관과 소방방재청장은 제1항에 따라 재난관리책임기관의 장이 비축 · 관리하는 재난관리자원을 체계적으로 관리 및 활용할 수 있도록 재난관리자원공동활용시스템(이하 "자원관리시스템"이라 한다)을 구축 · 운영할 수 있다.
④ 안전행정부장관과 소방방재청장은 자원관리시스템을 공동으로 활용하기 위하여 재난관리자원의 공동활용 기준을 정하여 재난관리책임기관의 장에게 통보할 수 있다. 이 경우 재난관리책임기관의 장은 통보받은 재난관리자원의 공동활용 기준에 따라 재난관리자원을 관리하여야 한다.
⑤ 제2항에 따른 장비와 인력의 지정 · 관리와 자원관리시스템의 구축 · 운영 등에 필요한 사항은 안전행정부령으로 정한다.
[전문개정 2013.8.6]

제34조의2(재난현장 긴급통신수단의 마련) ① 재난관리책임기관의 장은 재난의 발생으로 인하여 통신이 끊기는 상황에 대비하여 미리 유선이나 무선 또는 위성통신망을 활용할 수 있도록 긴급통신수단을 마련하여야 한다.
② 안전행정부장관과 소방방재청장은 재난현장에서 제1항에 따른 긴급통신수단(이하 "긴급통신수단"이라 한다)이 공동 활용될 수 있도록 하기 위하여 재난관리책임기관, 긴급구조기관 및 긴급구조지원기관에서 보유하고 있는 긴급통신수단의 보유 현황 등을 조사하고, 긴급통신수단을 관리하기 위한 체계를 구축 · 운영할 수 있다.
③ 안전행정부장관과 소방방재청장은 제2항에 따른 조사를 위하여 필요한 자료의 제출을 재난관리책임기관, 긴급구조기관 및 긴급구조지원기관의 장에게 요청할 수 있다. 이 경우 요청을 받은 관계 기관의 장은 특별한 사유가 없으면 요청에 따라야 한다.
④ 긴급통신수단을 관리하기 위한 체계를 구축 · 운영하는 데 필요한 사항은 대통령령으로 정한다.
[본조신설 2013.8.6]
[종전 제34조의2는 제34조의4로 이동 〈2013.8.6〉]

제34조의3(국가재난관리기준의 제정 · 운용 등) ① 안전행정부장관은 재난관리를 효율적으로 수행하기 위하여 다음 각 호의 사항이 포함된 국가재난관리기준을 제정하여 운용하여야 한다. 다만, 「산업표준화법」 제12조에 따른 한국산업표준을 적용할 수 있는 사항에 대하여는 한국산업표준을 반영할 수 있다. 〈개정 2013.3.23〉
1. 재난분야 용어정의 및 표준체계 정립
2. 국가재난 대응체계에 대한 원칙
3. 재난경감 · 상황관리 · 자원관리 · 유지관리 등에 관한 일반적 기준

4. 그 밖의 대통령령으로 정하는 사항

② 제1항의 기준을 제정 또는 개정할 때에는 미리 관계 중앙행정기관의 장의 의견을 들어야 한다.

③ 안전행정부장관은 재난관리책임기관의 장이 재난관리업무를 수행함에 있어 제1항의 국가재난관리기준을 적용하도록 권고할 수 있다. 〈개정 2013.3.23〉

[본조신설 2010.6.8]

제34조의4(기능별 재난대응 활동계획의 작성 · 활용) ① 재난관리책임기관의 장은 재난관리가 효율적으로 이루어질 수 있도록 대통령령으로 정하는 바에 따라 기능별 재난대응 활동계획(이하 "재난대응활동계획"이라 한다)을 작성하여 활용하여야 한다.

② 안전행정부장관은 재난대응활동계획의 작성에 필요한 작성지침을 재난관리책임기관의 장에게 통보할 수 있다.

③ 안전행정부장관은 재난관리책임기관의 장이 작성한 재난대응활동계획을 확인 · 점검하고, 필요하면 관계 재난관리책임기관의 장에게 시정을 요청할 수 있다. 이 경우 시정 요청을 받은 재난관리책임기관의 장은 특별한 사유가 없으면 요청에 따라야 한다.

④ 제1항부터 제3항까지에서 규정한 사항 외에 재난대응활동계획의 작성 · 운용 · 관리 등에 필요한 사항은 대통령령으로 정한다.

[전문개정 2013.8.6]

[제34조의2에서 이동 〈2013.8.6〉]

제34조의5(재난분야 위기관리 매뉴얼 작성 · 운용) ① 재난관리책임기관의 장은 재난을 효율적으로 관리하기 위하여 재난유형에 따라 다음 각 호의 위기관리 매뉴얼을 작성 · 운용하여야 한다.

1. 위기관리 표준매뉴얼: 국가적 차원에서 관리가 필요한 재난에 대하여 재난관리 체계와 관계 기관의 임무와 역할을 규정한 문서로 위기대응 실무매뉴얼의 작성 기준이 되며, 재난관리주관기관의 장이 작성한다.
2. 위기대응 실무매뉴얼: 위기관리 표준매뉴얼에서 규정하는 기능과 역할에 따라 실제 재난대응에 필요한 조치사항 및 절차를 규정한 문서로 재난관리기관의 장과 관계 기관의 장이 작성한다.
3. 현장조치 행동매뉴얼: 재난현장에서 임무를 직접 수행하는 기관의 행동조치 절차를 구체적으로 수록한 문서로 위기대응 실무매뉴얼을 작성한 기관의 장이 지정한 기관의 장이 작성한다. 다만, 시장 · 군수 · 구청장은 재난 유형별 현장조치 행동매뉴얼을 통합하여 작성할 수 있다.

② 안전행정부장관은 재난유형별 위기관리 매뉴얼의 작성 및 운용기준을 정하여 관계 중앙행정기관의 장 및 재난관리책임기관의 장에게 통보할 수 있다.

③ 재난관리주관기관의 장이 작성한 위기관리 표준매뉴얼은 안전행정부장관과 협의 · 조정하여 이를 확정하고, 위기대응 실무매뉴얼과 연계하여 운용하여야 한다.

④ 안전행정부장관은 재난유형별 위기관리 매뉴얼의 표준화 및 실효성 제고를 위하여 대통령령으로 정하는 위기관리 매뉴얼협의회를 구성 · 운영할 수 있다.

⑤ 재난관리주관기관의 장은 소관 분야 재난유형의 위기대응 실무매뉴얼 및 현장조치 행동매뉴얼을 조정 · 승인하고 지도 · 관리를 하여야 하며, 소관분야 위기관리 매뉴얼을 새로이 작성하거나 변경한 때에는 이를 안전행정부장관에게 통보하여야 한다.

⑥ 시장 · 군수 · 구청장이 작성한 현장조치 행동매뉴얼에 대하여는 시 · 도지사의 승인을 받아야 한다. 시 · 도지사는 현장조치 행동매뉴얼을 승인하는 때에는 재난관리주관기관의 장이 작성한 위기대응 실무매뉴얼과 연계되도록 하여야 하며, 승인 결과를 재난관리주관기관의 장 및 안전행정부장관에게 보고

하여야 한다.

⑦ 안전행정부장관은 위기관리 매뉴얼의 체계적인 운용을 위하여 관리시스템을 구축 · 운영할 수 있으며, 제3항부터 제6항까지의 규정에 따른 위기관리 매뉴얼의 작성 · 운용 등 필요한 사항은 대통령령으로 정한다.

⑧ 안전행정부장관 및 소방방재청장은 재난관리업무를 효율적으로 하기 위하여 대통령령으로 정하는 바에 따라 위기관리에 필요한 표준화된 매뉴얼을 연구 · 개발하여 보급할 수 있다.

[본조신설 2013.8.6]

제34조의6(안전기준의 등록 및 심의 등) ① 안전행정부장관은 안전기준을 체계적으로 관리 · 운용하기 위하여 안전기준을 통합적으로 관리할 수 있는 체계를 갖추어야 한다.

② 중앙행정기관의 장은 관계 법률에서 정하는 바에 따라 안전기준을 신설 또는 변경하는 때에는 안전행정부장관에게 안전기준의 등록을 요청하여야 한다.

③ 안전행정부장관은 제2항에 따라 안전기준의 등록을 요청받은 때에는 안전기준심의회의 심의를 거쳐 이를 확정한 후 관계 중앙행정기관의 장에게 통보하여야 한다.

④ 중앙행정기관의 장이 신설 또는 변경하는 안전기준은 제34조의3에 따른 국가재난관리기준에 어긋나지 아니하여야 한다.

⑤ 안전기준의 등록 방법 및 절차와 안전기준심의회 구성 및 운영에 관하여는 대통령령으로 정한다.

[본조신설 2013.8.6]

[시행일 : 2014.8.7] 제34조의6

제35조(재난대비훈련) ① 안전행정부장관, 소방방재청장, 시 · 도지사, 시장 · 군수 · 구청장 및 긴급구조기관(이하 이 조에서 "훈련주관기관"이라 한다)의 장은 대통령령으로 정하는 바에 따라 정기적으로 또는 수시로 재난관리책임기관, 긴급구조지원기관 및 군부대 등 관계 기관(이하 이 조에서 "훈련참여기관"이라 한다)과 합동으로 재난대비훈련을 실시할 수 있다.

② 훈련주관기관의 장은 제1항에 따른 재난대비훈련을 실시하려면 재난대비훈련계획을 수립하여 훈련참여기관의 장에게 통보하여야 한다.

③ 훈련참여기관의 장은 제1항에 따른 재난대비훈련을 실시하면 훈련상황을 점검하고, 그 결과를 대통령령으로 정하는 바에 따라 훈련주관기관의 장에게 제출하여야 한다.

④ 훈련주관기관의 장은 대통령령으로 정하는 바에 따라 훈련참여기관의 훈련과정 및 훈련결과를 점검 · 평가하고, 훈련과정에서 나타난 미비사항이나 개선 · 보완이 필요한 사항에 대한 보완조치를 훈련참여기관의 장에게 요구할 수 있다.

[전문개정 2013.8.6]

제6장 재난의 대응 〈신설 2013.8.6〉

제1절 응급조치 등 〈신설 2013.8.6〉

제36조(재난사태 선포) ① 중앙대책본부장은 대통령령으로 정하는 재난이 발생하거나 발생할 우려가 있는 경우 사람의 생명 · 신체 및 재산에 미치는 중대한 영향이나 피해를 줄이기 위하여 긴급한 조치가 필요하다고 인정하면 중앙위원회의 심의를 거쳐 다음 각 호의 구분에 따라 국무총리에게 재난사태를 선포할 것을 건의하거나 직접 선포할 수 있다. 다만, 중앙대책본부장은 재난상황이 긴급하여 중앙위원회

의 심의를 거칠 시간적 여유가 없다고 인정하는 경우에는 중앙위원회의 심의를 거치지 아니하고 국무총리에게 재난사태를 선포할 것을 건의하거나 직접 선포할 수 있다. 〈개정 2013.8.6〉

1. 재난사태 선포 대상지역이 3개 시 · 도 이상인 경우: 국무총리에게 선포 건의
2. 재난사태 선포 대상지역이 2개 시 · 도 이하인 경우: 중앙대책본부장이 선포

② 제1항에 따라 건의를 받은 국무총리는 해당 지역에 대하여 재난사태를 선포할 수 있다.

③ 국무총리가 제1항 단서에 따라 재난사태를 선포하거나 중앙대책본부장이 제1항 단서에 따라 재난사태를 선포한 경우에는 지체 없이 중앙위원회의 승인을 받아야 하며, 승인을 받지 못하면 선포된 재난사태를 즉시 해제하여야 한다.〈개정 2013.8.6〉

④ 중앙대책본부장과 지역대책본부장은 제1항이나 제2항에 따라 재난사태가 선포된 지역에 대하여 다음 각 호의 조치를 할 수 있다.〈개정 2013.8.6〉

1. 재난경보의 발령, 인력 · 장비 및 물자의 동원, 위험구역 설정, 대피명령, 응급지원 등 이 법에 따른 응급조치
2. 해당 지역에 소재하는 행정기관 소속공무원의 비상소집
3. 해당 지역에 대한 여행 등 이동 자제 권고
4. 그 밖에 재난예방에 필요한 조치

⑤ 국무총리 또는 중앙대책본부장은 재난이 추가적으로 발생할 우려가 없어진 경우에는 제1항이나 제2항에 따라 선포된 재난사태를 즉시 해제하여야 한다.〈개정 2013.8.6〉

[전문개정 2010.6.8]

제37조(응급조치) ① 제50조제2항에 따른 시 · 도긴급구조통제단 및 시 · 군 · 구긴급구조통제단의 단장(이하 "지역통제단장"이라 한다)과 시장 · 군수 · 구청장은 재난이 발생할 우려가 있거나 재난이 발생하였을 때에는 즉시 관계 법령이나 재난대응활동계획 및 위기관리 매뉴얼에서 정하는 바에 따라 수방(水防) · 진화 · 구조 및 구난(救難), 그 밖에 재난 발생을 예방하거나 피해를 줄이기 위하여 필요한 다음 각 호의 응급조치를 하여야 한다. 다만, 지역통제단장의 경우에는 제2호 중 진화에 관한 응급조치와 제4호 및 제6호의 응급조치만 하여야 한다. 〈개정 2013.8.6〉

1. 경보의 발령 또는 전달이나 피난의 권고 또는 지시

1의2. 제31조에 따른 긴급안전조치

2. 진화 · 수방 · 지진방재, 그 밖의 응급조치와 구호
3. 피해시설의 응급복구 및 방역과 방범, 그 밖의 질서 유지
4. 긴급수송 및 구조 수단의 확보
5. 급수 수단의 확보, 긴급피난처 및 구호품의 확보
6. 현장지휘통신체계의 확보
7. 그 밖에 재난 발생을 예방하거나 줄이기 위하여 필요한 사항

② 시 · 군 · 구의 관할 구역에 소재하는 재난관리책임기관의 장은 시장 · 군수 · 구청장이나 지역통제단장이 요청하면 관계 법령이나 시 · 군 · 구안전관리계획에서 정하는 바에 따라 시장 · 군수 · 구청장이나 지역통제단장의 지휘 또는 조정하에 그 소관 업무에 관계되는 응급조치를 실시하거나 시장 · 군수 · 구청장이나 지역통제단장이 실시하는 응급조치에 협력하여야 한다.

[전문개정 2010.6.8]

제38조(재난 예보 · 경보의 발령 등) ① 중앙대책본부장, 수습본부장, 시 · 도지사(시 · 도대책본부가 운영되는 경우에는 해당 본부장을 말한다. 이하 이 조에서 같다) 또는 시장 · 군수 · 구청장(시 · 군 · 구대책

본부가 운영되는 경우에는 해당 본부장을 말한다. 이하 이 조에서 같다)은 대통령령으로 정하는 재난으로 인하여 사람의 생명 · 신체 및 재산에 대한 피해가 예상되면 그 피해를 예방하거나 줄이기 위하여 재난에 관한 예보 또는 경보를 발령할 수 있다. 〈개정 2013.8.6〉

② 제1항에 따른 예보 또는 경보의 재난유형별 발령권자는 대통령령으로 정한다.〈신설 2013.8.6〉

③ 재난책임관리기관의 장은 제1항에 따른 예보 또는 경보가 신속하게 발령될 수 있도록 재난과 관련한 위험정보를 취득하면 즉시 중앙대책본부장, 수습본부장, 시 · 도지사 및 시장 · 군수 · 구청장에게 통보하여야 한다.〈신설 2013.8.6〉

④ 중앙대책본부장, 시 · 도지사 또는 시장 · 군수 · 구청장은 재난에 관한 예보 · 경보 · 통지나 응급조치를 실시하기 위하여 필요하면 다음 각 호의 조치를 요청할 수 있다. 다만, 다른 법령에 특별한 규정이 있을 때에는 그러하지 아니하다.〈개정 2012.2.22, 2013.8.6〉

1. 전기통신시설의 소유자 또는 관리자에 대한 전기통신시설의 우선 사용
2. 「전기통신사업법」 제2조제8호에 따른 전기통신사업자 중 대통령령으로 정하는 주요 전기통신사업자에 대한 필요한 정보의 문자나 음성 송신 또는 인터넷 홈페이지 게시
3. 「방송법」 제2조제3호에 따른 방송사업자에 대한 필요한 정보의 신속한 방송
4. 「신문 등의 진흥에 관한 법률」 제2조제3호 및 제4호에 따른 신문사업자 및 인터넷신문사업자 중 대통령령으로 정하는 주요 신문사업자 및 인터넷신문사업자에 대한 필요한 정보의 게재

⑤ 제4항에 따른 요청을 받은 전기통신시설의 소유자 또는 관리자, 전기통신사업자, 방송사업자, 신문사업자 및 인터넷신문사업자는 특별한 사유가 없으면 요청에 따라야 한다.〈개정 2012.2.22, 2013.8.6〉

⑥ 전기통신사업자나 방송사업자, 휴대전화 또는 네비게이션 제조업자는 제1항 및 제4항에 따른 재난의 예보 · 경보 발령 사항이 사용자의 휴대전화 등의 수신기 화면에 반드시 표시될 수 있도록 소프트웨어나 기계적 장치를 갖추어야 한다.〈신설 2012.2.22, 2013.8.6〉

[전문개정 2010.6.8]

제38조의2(재난 예보 · 경보체계 구축 종합계획의 수립) ① 시장 · 군수 · 구청장은 제41조에 따른 위험구역 및 「자연재해대책법」 제12조에 따른 자연재해위험개선지구 등 재난으로 인하여 사람의 생명 · 신체 및 재산에 대한 피해가 예상되는 지역에 대하여 그 피해를 예방하기 위하여 시 · 군 · 구 재난 예보 · 경보체계 구축 종합계획(이하 이 조에서 "시 · 군 · 구종합계획"이라 한다)을 5년 단위로 수립하여 시 · 도지사에게 제출하여야 한다. 〈개정 2012.10.22〉

② 시 · 도지사는 제1항에 따른 시 · 군 · 구종합계획을 기초로 시 · 도 재난 예보 · 경보체계 구축 종합계획(이하 이 조에서 "시 · 도종합계획"이라 한다)을 수립하여 소방방재청장에게 제출하여야 하며, 소방방재청장은 필요한 경우 시 · 도지사에게 시 · 도종합계획의 보완을 요청할 수 있다.

③ 시 · 도종합계획과 시 · 군 · 구종합계획에는 다음 각 호의 사항이 포함되어야 한다.

1. 재난 예보 · 경보체계의 구축에 관한 기본방침
2. 재난 예보 · 경보체계 구축 종합계획 수립 대상지역의 선정에 관한 사항
3. 종합적인 재난 예보 · 경보체계의 구축과 운영에 관한 사항
4. 그 밖에 재난으로부터 인명 피해와 재산 피해를 예방하기 위하여 필요한 사항

④ 시 · 도지사와 시장 · 군수 · 구청장은 각각 시 · 도종합계획과 시 · 군 · 구종합계획에 대한 사업시행계획을 매년 수립하여 소방방재청장에게 제출하여야 한다.

⑤ 시 · 도지사와 시장 · 군수 · 구청장이 각각 시 · 도종합계획과 시 · 군 · 구종합계획을 변경하려는 경

우에는 제1항과 제2항을 준용한다.

⑥ 시 · 도종합계획, 시 · 군 · 구종합계획 및 사업시행계획의 수립 등에 필요한 사항은 대통령령으로 정한다.

[전문개정 2010.6.8]

제39조(동원명령 등) ① 중앙대책본부장과 시장 · 군수 · 구청장(시 · 군 · 구대책본부가 운영되는 경우에는 해당 본부장을 말한다. 이하 제40조부터 제45조까지에서 같다)은 재난이 발생하거나 발생할 우려가 있다고 인정하면 다음 각 호의 조치를 할 수 있다. 〈개정 2013.8.6〉

1. 「민방위기본법」 제26조에 따른 민방위대의 동원
2. 응급조치를 위하여 재난관리책임기관의 장에 대한 관계 직원의 출동 또는 재난관리자원 및 제34조제2항에 따라 지정된 장비 · 인력의 동원 등 필요한 조치의 요청
3. 동원 가능한 장비와 인력 등이 부족한 경우에는 국방부장관에 대한 군부대의 지원 요청

② 제1항에 따라 필요한 조치의 요청을 받은 기관의 장은 특별한 사유가 없으면 요청에 따라야 한다.

[전문개정 2010.6.8]

제40조(대피명령) ① 시장 · 군수 · 구청장과 지역통제단장(대통령령으로 정하는 권한을 행사하는 경우에만 해당한다. 이하 이 조에서 같다)은 재난이 발생하거나 발생할 우려가 있는 경우에 사람의 생명 또는 신체에 대한 위해를 방지하기 위하여 필요하면 해당 지역 주민이나 그 지역 안에 있는 사람에게 대피하거나 선박 · 자동차 등을 대피시킬 것을 명할 수 있다. 이 경우 미리 대피장소를 지정할 수 있다. 〈개정 2012.2.22〉

② 제1항에 따른 대피명령을 받은 경우에는 즉시 명령에 따라야 한다. 〈개정 2012.2.22〉

[전문개정 2010.6.8]

제41조(위험구역의 설정) ① 시장 · 군수 · 구청장과 지역통제단장(대통령령으로 정하는 권한을 행사하는 경우에만 해당한다. 이하 이 조에서 같다)은 재난이 발생하거나 발생할 우려가 있는 경우에 사람의 생명 또는 신체에 대한 위해 방지나 질서의 유지를 위하여 필요하면 위험구역을 설정하고, 응급조치에 종사하지 아니하는 사람에게 다음 각 호의 조치를 명할 수 있다.

1. 위험구역에 출입하는 행위나 그 밖의 행위의 금지 또는 제한
2. 위험구역에서의 퇴거 또는 대피

② 시장 · 군수 · 구청장과 지역통제단장은 제1항에 따라 위험구역을 설정할 때에는 그 구역의 범위와 제1항제1호에 따라 금지되거나 제한되는 행위의 내용, 그 밖에 필요한 사항을 보기 쉬운 곳에 게시하여야 한다.

③ 관계 중앙행정기관의 장은 재난이 발생하거나 발생할 우려가 있는 경우로서 사람의 생명 또는 신체에 대한 위해 방지나 질서의 유지를 위하여 필요하다고 인정되는 경우에는 시장 · 군수 · 구청장과 지역통제단장에게 위험구역의 설정을 요청할 수 있다. 〈신설 2013.8.6〉

[전문개정 2010.6.8]

제42조(강제대피조치) ①시장 · 군수 · 구청장과 지역통제단장(대통령령으로 정하는 권한을 행사하는 경우에만 해당한다. 이하 이 조에서 같다)은 제40조제1항에 따른 대피명령을 받은 사람 또는 제41조제1항제2호에 따른 위험구역에서의 퇴거나 대피명령을 받은 사람이 그 명령을 이행하지 아니하여 위급하다고 판단되면 그 지역 또는 위험구역 안의 주민이나 그 안에 있는 사람을 강제로 대피시키거나 퇴거시킬 수 있다. 〈개정 2012.2.22〉

② 시장 · 군수 · 구청장 및 지역통제단장은 제1항에 따라 주민 등을 강제로 대피 또는 퇴거시키기 위하

여 필요하다고 인정하면 관할 경찰관서의 장에게 필요한 인력 및 장비의 지원을 요청할 수 있다.〈신설 2012.2.22〉

③ 제2항에 따른 요청을 받은 경찰관서의 장은 특별한 사유가 없는 한 이에 응하여야 한다.〈신설 2012.2.22〉

[전문개정 2010.6.8]

제43조(통행제한 등) ① 시장 · 군수 · 구청장과 지역통제단장(대통령령으로 정하는 권한을 행사하는 경우에만 해당한다)은 응급조치에 필요한 물자를 긴급히 수송하거나 진화 · 구조 등을 하기 위하여 필요하면 대통령령으로 정하는 바에 따라 경찰관서의 장에게 도로의 구간을 지정하여 해당 긴급수송 등을 하는 차량 외의 차량의 통행을 금지하거나 제한하도록 요청할 수 있다.

② 제1항에 따른 요청을 받은 경찰관서의 장은 특별한 사유가 없으면 요청에 따라야 한다.

[전문개정 2010.6.8]

제44조(응원) ① 시장 · 군수 · 구청장은 응급조치를 하기 위하여 필요하면 다른 시 · 군 · 구나 관할 구역에 있는 군부대 및 관계 행정기관의 장, 그 밖의 민간기관 · 단체의 장에게 인력 · 장비 · 자재 등 필요한 응원(應援)을 요청할 수 있다. 이 경우 응원을 요청받은 군부대의 장과 관계 행정기관의 장은 특별한 사유가 없으면 요청에 따라야 한다. 〈개정 2013.8.6〉

② 제1항에 따라 응원에 종사하는 사람은 그 응원을 요청한 시장 · 군수 · 구청장의 지휘에 따라 응급조치에 종사하여야 한다.

[전문개정 2010.6.8]

제45조(응급부담) 시장 · 군수 · 구청장과 지역통제단장(대통령령으로 정하는 권한을 행사하는 경우에만 해당한다)은 그 관할 구역에서 재난이 발생하거나 발생할 우려가 있어 응급조치를 하여야 할 급박한 사정이 있으면 해당 재난현장에 있는 사람이나 인근에 거주하는 사람에게 응급조치에 종사하게 하거나 대통령령으로 정하는 바에 따라 다른 사람의 토지 · 건축물 · 인공구조물, 그 밖의 소유물을 일시 사용할 수 있으며, 장애물을 변경하거나 제거할 수 있다.

[전문개정 2010.6.8]

제46조(시 · 도지사가 실시하는 응급조치 등) ① 시 · 도지사는 다음 각 호의 경우에는 제39조부터 제45조까지의 규정에 따른 응급조치를 할 수 있다. 〈개정 2013.8.6〉

1. 관할 구역에서 재난이 발생하거나 발생할 우려가 있는 경우로서 대통령령으로 정하는 경우
2. 둘 이상의 시 · 군 · 구에 걸쳐 재난이 발생하거나 발생할 우려가 있는 경우

② 시 · 도지사는 제1항에 따른 응급조치를 하기 위하여 필요하면 이 절에 따라 응급조치를 하여야 할 시장 · 군수 · 구청장에게 필요한 지시를 하거나 다른 시장 · 군수 · 구청장에게 응원을 요청할 수 있다.〈개정 2013.8.6〉

[전문개정 2010.6.8]

제47조(재난관리책임기관의 장의 응급조치) 제3조제5호나목에 따른 재난관리책임기관의 장은 재난이 발생하거나 발생할 우려가 있으면 즉시 그 소관 업무에 관하여 필요한 응급조치를 하고, 이 절에 따라 시 · 도지사, 시장 · 군수 · 구청장 또는 지역통제단장이 실시하는 응급조치가 원활히 수행될 수 있도록 필요한 협조를 하여야 한다. 〈개정 2013.8.6〉

[전문개정 2010.6.8]

제48조(지역통제단장의 응급조치 등) ① 지역통제단장은 긴급구조를 위하여 필요하면 중앙대책본부장, 시 · 도지사(시 · 도대책본부가 운영되는 경우에는 해당 본부장을 말한다. 이하 이 조에서 같다) 또는 시

장 · 군수 · 구청장(시 · 군 · 구대책본부가 운영되는 경우에는 해당 본부장을 말한다. 이하 이 조에서 같다)에게 제37조, 제38조, 제39조 및 제44조에 따른 응급대책을 요청할 수 있고, 중앙대책본부장, 시 · 도지사 또는 시장 · 군수 · 구청장은 특별한 사유가 없으면 요청에 따라야 한다. 〈개정 2013.8.6〉

② 지역통제단장은 제37조에 따른 응급조치 및 제40조부터 제43조까지와 제45조에 따른 응급대책을 실시하였을 때에는 이를 즉시 해당 시장 · 군수 · 구청장에게 통보하여야 한다.

[전문개정 2010.6.8]

제2절 긴급구조 〈신설 2013.8.6〉

제49조(중앙긴급구조통제단) ① 긴급구조에 관한 사항의 총괄 · 조정, 긴급구조기관 및 긴급구조지원기관이 하는 긴급구조활동의 역할 분담과 지휘 · 통제를 위하여 소방방재청에 중앙긴급구조통제단(이하 "중앙통제단"이라 한다)을 둔다.

② 중앙통제단에는 단장 1명을 두되, 소방방재청장이 단장이 된다.

③ 중앙통제단장은 긴급구조를 위하여 필요하면 긴급구조지원기관 간의 공조체제를 유지하기 위하여 관계 기관 · 단체의 장에게 소속 직원의 파견을 요청할 수 있다. 이 경우 요청을 받은 기관 · 단체의 장은 특별한 사유가 없으면 요청에 따라야 한다.

④ 중앙통제단의 구성 · 기능 및 운영에 필요한 사항은 대통령령으로 정한다.

[전문개정 2010.6.8]

제50조(지역긴급구조통제단) ① 지역별 긴급구조에 관한 사항의 총괄 · 조정, 해당 지역에 소재하는 긴급구조기관 및 긴급구조지원기관 간의 역할분담과 재난현장에서의 지휘 · 통제를 위하여 시 · 도의 소방본부에 시 · 도긴급구조통제단을 두고, 시 · 군 · 구의 소방서에 시 · 군 · 구긴급구조통제단을 둔다.

② 시 · 도긴급구조통제단과 시 · 군 · 구긴급구조통제단(이하 "지역통제단"이라 한다)에는 각각 단장 1명을 두되, 시 · 도긴급구조통제단의 단장은 소방본부장이 되고 시 · 군 · 구긴급구조통제단의 단장은 소방서장이 된다.

③ 지역통제단장은 긴급구조를 위하여 필요하면 긴급구조지원기관 간의 공조체제를 유지하기 위하여 관계 기관 · 단체의 장에게 소속 직원의 파견을 요청할 수 있다. 이 경우 요청을 받은 기관 · 단체의 장은 특별한 사유가 없으면 요청에 따라야 한다.

④ 지역통제단의 기능과 운영에 관한 사항은 대통령령으로 정한다.

[전문개정 2010.6.8]

제51조(긴급구조) ① 지역통제단장은 재난이 발생하면 소속 긴급구조요원을 재난현장에 신속히 출동시켜 필요한 긴급구조활동을 하게 하여야 한다.

② 지역통제단장은 긴급구조를 위하여 필요하면 긴급구조지원기관의 장에게 소속 긴급구조지원요원을 현장에 출동시키는 등 긴급구조활동을 지원할 것을 요청할 수 있다. 이 경우 요청을 받은 기관의 장은 특별한 사유가 없으면 즉시 요청에 따라야 한다.

③ 제2항에 따른 요청에 따라 긴급구조활동에 참여한 민간 긴급구조지원기관에 대하여는 대통령령으로 정하는 바에 따라 그 경비의 전부 또는 일부를 지원할 수 있다.

④ 긴급구조활동을 하기 위하여 회전익항공기(이하 이 항에서 "헬기"라 한다)를 운항할 필요가 있으면 긴급구조기관의 장이 헬기의 운항과 관련되는 사항을 헬기운항통제기관에 통보하고 헬기를 운항할 수 있다. 이 경우 관계 법령에 따라 해당 헬기의 운항이 승인된 것으로 본다.

[전문개정 2010.6.8]

제52조(긴급구조 현장지휘) ① 재난현장에서는 시 · 군 · 구긴급구조통제단장이 긴급구조활동을 지휘한다. 다만, 치안활동과 관련된 사항은 관할 경찰관서의 장과 협의하여야 한다.

② 제1항에 따른 현장지휘는 다음 각 호의 사항에 관하여 한다.

1. 재난현장에서 인명의 탐색 · 구조
2. 긴급구조기관 및 긴급구조지원기관의 인력 · 장비의 배치와 운용
3. 추가 재난의 방지를 위한 응급조치
4. 긴급구조지원기관 및 자원봉사자 등에 대한 임무의 부여
5. 사상자의 응급처치 및 의료기관으로의 이송
6. 긴급구조에 필요한 물자의 관리
7. 현장접근 통제, 현장 주변의 교통정리, 그 밖에 긴급구조활동을 효율적으로 하기 위하여 필요한 사항

③ 시 · 도긴급구조통제단장은 필요하다고 인정하면 제1항에도 불구하고 직접 현장지휘를 할 수 있다.

④ 중앙통제단장은 대통령령으로 정하는 대규모 재난이 발생하거나 그 밖에 필요하다고 인정하면 제1항 및 제3항에도 불구하고 직접 현장지휘를 할 수 있다.

⑤ 재난현장에서 긴급구조활동을 하는 긴급구조요원은 제1항 · 제3항 및 제4항에 따라 현장지휘를 하는 각급 통제단장의 지휘 · 통제에 따라야 한다.

⑥ 중앙통제단장과 지역통제단장은 재난현장의 긴급구조 등 현장지휘를 효과적으로 하기 위하여 재난현장에 현장지휘소를 설치 · 운영할 수 있다. 이 경우 긴급구조활동에 참여하는 긴급구조지원기관의 현장지휘자는 현장지휘소에 대통령령으로 정하는 바에 따라 연락관을 파견하여야 한다.

[전문개정 2010.6.8]

[제목개정 2013.8.6]

제53조(긴급구조활동에 대한 평가) ① 중앙통제단장과 지역통제단장은 재난상황이 끝난 후 대통령령으로 정하는 바에 따라 긴급구조지원기관의 활동에 대하여 종합평가를 하여야 한다.

② 제1항에 따른 종합평가결과는 시 · 군 · 구긴급구조통제단장은 시 · 도긴급구조통제단장 및 시장 · 군수 · 구청장에게, 시 · 도긴급구조통제단장은 소방방재청장에게 보고하거나 통보하여야 한다.

[전문개정 2010.6.8]

제54조(긴급구조대응계획의 수립) 긴급구조기관의 장은 재난이 발생하는 경우 긴급구조기관과 긴급구조지원기관이 신속하고 효율적으로 긴급구조를 수행할 수 있도록 대통령령으로 정하는 바에 따라 재난의 규모와 유형에 따른 긴급구조대응계획을 수립 · 시행하여야 한다.

[전문개정 2010.6.8]

제55조(재난대비능력 보강) ① 국가와 지방자치단체는 재난관리에 필요한 인력 · 장비 · 시설의 확충, 통신망의 설치 · 정비 등 긴급구조능력을 보강하기 위하여 노력하고, 필요한 재정상의 조치를 마련하여야 한다.

② 긴급구조기관의 장은 긴급구조활동을 신속하고 효과적으로 할 수 있도록 긴급구조지휘대 등 긴급구조체제를 구축하고, 상시 소속 긴급구조요원 및 장비의 출동태세를 유지하여야 한다.

③ 긴급구조업무와 재난관리책임기관(행정기관 외의 기관만 해당한다)의 재난관리업무에 종사하는 사람은 대통령령으로 정하는 바에 따라 긴급구조에 관한 교육을 받아야 한다. 다만, 다른 법령에 따라 긴급구조에 관한 교육을 받은 경우에는 이 법에 따른 교육을 받은 것으로 본다.

④ 소방방재청장과 시 · 도지사는 제3항에 따른 교육을 담당할 교육기관을 지정할 수 있다. 〈개정

2013.8.6〉

[전문개정 2010.6.8]

제55조의2(긴급구조지원기관의 능력에 대한 평가) ① 긴급구조지원기관은 대통령령으로 정하는 바에 따라 긴급구조에 필요한 능력을 유지하여야 한다.

② 긴급구조기관의 장은 긴급구조지원기관의 능력을 평가할 수 있다. 다만, 상시 출동체계 및 자체 평가제도를 갖춘 기관과 민간 긴급구조지원기관에 대하여는 대통령령으로 정하는 바에 따라 평가를 하지 아니할 수 있다.

③ 긴급구조기관의 장은 제2항에 따른 평가 결과를 해당 긴급구조지원기관의 장에게 통보하여야 한다.

④ 제1항부터 제3항까지에서 규정한 사항 외에 긴급구조지원기관의 능력 평가에 필요한 사항은 대통령령으로 정한다.

[본조신설 2010.6.8]

제56조(해상에서의 긴급구조) ① 해양경찰청장은 해상에서 선박이나 항공기 등의 조난사고가 발생하면 「수난구호법」 등 관계 법령에 따라 긴급구조활동을 하여야 한다.

② 해양경찰청장은 긴급구조를 효율적으로 하기 위하여 필요하다고 인정하면 중앙행정기관의 장이나 소방방재청장에게 구조대의 지원이나 그 밖에 필요한 협조를 요청할 수 있다. 이 경우 요청을 받은 중앙행정기관의 장이나 소방방재청장은 특별한 사유가 없으면 요청에 따라야 한다.

[전문개정 2010.6.8]

제57조(항공기 등 조난사고 시의 긴급구조 등) ① 소방방재청장은 항공기 조난사고가 발생한 경우 항공기 수색과 인명구조를 위하여 항공기 수색·구조계획을 수립·시행하여야 한다. 다만, 다른 법령에 항공기의 수색·구조에 관한 특별한 규정이 있는 경우에는 그 법령에 따른다.

② 항공기의 수색·구조에 필요한 사항은 대통령령으로 정한다.

③ 국방부장관은 항공기나 선박의 조난사고가 발생하면 관계 법령에 따라 긴급구조업무에 책임이 있는 기관의 긴급구조활동에 대한 군의 지원을 신속하게 할 수 있도록 다음 각 호의 조치를 취하여야 한다.

1. 탐색구조본부의 설치·운영
2. 탐색구조부대의 지정 및 출동대기태세의 유지
3. 조난 항공기에 관한 정보 제공

④ 제3항제1호에 따른 탐색구조본부의 구성과 운영에 필요한 사항은 국방부령으로 정한다.

[전문개정 2010.6.8]

제7장 재난의 복구 〈개정 2010.6.8〉

제1절 피해조사 및 복구계획 〈신설 2013.8.6〉

제58조(재난피해의 조사) ① 재난관리책임기관의 장은 재난으로 인하여 발생한 피해상황을 신속하게 조사한 후 그 결과를 중앙대책본부장에게 통보하여야 한다.

② 중앙대책본부장은 재난피해의 조사를 위하여 필요한 경우에는 대통령령으로 정하는 바에 따라 관계 중앙행정기관 및 관계 재난관리책임기관의 장과 합동으로 중앙재난피해합동조사단을 편성하여 재난피해 상황을 조사할 수 있다.

③ 중앙대책본부장은 제2항에 따른 중앙재난피해합동조사단(이하 "재난피해조사단"이라 한다)을 편성

하기 위하여 관계 재난관리책임기관의 장에게 소속 공무원이나 직원의 파견을 요청할 수 있다. 이 경우 요청을 받은 관계 재난관리책임기관의 장은 특별한 사유가 없으면 요청에 따라야 한다.

④ 제1항에 따른 피해상황 조사의 방법 및 기준 등 필요한 사항은 중앙대책본부장이 정한다.

[본조신설 2013.8.6]

제59조(재난복구계획의 수립 · 시행) ① 재난관리책임기관의 장은 제58조제1항에 따른 피해조사를 마치면 지체 없이 자체복구계획을 수립 · 시행하여야 한다. 다만, 제58조제2항에 따라 중앙재난피해합동조사단이 편성되어 피해상황을 조사하는 경우에는 제2항에 따라 중앙대책본부장으로부터 재난피해복구계획을 통보받은 후에 수립 · 시행할 수 있다.

② 중앙대책본부장은 제58조제2항에 따라 중앙재난피해합동조사단을 편성한 경우에는 피해조사를 한 후 제14조제2항 본문에 따른 중앙재난안전대책본부회의의 심의를 거쳐 재난피해복구계획을 수립하고, 이를 관계 재난관리책임기관의 장에게 통보하여야 한다.

③ 재난관리책임기관의 장은 제2항에 따라 재난피해복구계획을 통보받으면 이를 기초로 소관 사항에 대한 자체복구계획을 수립 · 시행하여야 한다. 이 경우 지방자치단체의 장은 자체복구계획을 수립하면 지체 없이 재해복구를 위하여 필요한 경비를 지방자치단체의 예산에 계상(計上)하여야 한다.

[본조신설 2013.8.6]

[종전 제59조는 제60조로 이동 〈2013.8.6〉]

제2절 특별재난지역 선포 및 지원 〈신설 2013.8.6〉

제60조(특별재난지역의 선포) ① 중앙대책본부장은 대통령령으로 정하는 규모의 재난이 발생하여 국가의 안녕 및 사회질서의 유지에 중대한 영향을 미치거나 피해를 효과적으로 수습하기 위하여 특별한 조치가 필요하다고 인정하거나 제3항에 따른 지역대책본부장의 요청이 타당하다고 인정하는 경우에는 중앙위원회의 심의를 거쳐 해당 지역을 특별재난지역으로 선포할 것을 대통령에게 건의할 수 있다.

② 제1항에 따라 특별재난지역의 선포를 건의받은 대통령은 해당 지역을 특별재난지역으로 선포할 수 있다.

③ 지역대책본부장은 관할지역에서 발생한 재난으로 인하여 제1항에 따른 사유가 발생한 경우에는 중앙대책본부장에게 특별재난지역의 선포 건의를 요청할 수 있다.

[전문개정 2013.8.6]

[제59조에서 이동, 종전 제60조는 삭제 〈2013.8.6〉]

제61조(특별재난지역에 대한 지원) 국가나 지방자치단체는 제60조에 따라 특별재난지역으로 선포된 지역에 대하여는 제66조제3항에 따른 지원을 하는 외에 대통령령으로 정하는 바에 따라 응급대책 및 재난구호와 복구에 필요한 행정상 · 재정상 · 금융상 · 의료상의 특별지원을 할 수 있다. 〈개정 2013.8.6〉

[전문개정 2010.6.8]

제61조의2 삭제 〈2013.8.6〉

제3절 재정 및 보상 등 〈신설 2013.8.6〉

제62조(비용 부담의 원칙) ① 재난관리에 필요한 비용은 이 법 또는 다른 법령에 특별한 규정이 있는 경우 외에는 이 법 또는 제3장의 안전관리계획에서 정하는 바에 따라 그 시행의 책임이 있는 자(제29조

제1항에 따른 재난방지시설의 경우에는 해당 재난방지시설의 유지 · 관리 책임이 있는 자를 말한다)가 부담한다. 다만, 제46조에 따라 시 · 도지사나 시장 · 군수 · 구청장이 다른 재난관리책임기관이 시행할 재난의 응급조치를 시행한 경우 그 비용은 그 응급조치를 시행할 책임이 있는 재난관리책임기관이 부담한다. 〈개정 2013.8.6〉

② 제1항 단서에 따른 비용은 관계 기관이 협의하여 정산한다.

[전문개정 2010.6.8]

[제목개정 2013.8.6]

제63조(응급지원에 필요한 비용) ① 제44조제1항, 제46조 또는 제48조제1항에 따라 응원을 받은 자는 그 응원에 드는 비용을 부담하여야 한다. 〈개정 2013.8.6〉

② 제1항의 경우 그 응급조치로 인하여 다른 지방자치단체가 이익을 받은 경우에는 그 수익의 범위에서 이익을 받은 해당 지방자치단체가 그 비용의 일부를 분담하여야 한다.

③ 제1항과 제2항에 따른 비용은 관계 기관이 협의하여 정산한다.

[전문개정 2010.6.8]

제64조(손실보상) ① 국가나 지방자치단체는 제39조 및 제45조(제46조에 따라 시 · 도지사가 행하는 경우를 포함한다)에 따른 조치로 인하여 손실이 발생하면 보상하여야 한다.

② 제1항에 따른 손실보상에 관하여는 손실을 입은 자와 그 조치를 한 중앙행정기관의 장, 시 · 도지사 또는 시장 · 군수 · 구청장이 협의하여야 한다.

③ 제2항에 따른 협의가 성립되지 아니하면 대통령령으로 정하는 바에 따라 「공익사업을 위한 토지 등의 취득 및 보상에 관한 법률」 제51조에 따른 관할 토지수용위원회에 재결을 신청할 수 있다.

④ 제3항에 따른 재결에 관하여는 「공익사업을 위한 토지 등의 취득 및 보상에 관한 법률」 제83조부터 제86조까지의 규정을 준용한다.

[전문개정 2010.6.8]

제65조(치료 및 보상) ① 재난 발생 시 긴급구조활동과 응급대책 · 복구 등에 참여한 자원봉사자, 제45조에 따른 응급조치 종사명령을 받은 사람 및 제51조제2항에 따라 긴급구조활동에 참여한 민간 긴급구조지원기관의 긴급구조지원요원이 응급조치나 긴급구조활동을 하다가 부상을 입은 경우에는 치료를 실시하고, 사망(부상으로 인하여 사망한 경우를 포함한다)하거나 신체에 장애를 입은 경우에는 그 유족이나 장애를 입은 사람에게 보상금을 지급한다. 다만, 다른 법령에 따라 국가나 지방자치단체의 부담으로 같은 종류의 보상금을 받은 사람에게는 그 보상금에 상당하는 금액을 지급하지 아니한다.

② 재난의 응급대책 · 복구 및 긴급구조 등에 참여한 자원봉사자의 장비 등이 응급대책 · 복구 또는 긴급구조와 관련하여 고장나거나 파손된 경우에는 그 자원봉사자에게 수리비용을 보상할 수 있다.

③ 제1항에 따른 치료 및 보상금은 국가나 지방자치단체가 부담하며, 그 기준과 절차 등에 관한 사항은 대통령령으로 정한다.

[전문개정 2010.6.8]

제66조(재난지역에 대한 국고보조 등의 지원) ① 국가는 재난(제3조제1호가목에 따른 자연재난과 제3조제1호나목에 따른 사회재난 중 제60조제2항에 따라 특별재난지역으로 선포된 지역의 재난으로 한정한다)의 원활한 복구를 위하여 필요하면 대통령령으로 정하는 바에 따라 그 비용(제65조제1항에 따른 보상금을 포함한다)의 전부 또는 일부를 국고에서 부담하거나 지방자치단체, 그 밖의 재난관리책임자에게 보조할 수 있다. 다만, 제39조제1항(제46조제1항에 따라 시 · 도지사가 하는 경우를 포함한다) 또는 제40조제1항의 대피명령을 방해하거나 위반하여 발생한 피해에 대하여는 그러하지 아니하다. 〈개정

2013.8.6〉
② 제1항에 따른 재난복구사업의 재원은 대통령령으로 정하는 재난의 구호 및 재난의 복구비용 부담기준에 따라 국고의 부담금 또는 보조금과 지방자치단체의 부담금 · 의연금 등으로 충당하되, 지방자치단체의 부담금 중 시 · 도 및 시 · 군 · 구가 부담하는 기준은 안전행정부령으로 정한다.〈개정 2013.3.23〉
③ 국가와 지방자치단체는 재난으로 피해를 입은 시설의 복구와 피해주민의 생계 안정을 위하여 다음 각 호의 지원을 할 수 있다.〈개정 2013.8.6〉
1. 사망자 · 실종자 · 부상자 등 피해주민에 대한 구호
2. 주거용 건축물의 복구비 지원
3. 고등학생의 학자금 면제
4. 관계 법령에서 정하는 바에 따라 농업인 · 임업인 · 어업인의 자금 융자, 농업 · 임업 · 어업 자금의 상환기한 연기 및 그 이자의 감면 또는 중소기업 및 소상공인의 자금 융자
5. 세입자 보조 등 생계안정 지원
6. 관계 법령에서 정하는 바에 따라 국세 · 지방세, 건강보험료 · 연금보험료, 통신요금, 전기요금 등의 경감 또는 납부유예 등의 간접지원
7. 주 생계수단인 농업 · 어업 · 임업 · 염생산업(鹽生産業)에 피해를 입은 경우에 해당 시설의 복구를 위한 지원
8. 공공시설 피해에 대한 복구사업비 지원
9. 그 밖에 제14조제2항 본문에 따른 중앙재난안전대책본부회의에서 결정한 지원
④ 제3항에 따른 지원기준은 제3조제1호가목에 따른 자연재난에 대해서는 대통령령으로 정하고, 제3조제1호나목에 따른 사회재난으로서 제60조제2항에 따라 특별재난지역으로 선포된 지역의 재난에 대해서는 관계 중앙행정기관의 장과의 협의 및 제14조제2항 본문에 따른 중앙재난안전대책본부회의의 심의를 거쳐 중앙대책본부장이 정하며, 제3조제1호나목에 따른 사회재난으로서 제60조제2항에 따라 특별재난지역으로 선포되지 아니한 지역의 재난에 대해서는 제16조제2항에 따른 지역재난안전대책본부회의의 심의를 거쳐 지역대책본부장이 정한다.〈신설 2013.8.6〉
⑤ 국가와 지방자치단체는 재난으로 피해를 입은 사람에 대하여 심리적 안정과 사회 적응을 위한 상담활동을 지원할 수 있다. 이 경우 구체적인 지원절차와 그 밖에 필요한 사항은 대통령령으로 정한다.〈개정 2013.8.6〉
[전문개정 2010.6.8]
[제목개정 2013.8.6]

제8장 안전문화 진흥 〈신설 2013.8.6〉

제66조의2(안전문화 진흥을 위한 시책의 추진) ① 중앙행정기관의 장과 지방자치단체의 장은 소관 재난 및 안전관리업무와 관련하여 국민의 안전의식을 높이고 안전문화를 진흥시키기 위한 다음 각 호의 안전문화활동을 적극 추진하여야 한다.
1. 안전교육 및 안전훈련
2. 안전의식을 높이기 위한 캠페인 및 홍보
3. 안전행동요령 및 기준 · 절차 등에 관한 지침의 개발 · 보급
4. 안전문화 우수사례의 발굴 및 확산

5. 안전 관련 통계 현황의 관리 · 활용 및 공개
6. 안전에 관한 각종 조사 및 분석
7. 그 밖에 안전문화를 진흥하기 위한 활동

② 안전행정부장관은 제1항에 따른 안전문화활동의 추진에 관한 총괄 · 조정 업무를 관장한다.

③ 국가와 지방자치단체는 국민이 안전문화를 실천하고 체험할 수 있는 안전체험시설을 설치 · 운영할 수 있다.

④ 국가는 지방자치단체 및 그 밖의 기관 · 단체에서 추진하는 안전문화활동을 위하여 필요한 예산을 지원할 수 있다.

[본조신설 2013.8.6]

제66조의3(안전점검의 날 등) 국가는 대통령령으로 정하는 바에 따라 국민의 안전의식 수준을 높이기 위하여 안전점검의 날과 방재의 날을 정하여 필요한 행사 등을 할 수 있다.

[본조신설 2013.8.6]

제66조의4(안전관리헌장) ① 국무총리는 재난을 예방하고, 재난이 발생할 경우 그 피해를 최소화하기 위하여 재난 및 안전관리업무에 종사하는 자가 지켜야 할 사항 등을 정한 안전관리헌장을 제정 · 고시하여야 한다.

② 재난관리책임기관의 장은 제1항에 따른 안전관리헌장을 실천하는 데 노력하여야 하며, 안전관리헌장을 누구나 쉽게 볼 수 있는 곳에 항상 게시하여야 한다.

[본조신설 2013.8.6]

제66조의5(대국민 안전교육의 실시) ① 중앙행정기관의 장 및 지방자치단체의 장은 안전문화의 정착을 위하여 대국민 안전교육 및 학교 · 사회복지시설 · 다중이용시설 등 안전에 취약한 시설의 종사자 등에 대하여 안전교육을 실시할 수 있다.

② 제1항에 따른 안전교육의 대상, 방법, 시기, 그 밖에 안전교육의 실시에 필요한 사항은 대통령령으로 정한다.

[본조신설 2013.8.6]

제66조의6(안전교육 전문인력 양성 등) ① 국가 및 지방자치단체는 안전교육 전문인력의 양성을 위하여 다음 각 호의 사항에 관한 시책을 수립 · 추진할 수 있다.

1. 안전교육 전문인력의 수급 및 활용에 관한 사항
2. 안전교육 전문인력의 육성 및 교육훈련에 관한 사항
3. 안전교육 전문인력의 경력관리와 경력인증에 관한 사항
4. 그 밖에 안전교육 전문인력의 양성에 필요한 사항으로서 대통령령으로 정하는 사항

② 국가 및 지방자치단체는 제1항에 따른 안전교육 전문인력의 양성을 위한 시책을 추진할 때 필요하면 안전교육 전문인력 양성 등과 관련된 대학, 연구기관 등 대통령령으로 정하는 기관 및 단체를 지원할 수 있다.

[본조신설 2013.8.6]

제66조의7(안전정보의 구축 · 활용) ① 안전행정부장관은 재난 및 각종 사고로부터 국민의 생명과 신체 및 재산을 보호하기 위하여 재난이나 그 밖의 각종 사고에 관한 통계, 지리정보, 안전정책 등에 관한 정보(이하 "안전정보"라 한다)를 수집하여 체계적으로 관리하여야 한다.

② 안전행정부장관은 안전정보의 체계적인 관리를 위하여 안전정보통합관리시스템을 구축 · 운영하여야 한다.

③ 안전행정부장관은 안전정보통합관리시스템을 관계 행정기관 및 국민이 안전수준을 진단하고 개선하는 데 활용할 수 있도록 하여야 한다.

④ 안전행정부장관은 안전정보통합관리시스템을 구축하기 위하여 관계 행정기관의 장에게 필요한 자료를 요청할 수 있다. 이 경우 요청을 받은 관계 행정기관의 장은 특별한 사유가 없으면 요청에 따라야 한다.

⑤ 안전정보의 수집 · 관리, 안전정보통합관리시스템의 구축 · 활용 등에 필요한 사항은 대통령령으로 정한다.

[본조신설 2013.8.6]

제66조의8(안전지수의 공표) ① 안전행정부장관은 지역별 안전수준과 안전의식을 객관적으로 나타내는 지수(이하 "안전지수"라 한다)를 개발 · 조사하여 그 결과를 공표할 수 있다.

② 안전행정부장관은 안전지수의 조사를 위하여 관계 행정기관의 장에게 필요한 자료를 요청할 수 있다. 이 경우 요청을 받은 관계 행정기관의 장은 특별한 사유가 없으면 요청에 따라야 한다.

③ 안전행정부장관은 안전지수의 개발 · 조사에 관한 업무를 효율적으로 수행하기 위하여 필요한 경우 대통령령으로 정하는 기관 또는 단체로 하여금 그 업무를 대행하게 할 수 있다.

④ 안전지수의 조사 항목, 방법, 공표절차 등 필요한 사항은 대통령령으로 정한다.

[본조신설 2013.8.6]

제66조의9(지역축제 개최 시 안전관리조치) ① 중앙행정기관의 장 또는 지방자치단체의 장은 대통령령으로 정하는 지역축제를 개최하려면 해당 지역축제가 안전하게 진행될 수 있도록 지역축제 안전관리계획을 수립하고, 그 밖에 안전관리에 필요한 조치를 하여야 한다.

② 안전행정부장관, 소방방재청장 또는 시 · 도지사는 제1항에 따른 지역축제 안전관리계획의 이행 실태를 지도 · 점검할 수 있으며, 점검결과 보완이 필요한 사항에 대해서는 관계 기관의 장에게 시정을 요청할 수 있다. 이 경우 시정 요청을 받은 관계 기관의 장은 특별한 사유가 없으면 요청에 따라야 한다.

③ 제1항에 따른 지역축제 안전관리계획의 내용, 수립절차 등 필요한 사항은 대통령령으로 정한다.

[본조신설 2013.8.6]

제66조의10(안전사업지구의 지정 및 지원) ① 안전행정부장관은 지역사회의 안전수준을 높이기 위하여 시 · 군 · 구를 대상으로 안전사업지구를 지정하여 필요한 지원할 수 있다.

② 제1항에 따른 안전사업지구의 지정기준, 지정절차 등 필요한 사항은 대통령령으로 정한다.

[본조신설 2013.8.6]

제9장 보칙 〈신설 2013.8.6〉

제67조(재난관리기금의 적립) ① 지방자치단체는 재난관리에 드는 비용에 충당하기 위하여 매년 재난관리기금을 적립하여야 한다.

② 제1항에 따른 재난관리기금의 매년도 최저적립액은 최근 3년 동안의 「지방세법」에 의한 보통세의 수입결산액의 평균연액의 100분의 1에 해당하는 금액으로 한다.

[전문개정 2010.6.8]

제68조(재난관리기금의 운용 등) ① 재난관리기금에서 생기는 수입은 그 전액을 재난관리기금에 편입하여야 한다.

② 재난관리기금의 용도 · 운용 및 관리에 필요한 사항은 대통령령으로 정한다.

[전문개정 2010.6.8]

제69조(정부합동 재난원인조사) ① 안전행정부장관은 재난이나 그 밖의 각종 사고의 발생 원인과 재난 발생 시 대응과정에 관한 조사 · 분석 · 평가(이하 "재난원인조사"라 한다)를 효율적으로 수행하기 위하여 재난안전분야 전문가 및 전문기관 등이 공동으로 참여하는 정부합동 재난원인조사단(이하 "재난원인조사단"이라 한다)을 편성하고, 현지에 파견하여 원인조사 · 분석을 실시할 수 있다.

② 재난원인조사단은 대통령령으로 정하는 바에 따라 재난발생원인조사 결과를 중앙위원회 및 조정위원회에 보고하여야 한다.

③ 재난원인조사단은 재난원인조사를 위하여 필요하면 관계 기관의 장 또는 관계인에게 자료제출 등의 요청을 할 수 있다. 이 경우 요청을 받은 관계 기관의 장 또는 관계인은 특별한 사유가 없으면 요청에 따라야 한다.

④ 안전행정부장관은 재난원인조사 결과를 관계 기관의 장에게 통보하거나 개선권고 등의 필요한 조치를 요청할 수 있다. 이 경우 요청을 받은 관계 기관의 장은 특별한 사유가 없으면 권고에 따른 조치를 하여야 한다.

⑤ 재난원인조사단의 권한, 편성 및 운영 등에 필요한 사항은 대통령령으로 정한다.

[전문개정 2013.8.6]

[제70조에서 이동, 종전 제69조는 제70조로 이동 〈2013.8.6〉]

제70조(재난상황의 기록 관리) ① 재난관리책임기관의 장은 소관 시설 · 재산 등에 관한 피해상황을 포함한 재난상황 등을 기록하고, 이를 보관하여야 한다. 이 경우 시장 · 군수 · 구청장을 제외한 재난관리책임기관의 장은 그 기록사항을 시장 · 군수 · 구청장에게 통보하여야 한다. 〈개정 2013.8.6〉

② 소방방재청장은 매년 재난상황 등을 기록한 재해연보 또는 재난연감을 작성하여야 한다.〈신설 2013.8.6〉

③ 소방방재청장은 제2항에 따른 재해연보 또는 재해연감을 작성하기 위하여 필요한 경우 재난관리책임기관의 장에게 관련 자료의 제출을 요청할 수 있다. 이 경우 요청을 받은 재난관리책임기관의 장은 요청에 적극 협조하여야 한다.〈신설 2013.8.6〉

④ 재난상황의 작성 · 보관 및 관리에 필요한 사항은 대통령령으로 정한다.〈개정 2013.8.6〉

[제69조에서 이동, 종전 제70조는 제69조로 이동 〈2013.8.6〉]

제71조(재난 및 안전관리에 필요한 과학기술의 진흥 등) ① 정부는 재난 및 안전관리에 필요한 연구 · 실험 · 조사 · 기술개발(이하 "연구개발사업"이라 한다) 및 전문인력 양성 등 재난 및 안전관리 분야의 과학기술 진흥시책을 마련하여 추진하여야 한다.

② 안전행정부장관과 소방방재청장은 연구개발사업을 하는 데에 드는 비용의 전부 또는 일부를 예산의 범위에서 출연금으로 지원할 수 있다.〈개정 2013.3.23, 2013.8.6〉

③ 안전행정부장관과 소방방재청장은 연구개발사업을 효율적으로 추진하기 위하여 다음 각 호의 어느 하나에 해당하는 기관 · 단체 또는 사업자와 협약을 맺어 연구개발사업을 실시하게 할 수 있다.〈개정 2013.3.23〉

1. 국공립 연구기관
2. 「특정연구기관 육성법」에 따른 특정연구기관
3. 「과학기술분야 정부출연연구기관 등의 설립 · 운영 및 육성에 관한 법률」에 따라 설립된 과학기술분야 정부출연연구기관
4. 「고등교육법」에 따른 대학 · 산업대학 · 전문대학 및 기술대학

5. 「민법」 또는 다른 법률에 따라 설립된 법인으로서 재난 또는 안전 분야의 연구기관
6. 「기초연구진흥 및 기술개발지원에 관한 법률」 제14조제1항제2호에 따른 기업부설연구소 또는 기업의 연구개발전담부서

④ 안전행정부장관과 소방방재청장은 연구개발사업을 효율적으로 추진하기 위하여 안전행정부 소속 연구기관이나 그 밖에 대통령령으로 정하는 기관 · 단체 또는 사업자 중에서 연구개발사업의 총괄기관을 지정하여 그 총괄기관에게 연구개발사업의 기획 · 관리 · 평가, 제3항에 따른 협약의 체결, 개발된 기술의 보급 · 진흥 등에 관한 업무를 하도록 할 수 있다.〈개정 2013.3.23, 2013.8.6〉

⑤ 제2항에 따른 출연금의 지급 · 사용 및 관리와 제3항에 따른 협약의 체결방법 등 연구개발사업의 실시에 필요한 사항은 대통령령으로 정한다.

[전문개정 2011.3.29]

제71조의2(재난 및 안전관리기술개발 종합계획의 수립 등) ① 안전행정부장관은 제71조제1항의 재난 및 안전관리에 관한 과학기술의 진흥을 위하여 5년마다 관계 중앙행정기관의 재난 및 안전관리기술개발에 관한 계획을 종합하여 조정위원회의 심의와 「과학기술기본법」 제9조제1항에 따른 국가과학기술심의회의 심의를 거쳐 재난 및 안전관리기술개발 종합계획(이하 "개발계획"이라 한다)을 수립하여야 한다. 〈개정 2013.3.23, 2013.8.6〉

② 관계 중앙행정기관의 장은 개발계획에 따라 소관 업무에 관한 해당 연도 시행계획을 수립하고 추진하여야 한다.

③ 개발계획 및 시행계획에 포함하여야 할 사항 및 계획수립의 절차 등에 관하여는 대통령령으로 정한다.

[본조신설 2012.2.22]

제72조(연구개발사업 성과의 사업화 지원) ① 안전행정부장관과 소방방재청장은 연구개발사업의 성과를 사업화(개발된 성과를 이용하여 제품을 개발, 생산 및 판매하거나 그 과정의 관련 기술을 향상시키는 것을 말한다. 이하 같다)하는 「중소기업기본법」 제2조에 따른 중소기업(이하 "중소기업"이라 한다)이나 그 밖의 법인 또는 사업자 등에 대하여 다음 각 호의 지원을 할 수 있다. 이 경우 중소기업에 대한 지원을 우선적으로 실시할 수 있다. 〈개정 2013.3.23〉

1. 시제품(試製品)의 개발 · 제작 및 설비투자에 필요한 비용의 지원
2. 연구개발사업의 성과로 발생한 특허권 등 지식재산권의 전용실시권(專用實施權) 또는 통상실시권(通常實施權)의 설정 · 허락 또는 그 알선
3. 사업화로 생산된 재난 및 안전 관련 제품 등의 우선 구매
4. 연구개발사업에 사용되거나 생산된 기기 · 설비 및 시제품 등의 사용권 부여 또는 그 알선
5. 그 밖에 사업화를 위하여 필요한 사항으로서 안전행정부령으로 정하는 사항

② 제1항에 따른 지원의 방법 및 절차 등에 관하여 필요한 사항은 대통령령으로 정한다.

[전문개정 2011.3.29]

제72조의2

[제73조로 이동 〈2013.8.6〉]

제73조(기술료의 징수 및 사용) ① 안전행정부장관과 소방방재청장은 연구개발사업의 성과를 사업화함으로써 수익이 발생할 경우에는 사업자로부터 그 수익의 일부에 해당하는 금액(이하 "기술료"라 한다)을 징수할 수 있다. 〈개정 2013.3.23〉

② 안전행정부장관과 소방방재청장은 기술료를 다음 각 호의 사업에 사용할 수 있다.〈개정 2013.3.23〉

1. 재난 및 안전관리 연구개발사업

2. 그 밖에 재난 및 안전관리와 관련된 기술의 육성을 위한 사업으로서 대통령령으로 정하는 사업
③ 기술료의 징수대상, 징수방법 및 사용 등에 필요한 사항은 대통령령으로 정한다.
[본조신설 2011.3.29]
[제72조의2에서 이동, 종전 제73조는 삭제 〈2013.8.6〉]

제74조(재난관리정보통신체계의 구축 · 운영) ① 안전행정부장관 또는 소방방재청장과 재난관리책임기관 · 긴급구조기관 및 긴급구조지원기관의 장은 재난관리업무를 효율적으로 추진하기 위하여 대통령령으로 정하는 바에 따라 재난관리정보통신체계를 구축 · 운영할 수 있다.〈개정 2012.2.22, 2013.3.23, 2013.8.6〉
② 재난관리책임기관 · 긴급구조기관 및 긴급구조지원기관의 장은 제1항에 따른 재난관리정보통신체계의 구축에 필요한 자료를 관계 재난관리책임기관 · 긴급구조기관 및 긴급구조지원기관의 장에게 요청할 수 있다. 이 경우 요청을 받은 기관의 장은 특별한 사유가 없으면 요청에 따라야 한다.〈신설 2012.2.22, 2013.8.6〉
③ 안전행정부장관은 재난관리책임기관 · 긴급구조기관 및 긴급구조지원기관의 장이 제1항에 따라 구축하는 재난관리정보통신체계가 연계 운영되거나 표준화가 이루어지도록 종합적인 재난관리정보통신체계를 구축 · 운영할 수 있으며, 재난관리책임기관 · 긴급구조기관 및 긴급구조지원기관의 장은 특별한 사유가 없으면 이에 협조하여야 한다.〈신설 2012.2.22, 2013.3.23, 2013.8.6〉
[전문개정 2010.6.8]
[제목개정 2013.8.6]

제74조의2(재난관리정보의 공동이용) ① 재난관리책임기관 · 긴급구조기관 및 긴급구조지원기관은 재난관리업무를 효율적으로 처리하기 위하여 수집 · 보유하고 있는 재난관리정보를 다른 재난관리책임기관 · 긴급구조기관 및 긴급구조지원기관과 공동이용하여야 한다.
② 제1항에 따라 공동이용되는 재난관리정보를 제공하는 기관은 해당 정보의 정확성을 유지하도록 노력하여야 한다.
③ 재난관리정보의 처리를 하는 재난관리책임기관 · 긴급구조기관 · 긴급구조지원기관 또는 재난관리업무를 위탁받아 그 업무에 종사하거나 종사하였던 자는 직무상 알게 된 재난관리정보를 누설하거나 권한 없이 다른 사람이 이용하도록 제공하는 등 부당한 목적으로 사용하여서는 아니 된다.
④ 제1항에 따른 공유 대상 재난관리정보의 범위, 재난관리정보의 공동이용절차 등에 관하여 필요한 사항은 대통령령으로 정한다.
[본조신설 2012.2.22]

제75조(안전관리자문단의 구성 · 운영) ① 지방자치단체의 장은 재난 및 안전관리업무의 기술적 자문을 위하여 민간전문가로 구성된 안전관리자문단을 구성 · 운영할 수 있다.
② 제1항에 따른 안전관리자문단의 구성과 운영에 관하여는 해당 지방자치단체의 조례로 정한다.
[전문개정 2010.6.8]

제76조(재난 관련 보험 등의 개발 · 보급) ① 국가는 국민과 지방자치단체가 자기의 책임과 노력으로 재난에 대비할 수 있도록 재난 관련 보험 · 공제를 개발 · 보급하기 위하여 노력하여야 한다.
② 국가는 예산의 범위에서 대통령령으로 정하는 바에 따라 보험료와 공제회비의 일부, 보험 및 공제의 운영과 관리 등에 필요한 비용의 일부를 지원할 수 있다.
[전문개정 2010.6.8]

제76조의2(안전책임관) ① 국가기관과 지방자치단체의 장은 해당 기관의 재난 및 안전관리업무를 총괄하는 안전책임관 및 담당직원을 소속 공무원 중에서 임명할 수 있다.

② 안전책임관은 해당 기관의 재난 및 안전관리업무와 관련하여 다음 각 호의 사항을 담당한다.
1. 재난이나 그 밖의 각종 사고가 발생하거나 발생할 우려가 있는 경우 초기대응 및 보고에 관한 사항
2. 위기관리 매뉴얼의 작성 · 관리에 관한 사항
3. 재난 및 안전관리와 관련된 교육 · 훈련에 관한 사항
4. 그 밖에 해당 중앙행정기관의 장이 재난 및 안전관리업무를 위하여 필요하다고 인정하는 사항
③ 제1항에 따른 안전책임관의 임명 및 운영에 필요한 사항은 대통령령으로 정한다.
[본조신설 2013.8.6]

제77조(재난관리에 대한 문책 요구 등) ① 안전행정부장관, 소방방재청장, 시 · 도지사 및 시장 · 군수 · 구청장은 재난응급대책 · 안전점검 · 재난상황관리 등의 업무를 수행할 때 지시를 위반하거나 부과된 임무를 게을리한 재난관리책임기관의 공무원 또는 직원의 명단을 그 사실을 입증할 수 있는 관계 자료와 함께 그 소속 기관 또는 단체의 장에게 통보할 수 있다. 〈개정 2012.2.22, 2013.3.23, 2013.8.6〉
② 중앙통제단장과 지역통제단장은 제52조제5항에 따른 현장지휘에 따르지 아니하거나 부과된 임무를 게을리한 긴급구조요원의 명단을 그 사실을 입증할 수 있는 관계 자료와 함께 그 소속 기관이나 단체의 장에게 통보할 수 있다.〈개정 2012.2.22〉
③ 제1항과 제2항에 따라 통보를 받은 소속 기관의 장 또는 단체의 장은 해당 공무원 또는 직원에 대한 문책 등 적절한 조치를 하고 그 결과를 해당 기관의 장에게 통보하여야 한다.
④ 안전행정부장관, 소방방재청장, 시 · 도지사, 시장 · 군수 · 구청장, 중앙통제단장 및 지역통제단장은 제1항 및 제2항에 따른 사실 입증에 필요한 조사를 할 수 있다. 이 경우 조사공무원은 그 권한을 표시하는 증표를 제시하여야 한다.〈신설 2012.2.22, 2013.3.23〉
⑤ 제1항 · 제2항에 따른 통보 및 제4항에 따른 조사에 필요한 사항은 대통령령으로 정한다.〈신설 2012.2.22〉
[전문개정 2010.6.8]

제78조(권한의 위임 및 위탁) ① 이 법에 따른 안전행정부장관이나 소방방재청장의 권한은 그 일부를 대통령령으로 정하는 바에 따라 시 · 도지사에게 위임할 수 있다. 〈개정 2013.3.23〉
② 안전행정부장관이나 소방방재청장은 제33조의2에 따른 평가 등의 업무의 일부와 제72조에 따른 연구개발사업 성과의 사업화 지원 및 제73조에 따른 기술료의 징수 및 사용에 관한 업무를 대통령령으로 정하는 바에 따라 전문기관 등에 위탁할 수 있다.〈개정 2011.3.29, 2013.3.23, 2013.8.6〉
[전문개정 2010.6.8]

제78조의2(벌칙 적용 시의 공무원 의제) 제71조제3항에 따라 협약을 체결한 기관 · 단체 및 제78조제2항에 따라 안전행정부장관 또는 소방방재청장이 위탁한 업무를 수행하는 전문기관 등의 임직원은 「형법」 제127조 및 제129조부터 제132조까지의 벌칙 적용 시 공무원으로 본다. 〈개정 2013.3.23〉
[본조신설 2012.2.22]

제10장 벌칙 〈개정 2010.6.8〉

제79조(벌칙) 다음 각 호의 어느 하나에 해당하는 자는 1년 이하의 징역 또는 500만원 이하의 벌금에 처한다.
1. 정당한 사유 없이 제30조제1항에 따른 긴급안전점검을 거부 또는 기피하거나 방해한 자
2. 제31조제1항에 따른 안전조치명령을 이행하지 아니한 자

3. 정당한 사유 없이 제41조제1항제1호(제46조제1항에 따른 경우를 포함한다)에 따른 위험구역에 출입하는 행위나 그 밖의 행위의 금지명령 또는 제한명령을 위반한 자

[전문개정 2010.6.8]

제80조(벌칙) 다음 각 호의 어느 하나에 해당하는 자는 200만원 이하의 벌금에 처한다.

1. 정당한 사유 없이 제45조(제46조제1항에 따른 경우를 포함한다)에 따른 토지 · 건축물 · 인공구조물, 그 밖의 소유물의 일시 사용 또는 장애물의 변경이나 제거를 거부 또는 방해한 자
2. 제74조의2제3항을 위반하여 직무상 알게 된 재난관리정보를 누설하거나 권한 없이 다른 사람이 이용하도록 제공하는 등 부당한 목적으로 사용한 자

[전문개정 2012.2.22]

제81조(양벌규정) 법인의 대표자나 법인 또는 개인의 대리인, 사용인, 그 밖의 종업원이 그 법인 또는 개인의 업무에 관하여 제79조 또는 제80조의 위반행위를 하면 그 행위자를 벌하는 외에 그 법인 또는 개인에게도 해당 조문의 벌금형을 과(科)한다. 다만, 법인 또는 개인이 그 위반행위를 방지하기 위하여 해당 업무에 관하여 상당한 주의와 감독을 게을리하지 아니한 경우에는 그러하지 아니하다.

[전문개정 2010.6.8]

제82조(과태료) ① 다음 각 호의 어느 하나에 해당하는 사람에게는 200만원 이하의 과태료를 부과한다.

1. 제40조제1항(제46조제1항에 따른 경우를 포함한다)에 따른 대피명령을 위반한 사람
2. 제41조제1항제2호(제46조제1항에 따른 경우를 포함한다)에 따른 위험구역에서의 퇴거명령 또는 대피명령을 위반한 사람

② 제1항에 따른 과태료는 대통령령으로 정하는 바에 따라 시 · 도지사 또는 시장 · 군수 · 구청장이 부과 · 징수한다.

[전문개정 2010.6.8]

SECTION 02 소방기본법

[시행 2013.3.23] [법률 제11690호, 2013.3.23, 타법개정]
소방방재청(소방행정과) 02-2100-5314

제1장 총칙 〈개정 2011.5.30〉

제1조(목적) 이 법은 화재를 예방·경계하거나 진압하고 화재, 재난·재해, 그 밖의 위급한 상황에서의 구조·구급 활동 등을 통하여 국민의 생명·신체 및 재산을 보호함으로써 공공의 안녕 및 질서 유지와 복리증진에 이바지함을 목적으로 한다.
[전문개정 2011.5.30]

제2조(정의) 이 법에서 사용하는 용어의 뜻은 다음과 같다. 〈개정 2007.8.3, 2010.2.4, 2011.5.30〉
1. "소방대상물"이란 건축물, 차량, 선박(「선박법」 제1조의2제1항에 따른 선박으로서 항구에 매어둔 선박만 해당한다), 선박 건조 구조물, 산림, 그 밖의 인공 구조물 또는 물건을 말한다.
2. "관계지역"이란 소방대상물이 있는 장소 및 그 이웃 지역으로서 화재의 예방·경계·진압, 구조·구급 등의 활동에 필요한 지역을 말한다.
3. "관계인"이란 소방대상물의 소유자·관리자 또는 점유자를 말한다.
4. "소방본부장"이란 특별시·광역시·도 또는 특별자치도(이하 "시·도"라 한다)에서 화재의 예방·경계·진압·조사 및 구조·구급 등의 업무를 담당하는 부서의 장을 말한다.
5. "소방대"(消防隊)란 화재를 진압하고 화재, 재난·재해, 그 밖의 위급한 상황에서 구조·구급 활동 등을 하기 위하여 다음 각 목의 사람으로 구성된 조직체를 말한다.
   가. 「소방공무원법」에 따른 소방공무원
   나. 「의무소방대설치법」 제3조에 따라 임용된 의무소방원(義務消防員)
   다. 제37조에 따른 의용소방대원(義勇消防隊員)
6. "소방대장"(消防隊長)이란 소방본부장 또는 소방서장 등 화재, 재난·재해, 그 밖의 위급한 상황이 발생한 현장에서 소방대를 지휘하는 사람을 말한다.

제3조(소방기관의 설치 등) ① 시·도의 화재 예방·경계·진압 및 조사와 화재, 재난·재해, 그 밖의 위급한 상황에서의 구조·구급 등의 업무(이하 "소방업무"라 한다)를 수행하는 소방기관의 설치에 필요한 사항은 대통령령으로 정한다.
② 소방업무를 수행하는 소방본부장 또는 소방서장은 그 소재지를 관할하는 특별시장·광역시장·도지사 또는 특별자치도지사(이하 "시·도지사"라 한다)의 지휘와 감독을 받는다.
[전문개정 2011.5.30]

제4조(종합상황실의 설치와 운영) ① 소방방재청장, 소방본부장 및 소방서장은 화재, 재난·재해, 그 밖에

구조 · 구급이 필요한 상황이 발생하였을 때에 신속한 소방활동(소방업무를 위한 모든 활동을 말한다. 이하 같다)을 위한 정보를 수집 · 전파하기 위하여 종합상황실을 설치 · 운영하여야 한다.

② 제1항에 따른 종합상황실의 설치 · 운영에 필요한 사항은 안전행정부령으로 정한다. 〈개정 2013.3.23〉

[전문개정 2011.5.30]

제5조(소방박물관 등의 설립과 운영) ① 소방의 역사와 안전문화를 발전시키고 국민의 안전의식을 높이기 위하여 소방방재청장은 소방박물관을, 시 · 도지사는 소방체험관(화재 현장에서의 피난 등을 체험할 수 있는 체험관을 말한다. 이하 이 조에서 같다)을 설립하여 운영할 수 있다.

② 제1항에 따른 소방박물관의 설립과 운영에 필요한 사항은 안전행정부령으로 정하고, 소방체험관의 설립과 운영에 필요한 사항은 시 · 도의 조례로 정한다. 〈개정 2013.3.23〉

[전문개정 2011.5.30]

제6조(소방업무에 관한 종합계획의 수립 · 시행 등) ① 국가는 화재, 재난 · 재해, 그 밖의 위급한 상황으로부터 국민의 생명 · 신체 및 재산을 보호하기 위하여 소방업무에 관한 종합계획을 5년마다 수립 · 시행하여야 하고, 이에 필요한 재원을 확보하도록 노력하여야 한다.

②시 · 도지사는 관할 지역의 특성을 고려하여 제1항에 따른 종합계획의 시행에 필요한 세부계획을 매년 수립하고 이에 따른 소방업무를 성실히 수행하여야 한다.

[전문개정 2011.7.14]

제7조(소방의 날 제정과 운영 등) ① 국민의 안전의식과 화재에 대한 경각심을 높이고 안전문화를 정착시키기 위하여 매년 11월 9일을 소방의 날로 정하여 기념행사를 한다.

② 소방의 날 행사에 관하여 필요한 사항은 소방방재청장 또는 시 · 도지사가 따로 정하여 시행할 수 있다.

③ 소방방재청장은 다음 각 호에 해당하는 사람을 명예직 소방대원으로 위촉할 수 있다.

1. 「의사상자 등 예우 및 지원에 관한 법률」 제2조에 따른 의사상자(義死傷者)로서 같은 법 제3조제3호 또는 제4호에 해당하는 사람
2. 소방행정 발전에 공로가 있다고 인정되는 사람

[전문개정 2011.5.30]

제2장 소방장비 및 소방용수시설 등

제8조(소방력의 기준 등) ① 소방기관이 소방업무를 수행하는 데에 필요한 인력과 장비 등[이하 "소방력"(消防力)이라 한다]에 관한 기준은 안전행정부령으로 정한다. 〈개정 2013.3.23〉

② 시 · 도지사는 제1항에 따른 소방력의 기준에 따라 관할구역의 소방력을 확충하기 위하여 필요한 계획을 수립하여 시행하여야 한다.

③ 소방자동차 등 소방장비의 분류 · 표준화와 그 관리 등에 필요한 사항은 안전행정부령으로 정한다. 〈개정 2013.3.23〉

[전문개정 2011.5.30]

제9조(소방장비 등에 대한 국고보조) ① 국가는 소방장비의 구입 등 시 · 도의 소방업무에 필요한 경비의 일부를 보조한다.

② 제1항에 따른 보조 대상사업의 범위와 기준보조율은 대통령령으로 정한다.

[전문개정 2011.5.30]

제10조(소방용수시설의 설치 및 관리 등) ①시 · 도지사는 소방활동에 필요한 소화전(消火栓) · 급수탑(給水塔) · 저수조(貯水槽)(이하 "소방용수시설"이라 한다)를 설치하고 유지 · 관리하여야 한다. 다만, 「수도법」 제45조에 따라 소화전을 설치하는 일반수도사업자는 관할 소방서장과 사전협의를 거친 후 소화전을 설치하여야 하며, 설치 사실을 관할 소방서장에게 통지하고, 그 소화전을 유지 · 관리하여야 한다. 〈개정 2007.4.11, 2011.3.8〉

② 제1항에 따른 소방용수시설 설치의 기준은 안전행정부령으로 정한다. 〈개정 2011.5.30, 2013.3.23〉

제11조(소방업무의 응원) ① 소방본부장이나 소방서장은 소방활동을 할 때에 긴급한 경우에는 이웃한 소방본부장 또는 소방서장에게 소방업무의 응원(應援)을 요청할 수 있다.

② 제1항에 따라 소방업무의 응원 요청을 받은 소방본부장 또는 소방서장은 정당한 사유 없이 그 요청을 거절하여서는 아니 된다.

③ 제1항에 따라 소방업무의 응원을 위하여 파견된 소방대원은 응원을 요청한 소방본부장 또는 소방서장의 지휘에 따라야 한다.

④ 시 · 도지사는 제1항에 따라 소방업무의 응원을 요청하는 경우를 대비하여 출동 대상지역 및 규모와 필요한 경비의 부담 등에 관하여 필요한 사항을 안전행정부령으로 정하는 바에 따라 이웃하는 시 · 도지사와 협의하여 미리 규약(規約)으로 정하여야 한다. 〈개정 2013.3.23〉

[전문개정 2011.5.30]

제11조의2(소방력의 동원) ① 소방방재청장은 해당 시 · 도의 소방력만으로는 소방활동을 효율적으로 수행하기 어려운 화재, 재난 · 재해, 그 밖의 구조 · 구급이 필요한 상황이 발생하거나 특별히 국가적 차원에서 소방활동을 수행할 필요가 인정될 때에는각 시 · 도지사에게 안전행정부령으로 정하는 바에 따라 소방력을 동원할 것을 요청할 수 있다. 〈개정 2013.3.23〉

② 제1항에 따라 동원 요청을 받은 시 · 도지사는 정당한 사유 없이 요청을 거절하여서는 아니 된다.

③ 소방방재청장은 시 · 도지사에게 제1항에 따라 동원된 소방력을 화재, 재난 · 재해 등이 발생한 지역에 지원 · 파견하여 줄 것을 요청하거나 필요한 경우 직접 소방대를 편성하여 화재진압 및 인명구조 등 소방에 필요한 활동을 하게 할 수 있다.

④ 제1항에 따라 동원된 소방대원이 다른 시 · 도에 파견 · 지원되어 소방활동을 수행할 때에는 특별한 사정이 없으면 화재, 재난 · 재해 등이 발생한 지역을 관할하는 소방본부장 또는 소방서장의 지휘에 따라야 한다. 다만, 소방방재청장이 직접 소방대를 편성하여 소방활동을 하게 하는 경우에는 소방방재청장의 지휘에 따라야 한다.

⑤ 제3항 및 제4항에 따른 소방활동을 수행하는 과정에서 발생하는 경비 부담에 관한 사항, 제3항 및 제4항에 따라 소방활동을 수행한 민간 소방 인력이 사망하거나 부상을 입었을 경우의 보상주체 · 보상기준 등에 관한 사항, 그 밖에 동원된 소방력의 운용과 관련하여 필요한 사항은 대통령령으로 정한다.

[본조신설 2011.5.30]

제3장 화재의 예방과 경계(警戒)

제12조(화재의 예방조치 등) ① 소방본부장이나 소방서장은 화재의 예방상 위험하다고 인정되는 행위를 하는 사람이나 소화(消火) 활동에 지장이 있다고 인정되는 물건의 소유자 · 관리자 또는 점유자에게 다음 각 호의 명령을 할 수 있다.

1. 불장난, 모닥불, 흡연, 화기(火氣) 취급, 그 밖에 화재예방상 위험하다고 인정되는 행위의 금지 또는

제한
2. 타고 남은 불 또는 화기가 있을 우려가 있는 재의 처리
3. 함부로 버려두거나 그냥 둔 위험물, 그 밖에 불에 탈 수 있는 물건을 옮기거나 치우게 하는 등의 조치
② 소방본부장이나 소방서장은 제1항제3호에 해당하는 경우로서 그 위험물 또는 물건의 소유자 · 관리자 또는 점유자의 주소와 성명을 알 수 없어서 필요한 명령을 할 수 없을 때에는 소속 공무원으로 하여금 그 위험물 또는 물건을 옮기거나 치우게 할 수 있다.
③ 소방본부장이나 소방서장은 제2항에 따라 옮기거나 치운 위험물 또는 물건을 보관하여야 한다.
④ 소방본부장이나 소방서장은 제3항에 따라 위험물 또는 물건을 보관하는 경우에는 그 날부터 14일 동안 소방본부 또는 소방서의 게시판에 그 사실을 공고하여야 한다.
⑤ 제3항에 따라 소방본부장이나 소방서장이 보관하는 위험물 또는 물건의 보관기간 및 보관기간 경과 후 처리 등에 대하여는 대통령령으로 정한다.
[전문개정 2011.5.30]

제13조(화재경계지구의 지정) ① 시 · 도지사는 도시의 건물 밀집지역 등 화재가 발생할 우려가 높거나 화재가 발생하는 경우 그로 인하여 피해가 클 것으로 예상되는 일정한 구역으로서 대통령령으로 정하는 지역을 화재경계지구(火災警戒地區)로 지정할 수 있다.
② 소방본부장이나 소방서장은 대통령령으로 정하는 바에 따라 제1항에 따른 화재경계지구 안의 소방대상물의 위치 · 구조 및 설비 등에 대하여 「소방시설 설치 · 유지 및 안전관리에 관한 법률」 제4조에 따른 소방특별조사를 하여야 한다. 〈개정 2011.8.4〉
③ 소방본부장이나 소방서장은 제2항에 따른 소방특별조사를 한 결과 화재의 예방과 경계를 위하여 필요하다고 인정할 때에는 관계인에게 소방용수시설, 소화기구, 그 밖에 소방에 필요한 설비의 설치를 명할 수 있다. 〈개정 2011.8.4〉
④ 소방본부장이나 소방서장은 화재경계지구 안의 관계인에 대하여 대통령령으로 정하는 바에 따라 소방에 필요한 훈련 및 교육을 실시할 수 있다.
[전문개정 2011.5.30]

제14조(화재에 관한 위험경보) 소방본부장이나 소방서장은 「기상법」 제13조제1항에 따른 이상기상(異常氣象)의 예보 또는 특보가 있을 때에는 화재에 관한 경보를 발령하고 그에 따른 조치를 할 수 있다.
[전문개정 2011.5.30]

제15조(불을 사용하는 설비 등의 관리와 특수가연물의 저장 · 취급) ① 보일러, 난로, 건조설비, 가스 · 전기시설, 그 밖에 화재 발생 우려가 있는 설비 또는 기구 등의 위치 · 구조 및 관리와 화재 예방을 위하여 불을 사용할 때 지켜야 하는 사항은 대통령령으로 정한다.
② 화재가 발생하는 경우 불길이 빠르게 번지는 고무류 · 면화류 · 석탄 및 목탄 등 대통령령으로 정하는 특수가연물(特殊可燃物)의 저장 및 취급 기준은 대통령령으로 정한다.
[전문개정 2011.5.30]

제4장 소방활동 등 〈개정 2011.3.8〉

제16조(소방활동) ① 소방방재청장, 소방본부장 또는 소방서장은 화재, 재난 · 재해, 그 밖의 위급한 상황이 발생하였을 때에는 소방대를 현장에 신속하게 출동시켜 화재진압과 인명구조 · 구급 등 소방에 필요한 활동을 하게 하여야 한다.

② 누구든지 정당한 사유 없이 제1항에 따라 출동한 소방대의 화재진압 및 인명구조 · 구급 등 소방활동을 방해하여서는 아니 된다.

[전문개정 2011.5.30]

제16조의2(소방지원활동) ① 소방방재청장 · 소방본부장 또는 소방서장은 공공의 안녕질서 유지 또는 복리증진을 위하여 필요한 경우 소방활동 외에 다음 각 호의 활동(이하 "소방지원활동"이라 한다)을 하게 할 수 있다. 〈개정 2013.3.23〉

1. 산불에 대한 예방 · 진압 등 지원활동
2. 자연재해에 따른 급수 · 배수 및 제설 등 지원활동
3. 집회 · 공연 등 각종 행사 시 사고에 대비한 근접대기 등 지원활동
4. 화재, 재난 · 재해로 인한 피해복구 지원활동
5. 119에 접수된 생활안전 및 위험제거활동(화재, 재난 · 재해, 그 밖의 위급한 상황에 해당되지 아니하는 것을 말한다)
6. 그 밖에 안전행정부령으로 정하는 활동

② 소방지원활동은 제16조의 소방활동 수행에 지장을 주지 아니하는 범위에서 할 수 있다.

③ 유관기관 · 단체 등의 요청에 따른 소방지원활동에 드는 비용은 지원요청을 한 유관기관 · 단체 등에게 부담하게 할 수 있다. 다만, 부담금액 및 부담방법에 관하여는 지원요청을 한 유관기관 · 단체 등과 협의하여 결정한다.

[본조신설 2011.3.8]

제17조(소방교육 · 훈련) ① 소방방재청장, 소방본부장 또는 소방서장은 소방업무를 전문적이고 효과적으로 수행하기 위하여 소방대원에게 필요한 교육 · 훈련을 실시하여야 한다.

② 소방방재청장, 소방본부장 또는 소방서장은 화재를 예방하고 화재 발생 시 인명과 재산피해를 최소화하기 위하여 다음 각 호에 해당하는 사람을 대상으로 안전행정부령으로 정하는 바에 따라 소방안전에 관한 교육과 훈련을 실시할 수 있다. 이 경우 소방방재청장, 소방본부장 또는 소방서장은 해당 어린이집 · 유치원 · 학교의 장과 교육일정 등에 관하여 협의하여야 한다. 〈개정 2011.6.7, 2013.3.23〉

1. 「영유아보육법」 제2조에 따른 어린이집의 영유아
2. 「유아교육법」 제2조에 따른 유치원의 유아
3. 「초 · 중등교육법」 제2조에 따른 학교의 학생

③ 소방방재청장, 소방본부장 또는 소방서장은 국민의 안전의식을 높이기 위하여 화재 발생 시 피난 및 행동 방법 등을 홍보하여야 한다.

④ 제1항에 따른 교육 · 훈련의 종류 및 대상자, 그 밖에 교육 · 훈련의 실시에 필요한 사항은 안전행정부령으로 정한다. 〈개정 2013.3.23〉

[전문개정 2011.5.30]

제17조의2(소방안전교육사) ① 소방방재청장은 제17조제2항에 따른 소방안전교육을 위하여 소방방재청장이 실시하는 시험에 합격한 사람에게 소방안전교육사 자격을 부여한다.

② 소방안전교육사는 소방안전교육의 기획 · 진행 · 분석 · 평가 및 교수업무를 수행한다.

③ 제1항에 따른 소방안전교육사 시험의 응시자격, 시험방법, 시험과목, 시험위원, 그 밖에 소방안전교육사 시험의 실시에 필요한 사항은 대통령령으로 정한다.

④ 제1항에 따른 소방안전교육사 시험에 응시하려는 사람은 대통령령으로 정하는 바에 따라 수수료를 내야 한다.

[전문개정 2011.5.30]

제17조의3(소방안전교육사의 결격사유) 다음 각 호의 어느 하나에 해당하는 사람은 소방안전교육사가 될 수 없다.

1. 금치산자 또는 한정치산자
2. 금고 이상의 실형을 선고받고 그 집행이 끝나거나(집행이 끝난 것으로 보는 경우를 포함한다) 집행이 면제된 날부터 2년이 지나지 아니한 사람
3. 금고 이상의 형의 집행유예를 선고받고 그 유예기간 중에 있는 사람
4. 법원의 판결 또는 다른 법률에 따라 자격이 정지되거나 상실된 사람

[전문개정 2011.5.30]

제17조의4(소방안전교육사의 배치) ① 제17조의2제1항에 따른 소방안전교육사를 소방방재청, 소방본부 또는 소방서, 그 밖에 대통령령으로 정하는 대상에 배치할 수 있다.

② 제1항에 따른 소방안전교육사의 배치대상 및 배치기준, 그 밖에 필요한 사항은 대통령령으로 정한다.

[전문개정 2011.5.30]

제18조(소방신호) 화재예방, 소방활동 또는 소방훈련을 위하여 사용되는 소방신호의 종류와 방법은 안전행정부령으로 정한다. 〈개정 2013.3.23〉

[전문개정 2011.5.30]

제19조(화재 등의 통지) ① 화재 현장 또는 구조 · 구급이 필요한 사고 현장을 발견한 사람은 그 현장의 상황을 소방본부, 소방서 또는 관계 행정기관에 지체 없이 알려야 한다.

② 다음 각 호의 어느 하나에 해당하는 지역 또는 장소에서 화재로 오인할 만한 우려가 있는 불을 피우거나 연막(煙幕) 소독을 하려는 자는 시 · 도의 조례로 정하는 바에 따라 관할 소방본부장 또는 소방서장에게 신고하여야 한다.

1. 시장지역
2. 공장 · 창고가 밀집한 지역
3. 목조건물이 밀집한 지역
4. 위험물의 저장 및 처리시설이 밀집한 지역
5. 석유화학제품을 생산하는 공장이 있는 지역
6. 그 밖에 시 · 도의 조례로 정하는 지역 또는 장소

[전문개정 2011.5.30]

제20조(관계인의 소방활동) 관계인은 소방대상물에 화재, 재난 · 재해, 그 밖의 위급한 상황이 발생한 경우에는 소방대가 현장에 도착할 때까지 경보를 울리거나 대피를 유도하는 등의 방법으로 사람을 구출하는 조치 또는 불을 끄거나 불이 번지지 아니하도록 필요한 조치를 하여야 한다.

[전문개정 2011.5.30]

제21조(소방자동차의 우선 통행 등) ① 모든 차와 사람은 소방자동차(지휘를 위한 자동차와 구조 · 구급차를 포함한다. 이하 같다)가 화재진압 및 구조 · 구급 활동을 위하여 출동을 할 때에는 이를 방해하여서는 아니 된다.

② 소방자동차의 우선 통행에 관하여는 「도로교통법」에서 정하는 바에 따른다.

③ 소방자동차가 화재진압 및 구조 · 구급 활동을 위하여 출동하거나 훈련을 위하여 필요할 때에는 사이렌을 사용할 수 있다.

[전문개정 2011.5.30]

제22조(소방대의 긴급통행) 소방대는 화재, 재난 · 재해, 그 밖의 위급한 상황이 발생한 현장에 신속하게 출동하기 위하여 긴급할 때에는 일반적인 통행에 쓰이지 아니하는 도로 · 빈터 또는 물 위로 통행할 수 있다.

[전문개정 2011.5.30]

제23조(소방활동구역의 설정) ① 소방대장은 화재, 재난 · 재해, 그 밖의 위급한 상황이 발생한 현장에 소방활동구역을 정하여 소방활동에 필요한 사람으로서 대통령령으로 정하는 사람 외에는 그 구역에 출입하는 것을 제한할 수 있다.

② 경찰공무원은 소방대가 제1항에 따른 소방활동구역에 있지 아니하거나 소방대장의 요청이 있을 때에는 제1항에 따른 조치를 할 수 있다.

[전문개정 2011.5.30]

제24조(소방활동 종사 명령) ① 소방본부장, 소방서장 또는 소방대장은 화재, 재난 · 재해, 그 밖의 위급한 상황이 발생한 현장에서 소방활동을 위하여 필요할 때에는 그 관할구역에 사는 사람 또는 그 현장에 있는 사람으로 하여금 사람을 구출하는 일 또는 불을 끄거나 불이 번지지 아니하도록 하는 일을 하게 할 수 있다. 이 경우 소방본부장, 소방서장 또는 소방대장은 소방활동에 필요한 보호장구를 지급하는 등 안전을 위한 조치를 하여야 한다.

② 시 · 도지사는 제1항 전단에 따라 소방활동에 종사한 사람이 그로 인하여 사망하거나 부상을 입은 경우에는 보상하여야 한다.

③ 제1항에 따른 명령에 따라 소방활동에 종사한 사람은 시 · 도지사로부터 소방활동의 비용을 지급받을 수 있다. 다만, 다음 각 호의 어느 하나에 해당하는 사람의 경우에는 그러하지 아니하다.

1. 소방대상물에 화재, 재난 · 재해, 그 밖의 위급한 상황이 발생한 경우 그 관계인
2. 고의 또는 과실로 화재 또는 구조 · 구급 활동이 필요한 상황을 발생시킨 사람
3. 화재 또는 구조 · 구급 현장에서 물건을 가져간 사람

[전문개정 2011.5.30]

제25조(강제처분 등) ① 소방본부장, 소방서장 또는 소방대장은 사람을 구출하거나 불이 번지는 것을 막기 위하여 필요할 때에는 화재가 발생하거나 불이 번질 우려가 있는 소방대상물 및 토지를 일시적으로 사용하거나 그 사용의 제한 또는 소방활동에 필요한 처분을 할 수 있다.

② 소방본부장, 소방서장 또는 소방대장은 사람을 구출하거나 불이 번지는 것을 막기 위하여 긴급하다고 인정할 때에는 제1항에 따른 소방대상물 또는 토지 외의 소방대상물과 토지에 대하여 제1항에 따른 처분을 할 수 있다.

③ 소방본부장, 소방서장 또는 소방대장은 소방활동을 위하여 긴급하게 출동할 때에는 소방자동차의 통행과 소방활동에 방해가 되는 주차 또는 정차된 차량 및 물건 등을 제거하거나 이동시킬 수 있다.

④ 시 · 도지사는 제2항 또는 제3항에 따른 처분으로 인하여 손실을 입은 자가 있는 경우에는 그 손실을 보상하여야 한다. 다만, 제3항에 해당하는 경우로서 법령을 위반하여 소방자동차의 통행과 소방활동에 방해가 된 경우에는 그러하지 아니하다.

[전문개정 2011.5.30]

제26조(피난 명령) ① 소방본부장, 소방서장 또는 소방대장은 화재, 재난 · 재해, 그 밖의 위급한 상황이 발생하여 사람의 생명을 위험하게 할 것으로 인정할 때에는 일정한 구역을 지정하여 그 구역에 있는 사람에게 그 구역 밖으로 피난할 것을 명할 수 있다.

② 소방본부장, 소방서장 또는 소방대장은 제1항에 따른 명령을 할 때 필요하면 관할 경찰서장 또는 자치경찰단장에게 협조를 요청할 수 있다.
[전문개정 2011.5.30]

제27조(위험시설 등에 대한 긴급조치) ① 소방본부장, 소방서장 또는 소방대장은 화재 진압 등 소방활동을 위하여 필요할 때에는 소방용수 외에 댐 · 저수지 또는 수영장 등의 물을 사용하거나 수도(水道)의 개폐장치 등을 조작할 수 있다.
② 소방본부장, 소방서장 또는 소방대장은 화재 발생을 막거나 폭발 등으로 화재가 확대되는 것을 막기 위하여 가스 · 전기 또는 유류 등의 시설에 대하여 위험물질의 공급을 차단하는 등 필요한 조치를 할 수 있다.
③ 시 · 도지사는 제1항 및 제2항에 따른 조치로 인하여 손실을 입은 자가 있으면 그 손실을 보상하여야 한다.
[전문개정 2011.5.30]

제28조(소방용수시설의 사용금지 등) 누구든지 다음 각 호의 어느 하나에 해당하는 행위를 하여서는 아니 된다.
1. 정당한 사유 없이 소방용수시설을 사용하는 행위
2. 정당한 사유 없이 손상 · 파괴, 철거 또는 그 밖의 방법으로 소방용수시설의 효용(效用)을 해치는 행위
3. 소방용수시설의 정당한 사용을 방해하는 행위
[전문개정 2011.5.30]

제5장 화재의 조사

제29조(화재의 원인 및 피해 조사) ① 소방방재청장, 소방본부장 또는 소방서장은 화재가 발생하였을 때에는 화재의 원인 및 피해 등에 대한 조사(이하 "화재조사"라 한다)를 하여야 한다.
② 제1항에 따른 화재조사의 방법 및 전담조사반의 운영과 화재조사자의 자격 등 화재조사에 필요한 사항은 안전행정부령으로 정한다. 〈개정 2013.3.23〉
[전문개정 2011.5.30]

제30조(출입 · 조사 등) ① 소방방재청장, 소방본부장 또는 소방서장은 화재조사를 하기 위하여 필요하면 관계인에게 보고 또는 자료 제출을 명하거나 관계 공무원으로 하여금 관계 장소에 출입하여 화재의 원인과 피해의 상황을 조사하거나 관계인에게 질문하게 할 수 있다.
② 제1항에 따라 화재조사를 하는 관계 공무원은 그 권한을 표시하는 증표를 지니고 이를 관계인에게 보여 주어야 한다.
③ 제1항에 따라 화재조사를 하는 관계 공무원은 관계인의 정당한 업무를 방해하거나 화재조사를 수행하면서 알게 된 비밀을 다른 사람에게 누설하여서는 아니 된다.
[전문개정 2011.5.30]

제31조(수사기관에 체포된 사람에 대한 조사) 소방방재청장, 소방본부장 또는 소방서장은 수사기관이 방화(放火) 또는 실화(失火)의 혐의가 있어서 이미 피의자를 체포하였거나 증거물을 압수하였을 때에 화재조사를 위하여 필요한 경우에는 수사에 지장을 주지 아니하는 범위에서 그 피의자 또는 압수된 증거물에 대한 조사를 할 수 있다. 이 경우 수사기관은 소방방재청장, 소방본부장 또는 소방서장의 신속한 화재조사를 위하여 특별한 사유가 없으면 조사에 협조하여야 한다.

[전문개정 2011.5.30]

제32조(소방공무원과 국가경찰공무원의 협력 등) ① 소방공무원과 국가경찰공무원은 화재조사를 할 때에 서로 협력하여야 한다.

② 소방본부장이나 소방서장은 화재조사 결과 방화 또는 실화의 혐의가 있다고 인정하면 지체 없이 관할 경찰서장에게 그 사실을 알리고 필요한 증거를 수집 · 보존하여 그 범죄수사에 협력하여야 한다.

[전문개정 2011.5.30]

제33조(소방기관과 관계 보험회사의 협력) 소방본부, 소방서 등 소방기관과 관계 보험회사는 화재가 발생한 경우 그 원인 및 피해상황을 조사할 때 필요한 사항에 대하여 서로 협력하여야 한다.

[전문개정 2011.5.30]

제6장 구조 및 구급

제34조(구조대 및 구급대의 편성과 운영) 구조대 및 구급대의 편성과 운영에 관하여는 별도의 법률로 정한다.

[전문개정 2011.3.8]

제35조 삭제 〈2011.3.8〉

제36조 삭제 〈2011.3.8〉

제7장 의용소방대

제37조(의용소방대의 설치 등) ① 소방본부장이나 소방서장은 소방업무를 보조하게 하기 위하여 특별시 · 광역시 · 시 · 읍 · 면에 의용소방대(義勇消防隊)를 둔다.

② 의용소방대는 그 지역의 주민 가운데 희망하는 사람으로 구성하되, 그 설치 · 명칭 · 구역 · 조직 · 임면(任免) · 정원 · 훈련 · 검열 · 복제 · 복무 및 운영 등에 관하여 필요한 사항은 시 · 도의 조례로 정한다.

③ 의용소방대의 운영과 처우 등에 대한 경비는 그 대원(隊員)의 임면권자가 부담한다.

[전문개정 2011.5.30]

제38조(의용소방대원의 근무 등) ① 의용소방대원은 비상근(非常勤)으로 한다.

② 소방본부장이나 소방서장은 소방업무를 보조하게 하기 위하여 필요할 때에는 의용소방대원을 소집할 수 있다.

③ 제2항에 따라 소집된 의용소방대원은 소방본부장 또는 소방서장의 지휘와 감독을 받아 소방업무를 보조한다.

[전문개정 2011.5.30]

제39조(의용소방대원의 처우 등) ① 의용소방대원이 소방업무 및 소방 관련 교육 · 훈련을 수행하였을 때에는 시 · 도의 조례로 정하는 바에 따라 수당을 지급한다.

② 의용소방대원이 소방업무 및 소방 관련 교육 · 훈련으로 인하여 질병에 걸리거나 부상을 입거나 사망하였을 때에는 시 · 도의 조례로 정하는 바에 따라 보상금을 지급한다.

[전문개정 2011.5.30]

제39조의2(전국의용소방대연합회) ① 재난 관리를 위한 자율적 봉사활동의 효율적 운영 및 상호협조 증진

을 위하여 전국의용소방대연합회(이하 "연합회"라 한다)를 설립할 수 있다.
② 소방방재청장은 국민의 소방방재 봉사활동의 참여 증진을 위하여 연합회의 설립 및 운영을 지원할 수 있다.
③ 연합회의 조직 · 운영 및 기능 등에 관하여 필요한 사항은 안전행정부령으로 정한다. 〈개정 2013.3.23〉
[전문개정 2011.5.30]

제7장의2 소방산업의 육성 · 진흥 및 지원 등 〈신설 2008.1.17〉

제39조의3(국가의 책무) 국가는 소방산업(소방용 기계 · 기구의 제조, 연구 · 개발 및 판매 등에 관한 일련의 산업을 말한다. 이하 같다)의 육성 · 진흥을 위하여 필요한 계획의 수립 등 행정상 · 재정상의 지원시책을 마련하여야 한다.
[전문개정 2011.5.30]
제39조의4 삭제 〈2008.6.5〉
제39조의5(소방산업과 관련된 기술개발 등의 지원) ① 국가는 소방산업과 관련된 기술(이하 "소방기술"이라 한다)의 개발을 촉진하기 위하여 기술개발을 실시하는 자에게 그 기술개발에 드는 자금의 전부나 일부를 출연하거나 보조할 수 있다.
② 국가는 우수소방제품의 전시 · 홍보를 위하여 「대외무역법」 제4조제2항에 따른 무역전시장 등을 설치한 자에게 다음 각 호에서 정한 범위에서 재정적인 지원을 할 수 있다.
1. 소방산업전시회 운영에 따른 경비의 일부
2. 소방산업전시회 관련 국외 홍보비
3. 소방산업전시회 기간 중 국외의 구매자 초청 경비
[전문개정 2011.5.30]
제39조의6(소방기술의 연구 · 개발사업 수행) ① 국가는 국민의 생명과 재산을 보호하기 위하여 다음 각 호의 어느 하나에 해당하는 기관이나 단체로 하여금 소방기술의 연구 · 개발사업을 수행하게 할 수 있다.
1. 국공립 연구기관
2. 「과학기술분야 정부출연연구기관 등의 설립 · 운영 및 육성에 관한 법률」에 따라 설립된 연구기관
3. 「특정연구기관 육성법」 제2조에 따른 특정연구기관
4. 「고등교육법」에 따른 대학 · 산업대학 · 전문대학 및 기술대학
5. 「민법」이나 다른 법률에 따라 설립된 소방기술 분야의 법인인 연구기관 또는 법인 부설 연구소
6. 「기초연구진흥 및 기술개발지원에 관한 법률」 제14조제1항제2호에 따른 기업부설연구소
7. 「소방산업의 진흥에 관한 법률」 제14조에 따른 한국소방산업기술원
8. 그 밖에 대통령령으로 정하는 소방에 관한 기술개발 및 연구를 수행하는 기관 · 협회
② 국가가 제1항에 따른 기관이나 단체로 하여금 소방기술의 연구 · 개발사업을 수행하게 하는 경우에는 필요한 경비를 지원하여야 한다.
[전문개정 2011.5.30]

제39조의7(소방기술 및 소방산업의 국제화사업) ① 국가는 소방기술 및 소방산업의 국제경쟁력과 국제적 통용성을 높이는 데에 필요한 기반 조성을 촉진하기 위한 시책을 마련하여야 한다.

② 소방방재청장은 소방기술 및 소방산업의 국제경쟁력과 국제적 통용성을 높이기 위하여 다음 각 호의 사업을 추진하여야 한다.

1. 소방기술 및 소방산업의 국제 협력을 위한 조사 · 연구
2. 소방기술 및 소방산업에 관한 국제 전시회, 국제 학술회의 개최 등 국제 교류
3. 소방기술 및 소방산업의 국외시장 개척
4. 그 밖에 소방기술 및 소방산업의 국제경쟁력과 국제적 통용성을 높이기 위하여 필요하다고 인정하는 사업

[전문개정 2011.5.30]

제8장 한국소방안전협회 〈개정 2008.6.5〉

제40조(한국소방안전협회의 설립 등) ① 소방기술과 안전관리기술의 향상 및 홍보, 그 밖의 교육 · 훈련 등 행정기관이 위탁하는 업무의 수행과 소방업계의 건전한 발전 및 소방 관계 종사자의 기술 향상을 위하여 한국소방안전협회(이하 "협회"라 한다)를 설립한다.

② 제1항에 따라 설립되는 협회는 법인으로 한다.

③ 협회에 관하여 이 법에 규정된 것을 제외하고는 「민법」 중 사단법인에 관한 규정을 준용한다.

[전문개정 2011.5.30]

제41조(협회의 업무) 협회는 다음 각 호의 업무를 수행한다.

1. 소방기술과 안전관리에 관한 교육 및 조사 · 연구
2. 소방기술과 안전관리에 관한 각종 간행물 발간
3. 화재 예방과 안전관리의식 고취를 위한 대국민 홍보
4. 소방업무에 관하여 행정기관이 위탁하는 업무
5. 그 밖에 회원의 복리 증진 등 정관으로 정하는 사항

[전문개정 2011.5.30]

제42조(회원의 자격) 협회의 회원은 다음 각 호의 사람으로 한다. 〈개정 2011.8.4〉

1. 「소방시설 설치 · 유지 및 안전관리에 관한 법률」, 「소방시설공사업법」 또는 「위험물 안전관리법」에 따라 등록을 하거나 허가를 받은 사람으로서 회원이 되려는 사람
2. 「소방시설 설치 · 유지 및 안전관리에 관한 법률」, 「소방시설공사업법」 또는 「위험물 안전관리법」에 따라 소방안전관리자, 소방기술자 또는 위험물안전관리자로 선임되거나 채용된 사람으로서 회원이 되려는 사람
3. 그 밖에 소방에 관한 학식과 경험이 풍부한 사람으로서 대통령령으로 정하는 사람 가운데 회원이 되려는 사람

[전문개정 2011.5.30]

제43조(협회의 정관) ① 협회의 정관에 기재하여야 하는 사항은 대통령령으로 정한다.

② 협회는 정관을 변경하려면 소방방재청장의 인가를 받아야 한다.

[전문개정 2011.5.30]

제44조(협회의 운영 경비) 협회의 운영 경비는 회비와 사업 수입 등으로 충당한다.
[전문개정 2011.5.30]
제45조 삭제 〈2008.6.5〉
제46조 삭제 〈2008.6.5〉
제47조 삭제 〈2008.6.5〉

제9장 보칙 〈개정 2011.5.30〉

제48조(감독) 소방방재청장은 협회의 업무를 감독한다. 〈개정 2005.8.4, 2008.6.5〉
제49조(권한의 위임) 소방방재청장은 이 법에 따른 권한의 일부를 대통령령으로 정하는 바에 따라 시·도지사, 소방본부장 또는 소방서장에게 위임할 수 있다.
[전문개정 2011.5.30]

제10장 벌칙 〈개정 2011.5.30〉

제50조(벌칙) 다음 각 호의 어느 하나에 해당하는 사람은 5년 이하의 징역 또는 3천만원 이하의 벌금에 처한다.
1. 제16조제2항을 위반하여 다음 각 목의 어느 하나에 해당하는 행위를 한 사람
   가. 위력(威力)을 사용하여 출동한 소방대의 화재진압·인명구조 또는 구급활동을 방해하는 행위
   나. 소방대가 화재진압·인명구조 또는 구급활동을 위하여 현장에 출동하거나 현장에 출입하는 것을 고의로 방해하는 행위
   다. 출동한 소방대원에게 폭행 또는 협박을 행사하여 화재진압·인명구조 또는 구급활동을 방해하는 행위
   라. 출동한 소방대의 소방장비를 파손하거나 그 효용을 해하여 화재진압·인명구조 또는 구급활동을 방해하는 행위
2. 제21조제1항을 위반하여 소방자동차의 출동을 방해한 사람
3. 제24조제1항에 따른 사람을 구출하는 일 또는 불을 끄거나 불이 번지지 아니하도록 하는 일을 방해한 사람
4. 제28조를 위반하여 정당한 사유 없이 소방용수시설을 사용하거나 소방용수시설의 효용을 해치거나 그 정당한 사용을 방해한 사람

[전문개정 2011.5.30]
제51조(벌칙) 제25조제1항에 따른 처분을 방해한 자 또는 정당한 사유 없이 그 처분에 따르지 아니한 자는 3년 이하의 징역 또는 1천500만원 이하의 벌금에 처한다.
[전문개정 2011.5.30]
제52조(벌칙) 다음 각 호의 어느 하나에 해당하는 자는 300만원 이하의 벌금에 처한다.
1. 제25조제2항 및 제3항에 따른 처분을 방해한 자 또는 정당한 사유 없이 그 처분에 따르지 아니한 자
2. 제30조제3항을 위반하여 관계인의 정당한 업무를 방해하거나 화재조사를 수행하면서 알게 된 비밀을 다른 사람에게 누설한 사람

[전문개정 2011.5.30]

第53조(벌칙) 다음 각 호의 어느 하나에 해당하는 자는 200만원 이하의 벌금에 처한다. 〈개정 2010.2.4, 2011.5.30〉

1. 정당한 사유 없이 제12조제1항 각 호의 어느 하나에 따른 명령에 따르지 아니하거나 이를 방해한 자
2. 정당한 사유 없이 제30조제1항에 따른 관계 공무원의 출입 또는 조사를 거부 · 방해 또는 기피한 자

第54조(벌칙) 다음 각 호의 어느 하나에 해당하는 자는 100만원 이하의 벌금에 처한다. 〈개정 2011.8.4〉

1. 제13조제2항에 따른 화재경계지구 안의 소방대상물에 대한 소방특별조사를 거부 · 방해 또는 기피한 자
2. 제20조를 위반하여 정당한 사유 없이 소방대가 현장에 도착할 때까지 사람을 구출하는 조치 또는 불을 끄거나 불이 번지지 아니하도록 하는 조치를 하지 아니한 사람
3. 제26조제1항에 따른 피난 명령을 위반한 사람
4. 제27조제1항을 위반하여 정당한 사유 없이 물의 사용이나 수도의 개폐장치의 사용 또는 조작을 하지 못하게 하거나 방해한 자
5. 제27조제2항에 따른 조치를 정당한 사유 없이 방해한 자

[전문개정 2011.5.30]

第55조(양벌규정) 법인의 대표자나 법인 또는 개인의 대리인, 사용인, 그 밖의 종업원이 그 법인 또는 개인의 업무에 관하여 제50조부터 제54조까지의 어느 하나에 해당하는 위반행위를 하면 그 행위자를 벌하는 외에 그 법인 또는 개인에게도 해당 조문의 벌금형을 과(科)한다. 다만, 법인 또는 개인이 그 위반행위를 방지하기 위하여 해당 업무에 관하여 상당한 주의와 감독을 게을리하지 아니한 경우에는 그러하지 아니하다.

[전문개정 2011.5.30]

第56조(과태료) ① 다음 각 호의 어느 하나에 해당하는 자에게는 200만원 이하의 과태료를 부과한다.

1. 제13조제3항에 따른 소방용수시설, 소화기구 및 설비 등의 설치 명령을 위반한 자
2. 제15조제1항에 따른 불을 사용할 때 지켜야 하는 사항 및 같은 조 제2항에 따른 특수가연물의 저장 및 취급 기준을 위반한 자
3. 제19조제1항을 위반하여 화재 또는 구조 · 구급이 필요한 상황을 거짓으로 알린 사람
4. 제23조제1항을 위반하여 소방활동구역을 출입한 사람
5. 제30조제1항에 따른 명령을 위반하여 보고 또는 자료 제출을 하지 아니하거나 거짓으로 보고 또는 자료 제출을 한 자

② 제1항에 따른 과태료는 대통령령으로 정하는 바에 따라 관할 시 · 도지사, 소방본부장 또는 소방서장이 부과 · 징수한다.

[전문개정 2011.5.30]

第57조(과태료) ① 제19조제2항에 따른 신고를 하지 아니하여 소방자동차를 출동하게 한 자에게는 20만원 이하의 과태료를 부과한다.

② 제1항에 따른 과태료는 조례로 정하는 바에 따라 관할 소방본부장 또는 소방서장이 부과 · 징수한다.

[전문개정 2011.5.30]

부칙〈제11690호, 2013.3.23〉(정부조직법)

제1조(시행일) ① 이 법은 공포한 날부터 시행한다.
② 생략
제2조부터 제5조까지 생략

제6조(다른 법률의 개정) ①부터 〈233〉까지 생략
〈234〉 소방기본법 일부를 다음과 같이 개정한다.
제4조제2항, 제5조제2항, 제8조제1항 · 제3항, 제10조제2항, 제11조제4항, 제11조의2제1항, 제16조의2제1항제6호, 제17조제2항 각 호 외의 부분 전단, 같은 조 제4항, 제18조, 제29조제2항 및 제39조의2제3항 중 "행정안전부령"을 각각 "안전행정부령"으로 한다.
〈235〉부터 〈710〉까지 생략

제7조 생략

SECTION 03 급경사지 재해예방에 관한 법률

[시행 2013.4.23] [법률 제11495호, 2012.10.22, 타법개정]
소방방재청(재해경감과) 02-2100-5457

제1장 총칙

제1조(목적) 이 법은 급경사지 붕괴위험지역의 지정 · 관리, 정비계획의 수립 · 시행, 응급대책 등에 관한 사항을 규정함으로써 급경사지 붕괴 등의 위험으로부터 국민의 생명과 재산을 보호하고 공공복리 증진에 이바지함을 목적으로 한다.

제2조(정의) 이 법에서 사용하는 용어의 정의는 다음과 같다. 〈개정 2008.12.29, 2012.12.18〉

1. “급경사지(急傾斜地)”란 택지 · 도로 · 철도 및 공원시설 등에 부속된 자연 비탈면, 인공 비탈면(옹벽 및 축대 등을 포함한다. 이하 같다) 또는 이와 접한 산지로서 대통령령으로 정하는 것을 말한다.
2. “붕괴위험지역”이란 붕괴 · 낙석 등으로 국민의 생명과 재산의 피해가 우려되는 급경사지와 그 주변 토지로서 제6조에 따라 지정 · 고시된 지역을 말한다.
3. “재해”란 「재난 및 안전 관리기본법」(이하 “기본법”이라 한다) 제3조제1호가목의 재난으로 급경사지에서 발생하는 피해를 말한다.
4. “재해위험도평가”란 급경사지의 붕괴 등과 관련하여 사회적 · 지리적 여건, 붕괴위험요인 및 피해예상 규모, 재해발생 이력 등을 분석하기 위하여 경험과 기술을 갖춘 자가 육안 또는 기구 등으로 검사를 실시하고 정량(定量) · 정성(定性)적으로 위험도를 분석 · 예측하는 것을 말한다.
5. “관리기관”이란 급경사지를 소유하거나 관리하는 다음 각 목의 행정기관 및 공공기관을 말한다.
   가. 지방자치단체
   나. 지방산림청
   다. 「한국농어촌공사 및 농지관리기금법」에 따른 한국농어촌공사
   라. 「한국토지주택공사법」에 따른 한국토지주택공사
   마. 삭제 〈2012.12.18〉
   바. 「한국철도시설공단법」에 따른 한국철도시설공단
   사. 「도시철도법」에 따른 도시철도공사
   아. 「자연공원법」에 따른 국립공원관리공단
   자. 그 밖에 대통령령으로 정하는 행정기관 및 공공기관

제3조(적용범위) 「도로법」 제9조의 고속국도 및 같은 법 제10조의 일반국도, 「시설물의 안전관리에 관한 특별법」 제2조제2호 및 제3호의 시설물에 관하여는 이 법을 적용하지 아니한다. 〈개정 2008.3.21〉

제4조(다른 법률과의 관계) 이 법은 급경사지의 지정 · 관리 및 응급대책 등에 관하여 다른 법률에 우선하여 적용한다.

제2장 붕괴위험지역의 지정 및 관리

제5조(급경사지에 대한 안전점검) ① 관리기관은 소관 급경사지에 대하여 연 1회 이상 안전점검을 실시하고, 기본법 제16조제1항에 따라 설치한 특별자치도 · 시 · 군 · 구 재난안전대책본부의 본부장(이하 "시 · 군 · 구본부장"이라 한다)에게 그 결과를 통보하여야 한다.

② 시 · 군 · 구본부장은 관할 구역 안에 있는 급경사지에 대하여 연 1회 이상 안전점검을 실시하되, 제1항에 따른 결과통보를 받아 붕괴 위험성이 없다고 판단하는 급경사지에 대하여는 안전점검을 생략할 수 있다.

③ 시 · 군 · 구본부장은 제2항에 따른 안전점검의 효율성을 높이기 위하여 필요한 경우 관계 기관 및 전문가와 합동하여 안전점검을 실시할 수 있다.

④ 시 · 군 · 구본부장은 제2항 및 제3항에 따른 점검결과를 해당 관리기관 및 해당 토지의 소유자 · 점유자 또는 관리인(이하 "관계인"이라 한다)에게 통보하여 안전에 필요한 조치를 취하도록 하여야 한다.

제6조(붕괴위험지역의 지정 등) ① 관리기관은 소관 급경사지에 대하여 제5조에 따른 안전점검을 실시하여 붕괴위험지역으로 지정할 필요가 있는 때에는 재해위험도평가와 주민의견 수렴절차를 거쳐 그 지역을 관할하고 있는 특별자치도지사 · 시장 · 군수 · 구청장(구청장은 자치구의 구청장을 말하며, 이하 "시장 · 군수 · 구청장"이라 한다)에게 붕괴위험지역의 지정을 요청하고, 그 요청을 받은 시장 · 군수 · 구청장은 특별한 사유가 없는 한 즉시 이를 지정 · 고시하여야 한다. 이를 변경하는 때에도 또한 같다.

② 시장 · 군수 · 구청장은 관할 구역 안에서 관리기관 외의 자가 소유하거나 관리하는 급경사지에 대하여 직접 재해위험도 평가를 하고 주민의견 수렴절차를 거쳐 붕괴위험지역으로 지정 · 고시할 수 있다. 이 경우 해당 시장 · 군수, 구청장은 해당 붕괴위험지역의 관리기관이 된다.

③ 제1항의 붕괴위험지역의 지정과 관련하여 관리기관의 요청이 있는 경우에는 시장 · 군수 · 구청장이 주민의견을 수렴할 수 있다.

④ 시장 · 군수 · 구청장은 제1항 또는 제2항에 따라 붕괴위험지역을 지정 · 고시한 때에는 그 사실을 관계인에게 알려주어야 한다. 다만, 관계인의 주소 · 거소가 분명하지 아니한 때에는 안전행정부령으로 정하는 바에 따라 고시로써 이를 갈음한다. 〈개정 2008.2.29, 2013.3.23〉

⑤ 급경사지가 「자연재해대책법」 제12조에 따라 자연재해위험개선지구로 지정 · 고시된 경우에는 제1항 및 제2항에 따라 붕괴위험지역으로 지정 · 고시된 것으로 본다. 〈개정 2012.10.22〉

⑥ 제1항 및 제2항의 재해위험도평가의 방법 · 절차 등에 관한 사항 및 주민의견 수렴절차에 관한 사항은 대통령령으로 정하고, 그 밖에 붕괴위험지역의 지정 · 고시 및 변경 등에 관하여 필요한 사항은 안전행정부령으로 정한다. 〈개정 2008.2.29, 2013.3.23〉

제7조(현지조사의 실시 등) ① 관리기관의 장이 제6조제1항에 따라 붕괴위험지역의 지정요청을 하거나 시장 · 군수 · 구청장이 같은 조 제2항에 따라 붕괴위험지역으로 지정 · 고시하기 위하여 필요하다고 인정하는 경우에는 소속 직원으로 하여금 현지조사를 실시하게 할 수 있다.

② 제1항에 따라 현지조사를 실시하는 자는 필요한 경우 타인의 토지에 출입하거나 토지를 일시 사용할 수 있으며, 나무 · 흙 · 돌이나 그 밖의 장애물을 변경 · 제거할 수 있다.

③ 제2항에 따라 타인의 토지에 출입하거나 토지를 일시 사용하는 자 또는 장애물을 변경 · 제거하고자

하는 자는 안전행정부령으로 정하는 바에 따라 관계인의 동의를 받아야 한다. 다만, 관계인의 주소 · 거소가 분명하지 아니하여 동의를 받을 수 없을 때에는 관할 시장 · 군수 · 구청장의 허가를 받아야 한다. 〈개정 2008.2.29, 2013.3.23〉

④ 제2항에 따라 타인의 토지에 출입하거나 토지를 일시 사용하는 자 또는 장애물을 변경, 제거하고자 하는 자는 그 권한을 나타내는 증표를 지니고 이를 관계인에게 내보여야 한다.

⑤ 제2항에 따라 발생하는 손실의 보상에 대하여는 「공익사업을 위한 토지 등의 취득 및 보상에 관한 법률」에 따른다.

제8조(붕괴위험지역의 계측관리 등) ① 관리기관은 붕괴위험지역 지반의 침하 · 활동 · 전도(顚倒) 및 붕괴 등으로 위치변화를 사전에 감지하기 위하여 필요하다고 판단되는 경우에는 대통령령으로 정하는 바에 따라 지속적인 계측(計測) · 자료관리(이하 "상시계측관리"라 한다)를 직접하거나 제22조에 따른 계측업의 등록을 한 자에게 이를 대행하게 할 수 있다.

② 관리기관은 제1항에 따라 직접 상시계측관리를 하거나 대행하게 하는 경우에는 계측자료를 관할 시 · 군 · 구본부장에게 실시간으로 제공하여야 한다.

③ 시 · 군 · 구본부장은 제2항에 따라 제공받은 계측자료와 자체의 계측자료를 활용하여 긴급상황이 발생하는 때에는 신속히 해당 지역 주민을 대피시켜야 한다.

④ 누구든지 상시계측관리를 위하여 설치된 계측관리용 기구 · 장비 등을 훼손하여서는 아니 된다.

제9조(주민대피 관리기준의 제정 · 운영) ① 시장 · 군수 · 구청장은 상시계측관리의 결과와 강수량 · 비탈면의 성상(性狀) 등을 고려하여 주민대피를 위한 관리기준을 제정 · 운영하여야 한다.

② 소방방재청장은 관계 중앙행정기관의 장과 협의를 거쳐 제1항에 따른 관리기준의 제정 · 운영을 위한 지침을 작성하여 시장 · 군수 · 구청장에게 통보하고 그 이행상황에 대하여 지도 · 감독하여야 한다.

제10조(붕괴위험지역에서의 행위 협의) ① 관계 행정기관이 붕괴위험지역에서 다음 각 호의 어느 하나에 해당하는 행위를 수반하는 허가 · 인가, 면허 · 승인 · 해제 · 결정 · 동의 · 협의 등(이하 "인 · 허가등"이라 한다)을 하고자 하는 때에는 미리 소관 관리기관과 협의를 하여야 한다. 다만, 「자연재해대책법」 제4조에 따라 사전재해영향성검토에 관하여 사전협의를 한 경우에는 그러하지 아니하다.

1. 토석의 굴착을 수반하는 관로(管路)의 설치, 철탑의 설치, 도로 · 교량 등 구조물의 설치 행위
2. 토석의 굴착을 수반하는 건축물을 신축하거나 증축 · 개축하는 행위
3. 옹벽 · 축대 및 측구(側溝) 등을 변경하는 행위
4. 수목을 벌채하거나 잔디 등을 제거하는 행위
5. 그 밖에 급경사지의 안정을 저해하는 행위로써 대통령령으로 정하는 사항

② 관계 행정기관이 제1항의 협의를 하고자 하는 때에는 대통령령으로 정하는 서류를 갖추어 협의를 요청하여야 하며, 협의를 요청받은 관리기관은 관계 행정기관에 협의결과를 통보하여야 한다.

③ 제2항에 따라 협의 결과를 통보받은 관계 행정기관은 특별한 사유가 없는 한 이를 반영하기 위하여 필요한 조치를 하여야 하며, 조치한 결과 또는 이후의 조치계획을 관리기관에 통보하여야 한다.

④ 제3항에 따라 협의결과가 해당 행정계획이나 개발사업에 반영된 경우에 관계 행정기관 및 관련 사업자는 이를 성실히 이행하여야 한다.

⑤ 관리기관은 제4항에 따른 협의결과의 이행을 위하여 관계 행정기관 및 사업자에게 공사중지 등의 필요한 조치를 요청할 수 있다. 이 경우 관계 행정기관 및 관련 사업자는 특별한 사유가 없는 한 이에 응하여야 한다.

⑥ 관계 행정기관은 제1항의 협의 절차가 완료되기 전에는 인 · 허가등을 하여서는 아니 된다.

제11조(위험표지의 설치) ① 관리기관은 붕괴위험지역에 위험을 알리는 표지를 설치하여야 한다.
② 제1항에 따라 붕괴위험지역에 설치하는 위험표지의 크기 · 기재사항 등에 관한 세부사항은 안전행정부령으로 정한다. 〈개정 2008.2.29, 2013.3.23〉
③ 누구든지 제1항 및 제2항에 따라 위험표지를 설치한 자의 허락 없이 이를 이전하거나 훼손하여서는 아니 된다.

제3장 붕괴위험지역의 정비계획 수립 · 추진

제12조(붕괴위험지역 정비 중기계획의 수립) ① 관리기관은 붕괴위험지역에 대하여 대통령령으로 정하는 바에 따라 매 5년 단위의 붕괴위험지역 정비 중기계획(이하 "중기계획"이라 한다)을 수립하여 시 · 군 · 구본부장에게 통보하여야 하며, 시 · 군 · 구본부장은 이를 기본법 제16조제1항에 따라 설치한 시 · 도 재난안전대책본부의 본부장(특별자치도 재난안전대책본부의 본부장을 제외한다. 이하 "시 · 도본부장"이라 한다)을 거쳐 기본법 제14조제1항에 따라 설치한 중앙재난안전대책본부의 본부장(이하 "중앙본부장"이라 한다)에게 제출하여야 한다.
② 중앙본부장은 제1항에 따라 제출받은 중기계획에 대하여 필요하다고 인정되는 때에는 중기계획의 수정 또는 보완을 요구할 수 있고 이를 요구받은 관리기관은 특별한 사유가 없는 한 이에 응하여야 한다.
③ 시장 · 군수 · 구청장은 제1항에 따라 중기계획을 수립함에 있어서 급경사지 정비사업에 과도한 예산이 사용되거나 급경사지 정비만으로 근원적인 붕괴위험요인의 제거가 어렵다고 판단되는 경우에는 주민의견 수렴 등의 절차와 경제성 분석을 거쳐 이주대책을 수립할 수 있다.
④ 제3항에 따른 이주대책의 수립에 관하여는 「공익사업을 위한 토지 등의 취득 및 보상에 관한 법률」 제78조를 준용한다.

제13조(붕괴위험지역의 정비사업 실시계획) ① 관리기관은 제12조에 따라 수립된 중기계획을 기초로 대통령령으로 정하는 바에 따라 매년 정비사업 실시계획을 관계 행정기관의 장과 협의를 거쳐 수립하고 이를 고시하여야 한다. 이를 변경하는 때에도 또한 같다.
② 제1항에 따라 관리기관이 정비사업 실시계획을 수립함에 있어서 붕괴위험지역에 인접한 지역으로부터의 토석류 유출 및 산사태 등으로 붕괴위험지역에 피해가 우려되는 때에는 그 인접한 지역에 대한 피해방지 사업을 포함하여 수립할 수 있다.
③ 관리기관은 특별한 사유가 없는 한 제1항에 따라 관계 행정기관의 장과의 협의를 거친 사항을 반영하기 위하여 필요한 조치를 하여야 하며, 조치한 결과 또는 향후의 조치계획을 관계 행정기관의 장에게 통보하여야 한다.
④ 관리기관은 제1항에 따라 수립한 정비사업 실시계획을 관할 시 · 군 · 구본부장에게 제출하여야 하며, 시 · 군 · 구본부장은 시 · 도본부장을 거쳐 이를 중앙본부장에게 제출하여야 한다.
⑤ 특별시장 · 광역시장 · 도지사 · 특별자치도지사 또는 시장 · 군수, 구청장이 붕괴위험지역에 대하여 정비사업 실시계획을 수립한 경우에는 「자연재해대책법」 제70조에 따라 정비사업에 사용되는 비용의 전부 또는 일부를 국고에서 지원할 수 있다.
⑥ 소방방재청장은 제1항의 정비사업 실시계획에 대한 추진실적을 확인하고 기관평가를 실시한 후 포상을 할 수 있다.

제14조(다른 법률에 따른 인 · 허가등의 의제) 제13조제1항에 따른 붕괴위험지역의 정비사업 실시계획을

수립함에 있어서 관리기관이 다음 각 호의 인 · 허가등에 관하여 관계 행정기관의 장과 미리 협의한 사항에 대하여 정비사업 실시계획을 고시한 때에 당해 인 · 허가등을 받은 것으로 보며, 관계 법률에 따른 인 · 허가등의 고시 또는 공고가 있은 것으로 본다. 〈개정 2008.3.21, 2010.4.15〉

1. 「국토의 계획 및 이용에 관한 법률」 제56조에 따른 개발행위의 허가
2. 「도로법」 제38조에 따른 도로 점용
3. 「공유수면 관리 및 매립에 관한 법률」제8조에 따른 공유수면의 점용 · 사용허가 및 같은 법 제28조에 따른 공유수면의 매립면허
4. 삭제 〈2010.4.15〉
5. 「농지법」 제34조에 따른 농지의 전용허가 · 협의 및 같은 법 제36조에 따른 농지의 타용도 일시사용 허가 등
6. 「초지법」 제23조에 따른 초지의 전용 등
7. 「산지관리법」 제14조에 따른 산지전용허가, 같은 법 제25조에 따른 토석채취허가 등, 「산림자원의 조성 및 관리에 관한 법률」 제36조제1항 및 제4항에 따른 입목벌채등의 허가 및 신고 등
8. 「사방사업법」 제14조에 따른 사방지안에서의 행위제한

제4장 붕괴위험지역에서의 조치 등

제15조(붕괴위험지역의 안전 확보) ① 제6조제4항에 따라 붕괴위험지역의 지정을 통보받은 다음 각 호의 관계인은 붕괴위험의 해소를 위하여 자체 안전점검을 실시하고, 응급조치 및 보수 · 보강 등의 필요한 조치를 취하여 급경사지의 안정성을 확보하여야 한다.

1. 「주택법」 제43조에 따른 관리주체 등
2. 「산업집적활성화 및 공장설립에 관한 법률」 제30조 및 같은 법 제31조에 따른 관리권자등 및 관리공단등

② 제1항의 관계인은 붕괴위험지역의 안전을 위하여 유지관리에 필요한 비용을 확보하는 등 재해예방을 위하여 노력하여야 한다.

제16조(토지등의 수용 · 사용) ① 관리기관은 제13조에 따라 붕괴위험지역의 정비사업의 시행을 위하여 필요하다고 인정하는 때에는 사업구역 안에 있는 토지 · 물건 또는 권리(이하 "토지등"이라 한다)를 수용 또는 사용할 수 있다.

② 제13조에 따라 붕괴위험지역의 정비사업 실시계획을 고시한 때에는 「공익사업을 위한 토지 등의 취득 및 보상에 관한 법률」 제20조제1항 및 같은 법 제22조의 사업인정과 사업인정의 고시가 있는 것으로 보며, 재결신청은 같은 법 제23조제1항 및 같은 법 제28조제1항에도 불구하고 당해 붕괴위험지역의 정비사업기간 내에 이를 하여야 한다.

③ 제1항에 따른 수용 또는 사용에 관하여는 이 법에 특별한 규정이 있는 경우를 제외하고는 「공익사업을 위한 토지 등의 취득 및 보상에 관한 법률」 을 준용한다.

제5장 응급대책 및 응급부담

제17조(재해예방을 위한 긴급안전조치 등) ① 시 · 군 · 구본부장은 제5조에 따라 안전점검을 실시한 결과 붕괴위험이 있는 관할 구역의 급경사지에서 재해가 발생하였거나 발생할 우려가 있는 때에는 대통령

령으로 정하는 바에 따라 관계인에게 관련 시설의 사용을 제한 · 금지하거나 보수 · 보강 또는 제거하는 등의 안전조치를 명령할 수 있다.

② 제1항의 안전조치명령을 받은 관계인이 안전조치를 이행한 때에는 안전행정부령으로 정하는 바에 따라 그 결과를 시 장 · 군수 · 구청장에게 통보하여야 한다. 〈개정 2008.2.29, 2013.3.23〉

③ 시장 · 군수 · 구청장은 제1항에 따른 안전조치명령을 받은 자가 그 명령을 이행하지 아니하는 경우에는 그에 대신하여 필요한 안전조치를 취할 수 있다. 이 경우 「행정대집행법」을 준용한다.

제18조(대피명령 등) 시장 · 군수 · 구청장은 붕괴위험지역에서 재해가 발생하거나 발생할 우려가 있는 때에 사람의 생명 또는 신체에 대한 위해를 방지하기 위하여 필요한 경우에는 해당 지역의 주민이나 위험지역에 있는 자에게 대피명령 또는 강제대피 등의 조치를 할 수 있다.

제19조(토지 등의 시설의 일시 사용 등) ① 시장 · 군수 · 구청장은 관할 구역 안의 붕괴위험지역에서 재해가 발생하거나 발생할 우려가 있어 응급조치를 하여야 할 사정이 있는 때에는 당해 재해현장에 있는 자 또는 인근에 거주하는 자에 대하여 응급조치를 하도록 하거나 대통령령으로 정하는 바에 따라 다른 사람의 토지 · 건축물 · 공작물, 그 밖의 소유물을 일시 사용할 수 있으며 장애물을 변경 또는 제거할 수 있다.

② 시장 · 군수 · 구청장은 제1항에 따른 응급조치로 손실이 발생한 때에는 「공익사업을 위한 토지 등의 취득 및 보상에 관한 법률」에 따라 보상하여야 한다.

③ 시장 · 군수 · 구청장은 제1항에 따라 응급조치에 종사한 자에 대한 치료와 보상에 대하여는 기본법 제65조를 준용한다.

제6장 재해예방을 위한 기술의 축적 및 보급 등

제20조(급경사지에 관한 정보체제의 구축) ① 관계 법령에 따른 각종 인 · 허가등으로 급경사지를 조성한 자가 관련 사업을 준공한 때에는 준공도서를 관할 시 · 군 · 구본부장에게 제출하여야 한다.

② 관리기관은 관리하고 있는 급경사지의 제원(諸元) · 사진 · 지반조사서 등의 현황자료를 그 급경사지가 위치하는 관할 시 · 군 · 구본부장에게 제출하여야 한다.

③ 시 · 군 · 구본부장은 제1항 및 제2항에 따른 준공도서 및 현황자료 등과 관할 구역 안에서 시행하는 대통령령으로 정하는 규모 이상의 공사에 대한 토질조사 등의 자료를 제출받아 데이터베이스를 구축하고, 이를 필요로 하는 자에게 해당 정보를 제공하여야 한다.

④ 소방방재청장은 제1항부터 제3항까지의 규정에 따른 데이터베이스의 구축에 필요한 시스템을 개발 · 보급 · 운영하여야 하며, 각종 설계 · 시공 및 붕괴위험예측 등에 활용할 수 있는 전국단위의 지반재해위험지도를 작성하여 보급하여야 한다.

⑤ 제1항 및 제2항에 따라 시 · 군 · 구본부장에게 제출하는 준공도서 및 급경사지 현황자료에 관하여 필요한 사항은 대통령령으로 정한다.

제21조(데이터베이스의 표준지침) 소방방재청장은 종합적이고 일원화된 정보제공을 위한 체제의 확립을 위하여 제20조에 따라 구축되는 데이터베이스의 통합 및 호환을 위한 표준지침을 마련하여야 하며, 급경사지의 안전관리와 재해예방에 관한 정보와 기술의 축적 및 보급을 위하여 노력하여야 한다.

제22조(계측업의 등록) ① 상시계측관리를 업으로 하고자 하는 자는 대통령령으로 정하는 기술능력 및 시설 등의 등록기준을 갖추어 안전행정부령으로 정하는 바에 따라 특별시장 · 광역시 장 · 도지사 또는 특별자치도지사에게 등록하여야 한다. 등록한 사항 중 대통령령으로 정하는 사항을 변경하고자 하는 때

에도 또한 같다. 〈개정 2008.2.29, 2013.3.23〉

② 제1항에 따라 계측업을 등록한 자(이하 "계측업자"라 한다)가 사업을 폐지하거나 휴지하고자 하는 경우에는 안전행정부령으로 정하는 바에 따라 특별시장 · 광역시장 · 도지사 또는 특별자치도지사에게 신고하여야 한다. 〈개정 2008.2.29, 2013.3.23〉

제23조(계측업자의 결격사유) 다음 각 호의 어느 하나에 해당하는 자는 계측업의 등록을 할 수 없다.

1. 금치산자 또는 한정치산자
2. 이 법을 위반하여 금고 이상의 실형을 선고받고 그 집행이 종료(집행이 종료되는 것으로 보는 경우를 포함한다)되거나 집행이 면제된 날부터 2년이 경과되지 아니한 자
3. 이 법을 위반하여 징역형의 집행유예를 선고받고 그 유예기간 중에 있는 자
4. 계측업의 등록이 취소된 후 2년이 경과되지 아니한 자
5. 임원 중에 제1호부터 제4호까지의 어느 하나에 해당하는 자가 있는 법인

제24조(계측업자의 지위승계) ① 계측업자는 다른 계측업자의 사업을 양도 · 양수하거나 다른 계측업자인 법인을 합병하려는 경우에는 대통령령으로 정하는 바에 따라 특별시장 · 광역시장 · 도지사 또는 특별자치도지사에게 신고하여야 한다.

② 제1항에 따라 신고한 양수인 및 합병에 따라 설립되거나 합병 후 존속하는 법인은 양도인 및 합병 전 법인의 계측업자로서의 지위를 각각 승계한다.

③ 계측업자가 사망한 경우 그 상속인이 계측업자의 지위를 승계하여 계측업을 하려는 경우에는 대통령령으로 정하는 바에 따라 특별시장 · 광역시장 · 도지사 또는 특별자치도지사에게 신고하여야 한다.

④ 제1항 및 제3항에 따른 신고에 관하여 제23조를 준용한다.

제25조(계측업의 등록취소 등) ① 특별시장 · 광역시장 · 도지사 또는 특별자치도지사는 계측업자가 다음 각 호의 어느 하나에 해당하는 때에는 등록을 취소하거나 3개월 이내의 기간을 정하여 그 영업의 정지를 명할 수 있다. 다만, 제1호 또는 제3호에 해당하는 때에는 그 등록을 취소하여야 한다.

1. 거짓 또는 부정한 방법으로 제22조의 등록을 한 때
2. 제22조제1항에 따른 등록기준에 미달한 때
3. 제23조 각 호의 어느 하나에 해당하게 된 때. 다만, 법인의 임원 중 제23조제5호에 해당하는 자가 있는 경우 3개월 이내에 그 임원을 개임한 때를 제외한다.
4. 계측업 등록증이나 명의를 다른 사람에게 대여하거나 도급 받은 계측업무를 하도급한 때
5. 계측결과를 거짓으로 작성하거나 고의 또는 중대한 과실로 부실하게 작성한 때
6. 등록 후 정당한 사유 없이 2년 이상 영업을 개시하지 아니한 때

② 제1항에 따른 위반행위별 처분기준은 그 사유와 위반정도를 감안하여 안전행정부령으로 정한다. 〈개정 2008.2.29, 2013.3.23〉

제26조(계측기기의 성능검사) ① 계측업자가 상시계측관리를 함에 있어서는 소방방재청장이 실시하는 성능검사(이하 "성능검사"라 한다)에 합격한 계측기기를 사용하여야 한다.

② 성능검사의 대상 · 기준 및 절차 등에 관하여 필요한 사항은 안전행정부령으로 정한다. 〈개정 2008. 2.29, 2013.3.23〉

③ 소방방재청장은 제2항에 따른 성능검사 결과가 적합한 경우에는 안전행정부령으로 정하는 바에 따라 검사필증을 교부하여야 한다. 〈개정 2008.2.29, 2013.3.23〉

④ 소방방재청장은 제27조에 따라 등록을 한 자(이하 "성능검사대행자"라 한다)로 하여금 성능검사를 대행하게 할 수 있다. 이 경우 성능검사대행자는 제2항에 따른 성능검사 결과가 적합한 경우에는 안전

행정부령으로 정하는 바에 따라 검사필증을 교부하여야 한다. 〈개정 2008.2.29, 2013.3.23〉

제27조(성능검사대행자의 등록 등) ① 성능검사를 대행하고자 하는 자는 대통령령으로 정하는 기술능력 및 시설 등의 등록기준을 갖추어 소방방재청장에게 등록하여야 한다. 등록한 사항 중 대통령령으로 정하는 사항을 변경하고자 하는 때에도 또한 같다.

② 성능검사대행자는 성능검사를 하는 때에 검사수수료를 징수할 수 있다.

③ 성능검사대행자의 지위승계에 대하여는 제24조를 준용한다. 이 경우 "계측업자"를 "성능검사대행자"로 본다.

제28조(성능검사대 행자의 결격사유) 다음 각 호의 어느 하나에 해당하는 자는 성능검사대행자의 등록을 할 수 없다.

1. 금치산자 또는 한정치산자
2. 이 법을 위반하여 금고 이상의 실형을 선고받고 그 집행이 종료(집행이 종료되는 것으로 보는 경우를 포함한다)되거나 집행이 면제된 날부터 2년이 경과되지 아니한 자
3. 이 법을 위반하여 징역형의 집행유예를 선고받고 그 유예기간 중에 있는 자
4. 성능검사대행자의 등록이 취소된 후 2년이 경과되지 아니한 자
5. 임원 중에 제1호부터 제4호까지의 어느 하나에 해당하는 자가 있는 법인

제29조(성능검사대행자의 등록취소 등) ① 소방방재청장은 성능검사대행자가 다음 각 호의 어느 하나에 해당하는 때에는 등록을 취소하거나 3개월 이내의 기간을 정하여 그 업무의 정지를 명할 수 있다. 다만, 제1호 또는 제3호에 해당하는 때에는 그 등록을 취소하여야 한다.

1. 거짓 또는 부정한 방법으로 제27조에 따른 등록을 한 때
2. 제27조제1항에 따른 대행자의 등록기준에 미달한 때
3. 제28조 각 호의 어느 하나에 해당하게 된 때. 다만, 법인의 임원 중 제28조제5호에 해당하는 자가 있는 경우 3개월 이내에 그 임원을 개임한 때를 제외한다.
4. 성능검사대행자 등록증이나 명의를 다른 사람에게 대여한 때
5. 성능검사 결과를 거짓으로 작성하거나 부정한 방법으로 성능검사를 행한 때
6. 정당한 사유 없이 성능검사를 거부 또는 기피한 때

② 제1항에 따른 위반행위별 처분기준은 그 사유와 위반정도를 감안하여 안전행정부령으로 정한다. 〈개정 2008.2.29, 2013.3.23〉

제30조(계측전문인력의 사전 실무교육) ① 상시계측관리의 공정성과 공신력의 확보 및 기술력의 증진을 위하여 다음 각 호에 해당하는 자는 안전행정부령으로 정하는 바에 따라 소방방재청장이 실시하는 실무교육훈련과정을 사전에 이수하여야 한다. 〈개정 2008.2.29, 2013.3.23〉

1. 제22조제1항에 따라 계측업에 종사하는 전문기술자
2. 제27조제1항에 따라 성능검사대행업무에 종사하는 전문기술자

② 소방방재청장은 방재 관련 전문기관 또는 단체를 교육기관으로 지정 · 고시하여 제1항에 따른 실무교육을 대행하게 할 수 있다.

③ 제1항에 따라 교육훈련을 받아야 할 자를 고용하고 있는 사용자는 전문기술자가 교육을 받는데 필요한 경비를 부담하여야 한다.

④ 제2항에 따른 교육기관의 지정요건 및 절차 등에 관하여 필요한 사항은 안전행정부령으로 정한다. 〈개정 2008.2.29, 2013.3.23〉

제31조(계측비용 및 검사수수료의 산정기준) 소방방재청장은 상시계측관리에 사용되는 계측비용과 계측

기기의 성능검사 수수료에 대한 산정기준을 표준비용 등을 고려하여 작성 · 고시하여야 한다.

제32조(청문) 특별시장 · 광역시장 · 도지사 또는 특별자치도지사나 소방방재청장은 제25조 또는 제29조에 따라 계측업의 등록 또는 성능검사대행자의 등록을 취소하고자 하는 경우에는 청문을 실시하여야 한다.

제33조(권한 위임) 이 법에 따른 소방방재청장의 권한은 그 일부를 대통령령으로 정하는 바에 따라 특별시장 · 광역시장 · 도지사 또는 특별자치도지사에게 위임할 수 있다.

제7장 벌칙

제34조(벌칙) 다음 각 호의 어느 하나에 해당하는 자는 2년 이하의 징역 또는 2천만원 이하의 벌금에 처한다.

1. 제22조에 따른 등록을 하지 아니하거나 제25조에 따라 등록이 취소된 자가 상시계측관리업을 한 때
2. 제27조에 따른 등록을 하지 아니하거나 제29조에 따라 등록이 취소된 자가 성능검사대행업을 한 때
3. 거짓 또는 부정한 방법으로 제22조 또는 제27조에 따른 등록을 한 때

제35조(벌칙) 다음 각 호의 어느 하나에 해당하는 자는 1년 이하의 징역 또는 1천만원 이하의 벌금에 처한다.

1. 제25조에 따른 영업정지기간 중에 계속하여 업무를 한 때
2. 제26조제4항에 따른 성능검사대행자가 성능검사를 부정하게 한 때
3. 제29조에 따른 업무정지기간 중에 계속하여 업무를 한 때

제36조(양벌규정) 법인의 대표자나 법인 또는 개인의 대리인, 사용인, 그 밖의 종업원이 그 법인 또는 개인의 업무에 관하여 제34조 또는 제35조의 위반행위를 하면 그 행위자를 벌하는 외에 그 법인 또는 개인에게도 해당 조문의 벌금형을 과(科)한다. 다만, 법인 또는 개인이 그 위반행위를 방지하기 위하여 해당 업무에 관하여 상당한 주의와 감독을 게을리하지 아니한 경우에는 그러하지 아니하다.
[전문개정 2008.12.26]

제37조(과태료) ① 다음 각 호의 어느 하나에 해당하는 자에게는 200만원 이하의 과태료를 부과한다.

1. 제8조제4항에 따른 상시계측관리용 기구 · 장비 등을 훼손한 자
2. 제11조제3항을 위반하여 위험표지를 이전하거나 훼손한 자
3. 제15조제1항에 따라 자체 안전점검을 실시하지 아니하거나 응급조치 등 필요한 조치를 취하지 아니한 자
4. 제17조제1항의 안전조치명령을 이행하지 아니한 자
5. 제18조에 따른 대피 등 명령을 거부한 자
6. 제19조에 따른 토지 · 건축물 등의 일시사용 또는 장애물의 변경이나 제거를 거부 또는 방해한 자
7. 제20조제1항에 따른 급경사지 관련 준공도서의 제출을 이행하지 아니한 자
8. 제24조제1항 및 제3항(제27조제3항에서 준용하는 경우를 포함한다)을 위반하여 계측업의 양도 · 양수 등에 관한 신고를 하지 아니한 자

② 제1항에 따른 과태료는 대통령령으로 정하는 바에 따라 시장 · 군수 · 구청장이 부과 · 징수한다.

③ 제2항에 따른 과태료 처분에 불복하는 자는 그 처분을 고지받은 날부터 30일 이내에 시장 · 군수 · 구청장에게 이의를 제기할 수 있다.

④ 시장 · 군수 · 구청장은 제2항에 따른 과태료 처분을 받은 자가 제3항에 따라 이의를 제기한 때에는

지체 없이 관할 법원에 그 사실을 통보하여야 하며, 그 통보를 받은 관할 법원은 「비송사건절차법」에 따른 과태료 재판을 한다.
⑤ 제3항에 따른 기간 이내에 이의를 제기하지 아니하고 과태료를 납부하지 아니한 때에는 지방세 체납처분의 예에 따라 징수한다.

부칙〈제11690호, 2013.3.23〉(정부조직법)

제1조(시행일) ① 이 법은 공포한 날부터 시행한다.
② 생략
제2조부터 제5조까지 생략
제6조(다른 법률의 개정) ①부터 〈229〉까지 생략
〈230〉 급경사지 재해예방에 관한 법률 일부를 다음과 같이 개정한다.
제6조제4항 단서, 같은 조 제6항, 제7조제3항 본문, 제11조제2항, 제17조제2항, 제22조제1항 전단, 같은 조 제2항, 제25조제2항, 제26조제2항 · 제3항, 같은 조 제4항 후단, 제29조제2항, 제30조제1항 각 호 외의 부분 및 같은 조 제4항 중 "행정안전부령"을 각각 "안전행정부령"으로 한다.
〈231〉부터 〈710〉까지 생략
제7조 생략

SECTION 04 농어업재해대책법

[시행 2013.6.19] [법률 제11563호, 2012.12.18, 일부개정]
농림축산식품부(재해보험팀) 044-201-1792, 1793
해양수산부(어촌양식정책과) 044-200-5617, 5616

제1조(목적) 이 법은 농업 및 어업 생산에 대한 재해(災害)를 예방하고 그 사후(事後) 대책을 마련함으로써 농업 및 어업의 생산력 향상과 경영 안정을 도모함을 목적으로 한다.
[전문개정 2009.5.8]

제2조(정의) 이 법에서 사용되는 용어의 뜻은 다음과 같다. 〈개정 2010.1.25, 2011.3.9, 2011.7.14, 2011.7.28, 2013.3.23〉

1. "재해"란 농업재해와 어업재해를 말한다.
2. "농업재해"란 한해(旱害), 수해, 풍해(風害), 냉해(冷害), 우박, 서리, 조해(潮害), 설해(雪害), 동해(凍害), 폭염(暴炎), 병충해(病蟲害), 일조량(日照量) 부족, 유해야생동물(「야생생물 보호 및 관리에 관한 법률」 제2조제5호의 유해야생동물을 말한다), 그 밖에 제5조제1항에 따른 농업재해대책 심의위원회가 인정하는 자연현상으로 인하여 발생하는 농업용 시설, 농경지, 농작물, 가축, 임업용 시설 및 산림작물의 피해를 말한다.
3. "어업재해"란 이상조류(異常潮流), 적조현상(赤潮現象), 해파리의 대량발생, 태풍, 해일, 이상수온(異常水溫), 그 밖에 제5조제2항에 따른 어업재해대책 심의위원회가 인정하는 자연현상으로 인하여 발생하는 수산양식물 및 어업용 시설의 피해를 말한다.
4. "농작물"이란 식용작물 · 공예작물 · 사료작물 · 비료작물 · 원예작물 · 버섯작물 및 뽕나무를 말한다.
5. "산림작물"이란 소득을 목적으로 재배하는 묘목, 유실수(有實樹), 조경수(造景樹), 산림버섯, 산채류(山菜類), 야생화, 그 밖의 임산물을 말한다.
6. "가축"이란 「축산법」 제2조제1호에 따른 가축을 말한다.
7. "재해대책"이란 재해의 예방, 피해의 경감(輕減), 재해의 복구 및 재해를 입은 농가(農家)와 어가(漁家)에 대한 지원을 말한다.
8. "농가"란 그 세대주 또는 동거하는 가족이 가계(家計) 유지를 목적으로 직접 농작물 또는 산림작물을 재배하거나 가축을 사육하는 가구 단위와 「농어업경영체 육성 및 지원에 관한 법률」 제16조 및 제19조에 따른 영농조합법인 및 농업회사법인을 말한다.
9. "어가"란 그 세대주 또는 동거하는 가족이 가계 유지를 목적으로 직접 수산 동식물을 포획 · 채취하거나 양식하는 가구 단위와 「농어업경영체 육성 및 지원에 관한 법률」 제16조·및 제19조에 따른 영어조합법인 및 어업회사법인을 말한다.

10. “농업용 시설”이란 축사(畜舍), 잠실(蠶室), 원예 재배시설, 그 밖에 농업 생산에 필요한 시설과 창고 등 부대시설을 말한다.
11. “임업용 시설”이란 묘포장(苗圃場) 및 그 밖의 산림작물 재배시설과 창고 등 부대시설을 말한다.
12. “어업용 시설”이란 어선, 어구(漁具), 어망(漁網), 그 밖에 어업생산에 필요한 시설 및 창고 등 부대시설을 말한다.
13. “수산양식물”이란 어가가 양식하는 어패류(魚貝類), 해조류(海藻類), 그 밖의 수산 동식물을 말한다.

[전문개정 2009.5.8]

제3조(재해대책) 국가와 지방자치단체는 다음 각 호의 사항에 관하여 재해대책을 마련한다. 〈개정 2010.1.25〉

1. 재해를 예방하기 위한 장비 · 기자재 또는 인력의 지원 및 동원에 관한 사항
2. 재해 발생 시의 농업용 시설, 농경지, 농작물 등의 복구에 관한 사항
3. 재해 발생 시의 어업용 시설, 어장, 수산양식물 등의 복구에 관한 사항
4. 재해를 입은 농가와 어가에 대한 지원에 관한 사항
5. 그 밖에 재해대책의 시행에 관한 사항

[전문개정 2009.5.8]

제4조(보조 및 지원) ① 국가와 지방자치단체는 재해대책에 드는 비용을 전부 또는 최대한 보조하고 재해를 입은 농가와 어가에 대한 지원을 하여야 한다. 다만, 「자연재해대책법」, 「야생생물 보호 및 관리에 관한 법률」, 그 밖의 법령에 따라 재해의 예방, 피해의 경감, 재해의 복구 및 지원 조치를 받은 농가와 어가는 이 법에 따른 보조 및 지원 대상에서 제외한다. 〈개정 2011.3.9, 2011.7.28〉

② 국가와 지방자치단체가 제1항에 따라 재해를 입은 농가에 대하여 하는 보조와 지원은 다음 각 호에 따른다. 〈개정 2012.12.18〉

1. 한해(旱害) 대책의 경우
   가. 양수(揚水)를 하였을 때에는 그 양수에 든 유류대금(油類代金) 및 전기료
   나. 양수기와 양수용 발동기의 구입비
   다. 양수용 펌프와 관정(管井)의 시설비
2. 농작물이나 산림작물의 병해충을 방제하는 경우: 농약대금
3. 농작물이나 산림작물을 다시 심는 경우: 종묘대금 및 비료대금
4. 유실(流失)되거나 매몰된 농경지를 복구하는 경우: 복구비
5. 유실되거나 파손된 농업용 시설 또는 임업용 시설을 복구하는 경우: 시설비 및 철거비
6. 유실되었거나 죽은 가축을 갈음하여 새로 가축을 기르는 경우: 어린 가축의 구입비
7. 유실되거나 매몰된 초지(草地)를 복구하는 경우: 복구비
8. 유실되었거나 죽은 누에에 대하여 지원하는 경우: 사육비

8의2. 농작물이나 산림작물을 다시 심거나 새로 가축을 기르기 위하여 농작물 · 산림작물 또는 가축을 폐기하는 것이 필요한 경우: 폐기비

9. 재해를 입은 농가의 생계 안정과 경영 유지를 위하여 지원하는 경우
   가. 이재민의 구호
   나. 중학생과 고등학생의 학자금 면제
   다. 영농자금(營農資金)의 상환기한 연기 및 그 이자의 감면
   라. 정부 양곡의 지급 등

10. 그 밖의 지원 사항

③ 국가와 지방자치단체가 제1항에 따라 재해를 입은 어가에 대하여 하는 보조와 지원은 다음 각 호에 따른다. 〈개정 2011.3.9〉

1. 어업재해로 인한 수산양식물의 피해가 있는 경우
   가. 종묘대금 또는 치어대금(稚魚代金)
   나. 죽은 양식물의 철거비
2. 유실되거나 파손된 어업용 시설을 복구하는 경우: 시설비 및 철거비
3. 재해를 입은 어가의 생계 안정과 경영 유지를 위하여 지원하는 경우
   가. 이재민의 구호
   나. 중학생과 고등학생의 학자금 면제
   다. 영어자금(營漁資金)의 상환기한 연기 및 그 이자의 감면
   라. 정부 양곡의 지급 등
4. 적조현상으로 수산양식물 중 어류를 긴급 방류한 경우: 입식비(入殖費)

④ 국가와 지방자치단체는 재해를 입은 어가가 원상복구를 하지 아니하고 그 어업권을 반납하여 폐업하는 경우 제2항이나 제3항에 상당하는 금액을 보조하거나 지원할 수 있다.

⑤ 제2항부터 제4항까지의 규정에 따른 농가와 어가에 대한 보조 및 지원의 기준과 방법에 관하여는 「자연재해대책법」을 준용하되, 같은 법에 규정되어 있지 아니한 사항에 대하여는 농림축산식품부 및 해양수산부의 공동부령(이하 "공동부령"이라 한다)으로 정한다. 〈개정 2013.3.23〉

⑥ 국가와 지방자치단체는 제1항에 따른 농가와 어가에 대한 보조 및 지원에 필요한 재원(財源)을 확보하여야 한다.

[전문개정 2009.5.8]

제4조의2(조세 및 건강보험료의 감면 등) 국가 및 지방자치단체는 제4조제1항에 따른 재해를 입은 농가와 어가의 생계 안정을 위하여 필요한 경우 해당 농가와 어가에 대하여 다음 각 호의 지원을 할 수 있다.

1. 「조세특례제한법」 및 「지방세특례제한법」 등 조세 관계 법률에 따른 조세 감면 등
2. 「국민건강보험법」에 따른 건강보험료 감면 등

[본조신설 2011.7.14]

제5조(심의위원회) ① 농업재해에 관한 사항을 심의하게 하기 위하여 농림축산식품부에 농업재해대책 심의위원회를 둔다. 〈개정 2009.5.8, 2013.3.23〉

② 어업재해에 관한 사항을 심의하게 하기 위하여 해양수산부에 어업재해대책 심의위원회를 둔다. 〈신설 2013.3.23〉

③ 제1항에 따른 농업재해대책 심의위원회 및 제2항에 따른 어업재해대책 심의위원회의 조직과 운영에 필요한 사항은 대통령령으로 정한다. 〈개정 2009.5.8, 2013.3.23〉

[제목개정 2013.3.23]

제6조(재해대책에 필요한 자재 확보) 국가와 지방자치단체는 해마다 재해대책에 필요한 자재(資材)를 확보하여야 한다.

[전문개정 2009.5.8]

제7조(응급조치) ① 지방자치단체의 장은 재해가 발생하거나 발생할 우려가 있어 응급조치가 필요하면 해당 지역의 주민을 응급조치에 종사하게 할 수 있으며, 그 지역의 토지 · 가옥 · 시설 · 물자를 사용 또는 수용하거나 제거할 수 있다.

② 지방자치단체의 장이 제1항에 따른 응급조치를 할 때에는 대통령령으로 정하는 바에 따라 재해대책 명령서로 집행하여야 한다.

③ 지방자치단체의 장은 제1항에 따른 처분으로 인하여 손실을 받은 자에게 대통령령으로 정하는 바에 따라 정당한 보상을 하여야 한다.

④ 제3항에 따른 보상에 관하여 이의가 있는 자는 대통령령으로 정하는 바에 따라 「공익사업을 위한 토지 등의 취득 및 보상에 관한 법률」에 따른 관할 지방토지수용위원회에 재결(裁決)을 신청할 수 있다.

⑤ 제4항의 재결에 대한 이의신청에 관하여는 「공익사업을 위한 토지 등의 취득 및 보상에 관한 법률」 제83조부터 제86조까지의 규정을 준용한다.

[전문개정 2009.5.8]

제8조(응급대책의 지원) ① 지방자치단체의 장은 재해가 발생하거나 발생할 우려가 있어 응급조치가 필요하면 관계 행정기관의 장, 공공기관의 장 또는 「여객자동차 운수사업법」 제4조에 따른 여객자동차운송사업의 면허를 받거나 등록을 한 자와 「화물자동차 운수사업법」 제3조에 따른 화물자동차 운송사업의 허가를 받은 자(이하 "운송사업자"라 한다)에게 재해대책에 필요한 물자의 응급수송과 그 밖의 지원을 요구할 수 있다.

② 제1항에 따라 지원을 요구받은 자는 업무수행에 정당한 사유가 없으면 지체 없이 지원하여야 한다.

③ 지방자치단체의 장은 제1항에 따른 처분으로 인하여 손실을 입은 자에게 대통령령으로 정하는 바에 따라 정당한 보상을 하여야 한다.

④ 제3항의 보상에 관한 이의신청에 관하여는 제7조제4항 및 제5항을 준용한다.

[전문개정 2009.5.8]

제9조(복구자금의 선지급 등) ① 국가와 지방자치단체는 재해복구를 위하여 필요한 경우 재해를 입은 농가와 어가에 복구자금의 일부[이하 "선급금(先給金)"이라 한다]를 복구 전에 미리 지원할 수 있다.

② 제1항에 따라 선급금을 지원받은 농가나 어가는 선급금을 지원받은 날부터 30일 이내에 복구를 하여야 한다. 다만, 그 기간 이내에 복구를 하지 아니한 경우(날씨가 고르지 못한 등 공동부령으로 정하는 사유로 복구를 하지 못하는 경우는 제외한다)에는 그 선급금을 지체 없이 반납하여야 한다. 〈개정 2013.3.23〉

③ 제1항에 따른 선급금의 지원비율, 제2항에 따른 복구 실시의 기준, 그 밖에 필요한 사항은 공동부령으로 정한다. 〈개정 2013.3.23〉

[전문개정 2009.5.8]

제10조(보조 및 지원의 제한) 국가와 지방자치단체는 농가와 어가가 다음 각 호의 어느 하나에 해당하는 경우에는 제4조에 따른 보조 및 지원의 전부 또는 일부를 하지 아니할 수 있다.

1. 재해의 예방과 사후 복구 관리를 고의로 게을리하여 그 피해를 확대시킨 경우
2. 재해에 대한 피해조사를 거부 · 방해 또는 기피하는 경우

[전문개정 2009.5.8]

제11조(벌칙) 다음 각 호의 어느 하나에 해당하는 자는 1년 이하의 징역 또는 200만원 이하의 벌금에 처한다.

1. 제7조제1항에 따른 처분을 거부 · 방해 또는 기피한 자
2. 운송사업자로서 제8조제1항에 따른 요구를 받고도 정당한 사유 없이 그 요구에 따르지 아니한 자

[전문개정 2009.5.8]

[제12조에서 이동, 종전 제11조는 제12조로 이동 〈2009.5.8〉]

제12조(과태료) ① 제9조제2항 단서를 위반하여 선급금을 반납하지 아니한 자에게는 500만원 이하의 과태료를 부과한다.

② 제1항에 따른 과태료는 대통령령으로 정하는 바에 따라 농림축산식품부장관, 해양수산부장관, 특별시장, 광역시장, 도지사, 특별자치도지사 또는 시장 · 군수, 자치구의 구청장이 부과 · 징수한다. 〈개정 2013.3.23〉

[전문개정 2009.5.8]

[제11조에서 이동, 종전 제12조는 제11조로 이동 〈2009.5.8〉]

부칙〈제11697호, 2013.3.23〉

제1조(시행일) 이 법은 공포한 날부터 시행한다.

제2조(농어업재해대책 심의위원회에 관한 경과조치) 이 법 시행 당시 종전의 규정에 따라 농림수산식품부에 설치된 농어업재해대책 심의위원회는 제5조의 개정규정에 따라 심의위원회가 새로 구성되기 전까지는 같은 조의 개정규정에 따라 설치된 농업재해대책 심의위원회 또는 어업재해대책 심의위원회로 본다.

SECTION 05 자연재해대책법

[시행 2013.4.23] [법률 제11495호, 2012.10.22, 일부개정]
소방방재청(방재대책과) 02-2100-5421

제1장 총칙

제1조(목적) 이 법은 태풍, 홍수 등 자연현상으로 인한 재난으로부터 국토를 보존하고 국민의 생명 · 신체 및 재산과 주요 기간시설(基幹施設)을 보호하기 위하여 자연재해의 예방 · 복구 및 그 밖의 대책에 관하여 필요한 사항을 규정함을 목적으로 한다.
[전문개정 2011.3.7]

제2조(정의) 이 법에서 사용하는 용어의 뜻은 다음과 같다. 〈개정 2012.2.22〉

1. "재해"란 「재난 및 안전관리 기본법」(이하 "기본법"이라 한다) 제3조제1호에 따른 재난으로 인하여 발생하는 피해를 말한다.
2. "자연재해"란 제1호에 따른 재해 중 기본법 제3조제1호가목에 따른 자연현상으로 인하여 발생하는 재해를 말한다.
3. "풍수해"(風水害)란 태풍, 홍수, 호우, 강풍, 풍랑, 해일, 조수, 대설, 그 밖에 이에 준하는 자연현상으로 인하여 발생하는 재해를 말한다.
4. "사전재해영향성검토"란 자연재해에 영향을 미치는 각종 행정계획 및 개발사업으로 인한 재해 유발 요인을 예측 · 분석하고 이에 대한 대책을 마련하는 것을 말한다.
5. "풍수해저감종합계획"이란 지역별로 풍수해의 예방 및 저감(低減)을 위하여 특별시장 · 광역시장 · 특별자치시장 · 도지사 · 특별자치도지사(이하 "시 · 도지사"라 한다) 및 시장 · 군수가 지역안전도에 대한 진단 등을 거쳐 수립한 종합계획을 말한다.
6. "우수유출저감시설"이란 우수(雨水)의 직접적인 유출을 억제하기 위하여 인위적으로 우수를 지하로 스며들게 하거나 지하에 가두어 두는 시설을 말한다.
7. "수방기준"(水防基準)이란 풍수해로부터 시설물의 수해 내구성(耐久性)을 강화하고 지하 공간의 침수를 방지하기 위하여 관계 중앙행정기관의 장 또는 소방방재청장이 정하는 기준을 말한다.
8. "침수흔적도"란 풍수해로 인한 침수 기록을 표시한 도면을 말한다.
9. "재해복구보조금"이란 중앙행정기관이 재해복구사업을 위하여 특별시 · 광역시 · 특별자치시 · 도 · 특별자치도(이하 "시 · 도"라 한다) 및 시 · 군 · 구(자치구를 말한다. 이하 같다)에 지원하는 보조금을 말한다.
10. "구호금품"이란 자연재해를 입은 자에게 이 법에 따라 지급하는 금전 또는 물품을 말한다.

11. "지구단위 홍수방어기준"이란 상습침수지역이나 재해위험도가 높은 지역에 대하여 침수 피해를 방지하기 위하여 소방방재청장이 정한 기준을 말한다.
12. "재해지도"란 풍수해로 인한 침수 흔적, 침수 예상 및 재해정보 등을 표시한 도면을 말한다.
13. "방재안전대책수립 대행자"란 사전재해영향성검토 등 방재안전대책에 관한 업무를 효율적으로 수행하기 위한 자료 조사 및 서류 작성 등의 업무를 전문적으로 대행하기 위하여 소방방재청장에게 등록한 자를 말한다.
14. "지역안전도 진단"이란 자연재해 위험에 대하여 지역별로 안전도를 진단하는 것을 말한다.
15. "방재기술"이란 자연재해의 예방 · 대비 · 대응 · 복구 및 기후변화에 신속하고 효율적인 대처를 통하여 인명과 재산 피해를 최소화시킬 수 있는 자연재해에 대한 예측 · 규명 · 저감 · 정보화 및 방재 관련 제품생산 · 제도 · 정책 등에 관한 모든 기술을 말한다.
16. "방재산업"이란 방재시설의 설계 · 시공 · 제작 · 관리, 방재제품의 생산 · 유통, 이와 관련된 서비스의 제공, 그 밖에 자연재해의 예방 · 대비 · 대응 · 복구 및 기후변화 적응과 관련된 산업을 말한다.

[전문개정 2011.3.7]

제3조(책무) ① 국가는 기본법 및 이 법의 목적에 따라 자연현상으로 인한 재난으로부터 국민의 생명 · 신체 및 재산과 주요 기간시설을 보호하기 위하여 자연재해의 예방 및 대비에 관한 종합계획을 수립하여 시행할 책무를 지며, 그 시행을 위한 최대한의 재정적 · 기술적 지원을 하여야 한다.

② 기본법 제3조제5호에 따른 재난관리책임기관(이하 "재난관리책임기관"이라 한다)의 장은 자연재해 예방을 위하여 다음 각 호의 소관 업무에 해당하는 조치를 하여야 한다. 〈개정 2012.10.22〉

1. 자연재해 경감 협의 및 자연재해위험개선지구 정비
   가. 자연재해 원인 조사 및 분석
   나. 자연재해위험개선지구 지정 · 관리
2. 풍수해 예방 및 대비
   가. 풍수해저감종합계획 수립
   나. 수방기준 제정 · 운영
   다. 우수유출저감시설 설치 기준 제정 · 운영
   라. 내풍(耐風)설계기준 제정 · 운영
   마. 그 밖에 풍수해 예방에 필요한 사항
3. 설해(雪害)대책
   가. 설해 예방대책
   나. 각종 제설자재 및 물자 비축
   다. 그 밖에 설해 예방에 필요한 사항
4. 낙뢰대책
   가. 낙뢰피해 예방대책
   나. 각 유관기관 지원 · 협조 체제 구축
   다. 그 밖에 낙뢰피해 예방에 필요한 사항
5. 가뭄대책
   가. 상습가뭄재해지역 해소를 위한 중 · 장기대책
   나. 가뭄 극복을 위한 시설 관리 · 유지
   다. 빗물모으기시설을 활용한 가뭄 극복대책

라. 그 밖에 가뭄대책에 필요한 사항
6. 재해정보 및 긴급지원
가. 재해 예방 정보체계 구축
나. 재해정보 관리 · 전달 체계 구축
다. 재해 대비 긴급지원체계 구축
라. 비상대처계획 수립
7. 그 밖에 자연재해 예방을 위하여 재난관리책임기관의 장이 필요하다고 인정하는 사항
③ 재난관리책임기관의 장은 자연재해 예방을 위하여 재해 발생이 우려되는 시설 또는 지역에 대하여 정기점검 및 수시점검을 하여야 한다.
④ 제3항에 따른 자연재해 예방을 위한 점검 대상 시설 및 지역, 점검 방법, 점검 결과의 기록 · 유지 등에 필요한 사항은 대통령령으로 정한다.
⑤ 시장(특별자치시장을 포함한다. 이하 같다) · 군수 · 구청장(자치구의 구청장을 말한다. 이하 같다)은 자연재해의 유형별로 지역 특성을 고려한 구체적인 대처 요령을 정하여 관계 공무원의 업무지침, 주민교육 · 홍보자료 등으로 적극 활용하여야 한다. 〈개정 2012.2.22〉
⑥ 국민은 국가, 지방자치단체 및 재난관리책임기관이 수행하는 자연재난의 예방 · 복구 및 대책에 관한 업무 수행에 최대한 협조하여야 하고, 자기가 소유하거나 사용하는 건물 · 시설 등에서 재난이 발생하지 아니하도록 노력하여야 한다.
[전문개정 2011.3.7]

제2장 자연재해의 예방 및 대비

제1절 자연재해 경감 협의 및 자연재해위험개선지구 정비 〈개정 2012.10.22〉

제4조(사전재해영향성 검토협의) ① 관계 중앙행정기관의 장, 시 · 도지사, 시장 · 군수 · 구청장 및 특별지방행정기관의 장(이하 "관계행정기관의 장"이라 한다)은 자연재해에 영향을 미치는 행정계획을 수립 · 확정(지역 · 지구 · 단지 등의 지정을 포함한다. 이하 같다)하거나 개발사업의 허가 · 인가 · 승인 · 면허 · 결정 · 지정 등(이하 "허가등"이라 한다)을 하려는 경우에는 그 행정계획 및 개발사업의 확정 · 허가등을 하기 전에 기본법 제14조에 따른 중앙재난안전대책본부(이하 "중앙대책본부"라 한다)의 본부장(이하 "중앙본부장"이라 한다) 또는 기본법 제16조에 따른 지역재난안전대책본부(이하 "지역대책본부"라 한다)의 본부장(이하 "지역본부장"이라 한다)과 재해 영향의 검토에 관한 사전협의(이하 "사전재해영향성 검토협의"라 한다)를 하여야 한다.
② 제1항에 따라 관계행정기관의 장이 사전재해영향성 검토협의를 요청하여야 하는 협의기관의 장은 다음 각 호와 같다. 〈개정 2012.2.22〉
1. 관계행정기관의 장이 중앙행정기관의 장인 경우: 중앙본부장
2. 관계행정기관의 장이 시 · 도지사 및 시 · 도를 관할구역으로 하는 특별지방행정기관의 장인 경우: 해당 시 · 도 재난안전대책본부(이하 "시 · 도 대책본부"라 한다)의 본부장(이하 "시 · 도 본부장"이라 한다)
3. 관계행정기관의 장이 시장 · 군수 · 구청장 및 시(특별자치시를 포함한다. 이하 같다) · 군 · 구를 관할구역으로 하는 특별지방행정기관의 장인 경우: 해당 시 · 군 · 구 재난안전대책본부(이하 "시 ·

군 · 구 대책본부"라 한다)의 본부장(이하 "시 · 군 · 구 본부장"이라 한다)

③ 관계행정기관의 장이 사전재해영향성 검토협의를 하려는 경우에는 대통령령으로 정하는 바에 따라 해당 행정계획 및 개발사업으로 인한 재해 영향을 검토하는 데 필요한 서류를 갖추어 협의를 요청하여야 한다.

④ 중앙본부장과 지역본부장은 관계행정기관의 장으로부터 제1항에 따른 행정계획 및 개발사업에 대하여 협의를 요청받았을 때에는 대통령령으로 정하는 바에 따라 관계행정기관의 장에게 검토 결과를 통보하여야 한다.

⑤ 중앙본부장과 지역본부장은 사전재해영향성 검토협의 요청 사항을 전문적으로 검토하기 위하여 사전재해영향성 검토위원회를 구성 · 운영할 수 있고, 위원회의 구성 · 운영에 필요한 사항은 각각 대통령령과 지방자치단체의 조례로 정한다.

⑥ 소방방재청장은 사전재해영향성 검토, 재해의 예방 · 복구 등 재해 경감업무의 전문성 확보와 효율적 추진을 위하여 필요하면 방재 안전관리에 관한 전문기관을 설립할 수 있다.

[전문개정 2011.3.7]

제5조(사전재해영향성 검토협의 대상) ① 제4조에 따라 사전재해영향성 검토협의를 하여야 하는 행정계획 및 개발사업은 다음 각 호와 같다.

1. 국토 · 지역 계획 및 도시의 개발
2. 산업 및 유통 단지 조성
3. 에너지 개발
4. 교통시설의 건설
5. 하천의 이용 및 개발
6. 수자원 및 해양 개발
7. 산지 개발 및 골재 채취
8. 관광단지 개발 및 체육시설 조성
9. 그 밖에 자연재해에 영향을 미치는 계획 및 사업으로서 대통령령으로 정하는 계획 및 사업

② 제1항에도 불구하고 다음 각 호의 사업에 대하여는 사전재해영향성 검토협의를 하지 아니한다.

1. 기본법 제37조에 따른 응급조치를 위한 사업
2. 국방부장관이 군사상의 기밀 보호가 필요하거나 군사적으로 긴급히 수립할 필요가 있다고 인정하여 관계 중앙행정기관의 장과 협의한 사업

③ 제1항에 따라 사전재해영향성 검토협의를 하여야 할 행정계획 및 개발사업의 범위, 시기 및 방법 등에 관하여 필요한 사항은 대통령령으로 정한다.

[전문개정 2011.3.7]

제6조(사전재해영향성 검토협의 이행의 관리 · 감독 등) ① 제4조제4항에 따라 중앙본부장 또는 지역본부장으로부터 협의 결과를 통보받은 관계행정기관의 장은 특별한 사유가 없으면 이를 해당 행정계획 또는 개발사업에 반영하기 위하여 필요한 조치를 하여야 하며, 조치한 결과 또는 향후 조치계획을 중앙본부장이나 지역본부장에게 통보하여야 한다.

② 제1항에 따라 사전재해영향성 검토협의 결과가 해당 행정계획이나 개발사업에 반영된 경우 관계행정기관의 장과 사업자는 이를 성실히 이행하여야 한다.

③ 중앙본부장이나 지역본부장은 협의 내용의 이행 관리를 위하여 필요하다고 인정하면 사업자나 승인기관의 장에게 협의 내용의 이행을 위하여 공사 중지 등 필요한 조치를 할 것을 요청할 수 있다. 이 경

우 사업자나 승인기관의 장은 특별한 사유가 없으면 요청에 따라야 한다.

④ 제1항에 따른 조치 결과 또는 조치계획 등에 관하여 필요한 사항은 대통령령으로 정한다.

[전문개정 2011.3.7]

제7조(개발사업의 사전 허가등의 금지) ① 관계행정기관의 장은 제4조에 따른 협의 절차가 끝나기 전에 개발사업에 대한 허가등을 하여서는 아니 된다.

② 중앙본부장이나 지역본부장은 협의 절차가 끝나기 전에 시행한 개발사업에 대하여는 관계행정기관의 장에게 공사중지 등 필요한 조치를 할 것을 요청할 수 있다. 이 경우 관계행정기관의 장은 특별한 사유가 없으면 요청에 따라야 한다.

[전문개정 2011.3.7]

제8조(방재 분야 전문가의 개발 관련 위원회 참여) ① 중앙행정기관의 장, 특별지방행정기관의 장, 시 · 도지사 및 시장 · 군수 · 구청장은 자연재해에 영향을 미치는 행정계획 및 개발사업(이하 "개발계획등"이라 한다)을 자문 · 심의 · 의결하기 위하여 구성 · 운영하는 위원회에 자연재해 예방을 위한 재해영향성 검토 의견이 반영될 수 있도록 방재 분야 전문가를 위원으로 참여시켜야 한다.

② 중앙본부장과 지역본부장은 제1항에 따른 위원회에 방재 분야 전문가를 추천할 수 있고 필요하다고 판단되면 방재업무를 담당하는 공무원을 함께 추천할 수 있다.

[전문개정 2011.3.7]

제9조(재해 원인 조사 · 분석 등) ① 중앙본부장과 지역본부장은 필요시 자연재해 발생지역에 대하여 재해 원인을 조사 · 분석 · 평가할 수 있다.

② 지역본부장이 재해 원인을 조사 · 분석 · 평가하기 위하여 필요한 사항은 해당 지방자치단체의 조례로 정한다.

[전문개정 2011.3.7]

제10조(재해경감대책협의회의 구성 등) ① 중앙본부장은 제9조에 따른 재해 원인의 조사 · 분석 · 평가 등에 필요한 업무 협조, 재해 경감을 위한 조사 · 연구, 그 밖의 재해경감대책 수립을 위하여 지방자치단체 및 관련 분야 전문단체들이 참여하는 재해경감대책협의회를 구성 · 운영할 수 있다.

② 제1항에 따른 재해경감대책협의회의 구성 · 기능 및 운영에 필요한 사항은 안전행정부령으로 정한다. 〈개정 2013.3.23〉

③ 중앙본부장은 제1항에 따른 재해경감대책협의회를 원활하게 운영하기 위하여 필요하다고 판단되면 안전행정부령으로 정하는 바에 따라 행정적 · 재정적 지원을 할 수 있다. 〈개정 2013.3.23〉

[전문개정 2011.3.7]

제11조(토지 출입 등) ① 중앙본부장, 소방방재청장, 지역본부장 또는 중앙본부장, 소방방재청장, 지역본부장으로부터 명령이나 위임 · 위탁을 받은 자는 시설물 등의 점검, 재해 원인 분석 · 조사, 재해 흔적 조사 및 피해 조사 등을 위하여 필요하면 타인의 토지에 출입하거나 타인의 토지를 일시 사용할 수 있으며, 특히 필요한 경우에는 나무, 흙, 돌, 그 밖의 장애물을 변경하거나 제거할 수 있다.

② 제1항에 따라 타인의 토지에의 출입, 토지의 일시 사용 또는 나무, 흙, 돌, 그 밖의 장애물을 변경하거나 제거하려는 자는 미리 그 토지 또는 장애물의 소유자 · 점유자 또는 관리인(이하 이 조에서 "관계인"이라 한다)의 동의를 받아야 한다. 다만, 해당 관계인이 현장에 없거나 주소 또는 거소(居所)가 분명하지 아니하여 동의를 받을 수 없을 때에는 관할 시장 · 군수 · 구청장의 허가를 받아야 한다.

③ 제1항에 따른 행위를 하려는 사람은 그 권한을 나타내는 증표를 지니고 이를 관계인에게 보여주어야 한다.

[전문개정 2011.3.7]

제12조(자연재해위험개선지구의 지정 등) ① 시장 · 군수 · 구청장은 상습침수지역, 산사태위험지역 등 지형적인 여건 등으로 인하여 재해가 발생할 우려가 있는 지역을 자연재해위험개선지구로 지정 · 고시하고, 그 결과를 시 · 도지사를 거쳐 소방방재청장과 관계 중앙행정기관의 장에게 보고하여야 한다. 〈개정 2012.10.22〉

② 시장 · 군수 · 구청장은 제1항에 따라 지정된 자연재해위험개선지구를 관할하는 관계 기관 또는 그 지구에 속해 있는 시설물의 소유자 · 점유자 또는 관리인(이하 이 조에서 "관계인"이라 한다)에게 안전행정부령으로 정하는 바에 따라 재해 예방에 필요한 한도에서 점검 · 정비 등 필요한 조치를 할 것을 요청하거나 명할 수 있다. 〈개정 2013.3.23, 2012.10.22〉

③ 제2항에 따라 재해 예방에 필요한 조치를 하도록 요청받거나 명령받은 관계 기관 또는 관계인은 필요한 조치를 하고 그 결과를 시장 · 군수 · 구청장에게 통보하여야 한다.

④ 시장 · 군수 · 구청장은 대통령령으로 정하는 자연재해위험개선지구에 대하여 직권으로 제2항에 따른 조치를 하거나 소유자에게 그 조치에 드는 비용의 일부를 보조할 수 있다. 〈개정 2012.10.22〉

⑤ 시장 · 군수 · 구청장은 자연재해위험개선지구 정비사업 시행 등으로 재해 위험이 없어진 경우에는 관계 전문가의 의견을 수렴하여 자연재해위험개선지구 지정을 해제하고 그 결과를 고시하여야 한다. 〈개정 2012.10.22〉

⑥ 소방방재청장 및 시 · 도지사는 제1항에 따른 자연재해위험개선지구의 지정이 필요함에도 불구하고 시장 · 군수 · 구청장이 자연재해위험개선지구로 지정하지 아니하는 경우에는 해당 지역을 자연재해위험개선지구로 지정 · 고시하도록 권고할 수 있다. 이 경우 시장 · 군수 · 구청장은 특별한 사유가 없는 한 이에 따라야 한다. 〈개정 2012.10.22〉

[전문개정 2011.3.7]

[제목개정 2012.10.22]

제13조(자연재해위험개선지구 정비계획의 수립) ① 시장 · 군수 · 구청장은 제12조제1항에 따라 지정된 자연재해위험개선지구에 대하여 정비 방향의 지침이 될 자연재해위험개선지구 정비계획(이하 "정비계획"이라 한다)을 5년마다 수립하고 시 · 도지사에게 제출하여야 한다. 〈개정 2012.10.22〉

② 시 · 도지사는 정비계획을 받아 소방방재청장에게 제출하여야 하며, 소방방재청장은 필요하면 시 · 도지사에게 정비계획의 보완을 요청할 수 있다.

③ 정비계획에는 다음 각 호의 사항이 포함되어야 한다. 〈개정 2012.10.22〉

1. 자연재해위험개선지구의 정비에 관한 기본 방침
2. 자연재해위험개선지구 지정 현황 및 연도별 지구 정비에 관한 사항
3. 재해 예방 및 자연재해위험개선지구의 점검 · 관리에 관한 사항
4. 그 밖에 자연재해위험개선지구의 정비 등에 관하여 대통령령으로 정하는 사항

④ 시장 · 군수 · 구청장은 정비계획을 수립할 때에는 그 지역에 관한 개발계획등과의 관련성 등을 검토 · 반영하여야 한다.

⑤ 정비계획을 변경하는 경우에는 제1항과 제2항을 준용한다.

⑥ 제1항부터 제5항까지에서 규정한 사항 외에 정비계획의 수립 및 절차 등에 관하여 필요한 사항은 대통령령으로 정한다.

[전문개정 2011.3.7]

[제목개정 2012.10.22]

제14조(자연재해위험개선지구 정비사업계획의 수립) ① 시장 · 군수 · 구청장은 정비계획에 따라 매년 다음 해의 자연재해위험개선지구 정비사업계획(이하 "사업계획"이라 한다)을 수립하여 시 · 도지사에게 제출하여야 한다. 〈개정 2012.10.22〉

② 시 · 도지사는 제1항에 따라 사업계획을 받으면 소방방재청장에게 보고하여야 한다.

③ 사업계획을 변경하는 경우에는 제1항과 제2항을 준용한다.

④ 제1항부터 제3항까지에서 규정한 사항 외에 사업계획의 수립 및 절차 등에 관하여 필요한 사항은 대통령령으로 정한다.

[전문개정 2011.3.7]

[제목개정 2012.10.22]

제14조의2(자연재해위험개선지구 정비사업 실시계획의 수립 · 공고 등) ① 시장 · 군수 · 구청장은 사업계획을 바탕으로 대통령령으로 정하는 바에 따라 자연재해위험개선지구 정비사업 실시계획을 수립하여 공고하고, 설계도서(設計圖書)를 일반인이 열람할 수 있도록 하여야 한다. 자연재해위험개선지구 정비사업 실시계획을 변경하려는 경우에도 또한 같다.

② 시장 · 군수 · 구청장이 제1항에 따라 자연재해위험개선지구 정비사업 실시계획을 수립하거나 변경하여 공고하면 다음 각 호의 허가 · 인가 · 승인 · 결정 · 지정 · 협의 · 신고수리 등(이하 이 조에서 "인 · 허가등"이라 한다)에 관하여 제3항에 따라 관계 행정기관의 장과 협의한 사항에 대하여는 해당 인 · 허가등을 받아 고시 또는 공고를 한 것으로 본다.

1. 「골재채취법」 제22조에 따른 골재채취의 허가
2. 「공유수면 관리 및 매립에 관한 법률」 제8조에 따른 공유수면의 점용 · 사용허가, 같은 법 제10조에 따른 협의 또는 승인, 같은 법 제17조에 따른 점용 · 사용 실시계획의 승인 또는 신고, 같은 법 제28조에 따른 공유수면의 매립면허, 같은 법 제35조에 따른 국가 등이 시행하는 매립의 협의 또는 승인 및 같은 법 제38조에 따른 공유수면매립실시계획의 승인
3. 「국유재산법」 제30조에 따른 행정재산의 사용허가
4. 「국토의 계획 및 이용에 관한 법률」 제30조에 따른 도시 · 군관리계획(도시계획시설사업만 해당한다)의 결정, 같은 법 제56조제1항제2호에 따른 토지의 형질 변경허가, 같은 항 제3호에 따른 토석의 채취허가, 같은 법 제81조에 따른 시가화조정구역에서의 공공시설 설치 및 입목벌채 · 조림 · 육림 · 토석채취의 허가, 같은 법 제88조에 따른 실시계획의 작성 · 인가, 같은 법 제118조에 따른 토지거래계약의 허가 및 같은 법 제130조제2항에 따른 타인의 토지에의 출입허가
5. 「군사기지 및 군사시설 보호법」 제9조제1항제1호에 따른 통제보호구역 등의 출입허가 및 같은 법 제13조에 따른 행정기관의 허가등에 관한 협의
6. 「관광진흥법」 제52조에 따른 관광지의 지정, 같은 법 제54조에 따른 조성계획의 승인 및 같은 법 제55조에 따른 조성사업의 시행허가
7. 「농어촌도로 정비법」 제8조에 따른 도로사업계획의 승인 및 같은 법 제9조에 따른 도로의 노선 지정
8. 「농어촌정비법」 제23조에 따른 농업생산기반시설의 목적 외 사용의 승인, 같은 법 제24조에 따른 농업생산기반시설의 폐지 승인 및 같은 법 제111조에 따른 토지의 형질변경 등의 허가
9. 「농지법」 제34조에 따른 농지의 전용허가, 같은 법 제35조에 따른 농지의 전용신고 및 같은 법 제36조에 따른 농지의 타용도 일시사용 허가 · 협의
10. 「도로법」 제17조에 따른 노선 인정의 공고, 같은 법 제24조에 따른 도로구역의 결정, 같은 법 제34조에 따른 관리청이 아닌 자에 대한 도로공사의 시행허가 및 같은 법 제38조에 따른 도로의 점용허가

11. 「도시공원 및 녹지 등에 관한 법률」 제24조에 따른 도시공원의 점용허가, 같은 법 제27조에 따른 도시자연공원구역에서의 행위허가 및 같은 법 제38조에 따른 녹지의 점용허가
12. 「대기환경보전법」 제23조, 「수질 및 수생태계 보전에 관한 법률」 제33조 및 「소음 · 진동관리법」 제8조에 따른 배출시설의 설치 허가 · 신고
13. 「문화재보호법」 제35조제1항제1호 · 제4호에 따른 국가지정문화재의 현상 변경 등 허가, 같은 법 제56조에 따른 등록문화재의 현상 변경 신고 및 같은 법 제66조 단서에 따른 국유문화재 사용허가와 「매장문화재 보호 및 조사에 관한 법률」 제8조에 따른 협의
14. 「사도법」 제4조에 따른 사도 개설허가
15. 「사방사업법」 제14조에 따른 사방지에서의 행위허가
16. 「산림보호법」 제9조제2항제1호 및 제2호에 따른 산림보호구역(산림유전자원보호구역은 제외한다)에서의 행위의 허가 · 신고
17. 「산림자원의 조성 및 관리에 관한 법률」 제36조제1항 · 제4항에 따른 입목벌채등의 허가 · 신고
18. 「산업입지 및 개발에 관한 법률」 제12조에 따른 산업단지에서의 토지 형질변경 등의 허가 및 같은 법 제17조, 제18조, 제18조의2 또는 제19조에 따른 실시계획 승인
19. 「산지관리법」 제14조에 따른 산지전용허가, 같은 법 제15조에 따른 산지전용신고 및 같은 법 제25조에 따른 토석채취허가 등
20. 「소하천정비법」 제8조에 따른 소하천정비시행계획 수립, 같은 법 제10조에 따른 관리청이 아닌 자의 소하천공사 시행허가 및 같은 법 제14조에 따른 소하천의 점용허가
21. 「수도법」 제17조에 따른 일반수도사업의 인가, 같은 법 제49조에 따른 공업용수도사업의 인가, 같은 법 제52조에 따른 전용상수도 설치인가 및 같은 법 제54조에 따른 전용공업용수도의 설치인가
22. 「어촌 · 어항법」 제23조에 따른 어항개발사업의 시행허가
23. 「자연공원법」 제23조에 따른 공원구역에서의 행위허가
24. 「장사 등에 관한 법률」 제27조제1항에 따른 무연분묘(無緣墳墓)의 개장허가
25. 「주택법」 제16조에 따른 사업계획의 승인
26. 「초지법」 제21조의2에 따른 초지조성지역에서의 행위허가 및 같은 법 제23조에 따른 초지 전용 허가 · 협의
27. 「체육시설의 설치 · 이용에 관한 법률」 제12조에 따른 사업계획의 승인
28. 「하수도법」 제16조에 따른 공공하수도공사 시행의 허가, 같은 법 제24조에 따른 점용허가 및 같은 법 제27조에 따른 배수설비의 설치신고
29. 「하천법」 제27조에 따른 하천공사시행계획의 수립, 같은 법 제30조에 따른 하천관리청이 아닌 자의 하천공사 시행의 허가, 같은 법 제33조에 따른 하천의 점용허가 및 같은 법 제38조에 따른 하천예정지 등에서의 행위허가
30. 「항만법」 제9조에 따른 항만공사의 시행허가 및 같은 법 제10조에 따른 항만공사실시계획의 승인

③ 시장 · 군수 · 구청장이 제1항에 따라 자연재해위험개선지구 정비사업 실시계획을 수립 · 변경하고 공고할 때에 그 내용에 제2항 각 호의 어느 하나에 해당하는 사항이 포함되어 있는 경우에는 관계 행정기관의 장과 미리 협의하여야 한다. 이 경우 관계 행정기관의 장은 시장 · 군수 · 구청장으로부터 협의 요청을 받은 날부터 15일 이내에 협의 내용을 회신하여야 한다.

[본조신설 2012.10.22]

제14조의3(토지 등의 수용 및 사용) ① 시장 · 군수 · 구청장은 자연재해위험개선지구 정비사업을 시행하

기 위하여 필요하다고 인정하면 사업구역에 있는 토지 · 건축물 또는 그 토지에 정착된 물건의 소유권이나 그 토지 · 건축물 또는 물건에 관한 소유권 외의 권리를 수용하거나 사용할 수 있다.

② 제14조의2제1항에 따라 자연재해위험개선지구 정비사업 실시계획을 공고한 경우에는 「공익사업을 위한 토지 등의 취득 및 보상에 관한 법률」 제20조제1항 및 제22조에 따른 사업인정 및 사업인정의 고시를 한 것으로 보며, 재결의 신청은 같은 법 제23조제1항 및 제28조제1항에도 불구하고 자연재해위험개선지구 정비사업의 시행기간 내에 할 수 있다.

③ 제1항에 따른 수용 또는 사용에 관하여는 이 법에 특별한 규정이 있는 경우를 제외하고는 「공익사업을 위한 토지 등의 취득 및 보상에 관한 법률」을 적용한다.

[본조신설 2012.10.22]

제15조(자연재해위험개선지구 내 건축, 형질 변경 등의 행위 제한) ① 시장 · 군수 · 구청장은 자연재해위험개선지구로 지정 · 고시된 지역에서 재해 예방을 위하여 필요하면 건축, 형질 변경 등의 행위를 제한할 수 있다. 다만, 건축, 형질 변경 등의 행위와 병행하여 그 행위로 발생할 수 있는 자연재해에 관한 예방대책이 마련되어 추진되는 경우에는 그러하지 아니하다. 〈개정 2012.10.22〉

② 제1항 본문에 따라 건축, 형질 변경 등의 행위를 제한하는 자연재해위험개선지구는 다른 자연재해위험개선지구보다 우선하여 정비하여야 한다. 〈개정 2012.10.22〉

③ 제1항에 따른 행위 제한에 관한 구체적인 사항은 해당 지방자치단체의 조례로 정한다.

[전문개정 2011.3.7]

[제목개정 2012.10.22]

제2절 풍수해

제16조(풍수해저감종합계획의 수립) ① 시장 · 군수는 풍수해의 예방 및 저감을 위하여 5년마다 시 · 군 풍수해저감종합계획(이하 "시 · 군 종합계획"이라 한다)을 수립하여 시 · 도지사를 거쳐 대통령령으로 정하는 바에 따라 소방방재청장의 승인을 받아 확정하여야 한다. 〈개정 2012.2.22〉

② 시 · 도지사는 시 · 군 종합계획을 기초로 시 · 도 풍수해저감종합계획(이하 "시 · 도 종합계획"이라 한다)을 수립하여 대통령령으로 정하는 바에 따라 소방방재청장의 승인을 받아 확정하여야 한다. 〈개정 2012.2.22〉

③ 시 · 도지사 및 시장 · 군수는 각각 시 · 도 종합계획 및 시 · 군 종합계획에 대한 사업시행계획을 매년 작성하여 소방방재청장에게 제출하여야 한다. 〈개정 2012.2.22〉

④ 소방방재청장은 제3항에 따라 제출받은 사업시행계획을 심사한 후 풍수해저감사업비의 일부를 국고로 지원할 수 있다.

⑤ 시장 · 군수 및 시 · 도지사가 각각 시 · 군 종합계획 및 시 · 도 종합계획을 변경하려는 경우에는 제1항과 제2항에 따른 절차를 준용한다. 〈개정 2012.2.22〉

⑥ 「국토의 계획 및 이용에 관한 법률」 제11조, 제18조 및 제24조에 따른 광역도시계획, 도시 · 군기본계획 및 도시 · 군관리계획의 수립 · 변경권자가 광역도시계획, 도시 · 군기본계획 및 도시 · 군관리계획을 수립하거나 변경하는 경우에는 시 · 군 종합계획과 시 · 도 종합계획을 반영하여야 한다. 〈개정 2011.4.14, 2012.2.22〉

⑦ 시 · 군 종합계획과 시 · 도 종합계획을 수립하기 위하여 필요한 사항은 대통령령으로 정한다. 〈개정 2012.2.22〉

[전문개정 2011.3.7]

제16조의2(지역별 방재성능목표 설정 · 운용) ① 소방방재청장은 홍수, 호우 등으로부터 재해를 예방하기 위한 방재정책 등에 적용하기 위하여 처리 가능한 시간당 강우량 및 연속강우량의 목표(이하 "방재성능목표"라 한다)를 지역별로 설정 · 운용할 수 있도록 관계 중앙 행정기관의 장과 협의하여 방재성능목표 설정 기준을 마련하고, 이를 특별시장 · 광역시장 · 시장 및 군수(시장은 특별자치도의 행정시장을 포함하고, 군수는 광역시에 속한 군의 군수를 포함한다. 이하 이 조 및 제16조의3에서 같다)에게 통보하여야 한다.

② 제1항에 따라 방재성능목표 설정 기준을 통보받은 특별시장 · 광역시장 · 시장 및 군수는 해당 특별시 · 광역시(광역시에 속하는 군은 제외한다. 이하 제16조의3에서 같다) · 시 및 군에 대한 10년 단위의 지역별 방재성능목표를 설정 · 공표하고 운용하여야 한다.

③ 특별시장 · 광역시장 · 시장 및 군수는 지역별 방재성능목표를 공표한 날부터 5년마다 그 타당성 여부를 검토하여 필요한 경우에는 설정된 방재성능목표를 변경 · 공표하여야 한다.

④ 제2항 및 제3항에 따른 지역별 방재성능목표의 설정 · 변경 및 운용에 필요한 사항은 대통령령으로 정한다.

[본조신설 2012.2.22]

제16조의3(방재시설에 대한 방재성능 평가 등) ① 특별시장 · 광역시장 · 시장 및 군수는 해당 특별시 · 광역시 · 시 및 군에 있는 제64조에 따른 방재시설 중 대통령령으로 정하는 방재시설의 성능이 지역별 방재성능목표에 부합하는지를 평가하고, 방재성능목표에 부합하지 아니하는 경우에는 방재성능을 향상시킬 수 있는 통합 개선대책을 수립 · 시행하여야 한다.

② 제1항에 따른 방재시설에 대한 방재성능 평가 및 통합 개선대책의 수립 · 시행에 필요한 사항은 대통령령으로 정한다.

[본조신설 2012.2.22]

제16조의4(방재기준 가이드라인의 설정 및 활용) ① 중앙본부장은 기후변화에 따른 재해에 선제적이고 효과적으로 대응하기 위하여 미래 기간별 · 지역별로 예측되는 기온, 강우량, 풍속 등을 바탕으로 방재기준 가이드라인을 정하고, 재난관리책임기관의 장에게 이를 적용하도록 권고할 수 있다.

② 제1항에 따라 권고를 받은 재난관리책임기관의 장은 방재기준 가이드라인을 소관 업무에 관한 장기개발계획 수립 · 시행 및 제64조에 따른 방재시설의 유지 · 관리 등에 적용할 수 있다.

[본조신설 2012.10.22]

제17조(수방기준의 제정 · 운영) ① 수방기준 중 시설물의 수해 내구성을 강화하기 위한 수방기준은 관계 중앙행정기관의 장이 정하고, 지하 공간의 침수를 방지하기 위한 수방기준은 소방방재청장이 관계 중앙행정기관의 장과 협의하여 정한다.

② 제1항에 따라 수방기준을 정하여야 하는 시설물 및 지하 공간(이하 "수방기준제정대상"이라 한다)은 다음 각 호의 시설 중에서 대통령령으로 정한다.

1. 시설물
   가. 「소하천정비법」 제2조제3호에 따른 소하천부속물
   나. 「하천법」 제2조제3호에 따른 하천시설
   다. 「국토의 계획 및 이용에 관한 법률」 제2조제6호에 따른 기반시설
   라. 「하수도법」 제2조제3호에 따른 하수도
   마. 「농어촌정비법」 제2조제6호에 따른 농업생산기반시설

바. 「사방사업법」 제2조제3호에 따른 사방시설
사. 「댐건설 및 주변지역지원 등에 관한 법률」 제2조제1호에 따른 댐
아. 「도로법」 제2조제1항제1호에 따른 도로
자. 「항만법」 제2조제5호에 따른 항만시설
2. 지하 공간
가. 「국토의 계획 및 이용에 관한 법률」 제2조제6호 및 제9호에 따른 기반시설 및 공동구(共同溝)
나. 「시설물의 안전관리에 관한 특별법」 제2조제1호에 따른 시설물
다. 「대도시권 광역교통관리에 관한 특별법」 제2조제2호나목에 따른 광역철도
라. 「건축법」 제2조제1항제2호에 따른 건축물

③ 수방기준제정대상을 설치하는 자는 그 시설물을 설계하거나 시공할 때에는 제1항에 따른 수방기준을 적용하여야 한다.

④ 지방자치단체의 장은 수방기준제정대상의 준공검사 또는 사용승인을 할 때에는 소방방재청장이 정하는 바에 따라 수방기준 적용 여부를 확인하고, 수방기준을 충족하였으면 준공검사 또는 사용승인을 하여야 한다.

[전문개정 2011.3.7]

제18조(지구단위 홍수방어기준의 설정 및 활용) ① 소방방재청장은 상습침수지역, 홍수피해예상지역, 그 밖의 수해지역의 재해 경감을 위하여 필요하면 지구단위 홍수방어기준을 정하여야 한다.

② 재난관리책임기관의 장은 개발사업, 자연재해위험개선지구 정비사업, 수해복구사업, 그 밖의 재해 경감사업(이하 "개발사업등"이라 한다) 중 대통령령으로 정하는 개발사업등에 대한 계획을 수립할 때에는 제1항에 따른 지구단위 홍수방어기준을 적용하여야 한다. 〈개정 2012.10.22〉

③ 중앙행정기관의 장, 시 · 도지사 및 시장 · 군수 · 구청장은 개발사업등의 허가등을 할 때에는 재해 예방을 위하여 사업 대상지역 및 인근지역에 미치는 영향을 분석하여 사업시행자에게 지구단위 홍수방어기준을 적용하도록 요청할 수 있다. 이 경우 요청을 받은 사업시행자는 특별한 사유가 없으면 이에 따라야 한다. 〈개정 2012.10.22〉

[전문개정 2011.3.7]

제19조(우수유출저감대책의 수립 및 우수유출저감시설기준의 제정 · 운영) ① 개발사업등을 시행하거나 공공시설을 관리하는 자는 대통령령으로 정하는 바에 따라 우수유출저감대책을 수립하고 우수유출저감시설을 설치하여야 한다.

② 제1항에 따른 우수유출저감시설의 종류 · 구조 · 설치 및 유지 · 관리 등에 필요한 기준은 대통령령으로 정한다.

③ 관계 중앙행정기관의 장은 제2항의 기준에 따라 사업별 특성에 적합한 우수유출저감기법을 개발 · 보급하여야 한다.

④ 지방자치단체의 장은 제1항에 따른 개발사업등 및 공공시설에 대하여 준공검사 또는 사용승인을 할 때에는 제2항에 따른 우수유출저감시설기준의 적합 여부를 확인하고, 그 기준에 맞으면 준공검사나 사용승인을 하여야 한다.

[전문개정 2011.3.7]

제20조(내풍설계기준의 설정) ① 관계 중앙행정기관의 장은 태풍, 강풍 등으로 인하여 재해를 입을 우려가 있는 다음 각 호의 시설 중 대통령령으로 정하는 시설에 대하여 관계 법령 등에 내풍설계기준을 정하고 그 이행을 감독하여야 한다.

1. 「건축법」에 따른 건축물
2. 「항공법」에 따른 공항시설
3. 「관광진흥법」에 따른 유원시설(遊園施設)
4. 「도로법」 및 「국토의 계획 및 이용에 관한 법률」에 따른 도로
5. 「궤도운송법」에 따른 삭도시설
6. 「산업안전보건법」에 따른 크레인 및 리프트
7. 「옥외광고물 등 관리법」에 따른 옥외광고물
8. 「전기사업법」 및 「전원개발 촉진법」에 따른 송전 · 배전 시설
9. 「항만법」에 따른 항만시설
10. 「철도산업발전 기본법」에 따른 철도시설
11. 그 밖에 대통령령으로 정하는 시설

② 관계 중앙행정기관의 장이 제1항에 따른 내풍설계기준을 정하였을 때에는 중앙본부장에게 통보하여야 하며 중앙본부장은 필요하면 보완을 요구할 수 있다.

③ 지방자치단체의 장은 제1항에 따른 내풍설계 대상 시설물에 대하여 허가등을 할 때에는 내풍설계기준 적용에 관한 사항을 확인하고 그 기준을 충족하였으면 허가등을 하여야 한다.

[전문개정 2011.3.7]

제21조(각종 재해지도의 제작 · 활용) ① 지방자치단체의 장은 하천 범람 등 자연재해를 경감하고 신속한 주민 대피 등의 조치를 하기 위하여 대통령령으로 정하는 재해지도를 제작 · 활용하여야 한다. 다만, 다른 법령에 재해지도의 제작 · 활용에 관하여 특별한 규정이 있는 경우에는 그 법령에서 정하는 바에 따라 재해지도를 제작 · 활용할 수 있다. 〈개정 2011.3.7〉

② 지방자치단체의 장은 침수 피해가 발생하였을 때에는 침수, 범람, 그 밖의 피해 흔적(이하 "침수흔적"이라 한다)을 조사하여 침수흔적도를 작성 · 보존하고 현장에 침수흔적을 표시 · 관리하여야 한다. 〈개정 2011.3.7〉

③ 삭제 〈2008.3.28〉

④ 제1항에 따른 재해지도 및 제2항에 따른 침수흔적도의 작성 · 보존 · 활용, 침수흔적의 설치 장소, 표시 방법 및 유지 · 관리 등에 관한 세부 사항은 대통령령으로 정한다. 〈개정 2011.3.7〉

제21조의2(재해 상황의 기록 및 보존 등) ① 지방자치단체의 장은 안전행정부령으로 정하는 일정 규모 이상의 자연재해가 발생하였을 때에는 재해 발생 현황, 예방 및 대처 사항, 응급조치 등 재해 상황에 대한 상세한 기록을 작성하여 보존하여야 한다. 〈개정 2013.3.23〉

② 중앙본부장이나 지역본부장은 피해지역의 피해 원인 분석 · 조사 및 복구사업 등에 활용하기 위하여 필요하다고 판단하면 피해 현장에 대한 공간영상정보 자료를 수집하거나 항공사진측량 등을 할 수 있다.

③ 중앙본부장은 필요하다고 판단하면 제2항에 따라 지역본부장이 실시하는 항공사진측량 비용의 전부 또는 일부를 지원할 수 있다.

④ 제1항에 따른 재해 상황의 기록 · 보존 및 활용에 필요한 사항이나 제2항에 따른 항공사진측량 대상 지역, 방법 및 시기 등에 관하여 필요한 사항은 안전행정부령으로 정한다. 〈개정 2013.3.23〉

⑤ 중앙본부장은 매년도 말을 기준으로 제1항에 따른 자연재해 관련 기록 등을 종합하여 재해연보를 발행하여야 한다. 〈신설 2012.2.22〉

[전문개정 2011.3.7]

제21조의3(침수흔적도 등 재해정보의 활용) 관계행정기관의 장은 다음 각 호의 행위 등을 할 때에는 제21조에 따른 침수흔적도 등 재해지도, 제21조의2에 따른 재해 상황 기록, 공간영상정보 또는 항공사진측량 자료 등을 활용하여야 한다. 〈개정 2012.10.22〉

1. 제4조에 따른 사전재해영향성 검토협의
2. 제12조에 따른 자연재해위험개선지구의 지정
3. 제13조에 따른 자연재해위험개선지구 정비계획의 수립
4. 제14조에 따른 자연재해위험개선지구 정비사업계획의 수립
5. 제16조에 따른 풍수해저감종합계획의 수립

[전문개정 2011.3.7]

제22조(홍수통제소의 협조) 홍수통제소의 장은 홍수의 예보 · 경보, 각종 수문 관측 및 수문정보 등에 관한 사항에 대하여 중앙본부장 및 지역본부장과 협조하여야 한다.

[전문개정 2011.3.7]

제3절 삭제 〈2008.3.28〉

제23조 삭제 〈2008.3.28〉

제24조 삭제 〈2008.3.28〉

제25조 삭제 〈2008.3.28〉

제25조의2(해일 피해 경감을 위한 조사 · 연구) ① 중앙본부장, 지역본부장 및 관계 중앙행정기관의 장은 해일로 인한 피해를 줄이기 위하여 필요한 조사 및 연구를 하여야 한다.

② 중앙본부장, 지역본부장 및 관계 중앙행정기관의 장은 해일 피해 경감을 위한 조사 · 연구를 위하여 해일 관련 자료를 소장하고 있는 관계 기관의 장이나 기상관측 연구기관의 장에게 협조를 요청할 수 있다. 이 경우 요청을 받은 관계 기관의 장 및 기상관측 연구기관의 장은 특별한 사유가 없으면 요청에 따라야 한다.

[전문개정 2011.3.7]

제25조의3(해일위험지구의 지정) ① 시장 · 군수 · 구청장은 해일로 인하여 침수 등 피해가 예상되는 다음 각 호의 지역을 해일위험지구로 지정 · 고시하고, 그 결과를 시 · 도지사를 거쳐 소방방재청장과 관계 중앙행정기관의 장에게 보고하여야 한다.

1. 폭풍해일로 인하여 피해를 입었던 지역
2. 지진해일로 인하여 피해를 입었던 지역
3. 해일 피해가 우려되어 대통령령으로 정하는 지역

② 지역본부장은 제1항에 따라 지정된 해일위험지구를 관할하는 관계 기관 또는 그 지구에 속해 있는 시설물의 소유자 · 점유자 또는 관리인(이하 이 조에서 "관계인"이라 한다)에게 안전행정부령으로 정하는 바에 따라 재해 예방에 필요한 한도에서 점검 · 정비 등 필요한 조치를 할 것을 요청하거나 명할 수 있다. 〈개정 2013.3.23〉

③ 제2항에 따라 재해 예방에 필요한 조치를 하도록 요청받거나 명령받은 관계 기관 또는 관계인은 필요한 조치를 하고 그 결과를 지역본부장에게 통보하여야 한다.

④ 지역본부장은 해일 피해를 입었던 지역 등 대통령령으로 정하는 해일위험지구에 대하여 직권으로 제2항에 따른 조치를 하거나 소유자에게 그 조치에 드는 비용의 일부를 보조할 수 있다.

⑤ 시장 · 군수 · 구청장은 정비사업 시행 등으로 해일 피해의 위험이 없어진 경우에는 관계 전문가의 의견을 수렴하여 해일위험지구 지정을 해제하고 그 결과를 고시하여야 한다.
[전문개정 2011.3.7]

제25조의4(해일피해경감계획의 수립 · 추진 등) ① 시장 · 군수 · 구청장은 제25조의3제1항에 따라 지정 · 고시된 해일위험지구에 대하여 해일피해경감계획을 수립하여 시 · 도지사에게 제출하여야 한다.
② 시 · 도지사는 해일피해경감계획을 받아 소방방재청장에게 제출하여야 하며, 소방방재청장은 필요하면 시 · 도지사에게 그 보완을 요청할 수 있다.
③ 제1항에 따른 해일피해경감계획에는 다음 각 호의 사항이 포함되어야 한다.
1. 해일 피해 경감에 관한 기본방침
2. 해일위험지구 지정 현황
3. 해일위험지구 정비를 위한 예방 · 투자 계획
4. 제37조제2항에 따른 해일 대비 비상대처계획
5. 그 밖에 해일 피해 경감에 관하여 대통령령으로 정하는 사항
④ 시장 · 군수 · 구청장은 제1항에 따른 해일피해경감계획을 수립할 때에는 그 지역의 풍수해저감종합계획, 개발계획등을 종합적으로 고려하여야 한다.
⑤ 시장 · 군수 · 구청장은 제1항에 따른 해일피해경감계획을 효율적으로 추진하기 위하여 필요하다고 판단하면 정비계획과 사업계획에 해일피해경감계획을 포함하여 추진할 수 있다.
⑥ 제1항에 따른 해일피해경감계획을 변경하는 경우에는 제1항과 제2항을 준용한다.
⑦ 제1항부터 제6항까지에서 규정한 사항 외에 해일피해경감계획의 수립 · 추진 등에 필요한 사항은 대통령령으로 정한다.
[전문개정 2011.3.7]

제4절 설해 〈개정 2011.3.7〉

제26조(설해의 예방 및 경감 대책) ① 재난관리책임기관의 장은 설해 발생에 대비하여 설해 예방대책에 관한 조사 및 연구를 하여야 하며, 설해로 인한 재해를 줄이기 위한 대책을 마련하여야 한다.
② 재난관리책임기관의 장은 다음 각 호의 설해 예방 및 경감 조치를 하여야 한다.
1. 설해 예방조직의 정비
2. 도로별 제설 및 지역별 교통대책 마련
3. 설해 대비용 물자와 자재의 비축 · 관리 및 장비의 확보
4. 고립 · 눈사태 · 교통두절 예상지구 등 취약지구의 지정 · 관리
5. 산악지역 등산로의 통제구역 지정 · 관리
6. 설해대책 교육 · 훈련 및 대국민 홍보
7. 농수산시설의 설해 경감대책 마련
8. 그 밖에 설해 예방 및 경감을 위하여 필요한 조치
③ 재난관리책임기관의 장은 제2항의 설해 예방 및 경감 조치를 위하여 필요하면 다른 재난관리책임기관의 장에게 협조를 요청할 수 있다. 이 경우 협조 요청을 받은 재난관리책임기관의 장은 특별한 사유가 없으면 요청에 따라야 한다.
[전문개정 2011.3.7]

제26조의2(상습설해지역의 지정 등) ① 시장 · 군수 · 구청장은 대설로 인하여 고립, 눈사태, 교통 두절 및 농수산시설물 피해 등의 설해가 상습적으로 발생하였거나 발생할 우려가 있는 지역을 상습설해지역으로 지정 · 고시하고, 그 결과를 시 · 도지사를 거쳐 소방방재청과 관계 중앙행정기관의 장에게 보고하여야 한다.

② 시장 · 군수 · 구청장은 제1항에 따라 상습설해지역을 지정하려면 그 지역 공공시설물을 관할하는 관계 기관의 장과 협의하여야 한다. 이 경우 협의 요청을 받은 관계 기관의 장은 특별한 사유가 없으면 요청에 따라야 한다.

③ 소방방재청장은 설해가 상습적으로 발생할 우려가 있는 지역을 상습설해지역으로 지정 · 고시하도록 해당 시장 · 군수 · 구청장에게 요청할 수 있다.

④ 시장 · 군수 · 구청장은 제26조의3제1항에 따른 중장기대책 시행 등으로 설해 위험이 없어졌으면 관계 전문가 등의 의견을 수렴하여 상습설해지역 지정을 해제하고, 그 결과를 고시하여야 한다.

⑤ 제1항과 제4항에 따른 상습설해지역의 지정 및 해제의 요건, 절차, 관리 방법에 관한 세부 사항은 대통령령으로 정한다.

[전문개정 2011.3.7]

제26조의3(상습설해지역 해소를 위한 중장기대책) ① 제26조의2제1항에 따른 상습설해지역에 대하여 시장 · 군수 · 구청장 또는 그 지역 공공시설물을 관할하는 관계 기관의 장은 설해저감시설의 설치 등 설해의 예방 및 경감을 위한 중장기대책을 수립 · 시행하여야 한다.

② 제1항에 따른 중장기대책의 수립 절차, 중장기대책에 포함되어야 할 사항 및 그 밖에 중장기대책 수립을 위하여 필요한 사항은 대통령령으로 정한다.

③ 제1항에 따른 상습설해지역 내 공공시설물의 관리주체가 중장기대책을 수립할 때에는 관할 시장 · 군수 · 구청장과 협의하여야 한다. 이 경우 해당 시장 · 군수 · 구청장은 그 보완을 요구할 수 있고, 요구를 받은 관리주체는 특별한 사유가 없으면 요구에 따라야 한다.

④ 시장 · 군수 · 구청장은 필요하면 제1항에 따른 중장기대책의 수립 및 시행 실태를 점검할 수 있다.

[전문개정 2011.3.7]

제26조의4(내설설계기준의 설정) ① 관계 중앙행정기관의 장은 대설로 인하여 재해를 입을 우려가 있는 다음 각 호의 시설 중 대통령령으로 정하는 시설에 대하여 관계 법령 등에 내설(耐雪)설계기준을 정하고 그 이행을 감독하여야 한다. 〈개정 2011.4.14〉

1. 「건축법」에 따른 건축물
2. 「항공법」에 따른 공항시설
3. 「관광진흥법」에 따른 유원시설
4. 「도로법」에 따른 도로
5. 「국토의 계획 및 이용에 관한 법률」에 따른 도시 · 군계획시설
6. 「궤도운송법」에 따른 삭도시설
7. 「옥외광고물 등 관리법」에 따른 옥외광고물
8. 「전기사업법」에 따른 전기설비
9. 「항만법」에 따른 항만시설
10. 「철도산업발전 기본법」에 따른 철도 및 철도시설
11. 「도시철도법」에 따른 도시철도 및 도시철도시설
12. 「농어업재해대책법」에 따른 농업용 시설, 임업용 시설 및 어업용 시설

13. 그 밖에 대통령령으로 정하는 시설

② 관계 중앙행정기관의 장은 제1항에 따른 내설설계기준을 정하였으면 중앙본부장에게 통보하여야 하며 중앙본부장은 필요하면 보완을 요구할 수 있다.

③ 지방자치단체의 장은 제1항에 따른 내설설계 대상 시설물에 대하여 허가등을 할 때에는 내설설계기준 적용에 관한 사항을 확인하고 그 기준을 충족하였으면 허가등을 하여야 한다.

[전문개정 2011.3.7]

제27조(건축물관리자의 제설 책임) ① 건축물의 소유자 · 점유자 또는 관리자로서 그 건축물에 대한 관리 책임이 있는 자(이하 "건축물관리자"라 한다)는 관리하고 있는 건축물 주변의 보도(步道), 이면도로 및 보행자 전용도로에 대한 제설 · 제빙 작업을 하여야 한다.

② 건축물관리자의 구체적 제설 · 제빙 책임 범위 등에 관하여 필요한 사항은 해당 지방자치단체의 조례로 정한다.

[전문개정 2011.3.7]

제28조(설해 예방 및 경감 대책 예산의 확보) 재난관리책임기관의 장은 제26조에 따른 설해 예방 및 경감 대책의 원활한 시행을 위하여 필요한 예산을 확보하여야 한다.

[전문개정 2011.3.7]

제5절 가뭄 〈개정 2011.3.7〉

제29조(가뭄 방재를 위한 조사 · 연구) ① 재난관리책임기관의 장은 가뭄 방재를 위하여 필요한 조사 및 연구를 하여야 한다.

② 재난관리책임기관의 장은 가뭄 방재를 위한 조사 · 연구를 위하여 가뭄 관련 자료를 소장하고 있는 관계행정기관의 장이나 기상관측 연구기관의 장에게 협조를 요청할 수 있다. 이 경우 요청을 받은 관계행정기관의 장 및 기상관측 연구기관의 장은 특별한 사유가 없으면 요청에 따라야 한다.

[전문개정 2011.3.7]

제30조(가뭄 극복을 위한 제한 급수 · 발전 등) ① 관계 중앙행정기관의 장, 지방자치단체의 장 및 「한국수자원공사법」에 따른 한국수자원공사의 사장 등 수자원을 관리하는 자(이하 "수자원관리자"라 한다)는 가뭄으로 인한 재해를 극복하기 위하여 제한 급수 및 제한 발전(發電) 등의 조치를 할 수 있다.

② 수자원관리자는 제1항에 따른 조치를 하려면 수혜자가 제한 급수 및 제한 발전 등에 관한 사실을 알 수 있도록 미리 공지하여야 한다.

[전문개정 2011.3.7]

제31조(수자원관리자의 의무) 수자원관리자는 지방자치단체의 장으로부터 가뭄 피해를 줄이기 위하여 수자원 관리와 관련한 협조 요청을 받았을 때에는 특별한 사유가 없으면 요청에 따라야 한다.

[전문개정 2011.3.7]

제32조(가뭄 극복을 위한 시설의 유지 · 관리 등) 재난관리책임기관의 장은 댐, 저수지, 지하수자원 등의 수원함양(水源涵養) 및 기능의 유지 · 향상을 위하여 소관 업무에 대하여 「산림보호법」에 따른 산림보호구역(산림유전자원보호구역은 제외한다)의 지정 · 관리, 조림(造林), 퇴적토 준설(浚渫), 지하수자원 인공함양 및 순환 등 필요한 조치를 하여야 한다.

[전문개정 2011.3.7]

제33조(상습가뭄재해지역 해소를 위한 중장기대책) ① 시장 · 군수 · 구청장은 가뭄 재해가 상습적으로 발

생하였거나 발생할 우려가 있는 지구(地區)를 상습가뭄재해지역으로 지정 · 고시하고, 그 결과를 시 · 도지사를 거쳐 소방방재청장과 관계 중앙행정기관의 장에게 보고하여야 한다.
② 시장 · 군수 · 구청장은 상습가뭄재해지역에 대하여 빗물모으기시설 설치 등 가뭄 피해를 줄이기 위한 중장기대책을 수립 · 시행하여야 한다.
③ 관계 중앙행정기관의 장은 시장 · 군수 · 구청장이 수립한 중장기대책에 필요한 사업비의 일부를 지원할 수 있다.
④ 제1항에 따른 상습가뭄재해지역의 지정 및 해제의 요건, 절차, 관리 요령과 제2항에 따른 중장기대책의 수립에 관한 세부 사항은 대통령령으로 정한다.
[전문개정 2011.3.7]

제3장 재해정보 및 비상지원 등

제34조(재해정보체계의 구축) ① 재난관리책임기관의 장은 자연재해의 예방 · 대비 · 대응 · 복구 등에 필요한 재해정보의 관리 및 이용 체계(이하 "재해정보체계"라 한다)를 구축 · 운영하여야 한다.
② 재난관리책임기관의 장은 재해정보체계 구축에 필요한 자료를 관계 재난관리책임기관의 장에게 요청할 수 있다. 이 경우 요청을 받은 관계 재난관리책임기관의 장은 특별한 사유가 없으면 요청에 따라야 한다.
③ 소방방재청장은 재난관리책임기관의 장이 제1항에 따라 구축한 재해정보체계의 연계 · 공유 및 유통 등을 위한 종합적인 재해정보체계를 구축 · 운영하여야 한다.
④ 재난관리책임기관의 장이나 소방방재청장은 제1항과 제3항에 따라 재해정보체계를 구축 · 운영할 때에는 해당 사업을 민간 부분에 맡길 수 없는 경우 또는 행정기관이 직접 개발하거나 운영하는 것이 경제성, 효과성 또는 보안성 측면에서 현저하게 우수하다고 판단되는 경우를 제외하고는 민간 부문에 그 개발 및 운영을 의뢰하여야 한다.
⑤ 제1항과 제3항에 따른 재해정보체계의 구축 범위, 운영 절차 및 활용계획 등 세부 사항은 대통령령으로 정한다.
[전문개정 2011.3.7]

제35조(중앙긴급지원체계의 구축) ① 중앙행정기관의 장은 자연재해가 발생하거나 발생할 우려가 있는 경우에는 신속한 국가 지원을 위하여 다음 각 호의 사항 중 소관 사무에 해당하는 사항에 대하여 긴급지원계획을 수립하여야 한다. 〈개정 2013.3.23〉
1. 미래창조과학부: 재해발생지역의 통신 소통 원활화 등에 관한 사항
2. 국방부: 인력 및 장비의 지원 등에 관한 사항
3. 문화체육관광부: 재해 수습을 위한 홍보 등에 관한 사항
4. 농림축산식품부: 농축산물 방역 등의 지원 등에 관한 사항
5. 산업통상자원부: 긴급에너지 수급 지원 등에 관한 사항
6. 보건복지부: 재해발생지역의 의료서비스, 위생, 감염병 예방 및 방역 지원 등에 관한 사항
7. 환경부: 긴급 용수 지원, 유해화학물질의 처리 지원, 재해발생지역의 쓰레기 수거 · 처리 지원 등에 관한 사항
8. 국토교통부: 비상교통수단 지원 등에 관한 사항
9. 해양수산부: 해운물류 지원 등에 관한 사항

10. 조달청: 복구자재 지원 등에 관한 사항
11. 경찰청: 재해발생지역의 사회질서 유지 및 교통 관리 등에 관한 사항
12. 소방방재청: 이재민의 수용 · 구호, 긴급 재정 지원, 정보의 수집 · 분석 · 전파 등에 관한 사항
13. 해양경찰청: 해상에서의 각종 지원 및 수난(水難) 구호 등에 관한 사항
14. 그 밖에 대통령령으로 정하는 부처별 긴급지원에 관한 사항

② 제1항 각 호의 중앙행정기관의 장은 해당 지원이 필요한 자연재해 발생에 대비하여 관계 행정기관 및 유관기관과 유기적인 협조 체계를 구축하여야 하며, 재해가 발생하였을 때에는 중앙본부장과 협의하여 제1항에 따른 소관 분야별 긴급지원계획에 따라 대응조치를 하여야 한다.

③ 중앙행정기관의 장은 제1항에 따라 긴급지원계획을 수립하였을 때에는 중앙본부장에게 제출하여야 한다.

④ 중앙본부장은 각 중앙행정기관의 장이 수립한 긴급지원계획의 내용 중 보완이 필요하다고 판단되는 사항에 대하여는 그 계획의 보완을 요청할 수 있다. 이 경우 보완 요청을 받은 관계 중앙행정기관의 장은 특별한 사유가 없으면 요청에 따라야 한다.

⑤ 중앙본부장은 긴급지원이 필요한 자연재해가 발생하거나 발생할 우려가 있는 경우에는 대통령령으로 정하는 바에 따라 관계 중앙행정기관과 합동으로 지원단을 구성하여 현장에 파견할 수 있다.

⑥ 중앙본부장은 제1항에 따른 중앙긴급지원체계를 효율적으로 구축 · 운영하기 위하여 긴급지원체계 수립지침 작성 · 배포, 긴급지원계획에 따른 관계 중앙행정기관의 대응조치 점검, 긴급지원계획 평가 · 포상 등 필요한 조치를 할 수 있다.

⑦ 제1항부터 제6항까지에서 규정한 사항 외에 중앙행정기관별 재해 대비 긴급지원체계 구축을 위하여 필요한 사항은 대통령령으로 정한다.

[전문개정 2011.3.7]

제36조(지역긴급지원체계의 구축) 시 · 도 및 시 · 군 · 구 본부장과 시 · 도 및 시 · 군 · 구의 전부 또는 일부를 관할구역으로 하는 재난관리책임기관의 장은 자연재해가 발생하거나 발생할 우려가 있으면 업무별 지원 기능에 따라 신속한 지원 체제를 가동하기 위하여 대통령령으로 정하는 바에 따라 소관 사무에 대하여 긴급지원계획을 수립하여야 한다.

[전문개정 2011.3.7]

제37조(각종 시설물 등의 비상대처계획 수립) ① 태풍, 지진, 해일 등 자연현상으로 인하여 대규모 인명 또는 재산의 피해가 우려되는 댐, 다중이용시설 또는 해안지역 등에 대하여 시설물 또는 지역의 관리주체는 피해 경감을 위한 비상대처계획을 수립하여야 한다.

② 제1항에 따라 비상대처계획을 수립하여야 하는 시설물 또는 지역의 종류 및 규모 등은 다음 각 호의 시설물 또는 지역 중에서 대통령령으로 정한다. 다만, 다른 법령에 따라 비상대처계획의 수립에 관하여 특별한 규정이 있는 경우에는 그 법령에 따라 수립할 수 있다. 〈개정 2012.2.22, 2012.10.22〉

1. 내진설계 대상 시설물
2. 해일, 하천 범람, 호우, 태풍 등으로 피해가 우려되는 시설물
3. 댐 및 저수지
4. 자연재해위험개선지구 중 비상대처계획의 수립이 필요하다고 지역본부장이 인정하는 지역 등

③ 소방방재청장은 제1항에 따른 비상대처계획 수립을 효율적으로 지원하기 위하여 비상대처계획수립 지침을 작성하여 배포할 수 있다.

④ 비상대처계획 수립 절차 및 비상대처계획에 포함되어야 할 사항과 그 밖에 비상대처계획 수립을 위

하여 필요한 사항은 대통령령으로 정한다.

⑤ 제1항에 따른 시설물 또는 지역의 관리주체는 비상대처계획을 수립할 때에는 관할 지역본부장과 사전에 협의하여야 한다. 이 경우 해당 지역본부장은 비상대처계획의 보완을 요구할 수 있고 요구를 받은 시설물 또는 지역의 관리주체는 특별한 사유가 없으면 요구에 따라야 한다.

⑥ 지역본부장은 필요하면 제1항과 제2항에 따른 비상대처계획의 수립 실태를 점검할 수 있다.

[전문개정 2011.3.7]

제38조(방재안전대책수립업무의 대행) ① 다음 각 호의 업무를 수행하는 자는 방재안전대책수립 대행자(이하 "대행자"라 한다)로 하여금 기초조사, 분석, 서류 작성 등의 업무를 대행하게 할 수 있다.

1. 제4조에 따른 사전재해영향성 검토협의
2. 제16조에 따른 풍수해저감종합계획의 수립
3. 제37조에 따른 비상대처계획의 수립
4. 제57조에 따른 재해복구사업의 평가
5. 그 밖에 대통령령으로 정하는 방재안전대책에 관한 업무

② 대행자는 기술인력 등 대통령령으로 정하는 요건을 갖추고 안전행정부령으로 정하는 바에 따라 소방방재청장에게 등록하여야 한다. 등록 사항 중 대통령령으로 정하는 중요 사항을 변경할 때에도 또한 같다. 〈개정 2013.3.23〉

③ 제2항에 따라 등록한 사항 중 안전행정부령으로 정하는 중요한 사항을 변경할 때에는 안전행정부령으로 정하는 바에 따라 변경등록을 하여야 한다. 〈개정 2013.3.23〉

[전문개정 2011.3.7]

제38조의2(방재업무 대행비용의 산정기준) 소방방재청장은 제38조에 따라 대행자의 업무 대행에 필요한 비용 등의 산정기준을 정하여 고시하여야 한다.

[전문개정 2011.3.7]

제39조(대행자 등록의 결격사유) 다음 각 호의 어느 하나에 해당하는 자는 대행자로 등록할 수 없다.

1. 금치산자 또는 한정치산자
2. 파산선고를 받고 복권되지 아니한 사람
3. 이 법을 위반하여 징역 이상의 실형을 선고받고 그 형의 집행이 끝나거나 집행을 받지 아니하기로 확정된 후 2년이 지나지 아니한 사람
4. 임원 중 제1호부터 제3호까지의 어느 하나에 해당하는 사람이 있는 법인

[전문개정 2011.3.7]

제40조(대행자의 준수사항) ① 대행자는 제38조제1항 각 호의 업무를 수행할 때에는 다음 각 호의 사항을 준수하여야 한다.

1. 다른 방재안전대책수립업무의 대행 내용을 복제하지 아니할 것
2. 방재안전대책의 내용을 보존할 것
3. 방재안전대책 업무 수행의 기초가 되는 자료를 거짓으로 작성하지 아니할 것

② 대행자는 등록증이나 명의를 다른 사람에게 빌려 주거나 도급받은 방재안전대책수립 대행업무를 한꺼번에 하도급하지 아니하여야 한다.

[전문개정 2011.3.7]

제41조(업무의 휴업 또는 폐업) 대행자는 업무의 전부 또는 일부를 휴업 또는 폐업하거나 휴업한 사업을 재개하려는 경우에는 안전행정부령으로 정하는 바에 따라 소방방재청장에게 신고하여야 한다. 〈개정

2013.3.23〉
[전문개정 2011.3.7]

제42조(대행자의 등록취소 등) ① 소방방재청장은 대행자가 다음 각 호의 어느 하나에 해당하면 그 등록을 취소하거나 6개월 이내의 기간을 정하여 업무의 전부 또는 일부의 정지를 명할 수 있다. 다만, 제1호부터 제3호까지의 어느 하나에 해당하는 경우에는 그 등록을 취소하여야 한다.

1. 제39조 각 호의 어느 하나에 해당하는 경우. 다만, 법인의 임원 중에 제39조제1호부터 제3호까지의 결격사유에 해당하는 사람이 있는 경우 6개월 이내에 그 임원을 바꾸어 임명하는 경우는 제외한다.
2. 거짓이나 그 밖의 부정한 방법으로 등록한 경우
3. 최근 1년 이내에 2회의 업무정지처분을 받고 다시 업무정지처분 사유에 해당하는 행위를 한 경우
4. 다른 사람에게 등록증이나 명의를 빌려 주거나 도급받은 방재안전대책수립 대행업무를 한꺼번에 하도급한 경우
5. 제38조제2항에 따른 등록 요건을 갖추지 못하게 된 경우
6. 방재안전대책 등을 거짓으로 작성하거나 고의 또는 중대한 과실로 방재안전대책 등을 부실하게 작성한 경우
7. 등록 후 2년 이내에 방재안전대책수립 대행업무를 시작하지 아니하거나 계속하여 2년 이상 방재안전대책수립 대행 실적이 없는 경우
8. 그 밖에 이 법 또는 이 법에 따른 명령을 위반한 경우

② 제1항에 따른 행정처분의 기준과 그 밖에 필요한 사항은 안전행정부령으로 정한다. 〈개정 2013.3.23〉
[전문개정 2011.3.7]

제43조(청문) 소방방재청장은 제42조제1항에 따라 등록을 취소하려면 청문을 하여야 한다.
[전문개정 2011.3.7]

제44조(등록취소 또는 업무정지된 대행자의 업무 계속) ① 제42조에 따라 등록취소처분 또는 업무정지처분을 받은 자는 그 처분 이전에 체결한 방재안전대책수립 대행계약의 대행업무만을 계속할 수 있다.
② 제1항에 따라 방재안전대책수립 대행업무를 계속하는 자는 그 업무를 끝낼 때까지 이 법에 따른 대행자로 본다.
[전문개정 2011.3.7]

제45조(재해 유형별 행동 요령의 작성 · 활용) ① 재난관리책임기관의 장은 자연재해가 발생하는 경우에 대비하여 기관 및 지역 여건에 적합한 재해 유형별 상황 수습 및 대처를 위한 행동 요령을 작성 · 활용하여야 한다.
② 중앙본부장은 재난관리책임기관의 장이 작성한 재해 유형별 행동 요령을 평가할 수 있다.
③ 재해 유형별 행동 요령에 포함할 내용은 대통령령으로 정한다.
[전문개정 2011.3.7]

제4장 재해복구

제46조(재해복구계획의 수립 · 시행) ① 재난관리책임기관의 장은 소관 시설 또는 업무에 관계되는 자연재해가 발생하였을 때에는 이 법 또는 다른 법령에 특별한 규정이 있는 경우를 제외하고는 즉시 자체복구계획을 수립 · 시행하여야 한다. 〈개정 2012.2.22〉

② 중앙본부장은 제1항에 따라 수립된 자체복구계획 및 제46조의3제1항에 따라 수립된지구단위종합복구계획(이하 "재해복구계획"이라 한다)을 기본법 제14조제2항에 따른 중앙재난안전대책본부회의의 심의를 거쳐 확정하고 대통령령으로 정하는 바에 따라 재난관리책임기관의 장(지구단위종합복구계획의 경우 지방자치단체의 장)에게 통보하여야 한다. 〈개정 2012.2.22〉

③ 지방자치단체의 장은 제2항에 따라 재해복구계획을 통보받은 즉시 재해복구를 위하여 필요한 경비를 지방자치단체의 예산에 계상(計上)하여야 한다.

④ 제2항에 따라 확정된 재해복구계획 중 제49조의2에서 규정한 사업 외에는 같은 항에 따라 통보를 받은 재난관리책임기관의 장이 시행한다. 〈신설 2012.2.22〉

[전문개정 2011.3.7]

제46조의2(재해대장) ① 지방자치단체의 장과 관계행정기관의 장은 소관 시설 · 재산 등에 관한 피해 상황 등을 재해대장에 기록하여 보관하여야 한다.

② 재해대장의 작성 · 보관 및 관리에 필요한 사항은 대통령령으로 정한다.

[전문개정 2011.3.7]

제46조의3(지구단위종합복구계획 수립) ① 중앙본부장은 해당 지방자치단체의 의견을 들은 후 지방자치단체 소관 시설에 자연재해가 발생한 지역 중 다음 각 호에 해당하는 지역에 대하여 지구단위종합복구계획(이하 "지구단위종합복구계획"이라 한다)을 수립할 수 있다.

1. 도로 · 하천 등의 시설물에 복합적으로 피해가 발생하여 시설물별 복구보다는 일괄 복구가 필요한 지역
2. 산사태 또는 토석류로 인하여 하천 유로변경 등이 발생한 지역으로서 근원적 복구가 필요한 지역
3. 복구사업을 위하여 국가 차원의 신속하고 전문적인 인력 · 기술력 등의 지원이 필요하다고 인정되는 지역
4. 피해 재발 방지를 위하여 기능복원보다는 피해지역 전체를 조망한 예방 · 정비가 필요하다고 인정되는 지역
5. 제1호부터 제4호까지에서 규정한 지역 외에 자연재해의 근원적 복구와 예방이 필요한 지역으로서 대통령령으로 정하는 지역

② 지역본부장은 제47조에 따라 중앙합동조사단이 편성되기 전에 미리 자연재해가 발생한 지역의 피해 상황 등을 조사하여 중앙본부장에게 지구단위종합복구계획을 수립하여 줄 것을 요청할 수 있다.

[본조신설 2012.2.22]

제47조(중앙합동조사단) ① 중앙본부장은 필요하다고 인정하면 관계 중앙행정기관과 합동으로 중앙합동조사단(이하 "조사단"이라 한다)을 편성하여 자연재해 상황에 관한 조사를 하고, 재해복구계획을 수립 · 확정하여야 한다. 〈개정 2012.2.22〉

② 중앙본부장은 조사단의 편성을 위하여 관계 중앙행정기관의 장에게 소속 공무원의 파견을 요청할 수 있다. 이 경우 요청을 받은 관계 중앙행정기관의 장은 특별한 사유가 없으면 요청에 따라야 한다.

③ 관계 중앙행정기관의 장은 제2항에 따라 소속 공무원의 파견 요청을 받으면 제48조제2항에 따른 교육을 이수한 사람을 우선적으로 선발하여 파견하여야 한다.

④ 조사단의 구성 · 운영에 필요한 세부 사항은 대통령령으로 정한다.

[전문개정 2011.3.7]

제48조(재해조사 담당공무원의 육성) ① 중앙본부장과 관계행정기관의 장은 재해조사의 전문성을 확보하기 위하여 재해조사 담당공무원을 육성하여야 한다.

② 중앙본부장은 관계 중앙행정기관의 장과 협의하여 제1항에 따른 재해조사 담당공무원의 육성을 위하여 재해조사 담당공무원들로 하여금 제65조에 따른 교육을 받도록 하고 그 밖에 필요한 조치를 하여야 한다.

③ 제1항 및 제2항에서 규정된 사항 외에 재해조사 담당공무원의 육성에 필요한 사항은 안전행정부령으로 정한다. 〈개정 2013.3.23〉

[전문개정 2011.3.7]

제49조(재해복구사업 실시계획의 작성 · 공고 등) ① 제46조의 재해복구계획에 따라 시행하는 사업(이하 "재해복구사업"이라 한다)의 시행청은 제14조의2제2항 각 호의 관계 법령에 따른 허가 · 인가 등이 필요한 경우에는 사업별로 실시계획을 작성하여 해당 지역본부장(재해복구사업의 시행청이 소방방재청장 또는 관계 중앙행정기관의 장인 경우에는 중앙본부장)에게 인가를 받은 후 공고하고 설계도서를 일반인이 열람할 수 있도록 하여야 한다. 〈개정 2012.2.22, 2012.10.22〉

② 재해복구사업의 시행청이 제1항에 따라 재해복구사업 실시계획을 작성 · 공고할 때에는 제14조의2제2항 각 호의 사항을 관계 기관과 사전에 협의하여야 한다. 〈개정 2012.10.22〉

③ 제2항에 따라 재해복구사업의 시행청으로부터 협의 요청을 받은 관계 기관의 장은 협의 요청을 받은 날부터 15일 이내에 협의 내용을 회신하여야 한다.

④ 제1항부터 제3항까지의 규정에 따라 재해복구사업 실시계획을 인가받아 공고하였을 때에는 제14조의2제2항 각 호의 허가 · 인가 · 승인 · 결정 · 지정 · 협의 · 신고수리 등을 받아 고시 또는 공고를 한 것으로 본다. 〈개정 2012.10.22〉

⑤ 제1항부터 제4항까지에서 규정한 사항 외에 재해복구사업 실시계획의 작성 · 공고에 필요한 세부 사항은 대통령령으로 정한다.

[전문개정 2011.3.7]

제49조의2(대규모 재해복구사업 및 지구단위종합복구사업의 시행) ① 제46조제1항에 따른 지방자치단체 소관 재해복구계획 중 대규모이거나 전문성과 기술력이 요구되는 재해복구사업은 소방방재청장 또는 관계 중앙행정기관의 장이 직접 시행할 수 있다.

② 지구단위종합복구계획에 따라 시행하는 재해복구사업(이하 "지구단위종합복구사업"이라 한다) 중 근원적인 자연재해 원인의 해소가 필요하거나 국가 차원의 전문성과 기술력 등의 지원이 필요한 지구단위종합복구사업은 관계 중앙행정기관의 장이, 일정 규모 이상의 지구단위종합복구사업은 소방방재청장이 직접 시행할 수 있다.

③ 제1항 또는 제2항에 따라 소방방재청장 또는 관계 중앙행정기관의 장이 직접 시행하는 대규모 재해복구사업 또는 지구단위종합복구사업의 대상, 규모 및 시행절차 등에 필요한 사항은 대통령령으로 정한다.

[전문개정 2012.2.22]

제50조(복구공사 발주계약방법 등) ① 관계 중앙행정기관의 장과 지방자치단체의 장은 신속한 자연재해 복구를 위하여 필요하다고 판단하면 대통령령으로 정하는 바에 따라 일괄입찰방식으로 발주 · 계약을 할 수 있다.

② 제1항에서 "일괄입찰"이란 재해복구사업의 시행청이 제시하는 지침에 따라 입찰할 때 공사의 설계서, 시공에 필요한 도면 및 서류를 작성하여 입찰서와 함께 제출하는 설계 · 시공 입찰을 말한다.

[전문개정 2011.3.7]

제51조(복구비의 선지급) ① 시장 · 군수 · 구청장은 자연재해의 신속한 구호 및 복구를 위하여 필요하다고 판단되면 기본법 제66조제1항 및 제2항에 따라 재난의 구호 및 복구를 위하여 지원하는 비용 중 대

통령령으로 정하는 항목에 대하여는 복구 이전에 미리 복구비를 지급할 수 있다.

② 제1항에 따른 복구비를 선지급받으려는 자는 피해 물량 등에 관하여 시장 · 군수 · 구청장에게 대통령령으로 정하는 바에 따라 신고하여야 한다.

③ 제1항에 따른 복구비 선지급을 위하여 필요한 선지급의 비율 · 절차 등에 관하여 필요한 사항은 대통령령으로 정한다.

④ 시장 · 군수 · 구청장은 제1항에 따라 미리 복구비를 지급하기 위하여 관할 세무서, 「국민연금법」 제24조에 따른 국민연금공단 및 「국민건강보험법」 제13조에 따른 국민건강보험공단에 피해 주민의 주(主) 생계수단을 판단하기 위한 자료로서 세대주 및 세대원의 소득수준, 보험가입 유형 등에 대한 확인을 요청할 수 있다. 이 경우 관할 세무서, 국민연금공단 및 국민건강보험공단은 특별한 사유가 없으면 요청에 따라야 한다. 〈개정 2011.12.31, 2012.2.22〉

[전문개정 2011.3.7]

제52조(복구예산의 정산 등) ① 지방자치단체의 장은 재해복구사업별로 발생한 재해복구보조금의 집행잔액을 「국가재정법」 제45조, 제47조제1항부터 제3항까지 및 「보조금의 예산 및 관리에 관한 법률」 제22조에도 불구하고 중앙본부장의 승인을 받아 사업비가 부족한 다른 재해복구사업에 충당할 수 있다.

② 중앙본부장은 제1항에 따른 승인을 하려면 기획재정부장관과 미리 협의하여야 한다.

[전문개정 2011.3.7]

제53조(복구용 자재 등의 우선 공급 등) ① 관계 중앙행정기관의 장과 지방자치단체의 장은 재해복구사업에 필요한 각종 자재에 대하여는 다른 사업에 우선하여 조달 · 공급하여야 한다.

② 중앙본부장과 지역본부장은 관계행정기관의 장에게 재해복구용 자재 수급(需給)에 필요한 대책을 마련하도록 요청할 수 있다. 이 경우 요청을 받은 관계행정기관의 장은 특별한 사유가 없으면 요청에 따라야 한다.

[전문개정 2011.3.7]

제54조(복구비 등의 반환) ① 시장 · 군수 · 구청장은 복구비, 구호비 또는 위로금 등(이하 이 조에서 "복구비등"이라 한다)을 받은 자가 다음 각 호의 어느 하나에 해당하는 경우에는 안전행정부령으로 정하는 바에 따라 받은 복구비등을 반환하도록 통지하여야 한다. 〈개정 2013.3.23〉

1. 부정한 방법으로 복구비등을 받은 경우
2. 복구비등을 받은 후 그 지급 사유가 소급하여 소멸된 경우
3. 그 밖에 대통령령으로 정하는 사유가 발생한 경우

② 제1항에 따라 반환통지를 받은 자는 즉시 복구비등을 반환하여야 한다.

③ 제2항에 따라 반환하여야 할 반환금을 지정한 기한까지 반환하지 아니하면 국세 체납처분 또는 지방세 체납처분의 예에 따라 징수한다.

④ 제3항에 따른 반환금의 징수는 국세와 지방세를 제외하고는 다른 공과금에 우선한다.

[전문개정 2011.3.7]

제55조(복구사업의 관리) ① 중앙본부장 및 시 · 도 본부장은 재해복구사업이 효율적으로 추진될 수 있도록 지도 · 점검 · 관리하고 필요하면 시정명령 또는 시정요청(현지 시정명령과 시정요청을 포함한다)을 할 수 있다. 이 경우 시정명령 또는 시정요청을 받은 관계 기관의 장은 특별한 사유가 없으면 명령에 따라야 한다. 〈개정 2012.2.22〉

② 지역본부장은 대통령령으로 정하는 일정 규모 이상의 재해복구사업을 시행할 때에는 실시설계 준공(사업계획이 변경되어 실시설계가 변경되는 경우를 포함한다) 이전에 중앙본부장 또는 시 · 도 본부장

의 사전심의를 각각 거쳐야 한다. 〈개정 2012.2.22〉

③ 중앙본부장과 시 · 도 본부장은 제2항에 따른 사전심의를 위한 위원회를 각각 구성 · 운영할 수 있고, 위원회의 구성 · 운영에 필요한 사항은 안전행정부령이나 지방자치단체의 조례로 정할 수 있다. 〈개정 2013.3.23〉

④ 제2항에 따른 사전심의 대상 사업의 범위, 기준 및 절차, 사후관리, 사업계획 변경 등에 관하여 필요한 사항은 안전행정부령으로 정한다. 〈개정 2012.2.22, 2013.3.23〉

⑤ 재해복구사업을 시행하는 재난관리책임기관의 장은 대통령령으로 정하는 바에 따라 중앙본부장 또는 시 · 도 본부장에게 그 추진 상황을 통보하여야 한다. 〈개정 2012.2.22〉

⑥ 관계 중앙행정기관의 장은 대통령령으로 정하는 바에 따라 소속 기관의 장이 시행하는 재해복구사업을 점검하고 그 결과를 중앙본부장에게 통보하여야 한다.

⑦ 시 · 도 본부장은 안전행정부령으로 정하는 바에 따라 시장 · 군수 · 구청장이 시행하는 재해복구사업을 점검하고 그 결과를 중앙본부장에게 보고하여야 한다. 〈개정 2013.3.23〉

⑧ 시장 · 군수 · 구청장은 신속한 재해복구사업을 위하여 필요한 조직과 인력 보강 등의 조치를 하여야 한다.

⑨ 중앙본부장은 재해복구사업의 추진 전반에 대하여 관계 중앙행정기관 및 소방방재청 소속 공무원으로 구성된 중앙합동점검반 또는 소방방재청 소속 공무원으로 구성된 중앙점검반을 운영할 수 있다. 〈개정 2012.2.22〉

⑩ 제9항에 따른 재해복구사업의 중앙합동점검반 및 중앙점검반의 구성 · 운영, 그 밖의 재해복구사업 추진 사항에 대한 관리 · 점검에 필요한 사항은 대통령령으로 정한다. 〈신설 2012.2.22〉

[전문개정 2011.3.7]

제56조(토지 등의 수용) 재해복구사업의 시행에 필요한 토지 등의 수용 및 사용에 관하여는 제14조의3을 준용한다. 이 경우 "시장 · 군수 · 구청장"은 "재해복구사업의 시행청"으로, "자연재해위험개선지구 정비사업"은 "재해복구사업"으로, "제14조의2제1항에 따라 자연재해위험개선지구 정비사업 실시계획을 공고한 경우"는 "제49조에 따라 재해복구사업 실시계획을 공고한 경우"로 본다.

[전문개정 2012.10.22]

제57조(복구사업의 분석 · 평가) ① 시장 · 군수 · 구청장은 대통령령으로 정하는 일정 규모 이상의 재해복구사업을 시행하였을 때에는 다음 해 말일을 기준으로 사업의 효과성, 경제성 등을 분석 · 평가하여야 한다.

② 소방방재청장은 필요하다고 판단하면 시장 · 군수 · 구청장이 시행한 재해복구사업과 제49조의2에 따라 소방방재청장 또는 관계 중앙행정기관의 장이 시행한 대규모 재해복구사업 및 지구단위종합복구사업에 대한 효과성, 경제성 등의 분석 · 평가를 직접 시행할 수 있다. 〈개정 2012.2.22〉

③ 시장 · 군수 · 구청장은 제1항에 따라 분석 · 평가한 결과를 시 · 도지사를 거쳐 소방방재청장에게 제출하여야 한다. 〈개정 2012.2.22〉

④ 시장 · 군수는 제1항에 따라 분석 · 평가한 결과를 시 · 군 종합계획의 수립 등에 반영하여야 하고, 특별시장 및 광역시장은 구청장이 제1항에 따라 분석 · 평가한 결과를 시 · 도 종합계획의 수립 등에 반영하여야 한다. 〈신설 2012.2.22〉

⑤ 제1항부터 제3항까지의 분석, 평가 및 제출 절차 등에 관하여 필요한 세부 기준은 안전행정부령으로 정한다. 〈개정 2012.2.22, 2013.3.23〉

[전문개정 2011.3.7]

제5장 방재기술의 연구 및 개발 〈개정 2012.2.22〉

제58조(방재기술의 연구 · 개발 및 방재산업의 육성) ① 정부는 국민의 생명, 재산 및 주요 기간시설을 보호하기 위한 자연재해 예방기법 등의 발전을 촉진하기 위하여 방재기술의 연구 · 개발 및 방재산업을 육성하여야 한다. 〈개정 2012.2.22〉

② 소방방재청장과 재난관리책임기관의 장은 제1항에 따른 방재기술의 연구 · 개발 및 방재산업을 육성하기 위하여 행정적 · 재정적 지원을 할 수 있다. 〈개정 2012.2.22〉

③ 제2항에 따른 행정적 · 재정적 지원에 필요한 사항은 대통령령으로 정한다.

[전문개정 2011.3.7]

[제목개정 2012.2.22]

제58조의2(방재기술 진흥계획의 수립) ① 소방방재청장은 제58조제1항에 따른 방재기술의 연구 · 개발 촉진과 방재산업의 육성을 위하여 「과학기술 기본법」 제9조에 따른 국가과학기술심의회의 심의를 거쳐 방재기술 진흥계획(이하 "진흥계획"이라 한다)을 수립하여야 한다. 〈개정 2012.2.22, 2013.3.23〉

② 진흥계획에는 다음 각 호의 사항이 포함되어야 한다. 〈개정 2012.2.22〉

1. 방재기술 진흥의 기본 목표 및 추진 방향
2. 방재기술의 개발 촉진 및 그 활용을 위한 시책
3. 방재기술 개발사업의 연도별 투자 및 추진 계획
4. 이미 개발된 기술의 확산에 관한 사항
5. 기술 개발, 기술 지원 등의 기능을 수행하는 기관 · 법인 · 단체 및 산업의 육성
6. 방재기술의 정보관리
7. 방재기술 인력의 수급 · 활용 및 기술인력의 양성
8. 방재기술 진흥 연구기관의 육성
9. 그 밖에 방재기술의 진흥에 관한 중요 사항

③ 소방방재청장은 방재기술의 연구 · 개발, 기반 조성 및 방재산업 육성을 위하여 재난관리책임기관의 장 등에게 진흥계획이 효율적으로 달성될 수 있도록 필요한 협조를 요청할 수 있다. 〈개정 2012.2.22〉

[전문개정 2011.3.7]

[제목개정 2012.2.22]

제58조의3(방재기술 개발사업 추진) ① 소방방재청장은 국민의 생명 · 재산 보호 및 경제의 지속 가능한 발전을 위하여 대통령령으로 정하는 기관 또는 단체와 협약을 체결하여 방재기술의 발전에 필요한 방재기술 연구 · 개발 사업을 할 수 있다. 〈개정 2012.2.22〉

② 제1항에 따른 방재기술 연구 · 개발 사업에 필요한 경비는 정부 또는 정부 외의 자의 출연금이나 그 밖에 기업의 기술개발비로 충당한다. 〈개정 2012.2.22〉

③ 소방방재청장은 제1항에 따른 방재기술 연구 · 개발 사업을 효율적으로 추진하기 위하여 필요하면 방재기술을 개발하기 위한 전문기관을 지정하여 그 전문기관으로 하여금 이에 관한 업무를 수행하게 할 수 있다. 〈개정 2012.2.22〉

[전문개정 2011.3.7]

[제목개정 2012.2.22]

제59조(방재기술의 실용화) ① 정부는 다음 각 호의 사업자 등을 육성하기 위하여 필요한 시책을 마련하여야 한다. 〈개정 2012.2.22〉

1. 방재기술을 개발하거나 실용화하는 사업자
2. 방재기술 개발을 위한 출자를 주된 사업으로 하는 자
3. 방재 분야 산업체
4. 그 밖에 대통령령으로 정하는 방재 관련 사업자

② 정부는 개발된 방재기술의 실용화를 촉진하기 위하여 다음 각 호의 사업을 할 수 있다. 〈개정 2012.2.22〉

1. 방재기술의 실용화를 지원하는 전문기관의 육성
2. 방재 관련 특허기술의 실용화사업
3. 방재기술의 실용화에 필요한 인력 · 시설 · 정보 등의 지원 및 기술지도
4. 방재 분야 전문가 양성을 위한 교육지원사업
5. 그 밖에 방재기술의 실용화를 촉진하기 위하여 필요한 사업

③ 다음 각 호의 어느 하나에 해당하는 재원을 운영하는 자(이하 "재원운영자"라 한다)는 제1항에 해당하는 자에게 그 재원에서 필요한 자금을 지원할 수 있다.

1. 「중소기업진흥에 관한 법률」에 따른 중소기업창업 및 진흥기금
2. 「과학기술 기본법」에 따른 과학기술진흥기금(융자사업만 해당한다)
3. 「한국산업은행법」에 따른 한국산업은행 또는 「중소기업은행법」에 따른 중소기업은행의 기술개발자금
4. 그 밖에 기술개발 지원을 위하여 정부가 조성한 특별 자금

[전문개정 2011.3.7]

[제목개정 2012.2.22]

제60조(방재기술평가의 지원) ① 정부는 우수한 방재기술의 보급 촉진과 방재기술의 실용화를 위하여 방재기술, 방재제품 및 방재 분야 산업체에 대한 평가 신청을 받아 평가할 수 있다. 〈개정 2012.2.22〉

② 정부는 제1항에 따른 평가(이하 "방재기술평가"라 한다)의 실시를 대통령령으로 정하는 전문기관으로 하여금 대행하게 할 수 있다. 〈개정 2012.2.22〉

③ 소방방재청장은 방재기술평가에 드는 비용을 안전행정부령으로 정하는 바에 따라 방재기술평가를 신청하는 자에게 부담하게 할 수 있다. 〈개정 2012.2.22, 2013.3.23〉

④ 재원운영자는 방재기술평가를 촉진하고 우수한 방재기술의 보급을 지원하기 위하여 다음 각 호의 어느 하나에 해당하는 자에게 방재기술평가 또는 시범사업 등에 드는 비용의 전부 또는 일부를 제59조 제3항 각 호의 재원에서 우선 지원할 수 있다. 〈개정 2012.2.22〉

1. 대통령령으로 정하는 기준에 해당하는 중소기업으로서 방재기술평가를 받는 자
2. 방재기술평가의 결과가 우수한 방재기술의 시범사업을 하는 자
3. 방재기술평가를 받은 방재기술로서 소방방재청장이 공공의 목적을 위하여 보급할 필요가 있다고 인정하는 방재기술을 실용화하는 자

⑤ 방재기술평가의 신청 절차 및 평가 방법 등에 관하여 필요한 사항은 대통령령으로 정한다. 〈개정 2012.2.22〉

[전문개정 2011.3.7]

[제목개정 2012.2.22]

제61조(방재신기술의 지정 · 활용 등) ① 정부는 방재기술평가 결과 우수한 방재기술로 평가된 기술(이하 "방재신기술"이라 한다)에 대하여 방재신기술로 지정 · 고시하고 방재신기술임을 표시할 수 있는 표시방법, 보호기간 및 활용 방법 등을 정할 수 있다. 〈개정 2012.2.22〉

② 정부는 방재시설을 설치하는 공공기관에 대하여 방재신기술을 우선 활용할 수 있도록 적절한 조치를 하여야 한다. 〈개정 2012.2.22〉

③ 소방방재청장은 기술개발자를 보호하기 위하여 필요하다고 인정하면 보호기간을 정하여 기술개발자가 방재신기술의 기술사용료를 받을 수 있도록 하거나 그 밖의 방법으로 보호할 수 있으며, 보호기간이 만료되어 기술개발자가 보호기간 연장을 신청하는 경우에는 그 방재신기술의 활용 실적 등을 검증하여 그 기간을 연장할 수 있다. 〈개정 2012.2.22〉

④ 방재신기술의 지정 절차, 표시 방법, 보호기간 및 활용 방법 등에 관하여 필요한 사항은 대통령령으로 정한다. 〈개정 2012.2.22〉

[전문개정 2011.3.7]

[제목개정 2012.2.22]

제61조의2(방재신기술 지정의 취소) 소방방재청장은 제61조제1항에 따라 지정된 방재신기술이 다음 각 호의 어느 하나에 해당하는 경우에는 그 지정을 취소하여야 한다. 〈개정 2012.2.22〉

1. 거짓이나 그 밖의 부정한 방법으로 지정받은 경우
2. 해당 방재신기술의 내용에 중대한 결함이 있어 자연재해 현장에 적용하는 것이 불가능한 경우

[전문개정 2011.3.7]

[제목개정 2012.2.22]

제61조의3(방재제품 및 방재 분야 산업체의 분류) ① 소방방재청장은 제58조에 따라 방재산업을 육성하고 자연재해의 응급대책, 신속한 복구, 예방사업에 필요한 물자 · 자재 등의 안정적 조달 및 품질관리를 위하여 방재제품 및 방재 분야 산업체를 분류하여 관리할 수 있다.

② 제1항에 따른 분류 절차 등에 필요한 사항은 대통령령으로 정한다.

[본조신설 2012.2.22]

제61조의4(방재산업의 수요 조사 및 공개) ① 소방방재청장은 국가 또는 지방자치단체가 투자하거나 출연한 법인 또는 그 밖의 재난관리책임기관 등의 방재제품 수요 및 투자관리계획을 조사하여 그 결과를 공개할 수 있다.

② 제1항에 따른 공개 절차와 방법 등에 필요한 사항은 대통령령으로 정한다.

[본조신설 2012.2.22]

제62조(국제공동연구의 촉진) ① 정부는 국민경제의 지속 가능하고 균형 있는 발전을 위하여 방재기술 및 방재산업에 관한 국제공동연구를 촉진하기 위한 시책을 마련하여야 한다. 〈개정 2012.2.22〉

② 정부는 제1항에 따른 국제공동연구를 촉진하기 위하여 다음 각 호의 사업을 추진할 수 있다. 〈개정 2012.2.22〉

1. 방재기술 및 방재산업의 국제협력을 위한 조사 · 연구
2. 방재기술 및 방재산업에 관한 인력 · 정보의 국제 교류
3. 방재기술 및 방재산업에 관한 전시회 · 학술회의의 개최
4. 방재기술 및 방재산업의 해외시장 개척
5. 자연재해 예방을 위한 기술개발
6. 그 밖에 국제공동연구를 촉진하기 위하여 필요하다고 인정하는 사업

[전문개정 2011.3.7]

제63조(방재기술정보의 보급 등) ① 정부는 우수한 방재기술의 보급 및 방재기술정보의 수집 · 보급에 관한 구체적인 시책을 마련하여야 한다. 〈개정 2012.2.22〉

② 정부는 제1항에 따른 방재기술의 보급 및 방재기술정보의 수집 · 보급을 위하여 방재기술정보를 전산화하여 관리할 수 있다. 〈개정 2012.2.22〉
③ 소방방재청장은 제2항에 따른 방재기술정보의 전산화를 위하여 필요한 정보를 관계 기관의 장에게 요청할 수 있다. 〈개정 2012.2.22〉
④ 정부는 재난관리책임기관, 방재연구기관, 방재 분야 산업체, 그 밖의 재난 관련 단체에 방재기술의 개발, 우수한 방재기술의 도입 및 방재기술정보의 교환을 권고할 수 있다. 〈개정 2012.2.22〉
⑤ 소방방재청장은 재해 예방을 위하여 필요하다고 인정하면 관계 중앙행정기관 또는 지방자치단체의 장에게 우수한 방재기술을 사용하고 보급하도록 권고할 수 있다. 〈개정 2012.2.22〉
[전문개정 2011.3.7]
[제목개정 2012.2.22]

제6장 보칙 〈개정 2011.3.7〉

제64조(방재시설의 유지 · 관리 평가) ① 재난관리책임기관의 장은 재해 예방을 위하여 대통령령으로 정하는 소관 방재시설을 성실하게 유지 · 관리하여야 한다. 〈개정 2012.2.22〉
② 중앙본부장은 재난관리책임기관별로 소관 방재시설의 유지 · 관리에 대한 평가를 할 수 있다. 〈개정 2012.2.22〉
③ 제1항과 제2항에 따른 방재시설의 관리 및 평가에 필요한 사항은 대통령령으로 정한다. 〈개정 2012.2.22〉
[전문개정 2011.3.7]
[제목개정 2012.2.22]

제64조의2(방재산업 관련 비영리법인의 육성) 소방방재청장은 방재기술 개발 · 보급 및 방재산업 육성의 촉진을 위하여 「민법」, 그 밖의 법률에 따라 설립된 방재산업 관련 비영리 법인이 다음 각 호의 사업을 수행하는 경우 관련 정보의 제공 등 사업추진에 필요한 지원을 할 수 있다.
1. 방재기술의 연구 · 개발 사업
2. 방재산업의 시장동향, 방재기술의 활용실태, 방재제품 수요 등에 관한 정보의 수집 · 분석 등 조사사업
3. 제59조제2항 각 호의 방재기술의 실용화 촉진을 위한 사업
4. 제62조제2항 각 호의 국제공동연구 촉진을 위한 사업
5. 새로운 방재기술의 실용화 및 방재산업 육성을 위한 공제사업
[본조신설 2012.2.22]

제65조(공무원 및 기술인 등의 교육) ① 재해 관련 업무에 종사하는 공무원은 대통령령으로 정하는 바에 따라 방재교육을 받아야 한다. 〈개정 2012.2.22〉
② 재해 관련 기술인을 고용한 자는 대통령령으로 정하는 바에 따라 그 기술인에 대하여 소방방재청장이 실시하는 교육을 받게 하여야 한다.
③ 소방방재청장은 제1항과 제2항의 교육을 위하여 필요하다고 판단되면 전문교육과정을 운영할 수 있다.
④ 소방방재청장은 대통령령으로 정하는 바에 따라 제2항에 따른 교육에 드는 경비를 교육 대상자를 고용한 자로부터 징수할 수 있다.
[전문개정 2011.3.7]

제65조의2(방재 분야 전문인력의 양성) ① 국가와 지방자치단체는 방재정책의 고도화 · 전문화에 따른 방재 분야 전문인력의 양성을 위하여 필요한 시책을 마련하여야 한다.

② 소방방재청장은 제1항에 따른 전문인력을 양성하기 위하여 「고등교육법」 제2조에 따른 학교를 전문인력 양성기관으로 지정하여 필요한 교육 및 훈련을 실시하게 할 수 있다.

[본조신설 2012.2.22]

제66조(지역자율방재단의 구성 등) ① 시장 · 군수 · 구청장은 지역의 자율적인 방재 기능을 강화하기 위하여 지역주민, 봉사단체, 방재 관련 업체, 전문가 등으로 지역자율방재단을 구성 · 운영할 수 있다.

② 중앙본부장과 지역본부장은 지역자율방재단을 활성화하기 위하여 예산 등을 지원할 수 있으며, 시장 · 군수 · 구청장은 지역자율방재단 구성원의 재해 예방, 대응, 복구 활동 등 기여도에 따라 복구사업에 우선 참여하게 하는 등 필요한 사항을 지원할 수 있다.

③ 지역자율방재단의 구성 · 운영 및 지원 등에 필요한 사항은 대통령령으로 정한다.

[전문개정 2011.3.7]

제66조의2(전국자율방재단연합회) ① 지역자율방재단 상호간의 교류와 협력 증진을 위하여 전국자율방재단연합회(이하 "연합회"라 한다)를 설립할 수 있다.

② 연합회의 구성 및 운영 등에 필요한 사항은 안전행정부령으로 정한다. 〈개정 2013.3.23〉

[본조신설 2012.2.22]

제67조(주민의사의 정책 반영 등) ① 소방방재청장과 지방자치단체의 장은 방재정책의 발전을 위하여 전문조사기관 등에 의뢰하여 주민여론 및 자연재해 의식조사 등을 할 수 있다. 〈개정 2012.2.22〉

② 소방방재청장과 지방자치단체의 장은 제1항에 따라 실시한 주민여론 및 자연재해 의식조사 등의 결과를 각종 방재정책의 수립에 반영하여야 한다. 〈개정 2012.2.22〉

[전문개정 2011.3.7]

제68조(손실보상) ① 국가나 지방자치단체는 제11조제1항에 따른 조치로 인하여 손실이 발생하였을 때에는 보상하여야 한다.

② 제1항에 따른 손실보상에 관하여는 손실을 입은 자와 그 조치를 한 중앙행정기관의 장, 시 · 도지사 또는 시장 · 군수 · 구청장이 협의하여야 한다.

③ 제2항에 따른 협의가 성립되지 아니하였을 때에는 대통령령으로 정하는 바에 따라 「공익사업을 위한 토지 등의 취득 및 보상에 관한 법률」 제51조에 따른 관할 토지수용위원회에 재결을 신청할 수 있다.

④ 제3항에 따른 재결에 관하여는 「공익사업을 위한 토지 등의 취득 및 보상에 관한 법률」 제83조부터 제86조까지의 규정을 준용한다.

[전문개정 2011.3.7]

제69조(법률 등을 위반한 자에 대한 처분) ① 중앙본부장, 시 · 도지사, 시장 · 군수 또는 구청장은 다음 각 호의 어느 하나에 해당하는 자에 대하여 이 법에 따른 허가 · 인가 등의 취소, 공사의 중지, 인공구조물 등의 개축 또는 이전, 그 밖에 필요한 처분을 하거나 조치를 명할 수 있다.

1. 이 법 또는 이 법에 따른 명령이나 처분을 위반한 자
2. 부정한 방법으로 이 법에 따른 허가 · 인가 등을 받은 자
3. 사정의 변경으로 인하여 개발사업등을 계속 시행하는 것이 현저하게 공익을 해칠 우려가 있다고 인정되는 경우에 그 개발사업등의 허가를 받은 자 또는 시행자

② 중앙본부장, 시 · 도지사, 시장 · 군수 또는 구청장은 제1항제3호에 따라 필요한 처분을 하거나 조치를 명하였을 때에는 이로 인하여 발생한 손실을 보상하여야 한다.

③ 제2항에 따른 손실보상에 관하여는 제68조제2항부터 제4항까지의 규정을 준용한다.
[전문개정 2011.3.7]

제70조(국고보조 등) 국가는 자연재해위험개선지구 정비 등의 자연재해 예방대책, 자연재해 응급대책 또는 자연재해 복구사업을 원활하게 추진하기 위하여 필요하면 그 비용(제68조에 따른 손실보상금을 포함한다)의 전부 또는 일부를 국고에서 부담하거나 지방자치단체 또는 재난관리책임기관에 보조할 수 있다. 〈개정 2012.10.22〉
[전문개정 2011.3.7]

제71조(압류의 금지) 기본법 제66조에 따라 지급된 구호금품 및 이를 지급받을 권리는 압류할 수 없다.
[전문개정 2011.3.7]

제72조(한국방재협회의 설립) ① 재해대책에 관한 연구 및 정보교류의 활성화와 국민방재역량 제고를 위하여 한국방재협회(이하 "협회"라 한다)를 설립할 수 있다.
② 협회는 법인으로 한다.
③ 협회는 주된 사무소의 소재지에서 설립등기를 함으로써 성립한다.
④ 협회의 회원은 다음 각 호의 사람과 단체 등으로 한다.
1. 재해대책 분야와 관련된 연구단체 및 용역업에 종사하는 사람
2. 재해대책에 관한 학식과 경험이 풍부한 사람으로서 회원이 되려는 사람
3. 재해대책 분야와 관련된 용역 · 물자의 생산 및 공사 등을 하는 단체 및 업체
4. 그 밖에 정관으로 정하는 사람
⑤ 협회는 다음 각 호의 업무를 수행한다. 〈개정 2012.2.22〉
1. 재해 예방과 방재의식의 고취를 위한 교육 및 홍보
2. 재해 예방, 재해 응급대책 및 재해 복구 등에 관한 자료의 조사 · 수집 및 보급
3. 재해 예방, 재해 응급대책 및 재해 복구 등에 관한 각종 간행물의 발간
4. 재해대책에 관한 정부 위탁사업의 수행
5. 방재 분야 기술발전을 위한 관련 산업의 육성 · 지원
6. 민간주도의 재해 관련 국내외 행사의 유치
7. 방재 분야 전문인력의 양성 지원 및 인력 데이터베이스 구축 관리
8. 그 밖에 재해대책에 관련되는 사항으로서 대통령령으로 정하는 사항
⑥ 중앙본부장과 지역본부장은 재난 발생에 대응하여 신속한 처리가 필요한 경우 등에만 제5항제1호부터 제8호까지의 업무와 관련된 용역업무를 협회에 위탁할 수 있다. 〈개정 2012.2.22〉
[전문개정 2011.3.7]

제73조(협회의 정관 등) ① 협회의 정관 기재사항, 임원의 수 및 임기, 선임 방법, 감독 및 등기 등에 관하여 필요한 사항은 대통령령으로 정한다.
② 협회의 운영 경비는 회비나 그 밖의 사업 수입으로 충당한다.
③ 협회에 관하여 이 법에 규정된 것을 제외하고는 「민법」 중 사단법인에 관한 규정을 준용한다.
[전문개정 2011.3.7]

제74조(자연재해로 인한 피해사실확인서 발급) ① 시장 · 군수 · 구청장은 자연재해로 발생한 피해에 대하여 피해사실확인서(이하 "사실확인서"라 한다)를 발급할 수 있다.
② 사실확인서 발급에 필요한 사항은 대통령령으로 정한다.
[전문개정 2011.3.7]

제75조(중앙본부장의 평가 및 포상) ① 중앙본부장은 제4조, 제8조, 제12조부터 제14조까지, 제16조부터 제21조까지, 제26조, 제29조, 제33조, 제36조, 제37조, 제48조, 제66조 및 그 밖에 이 법에 따른 자연재해의 예방 · 복구 및 대책에 관한 지역본부장의 임무를 정기적으로 평가하고 그 평가 결과를 지역본부장에게 통보할 수 있다. 이 경우 평가 결과를 통보받은 지역본부장은 평가 결과에 따라 자연재해의 예방 · 복구 및 대책에 필요한 조치를 하여야 한다.

② 중앙본부장은 제1항에 따른 평가 결과에 따라 우수한 지역본부장을 선정하여 포상할 수 있다.

③ 제1항과 제2항에 따른 평가 및 포상에 필요한 사항은 대통령령으로 정한다.

[전문개정 2011.3.7]

제75조의2(지역안전도 진단) ① 소방방재청장은 방재정책 전반의 환류(還流) 체계를 구축하고, 자주적인 방재 역량의 제고와 저변 확대를 위하여 시 · 군 · 구별로 지역안전도 진단을 할 수 있다.

② 제1항에 따른 지역안전도 진단 내용에는 다음 각 호의 사항이 포함되어야 한다.

1. 시 · 군 · 구별 피해 발생 빈도와 피해 규모의 분석
2. 시 · 군 · 구별 피해 저감 능력을 진단하기 위한 진단지표 및 진단기준에 따른 분석

③ 제1항에 따른 지역안전도 진단에 관한 절차와 그 밖에 필요한 사항은 대통령령으로 정한다.

[전문개정 2011.3.7]

제76조(권한의 위임 등) ① 이 법에 따른 중앙본부장과 소방방재청장의 권한은 대통령령으로 정하는 바에 따라 그 일부를 시 · 도 본부장에게 위임할 수 있다.

② 이 법에 따른 중앙본부장과 소방방재청장의 업무는 대통령령으로 정하는 바에 따라 그 일부를 관련 분야 전문 기관 또는 단체에 위탁할 수 있다.

[전문개정 2012.2.22]

제7장 벌칙 〈개정 2011.3.7〉

제77조(벌칙) ① 제38조제2항에 따른 대행자 등록을 하지 아니하고 방재안전대책수립업무를 대행한 자는 1년 이하의 징역 또는 1천만원 이하의 벌금에 처한다. 〈신설 2012.2.22〉

② 제37조제1항에 따른 비상대처계획을 수립하지 아니한 자는 500만원 이하의 벌금에 처한다. 〈개정 2012.2.22〉

[전문개정 2011.3.7]

제78조(양벌규정) 법인의 대표자나 법인 또는 개인의 대리인, 사용인, 그 밖의 종업원이 그 법인 또는 개인의 업무에 관하여 제77조의 위반행위를 하면 그 행위자를 벌하는 외에 그 법인 또는 개인에게도 해당 조문의 벌금형을 과(科)한다. 다만, 법인 또는 개인이 그 위반행위를 방지하기 위하여 해당 업무에 관하여 상당한 주의와 감독을 게을리하지 아니한 경우에는 그러하지 아니하다.

[전문개정 2008.12.26]

제79조(과태료) ① 다음 각 호의 어느 하나에 해당하는 자에게는 300만원 이하의 과태료를 부과한다. 〈개정 2012.10.22〉

1. 제12조제2항에 따른 자연재해위험개선지구의 재해 예방을 위한 점검 · 정비 명령을 이행하지 아니한 자
2. 제19조제1항에 따른 우수유출저감시설을 설치하지 아니한 자
3. 제21조제2항에 따른 침수흔적 등의 조사를 방해하거나 무단으로 침수흔적 표지를 훼손한 자

4. 제25조의3제2항에 따른 해일위험지구의 재해 예방을 위한 점검 · 정비 명령을 이행하지 아니한 자
5. 제40조에 따른 준수사항을 위반한 자
6. 제41조에 따른 신고를 하지 아니하고 사업을 휴업하거나 폐업한 자

② 제1항에 따른 과태료는 대통령령으로 정하는 바에 따라 소방방재청장, 시 · 도지사, 시장 · 군수 또는 구청장이 부과 · 징수한다.

[전문개정 2011.3.7]

부칙〈제11713호, 2013.3.23〉(과학기술기본법)

제1조(시행일) 이 법은 공포한 날부터 시행한다.

제2조부터 제5조까지 생략

제6조(다른 법률의 개정) ①부터 〈23〉까지 생략

〈24〉 자연재해대책법 일부를 다음과 같이 개정한다.

제58조의2제1항 중 "국가과학기술위원회"를 "국가과학기술심의회"로 한다.

〈25〉부터 〈28〉까지 생략

SECTION 06 재해경감을 위한 기업의 자율활동 지원에 관한 법률

[시행 2013.3.23] [법률 제11690호, 2013.3.23, 타법개정]
소방방재청(기후변화대응과) 02-2100-5405

제1장 총칙

제1조(목적) 이 법은 재난이 발생하는 경우 기업활동이 중단되지 아니하고 안정적으로 유지될 수 있도록 하기 위하여 기업의 재해경감활동을 지원함으로써 국가의 재난관리 능력을 증진함을 목적으로 한다. 〈개정 2010.3.31〉

제2조(정의) 이 법에서 사용하는 용어의 정의는 다음과 같다. 〈개정 2010.3.31〉

1. "기업"이란 영리를 목적으로 「상법」 제172조에 따라 법인설립등기를 마친 기업 또는 「소득세법」 제168조 및 「부가가치세법」 제5조에 따라 사업자등록을 한 기업을 말한다.

1의2. "재난"이란 「재난 및 안전관리기본법」 제3조제1호에 따른 것을 말한다.

1의3. "재해"란 재난으로 인하여 발생하는 피해를 말한다.

2. "재난관리"란 재난의 예방 · 대비 · 대응 및 복구를 위하여 행하는 모든 활동을 말한다.
3. "재해경감활동계획"이란 기업이 재난으로부터 피해를 최소화하기 위하여 수립하는 전략계획, 경감계획, 사업연속성확보계획, 대응계획 및 복구계획을 말한다.
4. "재난관리표준"이란 기업의 재해경감활동계획 수립을 위하여 「재난 및 안전 관리기본법」 제14조에 따른 중앙재난안전대책본부의 본부장이 작성 · 고시하는 표준을 말한다.
5. "재해경감활동계획 수립 대행자"란 기업의 재해경감활동을 위하여 계획수립 및 활동 등을 전문적으로 대행하는 법인 또는 단체를 말한다.
6. "재해경감 우수기업"이란 제7조에 따라 우수기업 인증서를 발급받은 기업을 말한다.

제3조(국가 등의 책무) 국가 및 지방자치단체는 기업이 재난으로부터 안정적인 기업활동을 유지할 수 있도록 재해경감활동을 지원할 수 있다. 〈개정 2010.3.31〉

제4조(기업의 재난관리표준 준수 등) ① 기업은 재난으로부터 안정적인 사업을 유지할 수 있도록 재난관리표준에 따라 기업시설 · 종업원 등에 대한 재해경감을 위하여 노력하여야 한다. 〈개정 2010.3.31〉

② 기업은 「재난 및 안전 관리기본법」 제3조제5호에 따른 재난관리책임기관의 재난관리와 관련된 업무 수행에 적극적으로 협조하여야 한다.

제2장 재난관리표준

제5조(재난관리표준의 고시) ①「재난 및 안전 관리기본법」 제14조에 따른 중앙재난안전대책본부(이하 "중앙대책본부"라 한다)의 본부장(이하 "중앙본부장"이라 한다)은 기업의 재해경감활동계획 수립을 위한 재난관리표준을 작성 · 고시하여야 한다. 재난관리표준을 변경하거나 폐지하는 때에도 또한 같다. 〈개정 2010.3.31〉

② 재난관리표준에는 다음 각 호의 사항이 포함되어야 한다.

1. 재해경감활동 조직 · 체계 등의 구성에 관한 사항
2. 재해경감활동 관계 법령 준수 · 절차 및 이행에 관한 사항
3. 위험요소의 식별, 위험평가, 영향분석 등 재난 위험요소의 경감에 관한 사항
4. 자원관리 및 기업과 재해경감 관련 단체와의 협정에 관한 사항
5. 재해경감을 위한 전략계획, 경감계획, 사업연속성확보계획, 대응계획 및 복구계획의 수립에 관한 사항
6. 재해경감활동과 관련된 지시 · 통제 · 협의조정 등 비상시 의사소통 및 상황전파 체계에 관한 사항
7. 교육 · 훈련을 통한 자체평가 및 개선에 관한 사항
8. 그 밖에 재난관리표준에 필요하다고 인정하여 대통령령으로 정하는 사항

③ 삭제 〈2010.3.31〉

④ 삭제 〈2010.3.31〉

제6조(재난관리표준의 운영) ① 중앙본부장은 필요한 경우에는 기업의 재해경감활동계획 등에 대한 조사 · 분석 및 평가를 실시하고 그 결과를 재난관리표준에 반영할 수 있다. 이 경우 기업의 재해경감활동계획에 대한 조사 · 분석 및 평가의 실시시기 및 절차 등에 필요한 사항은 대통령령으로 정한다. 〈개정 2010.3.31〉

② 삭제 〈2010.3.31〉

③ 중앙본부장은 기업에 대하여 재난관리표준에 대한 홍보 및 교육을 실시하여야 한다. 〈개정 2010.3.31〉

④ 삭제 〈2010.3.31〉

제6조의2(기업의 재해경감활동 등에 관한 통계자료의 요구) ① 중앙본부장은 제6조제1항에 따른 기업의 재해경감활동계획 등에 대한 조사 · 분석 및 평가를 위하여 필요한 경우에는 재해경감활동계획 등을 수립하는 기업 및 관계 기관의 장에게 통계자료의 제공을 요구할 수 있다. 이 경우 요청을 받은 기업 및 관계 기관의 장은 특별한 사유가 없는 한 이에 따라야 한다.

② 제1항에 따른 통계자료의 제공 등에 관하여 필요한 사항은 대통령령으로 정한다.

[본조신설 2010.3.31]

제3장 재해경감 우수기업의 인증 및 업무대행

제7조(재해경감활동에 대한 인증 등) ① 재해경감 우수기업(이하 "우수기업"이라 한다)으로 인증받고자 하는 기업은 중앙본부장에게 신청하여야 한다. 〈개정 2010.3.31〉

② 삭제 〈2010.3.31〉

③ 중앙본부장은 제1항에 따라 신청한 기업의 재해경감활동에 대하여 대통령령으로 정하는 기준에 따

라 평가를 실시하고 우수기업 인증서를 발급할 수 있다. 〈개정 2010.3.31〉
④ 삭제 〈2010.3.31〉
⑤ 제3항에서 정하는 평가 및 인증서 발급에 소요되는 비용은 신청하는 자가 부담한다.
⑥ 제3항에서 정하는 평가의 실시 및 인증서 발급 등에 관하여 필요한 사항은 대통령령으로 정한다. 〈개정 2010.3.31〉

제8조(우수기업 인증의 취소) ① 중앙본부장은 인증을 받은 우수기업이 다음 각 호의 어느 하나에 해당하는 때에는 인증을 취소할 수 있다. 다만, 제1호의 경우에는 인증을 취소하여야 한다. 〈개정 2010.3.31〉
1. 거짓이나 그 밖의 부정한 방법으로 인증을 받은 경우
2. 인증 평가기준에 미달되는 경우
3. 양도 · 양수 · 합병 등에 의하여 인증받은 요건이 변경된 경우
② 제1항에서 정하는 인증 취소의 기준, 그 밖에 필요한 사항은 대통령령으로 정한다.

제8조의2(인증대행기관의 지정 등) ① 중앙본부장은 제7조에 따른 우수기업 인증을 효율적으로 추진하기 위하여 인증을 대행하는 전문기관(이하 "인증대행기관"이라 한다)을 지정할 수 있다.
② 중앙본부장은 제1항에 따라 인증대행기관을 지정하는 경우에는 제9조에 따른 인증대행기관의 업무 중에서 해당 인증대행기관이 수행할 인증대행업무의 범위를 정하여 지정할 수 있다.
③ 인증대행기관의 지정 기준 및 절차 등에 관하여 필요한 사항은 대통령령으로 정한다.
[본조신설 2010.3.31]

제8조의3(인증대행기관의 지정 취소) 중앙본부장은 인증대행기관이 다음 각 호의 어느 하나에 해당하는 때에는 대통령령으로 정하는 기준에 따라 지정을 취소하거나 업무의 정지를 명할 수 있다. 다만, 제1호의 경우에는 지정을 취소하여야 한다.
1. 거짓이나 그 밖의 부정한 방법으로 인증대행기관의 지정을 받은 때
2. 제8조의2제3항에 따른 지정기준에 적합하지 아니하게 된 때
[본조신설 2010.3.31]

제9조(인증대행기관의 업무 등) ① 인증대행기관은 다음 각 호의 업무를 수행할 수 있다.
1. 기업의 재해경감활동에 대한 평가
2. 우수기업 인증서의 발급
3. 우수기업에 대한 지도 · 감독
4. 그 밖에 재해경감활동의 인증에 관한 사항
② 중앙본부장은 인증대행기관에 대하여 필요한 경우 행정적 · 재정적 지원을 할 수 있다.
③ 그 밖에 인증대행기관의 업무에 필요한 사항은 대통령령으로 정한다.

제10조(전문인력의 육성 등) ① 중앙본부장은 기업의 재해경감활동계획 수립 등을 위하여 재해경감활동 전문인력을 육성하여야 한다.
② 중앙본부장은 전문인력의 육성에 필요한 전문교육과정을 대통령령으로 정하는 바에 따라 위탁하여 운영할 수 있다. 〈개정 2010.3.31〉
③ 중앙본부장은 제2항의 전문교육과정을 이수하고 대통령령으로 정하는 시험에 합격한 자에게 기업의 재난을 관리하는 자(이하 "기업재난관리자"라 한다)에 관한 인증서를 발급할 수 있다. 〈개정 2010.3.31〉
④ 중앙본부장은 대통령령으로 정하는 바에 따라 제2항에 따른 교육에 사용되는 경비를 교육을 이수한 자로부터 징수할 수 있다.

제10조의2(기업재난관리자에 대한 교육) 중앙본부장은 기업재난관리자의 능력을 향상시키고 효율적으로 활용하기 위하여 필요한 경우에는 대통령령으로 정하는 바에 따라 교육을 실시할 수 있다.
[본조신설 2010.3.31]

제11조(재해경감활동계획 수립 등) ① 우수기업으로 인증을 받고자 하는 기업은 재난관리표준의 범위에서 대통령령으로 정하는 기준에 따라 재해경감활동계획을 수립 · 시행하여야 한다. 〈개정 2010.3.31〉
② 기업은 재해경감활동을 위하여 필요하다고 인정하는 때에는 제12조에 따라 등록된 재해경감활동계획 수립 대행자(이하 "대행자"라 한다)에게 재해경감활동계획의 수립 등을 의뢰할 수 있다.
③ 기업은 기업의 종사자 등에 대하여 재해경감활동 능력을 높이기 위하여 필요한 교육 등을 실시할 수 있다.

제12조(재해경감활동계획 수립 대행자 등록 등) ① 재해경감활동계획 수립대행자는 기술인력의 확보 등 대통령령으로 정하는 요건을 갖추고, 안전행정부령으로 정하는 바에 따라 소방방재청장에게 등록하여야 한다. 〈개정 2008.2.29, 2013.3.23〉
② 제1항에 따라 등록한 사항 중 대통령령으로 정하는 중요한 사항을 변경하는 때에는 안전행정부령으로 정하는 바에 따라 변경등록을 하여야 한다. 〈개정 2008.2.29, 2013.3.23〉
③ 대행자의 등록수수료 등에 관하여 필요한 사항은 안전행정부령으로 정한다. 〈개정 2008.2.29, 2013.3.23〉

제13조(대행자 업무 대행비용의 산정기준 등) 소방방재청장은 제12조에 따라 등록한 대행자의 업무 대행에 필요한 비용의 산정기준 등을 정하여 고시하여야 한다.

제14조(대행자 등록의 결격사유) 다음 각 호의 어느 하나에 해당하는 자는 대행자로 등록할 수 없다.
1. 금치산자 또는 한정치산자
2. 파산선고를 받고 복권되지 아니한 자
3. 이 법의 규정을 위반하여 징역 이상의 실형을 선고받고 그 형의 집행이 종료되거나 집행을 받지 아니하기로 확정된 후 2년이 경과되지 아니한 자
4. 임원 중 제1호부터 제3호까지의 규정 중 어느 하나에 해당하는 자가 있는 법인

제15조(우수기업 및 대행자의 준수사항) 우수기업 및 대행자는 다음 각 호의 사항을 준수하여야 한다.
1. 다른 기업의 재해경감활동계획서의 내용을 복제하지 아니할 것
2. 기업의 재해경감활동계획 작성의 기초가 되는 자료를 거짓으로 작성하지 아니할 것
3. 대행자의 경우에는 등록증이나 명의를 다른 사람에게 대여하지 아니할 것

제16조(대행업무의 휴지 또는 폐지 등) 대행자는 업무의 전부 또는 일부를 휴지(休止) · 폐지(廢止)하거나 휴지한 사업을 재개(再開)하고자 하는 때에는 안전행정부령으로 정하는 바에 따라 소방방재청장에게 신고하여야 한다. 〈개정 2008.2.29, 2013.3.23〉

제17조(대행자의 등록취소 또는 영업정지) ① 소방방재청장은 대행자가 다음 각 호의 어느 하나에 해당하는 경우에는 그 등록을 취소하여야 한다. 〈개정 2010.3.31〉
1. 제14조의 결격사유에 해당하는 경우. 다만, 법인의 임원 중 제14조에 해당하는 자가 있는 경우 6개월 이내에 그 임원을 개임한 때에는 그러하지 아니하다.
2. 거짓이나 그 밖의 부정한 방법으로 등록을 한 경우
3. 대행업무의 양도 · 양수 및 합병 등에 의하여 자격요건 및 기술인력 요건에 미달하게 되는 경우

② 소방방재청장은 대행자가 다음 각 호의 어느 하나에 해당하는 경우에는 그 등록을 취소하거나 6개월 이내의 기간을 정하여 그 영업의 전부 또는 일부의 정지를 명할 수 있다.

1. 1년에 2회 이상의 영업정지 처분을 받고 다시 영업정지 처분사유에 해당하는 행위를 한 경우
2. 제12조제1항에 따른 등록요건에 미달하게 된 경우
3. 다른 사람에게 자기의 명의를 사용하여 대행업무를 하게 하거나 등록증을 다른 사람에게 대여한 경우
4. 고의 또는 중대한 과실로 재해경감활동계획서 등을 부실하게 작성한 경우
5. 그 밖에 이 법 또는 이 법에 따른 명령을 위반한 경우

③ 제1항 및 제2항에 따른 행정처분의 기준, 그 밖에 필요한 사항은 대통령령으로 정한다.

제18조(등록취소 또는 영업정지된 대행자의 업무 계속) ① 제17조에 따라 등록취소 또는 영업정지 처분을 받은 자는 그 처분 이전에 체결한 재해경감활동계획의 수립 대행을 위한 계약에 한하여 대행업무를 계속할 수 있다. 다만, 제17조제1항제2호에 따라 등록취소 처분을 받은 자는 대행업무를 중단하고 지급받은 대행비용을 위탁기관에 반납하여야 한다. 〈개정 2010.3.31〉

② 제1항에 따라 재해경감활동계획의 수립 대행업무를 계속하는 자는 당해 업무를 완료할 때까지 이 법에 따른 대행자로 본다.

제4장 우수기업에 대한 지원

제19조(가산점 부여) ① 국가 및 지방자치단체는 기업의 재해경감활동의 원활한 추진과 실효성이 확보되도록 필요한 조치를 하여야 한다.

② 중앙본부장은 「중소기업진흥에 관한 법률」 제2조에 따른 공공기관이 자금 등을 지원하고자 할 때에는 우수기업에 대하여 가산점 부여 등 필요한 조치를 요청할 수 있다. 〈개정 2009.5.21, 2010.3.31〉

③ 중앙본부장은 우수기업이 「재난 및 안전 관리기본법」 제3조제5호에 따른 재난관리책임기관(이하 "책임기관"이라 한다) 에서 발주하는 물품구매 · 시설공사 · 용역 등의 사업에 대하여 입찰 참여를 하는 경우에는 가산점 부여 등 필요한 조치를 요청할 수 있다. 〈개정 2010.3.31〉

④ 제2항 및 제3항에 따른 가산점이란 다음 각 호의 어느 하나에 해당하는 경우에 부여하는 가점을 말한다.

1. 공공기관이 중소기업 정책자금 지원 대상업체를 선정 · 심사하는 경우의 가점
2. 책임기관에서 발주하는 물품조달 · 시설공사 · 용역의 적격심사를 하는 경우 신인도 평가에서의 가점
3. 그 밖에 공공기관이 자금지원을 하는 경우 필요하다고 인정하여 대통령령으로 정하는 가점

⑤ 제4항 각 호에 따른 가산점 부여 등을 요청받은 관계 기관의 장은 특별한 사유가 없는 한 이에 응하여야 하며, 가산점 부여 등에 관하여 필요한 사항은 대통령령으로 정한다.

제20조(보험료 할인) ① 기업의 재난 관련 보험운영기관은 우수기업에 대한 재난 관련 보험계약을 체결하는 경우 보험료율을 차등 적용할 수 있다.

② 제1항에 따라 보험운영기관이 보험료율을 차등 적용하고자 할 때에는 재난위험에 대비한 투자액 등 대통령령으로 정하는 사항을 고려하여야 한다.

제21조(세제지원) 국가 및 지방자치단체는 기업의 재해경감활동을 촉진하기 위하여 우수기업에 대하여 「조세특례제한법」 또는 「지방세특례제한법」 등 조세 관련 법률로 정하는 바에 따라 세제상의 지원을 할 수 있다. 〈개정 2010.3.31〉

제22조(자금지원 우대) ① 국가 및 지방자치단체는 중소기업에 대한 자금을 지원함에 있어서 우수기업을 우대하여야 한다.

② 국가 및 지방자치단체는 우수기업의 재해경감활동에 필요한 자금의 원활한 조달을 위하여 「신용보

증기금법」에 따른 신용보증기금, 「기술신용보증기금법」에 따른 기술신용보증기금 및 「지역신용보증재단법」 제9조에 따라 설립한 신용보증재단으로 하여금 우수기업을 대상으로 하는 보증제도를 수립 · 운용하도록 할 수 있다.

③ 제2항에 따른 우수기업에 대한 보증제도의 수립 · 운용에 필요한 사항은 대통령령으로 정한다.

제23조(재해경감 설비자금 등의 지원) ① 국가 및 지방자치단체는 기업이 재해경감활동에 필요한 시설의 설치 · 개선, 설비의 개체(改替) 및 신 · 증설투자사업에 대하여 다음 각 호의 기금 · 회계 또는 자금에서 필요한 지원을 할 수 있다. 〈개정 2009.5.21〉

1. 「중소기업진흥에 관한 법률」 제63조에 따른 중소기업진흥 및 산업기반기금
2. 「한국산업은행법」에 따른 한국산업은행의 설비투자지원 관련 자금
3. 그 밖에 대통령령으로 정하는 기금 · 회계 또는 자금

② 중앙본부장은 제1항 각 호에서 정하는 재해경감 설비자금 등에 관하여 필요한 협조를 관계 기관의 장에게 요청할 수 있다. 〈개정 2010.3.31〉

제5장 재해경감활동 기반조성

제24조(재해경감활동 촉진을 위한 연구개발사업의 육성) ① 소방방재청장은 기업의 재해경감활동 촉진을 위하여 대통령령으로 정하는 바에 따라 다음 각 호의 어느 하나에 해당하는 기관 · 단체 또는 사업자로 하여금 재해경감활동 연구개발사업(이하 "연구개발사업"이라 한다)을 실시하게 할 수 있다.

1. 국 · 공립연구기관
2. 「특정연구기관 육성법」의 적용을 받는 연구기관
3. 「정부출연연구기관 등의 설립 · 운영 및 육성에 관한 법률」 또는 「과학기술분야 정부출연연구기관 등의 설립 · 운영 및 육성에 관한 법률」에 따라 설립된 정부출연연구기관
4. 「고등교육법」 제2조에 따른 학교
5. 「민법」 또는 다른 법률에 따라 설립된 것으로 자연재해업무와 관련된 분야의 비영리법인
6. 그 밖에 기업의 재해경감활동과 관련하여 대통령령으로 정하는 기관 · 단체 또는 사업자

② 연구개발사업에 필요한 비용은 정부 또는 정부 외의 자의 출연금, 그 밖에 재해경감활동과 관련된 기업의 연구개발비로 충당한다.

③ 소방방재청장은 연구개발사업을 추진하기 위하여 제1항에 따라 연구개발사업을 실시하는 연구기관 등에 출연금을 지급할 수 있다.

④ 제3항에 따른 출연금의 지급 · 사용 및 관리에 필요한 사항은 대통령령으로 정한다.

제25조(기반시설 입주지원 등) 국가 및 지방자치단체는 우수기업의 재해경감활동을 촉진하기 위하여 다음 각 호의 어느 하나에 해당하는 경우 우선 지원할 수 있다. 〈개정 2010.4.12, 2011.8.4〉

1. 「「산업입지 및 개발에 관한 법률」 제2조제8호라목에 따른 농공단지에의 입주
2. 정부 및 지방자치단체가 공급하는 공장용지 및 지식산업센터에의 입주
3. 지방자치단체가 건립하는 중소기업종합지원센터 및 전시판매장과 그 지원시설에의 입주

제26조(재해경감활동 비용의 충당 등) ① 기업은 직전 사업연도의 법인세 또는 소득세 차감 전 순이익의 일부를 재해경감활동에 사용되는 비용으로 충당할 수 있다.

② 재해경감활동 비용의 충당 및 용도 · 운용 · 관리에 필요한 사항은 대통령령으로 정한다.

제27조(교육 및 훈련 등의 지원) ① 중앙본부장은 기업이 재해경감활동을 위하여 기업의 종사자 등에 대

한 재난관리표준 및 재해경감활동 우수사례의 교육 · 훈련 등을 실시하거나 관련된 계획을 운영하도록 지원할 수 있다. 〈개정 2010.3.31〉

② 제1항에 따른 교육 및 훈련 등에 관하여 필요한 사항은 대통령령으로 정한다.

제28조(재해경감활동 정보의 수집 및 보급) ① 중앙본부장은 재해경감활동에 필요한 다음 각 호의 정보를 수집하고 기업 및 관련 단체 등에 보급할 수 있다. 〈개정 2010.3.31〉

1. 재해경감활동 및 기술 등에 관한 정보
2. 재난경감활동 우수기업 및 단체 등에 관한 정보
3. 대행자 등에 관한 정보
4. 국내외 재해경감활동 우수사례 등에 관한 정보
5. 제6조의2에 따른 재해경감활동 등에 관한 통계자료
6. 그 밖에 재해경감을 위한 기업활동에 관한 정보

② 중앙본부장은 제1항제1호부터 제6호까지의 규정에 따른 재해경감활동에 관한 정보를 전산화하여 관리할 수 있다. 〈개정 2010.3.31〉

③ 중앙본부장은 제2항의 재해경감활동에 관한 정보의 전산화를 위하여 필요한 정보를 관계 기관 및 우수기업, 대행자 등에게 요청할 수 있다. 이 경우 관계 기관 및 우수기업, 대행자 등은 특별한 사유가 없는 한 이에 응하여야 한다. 〈개정 2010.3.31〉

④ 삭제 〈2010.3.31〉

⑤ 재해경감활동 정보의 수집 · 보급 등에 관하여 필요한 사항은 대통령령으로 정한다.

제29조(기업의 여론조사 등) 중앙본부장은 재해경감활동 촉진을 위하여 전문조사기관 등에 의뢰하여 기업의 여론을 조사하거나 재해경감활동 의식을 조사할 수 있다. 〈개정 2010.3.31〉

제6장 보칙

제30조(기업 재해경감협회의 설립) ① 기업의 재해경감활동에 관한 연구 및 정보교류의 활성화와 기업의 재해경감활동 능력 증진을 위하여 기업 재해경감협회(이하 "협회"라 한다)를 설립할 수 있다.

② 협회는 법인으로 한다.

③ 협회는 그 주된 사무소의 소재지에 설립등기를 함으로써 성립한다.

④ 협회의 회원은 다음 각 호의 사람과 단체로 한다.

1. 기업의 재해경감활동분야와 관련된 연구단체 및 이와 관련된 용역업에 종사하는 사람
2. 기업의 재해경감활동에 관한 학식과 경험이 풍부한 사람으로서 정관으로 정하는 사람
3. 기업의 재해경감활동분야와 관련된 용역, 물자의 생산, 공사 등을 하는 단체
4. 기업재난관리자 인증서를 발급받은 사람
5. 그 밖에 정관으로 정하는 사람

⑤ 협회의 업무는 다음 각 호와 같다.

1. 기업의 재해경감활동 전문교육과정의 운영 및 홍보
2. 기업의 재해경감활동 등에 관한 자료의 조사 · 분석 및 평가
3. 기업의 재해경감활동에 관한 각종 간행물의 발간
4. 기업의 재해경감활동에 관한 정부 위탁사업의 수행
5. 기업의 재해경감활동 기술발전을 위한 연구개발사업 등 관련 산업의 육성 · 지원

6. 민간주도의 재해경감활동과 관련된 국내외 행사 유치
7. 기업의 재해경감활동과 관련된 국제교류협력사업
8. 그 밖에 기업의 재해경감활동과 관련하여 대통령령으로 정하는 사항

⑥ 협회는 제5항 각 호의 사업에 대한 지원을 위하여 대통령령으로 정하는 부설기관을 설치할 수 있다.

제31조(협회의 정관 등) ① 협회의 정관 기재사항, 임원의 수 및 임기, 선임방법, 감독 및 등기 등에 관하여 필요한 사항은 대통령령으로 정한다.

② 협회의 운영경비는 회비, 그 밖의 사업수익으로 충당한다.

③ 협회에 관하여 이 법에 규정된 것을 제외하고는 「민법」 중 사단법인에 관한 규정을 준용한다.

제31조의2(보고 및 검사 등) ① 중앙본부장 또는 소방방재청장은 다음 각 호의 어느 하나에 해당하는 자를 지도 또는 감독하기 위하여 필요하다고 인정하는 때에는 그 업무에 관한 보고 또는 자료의 제출을 명할 수 있고, 소속 공무원으로 하여금 그 사업장 · 사무소, 그 밖에 필요한 장소에 출입하여 관계 서류 · 시설 등을 검사하거나 관계인에게 질문하게 할 수 있다.

1. 제7조제1항에 따른 우수기업
2. 제8조의2에 따른 인증대행기관
3. 제12조제1항에 따른 대행자

② 제1항에 따라 출입 · 검사를 하는 공무원은 그 권한을 나타내는 증표를 지니고 이를 관계인에게 내보여야 한다.

[본조신설 2010.3.31]

제32조(수수료 등) ① 중앙본부장은 우수기업으로 인증받고자 하는 자로부터 수수료를 징수할 수 있다.

② 재해경감활동과 관련된 업무를 위탁할 경우 수탁기관이 징수하는 신청수수료 및 사용료는 그 수탁기관의 수입으로 한다. 〈개정 2010.3.31〉

③ 제1항에 따른 수수료의 금액 · 납부방법 및 납부기간 등에 관하여 필요한 사항은 안전행정부령으로 정한다. 〈개정 2008.2.29, 2013.3.23〉

제33조(권한의 위임 · 위탁) 중앙본부장은 이 법에 따른 권한의 일부를 대통령령으로 정하는 바에 따라 「재난 및 안전관리기본법」 제16조에 따른 지역재난안전대책본부의 본부장에게 위임하거나 대통령령으로 정하는 단체의 장에게 위탁할 수 있다. 〈개정 2010.3.31〉

[제목개정 2010.3.31]

제34조(포상) ① 중앙본부장은 재해경감활동기술의 개발 · 보급을 촉진하고 재해경감활동 산업을 육성하기 위하여 다음 각 호의 어느 하나에 해당하는 자에 대하여 포상을 할 수 있다. 〈개정 2010.3.31〉

1. 재해경감활동 기술의 확산에 기여한 자
2. 기업의 재해경감활동을 지원하여 기업활동 유지에 기여한 자

② 제1항에 따른 포상의 평가기준, 방법 등에 관하여 필요한 사항은 대통령령으로 정한다.

제35조(청문 등) ① 중앙본부장은 우수기업 · 인증대행기관 및 대행자에 대하여 다음 각 호의 어느 하나에 해당하는 처분을 하고자 하는 경우에는 청문을 실시하여야 한다. 〈개정 2010.3.31〉

1. 제8조에 따른 우수기업 인증의 취소

1의2. 제8조의3에 따른 인증대행기관 지정의 취소

2. 제17조에 따른 대행자의 등록취소

② 제1항에 따라 청문을 실시하고자 할 때에는 청문의 일시 및 장소를 기재하여 해당 우수기업 · 인증대행기관 또는 대행자에게 송부하여야 한다. 〈개정 2010.3.31〉

③ 제2항에 따른 청문 출석 요구서를 받은 자가 지정된 일시에 출석이 곤란한 사유가 있는 경우에는 그 일시를 조정할 수 있다.

④ 중앙본부장은 제8조, 제8조의3 및 제17조에 따라 우수기업의 인증 취소, 인증대행기관의 지정 취소 또는 대행자의 등록 취소를 한 때에는 지체 없이 그 사유를 명시하여 해당 우수기업 · 인증대행기관 또는 대행자에게 통보하고, 이를 관보에 게재하여야 한다. 〈개정 2010.3.31〉

제35조의2(벌칙 적용에서의 공무원 의제) 인증대행기관의 임직원은 「형법」 제129조부터 제132조까지의 규정을 적용할 때에는 공무원으로 본다.

[본조신설 2010.3.31]

제36조(벌칙) ① 다음 각 호의 어느 하나에 해당하는 자는 500만원 이하의 벌금에 처한다.

1. 제7조제3항에 따른 재해경감활동 평가에 필요한 자료를 거짓으로 작성하여 제출한 자
2. 제7조에 따른 재해경감 우수기업의 인증을 받지 아니하였음에도 불구하고 거짓으로 이를 표시하거나 인증에 관하여 거짓 광고를 한 자

② 우수기업이 제1항 각 호의 어느 하나에 해당하는 경우에는 우수기업의 인증 및 지원 등을 취소하여야 한다.

제37조(과태료) ① 제31조의2에 따른 보고 또는 자료의 제출을 하지 아니하거나 거짓으로 한 자 또는 검사를 거부 · 방해 또는 기피한 자에게는 300만원 이하의 과태료를 부과한다.

② 제1항의 과태료는 대통령령으로 정하는 바에 따라 안전행정부장관 또는 소방방재청장이 부과 · 징수한다. 〈개정 2013.3.23〉

[본조신설 2010.3.31]

부칙〈제11690호, 2013.3.23〉(정부조직법)

제1조(시행일) ① 이 법은 공포한 날부터 시행한다.

② 생략

제2조부터 제5조까지 생략

제6조(다른 법률의 개정) ①부터 〈240〉까지 생략

〈241〉 재해경감을 위한 기업의 자율활동 지원에 관한 법률 일부를 다음과 같이 개정한다.

제12조제1항부터 제3항까지, 제16조 및 제32조제3항 중 "행정안전부령"을 각각 "안전행정부령"으로 한다.

제37조제2항 중 "행정안전부장관"을 "안전행정부장관"으로 한다.

〈242〉부터 〈710〉까지 생략

제7조 생략

SECTION 07 재해구호법

[시행 2013.3.23] [법률 제11690호, 2013.3.23, 타법개정]
소방방재청(복구지원과) 02-2100-5437

제1장 총칙 〈개정 2010.7.23〉

제1조(목적) 이 법은 이재민(罹災民)의 구호와 의연금품(義捐金品)의 모집절차 및 사용방법 등에 관하여 필요한 사항을 규정함으로써 이재민 보호와 그 생활안정에 이바지함을 목적으로 한다.
[전문개정 2010.7.23]

제2조(정의) 이 법에서 사용하는 용어의 뜻은 다음과 같다.

1. "이재민"이란 「재난 및 안전관리 기본법」 제3조제1호가목에 따른 재해(이하 "재해"라 한다)로 인하여 피해를 입은 사람을 말한다.
2. "일시대피자"란 재해로 인한 피해가 예상되어 일시대피한 사람을 말한다.
3. "구호기관"이란 이재민 및 일시대피자의 거주지를 관할하는 특별시장 · 광역시장 · 도지사 · 특별자치도지사(이하 "시 · 도지사"라 한다) 및 시장 · 군수 · 구청장(자치구의 구청장을 말한다. 이하 같다)을 말한다.
4. "구호지원기관"이란 구호기관의 업무를 지원하기 위하여 필요한 인력 · 시설 및 장비를 갖춘 기관 또는 단체로서 「대한적십자사 조직법」에 따른 대한적십자사 및 제29조에 따른 전국재해구호협회 등 대통령령으로 정하는 기관 또는 단체를 말한다.
5. "의연금품"이란 「기부금품의 모집 및 사용에 관한 법률」 제2조제1호에 따른 기부금품 중 재해의 구호를 위하여 반대급부 없이 취득하는 금전 또는 물품을 말한다.
6. "모집"이란 서신 · 광고 · 인터넷 또는 그 밖의 방법으로 의연금품을 내도록 타인에게 의뢰하거나 권유하는 행위를 말한다.
7. "모집자"란 제17조에 따라 의연금품의 모집허가를 받은 자를 말한다.
8. "모집종사자"란 모집자로부터 지시 · 의뢰를 받아 의연금품의 모집에 종사하는 자를 말한다.

[전문개정 2010.7.23]

제2장 재해구호계획의 수립 및 구호기관의 활동 등

제3조(구호의 대상) 이 법에 따른 구호는 이재민과 일시대피자를 대상으로 한다.

제4조(구호의 종류 등) ① 구호의 종류는 다음 각 호와 같다. 〈개정 2009.12.29〉

1. 임시주거시설의 제공

2. 급식이나 식품 · 의류 · 침구 또는 그 밖의 생활필수품 제공
3. 의료서비스의 제공
4. 감염병 예방 및 방역활동
5. 위생지도
6. 장사(葬事)의 지원
7. 그 밖에 대통령령으로 정하는 사항

② 구호기관은 필요하다고 인정하면 이재민에게 현금을 지급하여 구호할 수 있다.

③ 제1항에 따른 구호의 한도 · 방법 및 기간에 관하여 필요한 사항은 대통령령으로 정한다.

[전문개정 2010.7.23]

제4조의2(임시주거시설의 사용 등) ① 구호기관은 재해로 주거시설을 상실하거나 주거가 사실상 불가능한 상황에 처한 이재민 또는 일시대피자의 구호를 위하여 다음 각 호의 어느 하나에 해당하는 시설을 임시주거시설로 사용할 수 있다.

1. 「정부조직법」에 따른 중앙행정기관이 운영하는 숙박시설 또는 교육훈련시설 · 연수시설 내의 숙박시설
2. 「정부출연연구기관 등의 설립 · 운영 및 육성에 관한 법률」에 따른 정부출연연구기관이 운영하는 숙박시설 또는 교육훈련시설 · 연수시설 내의 숙박시설
3. 「공공기관의 운영에 관한 법률」에 따른 공공기관이 운영하는 숙박시설 또는 교육훈련시설 · 연수시설 내의 숙박시설
4. 지방자치단체가 운영하는 숙박시설 또는 교육훈련시설 · 연수시설 내의 숙박시설
5. 그 밖에 대통령령으로 정하는 시설

② 구호기관이 제1항 각 호에 따른 시설을 임시주거시설로 사용하기 위하여는 미리 해당 시설의 운영기관장 또는 운영책임자와 협의하여야 한다. 이 경우 해당 시설의 운영기관장 또는 운영책임자는 정당한 사유가 없는 한 협의에 응하여야 한다.

[본조신설 2011.8.4]

제5조(재해구호계획의 수립) ① 소방방재청장은 매년 구호기관 및 구호지원기관의 재해구호업무에 관한 계획(이하 "재해구호계획"이라 한다)의 수립지침을 작성하여 구호기관 및 구호지원기관의 장에게 통보하여야 한다.

② 시장 · 군수 · 구청장은 제1항에 따라 통보받은 수립지침에 따라 지역실정을 고려하여 매년 시 · 군 · 구 재해구호계획을 수립하여 시 · 도지사에게 제출하여야 한다.

③ 시 · 도지사는 제2항에 따라 제출받은 시 · 군 · 구 재해구호계획에 따라 지역실정을 고려하여 매년 특별시 · 광역시 · 도 · 특별자치도(이하 "시 · 도"라 한다) 재해구호계획을 수립하여 시장 · 군수 · 구청장에게 통보하고 그 결과를 소방방재청장에게 제출하여야 한다.

④ 구호지원기관의 장은 제1항에 따라 통보받은 수립지침에 따라 해당 구호지원기관의 재해구호계획을 수립하여 소방방재청장에게 통보하여야 한다.

⑤ 제2항부터 제4항까지의 규정에 따른 재해구호계획에 포함되어야 할 사항은 대통령령으로 정한다.

[전문개정 2010.7.23]

제6조(재해구호물자의 확보 및 보관 등) ① 구호기관은 지역별 재해발생 현황 및 지역실정 등을 고려하여 필요한 재해구호물자를 항상 확보하여 응급 구호할 수 있는 체제를 갖추어야 한다.

② 시장 · 군수 · 구청장은 구호활동을 할 때 재해구호물자가 부족하면 시 · 도지사에게 지원을 요청할

수 있으며, 지원요청을 받은 시 · 도지사는 그 지원요청에 대한 조치를 충분히 할 수 없는 경우에는 소방방재청장에게 그 지원을 요청할 수 있다.

③ 제2항에 따라 지원요청을 받은 시 · 도지사 및 소방방재청장은 최대한 지원하여야 한다.

④ 소방방재청장은 구호지원기관이 재해구호물자를 관리하기 위하여 창고를 설치 · 운영할 경우 지원할 수 있다.

⑤ 제1항에 따라 확보하여야 할 재해구호물자의 종류 및 확보기준 등에 관하여 필요한 사항은 안전행정부령으로 정한다. 〈개정 2013.3.23〉

[전문개정 2010.7.23]

제7조(응급구호 및 재해구호 상황의 보고) 구호기관은 재해로 인하여 이재민이 발생하면 전체 재해발생 상황을 파악하기 전이거나 재해가 진행 중일 때라도 안전행정부령으로 정하는 기준에 따라 지체 없이 응급구호를 하고, 그 재해의 상황과 재해구호 내용을 소방방재청장에게 보고하여야 한다. 〈개정 2013.3.23〉

[전문개정 2010.7.23]

제8조(지역구호센터의 설치 · 운영 등) ① 구호기관은 제4조제1항에 따른 구호활동을 효율적으로 하기 위하여 시 · 도 및 시 · 군 · 구에 구호센터(이하 "지역구호센터"라 한다)를 둔다.

② 지역구호센터의 장은 「재난 및 안전관리 기본법」 제16조에 따른 지역재난안전대책본부의 본부장이 된다.

③ 지역구호센터의 구성 및 운영에 필요한 사항은 안전행정부령으로 정한다. 〈개정 2013.3.23〉

[전문개정 2010.7.23]

제9조(토지 또는 건물 등의 사용) ① 구호기관은 구호를 하기 위하여 특별히 필요하다고 인정하면 타인 소유의 토지 또는 건물 등을 사용할 수 있다.

② 구호기관은 제1항에 따라 타인 소유의 토지 또는 건물 등을 사용하는 경우에는 미리 토지 또는 건물 등의 소유자 또는 점유자(이하 "소유자등"이라 한다)에게 통지하여 승낙을 받아야 한다. 이 경우 소유자등은 정당한 사유가 없으면 적극 협조하여야 한다.

③ 구호기관은 제1항에 따른 사용으로 인하여 소유자등에게 손실이 발생하면 그 손실에 대하여 정당한 보상을 하여야 한다.

[전문개정 2010.7.23]

제10조(현장조사) ① 구호기관은 제9조제1항에 따라 타인 소유의 토지 또는 건물 등을 사용하기 위하여 필요하다고 인정하면 소속 공무원으로 하여금 해당 토지 또는 건물 등을 조사하게 할 수 있다. 이 경우 미리 소유자등에게 통지하여야 한다.

② 제1항에 따른 조사를 하는 공무원은 그 권한을 표시하는 증표를 지니고 이를 관계인에게 내보여야 한다.

[전문개정 2010.7.23]

제11조(시설 · 물자의 우선사용 등) ① 구호기관은 구호를 하기 위하여 특별히 필요하다고 인정하면 의료 · 방역 · 급식 또는 물자의 취급을 업(業)으로 하는 자에게 시설 또는 물자의 우선사용과 판매에 관한 협력을 요청할 수 있다. 이 경우 협력을 요청받은 자는 정당한 사유가 없으면 협력하여야 한다.

② 구호기관은 제1항에 따라 재해구호업무에 협력하는 자에게 정당한 보상을 하여야 한다.

[전문개정 2010.7.23]

제12조(재해구호 관련 기관과의 협조 등) ① 구호기관은 재해구호를 원활하게 하기 위하여 경찰관서, 소

방관서, 군부대와 구호지원기관 등 재해구호 관련 기관과 협조하여야 한다.
② 이재민 및 일시대피자와 그 인근 거주자는 구호기관의 구호업무에 협력하여야 한다.
[전문개정 2010.7.23]

제13조(구호비용의 부담) ① 제4조에 따른 구호에 필요한 비용은 구호기관이 부담한다.
② 정부는 구호기관이 재해구호를 위하여 부담한 비용의 전부 또는 일부를 대통령령으로 정하는 바에 따라 국고 등으로 보조할 수 있다.
[전문개정 2010.7.23]

제14조(재해구호기금의 적립 등) ① 시 · 도지사는 제13조제1항에 따른 구호비용을 부담하기 위하여 매년 재해구호기금을 적립하여야 한다.
② 재해구호기금은 이재민의 구호 등 대통령령으로 정하는 용도 외에는 사용할 수 없다.
③ 재해구호기금의 운영 및 관리에 필요한 사항은 대통령령으로 정한다.
[전문개정 2010.7.23]

제15조(재해구호기금의 최저적립액) ① 제14조제1항에 따른 재해구호기금의 매년 최저적립액은 최근 3년 동안의 「지방세기본법」에 따른 보통세의 수입결산액 연평균액의 1천분의 5에 해당하는 금액으로 한다. 다만, 특별시의 경우에는 1천분의 2.5에 해당하는 금액으로 한다. 〈개정 2010.3.31〉
② 시 · 도지사는 제1항에 따라 적립된 재해구호기금의 누적집행잔액이 최근 3년 동안의 「지방세기본법」에 따른 보통세의 수입결산액 연평균액의 1천분의 30을 초과하는 경우에는 제1항에도 불구하고 해당 연도의 최저적립액 이하로 적립할 수 있다. 〈개정 2010.3.31〉
[전문개정 2010.7.23]

제16조(수입금의 처리) 시 · 도지사는 재해구호기금을 운용하여 수입이 생기면 그 전액을 재해구호기금으로 적립하여야 한다.
[전문개정 2010.7.23]

제3장 의연금품의 모집

제17조(의연금품의 모집허가) ① 의연금품을 모집하려는 자는 다음 각 호의 사항을 적은 모집계획서를 작성하여 소방방재청장의 허가를 받아야 한다. 제4항에 따른 변경허가를 받으려는 경우에도 또한 같다. 〈개정 2012.10.22〉

1. 모집허가신청자의 성명 · 주소 · 주민등록번호 및 연락처(모집허가신청자가 법인이나 단체인 경우에는 그 명칭, 주된 사무소의 소재지, 대표자의 성명 · 주소 · 주민등록번호 및 연락처)
2. 모집목적, 모집금품의 종류 및 모집목표액, 모집지역, 모집방법, 모집기간, 모집금품의 보관방법 등을 구체적으로 밝힌 모집계획. 이 경우 모집기간은 1년 이내로 하여야 한다.
3. 모집비용의 예정액 명세(明細)와 조달방법
4. 모집비용을 제외한 모집금의 납입방법과 모집물품의 전달방법 등을 구체적으로 밝힌 전달계획
5. 모집사무소를 두는 경우에는 그 소재지
6. 그 밖에 의연금품 모집에 필요한 사항

② 삭제 〈2012.10.22〉
③ 삭제 〈2012.10.22〉
④ 모집자는 모집계획서의 내용을 변경하려는 경우에는 모집기간에 소방방재청장의 변경허가를 받아

야 한다. 〈개정 2012.10.22〉

⑤ 다음 각 호의 어느 하나에 해당하는 자는 제1항에 따른 허가신청을 할 수 없다.

1. 미성년자 · 금치산자 또는 한정치산자
2. 파산선고를 받고 복권되지 아니한 사람
3. 금고 이상의 실형을 선고 받고 그 집행이 끝나거나(집행이 끝난 것으로 보는 경우를 포함한다) 그 집행을 받지 아니하기로 확정된 날부터 2년이 지나지 아니한 사람
4. 집행유예를 선고받고 그 유예기간 중에 있는 사람
5. 제23조제1항에 따라 허가취소된 후 1년이 지나지 아니한 자(법인 또는 단체가 허가취소된 경우에는 허가취소사유가 발생한 당시의 대표자 또는 임원을 포함한다)
6. 대표자나 임원이 제1호부터 제5호까지의 어느 하나에 해당하는 법인 또는 단체

⑥ 소방방재청장은 제1항에 따른 허가의 신청 또는 제4항에 따른 변경허가의 신청이 있는 경우에는 다음 각 호의 어느 하나에 해당하는 경우를 제외하고는 허가 또는 변경허가를 하여야 한다. 〈신설 2012.10.22〉

1. 신청자가 제5항 각 호의 어느 하나에 해당하는 경우
2. 모집목적이 영리 · 정치 · 종교 활동 등 재해구호활동에 해당하지 아니하는 경우
3. 모집장소, 모집방법 및 모집금품의 전달방법 등이 이 법의 관련 규정에 위반되는 경우
4. 모집방법, 모집비용의 조달방법 등 모집계획서의 내용이 실현 가능성이 없는 경우
5. 그 밖에 이 법 또는 다른 법령에 따른 제한에 위반되는 경우

⑦ 소방방재청장은 제1항 또는 제4항에 따라 허가 또는 변경허가를 하는 경우에는 안전행정부령으로 정하는 사항을 적은 허가증을 신청인에게 발급하여야 한다. 〈개정 2012.10.22, 2013.3.23〉

[전문개정 2010.7.23]

제18조(국가 등에 의한 의연금품의 모집 및 접수의 제한) ① 국가 또는 지방자치단체 및 그 소속 기관과 공무원은 의연금품의 모집 및 접수를 할 수 없다. 〈개정 2011.8.4〉

② 지역구호센터의 장은 제1항에도 불구하고 이재민 구호를 위하여 자발적으로 기탁하는 의연물품을 접수할 수 있다.

[전문개정 2010.7.23]

제19조(의연금품의 접수장소 등) ① 의연금품은 국가기관, 지방자치단체, 언론기관, 금융기관, 그 밖의 공개된 장소에서 접수하여야 한다.

② 모집자나 모집종사자는 의연금품의 접수 사실을 장부에 기록하고, 기부자에게 영수증을 발급하여야 한다. 다만, 익명(匿名) 기부 등 기부자를 알 수 없는 경우에는 영수증을 발급하지 아니할 수 있다.

③ 모집종사자는 의연금품의 모집을 중단하거나 끝낸 후 5일 이내에 모집자에게 접수내용과 접수금품을 인계하여야 한다.

[전문개정 2010.7.23]

제20조(의연금품 출연 강요의 금지 등) ① 모집자나 모집종사자는 타인에게 의연금품을 내도록 강요하여서는 아니 된다.

② 모집종사자는 자신의 모집행위가 모집자를 위한 것임을 표시하여야 한다.

[전문개정 2010.7.23]

제21조(의연금품 모집에 관한 정보 공개) 소방방재청장은 「공공기관의 정보공개에 관한 법률」 제7조에 따라 의연금품의 모집과 사용에 관한 정보를 공개하여야 한다.

[전문개정 2010.7.23]

제22조(검사 등) ① 소방방재청장은 의연금품의 모집 또는 접수행위가 이 법 또는 이 법에 따른 명령을 위반하는지를 확인하기 위하여 필요하다고 인정하면 모집자나 모집종사자에게 관계 서류 · 장부 또는 그 밖의 사업보고서를 제출하게 하거나 소속 공무원으로 하여금 모집자의 사무소 · 모금장소 등에 출입하여 장부 등을 검사하게 할 수 있다.

② 제1항에 따라 검사를 하는 공무원은 그 권한을 표시하는 증표를 지니고 이를 관계인에게 내보여야 한다.

[전문개정 2010.7.23]

제23조(허가의 취소 등) ① 소방방재청장은 모집자나 모집종사자가 다음 각 호의 어느 하나에 해당하는 경우에는 제17조제1항에 따른 허가를 취소할 수 있으며, 허가를 취소하는 경우에는 모집된 의연금품을 기부자에게 반환할 것을 명하여야 한다.

1. 모집자가 속임수나 그 밖의 부정한 방법으로 제17조제1항에 따른 의연금품의 모집허가를 받은 경우
2. 모집자가 제17조제1항에 따른 모집계획서와 다르게 의연금품을 모집한 경우
3. 모집자가 제17조제5항 각 호의 결격사유에 해당하게 된 경우. 다만, 법인 또는 단체의 대표자 또는 임원 중 제17조제5항제6호에 해당하는 사람이 있는 경우 3개월 이내에 그 대표자 또는 임원을바꾸어 임명한 경우에는 그러하지 아니하다.
4. 모집자나 모집종사자가 제19조제1항을 위반하여 공개된 장소가 아닌 장소에서 의연금품을 접수한 경우
5. 모집자나 모집종사자가 제20조제1항을 위반하여 의연금품을 내도록 강요한 경우
6. 모집자나 모집종사자가 제22조제1항에 따른 관계 서류 등의 제출명령에 따르지 아니하거나 관계 공무원의 출입 · 검사를 거부 · 기피 또는 방해한 경우
7. 모집자가 모집한 의연금을 제26조제2항에 따라 개설한 계좌에 납입하지 아니한 경우
8. 모집자나 모집종사자가 제28조제1항에 따른 장부 · 서류 등을 갖추어 두지 아니한 경우

② 제1항에 따라 반환명령을 받은 모집자는 의연금품을 기부한 자를 알 수 없거나 기부한 자가 수령을 거부하는 경우에는 반환할 의연금을 제26조제2항에 따라 개설한 계좌에 납입하여야 하고, 반환할 의연물품을 해당 지역구호센터에 전달하여야 한다.

③ 모집자가 제1항과 제2항에 따라 의연금품의 반환을 마치면 지체 없이 그 결과를 소방방재청장에게 보고하여야 한다.

[전문개정 2010.7.23]

제24조(청문) 소방방재청장은 제23조제1항에 따라 모집자의 허가를 취소하려면 청문을 하여야 한다.

[전문개정 2010.7.23]

제4장 배분위원회의 구성 · 운영 및 의연금품의 사용 등

제25조(배분위원회의 구성 · 운영 등) ① 의연금의 배분에 관한 사항을 심의 · 의결하기 위하여 제29조제4항에 따른 전국재해구호협회의 이사회를 배분위원회로 한다.

② 배분위원회는 다음 각 호의 사항을 심의 · 의결한다.

1. 제26조제4항에 따른 사업에 관한 사항
2. 배분위원회의 비용 등 운영에 관한 사항

3. 그 밖에 의연금의 사용에 관한 것으로서 배분위원장이 회의에 부치는 사항
[전문개정 2010.7.23]

제26조(의연금품의 배분 및 사용 등) ① 모집자는 의연금품의 모집을 마친 후 7일 이내에 모집된 의연금품의 목록을 소방방재청장에게 제출하여야 한다.
② 모집자는 제27조에 따른 모집비용을 제외한 의연금을 배분위원회가 의연금 배분을 위하여 개설한 계좌에 즉시 납입하여야 한다.
③ 의연금은 배분위원회의 심의 · 의결을 거쳐 배분하여야 하며, 의연물품은 모집자가 모집목적에 따라 해당 지역구호센터에 전달하여 배분하여야 한다.
④ 제2항에 따라 납입된 의연금은 다음 각 호의 사업에 사용할 수 있다.
1. 이재민에 대한 구호금 지급
2. 이재민의 생계 및 생활안정에 필요한 장비 · 용품의 지원
3. 주택 피해를 입은 이재민의 임시 주거시설 지원
4. 그 밖에 소방방재청장이 필요하다고 인정하는 사업
⑤ 의연금은 대통령령으로 정하는 바에 따라 전국재해구호협회의 운영 비용으로 사용할 수 있다.
⑥ 제2항에 따라 납입된 의연금은 제4항제1호에 따른 구호금에 우선 사용하여야 한다.
⑦ 제4항제1호에 따른 구호금의 지급기준 등 의연금품의 관리 · 운용에 대하여는 소방방재청장이 전국재해구호협회의 장과 협의하여 고시한다. 〈개정 2011.8.4〉
[전문개정 2010.7.23]

제27조(모집비용 충당 등) 의연금품의 모집에 필요한 경비는 제17조제1항제3호에 따라 제출된 모집비용의 예정액 명세로 하되, 모집된 의연금의 100분의 2를 초과하지 아니하는 범위에서 대통령령으로 정하는 바에 따라 충당할 수 있다.
[전문개정 2010.7.23]

제28조(공개의무 및 회계감사 등) ① 모집자와 모집종사자는 모집기간 동안 대통령령으로 정하는 바에 따라 의연금품의 모집 상황 및 목록을 나타내는 장부 · 서류 등을 작성하고 갖추어 두어야 한다.
② 모집자가 의연금품의 모집을 중단 또는 완료하거나 배분위원회가 의연금의 배분을 끝내면 대통령령으로 정하는 바에 따라 그 결과를 공개하여야 한다.
③ 모집자나 배분위원회는 제2항에 따라 의연금품의 모집 또는 배분을 끝내면 대통령령으로 정하는 바에 따라 의연금품의 모집상황 및 목록, 구체적인 배분 내용에 대한 보고서에 「공인회계사법」 제7조에 따라 등록한 공인회계사 또는 「주식회사의 외부감사에 관한 법률」 제3조에 따른 감사인(監査人)이 작성한 감사보고서를 첨부하여 소방방재청장에게 제출하여야 한다. 다만, 모집된 의연금품이 대통령령으로 정하는 규모 이하인 경우에는 감사보고서 첨부를 생략할 수 있다.
[전문개정 2010.7.23]

제5장 전국재해구호협회의 설립 및 운영 등

제29조(전국재해구호협회의 설립 등) ① 이재민의 구호에 필요한 의연금품의 모집 · 관리 및 구호활동 등을 위하여 전국재해구호협회(이하 "협회"라 한다)를 설립한다.
② 협회는 법인으로 한다.
③ 협회는 그 주된 사무소의 소재지에 설립등기를 함으로써 성립한다.

④ 협회는 의연금품의 모집 · 배분 및 관리를 효율적으로 하기 위하여 이사회를 두며, 이 법에 규정된 것을 제외하고는 「민법」 중 사단법인에 관한 규정을 준용한다.
[전문개정 2010.7.23]

제30조(협회의 회원) 협회의 회원 자격은 다음과 같다.
1. 협회의 목적과 사업에 찬성하는 사람으로서 사회 각계각층의 대표
2. 재해구호 전문가

[전문개정 2010.7.23]

제31조(협회의 사업) ① 협회는 제29조제1항에 따른 목적을 달성하기 위하여 다음 각 호의 사업을 수행할 수 있다.
1. 이재민의 구호를 위한 의연금품의 모집 · 배분 및 관리
2. 재해구호물품세트의 제작 · 공급 및 구호물자 보관창고의 운영
3. 재해구호에 관한 홍보 및 조사연구 등 재해구호 관련 사업
4. 제25조에 따른 배분위원회의 설치 · 운영
5. 재해구호 활동지원, 자원봉사자 및 자원봉사단체 관리 · 운영지원
6. 그 밖에 대통령령으로 정하는 사업

② 제1항제1호에 따른 의연금품의 관리에 필요한 사항은 대통령령으로 정한다.
[전문개정 2010.7.23]

제32조(협회의 정관) ① 협회의 정관에는 다음 각 호의 사항이 포함되어야 한다.
1. 목적
2. 명칭
3. 주된 사무소의 소재지
4. 회원의 자격
5. 이사회에 관한 사항
6. 재산 및 회계에 관한 사항
7. 정관의 변경에 관한 사항
8. 그 밖에 협회의 운영에 관한 사항

② 협회는 정관을 변경하려면 소방방재청장의 허가를 받아야 한다.
[전문개정 2010.7.23]

제33조(재해구호업무의 위탁) 구호기관은 재해구호업무를 효율적으로 수행하기 위하여 대통령령으로 정하는 바에 따라 다음 각 호의 업무를 구호지원기관에 위탁할 수 있다.
1. 이재민 및 일시대피자에 대한 급식 제공
2. 재해구호물품세트의 제작 · 공급 및 관리
3. 구호물자 보관창고의 설치 · 운영 및 관리
4. 그 밖에 소방방재청장이 필요하다고 인정하는 재해구호업무

[전문개정 2010.7.23]

제6장 벌칙 〈개정 2010.7.23〉

제34조(벌칙) ① 다음 각 호의 어느 하나에 해당하는 자는 3년 이하의 징역 또는 3천만원 이하의 벌금에 처한다.

1. 제17조제1항에 따른 허가를 받지 아니하거나 속임수나 그 밖의 부정한 방법으로 허가를 받고 의연금품을 모집한 자
2. 제20조제1항을 위반하여 의연금품을 내도록 강요한 자
3. 제23조제1항에 따른 반환명령에 따르지 아니한 자
4. 제23조제2항을 위반하여 의연금을 계좌에 납입하지 아니하거나 의연물품을 해당 지역구호센터에 전달하지 아니한 자
5. 제26조제1항을 위반하여 의연금품의 목록을 제출하지 아니하거나 거짓으로 제출한 자
6. 제27조를 위반하여 의연금의 100분의 2를 초과하여 모집비용에 충당한 자
7. 제28조제3항을 위반하여 감사보고서 또는 의연금품의 모집상황 및 목록, 구체적인 배분 내용 등에 대한 보고서를 제출하지 아니한 자
8. 속임수나 그 밖의 부정한 방법으로 이 법에 따른 구호를 받거나 다른 사람으로 하여금 구호를 받게 한 자

② 다음 각 호의 어느 하나에 해당하는 자는 1년 이하의 징역 또는 1천만원 이하의 벌금에 처한다.

1. 제18조제1항을 위반하여 의연금품을 모집하거나 접수한 자
2. 제19조제2항을 위반하여 장부에 의연금품 접수 사실을 기록하지 아니하거나 거짓으로 기록한 자
3. 제28조제1항을 위반하여 장부 · 서류 등을 작성하지 아니하거나 갖추어 두지 아니한 자

[전문개정 2010.7.23]

제35조(양벌규정) 법인의 대표자나 법인 또는 개인의 대리인, 사용인, 그 밖의 종업원이 그 법인 또는 개인의 업무에 관하여 제34조의 위반행위를 하면 그 행위자를 벌하는 외에 그 법인 또는 개인에게도 해당 조문의 벌금형을 과(科)한다. 다만, 법인 또는 개인이 그 위반행위를 방지하기 위하여 해당 업무에 관하여 상당한 주의와 감독을 게을리하지 아니한 경우에는 그러하지 아니하다.

[전문개정 2008.12.26]

제36조(과태료) ① 다음 각 호의 어느 하나에 해당하는 자에게는 500만원 이하의 과태료를 부과한다.

1. 제9조제2항 후단을 위반하여 토지나 건물 등의 사용에 정당한 사유 없이 협조하지 아니한 자
2. 제10조제1항 전단에 따른 공무원의 조사를 정당한 사유 없이 거부 · 방해 또는 기피한 자
3. 제11조제1항 후단을 위반하여 시설 · 물자의 우선사용 등 협력 요청에 정당한 사유 없이 협력하지 아니한 자
4. 제19조제1항을 위반하여 공개된 장소가 아닌 곳에서 의연금품을 접수한 자
5. 제20조제2항을 위반하여 모집행위가 모집자를 위한 것임을 표시하지 아니한 모집종사자
6. 제22조제1항에 따른 관계 서류 등의 제출명령에 따르지 아니하거나 관계 공무원의 출입 · 검사를 거부 · 기피 또는 방해한 자

② 제1항에 따른 과태료는 대통령령으로 정하는 바에 따라 소방방재청장 또는 구호기관이 부과 · 징수한다.

[전문개정 2010.7.23]

부칙〈제11690호, 2013.3.23〉(정부조직법)

제1조(시행일) ① 이 법은 공포한 날부터 시행한다.

② 생략

제2조부터 제5조까지 생략

제6조(다른 법률의 개정) ①부터 〈241〉까지 생략

〈242〉 재해구호법 일부를 다음과 같이 개정한다.

제6조제5항, 제7조, 제8조제3항 및 제17조제7항 중 "행정안전부령"을 각각 "안전행정부령"으로 한다.

〈243〉부터 〈710〉까지 생략

제7조 생략

SECTION 08 재해위험 개선사업 및 이주대책에 관한 특별법

[시행 2013.4.23] [법률 제11495호, 2012.10.22, 타법개정]

소방방재청(재해경감과) 02-2100-5453

SECTION 09 지진재해대책법

[시행 2013.4.23] [법률 제11495호, 2012.10.22, 타법개정]
소방방재청(기후변화대응과) 02-2100-5488

제1장 총칙

제1조(목적) 이 법은 지진과 지진해일로 인한 재해로부터 국민의 생명과 재산 및 주요 기간시설(基幹施設)을 보호하기 위하여 지진과 지진해일의 관측 · 예방 · 대비 및 대응, 내진대책(耐震對策)과 지진재해를 줄이기 위한 연구 및 기술개발 등에 필요한 사항을 규정함을 목적으로 한다.

제2조(정의) 이 법에서 사용하는 용어의 정의는 다음과 같다.

1. "지진재해"는 「재난 및 안전 관리기본법」 제3조제1호가목에 따른 지진 또는 지진해일로 인하여 발생하는 피해로서 지진동(지진동 : 지진으로 일어나는 지면의 진동)에 의한 직접 피해 및 화재, 폭발, 그 밖의 현상에 따라 발생되는 재해를 말한다.
2. "지진방재"는 지진재해의 발생을 방지하고 지진재해가 발생한 경우 피해를 줄이기 위하여 조치하는 것을 말한다.
3. "지진위험도(地震危險度)"는 내진설계(耐震設計)의 기초가 되는 지진구역을 설정하기 위하여 과거의 지진기록과 지질 및 지반특성 등을 종합적으로 분석하여 산정한 지진의 위험정도를 말한다.
4. "지진가속도계측"은 지진가속도계를 이용하여 각종 구조물과 기기 등(이하 "시설물"이라 한다)을 설치하거나 관리하는 자가 시설물이 지진으로 인한 외부적인 힘에 반응하여 움직이는 특성[이하 "지진거동특성(地震擧動特性)"이라 한다]을 감지하는 행위를 말한다.
5. "내진보강"은 지진으로부터 각종 시설물이 견딜 수 있는 성능을 향상시키는 일체의 행위를 말한다.

제3조(국가와 재난관리책임기관의 책무) ① 국가와 지방자치단체는 「재난 및 안전 관리기본법」 및 이 법의 목적에 따라 지진재해로부터 국민의 생명과 재산, 주요 기간시설을 보호하기 위하여 지진과 지진해일의 관측 · 예방 · 대비 및 대응, 내진대책과 지진재해를 줄이기 위한 연구 및 기술개발 등에 대한 지진방재종합대책을 수립하여 시행할 책무를 지며, 그 시행을 위하여 재정적 · 기술적 지원을 하여야 한다.

② 「재난 및 안전 관리기본법」 제3조제5호에 따른 재난관리책임기관(이하 "재난관리책임기관"이라 한다)의 장은 지진재해를 줄이기 위하여 다음 각 호의 업무 중 대통령령으로 정하는 사항에 대하여 필요한 조치를 취하여야 한다.

1. 지진재해의 예방 및 대비
   가. 지진재해 경감대책의 강구
   나. 소관 시설에 대한 비상대처계획의 수립 · 시행

다. 지진해일로 인한 해안지역의 해안침수예상도와 침수흔적도 등의 제작과 활용
라. 지진방재 교육 및 훈련 · 홍보
2. 내진대책
가. 국가 내진성능의 목표 및 시설물별 허용피해의 목표 설정
나. 내진등급 분류 기준의 제정과 지진위험도를 나타내는 지도(이하 "지진위험지도"라 한다)의 제작 · 활용
다. 내진설계기준 설정 · 운영 및 적용실태 확인
라. 기존 시설물의 내진성능에 대한 평가 및 보강대책 수립
마. 공공시설과 저층 건물 등의 내진대책 강구
3. 지진 관측 · 분석 · 통보 · 경보전파 및 대응
가. 지진관측시설의 설치와 관리
나. 지진과 지진해일의 관측 · 통보
다. 지진재해대응 및 긴급지원체계의 구축
라. 지진과 지진해일의 대처요령 작성 · 활용
마. 지진재해를 줄이기 위한 연구와 기술개발
바. 지진재해의 원인 조사 · 분석 및 피해시설물의 위험도 평가
4. 그 밖에 재난관리책임기관의 장이 필요하다고 인정하는 사항
③ 「재난 및 안전 관리기본법」 제16조에 따른 시 · 도재난안전대책본부의 본부장 또는 시 · 군 · 구재난안전대책본부의 본부장(이하 "지역본부장"이라 한다)은 지진재해와 지역 특성을 고려한 구체적인 대처요령을 정하여 주민과 관계 공무원 교육 및 홍보자료 등으로 적극 활용하여야 한다.

제4조(다른 법률과의 관계) 지진재해의 복구 등 이 법으로 특별히 규정하지 아니한 사항은 「자연재해대책법」으로 정하는 바에 따른다.

제2장 지진과 지진해일 관측

제5조(지진 또는 지진해일 관측시설의 설치 등) ① 기상청장은 지진과 지진해일 관측망 종합계획을 수립하여 추진하여야 한다. 다만, 지진해일 관측망 종합계획에 관하여는 해양수산부장관과 공동으로 수립하여 추진하여야 한다. 〈개정 2013.3.23〉
② 다음 각 호의 어느 하나에 해당하는 기관(이하 "지진 또는 지진해일 관측기관"이라 한다)의 장은 지진 또는 지진해일 관측시설을 설치하려면 지진 또는 지진해일 관측계획서를 작성하여야 한다. 이 경우 기상청장을 제외한 기관의 장은 기상청장과 미리 협의하여야 한다. 〈개정 2013.3.23〉
1. 기상청
2. 「과학기술분야 정부출연연구기관 등의 설립 · 운영 및 육성에 관한 법률」 제8조에 따라 설립된 한국지질자원연구원
3. 「한국원자력안전기술원법」에 따른 한국원자력안전기술원
4. 「한국전력공사법」에 따른 한국전력공사 소속의 전력 관련 연구를 수행하는 기관
5. 해양수산부 소속의 해양 관련 조사 · 연구를 수행하는 기관
6. 그 밖에 지진 또는 지진해일 관측장비를 설치하여 지진 또는 지진해일을 관측하는 기관과 단체 등으로서 대통령령으로 정하는 기관

③ 제2항의 지진 또는 지진해일 관측계획서에는 다음 각 호의 사항이 포함되어야 한다.
1. 지진 또는 지진해일 관측의 목적과 관측장비의 설치사유
2. 지진 또는 지진해일 관측장비의 설치 위치 및 성능 · 규격
3. 지진 또는 지진해일 관측자료의 획득 및 전송 · 저장방법
4. 지진 또는 지진해일 관측결과의 활용방안 등
④ 제2항에 따라 설치하는 지진 또는 지진해일 관측장비의 설치기준은 대통령령으로 정한다.

제6조(주요 시설물의 지진가속도 계측 등) ① 지진으로 인한 피해가 우려되는 주요 시설물을 설치하거나 관리하는 자는 그 시설물의 지진가속도계측을 하여야 한다.
② 제1항에 따라 지진가속도계측을 할 대상 시설과 규모 등에 대한 기준은 제14조에 따라 내진설계기준이 정하여진 시설 중 대통령령으로 정한다.
③ 제1항에 따라 지진가속도계측을 실시한 자는 다음 각 호의 사항을 포함한 계측 자료를 소방방재청장에게 제출하여야 한다. 이 경우 자료제출 시기와 방법 등에 관한 기준은 안전행정부령으로 정한다. 〈개정 2013.3.23〉
1. 자료 획득 일자와 시간
2. 자료를 획득한 지진가속도계측 장비의 제조회사, 일련번호 및 위치
3. 자료 획득 시의 특이사항
4. 지반조건에 대한 정보
5. 계측위치에 대한 정보
6. 시설물에 대한 정보 등
④ 소방방재청장은 제3항에 따라 제출된 자료를 관계 중앙행정기관에서 필요로 할 경우 제공하여야 한다.

제7조(지진가속도계측과 관리) ① 제6조제1항에 따라 지진가속도계측을 하는 자는 지진가속도계측기가 항상 정상적으로 작동할 수 있도록 관리하여야 한다.
② 제1항에 따른 지진가속도계측과 관리 등에 대한 기준은 안전행정부령으로 정한다. 〈개정 2013.3.23〉

제8조(지진과 지진해일 관측의 통보) ① 기상청장은 국내외의 지진과 화산활동 등에 대한 관측결과와 지진해일 예측 및 관측결과를 「재난 및 안전 관리기본법」 제14조에 따른 중앙재난안전대책본부의 본부장(이하 "중앙본부장"이라 한다)에게 통보하여야 한다.
② 기상청장 외의 자가 지진과 지진해일에 관한 정보를 발표하려는 때에는 기상청장과 협의하여야 한다.
③ 제1항에 따른 관측결과 통보에 필요한 사항은 대통령령으로 정한다.

제9조(지진 및 지진해일 관측기관협의회의 구성 등) ① 기상청장은 지진 또는 지진해일 관측망 운영, 지진 또는 지진해일 관측기관 간의 지진업무 등에 대한 협력 강화, 제5조에 따른 지진 또는 지진해일 관측장비 설치, 지진과 지진해일 관측결과의 공유와 통보 등에 필요한 업무협조를 위하여 지진 또는 지진해일 관측기관이 참여하는 지진 및 지진해일 관측기관협의회를 설치할 수 있다.
② 제1항에 따른 지진 및 지진해일 관측기관협의회의 구성 · 기능 및 운영에 필요한 사항은 대통령령으로 정한다.
③ 기상청장이 제1항에 따라 지진 및 지진해일 관측기관협의회를 설치할 때에는 중앙본부장에게 그 내용을 통보하여야 한다.

제3장 예방과 대비

제10조(해안침수예상도의 제작 · 활용 등) ① 중앙본부장과 지역본부장은 지진재해를 줄이고 신속한 주민 대피 등을 위하여 지진해일로 인한 해안지역의 침수범위를 예측한 침수예상도(이하 "해안침수예상도"라 한다)를 제작 · 활용하여야 한다.

② 제1항에 따른 해안침수예상도 제작을 위하여 육상의 지형도와 해상의 해도 등을 제작 · 관리하는 기관에 관련 도면 등의 제공을 요청할 수 있다. 이 경우 요청받은 기관에서는 특별한 사유가 없으면 관련 도면 등을 제공하여야 한다.

③ 지역본부장은 지진해일로 인하여 해안지역에 침수피해가 발생한 경우 그 피해흔적(이하 "침수흔적"이라 한다)을 조사하여 침수흔적도를 작성 · 보존하고 현장에 침수흔적을 표시 · 관리하여야 한다.

④ 관계 행정기관의 장은 「자연재해대책법」 제4조에 따른 사전재해영향성검토협의, 같은 법 제12조에 따른 자연재해위험개선지구의 지정, 같은 법 제13조에 따른 자연재해위험개선지구 정비계획의 수립, 같은 법 제14조에 따른 자연재해위험개선지구 정비사업계획의 수립, 같은 법 제16조에 따른 풍수해저감종합계획의 수립 등에 제1항에 따른 해안침수예상도 및 제3항에 따른 침수흔적도를 활용하여야 한다. 〈개정 2012.10.22〉

⑤ 그 밖에 제1항에 따른 해안침수예상도 및 제3항에 따른 침수흔적도의 작성 · 보존 · 활용, 침수흔적의 설치장소 · 표시방법 및 유지관리 등에 관한 세부적인 사항은 대통령령으로 정한다.

제11조(지진방재 교육 및 훈련 · 홍보) ① 중앙행정기관의 장 및 지역본부장은 소속 교육기관으로 하여금 지진재해로부터 개인의 생명과 재산을 보호하고 자신이 근무하는 직장의 시설 · 설비 등을 보호하기 위하여 가정과 직장에서 필요한 행동요령 등에 대한 지진방재교육을 실시하도록 하여야 한다.

② 중앙본부장과 지역본부장은 지진 현상을 체험하고, 지진발생 시 행동요령 등에 대한 교육 및 훈련 등을 위하여 지진체험교육장을 설치할 수 있다.

③ 지역본부장은 관할 구역의 주민들에 대한 지진방재교육과 홍보를 실시하여야 한다.

④ 재난관리책임기관의 장은 지진재해 관련 업무종사자에 대한 지진방재교육을 실시하여야 한다.

제4장 내진대책

제12조(국가지진위험지도의 제작 · 활용 등) ① 중앙본부장은 내진설계 등에 활용하기 위하여 전국적인 지진구역을 정한 지진위험지도(이하 "국가지진위험지도"라 한다)를 제작하여 공표할 수 있다.

② 중앙본부장은 국가지진위험지도를 공표한 날부터 5년마다 그 타당성을 검토하여 필요한 경우에는 이를 변경할 수 있다.

③ 제1항 및 제2항에 따라 국가지진위험지도를 제작하거나 변경하려면 관계 중앙행정기관의 장과 협의하여야 하며, 국가지진위험지도가 제작되거나 변경된 경우에는 이를 관계 중앙행정기관의 장에게 통지하여야 한다.

④ 관계 중앙행정기관의 장은 제1항에 따른 국가지진위험지도를 내진설계 등 지진재해를 줄이는 데에 활용하여야 한다.

⑤ 지역본부장은 관할 구역에 대한 지역지진위험지도를 제작 · 활용할 수 있다.

제13조(지질 · 지반조사 자료 축적 · 관리 등) ① 중앙본부장은 제12조에 따른 지진위험지도 작성과 제19조에 따른 지진재해대응체계의 구축 등에 활용하기 위하여 지질 및 지반조사(시추조사 및 물리탐사, 지표

지질조사, 기초터파기조사 등을 포함한다) 자료를 통합 · 관리할 수 있다.

② 재난관리책임기관의 장이 추진한 조사 · 연구 및 각종 계획수립, 사업시행 등과 관련하여 조사한 지질 및 지반 자료는 소방방재청장이 정하는 기관에 제출하여야 하며, 다음 각 호의 사항이 포함되어야 한다.

1. 지질 및 지반조사의 위치, 목적, 일자
2. 조사자와 조사방법
3. 지질 및 지반조사 자료
4. 그 밖에 소방방재청장이 정하여 고시하는 사항

③ 제2항에 따라 소방방재청장이 정한 기관은 지질 및 지반조사 자료를 성실히 관리하여야 하며, 관계 중앙행정기관 또는 관련 연구기관 및 단체, 학교 등에서 관련 자료를 요구할 경우 특별한 사유가 없으면 제공하여야 한다.

제14조(내진설계기준의 설정) ① 관계 중앙행정기관의 장은 지진이 발생할 경우 재해를 입을 우려가 있는 다음 각 호의 시설 중 대통령령으로 정하는 시설에 대하여 관계 법령 등에 내진설계기준을 정하고 그 이행에 필요한 조치를 취하여야 한다. 〈개정 2009.4.22, 2011.5.30, 2011.7.25〉

1. 「건축법」에 따른 건축물
2. 「공유수면매립법」과 「방조제관리법」 등 관계 법령에 따라 설치 · 관리하고 있는 배수갑문(排水閘門)
3. 「항공법」에 따른 공항시설
4. 「하천법」에 따른 국가하천의 수문
5. 「농어촌정비법」에 따른 농업생산기반시설
6. 「댐건설 및 주변지역 지원 등에 관한 법률」에 따른 다목적댐
7. 「댐건설 및 주변지역 지원 등에 관한 법률」 외의 다른 법률에 따른 댐
8. 「도로법」에 따른 도로시설물
9. 「도시가스사업법」, 「고압가스 안전관리법」 및 「액화석유가스의 안전관리 및 사업법」에 따른 가스공급시설, 고압가스저장소 및 액화석유가스의 저장시설
10. 「도시철도법」에 따른 도시철도
11. 「산업안전보건법」에 따른 압력용기 · 크레인 및 리프트
12. 「석유 및 석유대체연료 사업법」에 따른 석유정제시설 · 석유비축시설 및 석유저장시설
13. 「송유관안전관리법」에 따른 송유관
14. 「수질 및 수생태계 보전에 관한 법률」에 따른 폐수종말처리시설 중 산업단지폐수종말처리시설
15. 「수도법」에 따른 수도시설
16. 「어촌 · 어항법」에 따른 어항시설
17. 「원자력안전법」에 따른 원자로 및 관계시설
18. 「전기사업법」에 따른 발전용 수력설비 및 화력설비, 송전설비, 배전설비, 변전설비
19. 「철도산업발전 기본법」에 따른 철도시설
20. 「폐기물관리법」에 따른 매립시설
21. 「하수도법」에 따른 공공하수처리시설
22. 「철도건설법」에 따른 고속철도
23. 「항만법」에 따른 항만시설
24. 「국토의 계획 및 이용에 관한 법률」에 따른 공동구(共同溝)

25. 「학교시설사업 촉진법」에 따른 학교시설
26. 「궤도운송법」에 따른 궤도
27. 「관광진흥법」에 따른 유기시설(遊技施設)
28. 「의료법」에 따른 종합병원 · 병원 및 요양병원
29. 「전기통신기본법」에 따른 전기통신설비
30. 그 밖에 대통령령으로 정하는 시설

② 제1항에 따른 내진설계기준을 정한 관계 중앙행정기관의 장은 이를 중앙본부장에게 통보하여야 하며, 중앙본부장은 필요한 경우 보완을 요구할 수 있다.

③ 지방자치단체의 장은 제1항에 따른 내진설계 대상시설물에 대하여 허가 등을 하는 경우 내진설계 여부를 확인하여야 한다.

제15조(기존 시설물의 내진보강기본계획 수립 등) ① 중앙본부장은 제14조에 따른 내진설계 대상 시설물 중 관련 법령이 제정되기 전에 설치된 공공시설물이나 관계 법령의 제정 이후 내진설계기준이 강화된 공공시설물(이하 "기존시설물"이라 한다)의 내진성능 향상을 위하여 5년마다 기존시설물 내진보강기본계획(이하 "기본계획"이라 한다)을 수립하여 「재난 및 안전 관리기본법」 제9조에 따른 중앙안전관리위원회에 보고하여야 한다.

② 기본계획에는 다음 각 호의 사항이 포함되어야 한다.

1. 내진보강대책에 관한 기본방향
2. 내진성능평가에 관한 사항
3. 내진보강 중 · 장기계획에 관한 사항
4. 내진보강사업 추진에 관한 사항
5. 내진보강대책에 필요한 기술의 연구 · 개발
6. 그 밖에 내진보강대책에 관하여 대통령령으로 정하는 사항

③ 중앙본부장은 기본계획을 수립하려면 미리 관계 중앙행정기관의 장과 협의하여야 하며, 기본계획을 수립한 경우에는 이를 관계 중앙행정기관의 장과 지방자치단체의 장에게 알려야 한다.

④ 중앙본부장은 기본계획을 수립하기 위하여 필요하다고 인정되는 경우에는 관계 중앙행정기관의 장과 지방자치단체의 장에게 관련 자료를 제출하도록 요구할 수 있다.

⑤ 제1항부터 제4항까지의 규정은 기본계획을 변경하는 경우에 준용한다.

제16조(기존 시설물의 내진보강 추진 등) ① 관계 중앙행정기관의 장과 지방자치단체의 장은 기본계획에 따라 소관 시설물에 대한 내진보강대책을 수립하여 추진하고, 그 추진상황 등을 중앙본부장에게 통보하거나 보고하여야 한다.

② 관계 중앙행정기관의 장은 제1항에 따라 수립한 내진보강대책을 소관 시설물을 관리하는 재난관리책임기관의 장에게 지시하고 그 이행에 필요한 조치를 취하여야 한다.

③ 재난관리책임기관의 장은 제2항에 따라 지시받은 내진보강대책에 따라 내진보강 등을 추진한다.

④ 중앙본부장은 제1항부터 제3항까지의 규정에 따른 내진보강대책 추진상황을 점검하거나 평가할 수 있다.

⑤ 제1항에 따른 내진보강대책을 수립하여야 할 대상 시설과 방법 등에 관하여 필요한 사항은 대통령령으로 정한다.

⑥ 중앙본부장은 내진보강대책에 따른 추진결과를 대통령령으로 정하는 바에 따라 공시하여야 한다. 〈신설 2011.5.30〉

제16조의2(민간소유 건축물의 내진보강 지원) ① 내진설계가 적용되지 아니한 기존의 민간소유 건축물에 대한 내진보강을 권장하기 위하여 지방자치단체의 장은 「지방세특례제한법」에서 정하는 바에 따라 조세를 감면할 수 있고, 대통령령으로 정하는 보험 관련 단체나 기관 등은 지진재해 관련 보험료율을 차등 적용할 수 있다.

② 제1항에 따른 내진보강 지원 절차 등은 안전행정부령으로 정한다. 〈개정 2013.3.23〉

③ 「건축법」에 따른 건축물 중 제14조제1항에 따른 내진설계기준이 적용되지 아니하는 건축물로서 신축 시 내진설계를 적용한 민간소유 건축물에 대하여도 제1항의 지원 사항을 적용할 수 있다.

[본조신설 2011.5.30]

제17조(지역재난안전대책본부와 종합상황실 내진대책) ① 지방자치단체의 장은 「재난 및 안전 관리기본법」 제16조에 따른 지역재난안전대책본부(이하 "지역대책본부"라 한다)와 같은 법 제19조에 따른 종합상황실을 제14조에 따라 내진설계가 되거나 제16조에 따라 내진보강이 끝난 시설물에 설치하여야 한다.

② 지방자치단체의 장은 지역대책본부와 종합상황실의 기능유지를 위하여 전력과 통신 등 관련 설비에 대한 내진대책을 함께 강구하여 지진 등에 대비하여야 한다.

제5장 대응

제18조(지진재해대응체계의 구축) ① 중앙본부장과 지역본부장은 지진재해 발생 시 피해를 줄이기 위하여 신속한 지진정보 수집과 분석을 통하여 피해지역과 피해정도 등을 예측하고, 응급구조 및 구호, 화재진압 등 신속한 초기 대응을 위한 대응체계(이하 "지진재해대응체계"라 한다)를 구축 · 운영하여야 한다.

② 제9조에 따른 지진 및 지진해일 관측기관협의회는 지진관측 자료를 실시간으로 공유하기 위한 체계를 구축하여 제1항에 따른 중앙본부장과 지역본부장에게 제공하여야 한다.

③ 중앙본부장과 지역본부장은 제1항에 따라 지진재해대응체계를 구축 · 운영하는 경우에 해당 사업을 민간부문에 맡길 수 없거나 행정기관이 직접 개발하거나 운영하는 것이 경제성 · 효과성 또는 보안성 측면에서 현저하게 우수하다고 판단되는 경우 외에는 민간부문에 그 개발과 운영을 의뢰할 수 있다.

④ 지진재해대응체계의 구축범위 · 운영절차 및 활용계획 등 세부적인 사항은 안전행정부령으로 정한다. 〈개정 2013.3.23〉

제19조(긴급지원체계의 구축) 중앙행정기관의 장, 지역본부장, 시 · 도 및 시 · 군 · 구의 전부 또는 일부를 관할 구역으로 하는 재난관리책임기관의 장은 「자연재해대책법」 제35조와 제36조에 따라 긴급지원계획을 수립할 경우 지진재해대응체계를 활용하여 긴급지원계획을 수립하여야 한다.

제20조(지진재해 원인조사 · 분석 및 피해조사단 구성 · 운영 등) ① 중앙본부장과 지역본부장은 필요하면 지진재해 발생지역에 대하여 지진재해원인의 조사 · 분석 및 평가를 할 수 있다.

② 중앙본부장은 지진재해에 대한 전문적인 조사 · 분석 및 평가를 위하여 지진 관련 분야 전문가들을 포함하는 중앙지진피해조사단을 구성 · 운영할 수 있다.

③ 중앙본부장은 국외에서 대규모의 지진재해가 발생하면 지진 관련 분야 전문가들로 구성된 국외지진피해조사단을 현지에 파견할 수 있다.

④ 제2항과 제3항에 따른 중앙지진피해조사단 및 국외지진피해조사단의 구성 · 운영에 필요한 세부적인 사항은 대통령령으로 정한다.

⑤ 지역본부장은 제1항에 따라 관할 구역의 지진재해원인의 조사 · 분석 및 평가를 위하여 지역지진피해조사단을 구성 · 운영할 수 있고, 이에 필요한 세부적인 사항은 조례로 정한다.

제21조(피해시설물 위험도 평가) ① 지역본부장은 지진으로 인한 피해가 발생한 경우 시설물의 사용가능 여부 등에 대한 위험도를 평가(이하 "위험도 평가"라 한다)하여야 한다.

② 제1항에 따라 신속한 위험도 평가를 하기 위하여 관할 구역에 거주하는 관련 분야 전문가들로 구성된 피해시설물 위험도 평가단을 운영하여야 한다. 다만, 관할 지역에 거주하는 관련 분야 전문가가 부족한 경우 인근 시 · 도 또는 시 · 군 · 구 거주자를 포함하여 구성할 수 있다.

③ 제2항에 따른 지역 피해시설물 위험도 평가단의 구성 · 운영 등에 필요한 세부적인 사항은 조례로 정한다.

제6장 지진재해경감을 위한 연구와 기술개발

제22조(지진재해경감 연구 및 기술개발) ① 중앙본부장과 대통령령으로 정하는 재난관리책임기관의 장은 지진에 관한 연구를 수행하고 지진재해를 줄이기 위하여 제3조제2항에 따른 소관 사항에 대한 조사 · 기술개발 및 연구를 하여야 한다.

② 중앙본부장은 국가차원의 내진성능목표 설정 및 내진등급 분류 등에 대한 연구와 기술개발을 하여야 한다.

③ 중앙본부장과 관계 중앙행정기관의 장은 지진방재대책을 연구하고 지진재해를 줄이기 위하여 필요하면 관계 행정기관의 장이나 지진 또는 지진해일 관측기관의 장에게 지진 관련 자료의 제공을 요구하는 등 필요한 사항에 대한 협조를 요청할 수 있다. 이 경우 관계 행정기관의 장이나 지진 또는 지진해일 관측기관의 장은 특별한 사유가 없으면 요청에 따라야 한다.

④ 중앙본부장과 관계 중앙행정기관의 장은 제1항에 따른 재난관리책임기관의 장의 연구 및 기술개발을 위하여 행정 · 재정적인 지원(「기초연구진흥 및 기술개발지원에 관한 법률」 제14조제1항에 따라 연구를 수행하는 기관이나 단체에 대하여 출연하는 것을 포함한다)을 할 수 있다. 〈개정 2011.3.9〉

⑤ 제4항에 따른 행정적 · 재정적 지원에 관하여 필요한 사항은 대통령령으로 정한다.

제23조(활성단층 조사 · 연구 및 활성단층 지도 작성 등) ① 중앙본부장은 도시, 「산업입지 및 개발에 관한 법률」 제2조제8호에 따른 산업단지 및 「사회기반시설에 대한 민간투자법」제2조제1호에 따른 사회기반시설 등에 대한 지반 안전을 위하여 지진이 일어날 가능성이 있는 단층(이하 "활성단층"이라 한다)에 대한 조사와 연구를 하여야 한다. 〈개정 2011.8.4〉

② 중앙본부장은 제1항에 따라 조사된 활성단층에 대한 데이터베이스를 구축 · 관리하여야 하며, 활성단층 지도를 작성하여 공표할 수 있다.

③ 중앙본부장은 관계 중앙행정기관의 장과 협의하여 제2항에 따른 활성단층 지역의 기존 시설물을 보완하거나 보강하도록 권고할 수 있으며, 새로 시설물을 설치할 경우에는 활성단층이 고려된 내진기준에 맞게 설치하도록 권고할 수 있다.

제7장 보칙

제24조(토지에의 출입 등) ① 중앙본부장 · 지역본부장 또는 중앙본부장 · 지역본부장으로부터 명령이나 위임 · 위탁을 받은 자는 해안침수예상도 및 침수흔적도 제작 · 활용, 지진위험지도 제작 · 활용, 지질 ·

지반조사 자료 축적 · 관리, 지진재해원인 조사 · 분석, 피해시설물 등 위험도 평가, 활성단층 조사 · 연구 및 활성단층 지도 작성을 위하여 필요하면 타인의 토지에 출입하거나 타인의 토지를 일시 사용할 수 있으며, 특히 필요한 경우에는 나무 · 흙 · 돌 또는 그 밖의 장애물을 변경하거나 제거할 수 있다.

② 제1항에 따라 타인의 토지에 출입하거나 토지를 일시 사용하거나 나무 · 흙 · 돌 또는 그 밖의 장애물을 변경하거나 제거하려는 자는 미리 해당 토지나 장애물의 소유자 · 점유자 또는 관리인(이하 이 조에서 "관계인"이라 한다)의 동의를 받아야 한다. 다만, 해당 관계인이 현장에 없거나 주소나 거소가 분명하지 아니하여 그 동의를 받을 수 없을 때에는 관할 시장 · 군수 · 구청장의 허가를 받아야 한다.

③ 제1항에 따른 행위를 하려는 자는 그 권한을 표시하는 증표를 지니고 이를 관계인에게 내보여야 한다.

제25조(손실보상) ① 국가나 지방자치단체는 제24조제1항에 따른 조치로 인하여 손실이 발생한 경우에는 보상하여야 한다.

② 제1항에 따른 손실의 보상에 관하여는 손실을 받은 자와 그 조치를 행한 중앙행정기관의 장, 시 · 도지사, 시장 · 군수 · 구청장이 협의하여야 한다.

③ 제2항에 따른 협의가 성립되지 아니한 경우에는 대통령령으로 정하는 바에 따라 「공익사업을 위한 토지 등의 취득 및 보상에 관한 법률」 제51조에 따른 관할 토지수용위원회에 재결을 신청할 수 있다.

④ 제3항에 따른 재결에 관하여는 「공익사업을 위한 토지 등의 취득 및 보상에 관한 법률」 제83조와 제86조를 준용한다.

제26조(국고보조 등) 국가는 지진재해의 예방과 대비 · 대응 · 복구 등을 원활히 추진하기 위하여 필요하면 그 비용(제25조에 따른 손실보상금을 포함한다)의 전부 또는 일부를 부담하거나 지방자치단체 등의 재난관리책임기관에 보조할 수 있다.

제27조(권한의 위임과 위탁) ① 중앙본부장과 지역본부장은 제24조제1항에 따른 시설물 등의 점검, 지진재해원인조사 · 분석 및 피해시설물 위험도 평가 등의 업무를 대통령령으로 정하는 바에 따라 그 소속기관의 장이나 지방자치단체의 장에게 위임할 수 있다.

② 중앙본부장과 지역본부장은 제24조제1항에 관한 업무를 대통령령으로 정하는 바에 따라 전문가나 전문기관 등에 위탁할 수 있다.

제8장 벌칙

제28조(벌칙) 정당한 사유 없이 제24조에 따른 토지에의 출입, 일시 사용 또는 장애물의 변경이나 제거를 거부하거나 방해한 자는 200만원 이하의 벌금에 처한다.

제29조(과태료) ① 다음 각 호의 어느 하나에 해당하는 자에게는 300만원 이하의 과태료를 부과한다.

1. 제6조제1항을 위반하여 주요 시설물에 대하여 지진가속도계측을 실시하지 아니한 자
2. 제10조제3항에 따른 침수흔적 등의 조사를 방해하거나 무단으로 침수흔적표지를 훼손한 자
3. 제13조제2항에 따른 지질 · 지반조사 자료의 제출을 거부하거나 거짓된 자료를 제출한 자

② 제1항에 따른 과태료는 대통령령으로 정하는 바에 따라 소방방재청장, 시 · 도지사, 시장 · 군수 또는 구청장(이하 "부과권자"라 한다)이 부과 · 징수한다.

③ 제2항에 따른 과태료 처분에 불복하는 자는 그 처분을 고지받은 날부터 30일 이내에 부과권자에게 이의를 제기할 수 있다.

④ 제2항에 따른 과태료 처분을 받은 자가 제3항에 따라 이의를 제기하면 부과권자는 지체 없이 관할

법원에 그 사실을 통보하여야 하고, 그 통보를 받은 관할 법원은 「비송사건절차법」에 따른 과태료 재판을 한다.
⑤ 제3항에 따른 기간 이내에 이의를 제기하지 아니하고 과태료를 내지 아니하면 국세 또는 지방세 체납처분의 예에 따라 징수한다.

부칙〈제11690호, 2013.3.23〉(정부조직법)

제1조(시행일) ① 이 법은 공포한 날부터 시행한다.
② 생략
제2조부터 제5조까지 생략
제6조(다른 법률의 개정) ①부터 〈244〉까지 생략
〈245〉 지진재해대책법 일부를 다음과 같이 개정한다.
제5조제1항 단서 중 "국토해양부장관"을 "해양수산부장관"으로 하고, 같은 조 제2항제5호 중 "국토해양부"를 "해양수산부"로 한다.
제6조제3항 각 호 외의 부분 후단, 제7조제2항, 제16조의2제2항 및 제18조제4항 중 "행정안전부령"을 각각 "안전행정부령"으로 한다.
〈246〉부터 〈710〉까지 생략
제7조 생략

SECTION 10 초고층 및 지하연계 복합건축물 재난관리에 관한 특별법

[시행 2013.3.23] [법률 제11690호, 2013.3.23, 타법개정]
소방방재청(소방제도과) 02-2100-5454

제1장 총칙

제1조(목적) 이 법은 초고층 및 지하연계 복합건축물과 그 주변지역의 재난관리를 위하여 재난의 예방·대비·대응 및 지원 등에 필요한 사항을 정하여 재난관리체제를 확립함으로써 국민의 생명, 신체, 재산을 보호하고 공공의 안전에 이바지함을 목적으로 한다.

제2조(정의) 이 법에서 사용하는 용어의 정의는 다음 각 호와 같다.

1. "초고층 건축물"이란 층수가 50층 이상 또는 높이가 200미터 이상인 건축물을 말한다(「건축법」 제84조에 따른 높이 및 층수를 말한다. 이하 같다).
2. "지하연계 복합건축물"이란 다음 각 목의 요건을 모두 갖춘 것을 말한다.
   가. 층수가 11층 이상이거나 1일 수용인원이 5천명 이상인 건축물로서 지하부분이 지하역사 또는 지하도상가와 연결된 건축물
   나. 건축물 안에 「건축법」 제2조제2항제5호에 따른 문화 및 집회시설, 같은 항 제7호에 따른 판매시설, 같은 항 제8호에 따른 운수시설, 같은 항 제14호에 따른 업무시설, 같은 항 제15호에 따른 숙박시설, 같은 항 제16호에 따른 위락(慰樂)시설 중 유원시설업(遊園施設業)의 시설 또는 대통령령으로 정하는 용도의 시설이 하나 이상 있는 건축물
3. "관계지역"이란 제3조에 따른 건축물 및 시설물(이하 "초고층 건축물등"이라 한다)과 그 주변지역을 포함하여 재난의 예방·대비·대응 및 수습 등의 활동에 필요한 지역으로 대통령령으로 정하는 지역을 말한다.
4. "일반건축물등"이란 관계지역 안에서 초고층 건축물등을 제외한 건축물 또는 시설물을 말한다.
5. "관리주체"란 초고층 건축물등 또는 일반건축물등의 소유자 또는 관리자(그 건축물등의 소유자와 관리계약 등에 따라 관리책임을 진 자를 포함한다)를 말한다.
6. "관계인"이란 해당 초고층 건축물등 또는 일반건축물등의 소유자·관리자 또는 점유자를 말한다.
7. "총괄재난관리자"란 해당 초고층 건축물등의 재난 및 안전관리 업무를 총괄하는 자를 말한다.
8. "유해·위험물질"이란 유독물·독성가스·가연성가스·위험물 등 사람에게 유해하거나 화재 또는 폭발의 위험성이 있는 물질로서 그 종류 및 범위는 대통령령으로 정한다.

제3조(적용대상) 이 법의 적용대상이 되는 건축물 및 시설물은 다음 각 호와 같다.

1. 초고층 건축물
2. 지하연계 복합건축물
3. 그 밖에 제1호 및 제2호에 준하여 재난관리가 필요한 것으로 대통령령으로 정하는 건축물 및 시설물

제4조(책무) ① 국가 및 지방자치단체는 국민의 생명 · 신체 및 재산을 보호하기 위하여 초고층 건축물등과 관계지역 안에서의 재난 및 안전관리에 필요한 시책을 강구하여야 한다.

② 관리주체는 재난예방 및 피해경감을 위하여 노력하여야 하며, 제1항에 따른 재난 및 안전관리에 관한 시책에 협조하여야 한다.

제5조(다른 법률과의 관계) 이 법은 초고층 건축물등의 재난 및 안전관리에 관하여 다른 법률에 우선하여 적용한다.

제2장 예방 및 대비

제6조(사전재난영향성검토협의) ① 특별시장 · 광역시장 · 도지사 · 특별자치도지사(이하 "시 · 도지사"라 한다) 또는 시장 · 군수 · 구청장은 초고층 건축물등의 설치에 대한 허가 · 승인 · 인가 · 협의 · 계획수립 등(이하 "허가등"이라 한다)을 하고자 하는 경우에는 허가등을 하기 전에 「재난 및 안전관리 기본법」 제16조에 따른 시 · 도재난안전대책본부장(이하 "시 · 도본부장"이라 한다)에게 재난영향성 검토에 관한 사전협의(이하 "사전재난영향성검토협의"라 한다)를 요청하여야 한다.

② 제1항에도 불구하고 초고층 건축물등을 설치하고자 하는 자가 「건축법」 제10조제1항에 따른 사전결정을 신청하여 같은 법 제4조의 건축위원회에서 사전재난영향성검토협의 내용을 심의한 경우에는 사전재난영향성검토협의를 받은 것으로 본다. 이 경우 대통령령으로 정하는 재난관리 분야 전문가인 위원수가 그 심의에 참석하는 위원수의 4분의 1 이상이 되어야 한다.

③ 시 · 도본부장은 사전재난영향성검토협의를 요청받은 때에는 대통령령으로 정하는 바에 따라 시 · 도지사 또는 시장 · 군수 · 구청장에게 검토 의견을 통보하여야 한다. 이 경우 시 · 도지사 또는 시장 · 군수 · 구청장은 그 의견이 허가등 신청서에 반영되었는지 확인하여야 한다.

④ 건축물 또는 시설물이 용도변경 또는 수용인원 증가로 인하여 초고층 건축물등이 되거나, 초고층 건축물등이 대통령령으로 정하는 용도로 변경되거나 수용인원이 증가하는 경우에는 제1항을 준용한다.

⑤ 시 · 도본부장은 사전재난영향성검토협의 요청사항의 전문적인 검토를 위하여 사전재난영향성검토위원회를 구성 · 운영하여야 하며, 사전재난영향성검토위원회의 구성 · 운영에 관하여 필요한 사항은 대통령령으로 정한다.

⑥ 사전재난영향성검토협의의 대상, 시기, 방법 및 구비서류 등에 관하여 필요한 사항은 대통령령으로 정한다.

제7조(사전재난영향성검토협의 내용) ① 사전재난영향성검토협의의 내용은 다음 각 호와 같다.

1. 종합방재실 설치 및 종합재난관리체제 구축 계획
2. 내진설계 및 계측설비 설치계획
3. 공간 구조 및 배치계획
4. 피난안전구역 설치 및 피난시설, 피난유도계획
5. 소방설비 · 방화구획, 방연 · 배연 및 제연계획, 발화 및 연소확대 방지계획
6. 관계지역에 영향을 주는 재난 및 안전관리 계획
7. 방범 · 보안, 테러대비 시설설치 및 관리계획

8. 지하공간 침수방지계획
9. 그 밖에 대통령령으로 정하는 사항
② 제1항 각 호의 사항을 검토하기 위하여 필요한 사항은 대통령령으로 정한다.

제8조(사전 허가등의 금지) 시 · 도지사 또는 시장 · 군수 · 구청장은 제6조에 따른 협의절차가 완료되기 전에 초고층 건축물등에 대한 허가등을 하여서는 아니 된다.

제9조(재난예방 및 피해경감계획의 수립 · 시행 등) ① 초고층 건축물등의 관리주체는 그 건축물등에 대한 재난을 예방하고 피해를 경감하기 위한 계획(이하 "재난예방 및 피해경감계획"이라 한다)을 수립 · 시행하여야 한다.
② 제1항에 따른 재난예방 및 피해경감계획에는 다음 각 호의 내용을 포함하여야 한다.
1. 재난 유형별 대응 · 상호응원 및 비상전파 계획
2. 피난시설 및 피난유도계획
3. 재난 및 테러 등 대비 교육 · 훈련 계획
4. 재난 및 안전관리 조직의 구성 · 운영
5. 시설물의 유지관리계획
6. 소방시설 설치 · 유지 및 피난계획
7. 전기 · 가스 · 기계 · 위험물 등 다른 법령에 따른 안전관리계획
8. 건축물의 기본현황 및 이용계획
9. 그 밖에 대통령령으로 정하는 필요한 사항
③ 제1항에 따라 재난예방 및 피해경감계획을 수립한 때에는 「소방시설설치유지 및 안전관리에 관한 법률」 제20조제6항의 소방계획서, 「자연재해대책법」 제37조제1항의 비상대처계획을 작성 또는 수립한 것으로 본다.
④ 재난예방 및 피해경감계획의 수립 및 시행에 필요한 사항은 대통령령으로 정한다.

제10조(재난예방 및 피해경감계획의 제출 등) ① 초고층 건축물등의 관리주체는 재난예방 및 피해경감계획을 수립하여 「재난 및 안전관리 기본법」 제16조에 따른 시 · 군 · 구재난안전대책본부장(이하 "시 · 군 · 구본부장"이라 한다)에게 제출하여야 하며, 시 · 군 · 구본부장은 그 내용이 적합한지에 대하여 소방서장의 의견을 들어야 한다.
② 제1항에 따라 재난예방 및 피해경감계획을 제출받은 시 · 군 · 구본부장은 그 내용이 적합한지를 검토하여 시 · 도본부장에게 보고하여야 한다.
③ 제2항에 따라 재난예방 및 피해경감계획을 보고받은 시 · 도본부장은 그 결과를 소방방재청장에게 보고하여야 하며, 소방방재청장은 이를 종합하여 안전행정부장관에게 보고하여야 한다. 〈개정 2013.3.23〉
④ 시 · 도본부장 또는 시 · 군 · 구본부장은 관리주체가 수립한 재난예방 및 피해경감계획의 이행 여부를 연 1회 이상 확인하여야 한다.
⑤ 제1항에 따른 재난예방 및 피해경감계획의 제출시기, 대상 및 내용 등에 관하여 필요한 사항은 대통령령으로 정한다.

제11조(재난 및 안전관리협의회의 구성 · 운영) ① 관계지역 안에 관리주체가 둘 이상인 경우 이들 관리주체는 재난 및 안전관리협의회(이하 "협의회"라 한다)를 구성 · 운영하여야 한다. 이 경우 각 관리주체는 소속 임원 중에서 대리인을 선임할 수 있다.
② 협의회는 다음 각 호의 사항을 협의 · 조정한다.

1. 제16조에 따른 종합방재실(일반건축물등의 방재실 등을 포함한다) 간 정보망 구축, 경보 및 통신설비 설치에 관한 사항
2. 공동방화관리, 종합재난관리체제 구축 등 안전 및 재난관리에 관한 사항
3. 제3항에 따른 실무협의회를 대표하는 대표총괄재난관리자의 선임 · 해임에 관한 사항
4. 제9조 및 제10조에 따른 재난예방 및 피해경감계획의 수립 · 시행 및 제출에 관한 사항
5. 재난발생 시 유관기관과 협조할 사항
6. 제14조 및 제15조에 따른 재난 및 테러 등 대비 교육 · 훈련 및 홍보에 관한 사항
7. 관계지역 안의 재난관리를 위하여 시 · 도본부장 또는 시 · 군 · 구본부장이 협의를 요청한 사항
8. 협의회 운영 및 제3항에 따른 실무협의회의 구성 · 운영에 관한 사항
9. 제13조에 따른 통합안전점검의 실시 및 요청에 관한 사항
10. 그 밖에 협의회에서 필요하다고 인정한 사항

③ 협의회는 제2항에 따른 협의 · 조정 사항의 세부적인 검토를 위하여 총괄재난관리자(일반건축물등의 관리주체가 선임하는 자를 포함한다)로 구성된 실무협의회를 두어야 한다.

④ 제2항제4호에 따라 협의회에서 재난예방 및 피해경감계획을 제출한 때에는 제10조제1항에 따른 관리주체가 재난예방 및 피해경감계획을 제출한 것으로 본다.

⑤ 초고층 건축물등과 관계지역의 재난 및 안전관리를 위하여 초고층 건축물등의 관리주체가 제6조, 제9조, 제14조, 제15조 및 제23조에 따른 사항을 추진하는 경우 일반건축물등의 관리주체는 이에 적극 협조하여야 한다.

제12조(총괄재난관리자의 지정 등) ① 초고층 건축물등의 관리주체는 다음 각 호의 업무를 총괄 · 관리하기 위하여 총괄재난관리자를 두어야 한다. 〈개정 2013.3.23〉

1. 재난 및 안전관리 계획의 수립에 관한 사항
2. 제9조에 따른 재난예방 및 피해경감계획의 수립 · 시행에 관한 사항
3. 제13조에 따른 통합안전점검 실시에 관한 사항
4. 제14조에 따른 교육 및 훈련에 관한 사항
5. 제15조에 따른 홍보계획의 수립 · 시행에 관한 사항
6. 제16조에 따른 종합방재실의 설치 · 운영에 관한 사항
7. 제17조에 따른 종합재난관리체제의 구축 · 운영에 관한 사항
8. 제18조에 따른 피난안전구역 설치 · 운영에 관한 사항
9. 제19조에 따른 유해 · 위험물질의 관리 등에 관한 사항
10. 제22조에 따른 초기대응대 구성 · 운영에 관한 사항
11. 제24조에 따른 대피 및 피난유도에 관한 사항
12. 그 밖에 재난 및 안전관리에 관한 사항으로서 안전행정부령으로 정한 사항

② 총괄재난관리자는 해당 초고층 건축물등의 시설 · 전기 · 가스 · 방화 등의 재난 · 안전관리 업무 종사자를 지휘 · 감독한다.

③ 총괄재난관리자의 자격, 교육, 등록, 그 밖에 필요한 사항은 안전행정부령으로 정한다. 〈개정 2013.3.23〉

제13조(통합안전점검의 실시) ① 초고층 건축물등의 관리주체는 다음 각 호의 안전점검을 통합안전점검으로 시행하고자 하는 경우 계획을 수립하여 시 · 도본부장 또는 시 · 군 · 구본부장에게 시행을 요청할 수 있다.

1.「고압가스 안전관리법」 제16조의2에 따른 정기검사
2.「도시가스사업법」 제17조에 따른 정기검사
3.「전기사업법」 제65조에 따른 정기검사와 같은 법 제66조의2에 따른 여러 사람이 이용하는 시설 등에 대한 전기안전점검
4.「승강기시설 안전관리법」 제13조에 따른 정기검사
5.「에너지이용 합리화법」 제39조에 따른 검사
6.「어린이놀이시설 안전관리법」 제12조제2항에 따른 정기시설검사

② 시 · 도본부장 또는 시 · 군 · 구본부장은 관리주체로부터 제1항에 따라 통합안전점검 시행 요청이 있는 경우 관계 기관과 협의 · 조정을 거쳐 관리주체에게 통보하여야 한다. 이 경우 관계 기관은 특별한 사유가 없는 한 통합안전점검에 응하여야 한다.

③ 통합안전점검의 범위, 실시방법, 그 밖에 필요한 사항은 안전행정부령으로 정한다. 〈개정 2013.3.23〉

제14조(교육 및 훈련) ① 초고층 건축물등의 관리주체는 관계인, 상시근무자 및 거주자에게 재난 및 테러 등에 대한 교육 · 훈련(입점자의 피난유도와 이용자의 대피에 관한 훈련을 포함한다)을 실시하여야 한다. 이 경우 관리주체가 상시 근무자나 거주자를 대상으로 소화 · 피난 등의 훈련과 방화관리상 필요한 교육을 실시하는 경우에는「소방시설설치유지 및 안전관리에 관한 법률」 제22조에 따른 소방훈련 또는 교육을 실시한 것으로 본다.

② 소방방재청장, 시 · 도지사, 시장 · 군수 · 구청장은 제1항에 따른 교육 · 훈련에 대하여 지도 · 감독을 할 수 있다. 이 경우 방범 · 테러 등의 교육 · 훈련에 관하여 필요한 경우에는 관계 기관의 장에게 협조를 요청할 수 있다.

③ 제1항에 따른 교육 · 훈련의 종류, 횟수, 방법, 범위, 그 밖에 필요한 사항은 안전행정부령으로 정한다. 〈개정 2013.3.23〉

제15조(홍보계획의 수립 · 시행) 초고층 건축물등의 관리주체는 그 건축물등의 상시근무자, 거주자 및 이용자에 대한 재난예방 및 피난유도를 위한 홍보계획을 수립 · 시행하여야 한다.

제16조(종합방재실의 설치 · 운영) ① 초고층 건축물등의 관리주체는 그 건축물등의 건축 · 소방 · 전기 · 가스 등 안전관리 및 방범 · 보안 · 테러 등을 포함한 통합적 재난관리를 효율적으로 시행하기 위하여 종합방재실을 설치 · 운영하여야 하며, 관리주체 간 종합방재실을 통합하여 운영할 수 있다.

② 제1항에 따른 종합방재실은「소방기본법」 제4조에 따른 종합상황실과 연계되어야 한다.

③ 관계지역 내 관리주체는 제1항에 따른 종합방재실(일반건축물등의 방재실 등을 포함한다) 간 재난 및 안전정보 등을 공유할 수 있는 정보망을 구축하여야 하며, 유사시 서로 긴급연락이 가능한 경보 및 통신설비를 설치하여야 한다.

④ 종합방재실의 설치기준 등 필요한 사항은 안전행정부령으로 정한다. 〈개정 2013.3.23〉

제17조(종합재난관리체제의 구축) ① 초고층 건축물등의 관리주체는 관계지역 안에서 재난의 신속한 대응 및 재난정보 공유 · 전파를 위한 종합재난관리체제를 종합방재실에 구축 · 운영하여야 한다.

② 제1항에 따른 종합재난관리체제의 구축 시 다음 각 호의 사항을 포함하여야 한다.

1. 재난대응체제
   가. 재난상황 감지 및 전파체제
   나. 방재의사결정 지원 및 재난 유형별 대응체제
   다. 피난유도 및 상호응원체제

2. 재난 · 테러 및 안전 정보관리체제
 가. 취약지역 안전점검 및 순찰정보 관리
 나. 유해 · 위험물질 반출 · 반입 관리
 다. 소방 시설 · 설비 및 방화관리 정보
 라. 방범 · 보안 및 테러대비 시설관리
3. 그 밖에 관리주체가 필요로 하는 사항

제18조(피난안전구역 설치) ① 초고층 건축물등의 관리주체는 그 건축물등에 재난발생 시 상시근무자, 거주자 및 이용자가 대피할 수 있는 피난안전구역을 설치 · 운영하여야 한다.
② 제1항에 따른 피난안전구역의 기능과 성능에 지장을 초래하는 폐쇄 · 차단 등의 행위를 하여서는 아니 된다.
③ 피난안전구역의 설치 · 운영 기준 및 규모는 대통령령으로 정한다.

제19조(유해 · 위험물질의 관리 등) ① 초고층 건축물등의 관리주체는 그 건축물등의 유해 · 위험물질 반출 · 반입 관리를 위한 위치정보 등 데이터베이스를 구축 · 운영하여야 한다.
② 제1항에 따른 관리주체는 유해 · 위험물질의 방치 등으로 재난발생이 우려될 경우에는 즉시 제거하거나 반출을 명할 수 있다. 또한 유해 · 위험물질을 이용한 테러 등이 예상될 경우 차량 등에 대한 출입 제한을 할 수 있다.
③ 제1항에 따른 관리주체가 제2항에 따른 조치를 취하였을 경우 관할지역의 시장 · 군수 · 구청장 또는 소방서장에게 신고하여야 한다.
④ 제1항에 따른 관리주체는 지하공간에 화기를 취급하는 시설이 있을 때에는 유해 · 위험물질의 누출을 감지하고 자동경보를 할 수 있는 설비 등을 설치하여야 한다.
⑤ 유해 · 위험물질의 관리 등에 필요한 사항은 안전행정부령으로 정한다. 〈개정 2013.3.23〉

제20조(설계도서의 비치 등) 초고층 건축물등의 관리주체는 제16조에 따른 종합방재실에 재난예방 및 대응을 위하여 안전행정부령으로 정하는 설계도서를 비치하여야 하며, 관계 기관이 열람을 요구할 때에는 이에 응하여야 한다. 〈개정 2013.3.23〉

제3장 재난대응 및 지원

제21조(재난대응 및 지원체계의 구축) ① 시 · 도본부장과 시 · 군 · 구본부장은 초고층 건축물등(일반건축물등을 포함한다)에서 재난 발생 시 피해를 줄이기 위한 예방 · 대비 · 대응 · 지원 및 긴급구조 · 화재진압 · 구호 등 지원체계(이하 "재난대응 및 지원체계"라 한다)를 구축 · 운영하여야 한다.
② 재난대응 및 지원체계의 구축 · 운영 등에 대하여 필요한 사항은 안전행정부령으로 정한다. 〈개정 2013.3.23〉

제22조(초기대응대 구성 · 운영) ① 초고층 건축물등의 관리주체는 신속한 초기 대응을 위하여 초기대응대를 구성 · 운영하여야 한다.
② 초기대응대의 구성 · 운영, 교육 · 훈련 및 장비 등에 관하여 필요한 사항은 안전행정부령으로 정한다. 〈개정 2013.3.23〉

제23조(재난정보의 공유 및 전파) 초고층 건축물등의 관리주체는 그 건축물등의 재난에 관한 정보를 관계지역 안의 상시근무자, 거주자 및 이용자에게 신속하게 전파 및 공유하여야 한다.

제24조(대피 및 피난유도) ① 대표총괄재난관리자 및 총괄재난관리자는 「재난 및 안전관리 기본법」 제40

조에 따른 대피명령 이전에 현장상황이 긴급하다고 판단될 때에는 상시근무자, 거주자 및 이용자에 대한 대피조치를 할 수 있고, 입점자 및 안전요원으로 하여금 피난종료 시까지 피난유도를 하도록 하여야 한다.

② 제1항에 따라 대피조치 및 피난유도를 받은 자는 즉시 이에 응하여야 한다.

③ 초고층 건축물등의 관리주체는 그 건축물등의 상시근무자, 거주자 및 이용자가 신속한 위치정보를 파악하여 대피할 수 있도록 위치정보알림판, 피난유도 안내시설 및 영상물 등을 제공하여야 한다.

제4장 보칙

제25조(관계지역의 출입 등) ① 소방방재청장, 시 · 도지사 또는 시장 · 군수 · 구청장은 재난관리 및 안전점검 등을 위하여 관계 공무원으로 하여금 초고층 건축물등(일반건축물등을 포함한다)에 출입하게 하고자 할 때에는 7일 전까지 이를 관계인에게 알려야 한다. 다만, 재난발생 우려가 뚜렷하여 긴급하다고 판단되거나 안전점검 등의 목적 달성을 위하여 필요하다고 인정되는 경우에는 그러하지 아니하다.

② 제1항에 따른 출입 · 점검업무를 수행하는 관계 공무원은 그 권한을 표시하는 증표를 지니고 이를 관계인에게 내보여야 한다.

③ 제1항에 따라 출입 · 점검업무를 수행하는 관계 공무원은 관계인의 정당한 업무를 방해하거나, 출입 · 점검업무를 수행하면서 알게 된 비밀을 다른 자에게 누설하여서는 아니 된다.

제26조(보고 · 검사 등) ① 시장 · 군수 · 구청장은 초고층 건축물등의 재난관리를 위하여 필요하다고 인정하는 경우에는 초고층 건축물등(일반건축물등을 포함한다)의 관계인, 시공자 및 시행자 등에 대하여 해당 시설의 재난 및 안전관리에 대한 자료를 제출하게 하거나 보고하게 할 수 있다.

② 시장 · 군수 · 구청장은 제1항에 따른 제출 자료에 대한 검토 결과 현장조사의 필요성이 인정되는 때에는 관계 공무원으로 하여금 관계지역에 출입하여 현장조사를 하게 할 수 있다.

③ 제2항에 따른 관계지역의 출입 시에는 제25조를 준용한다.

제27조(재난예방 및 피해경감에 대한 연구 · 기술개발) ① 국가 및 지방자치단체는 초고층 건축물등의 재난예방 및 피해경감을 위한 조사, 연구 및 기술개발을 하여야 한다.

② 국가 및 지방자치단체는 초고층 건축물등의 재난예방대책을 연구하고 피해를 경감하기 위하여 필요한 경우 관리주체에게 재난 및 안전관리 자료의 제공을 요청할 수 있다. 이 경우 관리주체는 특별한 사유가 없는 한 요청에 따라야 한다.

제28조(권한의 위임) ① 시 · 도본부장은 이 법에 따른 권한의 일부를 대통령령으로 정하는 바에 따라 시 · 군 · 구본부장에게 위임할 수 있다.

② 시 · 도본부장 또는 시 · 군 · 구본부장은 이 법에 따른 권한의 일부를 대통령령으로 정하는 바에 따라 소방본부장 또는 소방서장에게 위임할 수 있다.

제5장 벌칙

제29조(벌칙) 제18조를 위반하여 피난안전구역을 설치 · 운영하지 아니한 자 또는 폐쇄 · 차단 등의 행위를 한 자는 5년 이하의 징역 또는 3천만원 이하의 벌금에 처한다.

제30조(벌칙) 제20조를 위반하여 설계도서를 비치하지 아니한 자는 2년 이하의 징역 또는 2천만원 이하의 벌금에 처한다.

제31조(벌칙) 다음 각 호의 어느 하나에 해당하는 자는 1천만원 이하의 벌금에 처한다.

1. 제25조를 위반하여 정당한 사유 없이 관계 공무원의 출입 또는 점검업무를 거부 · 방해 또는 기피한 자
2. 제26조를 위반하여 보고 또는 자료제출을 하지 아니하거나 거짓으로 보고 또는 자료제출을 한 자 또는 정당한 사유 없이 관계 공무원의 출입 또는 조사업무를 거부 · 방해 또는 기피한 자

제32조(벌칙) 제25조제3항을 위반하여 관계인의 정당한 업무를 방해하거나 점검업무를 수행하면서 알게 된 비밀을 누설한 자는 300만원 이하의 벌금에 처한다.

제33조(과태료) 다음 각 호의 어느 하나에 해당하는 자에게는 500만원 이하의 과태료를 부과한다.

1. 제10조제1항을 위반하여 재난예방 및 피해경감계획을 제출하지 아니한 자
2. 제11조제1항을 위반하여 재난 및 안전관리협의회를 구성 또는 운영하지 아니한 자
3. 제22조제1항을 위반하여 초기대응대를 구성 또는 운영하지 아니한 자

제34조(과태료) 다음 각 호의 어느 하나에 해당하는 자에게는 300만원 이하의 과태료를 부과한다.

1. 제12조제1항을 위반하여 총괄재난관리자를 지정하지 아니한 자
2. 제14조제1항을 위반하여 교육 또는 훈련을 실시하지 아니한 자
3. 제19조제3항을 위반하여 신고하지 아니한 자

제35조(과태료의 부과 · 징수) 제33조 및 제34조에 따른 과태료는 대통령령으로 정하는 바에 따라 관할 시 · 도지사 또는 시장 · 군수 · 구청장이 부과 · 징수한다.

부칙〈제11690호, 2013.3.23〉(정부조직법)

제1조(시행일) ① 이 법은 공포한 날부터 시행한다.

② 생략

제2조부터 제5조까지 생략

제6조(다른 법률의 개정) ①부터 〈245〉까지 생략

〈246〉 초고층 및 지하연계 복합건축물 재난관리에 관한 특별법 일부를 다음과 같이 개정한다.

제10조제3항 중 "행정안전부장관"을 "안전행정부장관"으로 한다.

제12조제1항제12호, 같은 조 제3항, 제13조제3항, 제14조제3항, 제16조제4항, 제19조제5항, 제20조, 제21조제2항 및 제22조제2항 중 "행정안전부령"을 각각 "안전행정부령"으로 한다.

〈247〉부터 〈710〉까지 생략

제7조 생략

재난안전 이론과 실무

발행일 / 2011년 9월 15일 초판 발행
2013년 9월 20일 1차 개정
저 자 / 송창영 · (재)한국재난안전기술원
발행인 / 정용수
발행처 / YEAMOONSA 예문사
주 소 / 경기도 파주시 교하읍 문발리 498-1(파주출판도시 내)
TEL / 031) 955-0550
FAX / 031) 955-0660
등록번호 / 11-76호

정가 : 23,000원

ISBN 978-89-274-0600-6 13350

이 도서의 국립중앙도서관 출판시도서목록(CIP)은 서지정보유통지원시스템 홈페이지(http://seoji.nl.go.kr)와 국가자료공동목록시스템(http://www.nl.go.kr/kolisnet)에서 이용하실 수 있습니다.(CIP제어번호: CIP2013018503)